数据安全与隐私计算

主　编：范　渊　刘　博
副主编：王吾冰　陶立峰　莫　凡

電子工業出版社
Publishing House of Electronics Industry
北京·BEIJING

内 容 简 介

本书首先介绍了业内多个具备代表性的数据安全理论及实践框架，从数据常见风险出发，引出数据安全保护最佳实践；然后介绍了数字经济时代数据要素市场的基本信息，基于构建数据要素市场、促进数据合规安全流通、释放数据价值等场景中的实践，抽象并总结了一套数据要素可信、安全、合规流通的体系架构，包括数据安全保护技术与保护数据价值释放的隐私计算技术；最后针对政务、金融、电力能源、公安行业等重点行业，分析了数据安全与数据孤岛现象的根本原因，介绍了数据安全实践案例，以及如何通过部署数据要素流通体系架构，打破“数据壁垒”，促进多方数据融合计算的实践案例。

本书可以作为高校学生、隐私计算技术从业者、数据要素市场从业者、数据安全行业从业者的入门读物，也可作为相关机构或组织进行数据要素市场流通体系建设实践的参考指南。

图书在版编目（CIP）数据

数据安全与隐私计算 / 范渊，刘博主编. —北京：电子工业出版社，2023.5

ISBN 978-7-121-45431-8

Ⅰ. ①数… Ⅱ. ①范… ②刘… Ⅲ. ①数据处理－安全技术 Ⅳ. ①TP274

中国国家版本馆 CIP 数据核字(2023)第 067004 号

责任编辑：张瑞喜
印　　刷：中国电影出版社印刷厂
装　　订：中国电影出版社印刷厂
出版发行：电子工业出版社
　　　　　北京市海淀区万寿路 173 信箱　邮编：100036
开　　本：787×1092　1/16　印张：26.25　字数：638 千字
版　　次：2023 年 5 月第 1 版
印　　次：2023 年 11 月第 4 次印刷
定　　价：88.00 元

凡所购买电子工业出版社图书有缺损问题，请向购买书店调换。若书店售缺，请与本社发行部联系，联系及邮购电话：（010）88254888，88258888。

质量投诉请发邮件至 zlts@phei.com.cn，盗版侵权举报请发邮件至 dbqq@phei.com.cn。

本书咨询联系方式：zhangruixi@phei.com.cn。

本书编委会

主　编：范　渊　刘　博
副主编：王吾冰　陶立峰　莫　凡

参编（按姓氏拼音为序）：

程文博　方怀康　郭立文　何志坚　姜　鹏　刘　恬

刘　伟　李　艳　苗　雨　马宇杰　聂桂兵　彭　辉

秦　坤　孙　佳　宋舒意　屠伟慧　王　勤　王梦瑶

徐东德　谢　明　杨　蓉　袁雅旭　周　俊　周　隽

郑霞菲　张振永

推 荐 语

信息时代，数据作为新型生产要素，在收集、传输、存储、使用、加工、共享的过程中创造着巨大的价值。与此同时，社会对数据的有效保护和合法利用，以及对保障数据持续安全性的要求也越来越高。本书从数据安全的基本理念与实践、数据要素市场与隐私计算等场景，讨论了数据处理活动和安全保护的需要；基于数据在全生命周期各个阶段中面临的威胁和风险，提供了面向具体安全与流通场景的详细解决方案和实现方法，并与读者分享了多个数据安全优秀实战案例。这本书对于各个领域的运营者、管理者和技术人员都会有很高的参考价值。

——原中国计算机学会计算机安全专业委员会主任　严　明

数据已成为与土地、劳动力、资本、技术等传统要素并列的新型生产要素。加快数据要素市场培育，推进数据开放共享，提升数据资源价值，加强数据资源整合，强化数据安全保护，是国家提出的战略性要求。本书作者长期从事数据安全和隐私计算领域的工作，水平高、实战经验丰富。本书以数据梳理为基础，以数据保护为核心，以监控预警为支撑，以全过程“数据安全运营”为保障，以最终实现数据智能化治理的安全为目标，为数据安全保障及可信安全流通提供了系统化的解决方案。本书理论根基扎实、实战经验丰富、框架设计合理、技术措施到位，对相关行业的读者具有较高的借鉴意义。

——中国计算机用户协会副理事长　顾炳中

数据安全与隐私计算是实现数据合规流通和高效使用的必要条件。但是，如何做好数据安全工作呢？怎样使用隐私计算呢？这是数据控制者、数据处理者，以及数据经营者十分关心的话题。只有在做好数据安全和个人信息保护基础的前提下，才能实现数据资源的流通和使用价值。本书介绍了数据安全的理论方法和实现路径，总结梳理了数据使用中常见的风险因素，并根据风险情况制定数据安全保护的实施方案，提出了针对敏感数据保护的 CAPE 数据安全实践框架。此外，本书中还收集整理了有代表性的数据安全实践案例。就隐私计算而言，本书从技术层面介绍了“原始数据不出域、数据可用不可见”的实现方法。医疗行业是数据密集型行业，大量患者的个人信息，特别是个人敏感信息需要做好数据安全防护，避免出现数据泄露风险。希望本书的理论知识与实践经验，能为医院数据安全及数据流通领域的相关人员带来启示和价值。

——中国医院协会信息专业委员会主任委员　王才有

随着全社会数字化转型的推进，数据作为一种新型的生产资料，被视为新时代的“石油”，成为企业的核心资产。与此同时，数据作为信息的载体，自诞生之初，其作用就是被用来“共享”。如何在确保安全合规的前提下，保障数据的合理流通与使用，是业界都在权衡的一个核心难题。本书从法规和制度出发，对业界通用的数据安全框架和数据要素流通体系框架做了全面解析，并对支持数据安全实践落地的关键技术和隐私计算技术做了系统且全面的介绍。对于需要开展数据安全保护的机构和组织有着极大的参考意义。

——中国农业银行科技与产品管理局信息安全与风险管理处处长　何启翱

浙江大学“智云联合研究中心”在不断推进数字智慧校园建设的过程中，面临着一系列数据安全与数据流通相关问题的挑战。本书以数据安全实践为出发点，深度剖析了数据全生命周期各过程域中采用的安全技术和数据安全建设实践；以数据可信流通实践为起点，深度介绍了隐私计算技术与数据要素流通框架体系。对于教育行业实施数据安全建设而言，具有很好的参考价值。

——浙江大学信息中心主任、教授　陈文智

数字经济时代，数据连接着人们的生活、生产和社会关系，数据已经由原来简单的信息传递和展示功能变成了新时期社会关系中重要的生产要素。如何开展数据分类分级，如何保障数据安全是各行业都在深度探讨的问题。

《数据安全与隐私计算》一书，从数据安全与数据要素流通的法律法规、数据安全与数据要素流通的理论框架、数据安全的常见风险等几个角度，系统化、体系化地分析了数据安全与数据可信流通问题，同时用实践案例的形式生动形象地为大家展示了解决方法。这本书理论性和实践性兼顾，为数据安全与隐私计算建设提供了从理论到实践的全方位指南。

——赛迪顾问业务总监　高　丹

我国的数据量规模巨大，具备极大的开发价值，各行各业的数据安全建设将成为一项重要的工作。伴随《中华人民共和国数据安全法》的发布与实施，如何有效进行数据安全建设已经成为一个新的热点话题。本书结合我国的法律法规和行业管理规定，全面讨论数据安全与隐私计算建设方面的问题，并提炼出一套 CAPE 数据安全实践框架。该框架可以帮助企业明晰数据安全建设思路，为数据安全与隐私计算建设提供有价值的指导，是企业在数据安全建设过程中非常值得阅读的指导材料。

——IDC 中国研究总监　王军民

《数据安全与隐私计算》是一本关注数据流通安全和隐私保护领域的前沿书籍。书中详细讲解了各种加密技术、身份认证、访问控制和安全协议等内容，使读者能够全面了解数据安全的基本原理和实际应用，同时，书中介绍了机密计算、安全多方计算、联邦学习等技术，为数据的合规流通提供了可以落地的应用解决方案。

——北京国际大数据交易所首席专家　郎佩佩

当前，数据安全领域有很多矛盾现象存在。数据安全基础问题还没有解决，对数据交易和数据要素流通的讨论却已如火如荼；促进数据安全产业发展的政策文件已经出台，数据产业市场却尚不成熟。《数据安全与隐私计算》这本书的出版恰逢其时，它的专业性定会让数据安全从业者手不释卷。

——中国科学技术大学公共事务学院、网络空间安全学院教授　左晓栋

本书从基础原理出发，逐步深入到实际应用，全面介绍了数据安全与隐私计算的关键技术、最新研究成果和实践经验。书中结合丰富的实例，详细解析了如何在保障数据安全的前提下，实现数据的高效利用和合规处理。这本书对于数据安全从业者和关注个人隐私保护的普通用户都具有很高的参考价值。

——四川大学教授 数据安全防护与智能治理教育部重点实验室主任　陈兴蜀

在大数据时代，企业如何在充分利用数据的价值与保护用户数据隐私之间找到平衡点？这本书为读者提供了解决方案。作者深入浅出地介绍了数据安全与隐私计算领域的核心概念、关键技术及应用实践。通过阅读这本书可以使读者了解到如何在保护个人隐私的同时，实现数据的安全共享与高效利用。这是一本理论与实践相结合的优秀著作，值得广大读者关注。

——上海社会科学院互联网研究中心主任 赛博研究院首席研究员　惠志斌

序 言 1

近年来，以大数据、云计算、人工智能、物联网和5G通信网络为代表的新信息技术迅猛发展，数字经济已成为推动我国经济高质量发展的重要引擎，数据成为数字经济的基础性资源和生产要素。2021年我国颁布了《中华人民共和国数据安全法》《中华人民共和国个人信息保护法》等相关法律法规，标志着我国网络数据法律体系建设日趋完善，也为数据安全保障提供了重要的法律依据。2022年12月印发了《中共中央 国务院关于构建数据基础制度更好发挥数据要素作用的意见》，从数据产权、流通交易、收益分配、安全治理4个方面提出了20条政策举措，初步搭建了我国数据基础制度体系，激活数据要素潜能，做强、做优、做大数字经济，增强经济发展新动能，构筑国家竞争新优势。然而，大量个人隐私和重要信息的流动也带来了信息泄露和非法利用的风险。为了确保数据依法、合规、受控、有序地流动，我们要充分整合从政府到行业再到企业层面的人力和资源，建立并部署数据流通基础制度体系，协同做好数据安全工作。

本书作为数据安全技术和隐私计算技术和实践的科普读物，第一部分介绍了数据安全技术和实践，第二部分介绍了数据要素市场和隐私计算技术和实践。第一部分分析了DSG、DCAP、DSC、DGPC等模型的数据安全防护经验与特色，提出用于敏感数据保护的CAPE数据安全实践框架。CAPE模型采用预防性建设为主、检测响应为辅的技术路线，从风险核查、数据梳理、数据保护和预警监控等四个环节出发，以“身份”和“数据”为中心，有效防止敏感数据泄露、数据篡改等事件发生，是一个覆盖数据全生命周期的安全保障和监管框架。第二部分总结了现阶段数据要素市场发展的挑战和机遇，提出了数据要素流通体系框架。该体系以数据供给平台通过数据治理等技术手段辅助数据产权的确定，以数据交易平台通过交易撮合与合约管理助力收益分配的完成，以数据交付平台基于隐私计算技术支撑数据流通交易安全、可控地进行，以框架支撑平台保护框架通过数据安全保障和监管辅助平台内的数据安全活动。

同时，本书针对政务、运营商、金融、电力、公安、医疗、教育等重点行业面临的数据安全及数据流通的痛点问题，提出了有效的应对策略，介绍了如何在依法、合规、受控、安全的前提下进行数据流通，为广大读者提供了有关行业的数据安全流通实践案例。本书立意高远，理论思考深入，方法扎实可行，具有很好的指导和示范意义。

中国科学院院士　何积丰

序 言 2

随着大数据和人工智能的兴起，数据已成为重要的资源和资产，对数据安全和隐私保护的需求越来越强烈。为了保障数据安全和隐私保护，世界各国都在积极从顶层设计、政策法规、标准规范和技术体系等层面推进相关工作，取得了一系列重要成果和较为丰富的实践经验。

大数据时代的数据安全不仅包括传统的机密性、完整性、可用性等，也包括隐私保护；隐私保护不仅包括防止数据泄露的隐私保护，也包括数据分析意义下的隐私保护。为了突出隐私保护的重要性，人们通常还是将数据安全和隐私保护这两个词并列起来使用，其实大数据时代的数据安全必然包括隐私保护的内容。在这种背景下，近年来催生出一大批数据安全和隐私保护新技术，如同态加密、函数加密、基于风险分析的访问控制、具体高效的安全多方计算、差分隐私、联邦学习、密文检索、零信任等。

本书从数据安全和隐私计算两个方面介绍其基本概念、技术原理和实际应用。在数据安全方面，介绍了使用对称加密、非对称加密、Hash函数等技术，构建以“身份”和“数据”为中心的数据安全实践框架的方法，确保数据在采集、存储、传输和处理过程中的安全性。在隐私计算方面，通过介绍机密计算、安全多方计算、联邦学习等技术，在揭示这些技术如何在保护个人隐私的同时，实现数据价值的最大化。这些技术不仅有助于平衡数据应用与隐私权益的关系，还为行业合作和监管合规提供了可行方案。

本书可供从事数据安全的管理者、科研工作者和工程技术人员参考。尤其是本书通过案例分析和实践操作，可为读者提供实用的指导和建议，帮助读者更好地理解和应用相关技术。希望本书的出版能够为我国数据安全技术与观念的传播和普及做出应有贡献。

中国科学院院士　冯登国
2023年4月于北京

前　言

社会与经济的发展与新型生产要素的诞生息息相关。纵观人类数千年发展历史，凡遇经济形态的重大变革，则必定催生新型生产要素，进而依赖新型生产要素进行生产力的再解放、生产资源的再分配以及生产关系的迭代，最终达到全球经济阶段性井喷式发展。从农业经济时代的劳动力要素和土地要素到工业经济时代的资本要素和技术要素,尽皆如此。

技术的迭代升级可以促进新生产要素的诞生。随着电子信息技术的发展，数据的载体逐渐从纸张转变成了电子媒介。随着产业数据化的发展，数据的数量、多样性、离散程度都有了爆炸式的增长。1998年，美国计算机科学家John Mashey准确预测了电子信息技术的未来，将大数据的概念孵化问世。在大数据概念的引领下，各大公司相继提出可以通过对数据的处理提升数据的质量与价值的大数据处理框架，为数据成为生产要素，进一步赋能社会的发展提供了可能性。我国清晰地认识到，伴随着全球老龄化趋势、经济周期调整等变化带来的压力，我国的经济结构也会随之调整。加快数据要素市场构建、充分释放数据和创新红利，将是进入数字经济全球竞争新赛道的关键。2019年10月，党的十九届四中全会提出：数据可作为生产要素参与分配，要求健全劳动、资本、土地、知识、技术、管理、数据等生产要素由市场评价贡献、按贡献决定报酬的机制。自此，数据要素正式进入公众视野。

时至今日，数据要素在全球经济运转中的价值日益凸显，国际上对数字经济制高点的竞争也日趋激烈。美国、欧盟、英国均先后发布了数据战略相关的文件，各国各地区也不约而同地将数据战略提升到了国家战略高度，以期通过掌控数据要素把控全球价值链的上游，提高整个经济体的竞争力及社会生产力。

《“十四五”数字经济发展规划》指出，数字经济是继农业经济、工业经济之后的主要经济形态，是以数据资源为关键要素，以现代信息网络为主要载体，以信息通信技术融合应用、全要素数字化转型为重要推动力，促进公平与效率更加统一的新经济形态。数字经济是继农业经济、工业经济之后的主要经济形态。从2009年到2021年，我国数字经济规模从35.8万亿元扩展到45.5万亿元，占GDP比重从36.2%增长到39.8%。根据《数字经济及其核心产业统计分类（2021）》，如图0-1所示，数字经济产业大致可以分为两个大类（数据生产和数据赋能）和五个小类（基础制造业、数字产品服务、数字技术应用、数字要素驱动和数字化效率提升）。

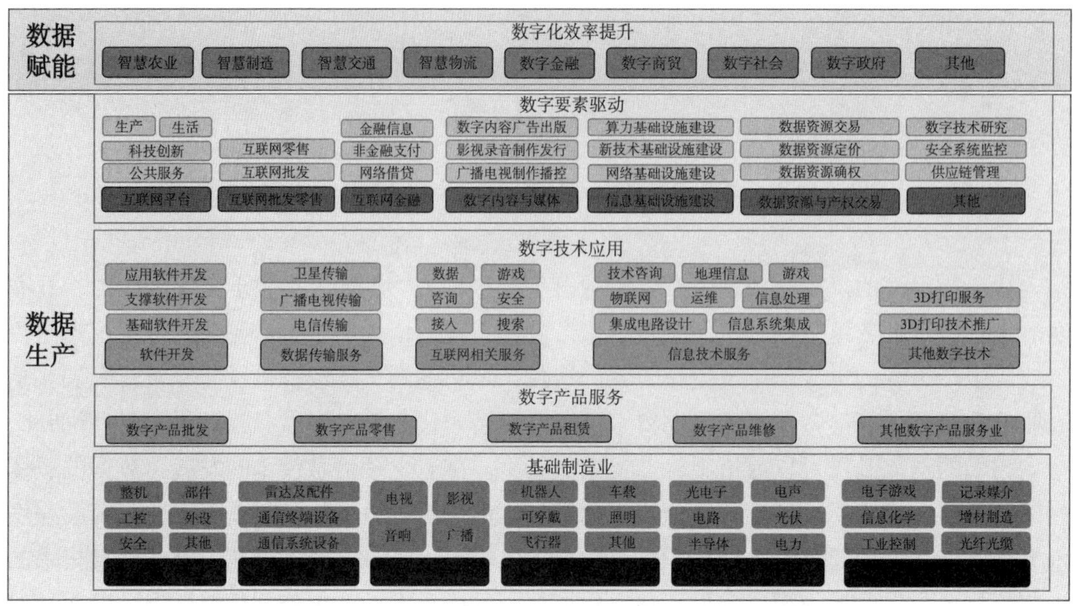

图 0-1　数字经济及其核心产业统计分类（2021）

数据要素市场的培育是推动数字经济发展的必然阶段。数据要素市场是数据要素向市场化配置转化的动态过程。基于市场的根本调节机制，数据要素在市场中有序、可靠、安全地流通以产生和实现价值。数据要素市场的发展可助力解决与突破数字经济的困难与“瓶颈”，推动数字经济的进一步发展。

数据要素市场的运行机制是由价格机制、供求机制、竞争机制和风险机制构成的有机整体，这些机制各自作用不同，又相互联系、相互影响，成为数据要素市场运行的基础。数据要素市场机制的运转被数据产权、数据可信流通、数据收益分配以及数据安全治理四类问题制约着。解决这四类关键问题是快速推动数据要素市场发展的必要条件。

本书结合安恒信息在数据安全与数据要素市场体系构建中的实践经验，向读者详细展现了如何将数据治理、数据安全、隐私计算、身份认证等技术相结合，构建一个安全、可信、高效的数据要素流通体系框架，促进数据要素的流通。其中，数据安全技术主要用于保护数据传输、存储、销毁过程中的安全性，数据治理技术可以在数据采集与生产阶段提升数据质量，隐私计算技术可以确保数据在整合、使用、分析过程中的安全性，身份认证技术能有效防止敏感数据泄露、数据篡改等事件发生。上述技术手段的有机结合能够确保数据要素在流通体系框架内的全生命周期的安全性。

在数据安全方面，本书借鉴了多个数据安全理论框架的思想，基于丰富的数据安全项目实战经验，总结了一套针对敏感数据保护的CAPE（Check，风险核查；Assort，数据梳理；Protect，数据保护；Examine，监控预警）数据安全实践框架。该框架覆盖了数据安全防护的全生命周期过程，建立了以风险核查为起点，以数据梳理为基础，以数据保护为核心，以监控预警作为支撑，建立“数据安全运营”的全过程数据安全支撑体系，直至达到整体智治的安全目标。

隐私计算技术又称隐私保护技术（Privacy-Preserving Computation），是近几年快速发展的一类在数据运行时提供安全保护的技术手段。2015年，李凤华教授在《通信学报》上首次提出了隐私计算的定义："面向隐私信息全生命周期保护的计算理论和方法，是隐私信息的所有权、管理权和使用权分离时隐私度量、隐私泄露代价、隐私保护与隐私分析复杂性的可计算模型与公理化系统。"随着产、学、研三个方面的不断尝试，当下的隐私计算技术多指能在保证数据提供方不泄露原始数据的前提下，对数据进行分析计算，保障数据以"可用不可见"的方式进行安全流通的技术。隐私计算由于其"可用不可见"的技术特征，逐渐成为保障数据要素流通的核心技术手段。

本书首先介绍了业内多个具备代表性的数据安全理论及实践框架，从数据常见风险出发，引出数据安全保护最佳实践；然后介绍了数字经济时代数据要素市场的基本信息，基于构建数据要素市场、促进数据合规安全流通、释放数据价值等场景中的实践，抽象并总结了一套数据要素可信、安全、合规流通的体系架构，包括数据安全保护技术与保护数据价值释放的隐私计算技术；最后针对政务、金融、电力能源、公安行业等重点行业，分析了数据安全与数据孤岛现象的根本原因，介绍了数据安全实践案例，如何通过部署数据要素流通体系架构，打破"数据壁垒"，促进多方数据融合计算的实践案例。

本书的目标读者包括但不限于政企的首席数据官、首席安全官、首席信息官、数据安全从业者、数据分析师、数据开发者、数据科学家、数据库管理员、数据要素市场的从业者，以及对数据安全及隐私计算技术实践落地感兴趣的学生等人群。希望读者通过本书的学习，在数字产业化发展的过程中，在数据要素流通体系建设的实践中，能够合理规划设计整体方案，高效落地数据全生命周期的安全防护。鉴于时间仓促、能力有限，本书中如有不全面、不合理的内容，请读者多反馈指导和海涵。

反馈邮箱：data.security@dbappsecurity.com.cn

范 渊、刘 博

目　　录

第一部分　数据安全

第二部分　数据要素市场与隐私计算

第一部分　数 据 安 全

第 1 章 数字化转型驱动数据安全建设

数字化时代，数据已经成为政府和企业的核心资产。经济全球化带来商品、技术、信息、服务、货币、人员、资金、管理经验等生产要素的全球化流动，数据这个重要的生产要素在企业与企业、政府与企业、国与国之间快速流转、处理和使用，数据资源的作用、影响和价值变得越来越重要。与此同时，数据泄露事件造成的影响也逐步增加。

对数据掌控、利用和保护的能力已成为衡量国家之间竞争力的核心要素。

1.1 数据安全相关法律简介

从2015年开始，我国陆续发布多项与数据相关的法律法规。2015年8月，国务院印发《促进大数据发展行动纲要》；2018年3月，国务院办公厅印发《科学数据管理办法》；2020年3月，印发《中共中央 国务院关于构建更加完善的要素市场化配置机制的意见》；2021年3月，新华社刊发《中华人民共和国国民经济和社会发展第十四个五年规划和2035年远景目标纲要》（简称“十四五”规划）；2021年6月，国家颁布《中华人民共和国数据安全法》，在我国数据安全法律方面增添了重要的一块拼图。

《中华人民共和国数据安全法》《中华人民共和国网络安全法》《中华人民共和国个人信息保护法》等法律法规共同构成更加完整的信息领域法律体系，为维护我国的数据主权，保障国家的安全、促进经济健康发展起到重要的支撑和保障作用。

近年来数字经济的高速增长也证明数字经济发展空间巨大。中国信息通信研究院发布的《中国数字经济发展白皮书（2021年）》数据显示，我国数字经济的总体规模已从2005年的2.62万亿元增长至2019年的35.84万亿元；数字经济总体规模占GDP的比重也从2005年的14.20%提升至2019年36.20%（图1-1）。可见，数字经济已成为我国国民经济增长要素的重要一员。

大力发展以创新为主要引领和支撑的数字经济，不仅要充分了解数据资源的基础资源和创新引擎的作用，还要防范滥用数据资源、忽视数据安全所带来的负面效应。

纵观数据产业发展的历史，我们发现随着“烟囱式”系统的逐渐重构，信息系统之间开始打通、共享、协同，数字经济时代重要的生产要素——“数据”在企业内外部快速流转。企业在享受数字化转型带来的红利的同时，业务中的数据安全隐患、冲突和造成的损失也日益严重。在数字化转型的大背景下，政企需要将数据安全架构当成组织架构的核心问题，在保障业务发展和业务敏捷度之间找到可行且有效的平衡策略与方案，有效护航政企数字化转型。

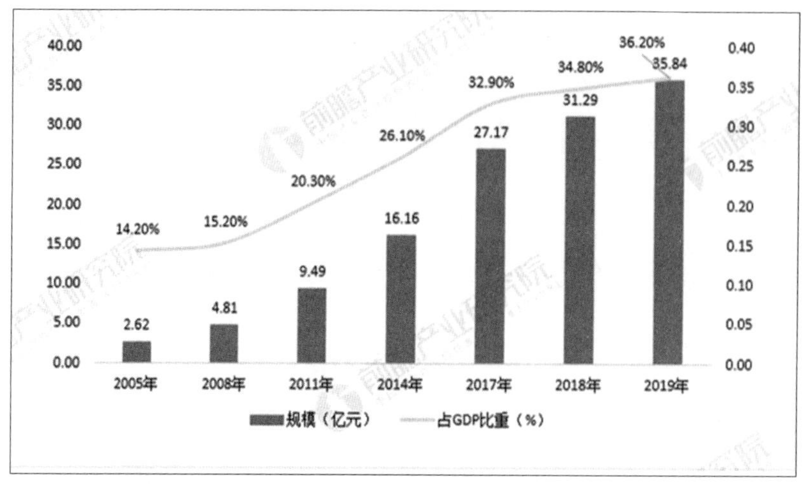

资料来源：中国信息通信研究院前瞻产业研究院

图 1-1　2005—2019 年我国数字经济总体规模及占 GDP 比重

1.2　数据安全的市场化价值挖掘

1. 数据安全的市场化发展趋势

数据是现代信息化社会的重要核心资源，是企业乃至国家全面、快速发展的重要保障性资源。2021年，中国信息通信研究院等组织公布的数据显示，我国数据安全市场规模预计将在2023年预计达到97.5亿元，在整体数据安全市场占比达到12.1%，核心客户购买实力雄厚，可贡献约40亿元收入。根据IDC（中国）在2021年发表的《IDC全球网络安全支出指南》中的预测数据，中国网络安全市场投资规模有望在2025年增长至187.9亿美元，增速持续领跑全球。预计未来，政府、金融、医疗卫生及能源行业在数据安全领域的投入有望增加1至3倍，整体数据安全领域仍有近1倍的弹性增长空间（图1-2）。

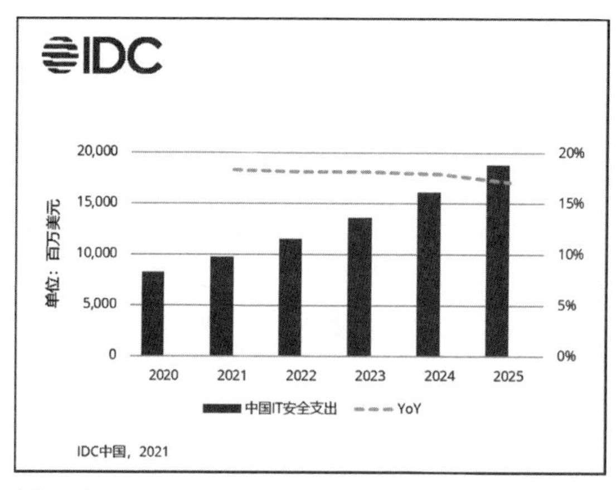

资料来源：IDC 中国，2021

图 1-2　中国 IT 安全市场支出预测（2020—2025 年）

当前，数据产业规模为万亿元级，其中的数据安全产业尚处于发展初期，仅占据总产业规模的5%～10%。而随着数据安全技术与行业的结合更密切，应用场景更丰富，这个市场将迎来更大的机遇。

2. 数据安全的技术发展趋势

2021年，美国Gartner公司（以下简称Gartner）发布的2021年安全运营技术成熟度曲线涵盖了31种数据安全技术，其中超过70%技术处在“稳步爬升期”之前，说明该领域创新技术活跃，有着巨大的发展空间（图1-3）。

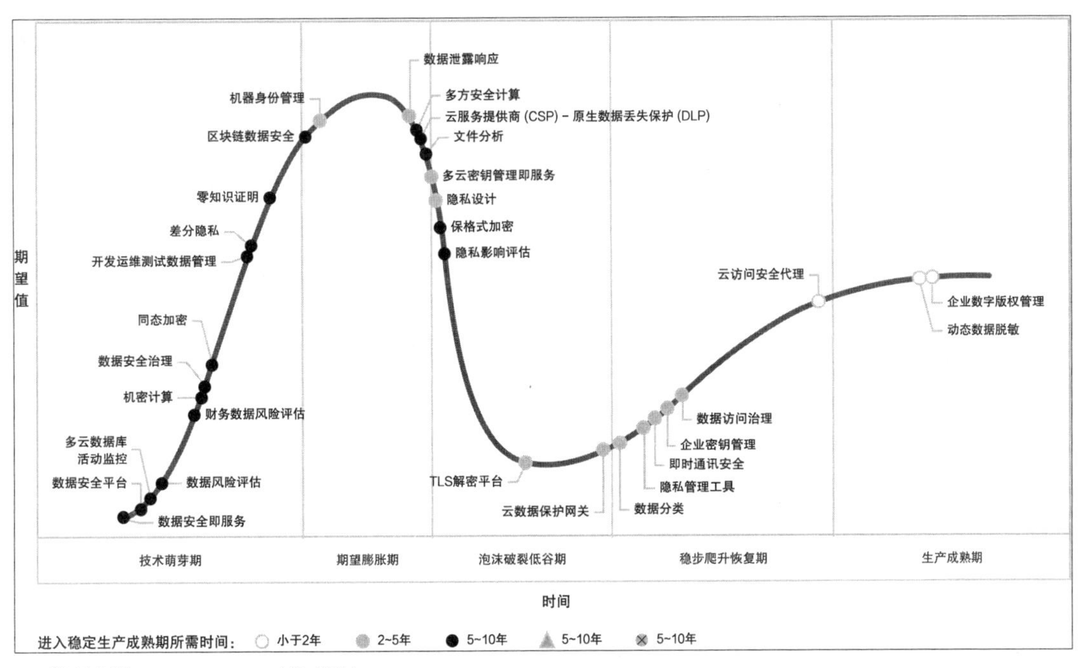

资料来源：Gartner，2021（作者译）

图 1-3　2021 年安全运营技术成熟度曲线

1.3　政企数字化转型的战略意义和核心能力

1.3.1　政企数字化转型的战略意义

传统产业如果未能积极利用新技术、新设备和新的管理思想，其发展情况和经营状况会普遍落后，这也显示出信息技术的重要作用，体现了数字经济的巨大活力。近年来，传统产业发展遭遇严重制约，数字经济开始崭露头角。《数字中国发展报告（2020年）》的数据显示，至2019年，我国数字经济发展活力不断增强，数字经济核心产业增加值占GDP的比重达到7.8%。

数字化转型通常被定义为对组织的工作内容、生产流程、业务模式和人员与资源管理等全部实现计算机化、数字化、网络化，并与上下游的供应商和客户建立有效的网络化、数字化连接。由于数字化转型不是简单的从“非数字化”到“数字化”的过程，其本质是从业务需求出发最终回归到完整的业务数字化解决方案，因此不同机构的数字化转型路径各不相同。近年来，数字化转型也可以理解为利用移动互联网、大数据、云计算、人工智能等数字化技术来推动组织转变业务模式和组织架构等的变革措施，例如近年来衍生的智能制造、智慧城市等概念。数字化转型是新时代的新需求，一些行业先行者的数字化转型案例已经充分说明，传统专业需要数字化转型来达到质的改变，数字化转型的市场需求是巨大的。虽然数字化转型浪潮已至，但“数字化”这三个字对很多传统企业来说，却一直是机遇和挑战并存。数字化转型的意义是通过数字化技术来大幅提高创新的能力，重塑业务，以获取更为快速的商业成功。由于很多传统企业不具有天然的数字化基因，所以在数字化的进程中往往更需要第三方的服务机构帮助完成，这也被称为“数字化护航”。

对于中小型企业，特别是数据安全能力建设较为薄弱的企业，建议考虑采用“零信任”合作模式进行信息化建设。企业将着眼于数据管理的整个生命周期，并将关注点从数据安全本身扩展到企业整体信息安全框架。

1. 金融行业数字化转型

在金融行业数字化转型带来正面效益的同时，金融业务中的数据安全的种种问题也成为金融业数字化转型中亟须解决的问题。2020年国内某商业银行在未经用户允许的情况下泄露用户个人信息案件、一些电商平台的“大数据杀熟”事件，以及2021年中央电视台“3·15”晚会爆出的各种个人隐私泄露事件……似乎在告诉我们一个我们不愿意相信但确实已经存在的事实：经营者在数字技术上应用得越专业、纯熟，消费者就越处于不利地位；个人隐私有可能成为经营者手中用于利益交换的廉价甚至免费的筹码。

金融行业在数字化转型的过程中，需要营造良好的安全生态。国家和行业层面需要完善相关法律法规，加强监管；企业层面需要从制度、技术、业务、架构各个维度加强自身建设。未来，数据安全能力将成为数字化转型成果的“试金石”之一，即数字化的成功必须有数据安全作为基本保障。

2. 医疗行业数字化转型

医疗数字化转型拉动了整个医疗信息系统的架构升级，从传统的“医院—卫生健康委员会”转向“企业—医院—卫生健康委员会”“三方式”的平台架构，这种架构逐渐成为医疗升级的基础保障。随着医疗大数据体系建设的逐渐深入，医院和患者享受到了数字化挂号、化验、检查、病历数字档案、医院间信息共享等种种便利，但是也陆续暴露出医疗数据保护的问题和难点。目前，我国尚缺明确的法律、法规或行业管理规定来确定医疗数据的归属，因此许多AI医疗组织只需通过与医院或主管负责人员合作科研项目，就可获得医院海量的医疗数据，这些科研数据的安全已成为医疗行业亟须解决的问题。如何在更好地保护患者健康隐私的前提下，实现医疗数据安全、高效的共享开放？随着多方数据安全融合计算、联邦学习、同态加密、区块链等技术的发展，这一问题相信会得到解决。

3. 电信运营商数字化转型

电信运营商（指提供固定电话、移动电话和互联网接入的通信服务公司）在数字化创新的过程中逐渐转型为数据运营驱动型企业，如何保障并进一步提升数字化转型成果？建议从数据安全保障能力和数据安全运营能力两个层面进行建设，数据安全是保障企业数字化转型的前提，数据运营是企业数字化转型的驱动，二者如一体双翼，缺一不可。

电信运营商拥有大量的客户数据，且数据准确性高，每天实时更新，国内能大规模掌握此类精准数据的，只有电信运营商和大型互联网公司。互联网公司通过介入支付领域，拥有了部分用户的电信和金融两类数据，电信运营商的数据有2000余个标签，而互联网公司针对客户的标签会有2~5万个，具体到企业或个人可能有近百或上千个。因此，电信运营商在数字化转型浪潮中需要考虑开放数据与第三方合作，这对电信运营商的数据安全管控能力和数据开放共享能力提出了很高的要求。

4. 教育行业数字化转型

近年来很多学校的教学方式从面授向线上转型，与此同时，大量教育组织也获取和存储了大量学生及家长的个人敏感信息，如姓名、地址、电话、身份证号码等信息，这些都是最重要的核心敏感数据。

然而，近几年数据泄密事件时有发生，在造成学生个人隐私信息泄露的同时，也给学生心理带来打击，甚至酿成悲剧。这虽属个别的极端事件，但也必须引起相关组织、管理者及用户个人的警觉。

如何做好数据信息防护已成亟须解决的问题。在预防外部攻击的同时，也要严防内部泄露，通过对数据进行有效分类分级、敏感数据脱敏显示、精细化的访问控制，对数据访问行为进行完整审计，并基于用户行为分析进行全面预警，保证数据安全的全程防护。

1.3.2　政企数字化转型的核心竞争力

我国政企数字化转型，应始终坚持以客户为中心，以数据安全能力为基础。努力构建数字洞察、数字营销、数字创新、数字风控和数字运营五大核心竞争力。

数字洞察。数字洞察指以数字化方式深入了解客户，是数字化运营最基本的能力，也是数字化转型需要优先培养的能力。谁最了解客户，谁能提供符合客户需求的产品和服务，谁就能拥有更多的获客量，要做到这些，数字洞察是一个重要的前提和手段。因此，必须加强客户信息系统和数据平台建设，加强对外部数据资源的采集和整合，建立统一的客户标签体系，提高客户聚类和客户画像能力。

数字营销。数字营销对于实现“团队—渠道—客户—产品”的良好匹配，实现团队与渠道的对接，实现人员能力提升，实现企业快速发展均具有重要作用。数字营销涉及客户洞察、产品与服务匹配、内容操作、营销策略管理、营销活动管理、人员培训和绩效管理等多个方面，是一个多功能的数字闭环系统。

数字创新。大数据时代为个性化、差异化、定制化的产品和服务创新开辟了广阔空间。通过数据驱动的客户洞察，精准把握和细分客户的需求，通过大数据进行趋势分析和产品设计，实现产品定制和个性化定价。

数字风控。通过对大数据建模和机器学习技术的分析，对风险和违规进行预判和把控。比如：对直播营销中不合法、不合规的内容，违反公序良俗或基本道德规范的话题，当前热点事件或敏感话题等进行舆情把控。在数字化合法合规运维中，审计和风险预警等也发挥着重要作用。

数字运营。通过数字化升级带动流程再造和业务模式变革，实现业务、财务、人力资源管理的数字化、智能化升级，降低运营成本，提高运营效率，推动组织经营管理和决策向以数据为支撑的科学管理转变。

1.4 数字化发展带来的安全威胁

1.4.1 数据安全形势日趋严峻

数字化发展带来全新的网络威胁和安全需求，安全不仅是指信息和网络的安全，更是国家安全、社会安全、基础设施安全、城市安全、人身安全等更广泛意义上的安全，安全发展进入大安全时代。

在当前数字化社会、数字政府建设、现代化国防建设、智能化转型的趋势下，筑牢国家数据、个人信息、智能应用服务、新型信息基础设施网络安全防护屏障，是统筹安全与发展双向驱动的必然之路。网络空间作为继陆、海、空、天之后的第五维空间，已成为信息时代国家间博弈的新舞台和战略利益拓展的新疆域。

2021年8月发布的第48次《中国互联网络发展状况统计报告》数据显示，截至2021年6月，我国网民规模达10.11亿户，较2020年12月增长2175万户，互联网普及率达71.6%。十亿用户接入互联网，形成了全球最为庞大、生机勃勃的数字化社会。

我国建立了全球最大的信息通信网络，在新基建不断发展的同时，网络空间的安全形势非常严峻。安全漏洞的普遍性、后门的易安插、网络空间构架基因的单一性、攻防双方的不对称性使得安全漏洞无法被根除且容易被利用，从而导致安全事件频发，给数字经济的发展带来隐患。

近年来，全球针对政府组织大规模、持续性的网络攻击层出不穷，成为国家安全的重要隐患，常见的攻击类型包括数据泄露、勒索软件、DDoS攻击、APT攻击、钓鱼攻击及网页篡改等。国家互联网应急中心发布的《2019年中国互联网网络安全报告》数据显示，2019年我国境内遭篡改的网站约有18.6万个，其中被篡改的政府网站有515个。

在国家计算机网络应急技术处理协调中心发布的《2020年中国互联网网络安全报告》

中，对通过联网造成的数据泄露行为进行分析。报告显示，2020年累计监测并通报联网信息系统数据存在安全漏洞、遭受入侵控制、个人信息遭盗取和非法售卖等重要数据安全事件3000余起，涉及电子商务、互联网企业、医疗卫生、校外培训等众多行业组织。

近年来，我国以数据为新生产要素的数字经济蓬勃发展，数字经济已成为国际竞争的重要指标。数据被盗、数据端口对外网开放、数据违规收集等数据安全问题，也愈发突出。《中华人民共和国数据安全法》的实施使得企业在进行数据的获取、使用、处置及侵权或争议处理时有法可依。随着法律法规越来越完善、监管越来越严格，企业在数据安全管理方面的合法合规刻不容缓。

1.4.2　数据安全事件层出不穷

第47次《中国互联网络发展状况统计报告》数据显示，2020年国家信息安全漏洞共享平台收集整理信息系统安全漏洞20721个，同比2019年增长28.0%，高危漏洞数量为7422个，同比增长52.2%。表现在三个方面，全球网络空间局部冲突不断，国家级网络攻击频次持续增加，攻击复杂性呈上升趋势；国家级网络攻击正与私营企业技术融合发展，网络攻击私有化趋势明显增强；网络攻击与社会危机交叉结合，国际上陆续发生多起有重大影响的网络攻击事件。

根据IBM公司在2020年和2021年《数据泄露成本报告》的调查和数据，数据泄露有23%是由于人为失误造成，52%是恶意攻击带来，25%是由于系统故障导致。2020年到2021年间，数据泄露成本增加了10%，其中医疗保险行业的数据泄露成本连续11年位居首位，从2020年的713万美元增加到2021年的923万美元，增幅为29.5%。

综合网络媒体的报道，2021年国际上发生了多起重大网络安全事件。

2021年8月，美国某公司旗下的一家生育诊所的网络被攻击，不仅仅泄露了大量用户个人信息，包括姓名、地址、电话号码、电子邮件地址、出生日期和账单等；同时还泄露了大量健康信息，包括CPT代码、诊断代码、测试申请和结果、测试报告和病史信息等。该公司还承认，在此次攻击事件中，被泄露驾驶执照号码、护照号码、社会安全号码、金融账户号码和信用卡号码等信息的人不计其数。

2021年10月，加拿大某省卫生网络遭到网络攻击造成瘫痪，导致全省数千人的医疗预约被取消。黑客窃取了近14年以来众多东部卫生系统患者与员工的个人信息，包括患者的姓名、地址、医保编号、就诊原因、主治医师与出生日期等，员工信息则可能包括姓名、地址、联系信息与社会保险号码。医疗数据泄露的严重性可上升到国家安全层面。

在国际赛事活动中也发生过数据泄露事件。2018年2月，平昌冬奥会开幕式遭遇网络袭击，当晚，互联网、广播系统和奥运会网站都出现问题，致使许多观众无法打印入场券，导致座位空置。2021年7月，东京奥运会（包括东京残奥会）部分购票人的ID和密码遭到泄露，包括购票人的姓名、地址、银行账户等信息。

核心数据资产泄露不仅发生在医疗网络、企业、国际性赛事活动中，更是在某些国家的政府机构中出现。如：2018年10月，非洲某国家70多个政府网站遭受黑客的DDoS攻击；

2019年9月联合国信息和技术办公室共42台服务器遭受APT组织攻击，导致约400GB的文件被盗，据报道其中包括员工记录、健康保险和商业合同等数据。

2020年1月，英国教育部数据的信息访问权被一家博彩公司非法获取，该数据库包含2800万儿童的记录，包括学生姓名、年龄及详细地址等信息。这是英国政府近年来发生的最大的一起数据泄露事件。

2020年4月，德国某州政府网站遭遇钓鱼软件的攻击，黑客利用钓鱼电子邮件吸引用户注册以窃取个人详细信息，粗略估计至少造成3150万欧元的损失。

2020年6月，美国某政府组织被“激进组织”窃取了296GB的数据文件，这些数据包含了美国200多个警察部门和执法融合中心（Fusion Centers）的报告、安全公告、执法指南等。

政府机构拥有的数据被泄露不仅危害自身业务，同时还会导致民众个人隐私信息遭到泄露。

大数据时代，数据作为数字经济最核心、最具价值的资源，正深刻地改变着人类社会的生产和生活方式。据统计，2020年全球公开范围报告了将近4000起重要的安全泄露事件，泄露的记录数量达到惊人的370亿条。其中，政务数据、医疗数据及生物识别信息等高价值特殊敏感数据泄露风险加剧，云、端等数据安全威胁在各类风险中处于高位。数据安全已经上升到国家主权的高度，是国家竞争力的直接体现，是数字经济健康发展的基础。

1.4.3 数据安全问题制约数字经济发展

2020年以来，网络教学、视频会议、直播带货、在线办公等新业态迅速成长，数字经济显示了拉动内需、扩大消费的强大带动效应，促进了我国经济的稳定与增长。保障数字经济的健康发展对世界经济发展意义重大。

当前，我国的数字经济具有巨大的发展空间，数字经济深刻融入了国民经济的各个领域。从全球范围来看，随着新一轮科技革命和产业变革的加快推进，数字经济为各国经济发展提供了新动能，并且已经成为世界各国竞争的新高地。

数据安全已经成为国家安全的重要组成部分。《促进大数据发展行动纲要》提出了“数据已成为国家基础性战略资源”的重要判断。《关于构建更加完善的要素市场化配置体制机制的意见》，分类提出了土地、劳动力、资本、技术、数据五个要素领域改革的方向，明确了完善要素市场化配置的具体举措，数据作为一种新型生产要素被写入文件。与此同时，由于数据广泛使用而衍生的新问题也层出不穷。一方面，碎片化的海量数据被挖掘、整合、分析，不断产生着新价值，让人们工作与生活日益便捷高效；另一方面，数据泄露、数据贩卖、数据勒索事件时有发生，也给人们的生产生活带来新困扰。

随着数据量激增和数据跨境流动日益频繁，有效的数据安全防护和流动监管将成为国家安全的重要保障。数据与国家的经济运行、社会治理、公共服务、国防安全等方面密切相关，一些个人隐私信息、企业核心数据甚至国家重要信息的泄露，给社会安全甚至国家安全带来隐患。

除此之外，在全球范围内，以数据为目标的跨境攻击也越来越频繁，并成为挑战国家主权安全的跨国犯罪新形态。除了数据本身的安全，对数据的合法合规使用也是数据安全的重要组成部分，违规使用数据或进行数据垄断，不合法合规地保存或移动数据，也将对数据安全产生威胁。

第 2 章　数据安全理论及实践框架

数据安全的规划和建设并不是一个全新的话题，但是之前的大多数解决方案是以满足合规性为主要目的。在很多组织经历了数据泄露风险和事件之后，安全性现在已成为以数据为中心的数字化转型战略的关注重点。当前，数据量的快速增长和数据泄露事件频发的趋势，加上组织内外不断扩大的数据使用需求，极大地改变了对数据保护及其解决方案的诉求。由于数据安全涉及数据生产、传输、存储、使用、共享、销毁等全生命周期的每一步，并且涉及众多参与者，所以一个成功的数据安全方案的规划和建设需要借鉴一些有经验的模型框架。这里我们介绍几个常见的数据安全模型框架。

2.1　数据安全治理（DSG）框架

Gartner将数据安全治理（Data Security Governance，简称DSG）定义为："信息治理的一个子集，专门通过定义的数据策略和流程来保护组织数据（包含结构化数据和非结构化文件的形式）。"数字化企业从不断增长的数据量中创造价值，但不能忽视与之同时增长的风险。安全和风险管理负责人应制定一个数据安全治理框架，以减少数据安全和隐私保护可能出现的风险。随着数据被共享给业务合作伙伴和其他数据生态系统，数据安全、隐私保护、信任等问题将会增加。DSG框架可以帮助减少相关风险，从而实现有效的安全防御。

企业在数字化转型中面临着两个大的挑战：一是加强数据和分析治理，提高竞争优势的业务需求；一是加强安全和风险治理，制定适当的安全策略以降低业务风险。数据安全治理（图2-1）有助于在两者之间取得一个最佳的平衡。DSG框架可以帮助制定合适的安全策略和管理规则，这些管理规则可以进行协调和管理。

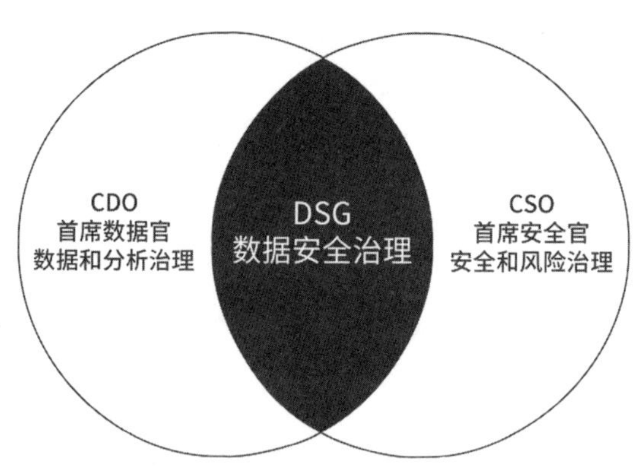

图 2-1　数据安全治理的融合

在进行数据安全建设准备的时候，大多数人会直接从最流行或者自己认为最重要的某个技术或者产品开始。但是在DSG框架（图2-2）中，这并不是一个最佳、最有效的开始位置，因此该框架明确指出“不要从这里开始”。因为具体的产品或者技术是被孤立在其提供的安全控制和其操作的数据流中的，单一产品很难从全局或者全生命周期的视角降低业务风险。

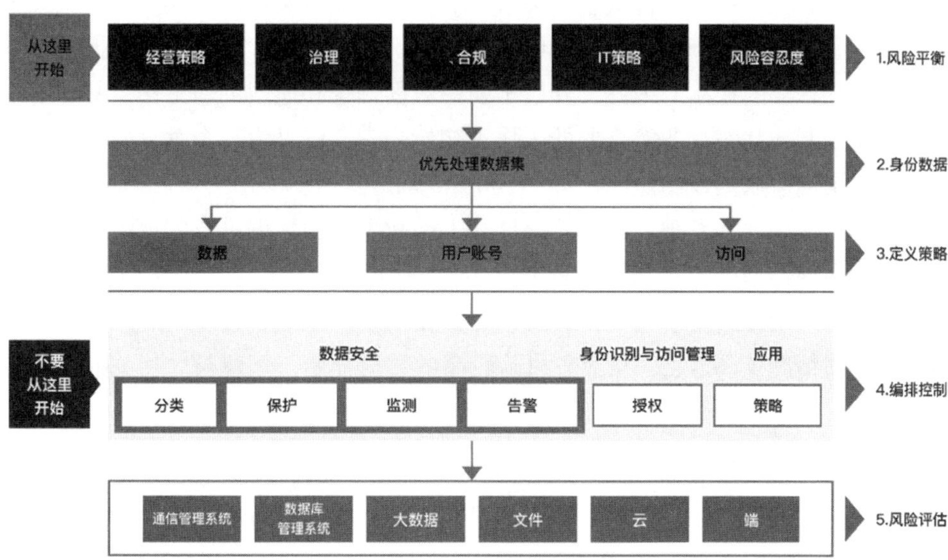

资料来源：Gartner ID 465140

图2-2　DSG框架

安全体系的决策者需要了解机会成本对业务的影响，评估在安全和隐私方面的投资是否会降低业务风险。所以数据安全治理应该从解决业务风险开始（图2-3）。这对数据安全管理者来说是一个巨大的挑战。

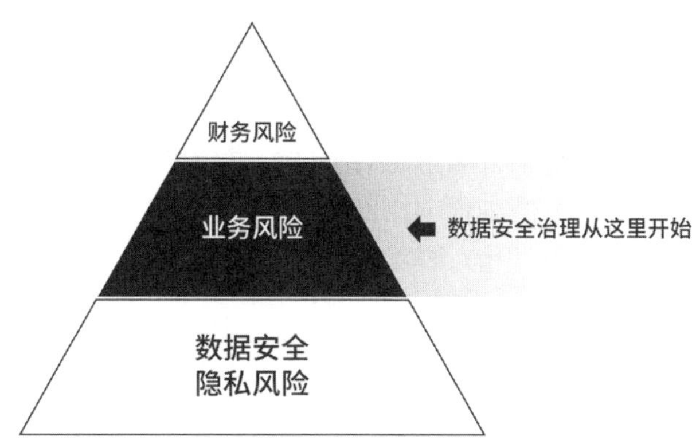

图2-3　数据安全治理从业务风险开始

不同的数据或隐私风险对业务风险和财务风险的影响不同，其处理优先级也不同，即按照不同的优先级进行考虑和解决。数据集会发生变化，并在本地数据库和云服务之间流动。此外，部署多个应用和安全产品将产生多个管理控制台。管理者独立于安全管理团队和隐私管理团队之外，每个团队都有单独的预算；每个管理控制台具有不同的数据安全控制和管理权限，甚至对相同用户的不同账户也会有不同的控制策略；这些控件策略在不同的存储位置、终端或数据传输路径上以不同的方式执行。这些因素会导致不一致，增加了数据和隐私风险，从而可能产生业务风险。从统一的业务视角甄别和梳理数据安全风险，并与业务相关人建立紧密的支持或合作关系，对于确定如何缓解这些业务风险至关重要。

大多数企业的安全投资和策略都对应着一系列不同的产品，并对一些数据库和数据流通道进行了不同程度的控制。因此，开展全面的数据普查和地图创建工作，并确定现有数据安全和访问控制的状态是非常重要的。作为初始步骤，可以为某个垂直的数据流路径或者特定的数据集创建数据地图。

接下来需要使用数据发现产品，对存储在不同数据库的数据进行发现、梳理和关联。通常需要使用多种类型的产品和技术来覆盖存储、流通、分析和终端等不同的场景。因此，需要跨多个管理控制台进行手动编排，以确保数据发现、梳理、关联的一致性。然后，根据核心数据发布情况（图2-4），从业务风险较高的数据开始，创建与之相关的业务流程和应用程序清单。

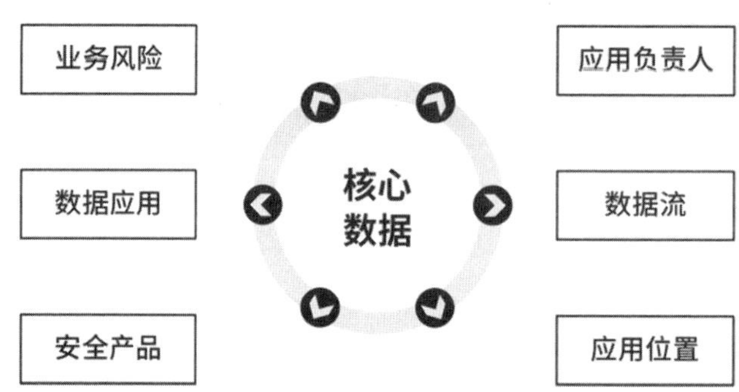

图 2-4　核心数据分布情况

当完成了DSG框架所建议的工作之后，就可以进入数据安全产品和技术的预研、部署、上线和调整优化等环节。选择合适的工具，参照最佳实践，常态化地实现数据安全运营，往往比通过DSG框架从业务风险找突破口、制定项目目标更加有挑战性，也更加关键。在当前大部分政企快速数字化转型的进程中，安全管理部门与业务部门找到明显的薄弱环节和数据安全的风险点并达成共识是相对容易的。

2.2　数据安全管控（DSC）框架

Forrester提出的数据安全管控（Data Security Control，简称DSC）框架把安全管控数据分解成三大领域：定义数据、分解和分析数据、防御风险和保护数据（图2-5）。

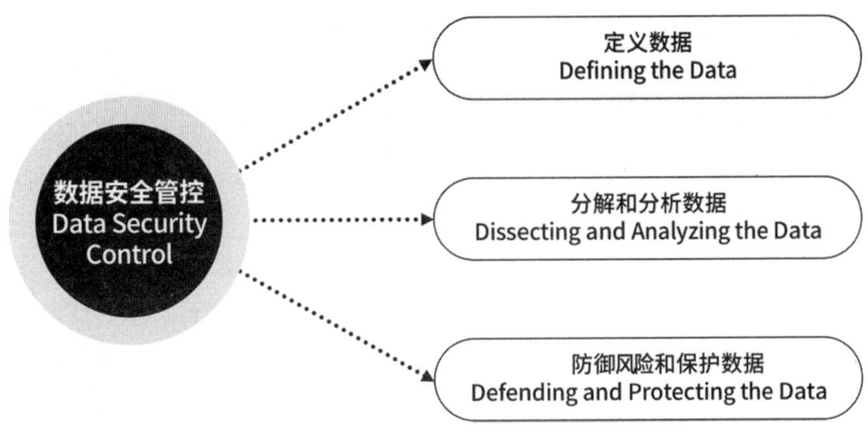

图 2-5　数据安全控制的三大领域

1. 定义好数据可以简化数据管控

我们不太可能完完全全地把数据保护起来，比如把所有的数据都加密从运维的角度来说太复杂了，而且效率比较低。为了更好地了解所要保护的数据，进行数据发现和数据分类非常关键。

① 数据发现。

为了保护数据，我们必须首先知道数据都存储在哪里。

② 数据分类。

数据分类是数据保护的基石，首先需要制定相应的标准。当然，数据分类的标准会随着业务和数据的变化而有所变化。

2. 分解和分析数据帮助更好地制定安全策略

剖析数据的商业价值及其在业务中的重要性，然后决定相应的安全策略和技术。比如对于经常与外部交换的敏感数据，安全团队可以部署能够实现安全协作的方案；对于内部业务部门希望用于数据分析的敏感数据，可以对使用中的数据进行保护或进行匿名去标识化处理。同时，了解数据的状态很重要：数据是如何流动的？谁在使用这些数据？使用频率如何？使用的目的是什么？这些数据是如何收集的？如果数据完整性受到破坏，会产生什么样的后果？

3. 防御风险和保护数据免受威胁

随着数据风险的加大，以及攻击的数量和复杂程度的增加，DSC框架建议了四种方法。

① 控制访问。

确保正确的用户能够在正确的时间访问正确的数据。要在整个生命周期中保护数据，并严格限制可以访问重要数据的人数，持续监控用户的访问行为。

② 监控数据使用行为。

帮助安全团队预先提示潜在的滥用行为。可以通过部署用户实体行为分析（User and Entity Behavior Analytics，简称UEBA）等工具，并将其与安全分析集成，来实现主动保护敏感数据所需的可见性。

③ 删除不再需要的数据。

通过适当的数据发现和分类，可以防御性地处置不再需要的敏感数据。安全、防御性地处理数据是一种强大的防御策略，可以降低法律风险，降低存储成本，并降低数据泄露的风险。

④ 混淆数据。

不法分子利用互联网上的“地下黑市”买卖敏感数据。我们可以通过使用数据抽象和模糊技术（如加密、去标识化和掩蔽）生成“混淆数据”，来降低数据的价值。

2.3 数据驱动审计和保护（DCAP）框架

跨越多种异构数据库的数据生成和使用正在呈指数级地高速增长，使得原有的数据安全保护方法不再充分有效。因此需要在数据安全体系结构和产品技术选择方法上进行较大的调整和优化。为了业务的发展，许多企业都为“数据孤岛”式的使用场景建立了单独的团队，没有对数据安全产品、策略、管理和实施进行统一的规划和管理。为此，Gartner提出了以数据为中心的审计和保护（Data-Centric Audit and Protection，简称DCAP）框架。DCAP框架是一类产品，其特点是能够集中监控不同的应用、各类用户、特权账号管理员对数据的使用情况提供六种支持能力（图2-6）。甚至可以通过机器学习或行为分析的算法，提供智能化的更高级别的风险洞察力。结合上文提到的DSG框架，通过跨越非结构化、半结构化和结构化数据库或存储库的应用数据安全策略和访问控制来实现数据保护。

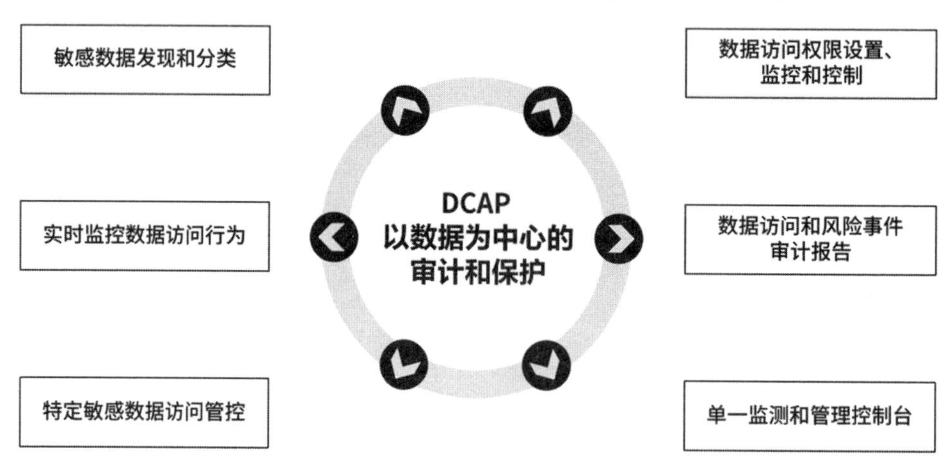

图 2-6　DCAP 框架提供的六种支持能力

DCAP框架主要提供的支持能力如下。

（1）敏感数据发现和分类：跨越关系型数据库（Relational Database Management System，简称RDBMS）、数据仓库、非结构化数据文件、半结构化数据文件和半结构化大数据平台（如Hadoop）等实现敏感数据的发现和分类，需要能够涵盖基础设施服务（Infrastructure as a Service，简称IaaS）、软件即服务SaaS（Software as a service，简称SaaS）和数据库即服务（DataBase-as-a-Service，简称DBaaS）中的本地存储和基于云的存储。

（2）实时监控数据访问行为：针对用户的数据访问进行权限设置、监控和控制，特别是包括管理员和开发人员等高权限用户的权限；使用基于角色的访问控制（Role-Based Access Control，简称RBAC）和基于属性的访问控制（Attribute-Based Access Control，简称ABAC），实现对特定敏感数据的访问控制和监控。

（3）特定敏感数据访问管控：使用行为分析技术实时监控用户对敏感数据的访问行为，针对不同场景的模型，生成可定制的安全警报，阻断高风险的用户行为和访问模式等。

（4）数据访问权限设置、监控和控制：对用户和管理员访问特定敏感数据进行管控，可以通过加密、去标识化、脱敏、屏蔽或阻塞来实现。

（5）数据访问和风险事件审计报告：生成用户数据访问和风险事件审计报告，提供针对不同场景的可定制化的详细信息，从而满足不同的法律法规或标准审计要求。

（6）单一监测和管理控制台：支持跨多个异构数据格式的统一数据安全监测和策略管控。

2.4　数据审计和保护成熟度模型（DAPMM）

结合上文提到的DCAP框架和IBM公司的需要，IBM公司提出了数据审计和保护成熟度模型（Database Audit and Protection Maturity Model，简称DAPMM）。

数据安全保护不仅仅是纯粹的产品和技术问题，更是一个过程，是一种结构化且可重复的方法，用于识别、保护和降低数据安全风险。这种方法需要协调人员、流程和技术，以便安全地为业务服务并防御风险。虽然人们认为技术在该方法中起着至关重要的作用，但解决方案的设计和产品技术的实施往往是孤立的，忽视了协作和交付时人员与过程的影响。简而言之，成功的数据安全规划需要在生命周期的每个阶段整合跨职能的人员、流程和技术（图2-7）。

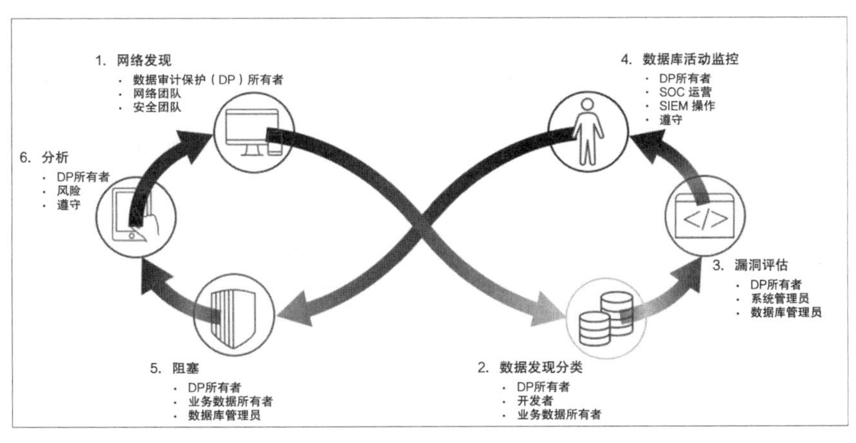

图 2-7　数据安全生命周期及相关团队整合

DAPMM遵循以下能力成熟度模型的结构（图2-8）。该模型为组织提供了实施落地的基础，以确定改进数据安全能力的差距，实施新的解决方案，或对现有解决方案提出改进。

人员和组织

流程

技术

DP 成熟度等级说明（示例）				
初期	发展	定义	管理	优化
1级	2级	3级	4级	5级
✓ 基础设施完成 ✓ 数据库活动监控操作 ✓ 捕获所有 或 OOTB 基本政策 ✓ 有限的运营所有权（共享责任）	✓ 临时流程到位 · 修补和升级 · 分类扫描开始 ✓ 基本自定义策略开发 ✓ 基本策略报告 ✓ 基本外部系统集成（SIEM） ✓ 专门的运营所有权 ✓ 将共享风险概念与其他群体社会化 ✓ 识别需要整合的变更控制流程	✓ 已记录和可重复的流程 · 修补和升级 · 漏洞评估 · 权利报告 ✓ 高级自定义审计/安全策略开发 ✓ 策略调整 ✓ 事件响应政策制定 ✓ 指标用例开发 ✓ 定义共同的风险角色和责任 ✓ 集成到开发变更控制流程中	✓ 底层环境的数据屏蔽 ✓ 报告用例指标 ✓ 与外部团体的外展-社会化风险商业 ✓ 基本分析 ✓ 高级外部系统集成（补救措施/立即服务） ✓ 在组织流程中编码的共享风险 ✓ 高级外部系统集成（立即服务，补救措施）	✓ 自动化流程到位 · 自动化流程到位 · 修补和升级 · 漏洞评估扫描 · 分类扫描 · 权限报告 · 阻塞 · 掩蔽 · 指标 ✓ 高级分析 (UBA/ML) 功能

图 2-8　能力成熟度模型的结构

DAPMM的落地实施需要组织内各个数据所有者的支持和配合。DAPMM落地实施的五项建议如图2-9所示。

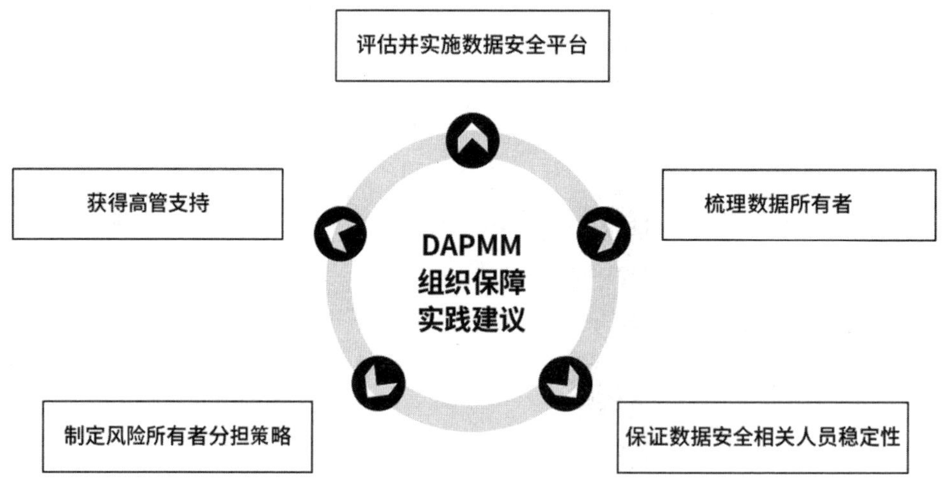

图 2-9　DAPMM 落地实施的五项建议

（1）获得高管支持。数据保护是一项跨组织的工作。数据所有者、开发者和数据库管理员等的通力合作是成功的必要条件。通过一个明确的执行发起人，最好是高级别的发起人，比如首席安全官、首席信息官、首席财务官或首席运营官，方便获得数据安全相关工作的资金支持。

（2）梳理数据所有者（数据治理的一部分）。明确各种数据的所有者，这对于开展数据的分级、分类和保护数据工作至关重要。

（3）制定风险所有者分担策略。让数据所有者分担风险责任将有助于实现这些组织的合作和资源。高管支持和数据治理通常都是成功的必要条件。

（4）保证数据安全相关人员稳定性。在不缺失重要历史资料的前提下解决员工流动问题，对于数据保护策略的成功至关重要。

（5）评估并实施数据安全平台。通过平台全生命周期解决数据保护问题，实现既遵从传统法律法规，又满足下一代数据安全实际需求的目的。

2.5　隐私、保密和合规性数据治理（DGPC）框架

DGPC（Data Governance for Privacy Confidentiality and Compliance）框架是微软的隐私、保密和合规性数据治理框架。该框架以数据生命周期为第一维度，以安全架构、身份认证访问控制系统、信息保护和审计等安全要求为第二维度，组成了一个二维的数据安全防护矩阵，帮助安全人员体系化地梳理数据安全防护需求。

（1）传统的IT安全方法侧重于IT基础设施，DGPC框架注重通过边界安全与终端安全进行保护，重点关注对存储数据的保护。

（2）DGPC框架注重隐私相关的保护措施，包括对重点数据的获取和保护，对客户收集、处理信息等行为的管控。

（3）数据安全和数据隐私合规责任需要通过一套统一的控制目标和控制行为来控制和管理，以满足合规性要求。

DGPC框架可与现有的IT管理和控制框架（如COBIT）、ISO / IEC 27001/27002信息安全管理体系规范、支付卡行业数据安全标准（PCI DSS）等安全规范和标准协同工作。DGPC框架围绕人员、流程和技术三个核心能力领域构建。

在人员领域，DGPC框架把数据安全相关组织分为战略层、战术层和操作层三个层次，每一层次都要明确组织中的数据安全相关的角色职责、资源配置和操作指南。

在流程领域，DGPC框架认为，组织应首先检查数据安全相关的各种法规、标准、策略和程序，明确必须满足的要求，并使其制度化与流程化，以指导数据安全实践。

在技术领域，微软开发了一种工具（数据安全差距分析表）来分析与评估数据安全流程控制和技术控制存在的特定风险，这种方法具体落到风险/差距分析矩阵模型中（图2-10）。该模型围绕数据安全生命周期、四个技术领域、数据隐私和保密原则构建。

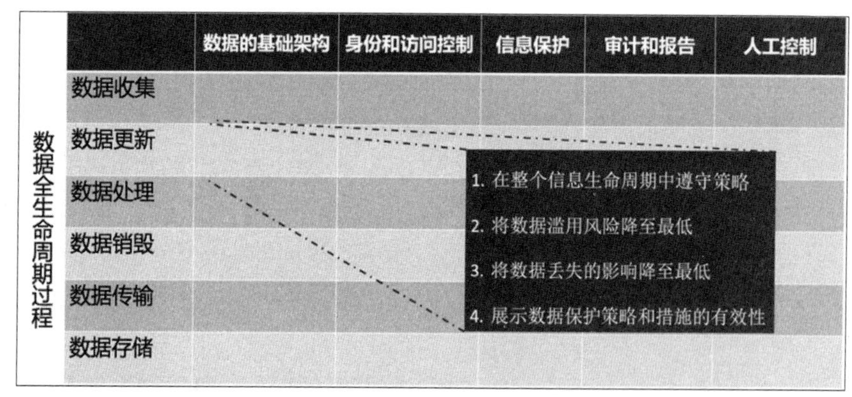

图 2-10　风险/差距分析矩阵模型

1. 数据安全生命周期

为了识别安全风险并选择合适的技术措施和行为来保护机密数据，组织必须首先了解信息如何在整个系统中流动，以及信息如何在不同阶段被多个应用程序访问和处理。

2. 四个技术领域

组织还需要系统评估保护其数据机密性、完整性和可用性的技术是否足以将风险降低到可接受的水平。以下技术领域为此任务提供了一个参考框架。

（1）数据的基础架构。

保护机密信息需要技术基础架构，可以保护计算机、存储设备、操作系统、应用程序和网络免受黑客入侵和内部人员窃取。

（2）身份和访问控制。

身份和访问控制技术有助于进行身份认证和访问控制，保护个人信息免受未经授权的访问，同时保证合法用户的可用性。这些技术包括认证机制、数据和资源访问控制、供应系统和用户账户管理。从合规角度来看，IAM功能使组织能够准确地跟踪和管理整个企业所有用户的权限。

（3）信息保护。

机密数据需要持续保护，因为它们可能在组织内部或外部被共享。组织必须确保其数据库、文档管理系统、文件服务器等处存放的数据在整个生命周期内被正确地分类和保护。

（4）审计和报告。

审计和报告验证系统与数据访问控制是否有效，这些对于识别可疑的或不合规的行为十分有用。

此外还有人工控制作为辅助。

3. 数据隐私和保密原则

以下4条原则旨在帮助组织选择能够保护其机密数据的技术和行为，以指导风险管理和决策的过程。

原则1：在整个信息生命周期中遵守策略。这包括承诺按照适用的法规和条例处理所有数据，保护隐私数据、尊重客户的选择并得到客户同意，允许个人在必要时审查和更正其信息。

原则2：将数据滥用风险降至最低。信息管理系统应提供合理的管理、技术和物理保障，以确保数据的机密性、完整性和可用性。

原则3：将数据丢失的影响降至最低。信息保护系统应提供合理的保护措施，如加密数据以确保数据遗失或被盗后的机密性。制订适当的数据泄露应对计划，并规划升级路径，对所有可能参与违规处理的员工进行培训。

原则4：展示数据保护策略和措施的有效性。为确保问责制度的实施，组织应遵守隐私保护和保密原则，并通过适当的监督、审计和控制措施来加以验证。此外，组织应该有一个报告违规行为的报告制度和明确定义的流程。

2.6　数据安全能力成熟度模型（DSMM）

数据安全能力成熟度模型（Data Security Maturity Model，简称DSMM）基于数据在组织的业务场景中的数据生命周期，从组织建设、制度与流程、技术与工具、人员能力四个方面构建了数据安全过程的规范性数据安全能力成熟度模型及评估方法。DSMM架构如图2-11所示。

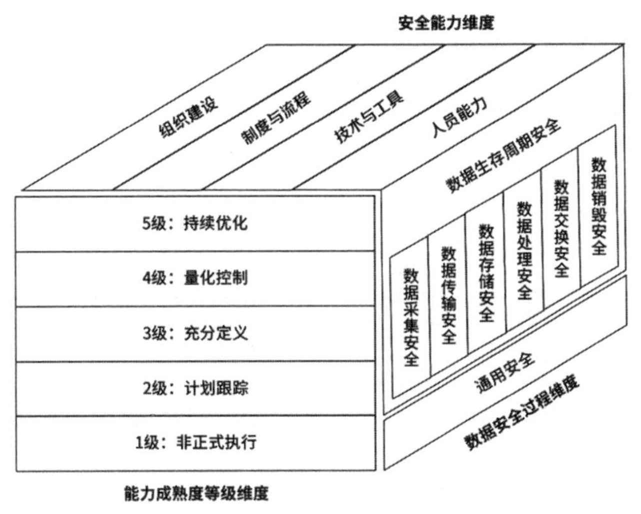

图 2-11　DSMM 架构图

DSMM架构包括以下维度。

（1）数据安全过程维度。该维度是围绕数据生命周期，以数据为中心，针对数据生命周期各阶段建立的相关数据安全过程体系，包括数据采集安全、数据传输安全、数据存储安全、数据处理安全、数据交换安全、数据销毁安全等过程。

（2）安全能力维度：明确组织在各数据安全领域所需要具备的能力，包括组织建设、制度与流程、技术与工具、人员能力四个维度。

（3）能力成熟度等级维度：基于统一的分级标准，细化组织在各数据安全过程域的五个级别的数据安全能力成熟度分级要求。五个级别分别是非正式执行、计划跟踪、充分定义、量化控制、持续优化。

1. DSMM 评估方法及流程

DSMM评估的是整个组织的数据安全能力成熟度，它不局限于某一系统。依据组织的业务复杂度、数据规模，按照业务部门进行拆分；从组织建设、制度与流程、技术与工具、人员能力展开。通过对各项安全过程所需具备的安全能力的评估，可评估组织在每项安全过程的实现能力属于哪个等级（图2-12）。

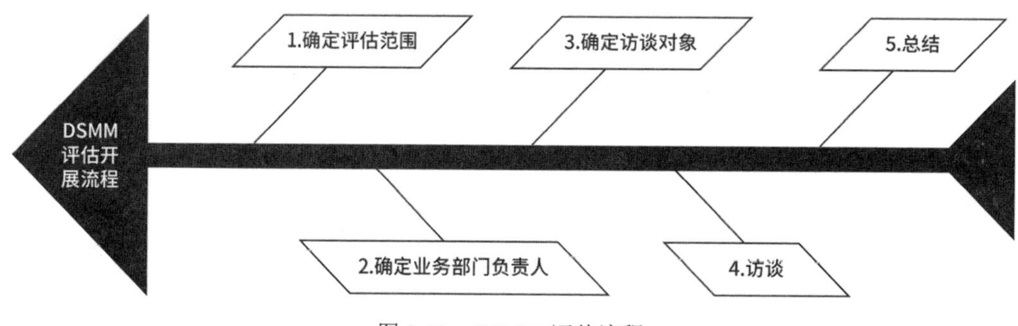

图 2-12　DSMM 评估流程

在实际应用中，应根据不同业务部门进行分组评估。首先，确定业务部门负责人，辅助评估过程的资源协调工作。然后，与业务部门负责人一同梳理基本的业务流程，结合PA（过程域），根据线上生产数据和线下离线数据两条线，确定各过程域（Process Area，简称PA）访谈部门和访谈对象，并根据评估工作的展开动态调整。

数据安全能力成熟度等级评估流程如图2-13所示。

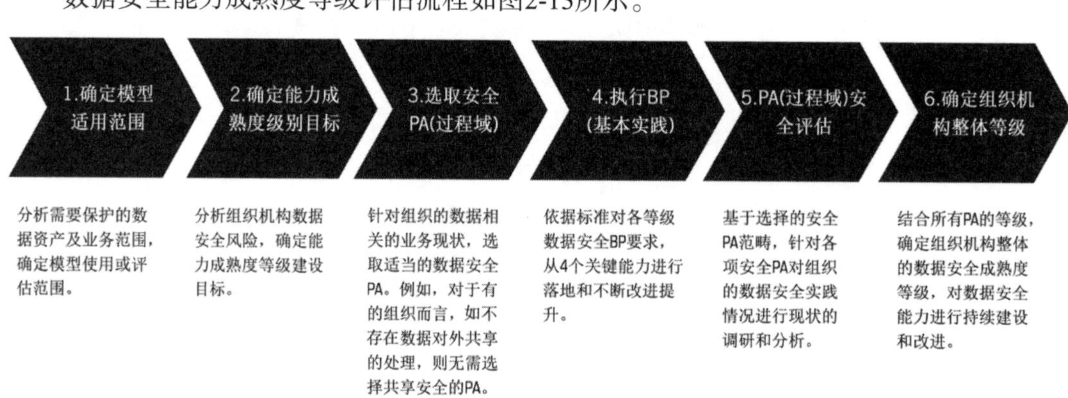

图 2-13　数据安全能力成熟度等级评估流程

2. DSMM 的使用方法

由于各组织在业务规模、业务对数据的依赖性，以及组织对数据安全工作定位等方面的差异，组织对该模型的使用应“因地制宜”（图2-14）。

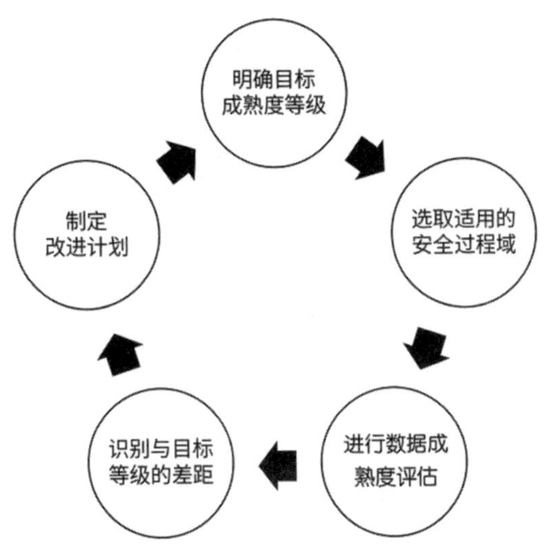

图 2-14　DSMM 在组织的应用

在使用该模型时，首先，组织应明确其目标的数据安全能力成熟度等级。根据对组织整体的数据安全成熟度等级的定义，组织可以选择适合自己业务实际情况的数据安全能力成熟度等级目标。本标准定义的数据安全成熟度等级中，3级目标适用于所有具备数据安全保障需求的组织作为自己的短期目标或长期目标，达到3级标准者意味着组织能够针对数据安全的各方面风险进行有效的控制。然而，对于业务中尚未大量依赖于大数据技术的组织而言，数据仍然倾向于在固有的业务环节中流动，对数据安全保障的需求整体弱于强依赖于大数据技术的组织，因此其短期目标可先定位为2级，待达到2级的目标之后再进一步提升到3级。

然后，在确定目标数据安全能力成熟度等级的前提下，组织根据数据生存周期所覆盖的业务场景挑选适用于组织的数据安全过程域。例如，组织A不存在数据交换的情况，因此数据交换的过程域就可以从评估范围中剔除掉。

最后，组织基于对DSMM内容的理解，识别数据安全能力现状并分析与目标能力等级之间的差异，在此基础上执行数据安全能力的改进与提升计划。而伴随着组织业务的发展变化，还需要定期复核、明确自己的目标数据安全能力成熟度等级，然后进行新一轮评估与工作。

2.7　CAPE 数据安全实践框架

本章介绍的几个数据安全理论框架对数据安全建设具有较强的理论指导意义，它们互相之间并无冲突。它们从不同视角看待同一问题，互为补充。在具体实践中，本书作者吸收了各个理论框架的思想，通过丰富的数据安全领域项目实战经验，总结了一套针对敏感数据保护的CAPE数据安全实践框架（图2-15），CAPE的含义是：Check，风险核查；Assort，数据梳理；Protect，数据保护；Examine，监控预警。接下来本书会详细介绍CAPE分别代表什么，并对相应章节标题在后边用（C）、（A）、（P）、（E）加以标注，方便读者阅读。

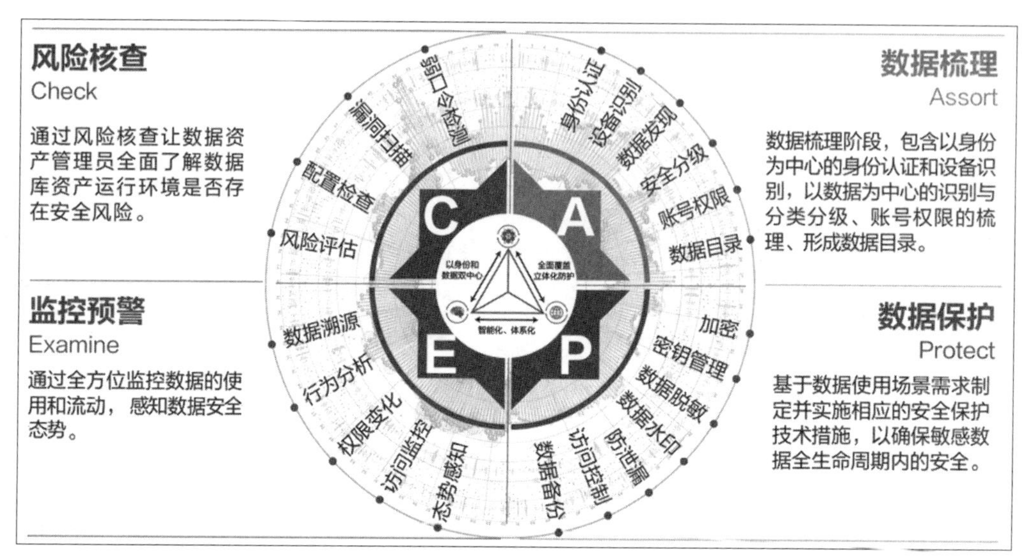

图 2-15　CAPE 数据安全实践框架

CAPE数据安全实践框架坚持以下三个原则。

1. 以身份和数据构成的双中心原则

保护数据安全的目标之一是，防止未经授权的用户进行数据非法访问和操作，因此需同时从访问者“身份”和访问对象“数据”两个方面入手，双管齐下。

非受信的企业内部和外部的任何人、系统或设备均需基于身份认证和授权，执行以身份为中心的动态访问控制。

有针对性地保护高价值数据及业务，实施数据发现和数据分类分级，执行以数据为中心的安全管理和数据保护控制。

2. 全面覆盖立体化防护原则

在横向上，全面覆盖数据资源的收集、传输存储、加工、使用、提供、交易、公开、销毁等活动的整个生命周期，采用多种安全工具支撑安全策略的实施。

在纵向上，通过风险评估、数据梳理、访问监控、大数据分析，进行数据资产价值评估、数据资产弱点评估、数据资产威胁评估，最终形成数据安全态势感知。

通过组织、制度、场景、技术、人员等自上而下地落实和构建立体化的数据安全防护体系。

3. 智能化、体系化原则

在信息技术和业务环境越来越复杂的当下，仅靠人工方式来运维和管理安全已经捉襟见肘；人工智能、大数据技术，如UEBA异常行为分析、NLP加持的识别算法、场景化脱敏算法等，已有成熟的实现方案。

仅靠单独的技术措施只能解决单方面的问题，因此必须形成体系化的思维，通过能力模块间的联动打通，形成体系化的整体数据安全防护能力，并持续优化和改进，从而提升整体安全运营和管理的质量与效率。

CAPE数据安全实践框架实现了敏感数据安全防护的全生命周期过程域全覆盖，建立了以风险核查为起点，以数据梳理为基础，以数据保护为核心，以监控预警作为支撑，最终实现“数据安全运营”的全过程、自适应安全体系，直至达到“整体智治”的安全目标。

2.7.1　风险核查（C）

通过风险核查让数据资产管理人员全面了解数据资产运行环境是否存在安全风险。通过安全现状评估能及时发现当前数据库系统的安全问题，对数据库的安全状况进行持续化监控，保持数据库的安全健康状态。数据库漏洞、弱口令（指容易破译的密码）、错误的部署或配置不当都容易让数据陷入危难之中。

数据库漏洞扫描帮助用户快速完成对数据库的漏洞扫描和分析工作，覆盖权限绕过漏洞、SQL注入漏洞、访问控制漏洞等，并提供详细的漏洞描述和修复建议。

弱口令检测基于各种主流数据库密码生成规则实现对密码匹配扫描，提供基于字典库、基于规则、基于枚举等多种模式下的弱口令检测。

配置检查帮助用户规避由于数据库或系统的配置不当造成的安全缺陷或风险，检测是否存在账号权限、身份认证、密码策略、访问控制、安全审计和入侵防范等安全配置风险。基于最佳安全实践的加固标准，提供重要安全加固项及修复的建议，降低配置弱点被攻击和配置变更风险。

2.7.2　数据梳理（A）

数据梳理阶段包含以身份为中心的身份认证和设备识别、以数据为中心的识别与分类分级并对资产进行梳理，形成数据目录。

以身份为中心的身份认证和设备识别是指，网络位置不再决定访问权限，在访问被允许之前，所有访问主体都需要经过身份认证和授权。身份认证不再仅仅针对用户，还将对终端设备、应用软件等多种身份进行多维度、关联性的识别和认证，并且在访问过程中可以根据需要多次发起身份认证。授权决策不再仅仅基于网络位置、用户角色或属性等传统静态访问控制模型，而是通过持续的安全监测和信任评估，进行动态、细粒度的授权。安全监测和信任评估结论是基于尽可能多的数据源计算出来的。以数据为中心的识别与分类分级是指，进行数据安全治理前，需要先明确治理的对象，企业拥有庞大的数据资产，本着高效原则，应当优先对敏感数据分布进行梳理。“数据分类分级”是整体数据安全建设的核心且最关键的一步。通过对全部数据资产进行梳理，明确数据类型、属性、分布、账号权限、使用频率等，形成数据目录，以此为依据对不同级别数据实施不同的安全防护手段。这个阶段也会为客户数据安全提供保护，如为数据加密、数据脱敏、防泄露和数据访问控制等进行赋能和策略支撑。

2.7.3 数据保护（P）

基于数据使用场景的需求制定并实施相应的安全保护技术措施，以确保敏感数据全生命周期内的安全。这一步的实施更加需要以数据梳理作为基础，以风险核查的结果作为支撑，提供在数据收集、存储、传输、加工、使用、提供、交易、公开等不同场景下，既满足业务需求又保障数据安全的保护策略，降低数据安全风险。

数据是流动的，数据结构和形态会在整个生命周期中不断变化，需要采用多种安全工具支撑安全策略的实施，涉及数据加密、密钥管理、数据脱敏、水印溯源、数据防泄露、访问控制、数据备份、数据销毁等安全技术手段。

2.7.4 监控预警（E）

制定并实施适当的技术措施，以识别数据安全事件的发生。此过程包括数据溯源、行为分析、权限变化和访问监控等，能够通过全方位监控数据的使用和流动感知数据安全态势。

数据溯源。能够对具体的数据值如某人的身份证号码进行溯源，刻画该数据在整个链路中的流动情况，如被谁访问、流经了哪些节点，以及其他详细的操作信息，方便事后追溯和排查数据泄露问题。

行为分析。能够对核心数据的访问流量进行数据报文字段级的解析操作，完全还原出操作的细节，并给出详尽的操作结果。实体行为分析可以根据用户历史访问活动的信息刻画出一个数据的访问“基线”，而之后则可以利用这个基线对后续的访问活动做进一步的判别，以检测出异常行为。

权限变化。能够对数据库中不同用户、不同对象的权限进行梳理并监控权限变化。权限梳理可以从用户和对象两个维度展开。一旦用户维度或者对象维度的权限发生了变更，能够及时向用户反馈。

访问监控。实时监控数据库的活动信息。当用户与数据库进行交互时，系统应自动根据预先设置的风险控制策略，进行特征检测及审计规则检测，监控预警任何尝试攻击的行为或违反审计规则的行为。

2.8 小结

目前还没有统一、成熟和广泛应用的数据安全框架或模型，因此多个组织根据实践经验提出了不同的数据安全框架或模型。这些框架或模型没有好坏之分，只是出发点和侧重点不同。DSG框架侧重从数据安全规划建设初期、从业务视角找到最佳的切入点，同时给出了持续度量和优化数据安全建设的框架，从而帮助一个数据安全项目成功实施。DSC框架的特点是，从技术的角度来剖析怎么实现数据安全管控，提出了梳理定义数据、分解分析数据、防御保护数据的三步骤框架。DCAP框架的特点是，它定义了一个完整的数据安全产品技术能力集所应该包含的六种能力，并且需要支持非结构化、半结构化和结构化数据、RDBMS、数据仓库、非结构化数据文件、半结构化大数据平台（如Hadoop）等。DAPMM强调数据安全方案不能是纯粹的产品和技术，而是一种结构化且可重复的方法，用于识别、保护数据，降低数据安全风险。这种方法需要协调人员、流程和技术。同时，DAPMM定义了相对应的数据安全能力成熟度模型，该模型为组织提供了实施落地的基础。DGPC框架与DAPMM有相似之处，主要围绕“人员、流程、技术”三个核心能力领域的具体控制要求展开，与现有安全框架体系或标准协调合作以实现治理目标。DGPC框架的特点是，以识别和管理与特定数据流相关的安全和隐私风险需要保护的信息，包括个人信息、知识产权、商业秘密和市场数据等。DSMM则基于数据在组织业务场景中的生命周期，从组织建设、制度与流程、技术与工具、人员能力四个方面构建了数据安全过程的规范性、数据安全能力成熟度分级模型及评估方法。

第 3 章　数据安全常见风险

网络安全、数据安全的整体有效性遵循“木桶原理”，即“一只木桶盛水的最多盛水量，取决于桶壁上最短的那块。”数据安全的建设是需要投入资金、时间和人员的，投资者希望通过数据安全的建设不仅仅满足合法合规的要求，而且能够真正解决风险问题。有些建设方案容易陷入功能、能力或者参数的陷阱——技术人员可能认为既然有预算，就多实现一些功能，但是往往没有从实际场景和实际需求出发，使得有些功能变成了“花瓶”式的摆设。本章从常见数据安全风险场景出发，做个简单的梳理，分析我们需要解决哪些问题。

在实际安全系统项目立项的过程中，一个企业可以把自己的需求和这些列出的风险场景做个对照，看看通过本期的项目资金投入建设，能够实实在在地解决哪些风险问题。换句话说，一个组织把现在的安全现状和这些风险场景做个对照，如果每周都能做出翔实的报告，感知这些风险问题是否存在，做到心中有数，那么这样的数据安全技术和运维建设就是较为成熟的。

3.1　数据库部署情况底数不清（C）

在企业的发展过程中，信息系统是逐步建设起来的，数据库也会随之部署。在信息系统建设过程中，会根据企业业务情况、资金成本、数据库特性等条件来选择最合适的数据库，建立适当的数据存储模式，满足用户的各种需求。但一些数据库系统，特别是运行时间较长的系统，会出现数据库部署情况底数不清的状况，其主要由以下原因导致（图3-1）。

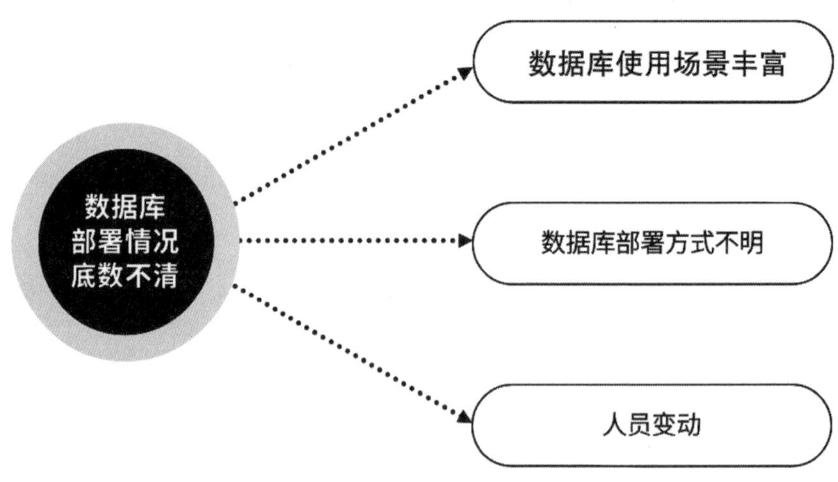

图 3-1　数据库部署情况底数不清的原因

1. 数据库使用场景丰富

数字化时代，数据库使用场景非常丰富，例如用于生产、用于测试开发、用于培训、用于机器学习等各类场景。而大多数资产管理者往往只重视生产环境而忽略其他环境，又或者只重视硬件资产而对软件和数据等关注不足，从而导致在资产清单中未能完整记载资产信息，数据库资产信息有偏差。

2. 数据库部署方式不明

由于安全可靠性的要求，数据库的部署方式也可能不同，典型的情况包括单机单实例、单机多实例、MPP、RAC、主数据库/备份数据库、读写分离控制架构等，部署的方式千差万别。最简单的主数据库/备份数据库部署方式由两个相同的数据库组成，但其对应用或客户端的访问出口是同一个IP地址和端口。当主数据库发生问题时，由备份数据库接管，对前端访问无感知。在这种情形下，如果只登记了前端一个IP地址的资产信息，就会造成遗漏，导致数据资产清单登记不完整。

3. 人员变动

数据库一般由系统管理员进行建设和运维管理。随着时间变化，系统管理员可能会出现离职、转岗等情况，交接过程可能会出现有意或无意的清单不完整的情况，导致数据资产信息的不完整。

以上因素将导致数据资产部署情况底数不清，使部分被遗漏的数据资产得不到有效监管和防护，从而引发数据泄露或丢失的风险。

3.2　数据库基础配置不当（C）

在数据库安装和使用过程中，不适当的或不正确的配置可能会导致数据发生泄露。数据库基础配置不当通常会涉及以下几个因素（图3-2）。

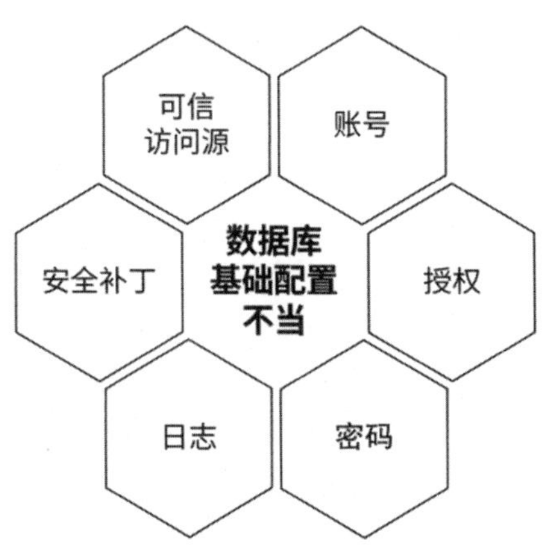

图 3-2　数据库配置不当的因素

1. 账号

通常数据库会内置默认账号，其中会有部分账号是过期账号或处于被禁用状态的账号，而其他账号则处于启用状态。这些默认账号通常会被授予一定的访问权限，并使用默认的登录密码。如果此类账号的权限较大而且默认登录密码未被修改，则很容易被攻击者登录并窃取敏感数据，造成数据泄露。

2. 授权

有些手动创建的运维或业务访问账号，基于便利性而被授予一些超出其权力范围的权限，即授权超出了应授予的“最小访问权限”，从而使这些账号可以访问本不应被访问的敏感数据，导致数据泄露。

3. 密码

对于采用静态密码认证的数据库，系统账号如采用默认密码或易猜测的简单密码，如个人生日、电话号码、111111、123456等，攻击者只需通过简单的尝试就可以偷偷登录数据库，获取数据库访问权限，导致数据泄露。

4. 日志

数据库通常包含日志审计功能，而且能直接审计到数据库本地操作行为。但开启该功能后一般会占用较大的计算和存储资源，因此很多数据库管理人员关闭该功能，从而导致数据库操作无法被审计记录，后续发生数据泄露或恶意操作行为时无法溯源。

5. 安全补丁

在数据库运行期间，安全人员可能发现诸多数据库安全漏洞。安全人员把数据库漏洞报告提交给数据库厂商后，数据库厂商会针对漏洞发布补丁程序。当该版本的数据库软件相关补丁不能及时更新时，攻击者就能利用该漏洞攻击数据库，从而导致数据泄露。

6. 可信访问源

当数据库所在的网络操作系统未设置安全的防火墙访问策略，且数据库自身也未限制访问来源时，在一个比较开放的环境中，数据库可能会面临越权访问。例如，攻击者通过泄露的用户名和密码、通过一个不受信任的IP地址也能访问数据库，轻易地获取数据库内部存储的敏感数据密码，从而造成数据泄露。

3.3 敏感重要数据分布情况底数不清（A）

在互联网企业中，通过数据驱动决策优化市场运营活动、改进自身产品，已是寻常操作；而在传统企业中，“数据驱动”的概念也在近年逐渐普及，大部分组织都在进行数字化转型，创建了数据安全管理部门。既然数据在企业决策中如此重要，它们的数量、分布、来源、存储、处理等一系列情况又是如何呢？

一个企业的数据库系统，少则有几千张、多则有几万张甚至更多数据表格（图3-3）。将各个数据库系统进行统计，所拥有的数据信息可能达到几亿条，甚至几十亿条、上百亿条。一些第三方研究组织的调研结果显示：目前许多企业的首席信息安全官无法对自家企业的敏感重要数据分布情况做出翔实而客观的描述。

数据库系统

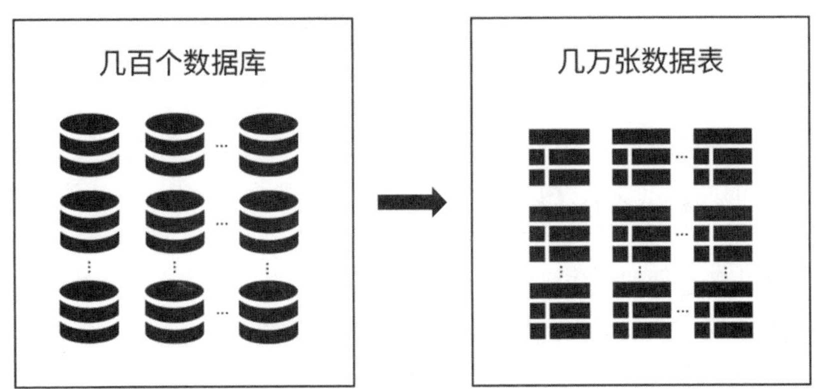

图 3-3　企业的数据库系统示意图

敏感重要数据分布情况底数不清，意味着对数据处理活动的风险无法准确评估，也就难以有针对性地进行数据的分类分级保护。

在各行各业数据处理实践当中，造成上述问题最常见的原因是，低估了敏感重要数据分布的广泛性。这里的广泛性有以下两种含义。

一是部分业务类型的数据敏感性没有被客观认知。例如，个人身份信息、生物特征信息、财产信息、地址信息等容易得到重视，被标记为敏感数据；而在某些特定背景下，同样应该被标记为敏感重要数据的，如人员的身高、体重、生日、某些行为的时间信息、物品要素信息等数据，却往往被忽略。二是“敏感重要数据”的界定是动态的，不同的数据获取方式将会影响同类数据的敏感级别判定结果。

业务数据分散在各个数据库系统中。一个企业的应用软件可能涉及多个提供商，很多企业实际使用着多达上百个数据库，而在本就庞杂的数据存储环境中又有不断新增的业务数据。如果不进行详细的摸查并完整记录敏感数据的分布情况，那么可能导致敏感数据暴露。

综上所述，为了避免敏感数据暴露或失窃的情况发生，首先要对所有的敏感重要数据的分布情况摸查清楚、完整记录并进行持续关注和保护。

3.4　敏感数据和重要数据过度授权（A）

敏感数据和重要数据过度授权的现象屡见不鲜。在展开讨论之前，我们需要先明确这里的“权限”如何界定。以Oracle为例，权限可以分为“系统权限”与“实体权限”。

“系统权限”可以理解为允许用户做什么。如授予“CONNECT”权限后，用户可以登录Oracle，但不可以创建实体，也不可以创建数据库结构；而授予“RESOURCE”权限后，则允许用户创建实体，但仍不可以创建数据库结构；在授予数据库管理员的权限后，则可以创建数据库结构，同时获得最高的系统权限。

“实体权限”则可理解为针对表或视图等数据库对象的操作权限，如select、update、insert、alter、index、delete等，它约束的是用户仅对相应数据库对象的具体操作权限。

在实际的情况中，我们遇到的过度授权问题主要对应以下两类。

（1）给只需要访问业务数据表的角色授予了创建数据库结构的权限、系统表访问权限、系统包执行权限等。

（2）将业务上只需给A子部门的数据表，设为了A、B子部门均可见（这不仅是因为数据库权限这一层的控制出现了过度授权问题，也有可能是多个用户共用同一个账号造成的）。

第一类问题主要会增加操作风险，而第二类问题则有可能造成额外的内控风险。

所以应该严格确认并授予用户最小够用权限，避免由于授予过多权限导致的数据被越权访问，发生数据泄露的情况。

3.5 高权限账号管控较弱（A）

原则上，数据账号权限的管理应当遵循权限最小化原则，但在实际应用中，特别是对于一些老系统可能实际情况并非如此。主要原因有二，一是过去对于数据库系统并不强调三权分立（管理员、审核员、业务员），数据库授权通常都是数据库开发人员自行赋权，没有严格的管理规范与第三方人员审核；二是对于Oracle、Db2、SQLServer等大型商用数据库，历史上由于资源配置问题，通常都是将数据库部署在配置最高、性能最好的服务器或小型机上（即传统的“IOE架构”），因此很多核心的业务逻辑是通过数据库自身的package、user defined type、procedure、trigger、udf、job、schedule等实现的。由于涉及大量的对象引用与赋权，为了节省时间，以Oracle数据库为例，数据库工程师或开发人员往往选择将一个高权限的角色，如DBA、exp_full_database、execut any procedure等，直接赋予数据库用户。

管理员可能将一些高权限的角色或权限直接赋予了一些通用角色，如public角色。这样，任意用户通过“间接赋权”的方式就可获得较高的权限，且由于是间接赋权，再加上public角色通过基础数据字典如dba_roles或dba_role_privs是无法查到的，因此很难被察觉。笔者之前就曾遇到过某互联网金融公司运维人员无意中将DBA角色赋权给public角色，结果导致任意用户都具有DBA角色。

在分布式事务的数据库中创建dblink的对端账号，可能具有较高的权限或角色如resource，select any table等。这就导致当前用户虽然在本地仅是一个常规权限用户，但对对端数据库实例具有非常高的权限且不易感知。

“沉睡”账号可能导致管控问题。沉睡账号的产生通常有以下两种原因。

（1）数据库运维外包给第三方，由第三方的工程师自己创建的运维账号，主要用于定期巡检、排错、应急响应。此类账号日常鲜有登录，且账号权限不低，当工程师离职时如果交接没有做好，账号可能就一直沉睡在数据库系统中了。

（2）业务系统已经迁移或下线，但未对数据库账号相应处理。此类账号通常只有自身对象的相应权限，但如泄露，攻击者利用一些已知漏洞（如Oracle 11g著名的with as派生表漏洞）也可对系统造成极大的破坏。

通常数据库的权限管理都是基于RBAC模型的(MySQL 8.0之后的版本也有类似角色的功能)。角色是多种权限的集合，也可以是多种角色的集合，角色间相互可以嵌套。想要厘清这些关系确实非常困难，这也给历史用户的权限梳理造成了极大的干扰。

针对以上问题，以Oracle数据库为例，可以查询各个数据库用户所拥有的权限与角色，并返回结果（图3-4）。

	PRIVILEGE	OBJ_OWNER	OBJ_NAME	USERNAME	GRANT_SOURCES	ADMIN_OR_GRANT_OPT	HIERARCHY_OPT
13	CREATE USER			AISORT	DBA,IMP_FULL_DATABASE	YES	
14	CREATE VIEW			AISORT	DBA	YES	
15	ALTER SYSTEM			AISORT	DBA	YES	
16	AUDIT SYSTEM			AISORT	DATAPUMP_IMP_FULL_DATABASE,DBA,IMP_FULL_DATABASE	YES	
17	CREATE TABLE			AISORT	DATAPUMP_EXP_FULL_DATABASE,DBA,EXP_FULL_DATABASE	YES	
18	DROP PROFILE			AISORT	DBA,IMP_FULL_DATABASE	YES	
19	ALTER PROFILE			AISORT	DATAPUMP_IMP_FULL_DATABASE,DBA,IMP_FULL_DATABASE	YES	
20	ALTER SESSION			AISORT	DBA	YES	
21	DROP ANY CUBE			AISORT	DBA,OLAP_DBA	YES	
22	DROP ANY ROLE			AISORT	DBA,IMP_FULL_DATABASE	YES	
23	DROP ANY RULE			AISORT	DBA	YES	
24	DROP ANY TYPE			AISORT	DBA,IMP_FULL_DATABASE	YES	
25	DROP ANY VIEW			AISORT	DBA,IMP_FULL_DATABASE,OLAP_DBA	YES	
26	QUERY REWRITE			AISORT	DBA	YES	
27	ALTER ANY CUBE			AISORT	DBA	YES	
28	ALTER ANY ROLE			AISORT	DBA	YES	
29	ALTER ANY RULE			AISORT	DBA	YES	

图 3-4　数据库用户权限与角色

数据库可展示所查询用户拥有的系统或对象权限、权限属于哪个组、是否可将此权限赋予其他用户等信息。

3.6　数据存储硬件失窃（P）

在实际的工作场景中，对于进出机房及带出硬件一般都会进行严格的检查和审批，因此这类数据硬件失窃的风险相对较低，属于小概率事件。常见的硬件失窃主要有以下途径。

（1）到维护期需要更换新的硬件，在旧的设备被替换后，直接申请报废，无人维护和管理，造成数据丢失。

（2）磁盘阵列或服务器RAID组中某一块硬盘或磁带库（光盘）中的某一卷故障，被替换后无人管理造成丢失。

（3）磁盘或其他设备故障后，未经妥善的数据处理就送去维修，导致数据失窃。

以上问题的本质都是对被淘汰设备的管理不到位。为避免此类问题，应当建立完善的数据存储设备更换、保存、销毁流程和制度，避免因管理疏漏造成的数据丢失或其他财产损失。即便有些硬件盗窃事件的嫌疑人只对偷窃的硬件感兴趣或无法破译硬件上的安全措施，我们也不能因此就掉以轻心。

随着虚拟化、云计算技术的普及，越来越多的企业选择将自身业务放在公有云或者混合云上，如何保护云上数据文件的安全便成为一个令各个企业困扰的难题。在各类数据库体系结构中，可直接用于数据获取的数据文件主要有两类，一类是数据存储文件如Oracle的datafile，MySQL的ibd文件等；另一类为事务日志文件，如Oracle的redo日志、archive log、MySQL的binlog等。事务日志文件中存放的是数据块中数据的物理或逻辑变更，依赖一些工具如Oracle logminer、MySQL binlog2sql等可以直接转化为相应的SQL操作，进而获取一个时间段内的数据。

对攻击者从数据库或应用程序接口（Application Programming Interface，简称API）获取数据的行为，可以通过数据审计、Web审计、日志等方式进行监控；而针对攻击者通过各种文件传输协议如FTP、SAMBA、NFS、SFTP甚至HTTP等进行数据文件窃取的行为，需要对数据文件传输进行监控。

3.7 分析型和测试型数据风险（P）

分析型数据、测试型数据是指从生产环境导出线上数据，并导入独立数据，用作数据分析、开发测试的场景。为何要单独对这两类场景进行分析并关注其安全风险呢？因为这两类场景在越来越多的组织中都有着强烈的需求，同时在这两类场景中数据存在较大的安全隐患，容易造成泄密风险（图3-5）。下面将详细阐述这两类场景的过程及泄密风险点。

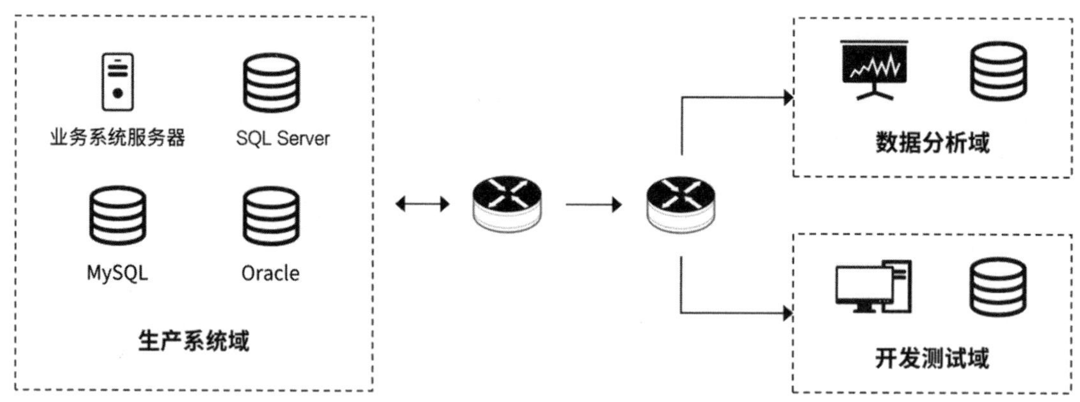

图 3-5　数据测试开发使用场景

随着大数据应用的成熟，数据分析的商用价值被日益重视。无论数据拥有者自身或是第三方，都希望通过对线上数据进行分析，从中提炼有效的信息，为商业决策提供可靠支撑；或将数据导入人工智能系统中，锻炼智能学习算法模型，期望将经过锻炼的智能系统部署上线，自动化地完成部分决策功能。无论是人工分析或是机器学习分析，均需要将数据从原始数据环境导出到独立的数据库进行作业，而用于数据分析的数据库环境可能是在实验室，也可能在开发者的个人计算机上，甚至是在第三方的系统中。数据分发的过程已将数据保护的责任一并交到了对方手上，组织的核心敏感数据是否得以保全完全取决于对方的安全意识及安全防护能力。如果分析环境没有任何保护措施，那么敏感数据等同于直接暴露、公开。对组织而言，数据不仅脱离了管控，同时可能因数据泄露而造成巨大损失。

同数据分析场景一样，数据开发测试场景也需要将数据从生产环境导出到独立的数据库上进行后续操作。开发测试人员为确保测试结果更符合真实环境，往往希望使用与真实数据相似的数据，或者直接使用真实数据的备份进行测试和验证。开发测试环境往往不像生产环境那样有严密的安全防护手段，同时因权限控制力度降低，数据获取成本降低，与外界存在更多接触面，这让不法分子能够更轻易地从开发测试库获取敏感数据。另外还有可能因获取门槛较低，让个别内部人员有机会窃取敏感数据。

考虑到数据导出后其安全性已不再受控，故需要针对导出的数据进行处理，尽量减小泄密风险，同时预留事后追溯途径。

例如，某大型酒店曾经真实发生的一起数据泄密事件。因该酒店同时与多个第三方咨询公司合作，需要客户入住信息用作统计分析，酒店工作人员在未做任何处理的情况下将数据导出交给了多个咨询公司。后被发现有超过50万条客户隐私信息遭泄露，但因无据可查，最终也无法确定究竟是从哪家咨询公司泄密。若酒店在把数据交给第三方时经过了脱敏，则可避免泄密事件的发生；或添加好水印再将数据交出，则至少能在事后进行追查，定位泄密者。

综上所述，对于数据安全而言，不仅要关注实际生产环境下的数据安全，也要做好开发测试库及数据分析库的安全保障。在日益严峻的数据安全大背景下，只有完善的防护体系和可靠的防护策略，才能更有效地提高数据安全防护能力，保障组织的数据安全，防止因开发测试或数据分析等环节出现数据泄露而导致损失。

3.8　敏感数据泄露风险（P）

2021年5月13日，美国Verizon公司发布了《2021年数据泄露调查报告》。该报告指出，2021年数据泄露的主要原因是Web应用程序攻击、网络钓鱼和勒索软件，其中85%涉及人为因素。该报告分析了79635起安全事件，其中29207起满足分析标准，5258起确认是数据泄露事件，这些事件来自全球88个国家。

1. 常见数据泄露风险

近几年数据泄露事件越发普遍，数据泄露的成本也越来越高，隐私安全和数据保护成为当下严峻的问题。为了更好地规避风险，下面总结了6种常见的数据泄露事故。

（1）黑客窃取数据。

在日常生活中，数据泄露防不胜防，黑客能以专用的或自行编制的程序来攻击网络，入侵服务器，窃取数据。

（2）员工失误。

组织中许多数据泄露事故常常是内部人员疏忽或意外造成的。某咨询公司的一项研究发现，40%的高级管理人员和小企业主表示，疏忽和意外损失是他们最近一次安全事件的根本原因。

（3）员工有意泄露。

内部员工（前雇员或在职人员）可能是造成数据泄露最大的出口。内部员工，尤其是肩负重要职位的人员，通常是组织中最先得到大量核心数据的人，他们会在各种可能的情况下出卖或带走数据。2017年1月17日，国内某著名科技公司就曾内部通报了已离职的6名员工涉嫌侵犯知识产权，将公司商业机密泄露给竞争关系公司，涉嫌构成侵权的专利估值高达300万元。

（4）通信风险。

通信是我们日常工作和生活中无处不在的一部分，而通信工具的漏洞和风险无处不在（包括常见的即时通信工具）。最令人恐惧的是，大量员工使用个人设备或个人账户来传送敏感信息，这些简单的社交工具缺少监管和防护措施，很容易造成数据泄露。

（5）网络诈骗。

近年来，电子邮件成为钓鱼诈骗的重灾区。许多人的收件箱中垃圾邮件泛滥成灾，其中不乏混杂着各种诈骗邮件。同时，黑客攻破单个员工的计算机也会泄露大量组织数据。

（6）电子邮件泄露。

很多数据泄露事件发生在电子邮件中，因此要特别小心邮件地址和密码的泄露风险。

2. 数据泄露危害

在信息时代，人们在享受着信息化社会所带来的简单、高效、便捷的同时，也对自身的个人信息安全产生了深深的担忧……“信息裸奔”让人们成了“透明人”，隐私泄露层出不穷，财产受损现象频繁发生。

（1）个人数据泄露的危害。

①金融账户，如支付宝、微信支付、网银等账号与密码被曝光，会被不法分子用来进行金融犯罪与诈骗。

②用户虚拟账户中的虚拟资产可能被盗窃、被盗卖。

③个人隐私数据的泄露会导致大量广告、垃圾信息、电商营销信息等发送给个人，给个人生活上带来极大的不便。

（2）企业数据泄露的危害。

①企业品牌和声誉。企业网站受到攻击，最先受到影响的是企业品牌和声誉。企业绝对不会想要把名声与入侵事件或客户信用卡信息丢失事件联系起来。

②流量损失。无论是信息型网站，还是电子商务网站，网络流量关系到可见性与受欢迎性。如果网站遭受攻击，那些谨慎的客户就可能不再访问该网站，不仅如此，企业网站在搜索引擎上的排名也将受到影响。例如，谷歌通常定期抓取网站数据并进行识别，并将

那些被黑客攻击或出现“可疑活动”的网站列入黑名单。

③企业人力成本增加。企业网站受到攻击造成数据泄露时，受影响的不仅仅只是企业声誉；作为企业负责人或负责网站安全的专业人员，也可能会因此去职或被辞退。

④时间成本、资金成本增加。一旦网站受到攻击，造成数据泄露，而且不知道还会有哪些其他风险和漏洞，对于人力物力来说，都是很大的花费。

（3）国家数据泄露的危害。

进入信息化时代，数据被广泛采集汇聚和深度挖掘利用，在促进科技进步、经济发展、社会服务的同时，安全风险不断凸显：有的数据看似不保密，一旦被窃取却可能威胁国家安全；有的数据关系国计民生，一旦遭篡改破坏将威胁经济社会安全。

3.9　SQL 注入（P）

数据作为企业的重要资产保存在数据库中，SQL注入可能使攻击者获得直接操纵数据库的权限，带来数据被盗取、篡改、删除的风险，给企业造成巨大损失。

SQL注入可能从互联网兴起之时就已诞生，早期关于SQL注入的热点事件可以追溯到1998年。时至今日，SQL注入在当前的网络环境中仍然不容忽视。

SQL注入产生的主要原因是，应用程序通过拼接用户输入来动态生成SQL语句，并且数据库管理对用户输入的合法性检验存在漏洞。攻击者通过巧妙地构造输入参数，注入的指令参数就会被数据库服务器误认为是正常的SQL指令而运行，导致应用程序和数据库的交互行为偏离原本业务逻辑，从而导致系统遭到入侵或破坏。

所有能够和数据库进行交互的用户输入参数都有可能触发SQL注入，如GET参数、POST参数、Cookie参数和其他HTTP请求头字段等。

攻击者通过SQL注入可以实现多种恶意行为，如：绕过登录和密码认证，恶意升级用户权限，然后收集系统信息，越权获取、篡改、删除数据；或在服务器植入后门，破坏数据库或服务器等。

SQL注入的主要流程（图3-6）如下：

（1）Web服务器将表格发送给用户；

（2）攻击者将带有SQL注入的参数发送给Web服务器；

（3）Web服务器利用用户输入的数据构造SQL串；

（4）Web服务器将SQL发给DB服务器；

（5）DB服务器执行被注入的SQL，将结果返回Web服务器；

（6）Web服务器将结果返回给用户。

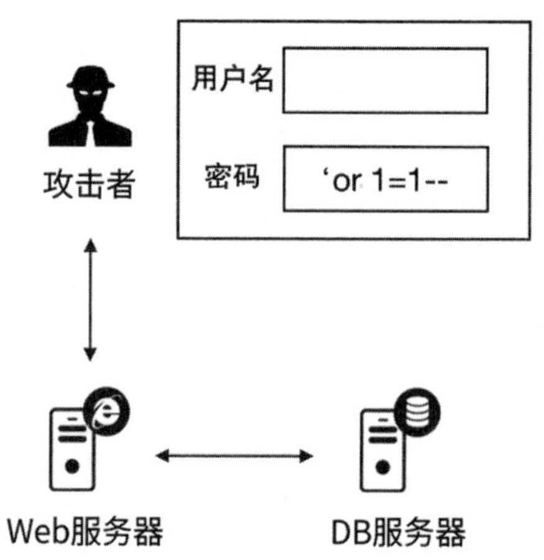

图 3-6　SQL 注入的主要流程

攻击者常用的SQL注入有以下5种类型。

（1）Boolean-based blind SQL injection（布尔型注入）。在构造一条布尔语句时通过AND与原本的请求链接进行拼接。当这条布尔语句为真时，页面应该显示正常；当这条语句为假时，页面显示不正常或是少显示了一些内容。以MySQL为例，比如，攻击者使用在网页链接中输入https://test.com/view?id=X and substring(version(),1,1)=Y（X和Y分别为某特定值），如果MySQL的版本是6.X的话，那么页面返回的请求就和原本的一模一样，攻击者可以通过这种方式获取MySQL的各类信息。

（2）Error-based SQL injection（报错型注入）。攻击者不能直接从页面得到查询语句的执行结果，但通过一些特殊的方法却可以回显出来。攻击者一般是通过特殊的数据库函数引发错误信息，而错误的回显信息又把这些查询信息给泄露出来了，因此攻击者就可以从这些泄露的信息中搜集各类信息。

（3）Time-based blind SQL injection（基于时间延迟注入）。不论输入何种请求链接，界面的返回始终为True，即返回的都是正常的页面情况，则攻击者就可以构造一个请求链接。当一个请求链接的查询结果为True时，通过加入特定的函数如sleep，让数据库等待一段时间后返回，否则立即返回。这样，攻击者就可以通过浏览器的刷新情况来判断输入的信息是否正确，从而获取各类信息。

（4）UNION query SQL injection（可联合查询注入）。联合查询是可合并多个相似的选择查询的结果集，它等同于将一个表追加到另一个表，从而将两个表的查询组合在一起，通过联合查询获取所有想要的数据。联合注入的前提是，页面要有回显位，即查询的结果在页面上要有位置可以展示出来。

（5）Stacked queries SQL injection（可多语句查询注入）。这种注入危害很大，它能够执行多条查询语句。攻击者可以在请求的链接中执行SQL指令，将整个数据库表删除，或者更新、修改数据。如输入：https://test.com/view?id=X；update userInfo set score = 'Y' where 1 = 1；（X和Y分别为某特定值），等到下次查询时，则会发现score全部都变成了Y。

3.10　数据库系统漏洞浅析（P）

时至今日，数据库的漏洞已经广泛存在于各个主流的关系型与非关系型数据库系统中，美国Verizon公司就“核心数据是如何丢失的”做过一次全面的市场调查，结果发现，75%的数据丢失情况是由于数据库漏洞造成的。这说明及时升级数据库版本，保证数据库尽可能避免因自身漏洞而被攻击是非常重要的。

据CVE的数据安全漏洞统计，Oracle、SQLServer、MySQL等主流数据库的漏洞数量在逐年上升，以Oracle为例，当前漏洞总数已经超过了7000个。数据库漏洞攻击主要涉及以下两类。

第一类是拒绝服务攻击，典型代表有Oracle TNS监听服务远程利用漏洞（CVE-2012-1675）。攻击者可以自行创建一个和当前生产数据库同名的数据库，用伪数据库向生产数据库的监听模块进行注册。这样将导致用户连接被路由指向攻击者创建的实例，造成业务响应中断。还有MySQL:sha256_password认证长密码拒绝式攻击（CVE-2018-2696），该漏洞源于MySQL sha256_password认证插件。该插件没有对认证密码的长度进行限制，而直接传给my_crypt_genhash()，用SHA256对密码加密求哈希值。该计算过程需要大量的CPU计算资源，如果传递一个很长的密码，会导致CPU资源耗尽。SHA256函数在MySQL的实现中使用alloca()进行内存分配，无法对内存栈溢出保护，可能导致内存泄漏、进程崩溃。

第二类是提权攻击，如Oracle 11g with as派生表越权；Oracle 11.1-12.2.0.1自定义函数提权；PostgreSQL高权限命令执行漏洞（CVE-2019-9193）。通过此类漏洞，攻击者可获得数据库或操作系统的相关高级权限，进而对系统造成进一步的破坏。

3.11　基于 API 的数据共享风险（P）

API作为数据传输流转的重要通道，承担着连接服务和传输数据的重任，在政府、电信、金融、医疗、交通等诸多领域得到广泛应用。API技术已经渗透到了各个行业，涉及包含敏感信息、重要数据在内的数据传输、操作，乃至业务策略制定等环节。伴随着API的广泛应用，传输交互数据量飞速增长，数据敏感程度不一，API安全管理面临巨大压力。近年来，国内外已发生多起由于API漏洞被恶意攻击或安全管理疏漏导致的数据安全事件，对相关组织和用户权益造成严重损害，逐渐引起各方关注。

API的初衷是使得资源更加开放和可用，而各个API的自身安全建设情况参差不齐，将API安全引入开发、测试、生产、下线的全生命周期中是安全团队亟须考虑的问题。建设有效的整体API防护体系，落实安全策略对API安全建设而言尤为重要。API数据共享安全威胁包含外部和内部两个方面的因素。

1．外部威胁因素

从近年API安全态势可以看出，API技术被应用于各种复杂环境，其背后的数据一方面为组织带来商机与便利，另一方面也为数据安全保障工作带来巨大压力。特别是在开放场景下，API的应用、部署面向个人、企业、组织等不同用户主体，面临着外部用户群体庞大、性质复杂、需求不一等诸多挑战，需时刻警惕外部安全威胁。

（1）API自身漏洞导致数据被非法获取。

在API的开发、部署过程中不可避免会产生安全漏洞，这些漏洞通常存在于通信协议、请求方式、请求参数和响应参数等环节。不法分子可能利用API漏洞（如缺少身份认证、水平越权漏洞、垂直越权漏洞等）窃取用户信息和企业核心数据。例如在开发过程中使用非POST请求方式、Cookie传输密码等操作登录接口，存在API鉴权信息暴露风险，可能使得API数据被非法调用或导致数据泄露。

（2）API成为外部网络攻击的重要目标。

API是信息系统与外部交互的主要渠道，也是外部网络攻击的主要对象之一。针对API的常见网络攻击包括重放攻击、DDoS攻击、注入攻击、Cookie篡改、中间人攻击、内容篡改、参数篡改等。通过上述攻击，不法分子不仅可以达到消耗系统资源、中断服务的目的，还可以通过逆向工程，掌握API应用、部署情况，并监听未加密数据传输，窃取用户数据。

（3）网络爬虫通过API爬取大量数据。

“网络爬虫”能够在短时间内爬取目标应用上的大量数据，常表现为在某时间段内高频率、大批量进行数据访问，具有爬取效率高、获取数据量大等特点。通过开放API对HTML进行抓取是网络爬虫最简单直接的实现方式之一。不法分子通常采用假UA头和假IP地址隐藏身份，一旦获取组织内部账户，可能利用网络爬虫获取该账号权限内的所有数据。如果存在水平越权和垂直越权等漏洞，在缺少有效的权限管理机制的情况下，不法分子可以通过掌握的参数特征构造请求参数进行遍历，导致数据被全量窃取。

此外，移动应用软件客户端数据多以JSON形式传输，解析更加简单，反爬虫能力更弱，更易受到网络爬虫的威胁。

（4）API请求参数易被非法篡改。

不法分子可通过篡改API请求参数，结合其他信息匹配映射关系，达到窃取数据的目的。

以实名身份验证过程为例，其当用户在用户端上传身份证照片后，身份识别API提取信息并输出姓名和身份证号码，再传输至公安机关进行核验，并得到认证结果。在此过程中，不法分子可通过修改身份识别API请求参数中的姓名、身份证号码组合，通过遍历的方式获取姓名与身份证号码的正确组合。可被篡改的API参数通常有姓名、身份证号码、账号、员工ID等。此外，企业中员工ID与职级划分通常有一定关联性，可与员工其他信息形成映射关系，为API参数篡改留下可乘之机。

2. 内部脆弱性因素

在应对外部威胁的同时，API也面临许多来自内部的风险挑战。一方面，传统安全通常是通过部署防火墙、WAF、IPS等安全产品，将组织内部与外部相隔离，达到防御外部非法访问或攻击的目的，但是这种安全防护模式建立在威胁均来自组织外部的假设前提下，无法解决内部隐患。另一方面，API类型和数量随着业务发展而扩张，通常在设计初期未进行整体规划，缺乏统一规范，尚未形成体系化的安全管理机制。从内部脆弱性来看，影响API安全的因素主要包括以下几方面。

（1）身份认证机制。

身份认证是保障API数据安全的第一道防线。一方面，若企业将未设置身份认证的内网API接口或端口开放到公网，可能导致数据被未授权用户访问、调用、篡改、下载。不同于门户网站等可以公开披露的数据，部分未设置身份认证机制的接口背后涉及企业核心数据，暴露与公开核心数据易引发严重安全事件。另一方面，身份认证机制可能存在单因素认证、无密码强度要求、密码明文传输等安全隐患。在单因素身份验证的前提下，如果密码强度不足，身份认证机制将面临暴力破解、撞库、钓鱼、社会工程学攻击等威胁。如果未对密码进行加密，不法分子则可能通过中间人攻击，获取认证信息。

（2）访问授权机制。

访问授权机制是保障API数据安全的第二道防线。用户通过身份认证即可进入访问授权环节，此环节决定用户是否有权调用该接口进行数据访问。系统在认证用户身份之后，会根据权限控制表或权限控制矩阵判断该用户的数据操作权限。常见的访问权限控制策略有三种：基于角色的授权（Role-Based Access Control)、基于属性的授权（Attribute-Based Access Control）、基于访问控制表的授权（Access Control List）。访问授权机制风险通常表现为用户权限大于其实际所需权限，从而使该用户可以接触到原本无权访问的数据。导致这一风险的常见因素包括授权策略不恰当、授权有效期过长、未及时收回权限等。

（3）数据脱敏策略。

除了为不同的业务需求方提供数据传输，为前端界面展示提供数据支持也是API的重要功能之一。API数据脱敏策略通常可分为前端脱敏和后端脱敏，前者指数据被API传输至前端后再进行脱敏处理；后者则相反，API在后端完成脱敏处理，再将已脱敏数据传输至前端。如果未在后端对个人敏感信息等数据进行脱敏处理，且未加密便进行传输，一旦数据被截获、破解，将对组织、公民个人权益造成严重影响。

此外，未脱敏数据在传输至前端时如被接收方的终端缓存，也可能导致敏感数据暴露。而脱敏策略不统一可能导致相同数据脱敏后结果不同，不法分子可通过拼接方式获取原始数据，造成脱敏失效。

（4）返回数据筛选机制。

如果API缺乏有效的返回数据筛选机制，可能由于返回数据类型过多、数据量过大等原因形成安全隐患。首先，部分API设计初期未根据业务进行合理细分，未建立单一、定制化接口，使得接口臃肿、数据暴露面过大。其次，在安全规范欠缺或安全需求不明确的情况下，API开发人员可能以提升速度为目的，在设计过程中忽视后端服务器返回数据的筛选策略，导致查询接口会返回符合条件的多个数据类型，大量数据通过接口传输至前端并进行缓存。如果仅依赖于前端进行数据筛选，不法分子可能通过调取前端缓存获取大量未经筛选的数据。

（5）异常行为监测。

异常访问行为通常指在非工作时间频繁访问、访问频次超出需要、大量敏感信息数据下载等非正常访问行为。即使建立了身份认证、访问授权、敏感数据保护等机制，有时仍无法避免拥有合法权限的用户进行非法数据查询、修改、下载等操作，此类访问行为往往未超出账号权限，易被管理者忽视。异常访问行为通常与可接触敏感数据岗位或者高权限岗位密切相关，如负责管理客户信息的员工可能通过接口获取客户隐私信息并出售谋利；即将离职的高层管理人员可能将大量组织机密和敏感信息带走等。企业必须高度重视可能由内部人员引发的数据安全威胁。

（6）特权账号管理。

从数据使用的角度来说，特权账号指系统内具有敏感数据读写权限等高级权限的账号，涉及操作系统、应用软件、企业自研系统、网络设备、安全系统、日常运维等诸多方面，常见的特权账号有admin、root、export账号等。除企业内部运维管理人员外，外包的第三方服务人员、临时获得权限的设备原厂工程人员等也可能拥有特权账号。多数特权账号可通过API进行访问，居心不良者可能利用特权账号非法查看、篡改、下载敏感数据。此外，部分企业出于提升开发运维速度的考虑会在团队内共享账号，并允许不同的开发运维人员从各自终端登录并操作，一旦发生数据安全事件，难以快速定位责任主体。

（7）第三方管理。

当前，需要共享业务数据的应用场景日益增多，造成第三方调用API访问企业数据成为企业的安全短板。尤其对于涉及个人敏感信息或重要数据的API，如果企业忽视对第三方进行风险评估和有效管理、缺少对其数据安全防护能力的审核，一旦第三方机构存在安全隐患或人员有不法企图，则可能发生数据被篡改、泄露甚至非法贩卖等安全事件，对企业数据安全、社会形象乃至经济利益造成损失。

综上，API是数据安全访问的关键路径，不安全的API服务和使用会导致用户面临机密性、完整性、可用性等多方面的安全问题。用户在选择解决方案时也需要综合考虑大量API的改造成本和周期问题。

3.12 数据库备份文件风险（P）

制订妥善的备份恢复计划是组织保证数据完整性、稳定性的有效手段，尤其是遇到勒索病毒之时，备份更成为抵御勒索病毒的最后一道防线。

首先，数据库备份可能存在的主要问题是部分企业只做了逻辑备份，没有做物理备份。例如像MySQL这类开源数据库，其原生版本不提供物理备份，需要借助xtrabackup等第三方备份工具实现数据库备份，对于各种公有云上的RDS来说，这个问题尤为突出。

逻辑备份作为一种数据迁移、复制手段，在中小规模数据量下具备一定的优势，例如进行异构或跨版本的数据复制迁移。然而，逻辑备份本身不支持“增量备份”，这造成基于逻辑备份恢复数据后还需要借助如Oracle logminer、MySQL binlog等来提取恢复时间点之后的数据进行二次写入；同时，在写入时还需要比对逻辑备份时的scn或gtid，以避免重复写入。因此，逻辑备份在恢复效果和速度上都不如物理备份。

而对于物理备份，则需要制订合理的备份计划，从而保证备份的可用性。物理备份特别是在线备份，需要在备份集中设置一个检查点（Checkpoint）。如果不设置检查点，则可能导致备份不可用。因此，需要定期对备份集做恢复演练，来保证备份计划和备份集的有效性。

其次，需要保护好备份集，做好备份集的冗余，即做好备份的备份工作。备份是避免数据库勒索的终极手段，因此目前很多勒索病毒都将攻击对象蔓延到了数据库备份上。特别是对于像Oracle、SQLServer这种备份信息本身就可以保存在数据字典中的数据库来说更加容易遭受此类攻击。

最后，无论是逻辑备份还是物理备份，都应当做好备份加密工作，以避免被复制后在异地恢复时造成数据泄露。加密可借助于数据库自身的加密技术来实现，如用Oracle tde或在expdp导出时指定ENCRYPTION、ENCRYPTION_MODE等参数，MySQL可以在mysqldump时通过openssl及zip压缩。参考：

```
mysqldump  --user=testuser--password=testpwd--databases  db1|  gzip  -  |
openssl des3 -salt -k manager1 -out /data/backup/db1.sql.gz.des3
```

其中manager1为加密密码，使用时建议定期更换。

3.13　人为误操作风险（E）

在日常的开发和数据库运维中，数据误操作是非常常见的，几乎每个数据库开发人员、数据库管理员、数据仓库技术（Extract-Transform-Load，简称ETL）开发人员都或多或少遇到过相关的问题。常见的场景：比如同时打开两个数据库客户端工具，一个连接生产环境，一个连接测试环境，由于生产与测试通常只用schema或用户名来区分（如生产环境中称作App，测试环境中则称作App_dev），其他对象名均完全一致。这时候往往本应执行删除测试环境中的数据（App_dev），结果却误删了生产环境（App）的数据。又或者是发生delete、update逻辑错误，本应删除上周的数据，结果误删了本周的数据，凡此种种不胜枚举。

避免数据误操作的关键是，保证数据或元数据的变更必须流程化、规范化，一定要经过严格的审核后才可执行。操作前一定要做好数据快照或备份，特别是对于truncate table、 drop table（purge）这类不可逆的DDL操作来说，操作前的数据备份更是尤为重要，一旦发现问题，立刻通过回滚将损失降到最低。

还有一种少见但影响面极大、危害极高的人为误操作——数据库文件误删除。在笔者的数据库管理员生涯中曾多次遇到过一些灾难恢复场景，如Oracle无备份情况下删除current redo导致的宕机、删除MySQL的ibdata文件或其他数据文件导致MySQL实例宕机等。此类文件均属于数据库实例运行时的必要文件，一旦被误删，数据库实例会立即崩溃。因此，需要避免在数据库服务器上使用rm -rf等高危操作，或者将rm alias改为mv，通过alias实现回收站的效果，从而减少误操作造成的损失。

第 4 章　数据安全保护最佳实践

4.1　建设前：数据安全评估及咨询规划

4.1.1　数据安全顶层规划咨询

数据安全策略是数据安全的长期目标，数据安全策略的制定需从安全和业务相互平衡的角度出发，满足“守底线、保重点、控影响”的原则，在满足合法合规的基础上，以保护重要业务和数据为目标，同时保证对业务的影响在可控范围之内。

由于数据安全与业务密不可分，数据安全的工作开展不可避免地需要专职安全人员、业务人员、审计、法务等人员组成的团队的参与，在最后的落地实施上，还需要全员配合。无论使用何种数据安全策略，都需要专门的数据安全组织的支持。因此需建立对数据状况熟悉的专责部门来负责数据安全体系的建设工作。数据安全组织建设涉及以下三个方面的内容。

1. 组织架构

组织架构可参考数据安全能力成熟度模型（DSMM）中的组织架构进行建设，包括决策层、管理层、执行层、监督层和普通员工（图4-1）。

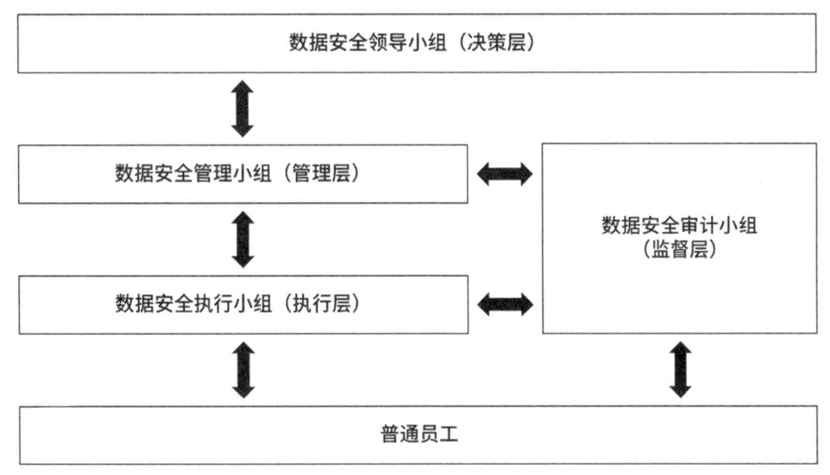

图 4-1　组织架构

2. 组织成员

组织成员需包含业务领域领导、业务领域中负责安全职能的人员、安全负责人、专职安全部门、审计团队、普通员工等。监督层是独立的组织，其成员不建议由其他部门兼任，一般由审计部门担任。监督层需要定期向决策层汇报当前数据安全状况。

3. 权责机制

权责机制指依据权责对等的原则，为每个岗位角色制定相应的权力和职责描述，明确数据安全治理的责任、岗位人员的技能要求等。

数据安全治理的工作开展应遵循自上而下的原则，即需要在数据安全工作的前期先就总体策略在管理层达成共识，确定数据安全体系的目标、范围、安全事项的管理原则。这也是DSG框架倡导的方式。

4.1.2 数据安全风险评估

传统的信息安全风险评估基本上是围绕信息系统和网络环境开展安全评估工作；而数据安全风险评估则是以数据为核心，通过现场调研和技术评估相结合的方式对数据运行现状开展全面风险评估，了解数据管理制度与实施控制的存在性及有效性，评估分析数据整体的安全风险，将其作为安全体系规划建设的重要参照依据。数据安全风险评估报告至少需包含本组织掌握的重要数据的种类和数量，涵盖收集、存储、加工和使用数据的情况。

数据安全风险评估可以从全局视角、业务场景视角、个人信息数据视角三个维度进行。

1. 全局视角

根据《信息安全技术 数据安全能力成熟度模型》（GB/T 37988—2019）的要求，对组织的系统、平台、组织等开展数据安全能力成熟度的评估工作，发现数据安全能力方面的短板，了解整体的数据安全风险，明确自身的数据安全管理水平；参照数据安全能力成熟度模型，制定有针对性的数据安全改进方案及整体提升计划，指导组织后期数据安全建设的方向。

从组织全局的角度，以身份认证与数据安全为核心，以数据的全生命周期的阶段作为各个安全过程域，从组织建设、制度与流程、技术与工具、人员能力四个维度对数据安全防护能力进行评估，进而全面了解本单位目前的数据安全管理运行现状。

2. 业务场景视角

基于业务场景的数据安全风险评估的做法是，通过调研业务流和数据流，综合分析评估资产信息、威胁信息、脆弱性信息、安全措施信息，最终生成风险状况的评估结果。

为了达成安全性的整体目标，基于业务场景的数据安全风险评估围绕数据相关业务开展详细的风险调研、分析，生成数据风险报告，并基于数据风险报告提出符合单位实际情况并且可落地推进的数据风险治理建议。建立数据采集的风险评估流程主要包括：明确数据采集的风险评估方法，确定评估周期和评估对象，研究和理解相关的法律法规并纳入合规评估要求，例如是否符合《中华人民共和国网络安全法》《中华人民共和国数据安全法》《中华人民共和国个人信息保护法》等国家法律法规及行业规范。

3. 个人信息数据视角

个人信息数据风险评估包括横向和纵向两个维度的评估（横向指同一数据项从采集、传输、存储、处理、交换到销毁的全过程评估，纵向指同一加工节点上针对不同数据类别的措施评估），以及第三方交互风险评估。通过制定针对性管理和技术措施形成个人信息保护规范指引，重点为隐私安全进行管理规划，确定合法合规的具体条例和主管部门，确定数据安全共享方式的细化方案等。个人信息数据风险评估能够在规避数据出境、数据越权使用等风险的同时，最大化地发挥数据价值。

个人信息安全影响评估是个人信息控制者实施风险管理的重要组成部分，旨在发现、处置和持续监控个人信息处理过程中的安全风险。在一般情况下，个人信息控制者必须在收集和处理个人信息前开展个人信息安全影响评估，明确个人信息保护的边界，根据评估结果实施适当的安全控制措施，降低收集和处理个人信息的过程对个人信息主体权益造成的影响；另外，个人信息控制者还需按照要求定期开展个人信息安全影响评估，根据业务现状、威胁环境、法律法规、行业标准要求等情况持续修正个人信息保护边界，调整安全控制措施，使个人信息处理过程处于风险可控的状态。

4.1.3　数据分类分级咨询

数据分类分级管理不仅是加强数据交换共享、提升数据资源价值的前提条件，也是数据安全保护的必要条件。《中华人民共和国数据安全法》《科学数据管理办法》《国务院关于印发“十三五”国家信息化规划的通知》等法规和文件对数据分类分级提出了明确要求。

数据分类和数据分级是两个不同的概念。其中，数据分类是指企业、组织的数据按照部门归属、业务属性、行业经验等维度对数据进行类别划分，是个复杂的系统工程。数据分级则是从数据安全、隐私保护和合规的角度对数据的敏感程度进行等级划分。确定统一可执行的规则和方法是数据分类分级实践的第一步，通常以业务流程、数据标准、数据模型等为输入，梳理各业务场景数据资产，识别敏感数据资产分布，厘清数据资产使用的状况。从业务管理、安全要求等多维度设计数据分类分级规则和方法，制定配套的流程机制。同时，完成业务数据分类分级标识，形成分类分级清单，结合数据场景化设计方案，明确不同敏感级别数据的安全管控策略和措施，构建不同业务领域的场景化数据安全管理矩阵，最后输出数据分类分级方法和工作手册等资料，作为数据分类分级工作的实施参考依据。

4.2　建设中：以 CAPE 数据安全实践框架为指导去实践

4.2.1　数据库服务探测与基线核查（C）

攻防两方信息不对称是网络安全最大的问题。攻击方只要攻击一个点，而防守方需要防守整个面。

从大量的实践案例来看，很多单位并不清楚自己有多少数据库资产；或者虽然有详细的数据库资产信息记录，但是实际上还有很多信息没有被记录或记录内容与实际情况不相符。

我们无法防护或者感知我们不知道或者无接触的数据库。这些我们看不到的或者无人进行常态化管理的数据库，会产生巨大的风险。因为无接触，所以常规性的安全运维加固就会忽略这些系统、照顾不到这些孤立的数据库，很容易产生很多配置风险，比如直接暴露在外、包含很多已知的漏洞、包含弱口令等。这些风险就容易成为攻击方的突破口，从而产生数据安全事件。

通过数据库服务探测与基线检查工具提供的数据库漏洞检查、配置基线检查、弱口令检查等手段进行数据资产安全评估，通过安全评估能有效发现当前数据库系统的安全问题，对数据库的安全状况进行持续化监控，保持数据库的安全健康状态。

以Oracle为例，Oracle数据库安全基线配置检查如下。

（1）数据库漏洞。

a. 授权检测。

b. 模拟黑客漏洞发现。

（2）账号安全。

a. 删除不必要的账号。

d. 限制超级管理员远程登录。

e. 开启用户属性控制。

f. 开启数据字典访问权限。

g. 限制 TNS 登录 IP 地址。

（3）密码安全。

a. 配置账号密码生存周期。

b. 重复密码禁止使用。

c. 开启认证控制。

d. 开启密码复杂度及更改策略配置。

（4）日志安全。

a. 开启数据库审计日志。

（5）通信安全。

a. 开启通信加密连接。

b. 修改默认服务端口。

总之，数据库服务探测与基线核查的目的是识别风险并降低风险。

第三方安全产品通过以下几个方面来识别风险并降低风险。

（1）通过自动化的工具探测全域数据库服务资产，资产信息包含数据库类型、数据库版本号、数据库IP地址、数据库端口等信息，形成数据库服务资产清单。

（2）通过自动化的工具扫描数据库服务，核查数据库是否存有未修复的漏洞，漏洞风险的级别。基于实际情况，建议采用虚拟补丁的方式对数据库做漏洞防护，防止漏洞被利用。

（3）通过自动化的工具扫描数据库服务，核查数据库是否存在弱口令；如有，需把弱口令修改成符合要求的安全密码。

（4）通过自动化的工具扫描数据库服务，核查数据库配置是否按数据库厂商的要求或最佳实践开启相关安全基线配置，如密码复杂度达标、限制超级管理员远程登录等。

（5）建议对数据库服务开启可信连接配置，业务账号仅允许“业务IP”连接，运维账号仅允许“堡垒机IP”建立连接。

（6）建议按月定期开展安全扫描检查并输出风险评估报告，确保数据库服务的自身环境安全可靠。

可参考如图4-2所示的方式部署扫描工具进行检查。

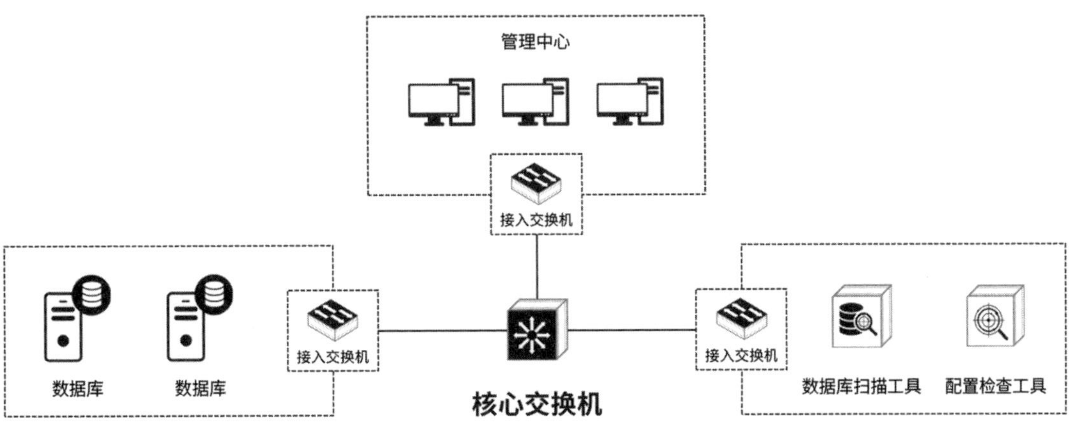

图 4-2　扫描工具部署拓扑图

4.2.2　敏感数据分类分级（A）

1. 敏感数据分类分级的标准和法律法规

是否存在一种通用的标准和方法，可以用于设计所有行业的数据安全分类分级模型，并在其基础上定义具体的数据安全分类类目与分级级别？答案是否定的。

大部分行业采用的是五级或四级的分级标准。国内的定级要素主要参考的是数据安全性遭到破坏后可能造成的影响，如可能造成的危害、损失及潜在风险。即影响程度与影响对象是主要的划分依据。

当前，国内已有多个行业发布过数据分类分级指引文件，《证券期货业数据分类分级指引》（JR/T 0158—2018）、《金融数据安全 数据安全分级指南》（JR/T 0197—2020）、《基础电信企业数据分类分级方法》（YD/T 3813—2020）、《信息安全技术 健康医疗数据安全指南》（GB/T 39725—2020）等。

以《金融数据安全 数据安全分级指南》为例，该指南中列举了4种影响对象：国家安全、公众权益、个人隐私、企业合法权益；而在影响程度方面也列举了4种严重程度：严重损害、一般损害、轻微损害、无损害。结合以上两个维度，金融机构数据的安全级别从高到低划分为5级、4级、3级、2级、1级。

在《基础电信企业数据分类分级方法》中，数据分级依据同时考虑数据对象发生安全事件时对国家安全、社会公共利益、企业利益及用户利益的影响程度，并选取重要敏感程度最高的等级。安全级别的划分从高到低为4级、3级、2级、1级。

此外，在《公安大数据处理 数据治理 数据分类分级技术要求》中，更有一些复杂的情形："敏感级别按照0X～9X进行设置，另外也可以根据需要对每一个级别进一步细化，最多可细化成01～99级，数值越小，敏感级别越高。"

2. 敏感数据分类分级的含义

数据安全分类分级是一种根据特定和预定义的标准，对数据资产进行一致性、标准化分类分级，将结构化和非结构化数据都组织到预定义类别中的数据管理过程；也是根据该分类分级实施安全策略的方法。

在数据安全实践的范畴中，分类分级的标识对象通常为"字段"，即数据库表中的各个字段根据其含义的不同会有不同的分类和分级（图4-3）。而在一些情况下则可以适当放宽分类分级的颗粒度，在"数据表"这一级别进行统一分类分级标识即可。

字段名	数据库名	Schema	表名	是否新增	规则名称 ⑦	识别字段	实际分类	实际分级
address1 样	mask_test_100w	mask_test_100w	_doc	是	详细地址	家庭住址	个人基本信息	3级
name2 样	mask_test_100w	mask_test_100w	_doc	是	姓名	姓名	个人基本信息	3级
phone2 样	mask_test_100w	mask_test_100w	_doc	是	手机号	手机号	个人联系信息	3级
city2 样	mask_test_100w	mask_test_100w	_doc	是	城市	城市	客户-个人-个人自然信息-个人联系信息	

图 4-3　字段级别的分类分级结果

3. 敏感数据分类分级的必要性

在当前的数字化时代，使用大数据技术有助于强化自己的竞争力，在激烈的行业竞争中争取先机，因而很多科技公司都转型成为大数据公司。当数据成为组织最关键的核心资产时，逐渐暴露出数据庞杂这一现实问题。例如，一家企业的数据库系统里可能拥有几亿条、几十亿条，甚至上百亿条数据信息。

（1）风险问题的控制。

在上述背景下，倘若不展开系统性的分类分级工作，我们便不知道拥有什么数据资产及其所处的位置。如果不知道敏感数据存在哪里，也就无法讨论最小化授权、精细化权限管控。而过度授权，引发数据泄露的风险问题将始终难以得到控制。

（2）合规监管的要求。

根据我国相关法律法规的规定，要建立数据分类分级保护制度，对数据实行分类分级保护，加强对重要数据的保护。所有涉及数据处理活动的单位都必须开展敏感数据分类分级工作。

（3）数据保护的前提。

数据安全分类分级是任何数据资产安全和合规程序的重要组成部分，是其他数据安全能力发挥作用的基础条件。进行数据安全分类分级的主要目的是确保敏感数据、关键数据和受到法律保护的数据得到真正的保护，降低发生数据泄露或其他类型网络攻击的可能性。

4. 敏感数据分类分级的方法

很显然，完全靠人工的方法是难以有效完成敏感数据梳理的。我们需要借助专业的数据分类分级工具，以高效完成这一任务，从而避免在满足大量数据安全性及合规性需求时力不从心。

敏感数据分类分级建议（图4-4）可以帮助企业有效地开发和落地数据安全分类分级的流程，进而满足企业数据安全、数据隐私及合规性要求。

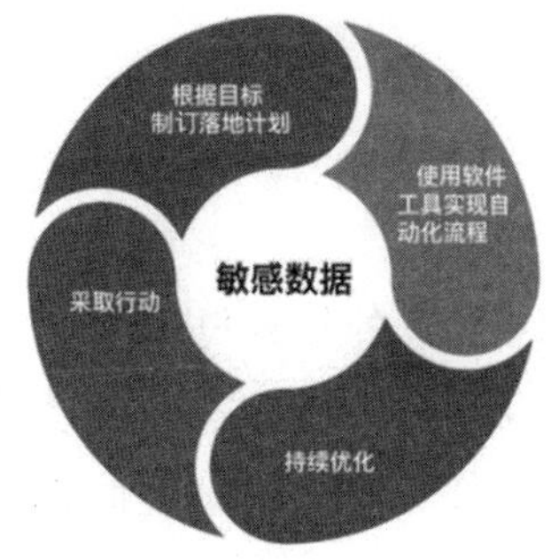

图 4-4 敏感数据分类分级建议

（1）根据目标制订落地计划。

不能盲目地进行数据安全分类分级。在进行之前，需考虑为什么进行数据安全分类分级。分类分级是一个动作而不是目的，分类分级可以无穷无尽地开展下去，所以定好初期的业务需求目标非常关键。是为了安全、合规还是保护隐私？是否需要查找个人身份信息、银行卡号等数据？敏感数据具有很多类型，而且对于多个数据库，确定哪些作为切入点也十分重要。比如：如果企业有一个可能包含许多敏感数据的客户关系管理（Customer Relationship Management，简称CRM）数据库，那么可以此作为切入点。

（2）使用软件工具实现自动化流程。

在以数据为中心的时代，手动进行数据发现和分类分级已不适用。手动方法无法保证准确性和一致性，具有极高的风险，也可能会出现分类分级错漏，而且十分耗时。建议构建一种自动化的数据发现和分类分级解决方案，从而直接从表中搜索数据，以得到更精准的结果。在实践中，数据分类分级工具往往会提供以下三个方面的算法支持：敏感数据识别、模板类目关联、手动梳理辅助。具体技术方面的内容介绍详见6.2节。

（3）持续优化。

数据发现和分类分级并非一次性任务。数据是动态变化的、分布式的和按需处理的；会不断有新的数据和数据源汇入，并且数据会被共享、移动和复制。此外数据也会随着时间的变化而发生改变。如在某个时间点某些数据并不是敏感数据，但是当时间发生变化后可能变为敏感数据。自动化数据分类分级过程需要可重复、可扩展且有一定的时效性。

（4）采取行动。

最重要的便是从现在开始，投入实践。首先强化对重点的敏感数据源和数据进行分类分级；然后实施有效的访问策略，例如脱敏及“网闸”等技术，也可以通过UEBA技术持续监控，发现可疑或异常行为，部署用于保护敏感数据（如保障数据可用不可见）的软件或灵活的加密解决方案等。

对任何企业、任何业务阶段，重视敏感数据的分类分级都是至关重要的。例如企业正在准备将业务迁移至公有云或私有云中，以提高敏捷性和生产力，那么就应注意防御网络攻击风险，并要满足越来越严格的数据安全合规性要求。

因此，对数据安全分类分级的需求比以往任何时候都更加紧迫。

5. 第三方安全产品防护

利用分类分级辅助工具，通过人工+自动、标签体系、知识图谱、人工智能识别等技术，对数据进行分类分级。

数据分类是指，把相同属性或特征的数据归集在一起，形成不同的类别，方便通过类别来对数据进行的查询、识别、管理、保护和使用，是数据资产编目、标准化，数据确权、管理，提供数据资产服务的前提条件。例如：行业维度、业务领域维度、数据来源维度、数据共享维度、数据开放维度等，根据这些维度，将具有相同属性或特征的数据按照一定的原则和方法进行归类。

数据分级是指，根据数据的敏感程度和数据遭到篡改、破坏、泄露或非法利用后对受害者的影响程度，按照一定的原则和方法进行定义。数据分级参考数据敏感程度（公开数据、内部数据、秘密数据、机密数据、绝密数据等）或受影响的程度（严重影响、重要影响、轻微影响、无影响等）。

第三方分类分级产品应具备以下能力：数据源发现与管理、敏感数据自动识别、分类分级标注、行业模板配置、自定义规则配置等。分类分级工具部署拓扑图如图4-5所示。

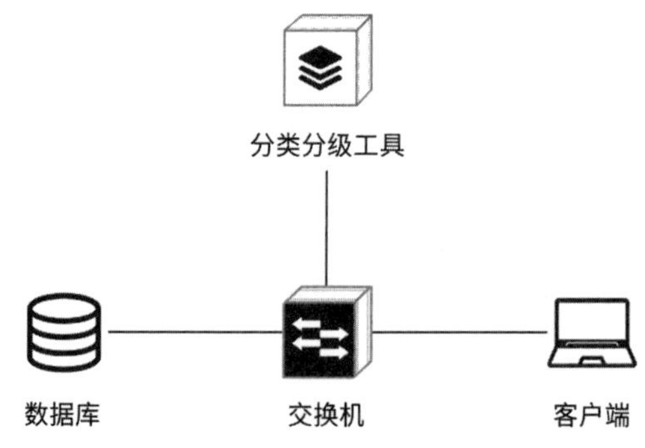

图 4-5　分类分级工具部署拓扑图

4.2.3　精细化数据安全权限管控（A）

企业在对自身数据进行分类分级之后，需要基于业务运行需求及分类分级结果对数据库账号进行精细化的权限管控。目前数据权限管控普遍的需求主要有两大类，一类是行级别（row或cell）的管控，一类是字段级别（column）的管控。

对于业务账号来说，原则上需要赋予该账号所需的能保障业务正常运行的最小权限（principle of least privilege），但如何在操作中界定最小权限，实际上存在着种种困难，由于权限直接继承与间接继承的复杂性（参见3.5高权限账号管控较弱），对于如何根据访问行为，发现过度授权行为，还是存在一定难度的。为了解决该问题，Oracle在12c以后的版本中引入了一个新特性：Privilege Analysis。该功能是Oracle database vault的一个模块，其核心原理是通过捕获业务运行时数据库用户实时调用的对象，结合其自身具备的权限来判断该数据库用户是否存在多余的系统或对象权限，并给出相应的优化建议。

由于上述工具内置在Oracle database vault中，无论是购买还是使用均存在较高成本，这不是所有企业都能接受的，但我们可以借鉴其思路，结合数据审计产品，依靠人工进行梳理和总结。

首先，我们需要获取当前用户本身已经具有的权限，再从数据审计中抽取一段时间内的审计日志（比如一周内），数据审计可以针对用户调用的对象、执行的操作进行汇聚统计。通过这些统计，可以发现该用户对数据库对象的操作情况。如user1同时具有对user2下某些对象的select权限，但在一段时间内的数据审计日志中，从未发现user1有查询user2下的表的行为记录，由此我们就可以进一步怀疑，将user2下的对象授权给user1是不是一种过度授权行为。

另外，对于存储过程、函数、触发器等预编译对象，则可以借助于相关视图（如Oracle的ALL_DEPENDENCIES等）来判断这些对象具体引用了哪些表。如果过程、函数、包等未加密，还可展开分析代码，判断引用对象的具体操作，再借助数据审计中业务账号对这些udf、存储过程、package的调用情况来判断是否应该将相应权限赋予该业务账号。

其次，将数据账号权限梳理完成后，我们需要通过数据库自身的权限控制体系（简称权控体系）进行权限的授予（grant）或回收（revoke）。切记权限的操作需要在业务高峰时间段内发起，特别是对于像Oracle、DB2这类有执行计划缓存的数据库。对于字段级别的控制，除了像MySQL等特殊的数据库类型，大多只能通过上层封装视图来实现。另外，通过查看视图源码也可以找到底层的基表与字段，但效果不甚理想。而对于行级别的限制，目前主流数据库依靠自身能力均难以实现。

以上两类需求若要精准实现，通常通过数据库安全网关进行基于字段或返回行数的控制。基于字段的访问控制可结合用户身份与数据分类分级结果，数据库用户基于自身的业务需求及身份类型精细化控制指定表中哪些字段可以访问、哪些字段不能访问。如MySQL的root用户仅能访问业务中二级以下的非敏感数据，二级以上的敏感数据如无权限申请请求，则一律拒绝访问或返回脱敏后的数据。

基于行数的访问控制，主要采用针对SQL请求中返回结果集记录条数的阈值来进行控制。例如，正常情况下一个分页查询只能查500条记录，超过500条以上的返回行数则拒绝访问。行数控制的另外一种使用场景是在数据操作（Data Manipulation Language，简称DML）中，数据库安全网关预先判断删除或升级的影响范围是否会超过指定值，一旦超过则进行阻断。

综上，独立于数据库自身的权控体系以外，使用第三方数据库安全网关的优势在于可支持的数据库类型多，且对业务和数据库自身无感知，数据库本身无须增加额外配置，从而极大地降低权限控制系统的使用门槛。

我们通常会通过部署第三方数据安全网关产品，基于IP地址、客户端工具、数据库用户、数据库服务器等对象，实施细粒度权限管理，实现数据安全访问控制。

4.2.4 对特权账号操作实施全方位管控（A）

数据的特权账号通常属于数据库管理员、CTO及数据仓库开发人员等用户。这些用户会被赋予业务层面的select any table权限账号。对于特权用户的监管是非常重要但同时也是非常困难的。对于系统用户，像Oracle的sys、MySQL的root、SQLServer的sa账号等，在一些特定场景下可以将其禁用来降低安全风险。但在实际运维操作中，终究还是需要一个高权限的账号来做数据库日常的备份、监控等工作，禁用账号的本质只是将账号重新命名，无法解决实际问题。而账号也无法对自身权限进行废除（revoke）。因此，仅依靠数据库自身的能力很难限制特权账号的权限范围，需要借助于类似Oracle VPD之类的安全组件，但这类组件只针对特定数据库的特定版本，并不具备普遍适用性。

另外，RDBMS的特权账号往往存在多人共用一个账号的现象，虽然企业会通过堡垒机、网络层面的ACL等手段来进行限制，但这些限制非常容易被绕开，一旦相关限制策略被绕行，特权账号可以在避开数据库自身监管的情况下进行任意检索，修改数据库中的业务数据、审计记录、事务日志等，甚至是直接删除核心数据。

对于特权账号的管控，首先要做到账号与人的绑定。除特殊场景外，尽量减少sys、root等账号的使用；同时关闭数据库的OS验证，所有账号登录时均需提供密码。对于像Oracle之类的商业数据库，有条件的情况下可以将账号与AD进行绑定，再结合数据库网络访问审计与本地审计能力，保证数据的操作行为可以直接定位到人。MySQL的企业版也提供了ldap模块，能实现类似的功能。对于云上的RDS服务，则需要严格管理控制台的账号，做到专人专号；对于通过数据库协议访问RDS的，建议通过黑、白名单机制来限制从指定的网络、IP地址登录，登录时必须通过数据库安全网关提供七层反向代理IP及端口才能登录RDS数据库。

特权账号在对业务数据访问与修改时，需要结合分类分级的成果，确定访问的黑、白名单。例如指定某一类别中某敏感级别以上的数据，如无审批一律不得访问或修改。利用数据库安全网关对特权账号进行二次权限编排，仅给其职责范围内的权限，如查看执行计划、创建sql plan基线、扩展表空间、创建索引等，对于业务数据的curd操作则一律回收。而对于业务场景，当排错需要查看或修改部分真实数据时，需提交运维申请，申请通过后方可执行。

对于通过申请的特权账号，还可以结合数据库安全网关的返回行数控制+返回值控制+动态数据脱敏（也称动态脱敏）来进行细粒度的限制，只允许该用户查看指定业务表的若干行数据，同时返回结果集中不得包含指定的内容一旦超出设定的范围则立即阻断或告警。同时，利用动态脱敏技术限制该账号访问非授权的字段，在不影响数据存储和业务正常运行的情况下，阻止特权账号查询到真实的敏感数据。

基于数据库自身权限管控的基础上，一般通过提供第三方数据安全网关解决特权用户账号权限过高和精细化细粒度权限管理问题。

4.2.5　存储加密保障数据存储安全（P）

在数据库中，数据通常是以明文的形式进行存储。要保证其中敏感数据的存储层的安全，加密无疑是最有效的数据防护方式。数据以密文的形式进行存储，当访问人员通过非授权的方式获取数据时，获取的数据是密文数据。虽然加密算法可能是公开的，但在保证密钥安全的情况下，仍可以有效防止数据被解密获取。数据的加密应使用通过国家密码认证的加密产品完成加密，满足数据安全存储的同时能够满足相关合规要求。

除了保证数据的保密性，还要用其他一些方法来辅助加密的可用性，其中包括权限控制、改造程度和性能影响。

对于密文数据的访问，需要进行权限控制，此时的权限控制应该是独立于数据库本身的增强的权限控制。当密文访问权限未授予时，即使数据库用户拥有对数据的访问权限，也只能获取密文数据，而不能读取明文数据；只有授予了密文访问权限，用户才能正常读取明文数据。

在数据加密时，还要考虑透明性，尤其对于一些已经运行的应用系统，应尽量避免应用系统的改造。因为如果为了实现数据加密需要对应用或数据库进行较大的改造工作，则会加大加密的落实难度，同时修改代码或数据库也可能带来更多问题，影响业务正常使用。

性能也是要着重考虑的事情。数据加密和解密必然带来计算资源消耗，不同的加密方式会有一定差别，但总体来讲与加密/解密的数据量成正比，尤其是数据列级。当数据加密后查询时，全表扫描可能导致全部数据解密后才能获得预期数据结果，而这个过程通常需要很多计算资源和时间，使得业务功能无法正常使用。

当前很多主流的数据库都会提供数据加密功能，如MySQL的5.7.11版本会提供表空间数据加密功能。为实现表空间数据加密，需要先安装keyring_file插件，该插件仅支持5.7.11以上版本，对于具有主数据库/备份数据库、读写分离等的高可用环境，需要对每个节点进行单独部署。首先检查数据库的版本。参考语句：

```
SELECT @@version
5.7.28-enterprise-commercial-advanced
```

在数据库服务器上创建和保存keyring的目录，并授予MySQL用户相应权限，如未提供SSH，可手动创建并指定。参考语句：

```
[root# mysql]# pwd
```

执行结果如下：

/usr/local/mysql

```
[root#mysql]#mkdir keyring
[root#mysql]#chmod -R 750 keyring/
[root#mysql]#chown -R mysql.mysql keyring
```

安装keyring插件：

```
mysql> INSTALL PLUGIN keyring_file SONAME 'keyring_file.so';
```

为keyring插件指定目录：

```
mysql> set global keyring_file_data='/usr/local/mysql/keyring/keyring';
```

此目录为默认目录，前一个keyring为需要手动创建的目录，后一个keyring为安装插件后自动生成的密钥文件，生成时文件为空，加密数据表后，将生成密钥。

进行如上配置以后需修改my.cnf，防止重启失效。在my.cnf文件的[mysqld]下添加：

```
early-plugin-load=keyring_file.so
keyring_file_data= /usr/local/mysql/keyring/
```

查看插件状态语句参考如下：

```
SELECT PLUGIN_NAME, PLUGIN_STATUS
   FROM INFORMATION_SCHEMA.PLUGINS
   WHERE PLUGIN_NAME LIKE 'keyring%';
```

执行结果如下：

Plugin_name　　　plugin_status

Keyring_file　　　　ACTIVE

如不再需要加密则可卸载该插件。卸载前建议检查是否仍然有密文表未解密，如果直接卸载插件，则可能造成密文表无法解密的情况。查看密文表的语句可参考如下：

```
SELECT COUNT(*) FROM INFORMATION_SCHEMA.TABLES
WHERE  CREATE_OPTIONS LIKE '%ENCRYPTION=\'Y\'%';
```

在确认后，可参考如下语句卸载插件：

```
mysql> UNINSTALL PLUGIN keyring_file;
```

第三方安全产品通过对本地数据实施加密/解密，实现防拖库功能。

（1）业务系统数据传输到数据库中，直接通过加密/解密系统自动加密。

（2）加密后数据以密文的形式存储。

（3）用户层面无感知，在不修改原有数据库应用程序的情况下实现数据存储加密（图4-6）。

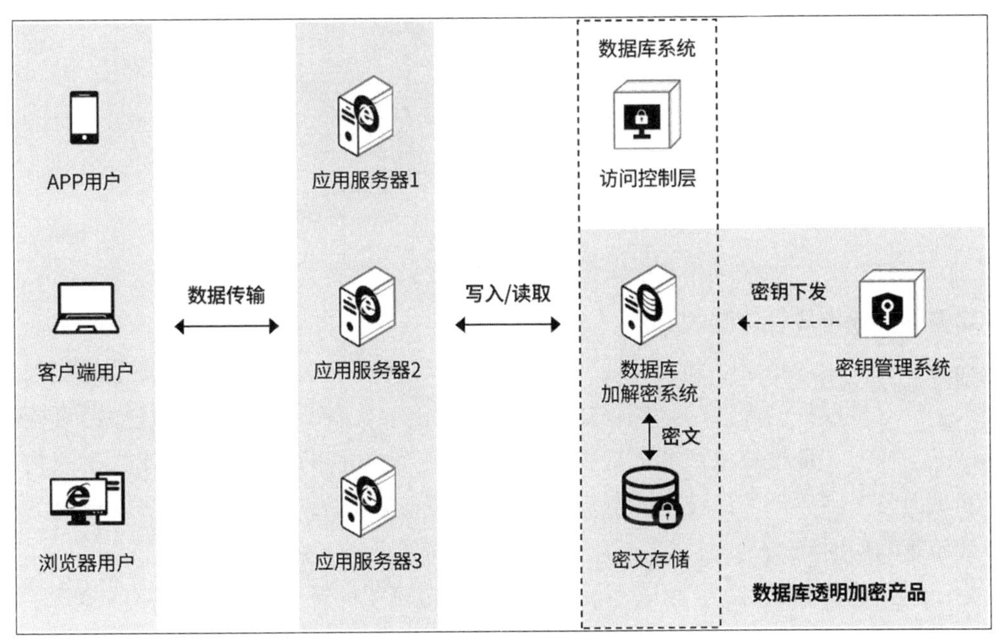

图 4-6　数据存储加密

4.2.6　对分析和测试数据实施脱敏或添加水印（P）

在数据分发过程中，因分发对象的安全防护能力不可控，有可能造成数据泄密事件发生，因此需要对数据进行事先处理，通常我们采用将数据脱敏或为数据打水印的方法。

数据脱敏是指，在指定规则下，将原始数据进行去标识化、匿名化处理、变形、修改等技术处理（图4-7）。脱敏后的数据因不再含有敏感信息，或已无法识别或关联到具体敏感数据，故能够分发至各类数据分析、测试场景进行使用。早期的脱敏多为手动编写脚本的方式将敏感数据进行遮蔽或替换处理，而随着业务系统扩张，需要脱敏的数据量逐渐增多，另外，由于数据需求方对脱敏后的数据质量提出了更高的要求，如需要满足统计特征、需要满足格式校验、需要保留数据原有的关联关系等，使得通过脚本脱敏的方式已经无法胜任，从而催生出了专门用作脱敏的工具化产品，以针对不同的使用场景和需求。这里将从以下7个场景展开描述。

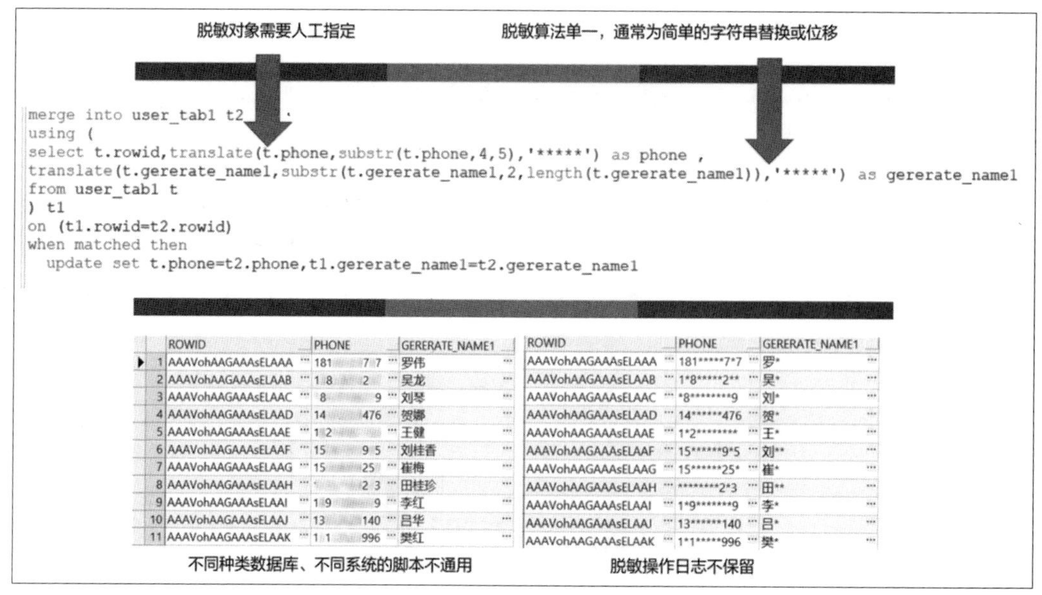

图 4-7　数据脱敏示意图

场景一：功能或性能测试

随着业务系统对稳定性和可靠性要求逐渐提升，新系统上线前的测试环节也加入了更多细致、针对性较强的测试项，不仅要保障系统在正常状态下稳定运行，还要尽可能保障极端情况下核心关键模块依然能够提供最基础服务；测试目的不仅要测试出异常问题，还需要测试出各个临界值，让技术团队可以事先准备应急响应方案，确保在异常情况下也能够有效控制响应时间。

为了达到此类测试目的，测试环节需要尽量模拟真实的环境，以便观察有效测试结果。因此如果使用脱敏后的数据进行测试，则脱敏后的数据要能保持原有数据特征及关联关系，例如需要脱敏后的数据依然保持身份证号码的格式，能够通过机器格式校验；需要脱敏后的数据不同字段间依然保留脱敏前的关联关系。

场景二：机器学习或统计分析

大数据时代，人工智能技术在各行业遍地开花，企业决策者需要智能BI系统根据海量数据、样本得出分析结果，并以此作为决策依据；在医疗行业中，需要将病患数据交由第三方研究组织进行分析，在保障分析结果的同时不泄露病患隐私信息，这就需要脱敏后的数据依旧满足原始数据的统计特征、分布特征等；手机购物App向个人用户推送的商品广告，也是通过了解用户的使用习惯及历史行为后构造了对应的人物画像，然后进行针对性展示。

这类智能系统在设计、验证或测试中，往往都需要大量的有真实意义或满足特定条件的数据，例如，去除字段内容含义但保留标签类别频次特征；针对数值型数据，根据直方图的数量统计其数据分布情况，并采样重建，确保脱敏后的数据依然保留相近的数据分布特征；要求脱敏后的数据依然保持原数据的趋势特征（图4-8）；要求脱敏后数据依然保留原数据中各字段的关联关系等（图4-9）。脱敏后的数据必须满足这些条件，才能被使用到这类场景中。

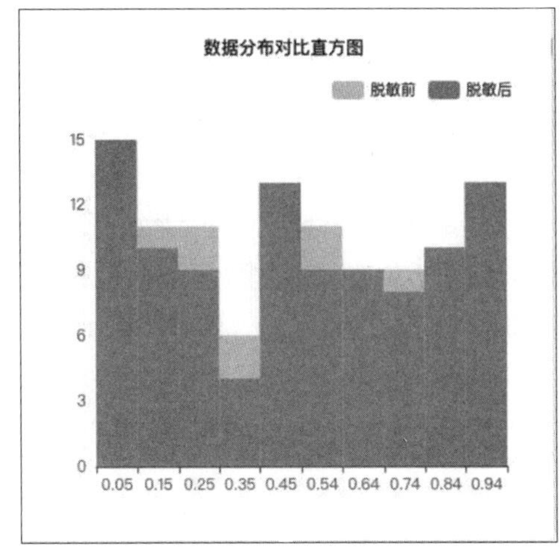

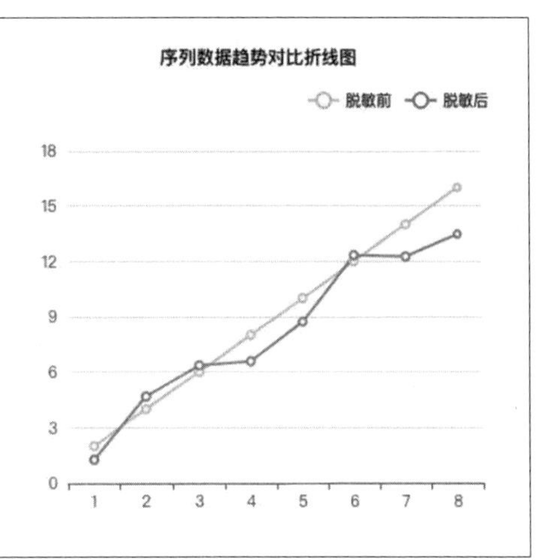

图 4-8　脱敏前后数据分布统计趋势示意图

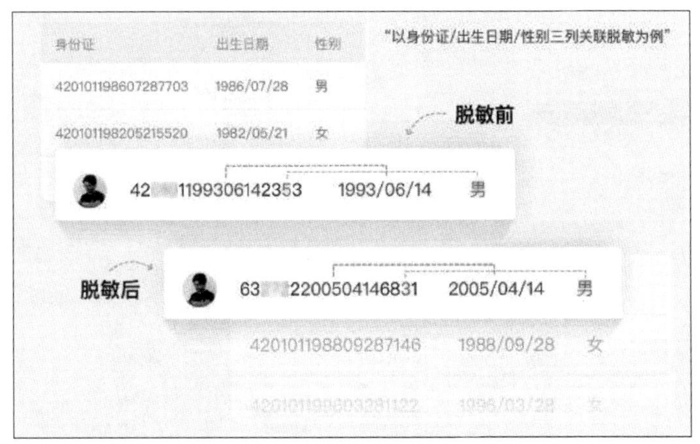

图 4-9　脱敏前后数据关联关系图

场景三：避免被推导

脱敏后的数据将可能分发至组织外使用，数据已脱离组织管控范围。为有效去标识化和匿名化，脱敏过程应当保证对相同数据分别执行的多次脱敏结果不一致，防止不法分子通过多次获取脱敏后的数据，并根据比对和推理反向推导原始数据。

场景四：多表联合查询

与上一个场景不同，在某些情况下，因使用方式的需要，必须保证相同字段每次脱敏处理后的结果都要保持一致，以便协作时能够进行匹配和校验。这是比较特别的情况，此时将要求脱敏结果的一致性。例如多张数据表需要配合使用，或需要完成关联查询且其中关联字段为敏感数据需要脱敏，此时若脱敏结果不一致，则无法完成关联查询操作。

场景五：不能修改原始数据

数字水印技术是指将事先指定的标记信息（如“XX科技有限公司”）通过算法做成与原始数据相似的数据，替换部分原始数据或插入原始数据中，达到给数据打上特定标记的技术手段。数字水印不同于显性图片水印。数字水印具有隐蔽性高、不易损毁（满足健壮性要求）、可溯源等特性，常见的水印技术有伪行、伪列、最小有效位修改、仿真替换等，根据不同场景，可使用不同的水印技术来满足需求。

在有些场景下，因数据处理的需要，不能对原始数据进行修改，或是敏感级别较低的数据字段，可对外进行公开。此时可添加数字水印。一旦发现泄密或数据被恶意非法使用，可通过水印溯源找到违规操作的单位对其进行追责。伪行（图4-10）、伪列（图4-11）的水印技术，顾名思义是在不修改原始数据的前提下，根据指定条件，额外插入新的行或列，伪装成与原始数据含义相似或相关联的数据。这些新插入的数据即为水印标记，可用作溯源。

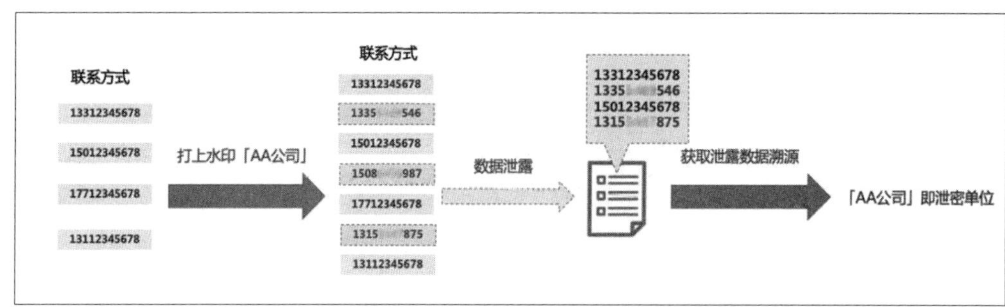

图 4-10 伪行水印技术示意图

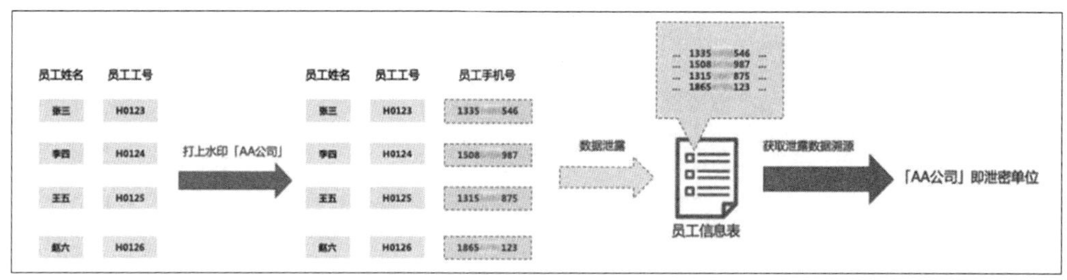

图 4-11 伪列水印技术示意图

场景六：溯源成功率要求高，数据可以被打乱重组

在有些情况下，因为环境较为复杂，管控力度相对较弱，为了给数据安全追加一道防护手段，在完成数据脱敏处理后，可另外挑选一些非敏感数据打上数字水印，以确保发生泄密事件时能够有途径进行追溯，此时会要求水印溯源的成功率要尽可能高。同时由于无法保证获取的数据是分发出去的版本，数据可能已经遭到多次拼接、修改，那么就要求溯源技术能够通过较少的不完整的数据来还原水印信息。脱敏水印技术可仅通过一行数据就还原出完整的水印信息，适合此类需求（图4-12）。

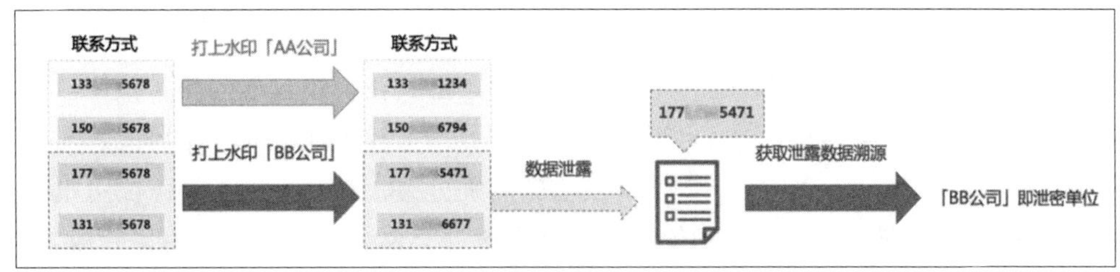

图 4-12　仿真替换水印技术示意图

场景七：不修改原始数据业务含义，隐蔽性要求较高

针对不能变更数据业务含义的场景，通常需要保留各字段间的业务关联关系。由于数据在业务环境中的使用不能被影响，因此对水印插入的要求极为苛刻。LSB（Least Significant Bit），即最低有效位算法，又称最小有效位算法。使用该算法可通过在数据末位插入不可见字符如空格，或修改最小精度的数值数据（如将123.02改为123.01）等方法来实现最小限度地修改原始数据并插入数字水印标记（图4-13）。在数据使用过程中，若已做好一些格式修正设置（如去除字符串首末位空格，或数据精度可接受一定的误差），这种水印技术几乎可以做到不影响业务使用。同时由于修改位置比较隐蔽，难以被发现打了水印，一般常被用在C端业务中。

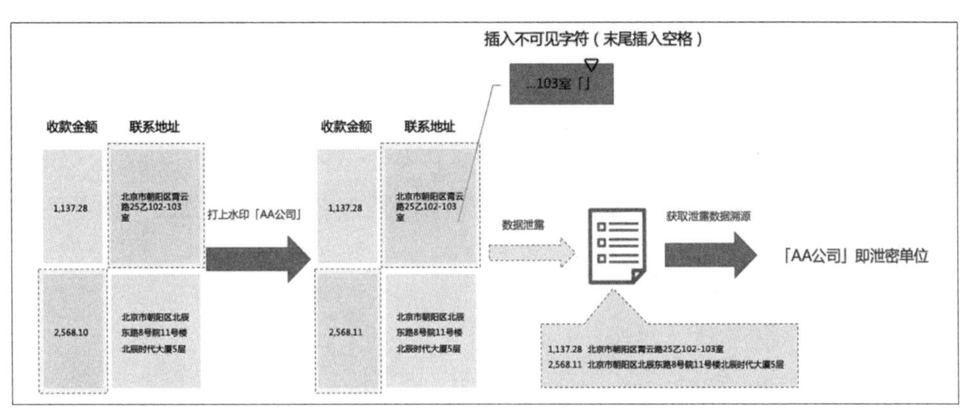

图 4-13　最小位修改水印技术示意图

除了应当能够应对不同场景的具体需求，数据脱敏系统还应当具备下列核心功能以满足快速发展的业务需要。

（1）自动化。考虑到需要脱敏的数据量通常为每天万亿字节规模甚至更多，为避免高峰期脱敏影响生产系统性能，脱敏工作往往在半夜执行。出于人性化考虑，脱敏任务需要能够自动执行。管理员只需事先编排好脱敏任务的执行时间，系统将在指定时间自动执行脱敏操作。

（2）支持增量脱敏。针对数据增长较频繁或单位时间增长量较大的系统，脱敏系统还应支持增量脱敏，否则每次全量执行脱敏任务，很有可能导致脱敏的速度跟不上数据增长的速度，最终导致系统无法使用或脱敏失败。

（3）支持引用关系同步。当原数据库表存在引用关系时（如索引），脱敏后应当保留该引用关系，确保表结构不被破坏，不然可能造成数据表在使用过程中异常报错。

（4）支持敏感数据发现及分组。当需要处理的数据量较为庞大时，不可能针对每个字段逐个配置脱敏策略，此时需要将数据字段根据类别分组，针对不同类别字段可批量配置脱敏策略，故脱敏系统能够发现识别的敏感数据字段种类及数量对系统使用体验极为关键。

（5）支持数据源类型。随着越来越多业务SaaS化，脱敏系统不仅需要适配传统关系型数据，也需要支持大数据组件如HIVE、ODPS等；同时，在数据分发的场景中，以文件形式导出的需求也逐渐增多，因此还需要脱敏系统支持常见的文件格式，如csv、xls、xlsx等，并支持FTP、SFTP等文件服务器作为数据源进行添加。

（6）数据安全性。数据脱敏系统为工具，目的是保护敏感数据，降低泄密风险，因此对其自身的系统漏洞、加密传输等安全特性亦有较高的要求。可将数据脱敏系统视作常规业务系统进行漏洞扫描发现，同时尽可能选择已通过安全检测的产品。另外，数据脱敏系统的架构应当满足业务数据不落地的设计要求，应避免在脱敏系统中存储业务数据。

可以通过部署专业的数据脱敏系统来满足日常工作中的脱敏需求。常见的数据脱敏系统能够用主流的关系型数据（Oracle、MySQL、SQLServer等）、大数据组件（Hive、ODPS等）、常用的非结构化文档（xls、csv、txt等）作为数据来源，从其中读取数据并向目标数据源中写入脱敏后的数据；能够自定义脱敏任务并记录为模板，方便重复使用，同时能按需周期性执行脱敏任务，让脱敏任务能避开业务高峰自动执行。另外，为确保数据脱敏系统的工作效率，应当选择支持表级别并行运行的脱敏系统。相较于任务级别并行运行，表级别细粒度更小，脱敏效率提升效果更为明显。

一般的数据脱敏系统多为旁路部署，仅需确保数据脱敏系统与脱敏的源库及目标库网络可达即可（图4-14）。

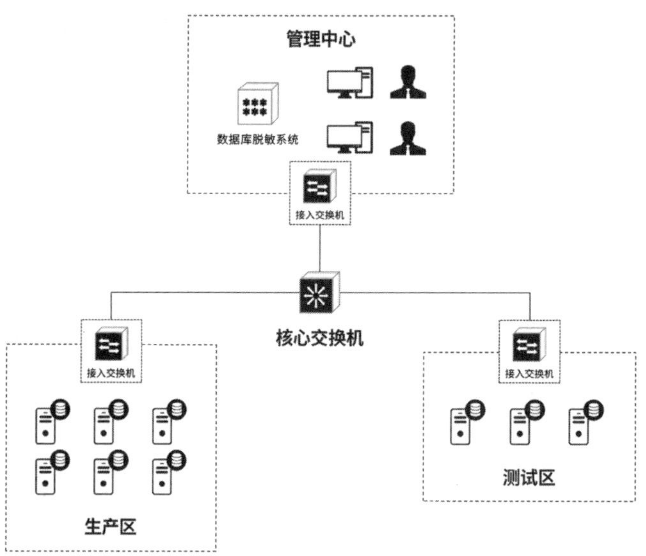

图 4-14　数据脱敏系统部署拓扑图

4.2.7　网络防泄露（P）

网络防泄露注重数据内容的安全，依据数据特点及用户泄密场景设置对应规范，保障数据资产的传输和存储安全，最终实现数据泄露防护。该系统采用深度内容识别技术，如自然语言、数字指纹、智能学习、图像识别等，通过统一的安全策略，对网络中流动的数据进行全方位、多层次的分析和保护，对各种违规行为执行监控、阻断等措施，防止企业核心数据以违反安全策略规定的方式流出而泄密，实现对核心数据的保护和管理。

1. 典型场景

（1）多网络协议的实时解析。支持IPv4和IPv6混合网络环境SMTP、HTTP、HTTPS、FTP、IM等主流协议下的流量捕捉还原和监控，支持非主流协议下的定制开发。

（2）应用内容实时审计。支持主流应用协议的识别，支持几十种基于HTTP的扩展协议的解析，包括但不限于以下邮箱应用传输内容监测，如表4-1所示。

表 4-1　邮箱应用传输内容监测

邮箱类型	应用场景
Tom 邮箱	邮件正文、普通附件
21CN 邮箱	邮件正文、普通附件
139 邮箱	邮件正文、普通附件、超大附件、天翼云
189 邮箱	邮件正文、普通附件
QQ 邮箱	邮件正文、群邮件、普通附件、超大附件
新浪邮箱	邮件正文、普通附件
搜狐邮箱	邮件正文、普通附件、网盘

应用内容实时审计还包括但不限于以下应用传输内容监测，如表4-2所示。

表 4-2　应用传输内容监测

客 户 端	功　　能
即时通信客户端	离线文件传输
	共享文件上传
	离线文件传输
	聊天内容和文件传输
网盘客户端	文件传输
	文件上传
	文件传输

2. 实现方式

（1）基于多规则组合及机器学习的敏感数据的实时检测。

①关键字。

根据预先定义的敏感数据关键字，扫描待检测数据，通过是否被命中来判断是否属于敏感数据。

②正则表达式。

敏感数据往往具有一些特征，表现为一些特定字符及这些特定字符的组合，如身份证号码、银行卡号等，它们可以用正则表达式来标记与识别特征，并根据是否符合这个特征来判断数据是否属于敏感数据。

③结构化、非结构化指纹。

支持办公文档、文本、XML、HTML、各类报表数据的非结构化指纹生成，支持对受保护的数据库关键表的结构化指纹生成，形成敏感数据指纹特征库。然后将已识别敏感数据的指纹（结构化指纹、非结构化指纹）与待检测数据指纹进行比对，确认待检测数据是否属于敏感数据。

④数据标识符。

身份证号码、手机号、银行卡号、驾驶证号等数据标示符都是敏感数据的重要特征，这些数据标识符具有特定用处、特定格式、特定校验方式。系统支持多种类型的数据标识符模板，包括身份证号码、银行卡号、驾驶证号、十进制IP地址、十六进制IP地址等。

（2）基于自然语言处理的机器学习和分类。

由于数据分类分级引擎以中文自然语言处理中的切词为基础，通过引入恰当的数学模型和机器学习系统，能够支持基于大数据识别特征，遵守机器学习自动生成的识别规则，实现基于内容识别的、且不依赖于数据自身的标签属性的、海量的、非结构化的、敏感数据发现。

3. 第三方安全产品防护

根据应用场景及要求不同，网络防泄露有串行阻断部署和旁路审计部署两种模式。

（1）串行阻断部署。串行阻断部署在物理连接上采用串联方式将系统接入企业网络，实现网络外发敏感内容的实时有效阻断。若流量超过系统处理能力，则需要在客户网络环境中添加分流器，对大流量进行分流，同时增加系统设备，对网络流量进行实时分析处理。图4-15所示为串行阻断部署示意图（不带分流设备）。

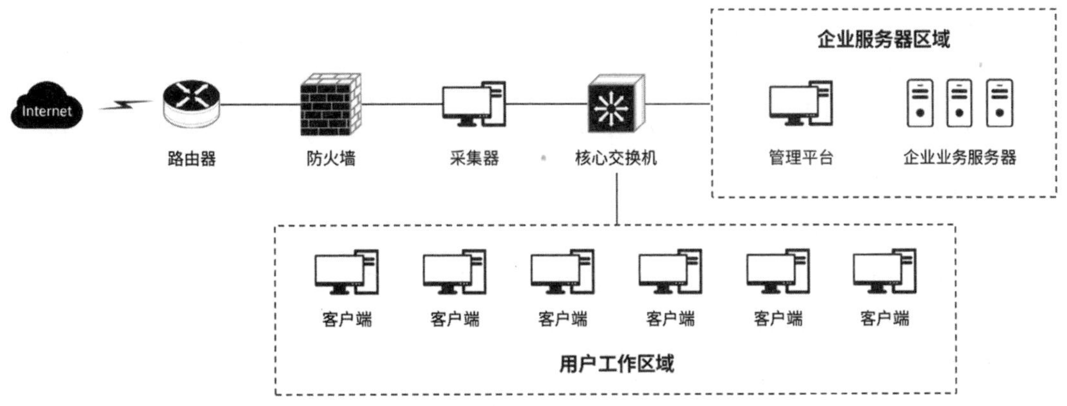

图 4-15　串行阻断部署示意图（不带分流设备）

（2）旁路部署。旁路部署采用旁路方式将旁路设备接入企业网络，实现网络外发敏感内容的实时有效监测，但不改变现有用户网络的拓扑结构。若流量超过系统处理能力，则需要在用户网络环境中添加分流器，同时增加系统设备。图4-16所示为旁路部署示意图（不带分流设备）。

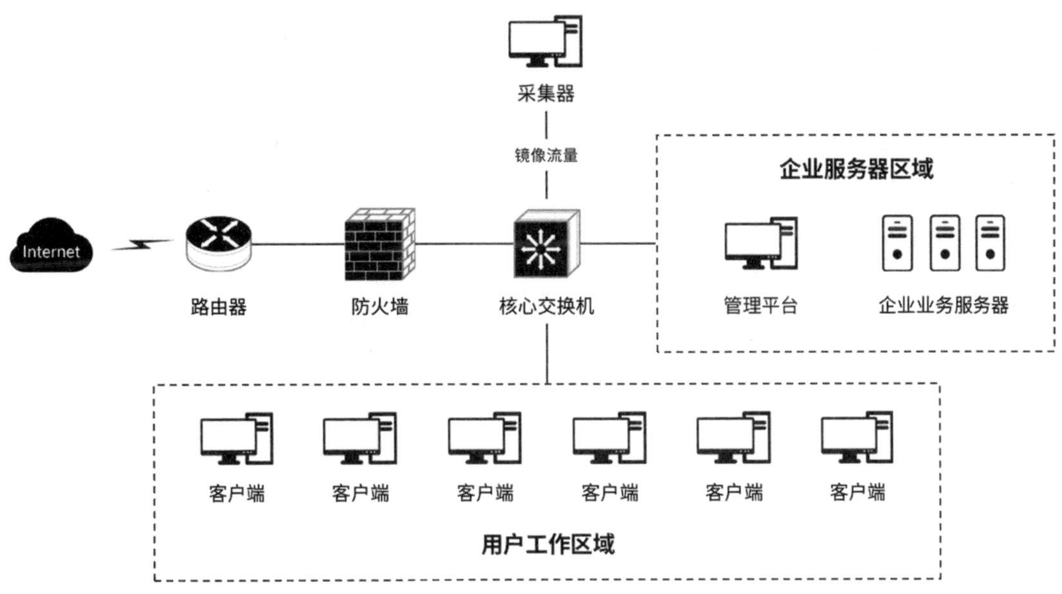

图 4-16　旁路部署示意图（不带分流设备）

4.2.8　终端防泄露（P）

随着信息技术的日益发展与国家数字化转型的逐步深入，信息系统已然成为业务工作的重要支撑，其中所使用的数据更是成为核心资产，终端系统成为企业重要数据、商业机密信息等的重要载体。通过桌面终端窃取商业机密、篡改重要数据、攻击应用系统等事件屡见不鲜。

终端防泄露的有效实施既需要考虑人性化的方面也需要关注技术的高效性。基于行为的保护方式，因其与内容无关，管控手段粗放，导致客户体验不佳，因此需要融合以内容安全为抓手，以事中监控为依托，以行为监控为补充的三位一体的终端数据防泄露体系。

1. 典型场景

（1）终端状态监控。收集并上报终端信息，包括操作系统信息、应用软件信息和硬件信息；实时监控终端状态，包含进程启动情况、CPU使用情况、网络流量、键盘使用情况、鼠标使用情况等，有效监控网络带宽的使用及系统运行状态。

（2）终端行为监控。监控并记录终端的用户行为，实现用户对移动存储介质和共享目录的文件/文件夹的新建、打开、保存、剪切、复制、拖动操作，打印操作，光盘刻录操作；支持U盘插入、拔出操作，CD/DVD插入、弹出操作；支持SD卡插入、拔出操作的实时监测与审计。

（3）终端内容识别防泄露。通过采用文件内容识别技术（详见6.7节），实现终端侧对于文件的使用、传输和存储的有效监控，防止敏感数据通过终端的操作泄露，能够有效进行事中的管控，避免不必要的损失。

2. 实现方式

系统由管理端与Agent端组成。管理端主要实现策略管理、事件管理、行为管理、组织架构管理及权限管理等功能模块。Agent端配合管理端实施策略下载、事件上传、心跳上传、行为上传、基础监控等功能项，以及权限对接、审批对接两项需要定制开发的功能模块。系统组成如图4-17所示。

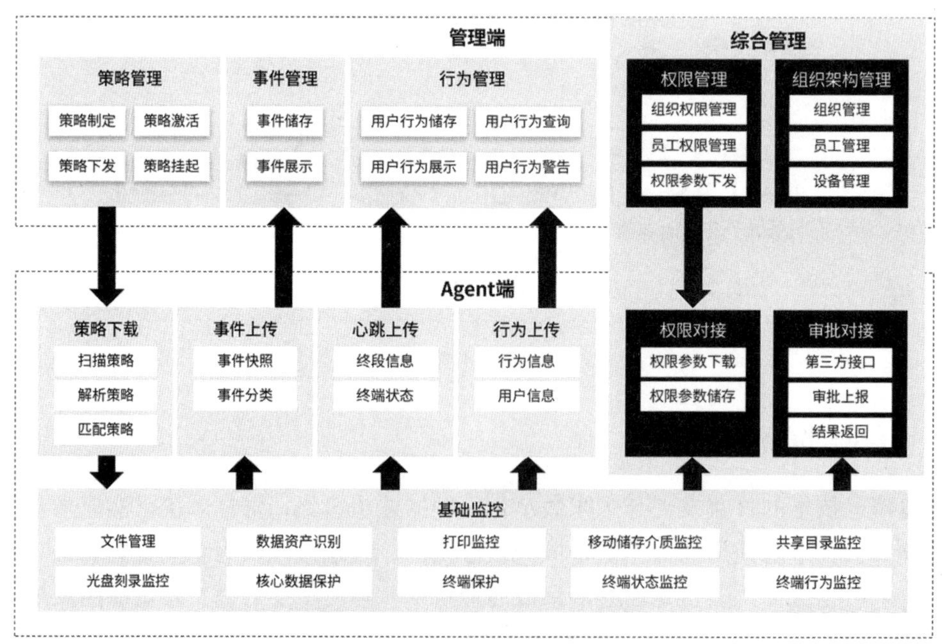

图 4-17 终端数据防泄露系统

管理端主要负责管理Agent端，其提供一个基于Web的集中式管理界面，用户通过该平台可以进行策略管理、事件管理、行为管理，以及权限管理和组织架构管理。例如，添加、修改、删除Agent端设备，控制相关设备的启停，管理、维护及下发监测策略和白名单，审计、统计、操作H-DLP上报的事件，管理系统账号、对访问系统的各类角色进行定义和权限分配。

Agent端负责管理终端PC及虚拟云环境下的终端用户，负责监控人员的操作行为、设备的状态、人员正在使用中的数据，同时监测和拦截复制到移动存储设备、共享目录的保密数据，对网络打印机的打印内容和光盘刻录内容进行有效甄别，实现终端敏感数据和行为的有效监控。

3. 第三方安全产品防护

终端防泄露由管理服务端和客户端两部分组成，采用C/S的部署方式，并提供管理员B/S管理中心，在系统部署时主要分两部分进行。

在服务器区域中部署安装管理服务端程序与数据库服务器，管理员通过管理中心访问管理服务器，可实现策略定制下发、事件日志查看等功能。

客户端则以代理Agent的形式部署安装在用户工作区域各办公电脑当中，客户端负责实现终端的扫描检测、内容识别、外发监控、事件上报等功能。终端部署示意如图4-18所示。

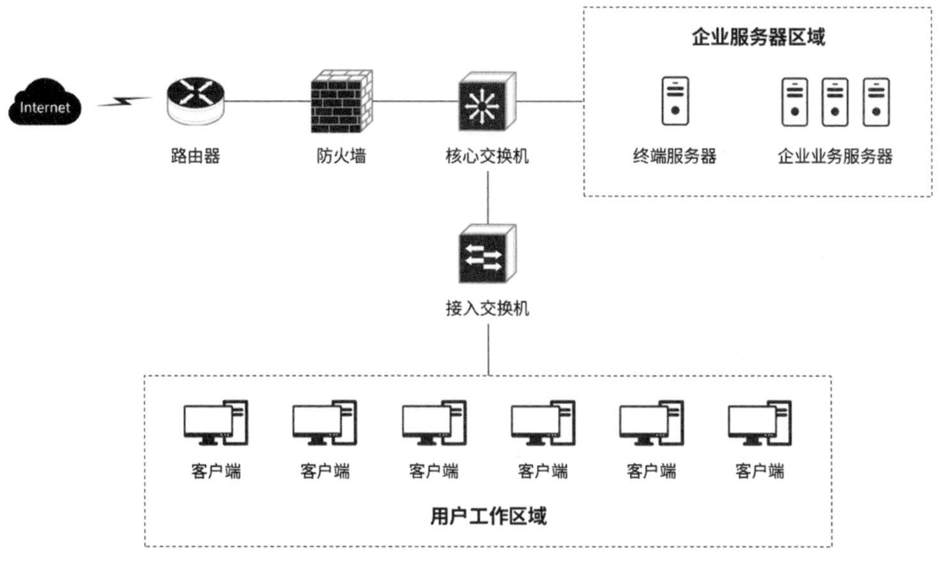

图 4-18　终端部署示意图

4.2.9　防御 SQL 注入和漏洞（P）

SQL注入的主要原因是程序对用户输入数据的合法性没有进行正确的判断和处理，导致攻击者可以在程序中事先定义好的SQL语句中添加额外的SQL语句，在管理员不知情的情况下实现非法操作，以此来实现欺骗数据库服务器执行非授权的任意查询，从而进一步获取到数据信息，甚至删除用户数据。

针对SQL注入的主要原因，本节将介绍如何避免SQL注入和漏洞。

防范SQL注入需要做到两点：避免动态SQL，避免用户输入参数包含SQL片段影响正常的业务逻辑。针对这两点，可采取以下几种具体实施方案：

① 使用参数化语句；

② 使用存储过程；

③ 对用户输入进行过滤；

④ 对用户输入进行转义。

（1）使用参数化语句。

参数化语句（Prepared Statements），即预编译语句，要求开发者预先定义好SQL语句的结构，指定输入参数，然后在查询时传入具体的数据。例如Java编程语言中使用PreparedStatement实现参数化语句：

参数化语句模板：

```
String query = "SELECT account_balance FROM user_data WHERE user_name = ? ";
PreparedStatement pstmt = connection.prepareStatement( query );
```

使用变量userName保存用户输入的用户名：

```
String userName = request.getParameter("userName");
```

将用户输入参数添加到SQL查询中：

```
pstmt.setString( 1, userName );
ResultSet results = pstmt.executeQuery( );
```

上述参数化语句中使用问号‘?’作为占位符，指定输入参数的位置。参数化语句使得攻击者无法篡改SQL语句的查询结构。假设输入参数为“Alice' or '1'='1”，参数化语言将会在数据库中查询字面上完全匹配上述字符串的用户名，而不会对原本的查询逻辑产生影响。

（2）使用存储过程。

数据库存储过程允许开发者以参数化形式执行SQL语句。和参数化语句的区别在于，存储过程的SQL代码保存在数据库中，以接口形式被程序调用。例如Java编程语言中使用CallableStatement调用数据库存储过程：

```
// 使用变量 userName 保存用户输入的用户名
String userName = request.getParameter("userName");
try {
CallableStatement cs = connection.prepareCall("{call proc_getBalance(?)}");
```

```
cs.setString(1, userName );
ResultSet results = cs.executeQuery();
} catch (SQLException se) {
// … 处理异常
}
```

其中proc_getBalance为预定义的存储过程。

需要注意的是，存储过程并非绝对安全，因为某些情况下存储过程的定义阶段可能存在SQL注入的风险。如果存储过程的定义语句涉及用户输入，则必须采用其他机制（如字符过滤、转义）保证用户输入是安全的。

（3）对用户输入进行过滤。

过滤可以分成两类：白名单过滤和黑名单过滤。

白名单过滤旨在保证符合输入满足期望的类型、字符长度、数据大小、数字或字母范围及其他格式要求。最常用的方式是使用正则表达式来验证数据。例如验证用户密码，要求以字母开头，长度在6～18之间，只能包含字符、数字和下画线，满足条件的正则表达式为：‘^[a-zA-Z]\w{5，17}$’。

黑名单过滤旨在拒绝已知的不良输入内容，例如在用户名或密码字段出现SELECT、INSERT、UPDATE、DELETE、DROP等SQL关键字都属于不良输入。

白名单和黑名单需要相互补充。一方面，当难以确定所有可能的输入情况时，白名单规则实现起来可能会较为复杂；另一方面，潜在的恶意输入内容往往很多，黑名单也难以穷尽所有可能，当黑名单很长时会影响执行效率，而且黑名单需要及时更新，增加了维护的难度。需要根据业务场景选择合适的过滤策略。

（4）对用户输入进行转义。

在把用户输入合并到SQL语句之前对其转义，也可以有效阻止一些SQL注入。转义方式对于不同类型的数据库管理系统可能会有所差异，每一种数据库都支持一到多种字符转义机制。例如，Oracle数据库中单引号作为字符串数据结束的标识，如果它出现在用户输入参数中，并且以动态拼接的方式生成SQL语句，则可能会导致原本的SQL结构发生改变。因此可以用两个单引号来替换用户输入中的单个单引号，即在Java代码中使用。

```
userName= userName.replace(“’”,“’’”);
```

这样一来，即使用户输入“Alice' or '1'='1”转换成“Alice'' or ''1''=''1”，其中成对出现的引号也不会对SQL语句的其他部分造成影响。

通过第三方安全产品进行防护，主要从用户输入检查、SQL语句分析、返回检查审核等方面进行。

（1）安装部署Web应用防火墙。Web应用防火墙是部署在应用程序之前的一道防护，检测的范围主要是Web应用的输入点，用以分析用户在页面上的各类输入是否存在问题，可以检查用户的输入是否存在敏感词等安全风险，是防范SQL注入的第一道防线。

（2）安装部署数据库防火墙。数据库防火墙是部署在应用程序和数据库服务器之间的一道防护，主要检测的内容是将前端用户输入的数据与应用中SQL模板拼接而成的完整SQL语句，同时还可以检测任何针对数据库的SQL语句，包括Web应用的注入点，数据库本身的注入漏洞等。数据库防火墙的防护主要通过用户输入敏感词检测、SQL执行返回内容检测、SQL语句关联检测进行，是防范SQL注入的第二道防线。

（3）安装部署数据审计系统结合大数据分析平台。数据审计和大数据分析是部署在数据库服务器之后的一道防护，主要目的是审计和分析已经执行过的SQL语句是否存在注入风险。首先，数据审计系统会将所有与数据库的连接和相关SQL操作都完整地记录下来，如Web应用程序执行的SQL的查询、更新、删除等各类请求；然后，通过大数据分析平台，结合AI分析挖掘算法分析用户或应用系统单条SQL请求或一段时间内的所有SQL行为，发现疑似的SQL注入行为。是防范SQL注入的第三道防线。如图4-19展示了安装数据审计系统和大数据分析中心的建议部署图。

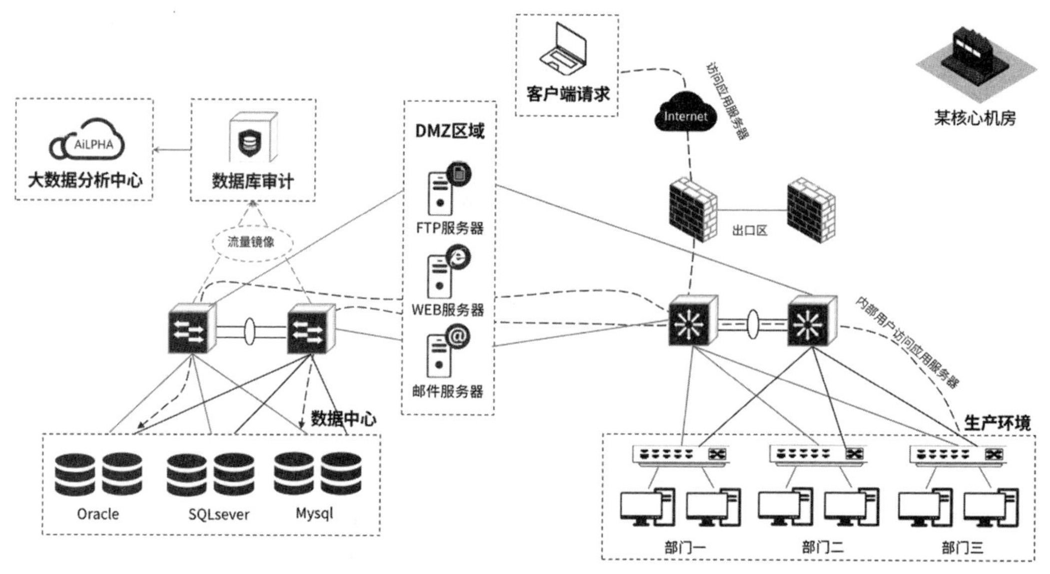

图 4-19　防范 SQL 注入部署建议

4.2.10　及时升级数据库漏洞或者虚拟补丁（P）

对于数据库系统来说，要想始终保持系统时刻运行在最佳状态，必要的补丁和更新是必不可少的。所有数据库均有一个软件的生命周期，以Oracle为例，技术支持主要分为标准支持（Primer Support）与扩展支持（Extend Support）。原则上一旦超过了图4-20所示的付费扩展支持（Paid Extended Support）时间，便不再提供任何支持。Oracle与MySQL的生命周期如图4-20和图4-21所示。

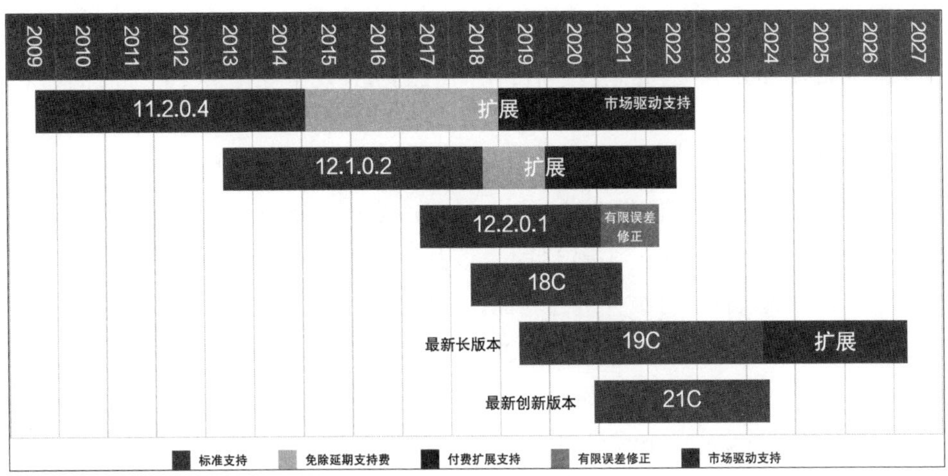

图 4-20　Oracle 各版本支持时间线

版　　本	发布时间	标准支持服务	MySQL 延伸支持服务	持续支持服务
MySQL Database 5.0	2005.10	2011.12	不可用	无限期
MySQL Database 5.1	2008.12	2013.12	不可用	无限期
MySQL Database 5.5	2010.12	2015.12	2018.12	无限期
MySQL Database 5.6	2013.02	2018.02	2021.02	无限期
MySQL Database 5.7	2015.10	2020.10	2023.10	无限期
MySQL Database 8.0	2018.04	2023.04	2026.04	无限期
MySQL Cluster 6	2007.08	2013.03	不可用	无限期
MySQL Cluster 7.0	2009.04	2014.04	不可用	无限期
MySQL Cluster 7.1	2010.04	2015.04	不可用	无限期
MySQL Cluster 7.2	2012.02	2017.02	2020.02	无限期
MySQL Cluster 7.3	2013.06	2017.06	2020.06	无限期
MySQL Cluster 7.4	2015.02	2020.02	2023.02	无限期
MySQL Cluster 7.5	2016.10	2021.10	2024.10	无限期
MySQL Cluster 7.6	2018.05	2023.05	2026.05	无限期
MySQL Cluster 8.0	2020.01	2025.01	2028.01	无限期

图 4-21　MySQL 各版本支持时间线

对于目前还在使用诸如Oracle 11.2.0.4及MySQL5.6.x等较早期版本的用户，建议尽快升级到最新版本。及时升级数据库不仅可以让用户避免一系列的数据安全威胁，还能体验到新版本的新特性。比如MySQL 8.0以后支持hash join，提升了在大结果集下多表join的性能；另外也提供了一系列分析函数，提升了开发效率。Oracle 12c以后的flex ASM与多租户功能极大节约了用户构建数据库的成本；提供了基于分区的分片（sharding）支持，扩展了海量数据下的数据检索能力。

通常，用户对于数据库补丁更新与大版本升级的主要顾虑在于：第一，可能需要停机，影响业务正常运行；第二，升级中存在一定风险，可能导致升级失败或宕机；第三，跨度较大的升级往往会导致SQL执行计划异常，进而导致性能下降；第四，新版本往往对现有组件不支持，如MySQL升级到8.0.22之后，由于redo格式发生变化，导致当时的xtrabackup无法进行物理备份。

为了解决以上问题，数据库也提供了相应的措施进行保障，如Oracle 11.2.0.4以后大多数psu可以在线升级，或者可以借助于rac、dataguard进行滚动升级。而MySQL因为没有补丁的概念，需要直接升级basedir到指定版本，该升级同样可利用MySQL的主/从复制进行滚动升级，即：先对从数据库升级并进行验证；即便升级中遇到问题，也不会对主数据库造成影响。Oracle提供了性能优化分析器（SQL Performance Analyzer，简称SPA）功能，可以直接dump share pool中正在执行的SQL，导入目标版本的数据库实例中进行针对性优化，基于代价的优化方式（Cost-Based Optimization，简称CBO）会基于版本特性自动适配当前版本中的新特性，自动对SQL进行调整优化，同时给出性能对比；当业务迁移完成后会自动适配优化后的SQL及执行计划，极大地降低了开发人员及数据库管理员的工作量。相比之下MySQL就无法提供此类功能了，建议在测试环境中妥善测试后再进行升级。对于MySQL 8.0之前的版本，应升级到MySQL 8.0以上。老版本MySQL不提供严格的SQL语法校验，特别是对于MySQL 5.6之前的版本，sql_mode默认为非严格，可能存在大量的脏数据、不规范SQL和使用关键字命名的对象，将导致升级后此类对象失效或SQL无法使用的情况，因此升级之前一定要做好SQL审核及对象命名规范审核。

此外还可借助于第三方数据库网关类的产品。此类产品大多都具备虚拟补丁的能力。虚拟补丁是指安全厂商在分析了数据库安全漏洞及针对该安全漏洞的攻击行为后提取相关特征形成攻击指纹，对于所有访问数据库的会话和SQL，如果具备该指纹就进行拦截或告警。

以下用两个影响较大的安全漏洞来阐述数据库防火墙虚拟补丁的实现思路及应用。

（1）Oracle利用with as字句方式提权。涉及版本Oracle 11.2.0.x~12.1.0.x，该漏洞借助with as语句的特性，可以让用户绕开权控体系，对只拥有select权限的表可以进行dml操作。

解决该安全漏洞的最有效手段是打上相关的CPU或PSU，需要购买Oracle服务后通过MOS账号下载相应的补丁。升级数据库补丁也存在一定风险，因此很多企业不愿冒险升级。而通过数据库网关就可以有效地阻止该安全漏洞，在针对该漏洞的虚拟补丁没有出来之前，可在数据库网关上配置相应访问控制策略，仅允许foo用户查询bar.tab_bar，其他一律拒绝。由于网关的访问控制规则是与数据库自身的权控体系剥离的，同时网关自身具备语法解析的能力，也不依赖数据库的优化器生成访问对象，因此无法被with as子句绕开，在数据库没有相关补丁的情况下就可以很好地解决该问题。而在用户充分利用数据库网关配置细粒度访问控制的情况下，该问题甚至根本不会出现。

（2）sha256_password认证长密码拒绝式攻击，参见图4-22~图4-24。该漏洞源于MySQL sha256_password认证插件，该插件没有对认证密码的长度进行限制，而直接传给my_crypt_genhash()用SHA256对密码加密求哈希值。该计算过程需要大量的CPU计算，如果传递一个很长的密码，则会导致CPU耗尽。

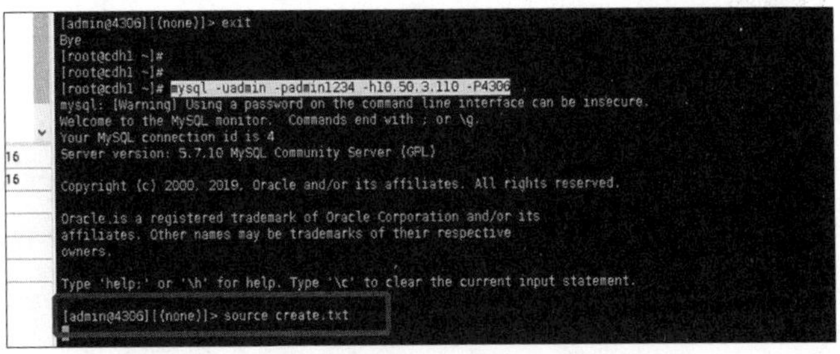

图 4-22　root 用户本地验证，用户创建中

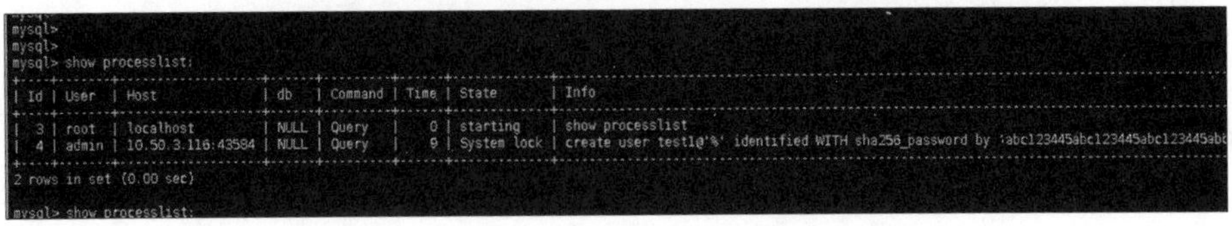

图 4-23　远程通过其他用户访问数据库无响应

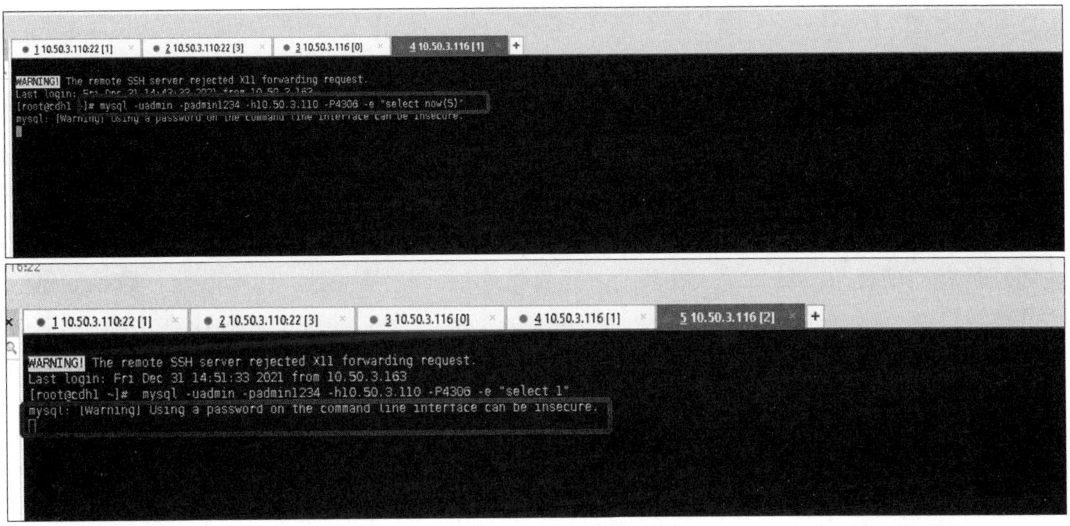

图 4-24　会话

通过数据库网关阻止该攻击的办法也很简单，只要针对create user、alter user等操作限制SQL长度即可；也可以直接启用相关漏洞的虚拟补丁。

通过上述两个案例我们可以发现，对于数据库的各种攻击或越权访问，我们只要分析其行为特征，然后在数据库网关上配置规则，对符合相应特征的数据访问行为进行限制，就可以实现数据库补丁的功能。同时，还可借助第三方组件将数据库的授权从数据库原有的权控体系中剥离出来。

使用数据库安全网关，通过对访问流量安全分析，给数据库打上“虚拟补丁”。通过对攻击者对数据库漏洞利用行为的检测，并结合产品的安全规则，实现数据库的防护（图4-25）。

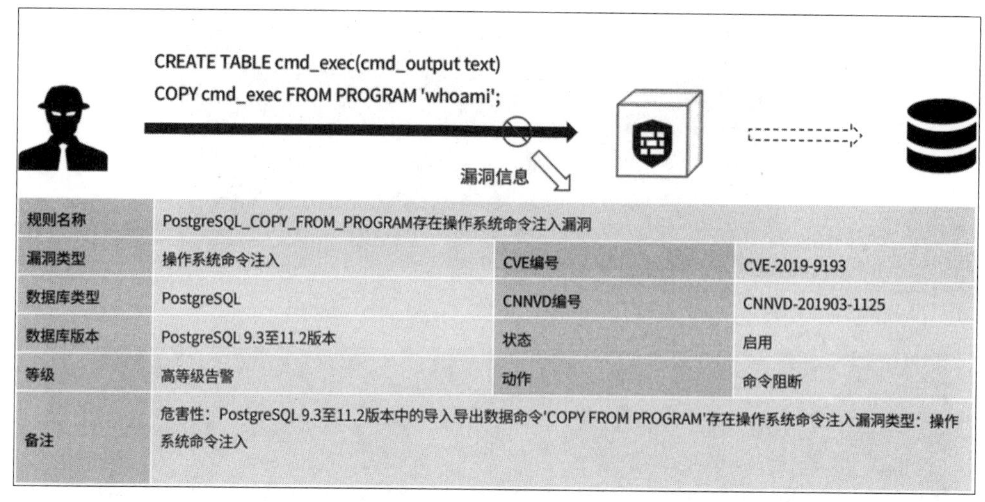

规则名称	PostgreSQL_COPY_FROM_PROGRAM存在操作系统命令注入漏洞		
漏洞类型	操作系统命令注入	CVE编号	CVE-2019-9193
数据库类型	PostgreSQL	CNNVD编号	CNNVD-201903-1125
数据库版本	PostgreSQL 9.3至11.2版本	状态	启用
等级	高等级告警	动作	命令阻断
备注	危害性：PostgreSQL 9.3至11.2版本中的导入导出数据命令'COPY FROM PROGRAM'存在操作系统命令注入漏洞类型：操作系统命令注入		

图 4-25　数据库安全网关虚拟补丁防护能力

4.2.11　基于 API 共享的数据权限控制（P）

API安全风险主要体现在其所面临的外部威胁和内部脆弱性之间的矛盾。除了要求接口开发人员遵循安全流程来执行功能开发以减轻内部脆弱性问题，还应该通过收缩API的暴露面来降低外部威胁带来的安全隐患。

在收缩API风险暴露面的同时，也需要考虑到API“开放共享”的基础属性。在支撑业务良好开展的前提下，统一为API提供访问身份认证、权限控制、访问监控、数据脱敏、流量管控、流量加密等机制，阻止大部分的潜在攻击流量，使其无法到达真正的API服务侧，并对API访问进行全程监控，保障API的安全调用及访问可视（图4-26）。

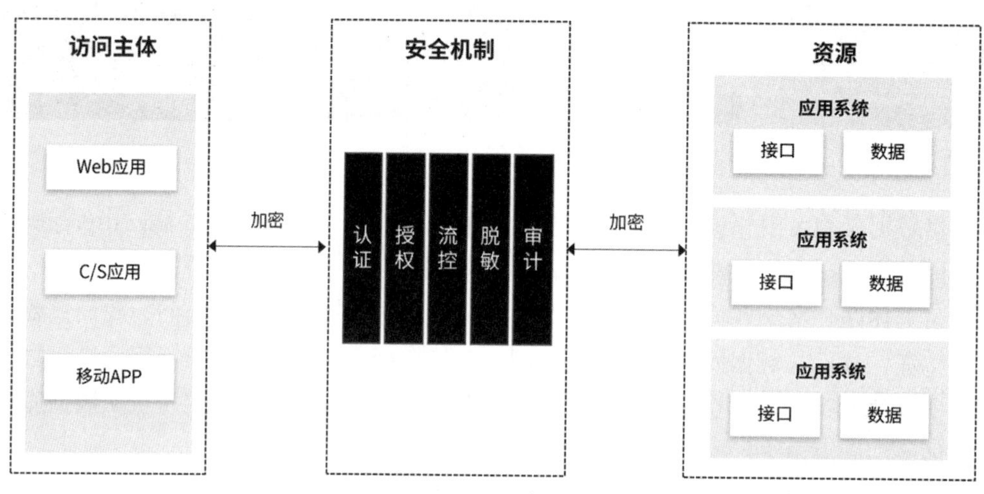

图 4-26　API 数据共享安全机制

（1）身份认证机制。

身份认证机制为API服务提供统一叠加的安全认证能力。API服务开发者无须关注接口认证问题，只需兼容现有API服务的认证机制，对外部应用系统提供统一的认证方式，实现应用接入标准的统一。

（2）授权。

通过部署API安全网关，实现API访问权限的统一管理和鉴别能力。在完成API资产的发现、梳理、注册后，安全团队可启用API访问权限管控策略，为不同的访问主体指定允许访问的API接口。API安全网关在接收到访问请求后，将先与统一控制台联动，确认调用方（用户、应用）的访问权限，然后仅将符合鉴权结果的访问请求转发到真实的API服务处，从而拦截所有未授权访问，防止越权风险。在统一控制台的权限策略发生变化时，API安全网关实时做出调整，切断权限外的会话连接。

（3）审计。

确保所有的操作都被记录，以便溯源和稽核。应具备对API返回数据中包含的敏感信息进行监控的能力，为调用方发起的所有访问请求形成日志记录，记录包括但不限于调用方（用户、应用）身份、IP地址、访问接口、时间、返回字段等信息。对API返回数据中的字段名、字段值进行自动分析，从而发现字段中包含的潜在敏感信息并标记，帮助安全团队掌握潜在敏感接口分布情况。

（4）流量管控。

为了防止用户请求淹没API，需要对API访问请求实施流量管控。根据预设阈值，对单位时间内的API请求总数、访问者API连接数，以及API访问请求内容大小、访问时段等进行检查，进而拒绝或延迟转发超出阈值的请求。当瞬时API访问请求超出阈值时不会导致服务出现大面积错误，使服务的负载能力控制在理想范围内，保障服务稳定。

（5）加密。

确保出入API的数据都是私密的，为所有API访问提供业务流量加密能力。无论API服务本身是否支持安全的传输机制，都可以通过API安全网关实现API请求的安全传输，从而有效抵御通信通道上可能会存在的窃取、劫持、篡改等风险，保障通道安全。

（6）脱敏。

通过脱敏保证即使发生数据暴露，也不会造成隐私信息泄露。统一的接口数据脱敏，基于自动发现确认潜在敏感字段，安全团队核实敏感字段类型并下发脱敏假名、遮盖等不同的脱敏策略，满足不同场景下的脱敏需求，防止敏感数据泄露导致的数据安全风险。

使用第三方安全产品进行防护，是通过部署API接口安全管控系统为面向公众的受控API服务统一提供身份认证、权限控制、访问审计、监控溯源等安全能力，降低安全风险，在现有API无改造的情况下，建立安全机制。一是健全账号认证机制和授权机制，二是实时监控API账号登录异常情况，三是执行敏感数据保护策略，四是通过收窄接口暴露面建立接口防爬虫防泄露保护机制。一方面可以确保数据调用方为真实用户而非网络爬虫，另一方面可以保证用户访问记录可追溯。

登录异常行为监控：帮助企业建立API异常登录实时监控机制，监测异常访问情况，可对接口返回超时、错误超限等进行分析，发现异常情况及时预警。

敏感数据保护策略：帮助企业对开放API涉及的敏感数据进行梳理，在分类分级后按照相应策略进行脱敏展示，所有敏感数据脱敏均在后端完成，杜绝前端脱敏。此外，敏感数据通过加密通道进行传输，防止传输过程中的数据泄露（图4-27）。

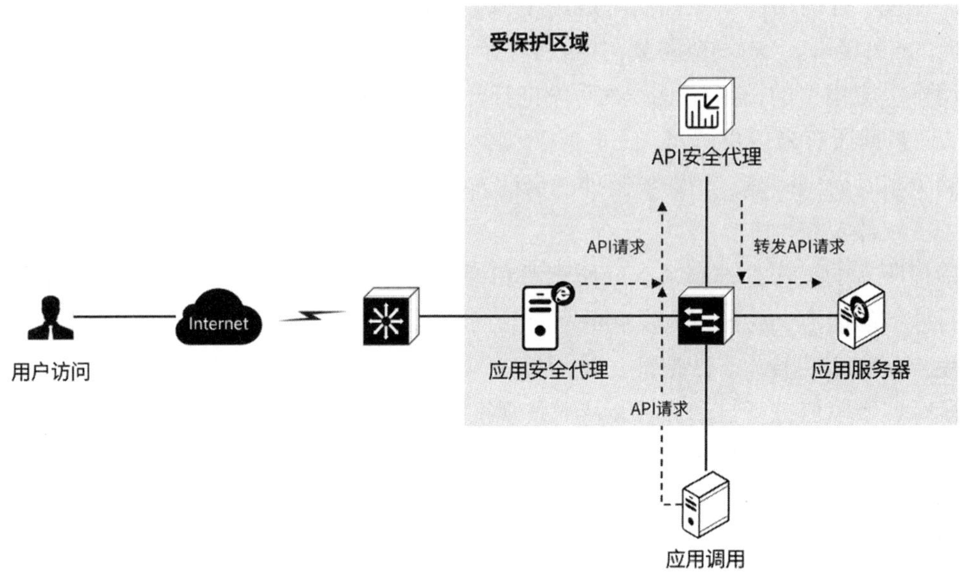

图 4-27　API 接口安全管控系统部署示意图

4.2.12　数据备份（P）

一名合格的数据库管理员的主要职责之一就是，当遇到硬件或软件的灾难性故障时，能够在用户可接受的时间范围内及时恢复数据，同时保证已提交的数据不丢失。数据库管理员应该评估自身的准备工作是否到位，是否能够应对未来可能发生的上述灾难性故障。具体包括：数据库管理员对成功备份组织业务所依赖的数据，同时在允许的时间窗口内从这些备份中恢复数据有多大信心？是否能满足既定灾难恢复计划中指定的服务水平协议（Service Level Agreement，简称SLA）或恢复时间目标？数据库管理员是否已采取措施制订和测试备份恢复计划，以保护数据库可以从多种类型的故障中恢复？

为了达成上述目标，我们提供一个如下的检查清单供读者参考。

（1）是否有一个综合的备份计划。

（2）执行有效的备份管理。

（3）定期做恢复演练。

（4）与各个业务线负责人讨论，定制一套可接受的SLA。

（5）起草编写一份《灾难恢复应急预案》。

（6）时刻保持知识更新，掌握最新的数据备份恢复技术。

1. 有效的备份计划

一份有效的备份计划，除了数据库系统本身的备份，还应关心数据库部署的操作系统、调用数据库的应用及中间件。

需要一并纳入备份计划的有以下内容。

（1）完整的操作系统备份。该备份主要用于数据库所部属主机故障或崩溃时的快速恢复。操作系统核心配置文件如系统路由表用户文件、系统参数配置等，在变更时都需要做好备份，用于异常时的回退。

（2）数据库软件。在任何CPU、PSU升级前都应当对数据库软件本身做好备份。

（3）数据库适配的相关软件、中间件。例如Oracle E-Business Suite、Oracle Application Server and Oracle Enterprise Manager （OEM）等。

（4）密码。所有特权账号、业务账号的密码都应当单独备份一份，备份可以通过在数据库中单独维护一个用户表，或者借助其他密码管理工具来实现。

选择一种适合业务系统的备份类型或方式，根据不同的业务场景或需求选择做逻辑备份或物理备份。

对于海量数据，在Oracle下可以选择开启多通道并行备份，同时开启块追踪（block trace）来加速增量备份。可以通过MySQL 5.7以后的新特性mysqlpump来实现多线程并行逻辑备份或使用xtrabackup实现并行备份（--parallel）。常见的大数据平台如Hadoop分布式文件系统由于实际生产环境中基本都有三份以上的冗余，因此通常情况下不需要对数据进行备份，而是备份namenode下的fsimage、editlog等。

制订一个合理的备份计划。备份的时间应当以不影响业务运行为首要原则，根据自身情况如数据量、数据每日增量、存储介质等制订备份计划。备份计划的核心目的是尽可能减少平均修复时间（Mean Time To Repair，简称MTTR），增量备份根据自身情况选择差异增量（differential）还是累积增量（incremental）。

选择合适的备份存储介质。如果用户本身的数据库为Oracle rac 11.2.0.1以上版本，建议直接将备份存储在ASM中。对于有条件的用户，建议在磁盘备份的基础之上再对备份多增加一份复制，冗余备份可存储在磁带或NAS上。

制定合理的备份保留策略，根据业务需求，备份一般保留7天至30天。

2. 有效的备份管理

在制订了一套有效的执行计划之后，数据库管理员应当妥善管理这些备份，此时需要关注以下几点。

（1）自动备份。通过crontab或Windows计划任务自动执行备份，备份脚本中应当有完整的备份过程日志，有条件的用户建议用TSM、NBU等备份管理软件来管理备份集。

（2）监控备份过程。在备份脚本中添加监控，如备份失败可通过邮件、短信等方式进行告警。同时，做好备份介质的可用存储空间监控。

（3）管理备份日志。管理好备份过程日志，用于备份失败时的异常分析，对于Oracle

数据库可以借助rman及内置相关数据字典来监控、维护备份，多实例的情况下可以搭建catalog server来统一管理所有备份。对于像MySQL等开源数据库，可在一个指定实例中创建备份维护表来模拟catalog server，实现对备份情况的管理与追踪。

（4）过期备份处理。根据备份保留策略处理过期备份，Oracle可通过rman的“delete obsolete”自动删除过期备份集；而对于MySQL，需要数据库管理员具备一定的shell脚本或Python开发能力，根据备份计划和保留策略，基于全备和增量的时间删除过期备份。

3. 备份恢复测试

对于数据库系统来说，可能发生很多意外，但唯一不能发生的就是备份无法使用。保障数据备份的有效性、备份介质的可靠性、备份策略的有效性，以及确认随着数据量的增长、业务复杂度的上升，现在的备份能否满足既定的SLA，都需要定期做备份恢复测试。

恢复测试基于不同的目的，可以在不同的环境下进行。如本地恢复、异地恢复，全量恢复，或者恢复到某一指定的时间点。

4. 定制一份 SLA

数据库管理团队应当起草一份备份和恢复的SLA，其中包含备份内容、备份过程及恢复的时间线，与业务部门商讨敲定后让组织的管理层签字确认。SLA并不能直接提升恢复能力，而是设定业务（或管理层）对于恢复时间窗口的期望。数据库管理团队在这一期望值下尽可能朝着该值去努力，在发生故障时将损失降到最低。

5. 灾难恢复计划

根据自身情况及相关政策要求，制定异地灾备方案。有条件的用户可选两地三中心的灾备方案，在遇到一些突发或人力不可抗的意外情况后，能够及时恢复业务系统，保证生产稼动率。

6. 掌握最新的数据备份恢复技术

作为一名合格的数据库管理员，必须时刻保持学习状态，与时俱进，实时掌握所运维数据库新版本的动态、对于备份恢复方面有哪些提升或改进、采用了什么新技术。在遇到问题恢复时，根本没时间现场调研有哪些新技术可以帮助你进行数据恢复。特别是对于使用非原生备份软件的企业，在数据进行大的升级前一定要了解升级后所用的备份软件是否存在兼容性问题。如Oracle 21c在刚推出之时，市面上主流的备份软件通过sys用户连接均存在问题，进而导致有一段时间备份只能通过维护rman脚本的方式来实现。

7. 第三方安全产品防护

为防止系统出现操作失误或系统故障导致数据丢失，通过数据备份系统将全部或部分数据借助异地灾备机制同步到备份系统中（图4-28）。

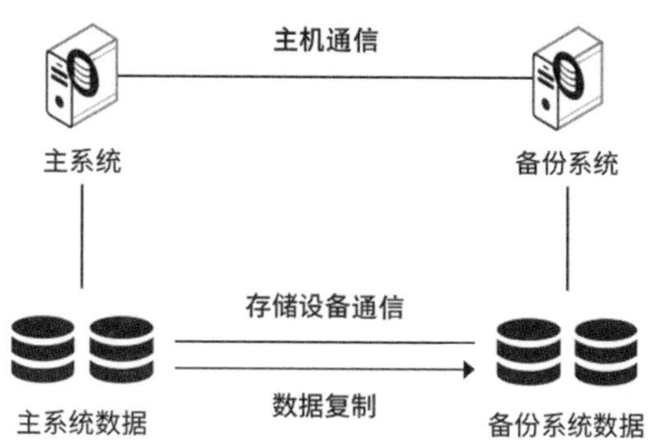

图 4-28　数据备份网络拓扑图

4.2.13　全量访问审计与行为分析（E）

监控整个组织中的数据访问是追查取证的重要手段，实时感知数据的操作行为很有必要。无法监视数据操作的合规性异常，无法收集数据活动的审计详细信息，将导致在数据泄露后无法进行溯源分析，这在许多层面上都构成了严重的组织风险。异常的数据治理行为（例如非法执行数据查询脚本）会导致隐私泄露。如果没有分析审计手段，当异常行为发生时系统不能及时告警，那么异常行为发生后也无法追查取证。

发生重大敏感数据泄露事件后，必须要进行全面的事件还原和严肃的追责处理。但往往由于数据访问者较多，泄密途径不确定，导致定责模糊、取证困难，最后追溯行动不了了之。数据泄露溯源能力的缺乏极可能导致二次泄露事件的发生。

数据安全审计通过对双向数据包的解析、识别及还原，不仅对数据操作请求进行实时审计，而且还可对数据库系统返回结果进行完整的还原和审计，包括SQL报文、数据命令执行时长、执行的结果集、客户端工具信息、客户端IP地址、服务端端口、数据库账号、客户端IP地址、执行状态、数据类型、报文长度等内容。数据安全审计将访问数据库报文中的信息格式化解析出来，针对不同的数据库需要使用不同的方式进行解析，包括大数据组件、国产数据库及关系型数据库等，满足合规要求，解决数据安全需求的“5W1H”问题（见表4-3）。

表 4-3　数据安全需求分析表

数据安全需求	描　述	举　例
Who（谁干的）	用户名、源 IP 地址	Little wang
Where（在什么地方）	客户端 IP+Mac、应用客户端 IP 地址	201.125.21.122
When（什么时间）	发生时间、耗时时长	2017/10/12　23:21:02
What（干了些什么）	操作对象是谁、操作是什么	Update salary
How（怎么干的）	SQL 语句、参数	Update salary set account ='100000' emloyee_name ='张三'
What（结果怎么样）	是否成功、影响行数、性能情况	Success，999 行，耗时 1ms

通过分析数据高危操作，如删表、删库、建表、更新、加密等行为，并通过用户活动行为提取用户行为特征，如登录、退出等，在这些特征的基础上，构建登录检测动态基准线、遍历行为动态基准线、数据操作行为动态基准线等。

利用这些动态基准线，可实现对撞库、遍历数据表、加密数据表字段、异常建表、异常删表及潜伏性恶意行为等多种异常行为的分析和检测，将这些行为基于用户和实体关联，最终发现攻击者和受影响的数据库，并提供数据操作类型、行数、高危动作详情等溯源和取证信息，辅助企业及时发现问题，阻断攻击。

通过部署第三方安全产品，如数据库审计系统（图4-29），可提供以下数据安全防护能力。

（1）基于对数据库传输协议的深度解析，提供对全量数据库访问行为的实时审计能力，让数据库的访问行为可见、可查、可溯源。

（2）有效识别数据库访问行为中的可疑行为、恶意攻击行为、违规访问行为等，并实时触发告警，及时通知数据安全管理人员调整数据访问权限，进而达到安全保护的目的。

（3）监控每个数据库系统回应请求的响应时间，直观地查看每个数据库系统的整体运行情况，为数据库系统的性能调整优化提供有效的数据支撑。

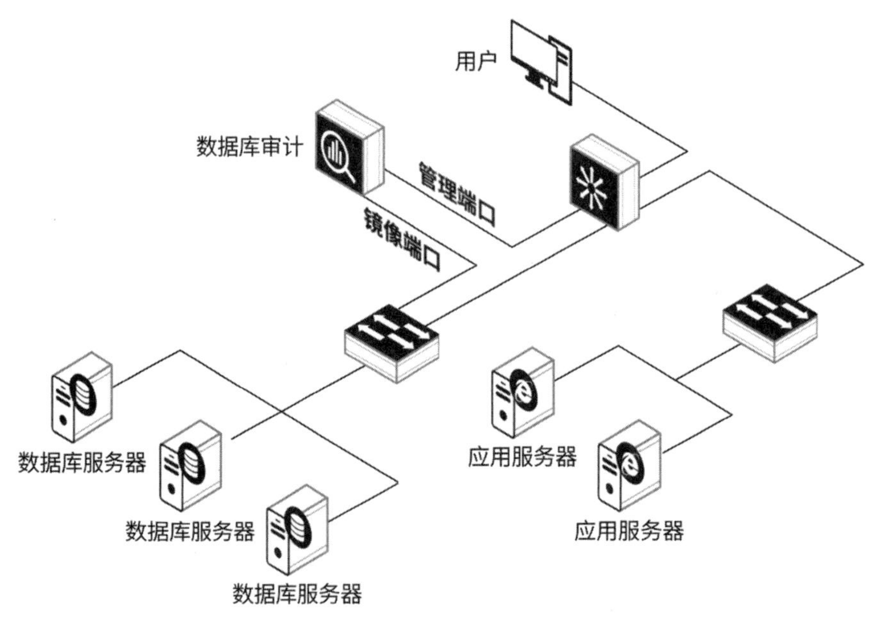

图 4-29　全量访问审计部署拓扑

4.2.14　构建敏感数据溯源能力（E）

敏感数据溯源对数据生命周期过程中敏感数据的采集、查询、修改、删除、共享等相关操作进行跟踪，通过留存敏感数据流动记录等方式，确保敏感数据相关操作行为可追溯。敏感数据溯源与数据水印的主要区别在于，敏感数据溯源不会改变数据的完整性，因此，对于数据质量没有影响，能够适应更多需要溯源的业务场景。

敏感数据溯源实践场景举例如下。

场景一

某金融机构对高净值客户的个人敏感信息数据进行了高级别的访问防护。此类特殊客户的个人身份及财产信息一经被访问，就产生了访问记录，并且，设定访问频率、单次获取数据量的报警阈值。管理员可将重点客户的身份证号码、姓名等信息作为输入，溯源到相关数据被访问的时间点、访问的应用、IP地址等信息。

要实现场景一，需要对数据访问的双向流量进行解析，针对敏感数据的请求、返回值要能做记录。一个能快速部署，并且能较好实现场景一需求的系统组成和部署方式如图4-30所示。

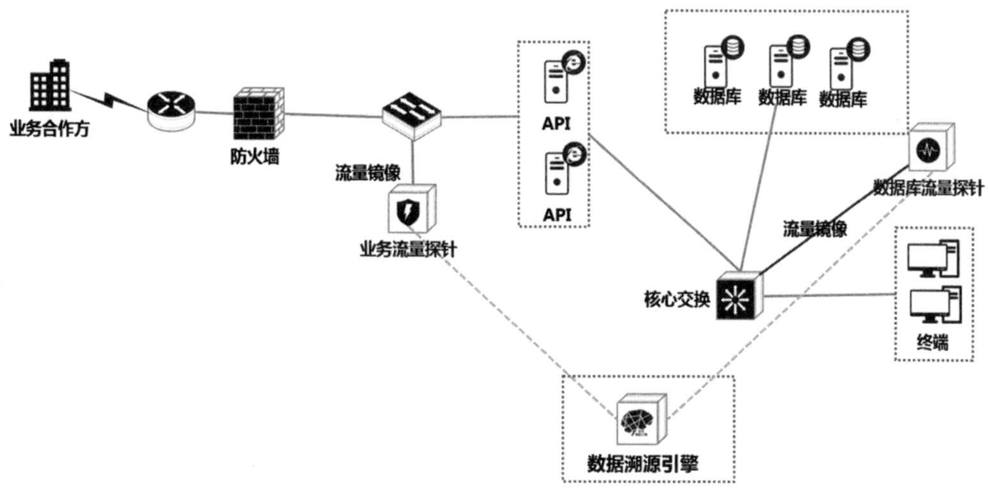

图 4-30　数据溯源系统组成和部署方式

系统主要部件由业务流量探针、数据库流量探针、数据溯源引擎组成。

业务流量探针解析API内容包括：API地址（ID）、访问源、行为、参数（数据）、返回（数据）、实体（IT资产）。

数据库流量探针解析数据库访问内容包括：访问源、行为（SQL）、参数（数据）、对象、返回（数据）、实体（IT资产）。

数据溯源引擎：以数据为核心，通过参数（具备唯一性的数据）、行为、时间等，建立访问源、对象、实体（IT资产）之间的关联关系；将敏感数据的流向及以数据为中心建立的关联关系进行可视化展现。

溯源效果如图4-31所示。

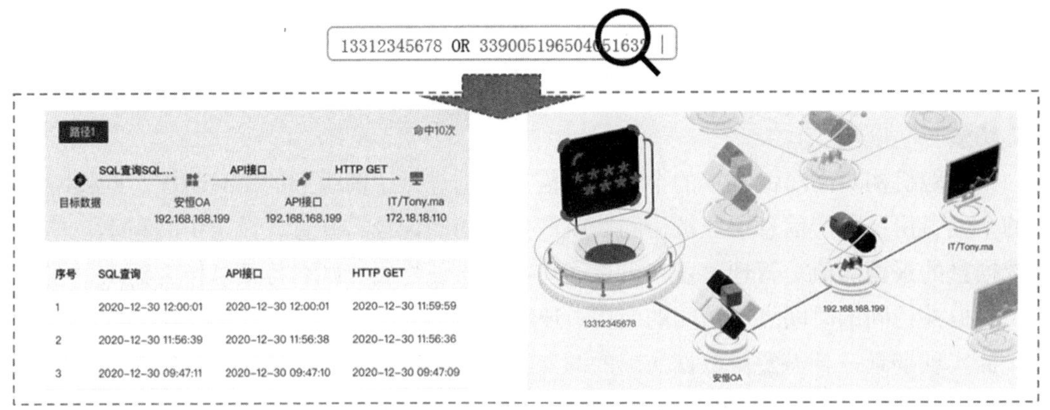

图 4-31　场景一的溯源效果示意图

客户能清楚地看到数据流向，如数据在什么时间，通过什么方式流经哪些节点，以及其他详细信息。建立敏感数据的访问路径，客户能快速通过不同路径去排查数据泄露风险及取证。同时，通过对敏感数据路径的日常监控，能够更早地发现敏感数据访问异常，与其他监控和防护手段相结合，实现对敏感数据的长效监控。

场景二

企业发现自己内部的最新商业机密文件被竞争对手窃取。在部署过数据防泄露产品的情况下，该文件的所有传播节点都有记录。管理员可上传泄露的机密文件，进行溯源查询，得到该文件传播的路径、时间点，以及涉及的终端设备。

要实现场景二，需要在网络出口处部署网络防泄露产品，审计在网络上流经的各种文件，并且在终端部署防泄露产品，审计终端上的各种文件操作和流转情况。数据溯源引擎将网络上和终端上的审计记录与上传的机密文件进行关联，然后将机密文件的流向进行可视化展现。溯源效果如图4-32所示。

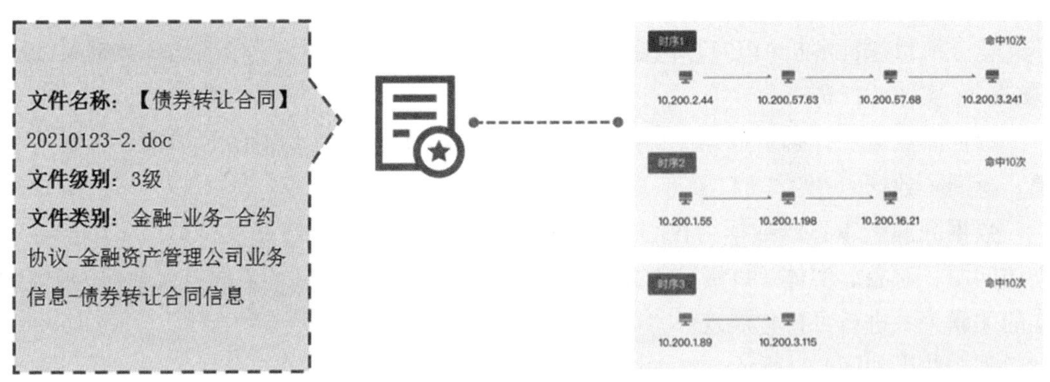

图 4-32　场景二的溯源效果示意图

4.3　建设中：数据安全平台统一管理数据安全能力

当前，各类用户通过在不同的数据安全场景部署各种有针对性的安全产品解决相应场景的数据安全问题。例如：在测试开发场景通过部署静态数据脱敏（也称静态脱敏）解决数据共享造成的隐私泄露问题；在运维环境部署数据安全运维类系统解决运维过程中的风险操作、误操作等问题；在业务侧通过部署数据库防火墙解决对外的数据库漏洞攻击、SQL注入问题等。在不同的数据使用场景中，数据安全产品各自为战，往往容易造成安全孤岛。因此，急需一套整合不同使用场景的数据安全防护、集中呈现数据安全态势、提供统一数据安全运营和监管能力的数据安全集中管理平台，实现各类安全数据的集中采集，可视化地集中呈现资产详情、风险分布、安全态势等，便于进行不同安全设备的集中管理、安全策略的动态调整、下发，以及实现日志、风险、事件的统一运营管理、集中分析。

4.3.1　平台化是大趋势

在Gartner公司发布的《2022 Strategic Roadmap for Data Security》中将数据安全平台（Data Security Platforms，简称DSP）定义为以数据安全为中心的产品和服务，旨在跨数据类型、存储孤岛和生态系统集成数据的独特保护需求。DSP涵盖了各种场景下的数据安全保护需求。DSP是以数据安全为核心的保护方案，以数据发现和数据分类分级为基础，混合了多种技术来实现数据安全防护。例如：数据访问控制，数据脱敏，文件加密等。成熟的DSP也可能包含数据活动监控和数据风险评估的功能。

数据安全市场目前的特点是各业务厂商将其现有的产品功能集成到DSP中。常见的数据安全能力包括：数据发现、数据脱敏、数据标识、数据分类分级、云上数据活动监控、数据加密等。以前孤立的安全防护产品在一个共同的平台工具中结合起来，使DSP成为数据安全建设的关键节点。

图4-33展示了自2009年以来数据安全能力的演变，深色区域内的这些安全能力是目前一些DSP所具备的，与此同时，DSP也在不断发展，缩小安全能力差距并精细化数据安全策略。其中DAM代表数据活动监控、DbSec代表数据安全、DAG代表数据访问治理、DLP代表数据泄露防护、Data Masking代表数据脱敏、Tokenization代表标识化、Data Discovery代表数据发现、Data Risk Analytics代表数据风险分析。

DSP是从运营的角度进行产品化，以产品即服务的形式存在。DSP从最开始的数据活动监控演变为目前的数据安全生态体系，未来DSP要集成的安全能力会更多。通过安全平台+单个安全能力单元做联动联防管理，能够集成更多的数据安全能力，从而实现数据安全持续运营的目标。

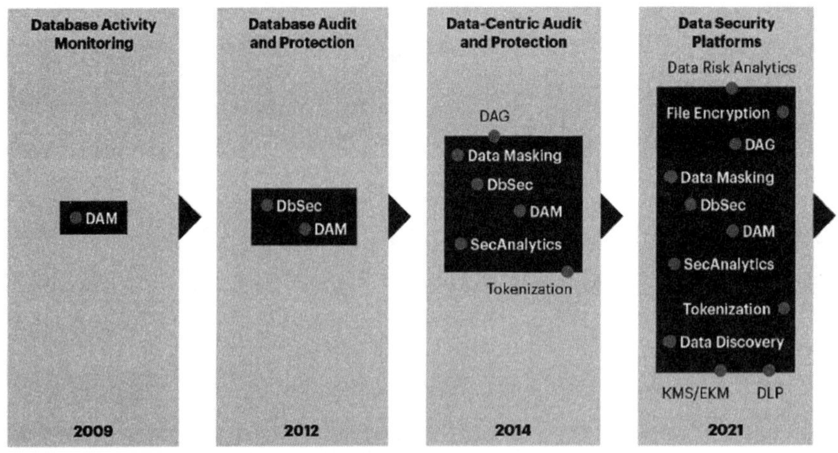

图 4-33　数据安全能力的演变

Gartner对DSP未来状态有更详细的描绘。DSP处于中心位置，“DSP数据安全平台”部分概述了这些安全技术的范围、它们在数据安全治理方面发挥的作用，以及所使用的最佳实践（图4-34）。未来的数据安全建设必然是从孤立的数据安全产品过渡到数据安全平台，促进数据的业务利用率和价值，从而实现更简单、端到端的数据安全。DSP产品能够实现这种功能整合。

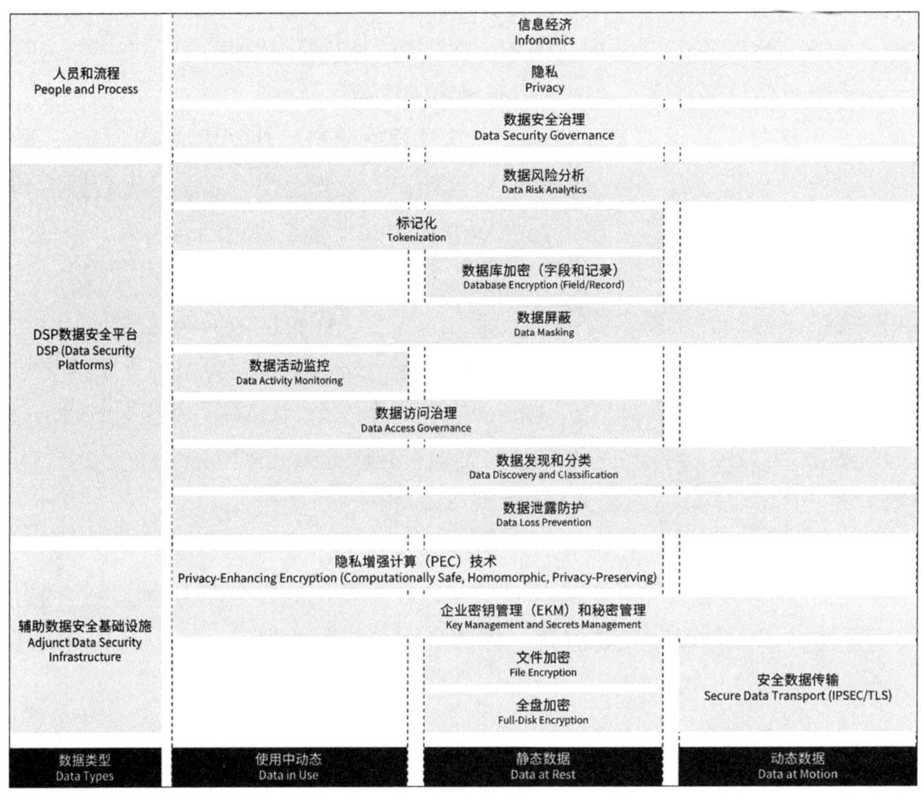

图 4-34　数据安全平台占据整体数据安全建设的中心位置

4.3.2　数据安全平台典型架构

典型的数据安全管理平台的整体系统架构如图4-35所示。

图 4-35　数据安全管理平台的整体系统架构

针对数据采集、传输、存储、处理、交换和销毁等环节，数据安全管理平台通过数据采集接口对各安全组件数据进行统一汇总、去重清洗、集中统计展示，同时利用UEBA学习、行为分析、数据建模、关联分析等方法对网络环境中的数据资产和数据使用情况进行统一分析，并对数据风险操作、攻击行为、安全事件、异常行为和未知威胁进行发现和实时告警，提供对采集到的审计日志、风险日志、事件日志信息数据的关联分析、安全态势的可视化展现等，实现数据可见、风险可感、事件可控和数据的集体智治。

数据安全管理平台将贯穿数据安全管理中的数据采集、应用防护、数据分发、运维管控、运营处置、合规检查等各场景，实现策略统一下发、态势集中展示、事件集中处理，为客户持续创造价值。

1. 数据可见

数据安全管理平台帮助用户实现对数据的统一管理。通过数据地图呈现能力，方便探索数据安全问题根源，增强用户业务洞察力；可以非常直观地查看数据资产分布、敏感表、敏感字段数量统计、涉敏访问源、访问量等，监控不同区域、业务的数据访问流向和访问热度，清楚洞察数据的静态分布和动态的访问情况。数据可见支持集中统一展示如下信息。

（1）数据资产分布。

对多源异构数据存在形式形成统一的数据资源目录，并且能够完成自动化内容识别，生成数据保护对象清单，充分掌握重要数据、个人数据、敏感数据的分布情况，并对不同等级的数据资源采取相应的安全防护措施。

（2）敏感数据分布。

梳理现网环境各业务系统后台数据库中存在的敏感表、敏感字段，统计敏感表、敏感字段数量、总量，标记数据的业务属性信息和数据部门归属等特性并展示详情。

（3）分类分级结果展示。

支持表列分布，分类结果、安全级别及分布等情况详情展示，方便数据拥有者了解敏感数据资产的分布情况。分类分级结果可与平台数据防护能力进行对接，一键生成敏感数据的细粒度访问控制规则、数据脱敏规则等，从而实现对数据全流程管理。

（4）数据访问流向记录。

记录数据动态访问详情，统计业务数据访问源，还原以网络访问、API、应用系统、数据库、账户行为等多层次的资产全方位视角，构建数据资产全生命周期内外部数据流转链路，为数据安全风险感知和治理监管提供可视化支撑。从源头上追踪、分析数据访问流向情况，方便溯源管理。

（5）数据访问热度展示。

提供数据访问热度分析能力，洞察访问流量较大、敏感级别较高的业务系统并实施重点监控、防护。结合静态数据资产梳理和动态数据访问热度统计，找出网络环境中的静默资产、废弃资产等，协助资产管理部门合理利用现有网络资源。

2. 风险可感

数据安全管理平台以数据源为起点，提供统一的数据标准、接口标准，从数据运行环境开始，关注数据生产、应用、共享开放、感知与管理等多个区域不同维度的安全风险，从数据面临的漏洞攻击、SQL注入、批量导出、批量篡改、未脱敏共享使用、API安全、访问身份未知等多角度审视数据资产的整体安全防护状态，打破信息孤岛，形成完整的风险感知、风险处置闭环。同时，平台提供基于用户视角的、对潜在威胁行为进行有效分析和呈现的能力，对于网络中活跃的各类用户及其行为进行精准监控与分析，结合UEBA技术，通过多种统计及机器学习算法建立用户行为模式，当数据攻击行为与合法用户出现不同时进行判定并预警。

3. 事件可控

数据安全管理平台支持对发现的数据安全事件进行统一呈现和处置能力，包括安全事件采集、安全事件通报、安全事件处置。通过多维度智能分析对已发现的安全事件进行溯源，追踪风险事件的风险源、发生时间和事件发生的整个过程，为采取有效的事件处置、后续改进防范措施提供科学决策依据。

平台根据安全基线和风险模型实时监控全资产运行和使用情况，并支持多种即时告警措施。当触发安全事件时，平台第一时间提供事件告警并告知事件危害程度，辅助安全管理人员、数据管理人员及时对异常事件信息做出反馈与决策。当事件影响级别较高需要及时处置时，安全管理人员通过工单形式向安全运维人员通报安全事件并下发事件处置要求。

安全运维人员通过平台事件详情链接确认事件溯源详情及影响，进行处置后返回事件处置状态信息。

4. 综合防控

数据在采集、存储、传输、处理、交换、销毁的过程中数据结构和形态是不断变化的，需要采取多种安全组件设备支撑安全策略的实施。数据安全管理平台支持动态联动安全组件设备。可在平台中，定时、批量灵活地配置安全防护策略，动态优化安全防护策略，并同时下发至组件设备执行策略，分别对数据分类分级任务、数据脱敏加密、数据库安全网关策略等安全防护能力策略、敏感数据发现策略、数据流转监控策略实现集中化的安全策略管控。实时保持最高效的安全防护能力，帮助用户高效完成设备集中配置管理。

针对数据安全的风险，以数据为核心，以对所有的数据流转环节进行整体控制为目标，实现外向内防攻击、防入侵、防篡改，内向外防泄漏、防伪造、防滥用的综合防控能力，便于及时发现问题，阻止安全风险。

5. 整体智治

智能化数据安全治理平台工具。数据安全管理平台引入智能梳理工具，通过自动化扫描敏感数据的存储分布，定位数据资产。同时，关注数据的处理和流转，及时了解敏感数据的流向，时刻全局监测组织内数据的使用和面向组织外部的数据共享；通过机器UEBA学习技术，对数据访问行为进行画像，从数据行为中捕捉细微之处，找到潜藏在表象之下异常数据操作行为。

渗透于数据生命周期全过程域的安全能力。平台融合数据分类分级、数据标识、关联分析、机器学习、数据加密、数据脱敏、数据访问控制、零信任体系、API安全等技术的综合性数据智能安全管理平台，提供整体数据安全解决方案。平台监控数据在各个生命阶段的安全问题，全维度防止系统层面、数据层面攻击或者疏忽导致的数据泄露，为各类数据提供安全防护能力，并根据业务体系，持续应用到不同的安全场景之中。

4.4　建设后：持续的数据安全策略运营及员工培训

4.4.1　数据安全评估

1. 安全评估必要性

鉴于数据安全形势日趋复杂，我国《中华人民共和国数据安全法》《中华人民共和国个人信息保护法》《网络数据安全管理条例（征求意见稿）》等法律法规加速落地实施，将数据的保护提高到法律层面，同时要求单位或企业围绕数据处理活动进行数据风险评估、检测，提高数据安全保障能力（图4-36）。

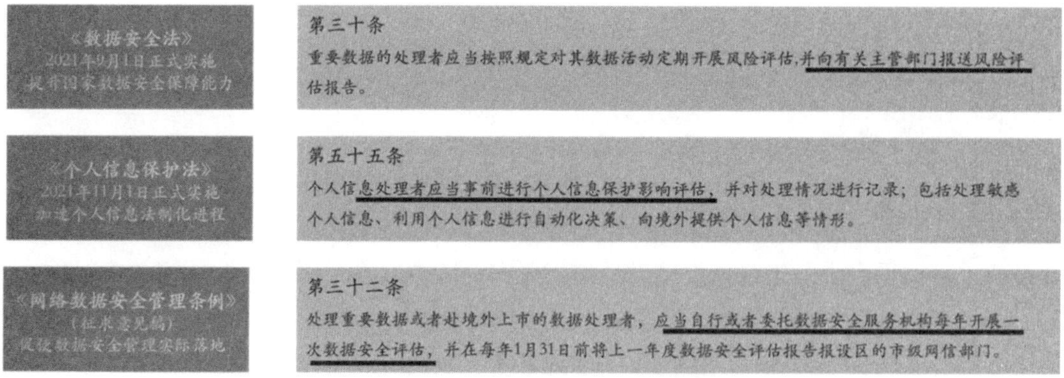

《数据安全法》
2021年9月1日正式实施
提升国家数据安全保障能力
第三十条
重要数据的处理者应当按照规定对其数据活动定期开展风险评估,并向有关主管部门报送风险评估报告。
《个人信息保护法》
2021年11月1日正式实施
加速个人信息法制化进程
第五十五条
个人信息处理者应当事前进行个人信息保护影响评估，并对处理情况进行记录；包括处理敏感个人信息、利用个人信息进行自动化决策、向境外提供个人信息等情形。
《网络数据安全管理条例》
（征求意见稿）
促进数据安全管理实际落地
第三十二条
处理重要数据或者赴境外上市的数据处理者，应当自行或者委托数据安全服务机构每年开展一次数据安全评估，并在每年1月31日前将上一年度数据安全评估报告报设区的市级网信部门。

图 4-36　数据安全评估要求

数据安全评估，主要针对数据处理者的数据安全保护和数据处理活动情况进行风险评估，旨在掌握数据安全总体情况，发现存在的数据安全风险和问题隐患，指导数据处理者健全数据安全管理制度，完善技术措施，加强人员管理，进一步防范数据安全风险。

2. 周期性的数据安全检查评估

数据安全评估，必然需要单位或者企业坚持一定的核心逻辑、评估方法、评估流程及协助评估的一款系统软件工具。

1）核心逻辑

首先要以法律法规和标准作为数据安全评估的依据，其次要以数据生命周期安全为逻辑主线，最后还要结合各行业的业务特点，才能更好地开展数据安全评估工作（图4-37）。

数据安全合规要求
……
行业最佳实践
技术标准及指南指引
行业主管部门的法规及规定
《数据安全法》、《个人信息保护法》等法律法规
用户注册和管理
产品/服务展示
交易和售后
用户画像和精准营销
……
数据安全治理体系
数据生命周期
组织管理
制度流程
技术防护
数据采集
数据传输
数据处理
……
数据生命周期安全
数据处理活动的业务逻辑

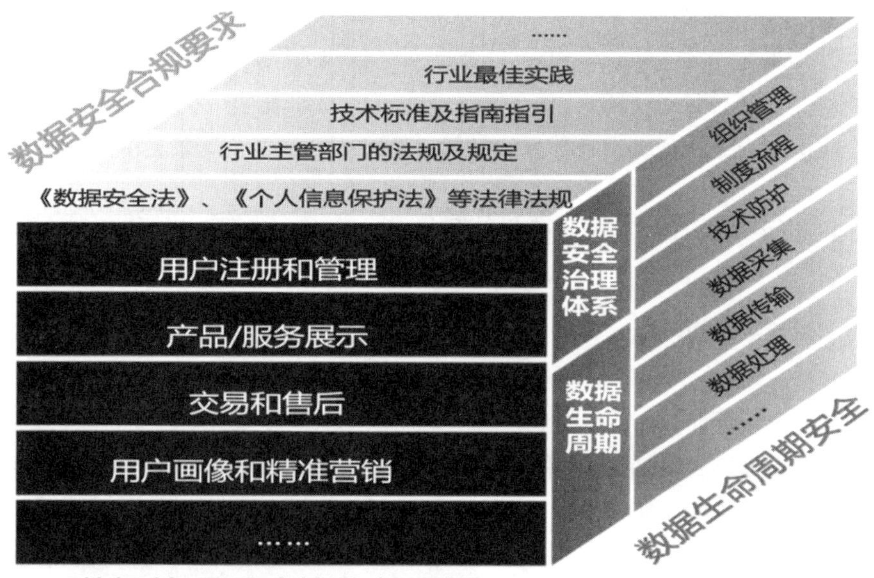

图 4-37　数据安全评估逻辑

2）评估方法

数据安全评估人员采用的评估方法，包括但不限于：

（1）人员访谈：评估人员采取调查问卷、现场面谈或远程会议等形式对评估方相关人员进行访谈、对被评估的数据、数据处理活动和数据安全实施情况等进行了解、分析和取证。

（2）文档审核：评估人员通过数据安全的管理制度、安全策略、流程机制、合同协议、设开发和测试文档、运行记录、安全日志等进行审核、查验、分析，以便了解被评估方的数据安全实施情况。

（3）系统核查：评估人员通过查看被评估方数据安全相关网络、系统、设备配置、功能或界面，验证数据处理系统和数据安全技术工具实施情况。

（4）技术测试：评估人员通过手动测试或自动化工具进行技术测试，验证被评估方的数据安全措施有效性，发现可能存在的数据安全风险。

3）评估流程

数据安全评估实施过程，主要包括评估准备、数据和数据处理活动识别、风险识别、风险分析与评价和评估总结五个阶段。具体工作及各阶段主要产出物如图4-38所示。

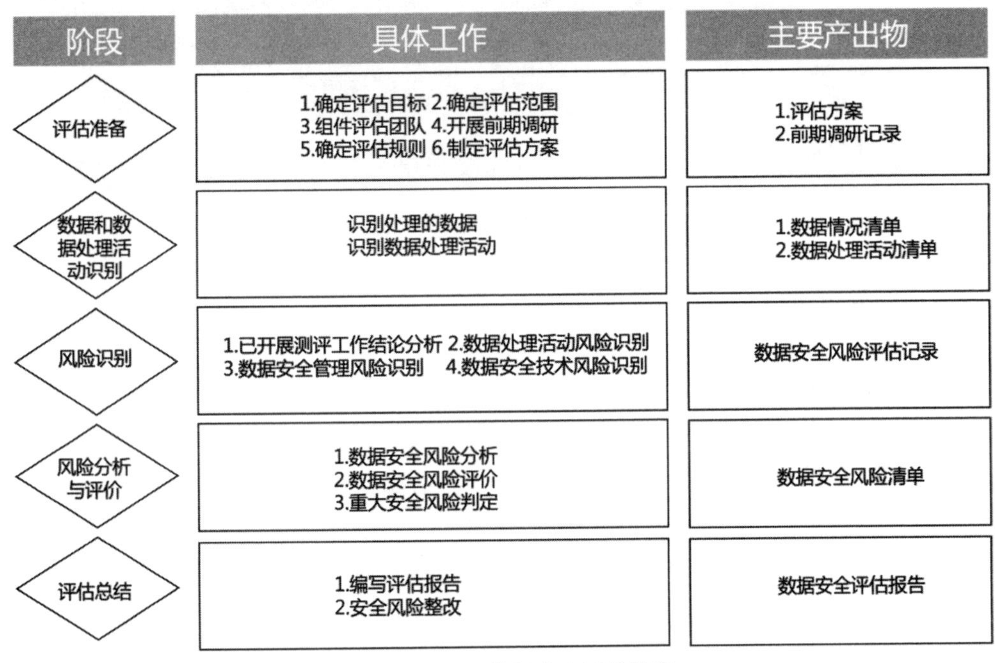

图 4-38　数据安全评估流程

4）评估工具

数据安全评估检查工具由检查能力集、检查知识库、检测信息引擎、工具硬件和基础系统环境组成，应用于完成监督检查评估工作任务。检查能力集包含合规检查、技术检测、扩展检查三个部分，分别体现以访谈问询和文字信息调查为主体的检查能力、以信息技术检测为主体的检查能力和对上述检查结果进行扩展检查的检查能力。检查知识库为各项检查能力的实现提供基础知识和规则模型支撑。检测信息引擎为技术检测能力的实现提供被查信息系统中的检测相关信息获取能力支撑。工具箱硬件和基础系统环境为检查工具的各项能力实现提供硬件和基础系统支撑（图4-39）。

图 4-39　数据安全评估工具框架

4.4.2　数据安全运营与培训内容

1. 数据安全运营

数据安全运营是将技术、人员、流程进行有机结合的系统性工程，是保证数据安全治理体系有效运行的重要环节。数据安全运营遵循“运营流程化、流程标准化、标准数字化、响应智能化”的思想进行构建，数据安全运营的需要实现流程落实到人，责任到人，流程可追溯，结果可验证等能力。同时，数据安全运营需要贯穿安全监测、安全分析、事件处置、安全运维流程，全面覆盖安全运营工作，满足不同类型、不同等级安全事件的监测、分析、响应、处置流程全域可知和可控。数据安全运营主要包含数据安全资源运营、数据安全策略运营、数据安全风险运营、数据安全事件运营和数据安全应急响应几个部分（图4-40）。

数据资源安全运营	数据安全策略运营	数据安全风险运营	数据安全事件运营	数据安全应急响应
数据分布地图	安全合规运营	风险持续鉴测	涉敏数据事件	应急组织机构
敏感数据视图	安全策略指标	异常行为监测	安全运维事件	应急人员配置
分类分级视图	安全策略视图	安全风险告警	安全事件告警	编制应急预案
访问热度视图	安全策略下发	安全风险处置	安全事件处置	开展应急演练
数据流向视图	安全策略优化	安全风险防范	安全事件防范	快速应急响应

图 4-40　数据安全运营组成

数据安全运营包含持续性的安全基线检查、漏洞检测、差距分析，安全事件和安全风险的响应、处置、通报，数据安全复盘分析等，强调数据安全管理工作过程中对数据运营目标的针对性，如数据资产梳理（含数据地图、敏感数据梳理、数据分类分级、数据访问流向分析、数据访问热度分析等）、下发数据安全管控策略、数据安全持续性评估、数据安全运营指标监测、安全阈值的设定等，还包括通过运用流程检测和事件处置结果的考评，对运营人员的能力进行评估，对现有技术控制措施有效性的评估。

数据安全运营机制涵盖以下方面。

（1）预防检测。包括主动风险检查、渗透攻击测试、敏感核查和数据安全基线扫描等手段。

（2）安全防御。包括安全加固、控制拦截等手段。

（3）持续监测。包括数据安全事件监测和确定、定性风险检测、隔离事件等手段。

（4）应急预案。包括对数据安全事件的识别、分级，以及处置过程中组织分工、处置流程、升级流程等。

（5）事件及风险处置、通报。包括流程工单、安全策略管理、安全风险及事件处置、处置状态通报等手段。

2. 安全基础培训服务

邀请数据安全理论专家和技术专家开展针对数据安全业务人员和技术人员的安全基础专项培训，提升相关人员数据安全意识，掌握数据安全发展趋势，了解新型风险和攻防新技术，规范数据安全管理制度，提高数据安全防护能力。

4.4.3 建设时间表矩阵

1. 数据安全策略持续运营

数据安全策略需要结合策略运营数据进行持续优化运营才能达到一个比较理想的结

果，运营通常分成五个阶段。运营时间矩阵表见表4-4。

表 4-4 运营时间矩阵表

项目时间	系统上线	1 个月后	3 个月后	6 个月后
第一阶段	1. 默认策略			
第二阶段		1. 默认策略优化 2. 建立业务策略 3. 依照《数据安全管理规范》建立自定义安全策略		
第三阶段			1. 优化业务策略 2. 优化自定义安全策略	
第四阶段				1. 形成自定义安全策略库 2. 备份自定义安全策略库
第五阶段	持续优化			

2. 员工培训

数据安全运营离不开“人”这一关键核心，人员能力最终决定安全运营效果，需对从事安全管理岗位的人员开展系统功能培训及定期开展安全知识培训，培训可分成四个阶段。员工培训时间矩阵表参见表4-5。

表 4-5 员工培训时间矩阵表

	项目启动	系统上线	1 个月后	每季度
第一阶段	1. 系统功能介绍			
第二阶段		1. 系统部署架构说明 2. 系统功能实操培训 3. 系统日常运维作业培训		
第三阶段			1. 系统需求收集 2. 系统意见收集	
第四阶段				1. 数据安全知识培训 2. 数据安全能力考核

第 5 章　代表性行业数据安全实践案例

5.1　数字政府与大数据局

5.1.1　数字经济发展现状

中国信息通信研究院发布的《中国数字经济发展白皮书（2021年）》数据显示，2020年我国数字经济在逆势中加速发展，呈现出以下特征：

数字经济保持蓬勃发展态势。2020年，我国数字经济依然保持蓬勃发展态势，规模达到39.2万亿元，占GDP比重达38.6%，同比提升2.4个百分点。

数字经济是经济增长的关键动力。2020年，我国数字经济依然保持9.7%的高位增长，成为稳定经济增长的关键动力。

各地数字经济发展步伐加快。各地政府纷纷将数字经济作为经济发展的稳定器。

5.1.2　数据是第五大生产要素

从数字经济发展现状可以看到数字经济的重要性，数字经济已成为稳定经济增长的关键动力，也成为国家间竞争力的重要体现。数字经济的核心即数据。

2020年3月印发的《中共中央 国务院关于构建更加完善的要素市场化配置体制机制的意见》，把数据与土地、人力、资本、技术并列，列为第五大生产要素，明确提出加快培育数据要素市场，推进政府数据开放共享、提升社会数据资源价值、加强数据资源整合和安全保护。

数据作为生产要素进入市场，需要解决数据确权、隐私保护、数据流动自主可控等关键数据安全保障难题。

5.1.3　建设数字中国

国家“十四五”规划明确提出，加快数字化发展，建设数字中国。提出迎接数字时代，激活数据要素潜能，推进网络强国建设，加快建设数字经济、数字社会、数字政府，以数字化转型整体驱动生产方式、生活方式和治理方式变革。

5.1.4　数据安全是数字中国的基石

数字化的基石是数据安全，没有数据安全就没有数字化，没有数字化就没有智能化，数字中国也就无法得到有效保障。所以我们要建设好数字政府，提高国家竞争力，就必须要做好数据安全。

为保障数字中国的安全有序发展，国家出台了一系列法律法规，如《中华人民共和国网络安全法》《中华人民共和国密码法》《中华人民共和国数据安全法》《中华人民共和国个人信息保护法》《关键信息基础设施安全保护条例》等。

5.1.5 大数据局数据安全治理实践

近年来，很多省市成立了大数据局，统筹推进"数字政府"改革建设。为实现"数字政府"数据安全监管能力的提升，进一步贯彻与落实上级部门在数据安全方面相关的法律法规和管理要求，保障公共数据安全，需要建立数据安全治理体系。

数据安全治理体系涵盖管理体系、技术体系、运营体系，通过三位一体的方式纵向打通管理体系、技术体系、运营体系，横向覆盖数据全生命周期，形成立体化无盲区的数据安全防护能力。

5.1.5.1 管理体系

首先需要明确，数据安全的目标是为了保障"数字政府"安全有序发展，安全是为了发展，发展离不开安全。明确了数据安全的战略目标，就要规划配套设计实现战略目标所需要的组织架构及制度流程。数据安全治理体系总体框架如图5-1所示。

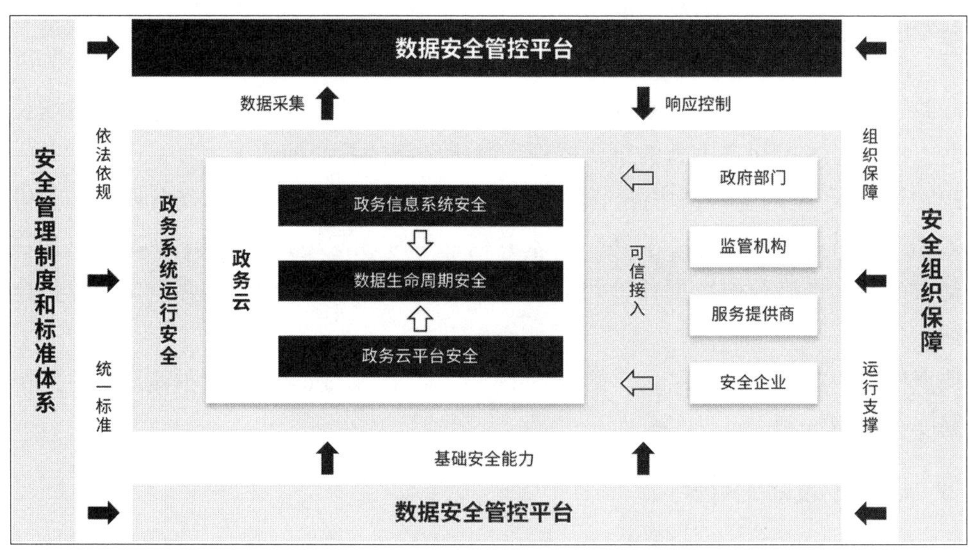

图 5-1 数据安全治理体系总体框架

5.1.5.2 技术体系

技术体系需要覆盖数据全生命周期包含数据的采集—传输—存储—处理—交换—销毁六个过程域，各个过程域所涉及的风险及防护能力也不一样。以下是一个典型大数据局场景下的全生命周期流程图及防护能力说明（图5-2）。

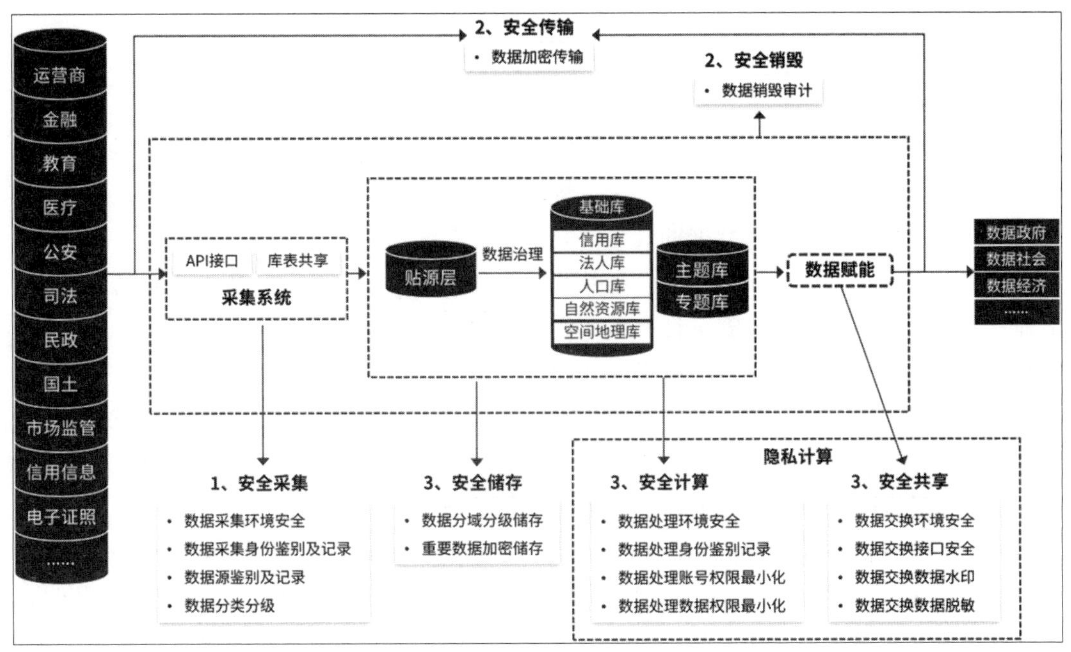

图 5-2　大数据局场景下的全生命周期流程图及防护能力说明

（1）安全汇数。

安全汇数涉及采集、传输、存储三个过程域，安全汇数以数据分类分级为基础，梳理数据资源目录清单，对于清单内的重要数据全链条加密，从加密传输到加密存储，并对全流程开展第三方审计记录，防止数据汇集过程中出现数据泄露风险。

（2）安全用数。

安全用数涉及计算、共享两个环节，以数据分类分级为基础，通过权限最小化、API 安全防护、数据脱敏、数据水印等技术保障用数安全，同时可以根据业务需要采用隐私计算技术，实现数据可用不可见，数据可用不可取。

（3）安全管数。

安全管数一是对身份进行统一管理、动态鉴权，引入零信任安全架构；二是通过数据安全管控平台，以数据为核心，实时感知数据全生命周期的链路安全。

（4）运营体系。

数据安全是一个动态的而非静态的过程，随着新系统上线、系统配置变更、安全技术的演进，都会产生新的数据安全风险点，所以要建立数据安全运营体系。数据安全运营除了日常的安全策略优化，还包含应急响应、攻防演练、人才培养等，同时可以根据实际需要选择安全托管等服务。

5.1.5.3　场景和解决方案

数据资产存储在数据湖/数据中台内部，全流程可以抽象为入湖、治湖、出湖三大类场景。

1. 入湖场景

1）数据采集

（1）场景概述：业务的数据源来自各类“政务业务系统”及其他可能的对接部门的系统，通过政务系统和各应用的接口调用、部署前置机或直接获取数据文件等方式来采集数据。在此过程中，保证采集数据的真实性和完整性非常重要。

在数据采集过程中，采集App、采集工具的真实性和可靠性，采集人员是否能如实、正确地采集数据，前置机的安全性和真实性，以及“原始层”的安全性，都会影响采集数据的真实性和完整性，存在潜在的安全风险。

做好数据采集工作，应该管理与技术双管齐下，不但要制定相应的管理规范，对采集设备App、采集人员以及采集数据的安全管理做出规定，也要通过一定的技术工具来自动化确保采集数据的真实性和完整性，并确保采集的数据不泄露。

（2）风险分析：在数据采集场景下，由于大数据体量大、种类多、来源复杂的特点，为数据的真实性和完整性校验带来困难，目前，尚无严格的数据真实性、可信度鉴别和监测手段，数据中存在虚假甚至恶意数据的可能，因此需要对数据源的真实性、数据采集过程进行安全防护。大数据局在业务采集过程中的风险点主要有如下几点：

风险点一　采集工具：不管是开源工具，还是其他采集设备终端App，如不对这些采集工具做好代码检视或使用前的身份认证，都会在采集阶段引入安全风险。

风险点二　采集工程师：有些数据文件是人工通过.csv文件导出方式采集的，需要对采集人员的数据采集工作做好监督审计，并做好采集的数据做好前后一致性比对。

风险点三　前置机：大数据局大数据平台通过与某些厅局“政务业务系统数据”的前置机连接采集数据。这些前置机的安全性和可靠性同样也非常重要，它们容易引入数据采集风险。应对前置机进行相应的安全评估，并进行数据库加固。

风险点四　贴源库：贴源库是“政务业务系统数据”等数据源导入数据湖/数据仓库的第一层，是容纳原始数据的缓冲层，如果不对贴源库本身的安全性做好检查防护，同样也会对采集的数据造成破坏，存在安全风险。贴源库风险评估同样重要。

（3）解决方案：可以通过以下方法的综合运用，实现在数据采集过程中的数据治理。

方法一：对数据源采集工具进行注册登记；

方法二：对大数据共享交换平台涉及的前置机进行数据库安全风险评估，对存在的数据库安全风险做有针对性的加固，进一步提高数据库环境的安全性。同时，对于运维人员对前置库的运维操作行为，要有相关的审批流程机制；同时，为防止前置机中的敏感信息被运维人员直接看到，可采取动态脱敏的方式，改写运维人员的SQL操作，防止敏感信息泄露。

方法三：对“原始层”的数据进行自动分类分级打标处理。这部分的数据会直接面向局委办的各项业务直接进行数据共享交换，通过分级打标，将数据字段级别结果信息化赋能到数据目录系统中，为按需脱敏交换等操作提供依据。

方法四：对数据采集工具、前置机和采集人员进行访问控制，并对采集行为进行监控，并具备违规告警能力。对采集过程的流量进行监控，对数据采集终端App的进程启停、端口启动等操作进行监控，对大数据平台/数据湖采集过程所产生的日志进行记录。并通过大数据审计工具对这些采集行为进行安全审计。

方法五：通过数据审计工具和UEBA分析引擎监测可能存在的操作行为，防止前置机中的数据泄露。

方法六：在数据采集场景中，不同级别的数据，需要采用不同的处理方法。采集3级及以上数据时，还应结合口令密码、设备指纹、设备物理位置、网络接入方式、设备风险情况等多种因素对数据采集设备或系统的真实性进行增强验证。采集4级数据时，还应满足以下三项要求：要求一：对采集全过程进行持续动态认证，确保数据采集设备或系统的真实性，必要时可实施阻断、二次认证等操作。要求二：对采集的数据进行数据加密。要求三：不应通过人工方式采集。

2）数据传输

数据传输过程中可能会出现传输中断、篡改、伪造及窃取的风险。针对入湖场景中的数据传输过程中的安全风险，可以采用校验技术、密码技术、安全传输通道或者安全传输协议等措施来防护。大数据局大数据平台可通过API、库表或者文件的方式采集传输“政务业务系统数据”以及其他系统信息。

在数据传输场景中，不同级别的数据，需要采用不同的处理方法：

（1）2级及以上数据的内部传输，应事先经过审批授权明确当前授权的范围、频次、有效期等，避免出现一次性授权、打包授权等情况。

（2）2级及以上数据的对外传输，应事先经过审批授权并采取数据加密、安全传输通道或安全传输协议进行数据传输。

（3）3级及以上的数据内部传输，应采取数据加密、安全传输通道或安全传输协议进行数据传输。

（4）3级及以上数据原则上不应对外传输，若因业务需要确需传输的，应经过事先审批授权，并采取技术措施确保数据保密性。

（5）4级及以上数据传输，应对数据进行字段级加密，并采用安全的传输协议进行传输。

（6）4级数据中的个人信息原则上不应对外传输，国家及行业主管部门另有规定的除外。

（7）通过物理介质批量传递3级及以上数据时应对数据进行加密或脱敏，并由专人负责收发、登记、编号、传递、保管和销毁等，传递过程中可采用密封、双人押送、视频监控等确保物理介质安全到位，传递过程中物理介质不应离开相关责任人、监控设备等的监视及控制范围，且不应在无人监管情况下通过第三方进行传递，国家及行业主管部门另有规定的除外。

2. 治湖场景

1）数据处理

（1）场景概述：大数据局的数据处理场景主要是在对信息的数据治理、数据开发、数据分析或数据编目过程中，需要对数据进行处理后才能做进一步分析使用。处理过程一般是直接访问源数据。

（2）风险分析：大数据平台的数据处理，不管是离线计算还是实时计算，都需要围绕着防范敏感数据泄露的风险来考虑加强数据安全防护。通常会考虑数据非授权访问、窃取、泄漏、篡改、损毁等安全风险。具体而言，数据安全的风险点主要涉及数据处理环境、数据再生库以及数据工程师的安全防控措施方面，具体分析如下：

数据处理环境：数据处理本身所处环境大数据平台/数据湖的安全性，直接关系着数据是否存在安全泄露风险。如果数据处理环境数据湖存在安全漏洞或安全防控措施不到位，则数据存在很大的安全泄露风险。

再生库：再生库为数据处理后数据集市中的数据库，大数据治理过程分层较多。如入库会到“原始层”，进来再到“贴源层”，数据治理后到“标准层”，再到“主题层”，基于主题再到“专题”业务。一张表至少有3到6份副本。如果对再生库的安全防护不到位，将存在处理后数据被泄露的风险。

数据工程师：数据工程师是数据处理环节最关键的因素之一，他们需要执行一些数据处理操作，但也可能会存在窃取、篡改等恶意操作，因此，必须要对数据工程师加强管理，尽可能降低人为因素造成的数据泄露风险。

（3）解决方案：可以通过以下方法的综合运用，在数据处理过程中完成数据治理。

方法一：对数据处理环境大数据平台/数据湖进行风险评估，并进行安全加固。通过数据分类分级监测工具，对数据处理环境大数据平台/数据湖进行周期性的扫描和风险评估，有针对性地数据库安全加固，提升安全性。

方法二：采用脱敏工具，减少敏感信息的泄露风险。采用静态脱敏工具，对离线计算的数据进行脱敏。采用动态脱敏工具，对实时计算的数据进行脱敏。脱敏工具应能支持平台大流量大并发的需要。

方法三：采用数据库访问控制工具，对再生库进行安全防护，对数据处理工程师的访问控制进行授权。大数据局数据工程师通过堡垒机登录后，采用数据库防火墙技术进一步对其访问策略加入多因子认证，细粒度的权限访问控制，除了账号密码以外增加如客户端版本、操作系统版本等信息，依据分类分级的结果，结合数据工程师的人员身份级别，做精细化的访问控制策略，明确人员的级别和数据字段的级别访问关系，建立访问主体和访问客体的权限控制。

方法四：对数据处理过程进行监控和审计。通过数据库审计技术，基于流量全流程地记录所有数据库的访问操作行为，同时将审计日志和告警进一步推送到UEBA分析引擎，建立各类行为基线模型，从而保障异常操作行为的及时发现和溯源。

2）数据编目

（1）场景概述：数据目录系统作为共享交换平台的前端，为局委办的搜索和发起交换流程的主入口，数据的共享交换，会依赖于此平台的流程发起。

（2）风险分析：在实践中，大数据在数据编目过程中存在以下两种安全风险。

第一种：大数据局的目录系统当中，目前只有数据库表字段的分类信息，无分级信息。而数据目录系统作为共享交换平台的前端，为局委办的搜索和发起交换流程的主入口，没有分级信息，则无法依据字段级别进一步选择不同的数据安全保护措施。

第二种：数据共享交换存在库表方式直接交换的模式，此种方式容易发生数据泄露，且定责追溯困难。

（3）解决方案：可以通过以下方法的综合运用，在数据编目过程中完成数据治理。

方法一：通过数据分类分级监测系统，可基于数据编目系统底层对应的实际物理表所在数据库进行分类分级打标，将分级结果以接口方式同步给数据目录系统，在数据目录系统中定制化开发改造，则可具备分级信息。在后续数据交换的过程中，就可以按照不同数据级别按需进行脱敏交换。

方法二：基于字段的分级结果信息，在数据共享交换分发的过程中，可有针对性地植入水印种子，根据分发的对象不同选择不同的水印算法，在保证一定健壮性的同时，保证业务需求的正常进行。一旦发生数据共享过程中的数据泄露，可基于泄露的数据进行自动化溯源，发现数据泄露人员。

方法三：整个数据共享交换流程的日志和流量都需进行保持记录和解析，通过UEBA分析引擎，结合场景化的行为建模，发现行为异常。

3）数据存储

（1）风险分析：数据存在大数据局的大数据系统中存储的时候，存在着数据泄露、篡改、丢失、不可用等安全风险。

（2）解决方案：可以通过以下方法的综合运用，降低数据存储过程中的安全威胁。

方法一：存储重要数据的，还应当采用校验技术、密码技术等措施进行安全存储，不得直接提供存储系统的公共信息网络访问，并实施数据容灾备份和存储介质安全管理。存储核心数据的，还应当实施异地容灾备份。

方法二：分域分级存储。如基于级别、重要性、量级、使用频率等因素综合考虑是否选择隐私计算大数据可行执行环境BDTEE技术，单独作为高敏数据区域存储。

方法三：脱敏后的数据应与用于还原数据的恢复文件隔离存储，使用恢复原始数据的技术应经过严格审批，并留存相关审批及操作记录。

方法四：在数据存储中，不同级别的数据，需要采用不同的处理方法。2级及以上数据应采取技术措施保证存储数据的保密性，必要时可采取多因素认证、固定处理终端、固定处理程序或工具、双人双岗控制等安全策略。3级数据的存储应采取加密等技术措施保证数据存储的保密性。保存3级及以上数据的信息系统，其网络安全建设及监督管理宜满足网络安全等级保护3级要求。文件系统中存放含有3级及以上数据的文件，宜采用整个文件加密存储方式进行保护。4级及以上数据应使用密码算法加密存储。在我国境内产生的5级数据应仅在我国境内存储。

方法五：备份与恢复。需要指明备份数据的放置场所、文件命名规则、介质替换频率和将数据离站运输的方法、备份周期或频率、备份范围。应采取实时备份与异步备份、增量备份与完全备份的方式。应定期开展灾难恢复演练。应定期检查备份数据的有效性和可用性。

4）数据开发与测试

（1）场景概述：开发测试是指使用数据完成软件、系统、产品等开发和测试的过程。在政务系统开发、测试过程中，免不了需要使用生产数据。一般是将数据文件导出到中间库或脱敏系统，经过数据脱敏处理后，导入到目标库，供开发测试场景下使用。

由于生产数据包含了大量的敏感数据，且在开发测试时对数据的使用具有灵活性的特点，如果不采取必要的安全管控措施将极易发生数据泄露的风险。

采取数据全量脱敏的方式可以有效防止数据泄露，但在实际场景中，开发测试时难免要使用部分原始数据，由于开发测试环境的安全措施不完善，这些数据一旦导入开发测试环境中，还是会发生数据泄露的风险，因此，如何对开发测试环境中的数据进行有效管控也是需要重点考虑的。

（2）风险分析：大数据局大数据平台的数据应用程序开发测试，主要需防范生产数据中的敏感信息泄露风险。风险点在于包含用于开发测试的目标库以及执行数据导出导入的工程师，具体分析如下：

目标库：目标库是用于开发测试的数据库，尽管相对于生产数据库已经执行了脱敏处理，但不可避免地仍会包含一些敏感数据，在执行开发测试过程中，如果安全防控措施不到位，容易造成敏感信息泄露；

数据导出导入工程师：数据导出导入工程师是执行数据导入导出的关键要素，如果对其安全防控措施不到位，很容易在数据导出导入环节造成敏感信息泄露。

（3）解决方案：可以通过以下方法的综合运用，降低数据开发与测试过程中的安全威胁。

方法一：通过静态脱敏工具对生产环境中的数据按指定策略和规则进行处理，选择静态脱敏工具时要考虑其灵活性。

方法二：通过自动化工具实现生产数据向开发测试环境迁移，减少人工参与，降低泄露风险。

方法三：通过数据资产梳理工具对开发测试环境下的数据资产分布情况定期进行梳理，时刻掌握数据资产的变化情况，及时发现超期使用等现象。

方法四：通过数据资产梳理工具对开发测试环境下的数据使用状况进行动态监测，及时发现违规使用行为，并通过告警的方式通知安全团队。通过分类分级工具周期性地对测试环境的数据库进行扫描，确保数据脱敏到位。结合敏感数据分布地图，实时洞察数据开发测试环境中的敏感信息分布状态。

方法五：通过审计工具对开发测试环境下的数据操作进行全面的审计，记录操作行为，及时发现违规操作，同时作为事后追溯的依据。

方法六：接入开发测试环境的内外部终端设备应进行统一安全管理，宜安装统一的终端安全管理软件。

方法七：应对开发测试过程进行日志记录，并定期进行安全审计。

方法八：不同级别的数据，需要采用不同的处理方法。通过管理平台或专用终端获取3级及以上数据时，应通过技术手段控制数据的获取范围，包括对象、数据量等，并能对获取的数据按照策略进行脱敏处理，保证生产数据经过脱敏处理后才能被提取。应通过安全运维管理平台或数据提取专用终端获取数据，专用终端应事先经过审批授权后方可开通，原则上不应涉及4级数据。

5）汇聚融合

（1）场景概述：汇聚融合是指在大数据局内部不同委办局之间或与外部公安局之间，进行多源或多主体的数据汇集、整合等产生数据的过程。

（2）解决方案：可以通过以下方法的综合运用，降低数据汇聚融合过程中的安全威胁。

方法一：汇聚融合前应根据汇聚融合后可能产生的数据内容、所用于的目的、范围等开展数据安全影响评估，并采取适当的技术保护措施。

方法二：涉及第三方机构合作的，应以合同协议等方式明确用于汇聚融合的数据内容和范围、结果用途和知悉范围、各合作方数据保护责任和义务，以及数据保护要求等，并采用技术手段如多方安全计算、联邦学习、数据加密等技术降低数据泄露、窃取等风险。

方法三：应对脱敏后的数据集或其他数据集汇聚后重新识别出个人信息主体的风险进行识别和评价，并对数据集采取相应的保护措施。

方法四：汇聚融合后产生的数据以及原始数据的衍生数据，应重新明确数据所属单位和安全保护责任部门，并确定相应数据的安全级别。

方法五：不同级别的数据，需要采用不同的处理方法。4级数据原则上不应用于汇聚融合，因业务需要确需汇聚融合的，应建立审批授权机制并具备数据跟踪溯源能力后方可汇聚融合。

6）数据删除

（1）场景概述：数据删除是指在产品和服务所涉及的系统及设备中去除数据，使其保持不可被检索、访问的状态。

（2）解决方案：开发测试、数据分析等数据使用需求执行完毕后，应由数据使用部门依据机构数据删除有关规定，对其使用的有关数据进行删除，记录处理过程，并将处理结果及时反馈至大数据局数据安全管理部门，由其进行数据删除情况确认。3级及以上数据应建立数据删除的有效性复核机制，定期检查能否通过业务前台与管理后台访问已被删除数据。

7）数据销毁

（1）场景描述：数据销毁是指在停止业务服务、数据使用以及存储空间释放再分配等场景下，对数据库、服务器和终端中的剩余数据以及硬件存储介质等采用数据擦除或者物理销毁的方式确保数据无法复原的过程。其中，数据擦除是指使用预先定义的无意义、无规律的信息多次反复写入存储介质的存储数据区域；物理销毁是指采用消磁设备、粉碎工具等设备以物理方式使存储介质彻底失效。

（2）解决方案：可以通过对以下方法的综合运用，提高数据销毁过程中的安全性。

方法一：对销毁活动进行记录和留存。

方法二：应明确数据销毁效果评估机制，定期对数据销毁效果进行抽样认定，通过数据恢复工具或数据发现工具进行数据的尝试恢复及检查，验证数据删除结果。

方法三：应采取双人制实施数据销毁，分别作为执行人和复核人，并对数据销毁全过程进行记录，定期对数据销毁记录进行检查和审计。

方法四：3级及以上数据存储介质不应移作他用，销毁时应采用物理销毁的方式对其进行处理，如消磁或磁介质、粉碎、融化等。4级数据存储介质的销毁应参照国家及行业涉密载体管理有关规定，由具备相应资质的服机构或数据销毁部门进行专门处理，并由机构相应岗位人员对其进行全程监督。

3. 出湖场景

1）数据访问

应对数据的访问权限和实际访问控制情况进行定期（最长不超过6个月）审计，对访问权限规则和已授权清单进行复核，及时清理已失效的账号和授权；

不同级别的数据，需要采用不同的处理方法。2级及以上的数据访问应进行身份认证，对访问者实名认证，将数据访问权限与实际访问者的身份或角色进行关联，防止数据的非授权访问。2级及以上的数据访问过程应留存相关操作日志。操作日志应至少包含明确的主体、客体、操作时间、具体操作类型、操作结果等。3级及以上的数据访问还应结合业务需要使用匿名、去标识化等手段，以满足最小化原则的要求。

2）特权访问

（1）场景概述：特权访问指不受访问控制措施限制的数据访问，例如使用数据库管理员权限访问数据，或使用可在信息系统内执行所有功能、访问全量数据的特权账号等。

（2）解决方案：应预先明确特权账号的使用场景和使用规则，并配套建立审批授权机制。可访问3级及以上数据的特权账号，在每次使用前应进行审批授权，并宜采取措施确保实际操作与所获授权的操作是一致的，防止误执行高危操作或越权使用等违规操作。

3）数据导出

（1）场景概述：数据导出是指数据从高等级安全域流动至低等级安全域的过程，如数据从生产系统至运维终端、 移动存储介质等情形。

（2）解决方案：不同级别的数据，需要采用不同的处理方法。

2级及以上的数据导出操作应明确安全责任人，配备安全、完善的身份验证措施对导出操作人进行实名认证。

2级及以上的数据导出应有详细操作记录，包括操作人、操作时间、操作结果、数据类型及安全级别等，留存时间不少于6个月。

3级及以上数据的导出操作还应有明确的权限申请和审核批准机制。

3级及以上数据的导出操作前应使用多因素认证或二次授权机制，并将操作执行的网络地址限制在有限的范围内。

3级及以上的数据导出应使用加密、脱敏等技术手段防止数据泄露，国家及行业主管部门另有规定的除外。

4级数据原则上不应导出，确需导出的，除上述要求外，还应经高级管理层批准，并配套数据跟踪溯源机制。

4）数据展示

（1）场景概述：数据展示是指通过运营平台、客户端应用软件、受理设备、PC或App等界面显示数据的过程。

（2）解决方案：可以通过对以下方法的综合运用，提高数据展示过程中的安全性。

方法一：数据展示前，应事前评估展示需求，包括展示的条件、环境、权限、内容等，确定展示的必要性和安全性。

方法二：对应用系统桌面、移动运维终端等界面展示增加水印，水印内容应最少包括访问主体、访问时间。

方法三：禁用展示界面复制、打印等可将展示相关数据导出的功能。

方法四：不同级别的数据，需要采用不同的处理方法。业务系统对2级及以上数据明文查询实现逐条授权、逐条查询，或具备对查询相关授权、 次数、频率、总量等指标的实时监测预警功能，并留存相关查询日志。2级数据的展示应事先通过审批授权后方可展示。3级数据的展示应在审批的基础上采用屏蔽等技术措施防止信息泄露。4级及以上数据不应明文展示，国家及行业主管部门另有规定的除外。

5）数据公开

（1）场景概述：公开披露是指在提供产品或服务的过程中，因国家有关规定、行业主管部门规章，以及产品或服务业务需要，在其指定渠道公开数据的行为。如向社会公众公开信息。

（2）解决方案：在数据公开过程中，应该通过以下方法，提高数据的安全性。

方法一：公开前开展安全评估。

方法二：对涉及个人隐私、个人信息、商业秘密、保密商务信息以及可能对公共利益及国家安全产生重大影响的，不得公开。

方法三：数据安全管理部门会同有关业务部门，对拟披露数据的合规性、业务需求、数据脱敏方案进行审核。

方法四：机构业务部门对披露渠道、披露时间、拟公开数据的真实性，以及数据脱敏效果进行确认，披露时间指永久或固定时间段。

方法五：依据机构有关程序执行数据公开披露审批程序，其审批过程和记录留档。

方法六：网页防篡改等技术措施，防范披露数据篡改风险。

方法七：3级及以上数据原则上不应公开披露，国家及行业主管部门另有规定的除外。

6）数据转让/承接

（1）场景概述：数据转让指将数据移交至外部机构，不再享受该数据相关权利和不再承担该数据相关义务的过程。

（2）解决方案：在数据转让/承接的过程中，需要向主体等履行告知义务，还需要重新获得主体的明示同意或授权。

7）委托处理

（1）场景概述：委托处理指因服务的需要，在不改变该数据相关权利和义务的前提下，将数据委托给第三方机构进行处理，并获取处理结果的过程。此处委托处理还包括纸质单据OCR作业、纸质单据人工录入等。

（2）解决方案：在数据委托处理过程中，应该通过以下方法，提高数据的安全性。

方法一：应根据委托处理的数据内容、范围、目的等，对数据委托处理行为进行数据安全影响评估，涉及个人信息的，应进行个人信息安全影响评估，并采取相应的有效保护措施。

方法二：应对被委托方数据安全防护能力进行数据安全评估和资质核实，并确保被委托方具备足够的数据安全防护能力，提供了足够的安全保护措施。

方法三：委托处理重要数据和核心数据的，还应当委托取得相应认证资质的检测评估机构对被委托方进行安全评估。

方法四：对第三方机构开展事前尽职调查。

方法五：个人信息应事先采用数据脱敏等技术防止个人信息泄露

方法六：不应对4级数据进行委托处理。涉及2级、3级数据的，应对数据进行加密处理，并采取数据标记、数据水印等

8）数据共享

（1）场景概述：大数据局的数据共享一般会在委办局之间共享，同时也有一些会在合作渠道以及面向社会公众的数据共享。共享方式一般通过接口调用或数据文件来进行。

通过数据共享可以使数据的价值提升，加快政府的数字化和信息化服务进程。由于存在重要和核心数据，在共享过程中需要采取必要的安全管控措施，保证数据在合理、安全的前提下进行共享和交互。

数据共享包括委办局内部共享、与下级委办局共享、与其他企事业共享、与社会公众共享等场景，由于共享场景的复杂性和数据范围的不确定性普遍存在，因此，对数据共享过程进行安全管控时需要考虑针对性和灵活性。

数据共享的方式包括通过接口直接访问数据和直接提取两种。通过接口方式进行共享时，API的安全性需要进一步的保障，如API是否存在没有开启认证、可大批量无限制遍历获取数据、API调用过程中存在敏感数据未脱敏等。通过提取的方式进行共享时，数据可能不再受到本单位数据安全治理体系的保护，因此需要对数据进行脱敏的同时还需要增加数据水印，起到溯源的作用。

政府在开展数据共享过程中，数据将突破大数据平台的边界进行流转，产生跨系统的访问或多方数据汇聚进行联合运算。保证个人信息、政府敏感信息或独有数据资源在合作过程中的机密性，是政府部门参与数据共享合作的前提，也是数据有序流动必须要解决的问题。

（2）风险分析：大数据局大数据平台在数据共享场景下主要需防范数据文件本身所包含的风险。既然是数据的共享和流转，数据则会脱离数据所有者的控制范围，如果不在共享前对数据文件做些安全处理，如脱敏、数字水印等，而且如果管理环节也不做好控制，则一旦共享流转到其他部门，很容易造成敏感信息的泄露。如果流转环节比较多的话，最终可能无法确定这批数据或某个数据文件是否已被篡改、被谁篡改、这个文件的所有者是谁等，无法有效确认该数据文件的真实性、完整性和数据来源，存在一定的安全风险。

（3）解决方案：在数据共享过程中，应该通过以下方法，提高数据的安全性。

方法一：在数据共享前，应开展数据安全影响评估。

方法二：数据共享通过接口方式访问数据，在开启API认证的基础上，还需要通过API动态脱敏工具进行脱敏处理，保证数据使用范围最小化，同时进行API调用数据的敏感信息探测监控，从而降低数据泄露风险。

方法三：数据共享通过提取方式时，需要通过静态脱敏工具对数据进行脱敏处理，同时，通过数字水印技术对数据进行标识化处理，用于溯源；通过仿真、伪行伪列等数据库表水印技术，依据字段级别信息，在数据共享过程中植入水印，有效解决数据泄露后的追溯定责。

方法四：通过数据安全访问控制技术对访问源身份和权限进行识别。访问源的身份识别能力，包括访问源IP、访问工具、访问终端设备特征等。

方法五：通过审计工具，对数据共享的 API 接口、高危行为等进行识别、记录，具备告警能力。并且通过UEBA技术，建立各类行为模型，从而识别深层次的异常行为。

方法六：不同级别的数据，需要采用不同的处理方法。应对2级以及上的数据共享过程留存日志记录，记录内容包括但不限于共享内容、共享时间、防护技术措施等。原则上应对3级及以上数据进行脱敏；脱敏措施的部署应尽可能靠近数据源头，如数据库视图、应用系统底层API接口等。不应共享4级数据。对外共享。共享数据涉及2级、3级数据时，应对数据进行加密处理，并采取数据标记、数据水印等技术，降低数据被泄露、误用、滥用的风险。

5.1.6 数据安全治理价值

（1）提升数据安全运营能力。

通过横向覆盖数据全生命周期安全，纵向打通管理体系、技术体系、运营体系，建立无盲区、立体化的数据安全防护体系，极大提升数据安全运营能力，有效保护数据安全。

（2）提升数据安全计算能力。

通过多方计算、联邦学习、隐私求交集、可信执行环境等技术手段，在满足计算性能的前提下保障计算安全。

（3）保障“数字政府”安全有序发展。

要保障“数字政府”安全有序发展，就离不开数据安全，数据安全已经成为“数字政府”发展的基础设施之一。

（4）满足监管合规。

监管合规是“数字政府”发展的前置条件，通过数据安全治理体系的建设，满足国家相关法律法规的监管合规要求。

5.2 电信行业数据安全实践

5.2.1 电信行业数据安全相关政策要求

近年来，电信行业的快速发展，创新型新技术、新模式的广泛运用，对促进经济社会发展起到了积极的作用。与此同时，用户个人信息的泄露风险和保护难度也不断增大。近年来，电信运营商行业相关政策法规相继出台，促进了电信行业个人信息保护制度的进一步完善。

在数据安全方面，《电信网和互联网数据安全通用要求》（YDT 3802—2020）、《基础电信企业数据分类分级方法》（YDT 3813—2020）于2020年相继出台，针对基础电信企业数据分类分级提出了示例，并规范了数据采集、传输、存储、使用、开放共享、销毁等数据处理活动及其相关平台系统应遵循的原则和安全保护要求，同时，明确了对电信运营商数据安全组织保障、制度建设、规范建立等管理要求。

《2020年省级基础电信企业网络与信息安全工作考核要点与评分标准》要求包括电信运营商在内的相关行业按照《2020年电信和互联网企业数据安全合规性评估要点》完成数据安全合规性评估工作，形成评估报告，并针对2020年内应组织落实的要点内容，及时进行风险问题整改。

与此同时，工业和信息化部《关于做好2020年电信和互联网行业网络数据安全管理工作的通知》也对电信行业数据安全防护提出了更高、更具体的要求，包括：

持续深化行业数据安全专项治理。

全面开展数据安全合规性评估。

加强行业重要数据和新领域数据安全管理。

加快推进数据安全制度标准建设。

大力提升数据安全技术保障能力。

强化社会监督与宣传培训。

对于电信运营商来说，满足电信行业安全合规政策检测要求，提高自身数据安全防护能力，针对全行业有序实施数据安全治理建设亦是迫在眉睫。

5.2.2　电信行业数据安全现状与挑战

大数据新技术带来客户信息安全挑战。众所周知，大数据平台数据量大、数据类型多样、大数据平台组件设计之初存在高解耦性等，面对大数据环境，数据的采集、存储、处理、应用、传输等环节均存在更大的风险和威胁。在电信运营商大数据安全管理层面，存在缺乏客户信息衡量标准，电信运营商的安全管控系统和安全管理职责不明确等风险，特别是在电信运营商大数据对外业务合作过程中，数据传输、使用的过程中留存等诸多的安全漏洞。在安全运营层面，也存在着供应链、业务设计、软件开发、权限管理、运维管理、合作方引入、系统退出服务等安全风险。

数据信息的分类分级较难。数据信息包括客户信息和企业业务数据信息。客户信息中包含了用户身份和鉴权信息、用户数据及服务内容信息、用户服务相关信息等三大类。而在这三类信息中，又包含了身份标识、基本资料、鉴权信息、使用数据、消费信息等诸多不同类型的数据。这就导致在实际工作落地中，电信运营商往往很难进行全量的识别，致使在对这些客户信息进行管理时无法进行全部监控，因而不能在第一时间发现风险。电信运营商的业务数据信息中由于内部业务系统复杂，各省（自治区）、市、县业务数据信息存在非常高的业务属性，比客户信息更加繁杂，而且各业务系统的开发厂商也存在各自的专有标签。这些数据信息存在分散、数据量大、业务属性强的特点，导致数据分类分级难以推行实施，敏感信息无法准确定位、定级发现，整体的数据信息环境存在安全隐患。

数据过于集中导致风险集中爆发。随着近些年来目标明确的持续性威胁攻击行为带来越来越大的风险，电信行业受到了越来越多更加隐蔽、更加深度的威胁。目前大数据平台、云计算环境尚处于起步阶段，基于新模式新场景下的数据安全防护手段和措施仍然欠缺，同时由于电信企业大数据环境存在宝贵的海量数据资产，因此更容易成为不法分子的目标，带来数据安全难题。

5.2.3 电信行业数据安全治理对策

1. 加强对大数据环境下客户信息保护的研究

为了使客户信息得到保护，电信运营商必须加强对大数据环境下客户信息保护的要求工作，深入探索大数据安全，开展大数据安全保障体系规划，同步推进大数据安全防护手段建设，保障大数据环境下的安全可管可控。在治理大数据客户信息安全的过程中，需要从安全策略、安全管理、安全运营、安全技术、合规评测、服务支撑等层面，建立大数据客户信息安全管理总体方针，加强内部和第三方合作管理过程把控，强化数据安全运营和业务安全运营的过程要求，夯实对大数据平台系统的安全技术防护手段，定期开展大数据客户信息安全评估工作，强化大数据客户信息安全治理过程。

2. 强化电信运营商对数据的分类分级

电信企业要全面开展对客户敏感信息的识别和分类分级。通过对业务数据的分类分级，实现业务系统的分级安全建设标准，只有这样才能够在大量的客户信息和业务信息中有效地分析出敏感信息，并科学管理这些信息，打造出安全的数据流转环境。

基础电信企业数据分类方法：参照GB/T 10113—2003中的线分类法进行分类。按照业务属性或特征，将基础电信企业数据分为若干数据大类，然后按照大类内部的数据隶属逻辑关系，将每个大类的数据分为若干层级，每个层级分为若干子类，同一分支的同层级子类之间构成并列关系，不同层级子类之间构成隶属关系（图5-3）。

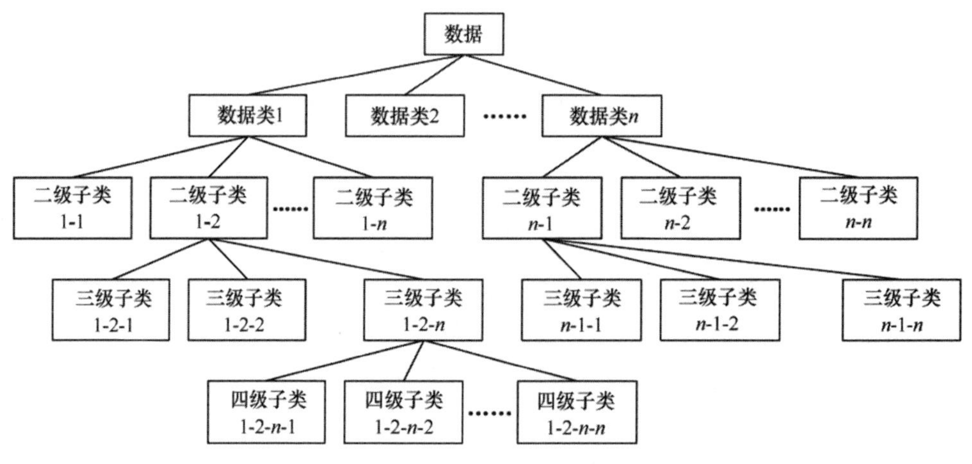

图 5-3 数据资源分类分级目录树

基础电信企业数据分级方法：在数据分类基础上，根据数据重要程度，以及泄露后造成的影响和危害程度，对基础电信企业数据进行分级（图5-4）。

相应的数据分级流程：确定数据分级对象、确定数据安全受到破坏时造成影响的客体、评定对影响客体的影响程度、确定数据分级对象的安全等级，以此为依据实施安全防护策略。

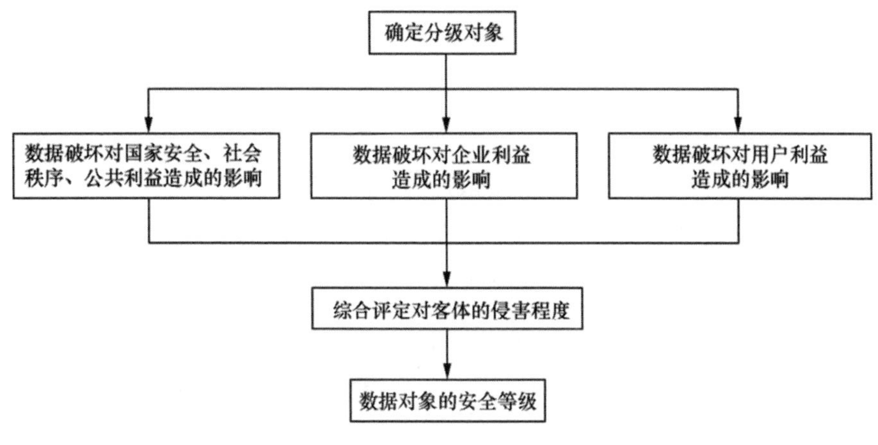

图 5-4　数据分级流程

3. 加强数据安全管理

在大数据背景下，电信运营商的客户信息常常受到数据安全的威胁。想要增强客户信息的安全性，必须要增强数据安全治理体系的建设。

首先，需要继续加强传统网络安全手段的建设，通过数据梳理、数据库安全网关、数据审计、数据脱敏、数据加密、DLP防泄密等基础数据安全设备构筑防护能力。

其次，需要针对大数据的特殊环境进行研究，解决虚拟化、大数据共享、非关系型数据安全等新型问题，作为传统网络防御手段的有效补充。

最后，需要遵循国家针对大数据下安全标准，制定适合本行业科学、合理的标准，为电信和互联网数据安全打下良好基础。

5.2.4　电信行业数据安全最佳实践

5.2.4.1　用户需求

1. 大数据平台访问控制

电信行业的大数据平台为CDH，通过Kerberos认证的方式完成准入，通过sentry配置hdfs、hive、hbase等组件的方式完成权限的访问控制。Sentry本身仅支持表级别访问控制，本质就是一个外部的RBAC组件，对表（bigtable）的控制体现在有没有全表的curd权限，无法实现对已有权限的精细化访问控制。用户需要在sentry的机制之上做到真正的三权分立、sql操作审批等。

2. 数据水印添加

用户通过各类文件平台下载文件时为了避免文件外发后的无序扩散，需要对文件外发进行控制，并对文件添加水印信息，主要包含的文件格式有word、ppt、excel、图片、pdf等。在不影响文件使用的前提下对文件添加暗水印（肉眼不可见），水印内容包含：文件下载的应用地址、文件责任人、文件责任人工号、文件下载时间等信息。

5.2.4.2 使用场景

1. 大数据组件访问控制

用户在内部云环境中，经由对大数据组件的访问控制模块（AiGate HA），通过反向代理的方式代理不同物理地域（如北京、上海等）几个IDC的CDH集群、clickhouse集群（图5-5），通过多机负载均衡避免单点故障与处理性能瓶颈。

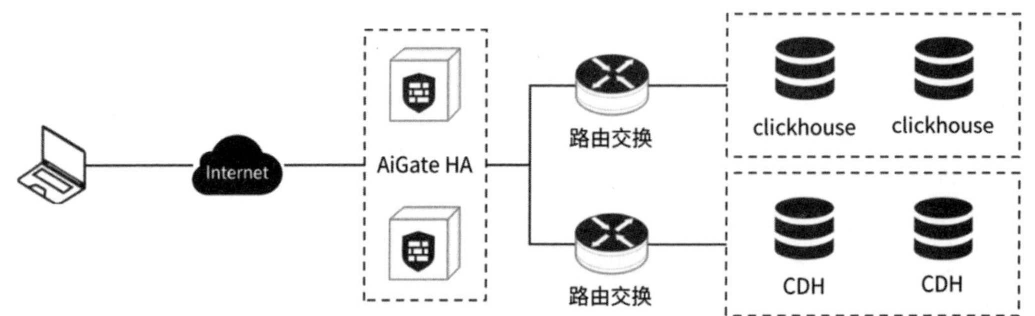

图 5-5 大数据组件访问控制部署架构

2. 文件暗水印

在文件通过平台进行下载时，文件平台调取水印平台的接口，水印平台根据相关输入参数添加文件暗水印,添加完成后再将文件推送给相应的文件平台供相关责任人下载试用。如不慎发生文件层面的数据泄露，可第一时间追溯相关源头，查漏补缺。

5.2.4.3 客户价值

（1）所有非业务侧对大数据的访问均做到了有效归集、统一展示。

（2）支持kerbreos认证，可实现分布式模式下的拖库阻断、越权阻断、动态脱敏等。

（3）在同一开发平台之上实现三层应用关联，实现对平台用户的访问控制与管理。

（4）水印添加响应时间短，处理速度快，业务无感知，溯源精准。

5.3 金融行业数据安全实践

5.3.1 典型数据安全事件

2019年12月12日，澳大利亚西澳大利亚州最大的银行P＆N Bank在服务器升级期间遭遇了网络攻击进而发生数据泄露，其客户关系管理系统中的个人信息和敏感的账户信息被暴露，暴露的信息包括客户名称、年龄、居住地址、电子邮件地址、电话号码、客户编号、银行账号及账户余额等个人身份信息（PII）和敏感的账户信息。

2020年4月9日，位于新加坡的网络安全公司Group-IB检测到一个包含韩国、美国的银行和金融机构几十万条支付卡记录详细信息的数据包在暗网上销售。

随着信息技术越来越多地应用到金融行业各类业务系统，金融行业面临的信息技术安全问题也越来越广泛。频发的数据泄露事件使得金融领域个人隐私保护问题变得越来越严峻。

5.3.2　金融行业数据风险特征

（1）数据价值高。金融数据通常涵盖了客户的个人信息、资产信息、征信信息、消费习惯、银行消费记录等众多高价值信息。如此庞大而详细的数据就是金融企业最核心、最重要的资产，其背后蕴藏着的巨大经济价值也引起了大量不法分子的觊觎。不法分子通过长期渗透和数据扒取手段窃取数据，数据一旦泄露，企业就会遭受巨大的损失。

数据暴露面广。移动支付的兴起，移动互联网恶意程序激增，业务系统和网络环境复杂、数据应用多样使得安全边界模糊，且攻击隐蔽性强：金融企业可能面临全天候暴露在不法分子的攻击中，而新技术、新模式的广泛应用风险更加复杂多变。在开放银行模式下，通过第三方SDK、开源代码针对应用软件的攻击频发，如被注入恶意代码的集成开发工具，导致App出现漏洞；随着数字经济的推行，数据被充分地共享和交换，这个过程中充斥着大量个人隐私数据和敏感数据。数据不断移动和扩散，而外部和第三方访问数据缺少监管也带来严重安全隐患。

（2）内外忧患多。金融行业数据除了面临黑客等外部不法人员的拖库、撞库、网络钓鱼、社会工程学攻击等，还面临内部员工及外协人员的违规操作、越权访问、无意泄露等情况。金融行业技术基础建设比较成熟，同时，金融行业数据安全的监管要求高，金融业务的高连续性、高可靠性要求对安全产品的稳定性要求极高，这就导致以代理方式部署数据安全产品的方式面临极大的业务阻力。

（3）意识淡薄。部分客户和业务运营人员的安全意识都比较淡薄，对隐私保护没有那么敏感。抱着侥幸的心理，他们很多时候愿意用隐私来交换利益。即便有再好的安全措施，意识观念上的疏忽都会导致严重的后果。所以只有不断增强安全意识，时时、处处、事事注意，才能最大限度地防止或减少安全事件的发生。

金融行业的数据，由于其敏感性，一旦泄露容易给客户隐私造成非常严重的影响，轻则导致客户频繁收到骚扰电话、垃圾短信的骚扰，日常生活被严重打扰；重则影响财产损失，甚至付出生命代价。同时，金融企业一旦发生数据泄露事件，还面临着数据勒索、监管处罚、股价下跌、自身声誉下降，导致客户流失，从而致使其运营困难。

在数字经济时代，数据安全风险越来越大。如何保证数据的安全性，尤其是金融行业的数据安全，已成为亟须解决的问题。

5.3.3　金融行业数据安全标准

数据作为金融业的核心资源，面临的安全问题尤为突出，金融数据泄露等安全威胁的影响逐步从组织内转移扩大至行业间，甚至影响国家安全、社会秩序、公众利益与金融市场稳定。

为提升金融业数据安全保护能力，保障金融数据的安全流动，中国人民银行已发布并实施了三个数据安全相关的金融行业标准，分别是：

《个人金融信息保护技术规范》（JR/T 0171—2020）

《金融数据安全 数据安全分级指南》（JR/T 0197—2020）

《金融数据安全 数据生命周期安全规范》（JR/T 0223—2021）

《个人金融信息保护技术规范》（JR/T 0171—2020）规定了个人金融信息在收集、传输、存储、使用、删除、销毁等生命周期各环节的安全防护要求，从安全技术和安全管理两个方面，对个人金融信息保护提出了规范性要求。

《金融数据安全 数据安全分级指南》（JR/T 0197—2020）给出了金融数据安全分级的目标、原则和范围，明确了数据安全定级的要素、规则和定级过程，并给出了金融机构典型数据定级规则供实践参考，适用于金融机构开展数据安全分级工作，以及第三方评估组织等参考开展数据安全检查与评估工作。该标准的发布有助于金融机构明确金融数据保护对象，合理分配数据保护资源和成本，是金融机构建立完善的金融数据生命周期安全框架的基础。

《金融数据安全 数据生命周期安全规范》（JR/T 0223—2021）在数据安全分级的基础上，结合金融数据特点，梳理数据安全保护要求，形成覆盖数据生命周期全过程的、差异化的金融数据安全保护要求，并以此为核心构建金融数据安全管理框架，为金融机构开展数据安全保护工作提供指导，为第三方安全评估组织等单位开展数据安全检查与评估提供参考。

5.3.4 金融数据安全治理内容

金融行业想要开展数字化转型、加速数据要素的市场化配置，其根本保障是数据安全地流转与使用。开展数据安全治理，是金融机构应对监管要求、夯实数据安全使用的根基。金融行业数据安全治理，可以从安全评估、安全管理和安全技术的运用三个维度进行治理建设。

根据金融数据类型和涉及金融子领域的不同，确定数据保护原则和基础设施的标准体系。金融机构管理层应当达成共识，将数据安全治理体系的建设提升到战略高度，通过实施安全评估，结合金融机构的战略发展和规划、组织架构，设计相对应的数据安全管理体系，进而将数据安全治理逐步向下分解为可落地的管理制度和技术工具，并从安全的角度对数据的安全策略和安全访问措施进行梳理及落地实践。

（1）安全评估。

全国金融标准化技术委员会于2021年12月3日发布公告，就《金融数据安全 数据安全评估规范》征求意见。该标准适用于金融机构自身开展金融数据安全评估使用、作为第三方安全评估组织等单位开展金融数据安全检查与评估使用。金融数据安全管理、金融数据安全保护、金融数据安全运维是纳入金融数据安全评估的三个主要评估域（图5-6）。

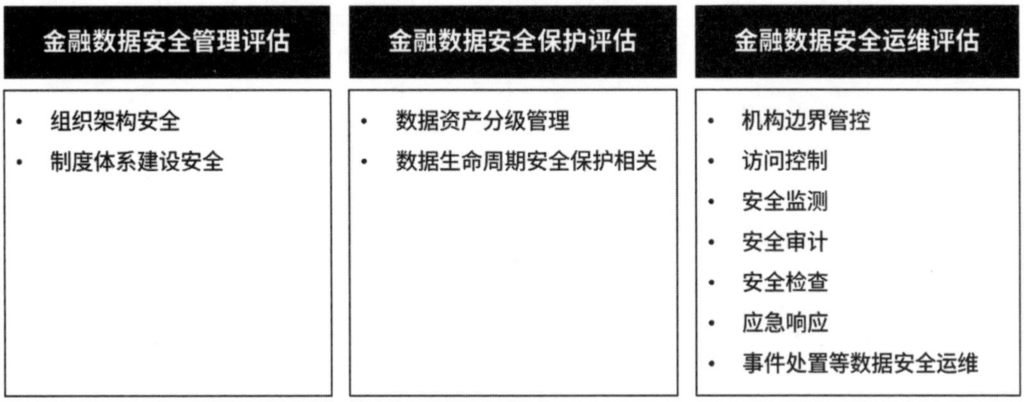

金融数据安全管理评估	金融数据安全保护评估	金融数据安全运维评估
• 组织架构安全 • 制度体系建设安全	• 数据资产分级管理 • 数据生命周期安全保护相关	• 机构边界管控 • 访问控制 • 安全监测 • 安全审计 • 安全检查 • 应急响应 • 事件处置等数据安全运维

图5-6　金融数据安全评估内容

金融数据安全管理评估：适用于金融机构数据安全管理相关组织架构的建设及制度体系建设两个方面相关的安全评估。

金融数据安全保护评估：明确了金融机构数据资产分级管理安全评估内容和基于数据生命周期的安全保护相关安全评估。

金融数据安全运维评估：涉及内容包括金融机构的边界管控、访问控制、安全监测、安全审计、安全检查、应急响应与事件处置等与数据安全运维的维度相关的安全评估。

（2）安全管理。

金融数据安全治理的内容涵盖安全管理制度、组织、人员、访问控制、安全事件管理，应当结合自身发展战略、监管要求等，制定数据战略并确保有效执行和修订。

制定全面科学有效的数据管理制度，包括但不限于组织管理、部门职责、协调机制、安全管控、系统保障、监督检查和数据质量控制等方面。

同时，根据监管要求和实际需要，持续评价更新数据管理制度，制定与监管数据相关的监管统计管理制度和业务制度，及时发布并定期评价和更新，报监督管理组织备案。当制度出现重大变化时，应当及时向监督管理组织报告。

另外，金融机构应当建立覆盖全部数据的标准化规划，遵循统一的业务规范和技术标准。数据标准应当符合国家标准化政策及监管规定，并确保被有效执行。

（3）安全技术的应用。

在数据保护原则的确定上，根据金融数据敏感度、数量大小、运用场景、风险高低的不同，构建阶梯式数据安全保护原则，提升数据安全防护能力，释放数据资产价值。

金融行业数据安全治理运用的安全技术，应从明晰数据资产开始，通过安全工具识别数据资产、实施数据分类分级，为数据的存储、传输、共享等使用提供安全基础。同时，应贯穿于数据的整个生命周期，围绕敏感数据实施访问身份认证、访问控制、加密、去标志化、匿名化、安全审计、异常行为分析等安全防护技术措施。

另外，应当实施定期风险评估制度，持续识别数据暴露面风险，制定敏感数据、风险管控策略，持续评估风险态势，并持续调整和完善数据安全管控策略。金融行业数据安全治理活动运用最广泛的安全技术手段包括数据匿名化和去标识化、数据分类分级两种。

1. 匿名化和去标识化

匿名化和去标识化可以简单理解为脱敏的两种技术，对金融个人隐私保护起到重要的作用。

（1）匿名化：通过对个人金融信息的技术处理，使得个人金融信息主体无法被识别，且处理后的信息不能被复原的过程

（2）去标识化：通过对个人金融信息的技术处理，使其在不借助额外信息的情况下，无法识别个人金融信息主体的过程。

除匿名化和去标识化外，金融信息展示同样需要用到模糊化和不可逆这两种脱敏技术。

（1）模糊化：通过隐藏（或截词）局部信息令该个人金融信息无法完整显示。

（2）不可逆：无法通过样本信息倒推真实信息的方法。

2. 数据分类分级

金融数据分类分级是指，通过确定数据的业务归属和重要程度来识别数据的风险和暴露面，进而针对分类分级结果采取有针对性的安全措施和管理策略。当前，金融数据分类分级存在两种不同思路。

《证券期货业数据分类分级指引》（JR/T 0158—2018）采用从业务条线触发，首先对业务细分；其次对数据细分，形成从总到分的树状逻辑体系结构；最后对分类后的数据确定级别，同时推荐确定数据形态。

而《金融数据安全 数据安全分级指南》JR/T（0197—2020）将数据安全性遭到破坏后可能造成的影响当作确定数据安全级别的重要判断依据，其中主要考虑影响对象与影响程度两个要素。影响对象指金融机构数据安全性遭受破坏后受到影响的对象，包括国家安全、公众权益、个人隐私、企业合法权益等。影响程度指金融机构数据安全性遭到破坏后所产生影响的大小，从高到低划分为非常严重、严重、中等和轻微。

5.3.5 金融数据分类分级案例

某银行按照其数据安全建设规划，需要对核心业务约50万以上量级的字段进行分类分级，落实《金融数据安全 数据安全分级指南》JR/T（0197—2020）的要求细则，构建分类分级框架。分类最多可以细化至四级子类，如：“客户-个人-个人自然信息-个人基本概况信息”；也可能存在某一级子类为空（仅用于占位）的情况，如：“业务-账户信息-/-金额信息”。分级划定范围为0~5级，在分类分级工作实施当中，通常情况是一旦确定具体字段的

分类，就意味着确定了相应的分级；但在另一方面需要注意的是，该分级的严格意义为“最低安全级别参考”，可能会在特定条件下需要对字段的分级进行升高。

根据上述描述不难发现，金融行业的分类分级模板是明确且具体的，但传统人工分类分级的方式在大数据量场景下是难以适用的，工作量会随着数据量的增加线性增加，因此借助专业的数据分类分级工具来保障准确率、提升效率势在必行。该客户的分类分级实施过程中，采取了以下流程（图5-7）：

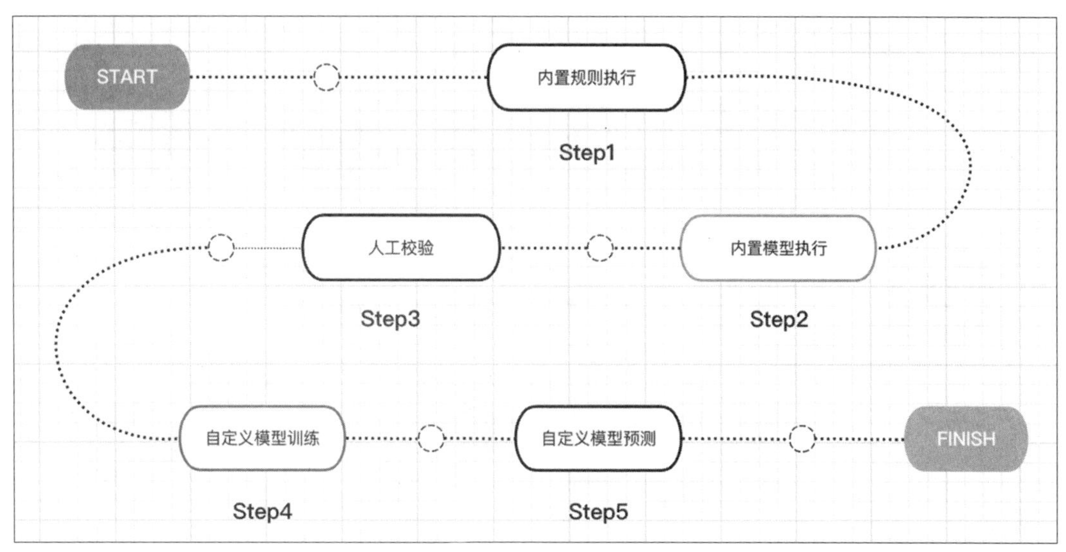

图 5-7　某银行分类分级实施流程

（1）内置规则执行：主要通过内置的NER算法，结合金融行业通用的正则表达式，扫描识别“个人自然信息”分类的数据。判断依据主要为：字段内容、字段注释、表注释等；

（2）内置模型执行：使用专业分类分级工具的内置行业模板进行扫描补全。相对成熟的分类分级工具往往会内置主要行业的分类分级模型，注意，这里的算法模型更多体现的是端到端的深度学习模型，与前文描述的“敏感数据识别”=>“模板类目关联”两步走的分类分级方法有所区别。这样的好处是能更为准确地完成分类分级，人工不需要对中间层的字段业务含义进行定义或修正，而弊端是这样的方式进行分类分级可解释性会有所下降。而在当前客户的场景中显然利大于弊。

（3）人工校验：人工校验的效率，可以通过分类分级工具中的无监督学习算法模块进行大幅提升。尤其是分类分级工作分期建设的场景下；当不要求一次性完成所有数据的分类分级时，我们可以优先对分布占比多（甚至可以在部署数据库审计相关产品联动后，将数据访问频次也纳入优先梳理的考量因素）的数据进行人工梳理，达到投入更少的时间，取得更多的分类分级打标结果产出的目的。

（4）自定义模型训练：在上述无监督学习算法引导下，人工校验已经修正了“内置规则执行”和“内置模型执行”中存在偏差的数据，并包含了该银行自身在特定条件下对字段的分级进行升高或其他调整的信息。这部分数据可用于重新训练一个有监督学习的模型。

（5）自定义模型预测：使用上述模型对新的业务数据进行预测，后续只需定期更新训练数据、调优模型参数等，对当前的自定义模型进行常规维护，既可大幅度降低人力成本，准确率也始终能够得到有效保障。

通过上述五个步骤，我们可以看到现阶段分类分级工作，在专业工具的辅助下，已逐步达到"四两拨千斤"的效果——实际80W+的数据分类分级工作量，经过人力投入等量"换算"，可以压缩到原来的1/16。

这个案例的呈现很大部分可以归功于AI能力在不同维度上发挥的作用（图5-8）：

图 5-8　分类分级工具 AI 能力框架

（1）系统直接扫描：基于字段内容、字段名、字段注释、表名、表注释、数据库名等维度。内置逻辑以字段内容为主。这一部分的AI算法更多完成的是"敏感数据识别"，并非直接完成分类，起到的更多作用是，预先帮助我们通盘识别字段内容敏感的那部分字段，为后续人工校验缩小可能的候选类目范围。

（2）人工梳理确认：通过聚类算法，引导用户优先批量处理哪些数据、同批次处理哪些数据，可以大幅提高人工梳理效率。

（3）自定义学习训练：系统直接扫描结果的基础上进行人工梳理确认操作，然后进一步进行自定义模型训练，通常来说，所得到的模型在准确率上将更上一个台阶。

5.4　医疗行业数据安全实践

5.4.1　医疗数据范围

医疗数据是指和医学相关的有关数据，如各种诊治量、与技术质量有关的数据、有意义的病史资料、重大技术数据、新技术价值数据、科研数据，以及与社会上有关的数据等，按照数据的使用范围归类，包含汇聚中心数据、互联互通数据、远程医疗数据、健康传感数据、移动应用数据、器械维护数据、商保对接数据、临床研究数据等八大类。医疗敏感数据包括但不限于：患者个人隐私信息、健康数据；患者预约信息、检查检验信息、就诊信息；医疗工作人员身份、隐私信息；医药品、医疗器材、耗材信息、库存信息；处方信息；医疗组织、研究组织或人员内部共享、使用和分析数据；医疗财务数据信息；与技术质量有关的数据；有意义的病史资料、重大技术数据、新技术价值数据、科研数据等；与社会有关的数据等（图5-9）。

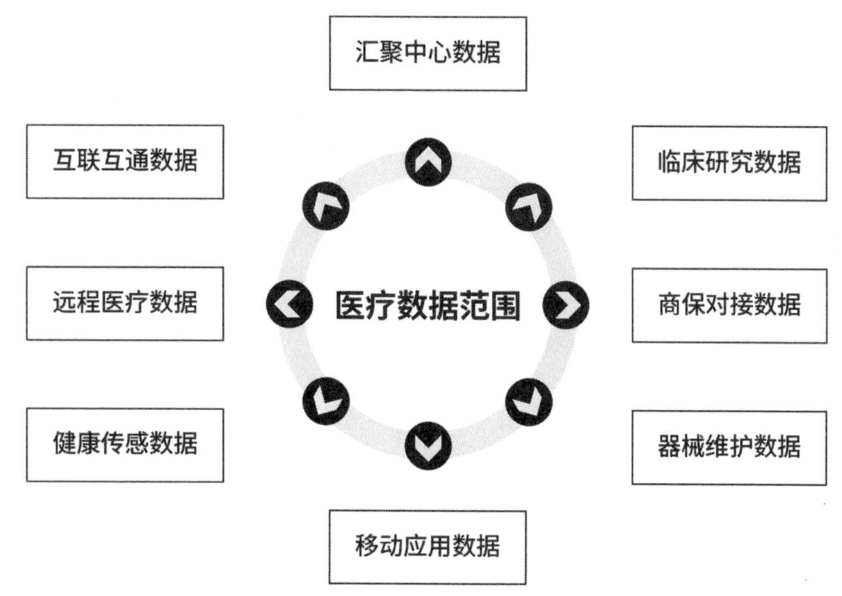

图 5-9　医疗数据范围

汇聚中心数据。汇聚中心包括区域卫生信息平台、健康医疗大数据中心、学会数据中心、医院内部数据中心等，典型数据使用情境为科研使用、医生调阅、第三方使用。

互联互通数据。包括以电子病历、电子健康档案和医院信息平台为核心的医疗组织信息化项目中应用的医院信息平台实现医院之间数据的互联互通和信息共享，跨组织、跨地域健康诊疗信息交互共享和医疗服务协同。该场景的信息控制者包括医疗组织和医联体等医疗应用，涉及数据包含数据中的电子病历数据、健康状况数据中的电子健康档案数据等。

远程医疗数据。远程医疗涉及的数据包括医疗应用数据和健康状况数据，该场景涉及的相关方包括医疗组织、患者、业务伙伴。

健康传感数据。通过健康传感器收集的与被采集者健康状况相关的数据。涉及的数据包含个人身份信息的个人属性数据、包含生活方式等的健康状况数据。

移动应用数据。通过网络技术为个人提供的在线健康医疗服务（如在线问诊、在线处方）或健康医疗信息服务的应用，涉及的数据包含个人电子健康档案等。

器械维护数据。不同的医疗器械涉及不同的数据，影像系统涉及病人的影像和影像诊断报告，检验系统涉及病人的检验检查报告和检验结果。医疗器械为维护的目的，存有的器械维护历史记录等。

商保对接数据。购买商业保险的个人健康医疗信息主体，在定点医疗组织就医时，除医保费用报销范围外，涉及其他的医疗费用，且在商业险责任范围内的，经其授权同意，商业保险公司通过与医疗组织建立连接的医疗信息系统，以便及时掌握个人健康医疗信息主体的就诊治疗情况及发生的费用相关信息，根据商业保险组织的核赔规则自动进行支付结算等理赔业务。

临床研究数据。临床研究包括由医院、医生发起的科研项目，政府科研课题研究项目，科研组织研究等以社会公共利益为目的的医学科学研究，或者涉及公共卫生安全的临床科研实验研究项目，也可以是医疗企业发起的以商业利益为目的的临床研究。数据使用包括数据的采集和记录、分析总结和报告等。

5.4.2 医疗业务数据场景与安全威胁

1. 医疗行业的主要业务系统

第一类业务系统主要包括各级医院、卫生院HIS、LIS、PACS、RIS、EMR等生产业务库。

第二类业务系统包含电子健康档案平台等决策分析系统，涉及人员健康相关活动中直接形成的具有保存备查价值的电子化历史记录。

第三类业务系统包含医院等组织对外的互联网业务、公众健康平台等。

这三类系统中均存在大量个人隐私数据、健康数据、医疗财务数据等敏感信息，部分核心系统数据分布采用主库、从库、灾备库等多级容灾机制。

2. 医疗业务数据面临的主要威胁

（1）互联互通大趋势导致数据暴露面增加。

医疗单位在数据互联互通、高等级电子病历、互联网医院的建设过程中，不可避免地促使数据在不同系统、不同院区甚至不同医院和相关管理单位间流转，也会面对来自互联网甚至物联网的数据访问请求。数据通道数量的增加导致数据安全出现问题的概率也在成倍增加。

（2）数据复杂度增加导致治理困难。

医院信息系统产生的数据日益复杂，从最早的电子病历与HIS数据，到现在的PACS、LIS数据，甚至物联网都在时刻产生着庞大数据。各种数据格式不一、内容庞杂，缺乏安全分类分级标准，无法定义安全保护等级，导致治理困难，从而使安全策略难以细粒度实施。

（3）数据防护思路手段落后无法应对挑战。

传统基于数据库审计与访问控制的数据安全体系无法应对目前的数据使用场景，例如医院数据向外部交换时的安全防护、拟人化木马数据窃取、账号失窃后的数据访问等。

5.4.3 数据治理建设内容

医疗数据安全治理能力建设涵盖数据运行环境安全检查、数据的分类分级、身份与角色权限管理、医疗敏感数据脱敏、水印溯源、数据访问控制和数据行为安全审计等内容（图5-10）。

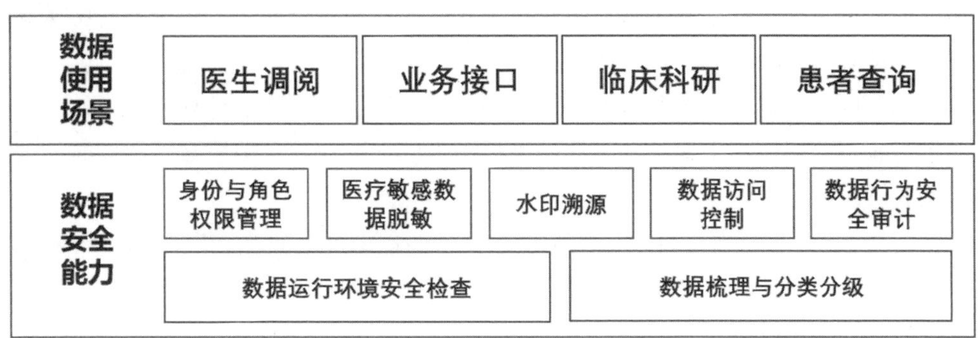

图 5-10　医疗数据安全能力图谱

医疗行业数据安全治理，应以数据梳理为基础，落实数据安全防护策略、实施数据安全监控与稽核，打造数据资产新型安全防护模式。

数据梳理与分类分级

医疗数据运行环境安全：应具备检测与发现系统漏洞、资产管理、漏洞管理、扫描策略配置、漏洞扫描和报表管理等6项能力。支持CVE、CNNVD、CNCVE、CNVD、BUGTRAQ等5种漏洞库编号，按照国家新发布的漏洞及时更新。支持扫描操作系统、网络设备、虚拟化设备、数据库、移动设备、应用系统等6类系统和设备。

建立医疗数据资产目录：数据汇聚应明确汇聚的数据资源目录，明确数据汇聚数量，留存数据汇聚记录。

医疗数据分类分级：制定医疗行业的数据分类分级标准，如按照数据的重要程度、业务属性、数据权属等不同维度进行分类，在数据分类基础上根据数据损坏、丢失、泄露等对组织造成形象损害或利益损失程度进行数据分级等，通过对业务应用相关数据表、数据字段进行数据安全调研工作，形成可用的数据安全规则库。对采集到的数据按照业务场景需求、数据的重要性及敏感度进行分类分级处理。基于以上分类分级标准对数据进行统一的分类分级，并对不同类别和级别的数据采取不同的安全保护细则，包括对不同级别的医疗数据进行标记区分、明确不同数据的访问人员和访问方式、采取的安全保护措施（如加密、脱敏等），以便更合理地对数据进行安全管理和防护。

（1）落实数据安全防护策略。

身份、角色、权限管控：通过身份验证机制阻止攻击者假冒其他医疗用户身份；统一的用户结构和访问授权机制，防止攻击者随意访问未经授权的数据。身份的定义是所有管控环节的基础，只有科学、有限、全面的身份定义控制才能识别所有主体，建立和维护数字身份，并提供有效、安全地进行IT资源访问的业务流程和管理手段，实现统一的身份认证、授权和身份数据集中管理与审计，从而对行为管控提供支撑。

医疗测试开发数据的静态脱敏：静态数据脱敏一般用在非生产环境，即医疗敏感数据在从生产环境脱敏完毕之后再在非生产环境使用，一般用于解决医疗环境测试、开发库需要生产库的数据量与数据间的关联，以排查问题或进行数据分析等，但又不能将敏感数据存储于非生产环境。

运维场景医疗数据的动态脱敏：动态数据脱敏一般用在医疗生产环境，在访问敏感数据实时进行脱敏，一般用来解决在生产环境根据不同情况对同一敏感数据读取时需要进行不同级别脱敏的问题。

数据安全管控：解决医疗环境应用和运维带来的数据安全问题，提供数据库漏洞防护、数据库准入、数据库动态脱敏和精细化的数据访问控制能力，通过IP地址、MAC地址、客户端主机名、操作系统用户名、客户端工具名和数据库账号等多个维度对用户身份进行认证，对核心数据服务的访问流量提供高效、精准的解析和精细的访问控制，保障数据不会被越权访问，提供风险操作审批机制，有效识别各种可疑、违规的访问行为。

（2）数据安全监控与稽核。

数据访问控制和安全审计。具备数据审计、数据访问控制、数据访问检测与过滤、数据服务发现、敏感数据发现、数据库状态和性能监控、数据库管理员特权管控等功能，具备数据操作记录的查询、保护、备份、分析、审计、实时监控、风险报警和操作过程回放等功能。

5.4.4 典型数据安全治理场景案例

1. 医疗数据安全治理典型场景案例——助力医院审计增效

由于医院具有业务信息结构复杂、数据庞大等特点，其在不同环节都容易存在多方面的问题。在医疗服务项目环节，医院可能出现违规收费问题，例如重复收费、超标准收费、分解项目收费等；在药品管理使用环节，医院可能出现限制用药问题，例如药品超医保限定使用范围、违规加价等；在耗材采购销售环节，医院可能出现虚增耗材问题。

违规行为势头存在的主要原因之一在于，医院无法有效区分正常操作和非法操作的行为差异，不具备主动预防信息科人员、其他业务科室、第三方运维人员、系统维护人员等各人群通过数据库、应用系统等获得医疗数据的能力。

为了防止违规行为发生，医疗行业根据应用系统的特点，借助数据审计、数据库防护墙、数据安全运维系统、异常数据行为分析系统等安全设备，以操作行为的正常规律和规则为依据，对相关计算机系统进行的操作行为产生的动态或静态数据访问痕迹进行监测分析，发现和防范内部人员借助信息技术实施的违规和犯罪；对信息系统运行有影响的各种角色的数据访问行为过程进行实时监测，及时发现异常和可疑事件，避免信息科内部人员、数据库管理员、网络安全人员等的威胁而发生严重的后果。

2. 医疗数据安全治理典型场景案例——医学影像文件脱敏

医学影像文件用作医疗培训、科研教学和模型训练实现医学影像辅助诊断案例如下。

（1）医学影像文件在医疗教学、业务培训中的广泛使用。

医学影像实训依托多媒体、人机交互、数据库等信息化技术，构建高度仿真的虚拟实验环境和实验对象，学生在虚拟环境中开展实验，达到教学大纲所要求的教学效果。

（2）人工智能通过模型训练实现医学影像辅助诊断。

近年来，社会对医疗组织的快速诊断能力提出了更高要求，利用人工智能方法开展医学影像智能分析及辅助诊断方法，能够在实际应用中帮助医生提高工作效率、减少漏诊。而在AI学习、分析过程中，需要大量的数据标本作为学习依据。

在上述两类场景中，需要大量使用医学影像文件、数据标本，而这些医学影像文件和数据标本中包含大量的患者个人隐私信息数据，这些数据用作非业务场景的使用之前，需要做相关数据脱敏操作，对个人隐私信息做匿名化和去标志化处理，以达到隐藏或模糊处理真实敏感信息的目的，保证生产数据在测试、开发、BI分析、科研教学等使用场景中的安全性（图5-11）。

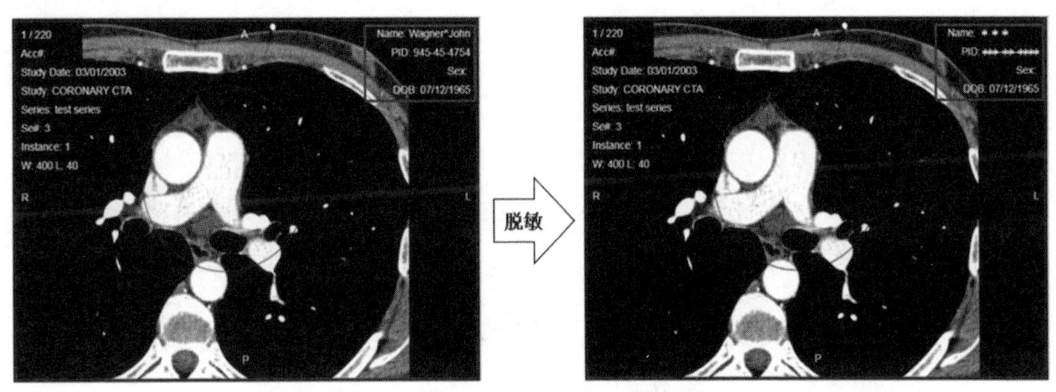

图 5-11　医学影像文件脱敏

5.5　教育行业数据安全实践

5.5.1　安全背景

在高校网络内存在众多的系统，包括门户网站（站群）系统、OA系统、电子邮件系统、视频点播系统、网上图书馆、计费系统、一卡通系统、FTP系统等。随着信息化的快速发展，教育行业作为创新的典型行业，对信息化的依赖程度越来越高，同时面对日趋复杂的网络环境，越来越多的高校开始关注校园网信息化建设的安全运营管理问题。由于学校的特殊性质，敏感资料也较多，其中包含大量教师、学生、科研等敏感信息，在行业内也出现过多起由于黑客攻击而导致的安全事故。如：学生篡改考试成绩、学生信息泄露导致的诈骗。

为顺应国家的数字化转型战略要求，并扎实落实《教育信息化2.0行动计划》《中国教育现代化2035》，推动信息技术与教育教学深度融合，提升高校信息化建设与应用水平，支撑教育高质量发展，教育部于2021年3月26日发布了《高等学校数字校园建设规范（试行）》（简称《规范》）。《规范》中明确了高校数字校园建设的总体要求，提出要围绕立德树人根本任务，结合业务需求，充分利用信息技术特别是智能技术，实现高校在信息化条件下育人方式的创新性探索、网络安全的体系化建设、信息资源的智能化联通、校园环境的数字化改造、用户信息素养的适应性发展，以及核心业务的数字化转型。

由此可见，网络和数据安全的体系化建设已经成为高校数字化校园建设的重要环节。安全工作要放在高校数字化校园建设中的首要位置加以考虑，加大投入，重点建设，才能更好地促进高校数字化校园建设工作有序推进与良性发展。

5.5.2 现状情况

在政府数字化转型的背景下，国内的高校信息化建设工作也集中在从传统业务系统到“智慧校园”的转型升级阶段（图5-12）。教育信息化建设主要用于满足特定的校园管理需求，例如建设一个业务系统，维护一部分学生信息，并产生更多教育相关数据。当建设的教育系统越来越多、每个教育系统积累的数据量越来越大时，现有的孤立系统和孤岛数据已难以支撑“智慧校园”的业务发展。急需通过有效的数据治理过程提升业务产能，从目标、组织、管理、技术、应用的角度持续提升数据质量的过程，可以帮助学校清洗数据、使用数据，挖掘数据价值，提高学校的科学决策能力、运营效率和管理水平，提高竞争力。

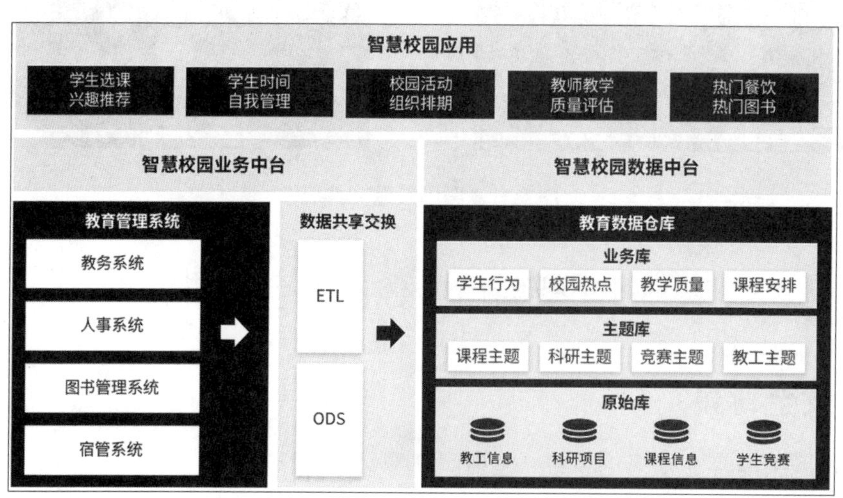

图 5-12 智慧校园应用架构图

5.5.3　安全需求

1. 安全计算环境需求

校园网安全建设应避免将重要网络区域部署在边界处，重要网络区域与其他网络区域之间应采取可靠的技术隔离手段，应利用访问控制、入侵检测等技术手段对不同区域之间的互相访问进行控制和流量检测。

在网络边界、重要网络节点进行安全审计，审计覆盖到每个用户，对重要的用户行为和重要安全事件进行审计。

一方面，有限的安全管理人员面对这些数量巨大、彼此割裂的安全信息，操作着各种产品自身的控制台界面和告警窗口，显得束手无策，工作效率极低，难以发现真正的安全隐患。另一方面，单位和组织日益迫切的信息系统审计和内控要求、等级保护要求，以及不断增强的业务持续性需求，也对客户提出了严峻的挑战。

对重要业务系统需要提升数据库审计能力，实现对数据库访问的详细记录、监测访问行为的合规性，针对违规操作、异常访问等及时发出告警，将安全风险控制在最小的范围之内。

需要对校园网中的物理主机和云主机实施主机安全管理，加强对网络接入、访问情况进行统一授权和管理，更加有效地防范各类违规、泄密事件的发生，提高网络的整体维护效率和管理力度。

2. 安全管理中心需求

需要在校园网的全网环境中提升综合审计能力，对来自业务应用系统和数据库系统用户的访问行为内容进行记录，对所发生安全事故的追踪与调查取证提供翔实缜密的数据支持。

审计记录各类用户进行的所有活动过程，系统事件的记录能够更迅速识别问题和攻击源，通过对安全事件的不断收集与积累并且加以分析，有选择性地对用户进行审计跟踪，以便及时发现可能产生的破坏性行为。

需要开启网络设备的日志功能，并部署集中日志审计系统，安装集中的日志数据库，进行日志记录的统一收集、存储、分析、查询、审计和报表输出。

3. 资产安全治理需求

需要对资产进行梳理，以便于掌握学校互联网暴露面下的数据资产底数信息和对应的管理架构。

需要通过漏洞扫描和安全事件监测服务，协助掌握数据运行环境的安全情况和最新动态。

4. 数据安全需求

数据作为生产要素通常采用采集、传输、存储、处理、交换、销毁等阶段来描述其生命周期，在采集阶段主要需要考虑数据来源是否合规、采集行为是否获得充分授权；在传输阶段主要考虑数据是否会被篡改或者复制；在存储阶段需要考虑数据明文存储可能会因为非授权访问造成数据泄露；在处理阶段存在身份冒用、权限滥用、黑客攻击等风险；在交换阶段面临着数据爬取、数据泄露、非法留存等风险；在销毁阶段则存在介质丢失和数据复原造成数据泄露的风险。通过以上分析可以看出，在数据生命周期中存在各种威胁和风险，随着数据参与生产的场景增多，数据开放的程度不断加深，迫切需要建立覆盖数据全生命周期的安全监测和防护能力。

5. 安全态势感知需求

校园数据安全要素复杂，安全需求多样，使得学校在数据安全整体建设上面临较大困难。无论是针对合规还是针对实际安全防护和运维的需求，都指明学校应具备智能安全分析能力的综合安全事件管理平台，对学校的整体安全要素进行集中管控，由“被动防御，人工防护”，升级到“主动防御，智能防护”的新阶段。

6. 安全保障服务需求

随着国家层面对信息安全的重视程度越来越高，国家对高校信息安全的管理也不断提出新的要求。而学校在数据安全防护能力上普遍缺乏专业人员的支持，因此，学校亟须在数据安全的管理和建设方面与社会专业组织和人员协助，共同构建信息安全保障体系。

5.5.4 安全实践思路

依据《中华人民共和国网络安全法》《中华人民共和国数据安全法》《中华人民共和国个人信息保护法》，以及国家信息安全等级保护制度和信息保障技术框架，根据系统在不同阶段的需求、业务特性及应用重点，采用层次化与区域化相结合的安全体系设计方法，构建一套覆盖全面、重点突出、节约成本、持续运行的安全防御体系。

根据安全保障体系的设计思路，安全域保护的设计与实施通过以下步骤进行。

（1）确定安全域安全要求。

参照国家信息安全等级保护的相关要求设计等级安全指标库。通过安全域适用安全等级选择方法确定系统各区域等级，明确各安全域所需采用的安全指标。

（2）评估现状。

根据各区域安全要求确定各安全等级的评估内容，根据国家相关风险评估方法，对系统各层次安全域进行有针对性的风险评估。通过风险评估，可以明确各层次安全域相应等级的安全差距，为下一步安全技术解决方案设计和安全管理建设提供依据。

（3）安全技术解决方案设计。

针对安全要求，建立安全技术措施库。通过风险评估结果，设计系统安全技术解决方案。

（4）安全运行建设。

针对安全要求及实际情况，结合专业人员的协助，建立可持续的、安全的运行体系，保障各项安全措施有效运行。

通过如上步骤，可以形成整体的信息系统安全保障体系，同时辅以安全技术建设和安全运行建设，保障数据的整体安全。

5.5.5　总体技术实践

一个完整的信息安全体系应该是安全管理和安全技术实施的结合，两者缺一不可。在采用各种安全技术控制措施的同时，必须制定层次化的安全策略，完善安全管理组织和人员配备，提高安全管理人员的安全意识和技术水平，完善各种安全策略和安全机制，利用多种安全技术和安全管理实现对核心敏感数据的多层保护，减小数据受到攻击的可能性，防范安全事件的发生，并尽量减少事件造成的损失。

1. 安全管理层面

（1）安全管理组织。

①需要建立统一的安全管理组织部门，专门负责数据安全管理和监督。

②需要制定符合校内数据业务特点的人员安全管理条例。

③需要进行IT使用人员和运维管理人员的安全意识和安全技能培训，提高各级中心自身的安全管理水平。

（2）安全管理制度。

①需要制定具有业务系统自身特点的安全管理制度，符合国家和行业监管部门的安全管理要求，参照国际、国内成熟的标准规范，保证信息系统的安全运行。

②需要规范安全管理流程，加强安全管理制度的执行力度，以确保数据的整体安全管理处于较高的水平。

2. 安全技术层面

（1）数据摸底探查。

通过探测、分析等技术对数据资产、用户身份及权限进行扫描探测和识别，自动分析和统计出数据资产分布情况，摸清资产家底、排除安全盲区，帮助校园真正实现资产暴露面的可知、可控、可溯，为建立数据资产管理和风险动态预警机制，协助提升安全管理能力提供底层数据支撑。

（2）数据安全。

校园相关系统产生的数据量大，且关系到教职工、学生的隐私信息，教学科研成果信息，一旦泄露会产生严重后果，应该针对数字校园相关系统进行保护，其中涉及信息的收集、传输、存储、使用、销毁等环节。

在采取安全措施前应先对数据进行梳理，将数据进行分类分级，梳理出重要业务数据、重要审计数据、重要配置数据、重要视频数据和重要个人信息不同类别，输出数据目录，然后针对不同类别、不同级别的数据采取不同的安全防护措施。

在采集信息时，应获得用户的授权，且应仅采集和保存必需的信息，同时应对信息的访问者进行身份认证，如基于零信任架构的持续身份认证来实现动态访问控制，在访问敏感信息时，如必要可采取二次认证或阻断访问。同时，对数据访问进行完整的审计记录，包括但不限于记录访问源、受访对象、访问时间、访问结果及访问语句等，且记录保存时限不应少于六个月。

在数据传输及存储时，应对数据采取符合国家密码管理局相关标准的密码技术，保证数据在传输或存储时的保密性及完整性，确保数据以密文形态存储，且与密钥独立存储，能够对数据传输的发送和接收方式双方进行有效的身份认证，同时要保证业务系统的可用性、可恢复性，避免数据加密后导致正常业务无法进行。

在数据的使用过程中，可能会存在访问、导出、加工、展示、开发测试、汇聚融合、公共披露、数据转让、委托处理、数据共享等方式，针对每种方式都应采取相应的安全措施。在使用时应先得到审批授权后才能进行，这样能防止误执行高危操作或越权使用等违规性；在数据展示或公开披露时应先根据数据的级别判断数据的影响范围，在必要时应去标识化后再将数据进行展示或披露;在开发测试环境中不应使用真实数据进行开发或测试，数据在加载到测试环境前，应先进行持久化脱敏处理，避免真实的敏感数据从开发测试环境泄露，同时，脱敏后的数据应保持数据的一致性和与业务的关联性，应用于数据抽取、数据分析，兼顾学习业务发展的需求；在数据进行汇聚融合计算、委托处理、共享时应保证计算平台环境的安全性，宜使用多方安全计算、联邦学习、同态加密、区块链等技术降低数据泄露、被窃取的风险，并具备防篡改的数据跟踪溯源能力，实现数据的可用不可见，有效保证数据共享过程中的安全。

当数据授权到期或数据所有者提出要求时，应完成数据的销毁，从涉及的系统或设备中去除数据，并确保不可被再次检索和访问。此时可通过使用预先定义的无意义、无规律的信息多次反复写入存储介质的存储区域的方法去除数据，或直接使用消磁设备、粉碎工具以物理方式销毁存储介质。

（3）终端/服务器安全。

针对办公、运维和PC终端的安全是通过防病毒软件、终端安全管理管理软件、日志采集系统及相应终端安全防护策略来实现的。

针对数据库系统的安全审计，可通过旁路部署数据库审计设备，对镜像流量进行解析和分析，实现对所有访问数据库行为的安全审计能力。通过配置策略，在对风险操作进行实时报警的同时，对事后追溯也能提供基础数据。

所有防护日志应推送到日志审计平台，实现对日志统一管理和安全审计；然后经过UEBA进行智能关联分析，智能发现访问风险。

3. 安全运营层面

在日常安全运营中，以数据为驱动，以安全分析为工作重点，立足于安全策略防护，充分利用数据安全分析及管理平台的数据收集、查询能力进行持续的监控与分析。

在应急响应机制中，规范应急处置措施，规范应急操作流程，加强技术储备，定期进行预案演练。

此外，人是安全中的重要一环，日常要大力宣讲网络与信息安全防范知识，贯彻预防为主的思想，树立常备不懈的观念，结合各方威胁情报力量，及时发现和防范校园数据安全突发性事件，采取有效的措施迅速控制事件影响范围，力争将损失降到最低程度。

4. 专家服务层面

（1）提供渗透测试服务。

使用人工或渗透测试工具，进行全面覆盖信息收集、漏洞发现、漏洞利用、文档生成等的渗透测试。通过融入特有的渗透测试理念，解决测试发现的安全问题，从而有效地防止真实安全事件的发生。

（2）提供安全加固服务。

对运行环境、应用系统、数据、终端等多层面进行安全评估，形成评估报告。根据安全评估的结果，提供相应的加固建议和操作指南，指导安全加固，并持续跟踪加固效果。

（3）提供安全培训服务。

根据用户的需求定制开发培训课件，并组织讲师落实信息安全培训。培训内容包括政策法规、安全意识、安全管理、安全技能等。

培训工作需要分层次、分阶段、循序渐进地进行。分层次培训是指对不同层次的人员，如对管理层、信息安全管理人员、信息技术人员和普通人员开展有针对性的培训。

（4）提供专家咨询服务。

安全咨询主要包括两个方面：安全建设规划和安全管理体系。

①安全建设规划。

随着物联网、大数据、云计算等信息技术日新月异，安全漏洞和攻击也层出不穷，未来的信息安全需求一定是动态变化的。而且安全建设是一个庞大的系统性工程，是统筹全局的战略举措，由局部加固到整体保障，由防护数量到防护质量，需要一个逐步细化、量体裁衣、切实可行的安全建设规划。

要对客户安全状况和安全投入进行深入调研，充分考虑未来几年中信息安全的发展趋势，为客户构建完善的信息安全技术、管理、运维体系，使客户的安全基础设施、安全管理水平和安全运营模式保持在合理的水准。

②安全管理体系。

首先，通过了解信息安全现状，确定安全方针和目标；然后，按照信息安全等级保护中安全管理部分的要求，参考国际、国内相关标准规范，结合客户自身的特点、行业最佳实践和监管要求，分析各项差异性，为客户量身定制一套符合其状况的安全管理体系，并辅助实施。具体可包括以下几个方面：

a. 制定安全策略，并根据策略完善相关制度体系。

b. 建立并落实信息安全管理体系（ISMS），提升总体安全管理水平。

c. 建立安全运营管理体系。

d. 结合信息安全建设规划实施。

e. 结合等级保护相关内容实施。

5.5.6 典型实践场景案例

随着高校的发展，校园一卡通作为信息管理的重要系统被引入高校。校园一卡通整合校园各种信息资源，成为校园信息化、校园数字化的重要载体之一，也是学校整体办学水平、学校形象和地位的重要标志。实现校园一卡通后，师生可以方便地进行开门、考勤、就餐、消费、签到、借还书、上机、用水、用电、公共设施的使用等各项活动，使得高校摆脱过去烦琐、低效的管理模式，将校园各项设施和活动连接成一个整体，通过统一平台的运营管理各项数据活动，最大限度地提高管理效率。

校园一卡通系统的主要特点可归结为：一库、一网、多终端。

（1）一库：一个完整的系统可能会包含校园管理的众多子系统，但通过校园一卡通系统的建设可将众多系统归集到一个平台；在同一个平台、同一个数据库下实现各个业务活动流。

（2）一网：系统使用基于现有的局域网、无线网、校园网的统一网络；将多种设备接入，集中控制，统一管理，降低复杂性。

（3）多终端：可在统一认证后在电脑、平板、手机、IC卡等多种终端中使用，尤其随着移动支付的兴起，只需一部手机即可应对所有应用场景，大大地提高了使用便捷性。

校园一卡通的建设为学校和师生带来了极大的便利，但系统中也存有大量如个人信息、学籍信息、教学信息、科研成果信息等核心敏感数据信息。如此大量真实的敏感信息也必然会引起不法分子的注意，试图通过各种途径攫取数据。那么保障系统的安全、合法访问就尤为重要。

1. 成绩防篡改

校园系统中的学生学习成绩、教师教学评价、科研数据等都是非常重要的数据，在利益的驱使下,外部攻击者或内部人员都可能会侵入系统或违规登录来篡改成绩数据等信息，如通过利用系统SQL注入漏洞来获取管理员权限，或内部数据库管理员、应用系统运维人员违规登录后台数据库操作数据，造成数据被篡改，对学校内部教学活动及学校声誉造成严重影响。

根据此类违规活动的特征特点，可以集中数据库防火墙对数据库运维管理系统进行防护。数据库防火墙类产品通常会包含访问控制功能、虚拟补丁、动态脱敏功能，其内置的大量防护规则可对数据库的访问做精细化的访问控制，能对IP地址、端口、用户名、对象、操作、时间、结果集等元素进行绑定，从而限制访问。虚拟补丁规则可对利用漏洞发起的攻击进行拦截，如利用某特定版本的漏洞攻击特征的语句进行阻断拦截，避免未安装相应补丁的数据库遭受攻击。动态脱敏可应对运维方的高权限用户的越权访问，如数据库管理员本身拥有很高权限，除了日常的调整优化、故障维护、备份恢复等运维操作，还可能利用职务之便查看敏感信息数据。在应用动态脱敏后，当数据库管理员再发起访问时，可对其执行的语句进行解析，与预订策略进行匹配；如果是非授权访问，将对访问的SQL语句进行改写，将数据脱敏后再返回，达到防止越权访问的目的。

2. 敏感信息的爬取

校园系统内的师生敏感数据较多，当前系统一般均配置了审计策略，如数据库审计。当单次访问100条时，会触发审计报警，安全管理员则能及时发现并处理。但随着技术的发展，尤其目前爬虫程序的盛行，数据可能通过少量高频的方式将数据进行爬取汇聚来获得。

针对这类情况，目前一部分数据库防火墙可进行针对频次的防护，即对敏感表或列配置相应频次的防护策略，如10分钟内查询3次则拦截或阻断。但对访问量比较高的情况可能会产生误拦截，导致应用功能异常，此时可以部署UEBA类产品。该类产品通过一定周期的智能学习，形成用户行为的访问基线，然后对后续的访问行为与基线进行智能分析比对，对偏离基线的行为进行评分。当偏离越多、越大的时候，评分越低，用户风险则越高。比如用户正常的访问会出现差异，早晨或傍晚的时候访问较频繁，其他时间访问相对较少，而且每次访问的数据量会有差异；而如果是爬虫程序访问时，就可能在某个时间段内一直处于平稳的高频访问，例如每秒100次，且单次访问数据量较少，为9条（假设一个分页为10条）。这种情况仅靠静态规则的数据库审计或防火墙是无法发现的，但是建立基于UEBA的访问模型就能发现此类问题。

5.6　“东数西算”数据安全实践

5.6.1　“东数西算”发展背景

“东数西算”中的“数”指数据，“算”为算力，即处理数据的能力。如同农业时代的水利和工业时代的电力，算力是现在数字经济时代的核心生产力，算力的基础设施主要是数据中心。“东数西算”被视为一项国家级系统工程，目的是优化资源配置。

“东数西算”的目标是利用西部地区的算力资源承接东部地区的算力外溢，逐步改善我国数据中心供需不匹配的问题，促进算力的灵活调度，实现资源平衡。

“东数西算”将对产业带来重大影响，“东数西算”的跨区域交互、多业务场景数据调用、数据安全边界模糊等特性会对数据安全管控技术和机制提出全新的挑战。

5.6.2　“东数西算”实践价值

实施“东数西算”工程，推动数据中心合理布局、优化供需、绿色集约和互联互通，具有多方面意义。

一是有利于提升国家整体算力水平。通过全国一体化的数据中心布局建设，扩大算力设施规模，提高算力使用效率，实现全国算力规模化集约化发展。

二是有利于促进绿色发展。加大数据中心在西部布局，将大幅提升绿色能源使用比例，同时通过技术创新、以大换小、低碳发展等措施，持续优化数据中心能源使用效率。

三是有利于扩大有效投资。数据中心产业链条长、投资规模大，带动效应强。通过算力枢纽和数据中心集群建设，将有力带动产业上下游投资。

四是有利于推动区域协调发展。通过算力设施由东向西布局，将带动相关产业有效转移，促进东西部数据流通、价值传递，延展东部发展空间，推进西部大开发形成新格局。

5.6.3　“东数西算”实践内容

“东数西算”全国一体化大数据中心旨在统筹考虑现有基础，搭建跨层级、跨地域、跨系统、跨部门、跨业务的一体化数据信息环境，建立以“数网”“数纽”“数链”“数脑”“数盾”为核心的大数据中心一体化平台（图5-13），支撑工业互联网、区块链、人工智能、新能源汽车等重点领域示范应用。

图 5-13　大数据中心一体化平台

“数网”落实以“东数西算”为目标的数据跨域流通需要在基础设施层面实现电网与数网联通布局。同时，也需要在业务运营层面实现“三网互通”，最终形成区域间基础设施和业务准入相互适配、动态直联的布局。

“数纽”为大数据中心提供底层基础支撑环境，为接入大数据中心体系的云平台进行全面的测试和评估，确保接入的云平台性能稳定、可靠、安全，为大数据中心的数据跨域请求、全域融合、综合应用等能力的形成提供支持保障。

“数链”提供数据支撑与服务能力，提供数据供应链通用支撑服务、数据组织关联服务、数据要素流通服务及数据要素化支撑服务。实现基于动态本体、属性关联的方法论，一体化推进数据采集、汇聚、组织管理体系建设，筑牢大数据资源基础，完善数据治理体系。面向市场需求，实现基础信息登记、权力主体识别和权力内容分类等功能，面向数据组织关联、数据要素流通、数据要素化支撑平台建设中的数据清洗及综合治理、数据质量评估、“数据不见面、算法见面”模式下的通用功能，提供共性技术支撑。

“数脑”提供决策分析服务，在“数纽”“数链”“数盾”成果进行综合性集中可视化展示基础上，提供综合展示、科学决策、协同治理新格局。

“数盾”提供安全防护保障能力，为“数纽”“数链”“数脑”等提供认证、脱敏、加密、代理及可信接入等安全保障服务。数盾依托大数据中心网、云、数、应用及场地相关基础设施，通过对“数网”“数纽”“数脑”日志、流量采集进行数据安全审计、异常行为分析、漏洞管理、威胁管理安全数据分析、数据安全预警等，实现大数据中心数据安全运营管理。通过漏洞扫描、敏感数据发现、数据脱敏、水印溯源、数据加密、敏感数据分类分级等，实现数据安全流转及监测安全管理，提高大数据中心敏感及隐私数据安全管理能力。通过身份安全与访问控制基础设施系统为大数据中心各应用系统提供统一账号管理、统一认证管理、统一授权管理和统一访问控制。

第 6 章　数据安全技术原理

前面详细介绍了数据安全的常见风险、数据安全常用技术框架、产品技术层面的最佳实践、代表性行业的案例等。构建实战化落地的数据安全能力，离不开基础的数据安全技术；同时，了解一些数据安全技术的原理，也能规避一些项目建设过程中的风险。本章从技术原理层面较为深度地讲解数据安全技术。

6.1　数据资产扫描（C）

6.1.1　概况

数据资产扫描广义上包含了数据资产嗅探、数据风险检测扫描、数据结构扫描等技术。

1. 数据资产嗅探

数据资产嗅探解决的问题是，尽可能全面地向用户呈现各主机端口下的不同数据资产的分布情况。数据资产嗅探需做到自动发现数据库的功能，也可以指定IP段和端口的范围进行指定搜索。能够自动发现数据的基本信息包括：端口号、数据库类型、数据库实例名、数据库服务器IP地址等，最后得到数据资产的分布，如图6-1所示。

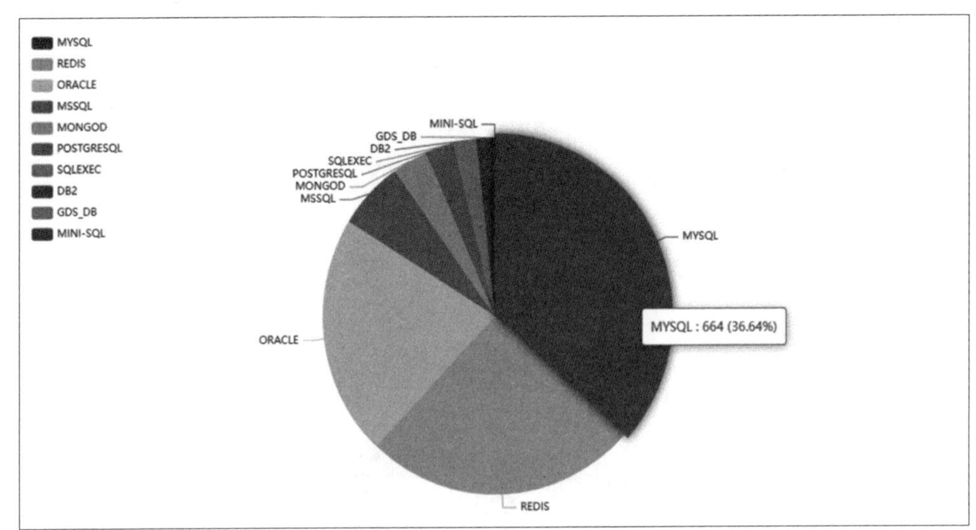

图 6-1　数据资产的分布

需要指出的是，有些端口的扫描将会非常耗时，需要在技术上做一些优化才能较好完成任务：例如，设置好断点执行任务的机制、自动拆解地址段并行等。在配置扫描任务时，尽可能指定较准确的端口范围（尽可能避免对全端口的扫描），设置合理的超时时间——用可配置化的超时时间参数来平衡扫描结果的覆盖率与扫描耗时。

2. 数据库风险检测扫描

数据库风险扫描主要基于当前数据库的类型、版本等信息。

针对数据库漏洞风险与日俱增的情况，会出现大量漏洞修复不及时或者由于怕影响业务而不敢修复的现象。数据库漏洞如图6-2所示。

漏洞名称	CVE编号	漏洞等级	解决建议	数据库类型
Red Hat OpenShift和OpenShift Or...	CVE-2016-2160	超高危	目前厂商已经发布了升级补丁以修复此安全...	MONGODB
IBM API Connect 安全漏洞	CVE-2018-1784	超高危	目前厂商已经发布了升级补丁以修复此安全问题，补丁获取链接：https://access.redhat.com/errata/RHSA-2016:1064 https://github.com/openshift/origin/pull/7864	MONGODB
rubygem-moped 输入验证错误漏洞	CVE-2015-4410	高危		MONGODB
MongoDB libbson 安全漏洞	CVE-2017-14227	高危		MONGODB
mongodb-instance 安全漏洞	CVE-2016-10572	高危	目前厂商已发布升级补丁以修复漏洞，详情...	MONGODB
MongoDB bson JavaScript模块安...	CVE-2018-13863	高危	目前厂商已发布升级补丁以修复漏洞，补丁...	MONGODB
MongoDB Server 授权问题漏洞	CVE-2015-7882	高危	目前厂商已发布升级补丁以修复漏洞，补丁...	MONGODB
MongoDB Server 授权问题漏洞	CVE-2019-2386	高危	目前厂商已发布升级补丁以修复漏洞，补丁...	MONGODB
10gen MongoDB 输入验证漏洞	CVE-2015-1609	中危	目前厂商已经发布了升级补丁以修复此安全...	MONGODB
Red Hat OpenShift Origin API服务...	CVE-2015-5250	中危	目前厂商已经发布了升级补丁以修复此安全...	MONGODB
RockMongo存在多个漏洞		中危	目前没有详细解决方案提供：http://rockm...	MONGODB
MongoDB 安全漏洞	CVE-2017-15535	中危	目前厂商已发布升级补丁以修复漏洞，补丁...	MONGODB

图 6-2　数据库漏洞

3. 数据库结构扫描

数据库结构扫描，即获取指定数据库中的表结构、表注释、字段名、字段注释、字段内容等。这是我们深入获取数据库信息的必要手段，也是数据分类分级等工作的前提条件。

6.1.2 技术路线

我们可以通过使用一些开源的数据资产嗅探工具来完成数据库扫描的任务。常见的嗅探工具有Network Mapper（简称Nmap）、Zmap、Masscan等，下面我们以Nmap为例，介绍其工作原理。

Nmap的执行流程（见图6-3）的主循环会不断进行主机发现、端口扫描、服务与版本侦测、操作系统侦测这四个关键动作。在数据安全实践中，我们主要利用其主机发现和端口扫描的能力来定位数据资产。

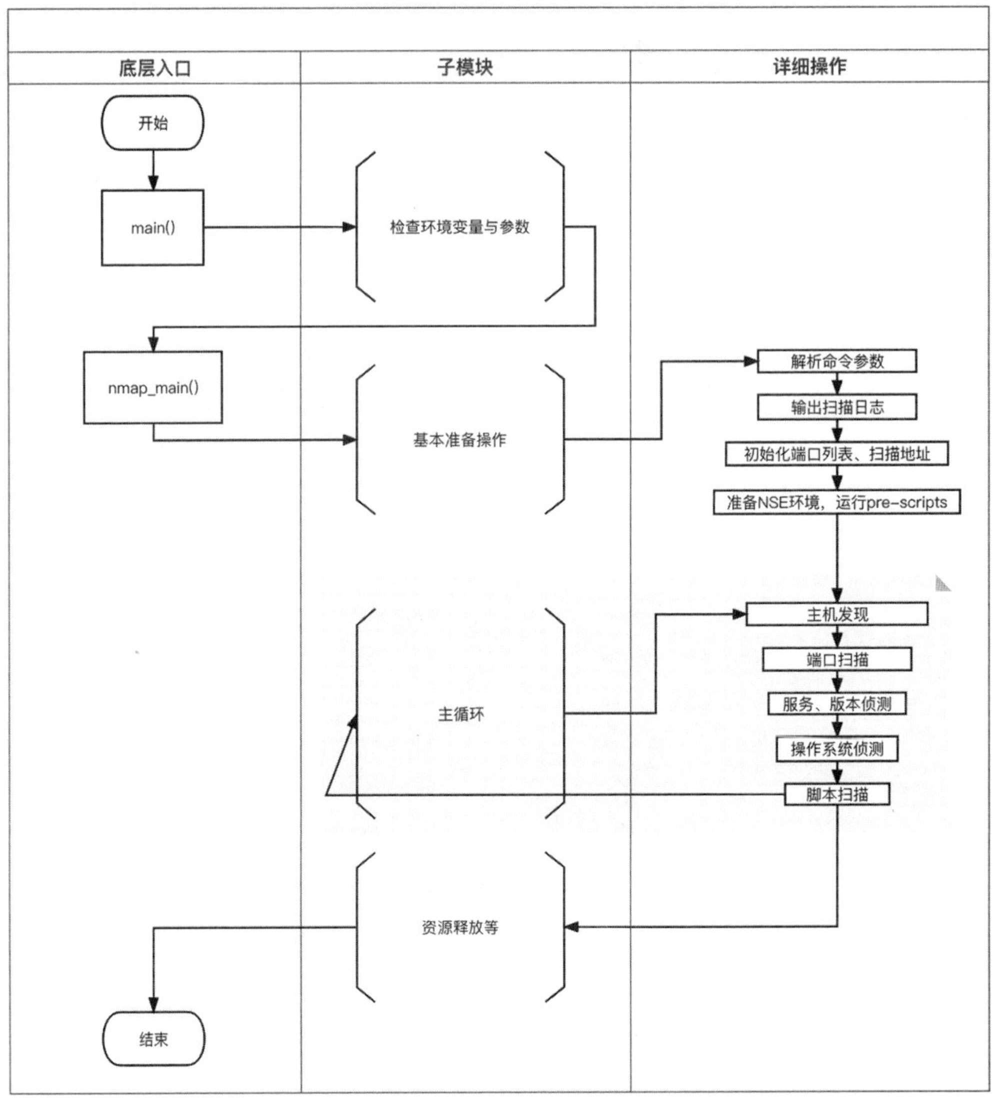

图 6-3　Nmap 执行原理图

Nmap会使用基于ARP、ICMP、TCP、UDP、SCTP、IP等协议的方式进行主机发现。以地址解析协议（Address Resolution Protocol，简称ARP）为例，Nmap向所在网段请求广播，通过是否在指定时间内收到ARP响应，来确认目标主机是否存活。

我们还可使用Nmap的版本侦测能力来定位相应的数据库漏洞，再借助虚拟补丁技术来进行修复。虚拟补丁技术基本原理如图6-4所示。

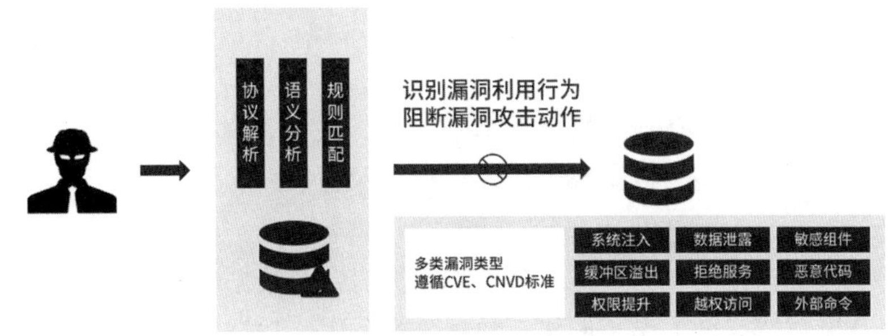

图 6-4　虚拟补丁技术基本原理

基线配置检测也是数据库风险检测扫描的重要一环。

它包括常规安全项的检查：数据库是否允许本地未授权登录、密码过期警告天数不合规、未配置密码复杂度策略、存在不受IP地址限制的账号、存在默认管理员账号，也包括动态的数据库权限监控，要求系统定期扫描并且比对每一次扫描结果，数据库账号的权限变动情况。另一个需要提及的技术点则是弱口令检测，简而言之，它意味着维护一个弱口令库，扫描的过程即模拟“撞库”行为。

在数据库结构扫描技术上，朴素的方式即采用数据库自带的函数获取表名、表注释、字段名、字段注释等信息。广义的数据库结构扫描还包括字段内容的获取。

朴素的方式是用简单随机抽样来完成字段内容的获取。然而，在遇到一些行数非常多的大数据表时，直接处理会带来非常大的性能损耗。一种可行的处理方式是先获取一个数据子集（如选取limit = 1000），再在这个子集当中进行随机抽样。但这样做也存在一定的弊端。例如，这种方式无法抽样到数据表中靠后的数据，对数据分布的反应是不够准确的。因此，是否采用这一方案，需要综合考虑数据扫描后的用途、用户对扫描时间的敏感程度、用户对数据分布要求等各种综合因素。

另外，在抽样过程中往往不可避免地会遇到空值。大部分情况下排除空值会更符合实际用途。但如图6-5所示，将空表、空值、抽样策略等参数给到用户，作为可选项并附加默认推荐值，往往是更优的做法。

编辑任务

* 任务名称　1111

周期　手动执行

空表策略:　☑ 过滤空表

取样策略:　☑ 不取空值

☐ 极速模式

取消　保存

图 6-5　数据扫描任务配置

6.1.3 应用场景

数据库扫描的应用主要存在于以下场景。

（1）由于数据库的类型与数量庞杂，或因存在较多数据迁移历史，难以了解自身数据资产全貌。

（2）由于业务变动频繁，需要准实时监测数据内容与数据库结构变动，或需在监测的基础上进一步开展数据安全工作（例如，数据分类分级、数据脱敏、数据访问控制等）。

（3）当前数据库未进行定期维护，现需要系统性对数据库漏洞、基线、弱口令等问题进行修复。

6.2 敏感数据识别与分类分级（A）

6.2.1 概况

敏感数据识别与分类分级是数据安全的核心内容，通过对不同类型的数据进行甄别，识别其中存在的敏感数据并对其进行分类定级处理，使得数据安全治理不再是“眉毛胡子一把抓”的混沌状态，为针对性地对不同类别、不同级别的数据提供不同程度的安全防护提供依据。

“数据分类”围绕的是如何根据行业数据资源的属性或特征，将其按照一定的原则和方法进行区分和归类，并建立规范的分类体系和排列顺序；“数据分级”则围绕如何按照数据的重要程度对分类后的数据进行定级，从而为数据的开放和共享安全策略提供支撑。数据分级的结果通常无法孤立于分类结果而直接由算法模型得出，而是根据数据的分类结果来确定。因此数据分类技术是我们在此讨论的重点。数据分类技术，可以细分为“敏感数据识别”与“模板类目关联”。而“相似数据聚类”则作为前两者的补充。

（1）敏感数据识别。

敏感数据识别即对数据的“业务属性”做出的划分。需要知道这个数据描述的是什么，如是姓名？是性别？还是手机号、IP地址？或者我们只能做出意义宽泛的识别，例如，是整数？是浮点数？还是英文字母？

（2）模板类目关联。

模板类目关联指的是将识别得到的“业务属性”数据，划分到某个具体分类分级树形结构的叶子节点的过程。

不存在一种通用的标准和方法用于设计数据安全分类分级模型，并定义数据安全分类分级类别。随着《中华人民共和国数据安全法》的正式实施，许多地方、行业都出台了行业相关的数据分类分级指南，指出了所在行业的数据分类分级工作应当遵守的规范与原则，并且给出了分类分级示例。在此基础上进行扩展，我们就得到了不同的“模板类目”。图6-6展示的是金融行业的分类模板树形结构。

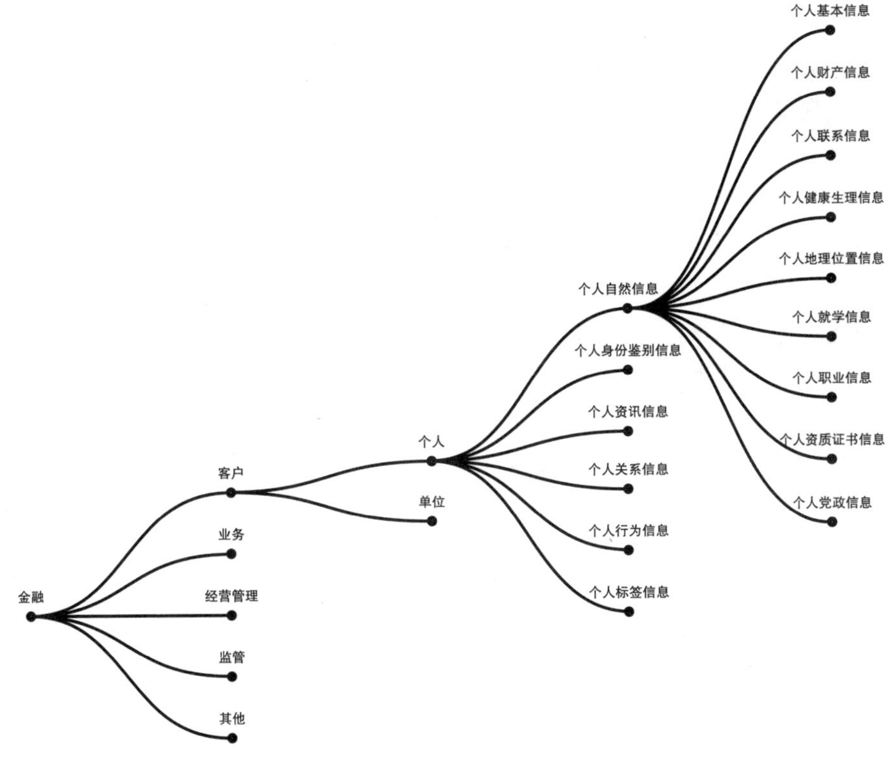

图 6-6　金融行业的分类模板树形结构

以金融行业为例，在金融业务的某个库表中，我们通过“敏感数据识别”，已知某个字段描述的业务属性为“姓名”。为了完成完整的分类分级，需要进一步明确：它是“经营管理—营销服务—渠道信息—渠道管理信息”分类下的“渠道代理人姓名”，还是“经营管理—综合管理—员工信息——般员工信息（公开）”分类下的“员工姓名”，抑或是其他类型的姓名。

6.2.2　技术路线

1. 敏感数据识别

敏感数据识别旨在发现海量数据中的重要数据，为后续数据分类分级奠定基础。企业中存在相当一部分临时表、历史开发表，这些表可能存在建表不规范，元数据缺失等问题。因此在技术层面，我们基于数据内容来进行识别。常用的敏感识别模型有以下几种。

（1）基于正则表达式的模型。此类模型用于识别特征明显的敏感数据，如手机号、MAC 地址等。技术难点在于如何尽可能地兼容复杂情况。以手机号为例，是否以+86开始、是否包含各个电信运营商的最新号段、是否包含虚拟号等，都会影响敏感数据识别的最终效果。

（2）基于字典匹配的模型。此类模型用于识别国籍、民族等枚举字段。字典匹配的技术实现看似简单，但在实践中为了取得较高准确率，往往需要附加额外的逻辑。例如，我们以血型来举例，常见血型可以通过字典枚举A、B、O、AB等进行判断，但实际数据情况是：如果某字段内容仅包含3个字母：大量的A、B和少量的C，那么它极有可能只是在描述一个具有三种状态的枚举值（可能是被脱敏处理后得到的），而不是在描述血型。在这种情况下，需要我们在字典算法基础上嵌套一个合理的损失函数来进行训练，从而得到更为客观的置信度，最终判断该字段是否代表血型。

（3）基于机器学习、命名实体识别（Named Entity Recognition，简称NER）的模型。此类模型用于识别姓名、地址等包含文本信息的字段。基于主题挖掘和文本分类、聚类等技术，可对大段文本信息进行识别和分类，如合同、专利等；此外，添加相关的正则、字典，以及训练特定的智能分类模型，也可完成对指定数据内容的识别。

在技术层面，我们需要解决的另一个问题是在识别的时候如何获取高质量的数据。如果直接在数据库中选择若干行数据，很容易获取到连续的空值或是脏数据，进而影响模型的识别效果。一种解决思路是，在选择逻辑的外层嵌套一个循环，循环结束条件是对当前样本中数据随机性、脏数据比例的评估。如果采样数据不符合评估要求，则会剔除低质量数据并继续循环直到获取到足够的高质量数据。这个边界条件对“足够”的判断也需要结合当前库表中的整体数据量。例如，相比于1万行的数据表，当我们处理一个100万行的数据表时，则需要获取更多数据内容，才能保证相同的数据精度。

当然，这种采样处理方式意味着扫描性能的急剧下降，在实践中必须综合考虑性能和精度。

2. 模板类目关联

仅通过敏感数据识别的技术手段搞清楚了某张表的某个字段描述的是“地址”，是远远不够的。在新的监管要求下，我们只有搞清楚了这个“地址”，将其明确划分为“用户身份数据-用户身份和标识信息-用户私密资料-用户私密信息”类别，并指定为三级数据，才真正意义上完成了对这一敏感数据的分类分级工作（图6-7）。

一级子类	二级子类	三级子类	四级子类	类别	识别字段	数据级别
用户身份数据	用户身份和标识信息	用户私密资料	用户私密信息	用户身份数据-用户身份和标识信息-用户私密资料-用户私密信息	种族	3
用户身份数据	用户身份和标识信息	用户私密资料	用户私密信息	用户身份数据-用户身份和标识信息-用户私密资料-用户私密信息	家属信息	3
用户身份数据	用户身份和标识信息	用户私密资料	用户私密信息	用户身份数据-用户身份和标识信息-用户私密资料-用户私密信息	地址	3

图 6-7　电信行业数据分类分级模板类目示例

除了图6-7中电信行业的例子，我们也可在金融行业中阐述这一过程。假定我们采用同一敏感数据识别模型对“姓名”完成了识别，并已取得预期的覆盖率与准确率，那么在接下来的“模板类目关联”中，则需要区别“个人基本信息-姓名”“单位联系信息-联系人”“企业工商信息-企业法人”等，并赋予它们不同的数据级别（图6-8）。

分类模版	类别	类别编码	敏感项	数据级别
行业-金融	客户-个人-个人自然信息-个人基本信息	A-1-1-1	姓名	3
行业-金融	客户-单位-单位基本信息-单位联系信息	A-2-1-4	联系人	2
行业-金融	客户-单位-单位资讯信息-企业工商信息	A-2-3-4	企业法人	1

图 6-8　金融行业涉及“姓名”的多个类别信息

这里的技术要点就是，我们需要用准确而通用的业务规则来处理获取到的元数据信息。敏感数据识别元数据被定义为描述数据的数据，是对数据及信息资源的描述性信息，包括数据库中数据表和字段的名称、注释、类型等。

我们仍以姓名举例：“员工姓名”与“客户姓名”的敏感数据识别结果均为“姓名”（已通过前文所述NER等算法完成识别），但它们处于不同的类别。为了准确进行区分，我们利用表名、表注释、字段名、字段注释，甚至是同表中其他字段的元数据信息，判断是否出现了类似employee（雇员）、customer（客户）等类目的关键词，从而自动完成模板类目绑定。当然，实际情况会更加复杂，注释填写不规范或者填写内容是拼音缩写等难以解析的情况也屡见不鲜，需要我们具体情况具体分析。

3. 相似数据聚类

在一般情况下（理想的实验室条件除外），难以通过全自动的算法模型直接完成完整的数据分类分级流程。在实际情况中，总存在着相当部分的重要数据表等文件未分类，此时需要用户手动指定数据分类与分级。

针对这一类的“手动梳理”工作，为了提高人工梳理效率及最终的分类分级准确度，一套可行的技术方案是使用聚类算法：提供相似表、相似文件的聚类功能，辅助用户批量完成数据的分类分级，如图6-9所示。图中以相似表的聚类为例（其中表簇的定义为彼此相似的表组成的簇）。

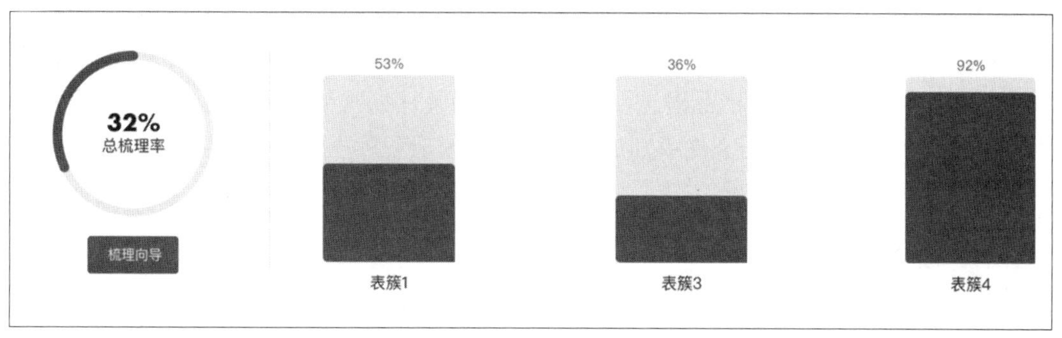

图 6-9　基于聚类算法辅助用户批量完成分类分级

该技术要点在于，明确如何界定同一个表簇、同一个字段簇（彼此相似的字段组成的簇），在此基础上如何给向导辅助用户按照某个顺序来进行手动分类分级。

6.2.3 应用场景

（1）高机密性数据需采用特别安全措施的场景。前提就是要对数据进行全面的分类分级，明确哪些数据的分级达到需采用特别安全措施的要求，消除盲区，避免遗漏。

（2）需要对数据的使用条件进行约束，并达到监管要求的场景。在数据分类分级的结果基础上规定数据是否允许共享、是否允许出境等。

（3）完成敏感数据识别的数据可以直接套用既定的脱敏规则，避免逐个任务都需脱敏参数配置的烦琐工作。

6.3 数据加密（P）

6.3.1 概况

密码技术是信息安全发展的核心和基础。近年来，国家高度重视商用密码工作，先后发布众多政策法规、采取重大举措，以促进商用密码的推广普及、融合应用。在数字经济高速发展过程中，密码的应用除了合规，对实战应用提出了更高要求，密码技术已逐步实现自主可控，密码产业已形成坚实发展基础，并步入创新协同、高质量发展的快车道。

数据是信息系统的核心资产，政府机关、企事业单位的大部分核心数据是以结构化形式存储在数据库中的。数据库作为核心数据资产的重要载体，一旦发生数据泄露必将造成严重影响和巨大损失。数据安全的重要性已经受到越来越多的关注和重视。当前数据库外围的安全防护措施能在很大程度上防止针对数据库系统的恶意攻击，但核心数据的安全存储和安全传输至关重要。必须确保即便在数据库系统被攻陷或者存储介质被窃取等极端情况下，存储在数据库中的核心数据仍将得到有效保护。数据库加密系统在这些需求中便应运而生。

数据库加密系统是一款基于加密技术和主动防御机制的数据防泄露系统，能够实现对数据库中的敏感数据加密存储、访问控制增强、应用访问安全、安全审计等功能。由于数据库的特殊性，经过多年的产品演进，数据库加密系统从加密细粒度上可分为列级别加密、表（空间）级别加密、数据文件级别加密；从应用改造程度上又分为透明加密和非透明加密两种，此处仅讨论透明加密方式。

6.3.2 技术路线

本小节介绍几种主要的数据加密方式：网关代理加密方式、UDF自定义函数加密方式、表空间数据加密（TDE）方式、文件层加密方式。

1. 网关代理加密方式

采用此方式的产品通常是将数据加密代理平台部署在数据库前端，一般为应用终端或访问链路中。平台对SQL语句进行拦截并进行语法解析，形成SQL抽象语法树，如图6-10所示，然后对需要加密/解密的部分进行改写。对需要加密的数据做加密处理后存入数据库，数据以密文形式存储在数据库内，且数据与密钥相互独立存储，保证了数据的安全性。

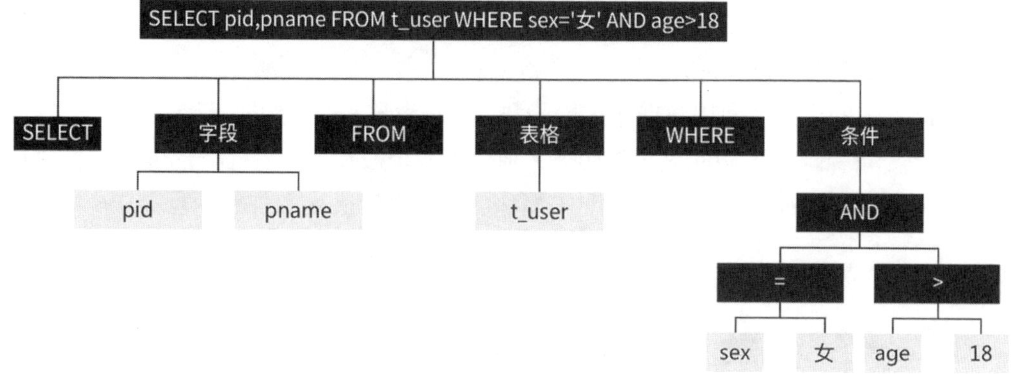

图 6-10　SQL 抽象语法树

该方式与应用系统存在一定程度的解耦，部署灵活性较高，既可以避免应用系统的大幅改造，也可以保证数据加密的快速实施。但这种部署模式存在的主要问题是其部署在访问链路中不可被绕过，一旦加密设备出现故障，易导致密文数据无法解密。因此，需要依赖高可用能力，有效降低单点故障风险，提升稳定性。该部署模式的另一个优点是可支持的数据库类型较多，且较容易支持国产加密算法及与第三方KMS的对接。

另外，由于该平台部署在数据库服务器前，所有访问都流经加密设备，因此可以对敏感数据的访问进行细粒度控制，提供“加密入库，访问可控，出库解密”的效果，从而保证数据的安全存储，访问可控。网关加密数据访问流程如图6-11所示。

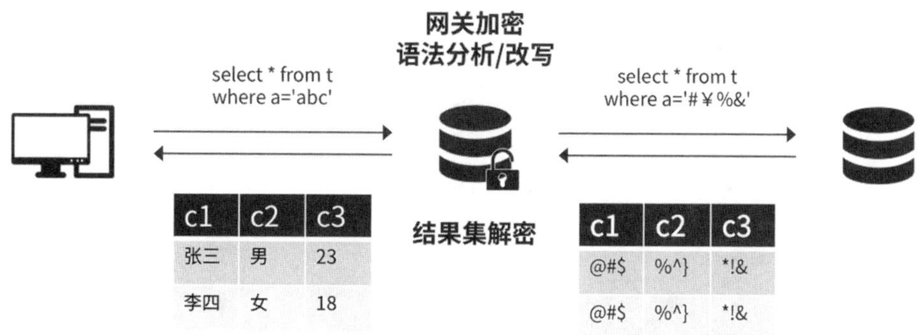

图 6-11　网关加密数据访问流程示意图

但该方案也并非完美：一是对部分数据库私有通信协议的解析和改写有可能面临破坏软件完整性的法律风险；二是对协议的解析技术要求很高，尤其对复杂语句的解析及改写，存在解析不正确或不能解析的可能，而加密数据无法读取可能导致应用系统运行异常或数据一致性被破坏；三是用此类方式加密以后一般只能对密文字段进行等值查询，不支持大于、小于、LIKE等范围查询，限制较大；四是如果数据库访问压力很大，加密设备性能很容易造成瓶颈；五是数据膨胀率大，通常会达到原大小的数倍甚至数十倍，同时对存量数据的加密时长较长，容易造成较长的业务停机时间，与加密的数据量有关。

2. UDF 自定义函数加密方式

采用此方式的产品多利用数据库扩展函数，以触发器+多层视图+密文索引方式实现数据加密/解密，可保证数据访问完全透明，无须应用系统改造，同时保证部分数据使用场景的性能损耗较低。User Defined Function（简称UDF）自定义函数加密示意如图6-12所示。

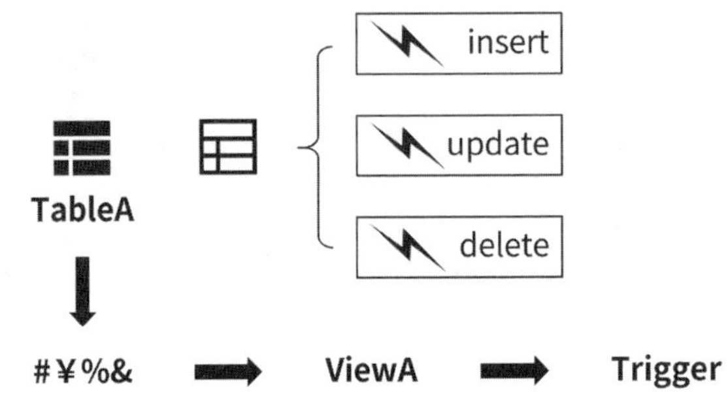

图 6-12　UDF 自定义函数加密示意图

写入数据时，通过触发器调用UDF加密函数将数据加密后写入数据库；读取数据时，通过在视图内嵌UDF解密函数实现数据的解密返回。同时，在UDF加密/解密函数内可添加权限校验，实现敏感数据访问的细粒度访问控制。UDF自定义函数加密数据访问流程示意如图6-13所示。

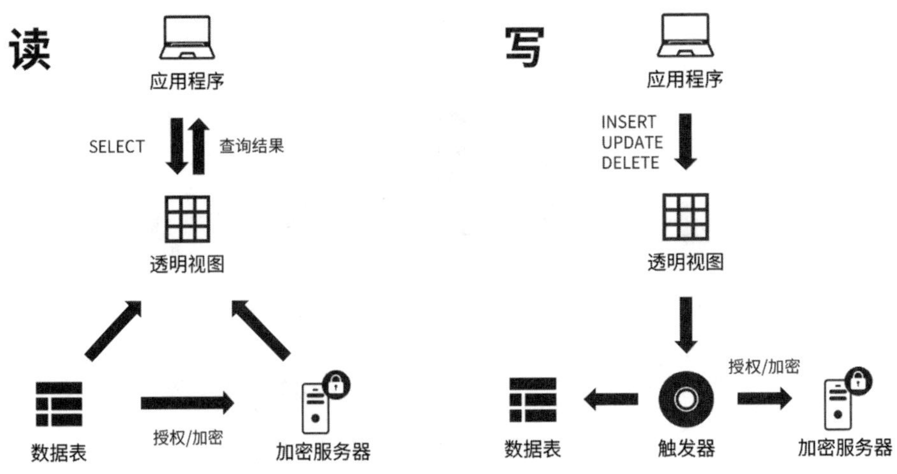

图 6-13　UDF 自定义函数加密数据访问流程示意图

此类产品主要应用在列级加密，且加密列数较少的情况，即保证基本的敏感信息进行密文存储，减少了加密量。加密膨胀率取决于加密列数的多少，且较容易支持国产加密算法及第三方KMS的对接。此方式对于存量数据加密时间较长，容易造成较长的业务停机时间（可通过先对备数据库加密，然后切换后再对主数据库做加密），但支持的数据库类型较多。由于每种数据库的编程语法不同导致程序通用性差，且受数据库自身扩展性的影响，密文索引功能通常仅有极少的数据库（如Oracle）支持，实现难度又较大，因此通常此类加密方式适用于密文列不作为查询条件、基于非密文字段为查询条件的精确查找，以及密文列不作为关联条件列的情况，使用时有较多限制。

3. 表空间数据加密（TDE）方式

表空间数据加密（Tablespace Data Encryption，简称TDE）是在数据库内部透明实现数据存储加密和访问解密的技术，适用于Oracle、SQLServer、MySQL等默认内置此高级功能的数据库。数据在落盘时加密，在数据库被读取到内存中是明文，当攻击者“拔盘”窃取数据时，由于无法获得密钥而只能获取密文，从而起到保护数据库中数据的效果。除对MySQL一类开源数据库进行开发改造之外，通常情况下，此类方式不支持国产加密算法，但可通过HSM方式支持主密钥独立存储，保证密钥与数据分开存储，从而达到防止“拔盘”类的数据泄露情况。表空间数据加密示意如图6-14所示。

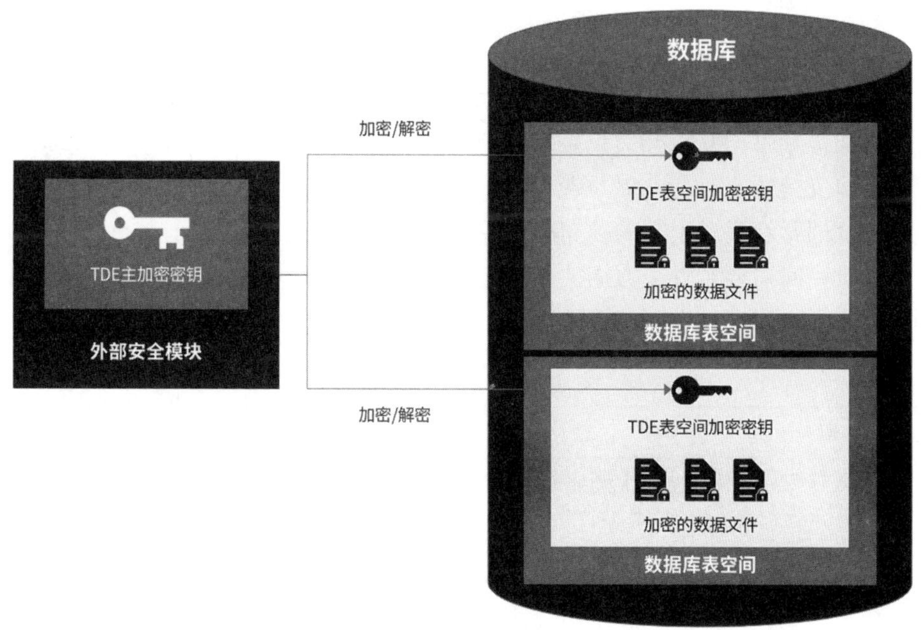

图 6-14　表空间数据加密示意图

TDE表空间方式可实现数据加密的完全透明化，无须应用改造，对于模糊查询、范围查询的支持较好，且性能损坏很低，如在Oracle通常场景下损耗小于10%。但此类方式适用的数据库较少，且需要较高版本。敏感数据的访问控制通常由数据库本身执行，粒度较粗，且无法防控超级管理员账号。如需增强访问控制需添加额外控制类产品，如数据库防火墙。

4. 文件层加密方式

此类方式多为在操作系统的文件管理子系统上部署扩展加密插件来实现数据加密。基于用户态与内核态交付，可实现“逐文件逐密钥”加密。在正常使用时，计算机内存中的文件以明文形式存在，而硬盘上保存的数据是密文。如果没有合法的使用身份、合法的访问权限及正确的安全通道，加密文件都将以密文状态被保护。文件层加密示意如图6-15所示。

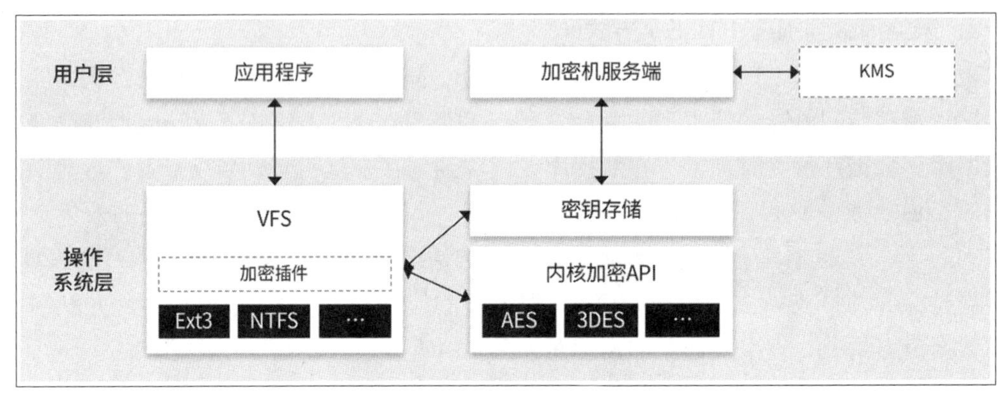

图 6-15　文件层加密示意图

文件层加密方式与TDE方式类似，该方式性能损耗低，数据无膨胀，无须应用系统改造，可支持国密及第三方KMS，只是加密移到了文件系统层，从而可以支持更多的数据库类型，甚至可支持Hadoop等大数据类组件。

但此方式通常缺乏对密文的独立权限控制，当用户被授予表访问权限后即可访问全部敏感数据。加密时需要对整个数据文件加密，加密数据量大，且加密效果不易确认。

加密方式综合对比如表6-1所示。

表 6-1　加密方式综合对比

产 品	原　理	缺　点	优　点	适用场景
网关加密	以前置代理模式部署在客户端和数据库服务器之间，所有数据访问流经网关处理，处理过程中将语句中敏感信息加密改写，将结果集进行解密返回给客户端/应用，例如：insert 'aaa' 改写成 insert '#￥%'	1.所有数据流量都经网关处理，影响大 2.密文列不支持范围查询，只支持等值比较 3.密文列不支持关联字段，如 where A 表.name=B 表.name 4.密文列不支持运算，如 sum（密文列） 5.数据空间膨胀率大	1.直接改写 SQL 语句，不依赖具体数据库 2.业务连接代理 IP 和端口 3.加密效果显而易见 4.可支持{国密}等扩展算法 5. 可支持第三方 KMS	1.对敏感数据的使用很明确 2.敏感字段只有等值操作 3.密文列无运算操作 4.密文列不作为关联条件 5.数据量较少，建议千万以下

（续表）

产品	原　理	缺　点	优　点	适用场景
表空间数据加密	利用数据本身表空间/库加密的特性,在操作上进行产品化,使其原有的命令行操作转变为图像界面操作,降低使用者技术门槛	1.确认加密效果不直观，一般直接查看数据文件 2.不支持针对密文的独立权限控制 3.不支持国产加密算法 4.不支持第三方 KMS	1.加密/解密速度快，性能损失 10%以内 2.加密机宕机，业务不影响 3.无须业务改造 4.数据无膨胀	1.数据量大，对性能要求高 2.不清楚敏感信息的具体使用 3.无国密要求 4.无权控要求
UDF加密	利用触发器+视图+队列的后置代理模式,设置加密后,写入数据由触发器将明文写入密文表,然后由队列任务按批次更新成密文	1.当密文列作为 where 的条件时，性能差 2.当对密文列进行统计或命中大批量数据时性能较差 3.数据空间膨胀大	1.加密效果显而易见 2.无须业务改造 3.密钥与数据独立存储	1.密文列不作为查询条件 2.对敏感列的使用很明确：无统计操作，命中数据量较小 3.数据量较少，建议千万以下
文件加密	基于操作系统文件层的加密,可对指定的文件进行加密	1.加密效果不易确认 2.整改文件加密，加密数据量大 3.无法直接对数据库用户进行权控	1.透明性好，无须应用改造 2.性能损耗低 3.兼容性高	1.对性能要求高 2.模糊查询、统计、无法评估敏感字段的使用方式 3.无权限控制要求

6.3.3 应用场景

数据库加密产品用来解决一些常见的数据泄露问题，比如防止直接盗取数据文件、高权限用户或者内部用户直连数据库对数据进行窃取等。数据库加密产品利用独立于权限管控体系的加密方式实现防护。

（1）明文存储泄密。

若敏感信息集中存储的数据库因为历史原因导致无防护手段或者防护手段过于薄弱，那么攻击者就有可能将整个数据库拖走,以明文方式存储的敏感信息就会面临泄露的风险。此时使用数据库加密系统就可以对这样的敏感信息进行加密，将敏感明文数据转化为密文数据存储在数据库中。这样即使发生了数据外泄的情况，对方看到的将是密文数据。破解全部密文信息或者从中找到有价值的数据是一件极为困难的事情。

（2）高权限或者内部用户对数据进行外泄。

由于工作性质的原因，一些岗位例如运维人员、外包人员可以接触到敏感数据，这就意味着存在数据泄露或被篡改的风险。一旦发生这些情况，很可能会直接影响业务的正常运转，会导致商业信誉受损或造成直接的经济损失。此时使用数据库加密系统的权限控制体系，可以防止高权限的管理人员或者内部人员对数据进行非法篡改或者获取敏感数据，保证敏感数据在未授权的情况下无法访问。

（3）外部攻击。

数据库由于系统的庞大和复杂，会存在一些持续暴露的高危漏洞，这些漏洞一旦被利用，黑客便很容易窃取到敏感数据。由于漏洞的存在很可能是普遍的、长期的，因此，一个安全健康的数据库就需要另一道防线来抵御因漏洞问题导致的权限失控的风险。此时使用数据库加密系统可构建独立于数据库权限控制的密文权限控制体系，即便因为漏洞等原因导致数据库权限控制体系被突破，也无法获得敏感数据。数据库加密系统还可提供安全审计功能，对访问敏感信息的行为进行审计，可以对异常访问行为进行事后溯源。

6.4 静态数据脱敏（P）

6.4.1 概况

数据脱敏是指对某些敏感数据通过脱敏规则进行数据变形，实现敏感数据的可靠保护。在涉及客户安全数据或者一些商业性敏感数据的情况下，在不违反系统规则的条件下对真实数据进行改造并提供测试使用，如身份证号码、手机号、银行卡号、客户号等个人信息都需要进行数据脱敏。

一般来讲，在完成敏感数据发现之后，就可以对数据进行脱敏。目前业界中有两种脱敏模式被广泛使用：静态脱敏和动态脱敏。两者针对的是不同的使用场景，并且在实施过程中采用的技术方法和实施机制也不同。一般来说，静态脱敏具有更好的效果，动态脱敏更为灵活。

静态数据脱敏的主要目标是对完整数据集中的大批数据进行一次性全面脱敏。通常，根据适用的数据脱敏规则并使用类似于ETL技术的处理方法对数据集进行标准化。通过制定最优的脱敏策略，可实现在根据脱敏规则降低数据敏感性的同时，减少对原始内部数据和数据集统计属性的破坏，并保留更多有价值的信息。图6-16给出了一种常见的静态脱敏流程的示意图。

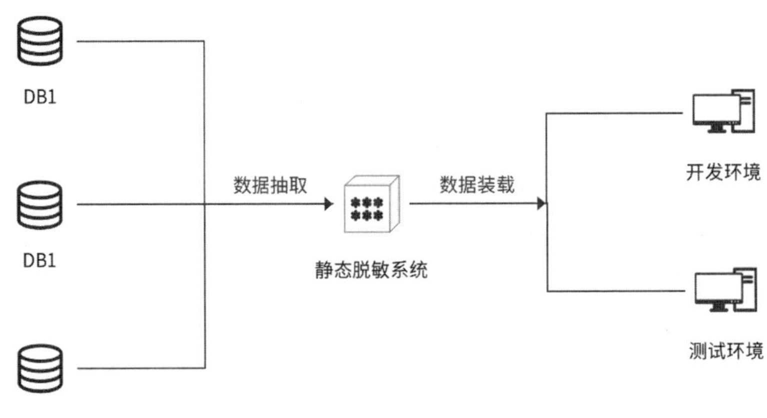

图 6-16　静态脱敏流程

如图6-16所示，静态数据脱敏系统直接将生产环境（图6-16左侧）和开发测试环境连接，将待脱敏的数据从生产环境抽取进入脱敏系统内存中（不落盘），然后将脱敏处理后的数据直接写入目的环境，将脱敏后的数据写入开发及测试环境。特别注意，在此过程中如果存在源目数据库异构的问题，则需要特殊处理，例如生产库为Oracle、脱敏数据写入的测试库为MySQL的情况。

6.4.2　技术路线

1．常用脱敏方式

在传统的数据脱敏任务中，有以下常用脱敏方法。

（1）置空/删除。

直接将待脱敏的信息以填充空字符或者删除的形式抹除。这种方式是最彻底的脱敏方式，但数据也丧失了脱敏后的可用性。

（2）乱序。

在结构化数据（例如数据库）中颇为常用。对于待脱敏的列，不对列的内容进行修改，仅对数据的顺序进行随机打乱。除了这种简单方式，在某些强调分析的场景中，还需要保留不同列的关联关系，例如身份证号码、年龄、性别等列，此时就需要多列同步进行打乱。乱序可以大规模保证部分业务数据信息（例如正确的数据范围、数据的统计属性等），从而使非敏感数据看起来与原始数据更加一致。乱序方法通常适用于大型数据集需要保留数据特征的场景。它不适用于小型数据集，因为在这种情况下，可以使用其他信息来恢复乱序数据的正确顺序。

（3）遮蔽。

保留数据中一些位置上的信息，对于敏感位置的信息使用指定的字符进行替换，例如将身份证号码里的出生日期信息进行遮蔽，110101190202108616→11010xxxxxxxx8616（注意该身份证号码为编造数据，仅作示例展示使用，若有雷同纯属巧合）。这种方法可以保持数据的大致形态，同时对关键细节进行藏匿，简单有效，被广泛使用。

（4）分割（又称截断）。

保留数据中一些位置上的信息，对于敏感位置的信息进行删除。例如：浙江省杭州市滨江区西兴街道联慧街188号→浙省杭州市。

注意分割与遮蔽虽然都是对关键位置信息的处理，但是相较于分割，遮蔽的方式仍保留了关键数据的位置及长度信息。

（5）替换。

替换是用保留的数据完全替换原始数据中的敏感内容的方法。使用此方法，受保护数据无法撤销，并且无法通过回滚来恢复原始数据以确保敏感数据的安全性。替代是最流行的数据脱敏方法之一。具体方法包括固定值替换（用唯一的常数值替换敏感数据）、表搜索和替换（从预置的字典中使用一定的随机算法进行选择替换）、函数映射方法（以敏感数据作为输入，经过设计好的函数进行映射得到脱敏后的数据）。在实际开发中，应根据业务需求和算法效率来选择替代算法，尽管替代方法非常安全，但替代数据有时会失去业务含义，且没有分析价值。

（6）取整。

对数值类型和日期时间类型的数据进行取整操作。例如，数值：99.4→99，时间：14:23:12→14:00:00。此外取整操作还可以针对区间进行，例如可将99.4取整至步长为5的区间中，则取证后的数值为95。这种方法在一定程度上可以保留数据的统计特征。

（7）哈希编码。

将哈希编码后的数据作为脱敏结果输出，例如123→40bd001563085fc35165329ea1ff5c5ecbdbbeef。该方法可以较好地达到脱敏的目的，但是脱敏后的数据也面临着不可用的问题。

（8）加密。

加密分为编码加密和密码学加密，其中编码加密使用编码方式对数据进行变换。编码方式可以为GBK和UTF-8等，例如数据“安全”→%u 5B89%u 5168。密码学加密可细分为对称加密和非对称加密，在脱敏中常用对称加密。常见的对称加密方式有DES和AES等。这些方法同时也关注到了数据的可还原性，即可以通过密钥等方式获取原始数据。由于其可逆性，加密方法将带来一定的安全风险（密钥泄露或加密强度不足会导致暴力破解）。具有高加密强度的加密算法通常具有相对较高的计算能力要求，并且它们在大规模数据上需要消耗很大的计算资源。通常，加密数据和原始数据格式是完全不同的，并且可读性很弱。保留数据个数加密技术可以在保留数据格式的同时对数据进行加密，加密强度相对较弱，是脱敏应用中常用的加密方法。

2. 保留数据格式的方法

除了以上常用方法，在实际的测试场景中，用户更希望在剔除敏感信息的同时仍保留数据的可读性和业务含义。这里的可读性指的是脱敏后的数据仍可以直观理解，例如数据12经过脱敏后为34，同为可直观理解的数字，而非类似加密之后的未知含义字符串；而保留业务含义的最简单理解为脱敏后的数据仍符合原始数据的字段核验规则，例如身份证号码经过脱敏之后仍可以通过身份证号码的核验规则。表6-2和表6-3给出一个保留数据格式的脱敏前后的数据样例。

表6-2 脱敏前

Id	姓　名	性　别	年　龄	手机号
1	张三	男	23	14250907669
2	李四	女	34	15421712547

（注意该手机号为编造数据，仅作示例展示使用，若有雷同纯属巧合。）

表 6-3　脱敏后

Id	姓　　名	性　　别	年　　龄	手 机 号
1	张尊	男	20	14250903456
2	李华	女	30	15421713223

（注意该手机为编造数据，仅作示例展示使用，若有雷同纯属巧合。）

通过对比脱敏前后的数据可以看出：脱敏后的数据将保留原始数据格式，但实际信息将不再存在。尽管名称和联系信息看起来很真实，但它们没有任何价值，并且可以通过系统数据格式的校验，在测试系统时可以很好地模拟真实情况下的数据。

为了满足保留数据可读性和业务含义的需求，业内出现了一些保留数据格式的脱敏处理方式。

（1）通用处理方式。

若忽视字段的业务含义，仅将数据当作字符串处理，则通用处理方式可理解为：原来是什么数据类型，脱敏之后仍为什么数据类型。例如：123abc%#$→456def!@&，在本例中，数字脱敏为数字、字母脱敏为字母、符号脱敏为符号。

（2）考虑业务含义。

若考虑到业务含义，则生成的数据需符合核验规则，主要包括长度、取值范围、校验规则和校验位的计算等。例如身份证号码：340404204506302226→150204205512294777（注意该身份证号码为编造数据，仅作示例展示使用，若有雷同纯属巧合）。脱敏后的数据要满足由17位数字本体码和1位校验码组成的规则。排列顺序从左至右依次为：6位数字地址码，8位数字出生日期码，3位数字顺序码和1位数字校验码。

（3）一致性约束下的方法。

在开发和分析场景中，对脱敏后数据的一致性有一定的要求。例如在业务开发时会涉及多表联合查询，在数据分析中需要融合单个个体的多维度信息（这些信息往往分布在不同的库表中）。为了保证这些需求在脱敏之后仍能满足，需要保证脱敏策略的一一映射属性，亦即相同的数据经脱敏后的结果相同，不同的数据经脱敏的结果不同，单个数据多次脱敏后的结果相同，即具有一致性。这类一致性的算法，在保留数据格式层面的实现方式可采用保留格式加密（Format Preserving Encrypt，FPE）算法。FPE是一类特殊对称加密算法，它可以保证加密后的密文格式与加密前的明文格式完全相同，加密解密通过密钥完成，安全强度高。一种常用的FPE算法是FF1算法。

3. 保留统计特征的方法

除了测试场景，在数据分析场景中，针对复杂建模分析和数据挖掘的需求，会对类别和数值类型的数据有额外要求，即期望数据的统计特征得以保留。

类别类型的数据：主要指的是反映事物类别的数据类型，此类数据具有有限个无序的值，为离散数据，例如我国的不同民族，又如在机器学习当中的类别标签等。对此类数据的脱敏主要是对类别信息的脱敏，不同的类别之间保留区分性即可。例如数据“苹果，苹果，香蕉”对应“A，A，B”，在分类任务当中仅需知道A和B为两个不同的类即可，无须知道具体哪个对应苹果、哪个对应香蕉。

数值类型的数据：指取值有大小且可取无限个值的数据类型。在此类数据中，可能关注的是数据间的相对大小关系，也可能关注数据的各阶统计特征或是分布。

若想保留数据间的相对大小关系用于后续建模分析，则可使用归一化或者标准化等数据预处理方式实现。

（1）标准化：对数值类型的数据进行标准化缩放，使得数据均值归为0，方差归为1。用本算法脱敏后的数据基本保留数据分布类型，可用于常见的分类、聚类等数据分析任务。

（2）归一化：对数值类型的数据进行归一化缩放，将数据线性缩放至[0,1]区间。本算法脱敏后的数据可限定数据范围，保留数据相对大小，剔除量纲影响。可根据分析模型和分析需求选用本算法。

若关注各阶段统计特征，期望脱敏后的数据尽可能在统计意义上不失真，则可围绕概率密度函数（Probability Density Function，简称PDF）的估计展开，因为PDF中包含了数据的各阶统计特征信息。具体地，可首先通过对原数据的核密度估计（Kernel Density Estimation，简称KDE）完成数据PDF估计；接着通过对PDF采样完成数据重建等操作进行数据脱敏。通常来说，可将数据假定为高斯分布，使用原始数据对高斯分布进行参数估计，得到显式的PDF，对此PDF进行采样即得到脱敏后的数据。

除了这些方法，还可在数据上添加噪声。在信号处理领域，为了保证数据的可用性，一般添加的噪声为加性的高斯噪声：

$$\tilde{x} = x + \varepsilon$$

其中x为原始数据，$\tilde{x}$为添加噪声后的数据，噪声$\varepsilon \sim N(\mu,\sigma^2)$，满足均值为$\mu$标准差为$\sigma^2$的高斯噪声。

用添加高斯噪声的方法，在参数合理配置的情况下可以使得脱敏后的数据仍满足常见信号估计和趋势分析的噪声假设，适用于序列数据（例如时间序列数据、离散数据信号等），可用于回归拟合和预测任务。

6.4.3 应用场景

静态脱敏的常见场景为开发测试场景和数据分析场景。

6.5　动态数据脱敏（P）

6.5.1　概况

数据脱敏分为静态脱敏和动态脱敏，前面已经详细介绍了静态脱敏相关技术，本节将就动态脱敏的一些技术路线和应用场景展开做介绍。

动态数据脱敏的主要目标是对外部应用程序访问的敏感数据进行实时脱敏处理，并立即返回处理后的结果。该技术通常会使用类似于网络代理的中间件，根据脱敏规则实现实时失真转换处理，并返回外部访问应用程序的请求。通过制定合理的脱敏策略，可在降低数据敏感性的同时，减少数据请求者在获取处理后的非敏感数据时面临的延迟。整个过程不会对原始真实数据进行修改，有效避免了数据泄露，保证了生产环境的数据安全。此外，动态数据脱敏模式可针对不同的数据类型设置不同的脱敏规则，还可以根据访问者的身份权限分配不同的脱敏策略，以实现对敏感数据的访问权限控制。

动态脱敏与静态脱敏有着明显的区别，静态脱敏一般用于非生产环境，主要应用场景是将敏感数据由生产环境抽取出来，经脱敏处理后写入非生产环境中使用。而动态脱敏的使用场景则是直接对生产环境数据实时查询，在访问者请求敏感数据时按照请求者权限进行即时脱敏。图6-17和图6-18给出了两种常见的动态脱敏流程示意图[1]。

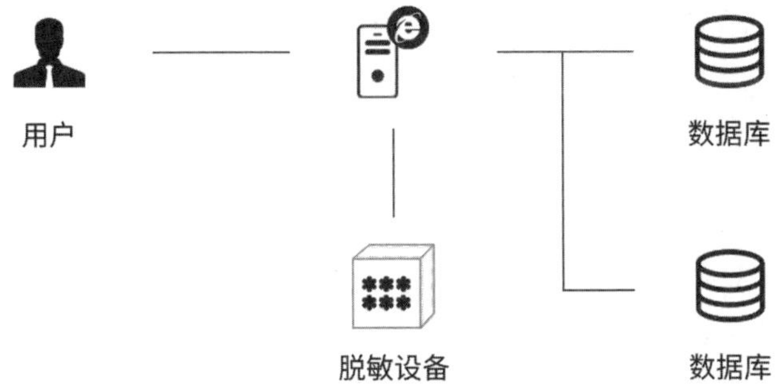

图 6-17　动态脱敏流程（代理接入模式）

图6-17所示的方式为代理接入模式，该模式采用逻辑串行、物理旁路。在实现数据实时脱敏处理方面，将应用系统的SQL数据连接请求转发到脱敏代理系统，动态脱敏系统进行请求解析，再将SQL语句转发到数据库服务器，数据库服务器返回的数据同样经过动态脱敏系统后由脱敏系统返回给应用服务器。

[1] 董子娴. 动态数据脱敏技术的研究[D]. 北京：华北电力大学（北京），2021

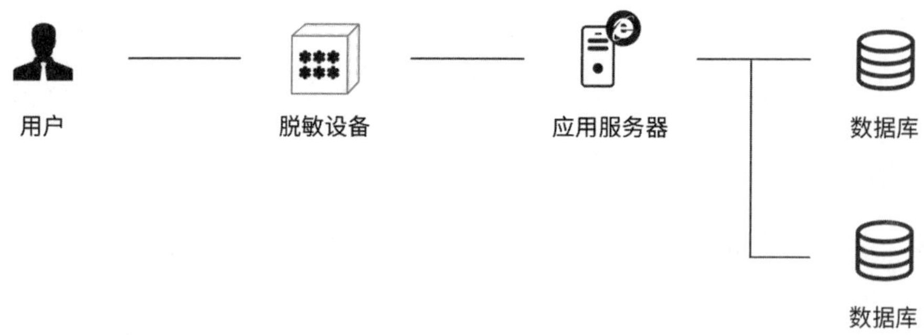

图 6-18 动态脱敏流程（透明代理模式）

图6-18所示的动态脱敏流程为透明代理方式。该方式将动态脱敏系统串接在应用服务器与数据库之间，动态脱敏系统通过协议解析分析出流量中的SQL语句来实现脱敏。注意这种方式对连接方式不需要做出修改，但所有的流量都会经过网关，会造成性能瓶颈的问题。

6.5.2 技术路线

1. 常用脱敏方式

动态脱敏常见的脱敏方式有遮蔽、替换、乱序、置空、加密和限制返回行数等方式。前几种方式在讲解静态脱敏时已经介绍过，在此不再赘述。限制返回行数方法主要是保证限制返回给请求者的结果条数不得多余系统约束的数目，达到保护敏感数据的目的。

2. 常见技术路线

动态脱敏技术在实际使用中有三种常见的技术路线：结果集处理技术、SQL语句改写技术，以及结合了结果集处理技术和SQL语句改写技术的混合模式脱敏技术[2]。

（1）结果集处理技术。

该技术对查询结果集进行脱敏，不涉及改写发给数据库的语句。在脱敏设备上拦截数据库返回的结果集，然后根据配置的脱敏算法对结果集进行逐个解析、匹配和改写，再将最终脱敏后的结果返回给请求者。

结果集处理技术的优势：该技术在针对返回的结果集进行处理过程中，不涉及对查询语句的操作，理论上与数据库类型无关，兼容性较高。同时，由于该技术可以获取真实数据的格式和内容，在进行脱敏处理时使用的算法和策略可以依据数据做更精细的配置，所以，脱敏结果可用性更高。另外，由于不涉及对具体数据库的复杂操作，用户的学习和使用成本较低，易用性较好。

结果集处理技术的劣势：由于结果集处理技术要在脱敏设备处对返回的结果集进行逐条改写，故而脱敏效率较低，会成为业务的性能瓶颈。另外，在针对相同数据类型的字段

[2] 张海涛.《数据安全法》语境下看三代动态脱敏技术的演进[Z].中国信息安全.2021.

按业务需求执行不同脱敏算法时，该技术难以同时配置差异化的脱敏算法，故而导致脱敏灵活性较低。

（2）SQL语句改写技术。

该技术对发给数据库的查询SQL语句进行捕获，并基于敏感字段实施脱敏策略，对SQL语句进行词法和语法解析，对涉及敏感信息的字段进行函数嵌套或其他形式的改写，然后将改写后的SQL语句发给数据库，让数据库自行返回脱敏后的处理结果（见图6-19）。

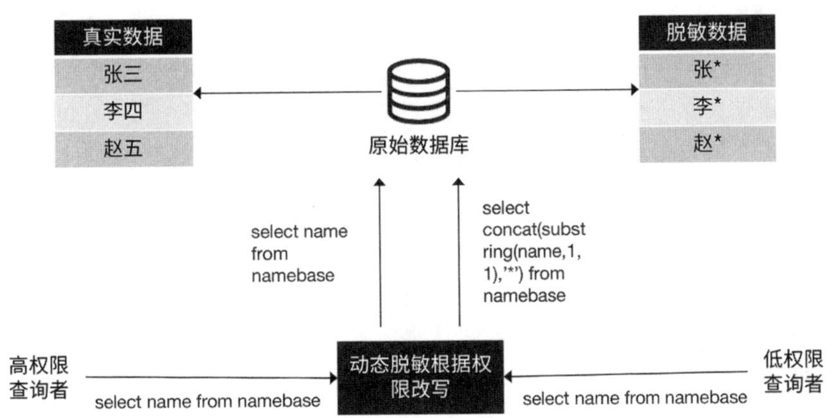

图 6-19 SQL 语句改写技术

从图6-19中可以看出，语句改写技术还可以根据查询者的权限动态返回不同的结果。

SQL语句改写技术的优势：该技术的主要计算逻辑由数据库服务器完成，数据库服务器返回的结果就是最终的结果，与标准SQL语句执行耗时相差无几，故对脱敏设备而言不会成为性能瓶颈。另外，针对相同数据类型的字段可同时指定不同的脱敏算法，从而实现有针对性的脱敏，灵活性较强。

SQL语句改写技术的劣势：该技术本质是利用数据库自身的语言机制进行数据脱敏，该脱敏方式与具体的数据库类型存在强耦合。由于数据库类型和交互语言千变万化，所以SQL语句改写技术的适配工作量会较大，导致兼容性较低，易用性较差，学习成本较高。同时，SQL语句解析是一项复杂的技术，一般都是由数据库厂商掌握，所以在处理复杂语句时，对SQL语法分析和改写是极大的挑战。常见的复杂情况是对敏感字段进行复杂的函数转换、select *以及where条件中包含敏感字段，均需进行深入研究。

（3）混合模式脱敏技术。

由于结果集处理技术和SQL语句改写技术这两种常用方式各有利弊和各自适用的场景，故而可将两种方式结合起来，根据场景智能选择，实现高兼容性、高性能和高适用性的平衡。例如，在面对大数据量的列级查询时，可选用SQL语句改写技术；而在面对非查询类例如存储过程或者结果集数据量较少的情况下，可选用结果集处理技术。

6.5.3 应用场景

动态脱敏的核心目的是根据不同的权限对相同的敏感数据在读取时采用不同级别的脱敏方式，在实际使用时主要面向的对象为业务人员、运维人员及外包开发人员。各类人员需要根据其工作定位和被赋予的权限访问不同的敏感数据。本小节将分别从业务场景、运维场景和数据交换场景展开介绍。

1. 业务场景

业务人员的工作必定会接触到大量业务信息和隐私信息，由别有用心的内部业务人员造成的信息泄露是数据安全面临的风险挑战之一。一般来说，一个成熟的业务系统在开发时需要根据业务人员身份标识及其对应的业务范围标识，去做不同的数据访问限制。例如在一些信息公示场景下，仅需展示姓名和手机尾号，具体身份证号码等敏感信息无须展示，因此，手机号可以进行截断、身份证号码字段可以采用“*”号遮蔽等处理方式。对于老旧的业务系统或者开发时未考虑数据安全等合规性要求的系统来说，合规性改造会过于复杂，甚至成本极高，此时通过部署动态脱敏产品实现敏感数据细粒度的访问控制和动态脱敏是一个很好的选择。

2. 运维场景

数据运维人员从自身的工作职能出发，需要拥有业务数据库的访问权限；但是从数据归属的角度看，业务数据隶属于相关业务部门而非运维部门。实际上，动态脱敏需求最为迫切的一个使用场景，就是调和数据的运维人员访问权限和数据安全之间的矛盾。例如，运维人员需要高权限账号维护业务系统的正常运转，但不需要看到业务系统中员工的个人信息和薪资等敏感信息，此时就可以使用动态脱敏对关键信息脱敏处理后再进行展示。

当然，目前也有使用数据审计对高权限账号的操作进行审计监控，用以约束高权限账号的行为。但这是一种事后溯源的能力，而动态脱敏提供的是事前防护能力，在一定程度上从源头扼杀了数据泄露的可能性。

3. 数据交换场景

在信息化进程不断加快、信息系统建设不断完善的情况下，不同系统之间的业务合作和资源共享变得越来越普遍。实时数据交换和共享不可避免。这就意味着数据泄露的风险上升，所以需要对数据接口做好权限管控，即针对不同服务和不同权限提供不同的数据范围。这就需要在满足隐私保护时对交换的数据按权限进行脱敏处理。考虑到安全性和实时性，不能像传统的静态脱敏一样导出数据脱敏处理后移交，需要通过数据接口做到不落地的有权限脱敏的数据交换，此时也需要动态脱敏的介入。

6.6　数据水印（P）

6.6.1　概况

数据水印是由数据版权归属方嵌入数据中用以进行版权追溯的信息。一般这种信息具有一定的隐秘性，不对外显示。在发生数据外泄或者恶意侵犯版权时，数据归属方可根据水印嵌入方式对应的一系列提取算法完成数据中水印信息的提取，以此来声明对该数据的所有权。此外，在数据受到攻击时，水印信息可以做到基本不被破坏，即通过正确的提取算法仍可以做到完整的信息提取，具有一定的健壮性。

数据水印一般是将不影响原始数据主体的、数据量占比较少的数据，以一定的方式隐式嵌入大批量的原始数据载体（例如数据库中）。根据水印嵌入的位置，一般分为两类：一类是嵌入文件头，一种是嵌入结构型数据的关系表。数据水印技术流程框架如图6-20所示。

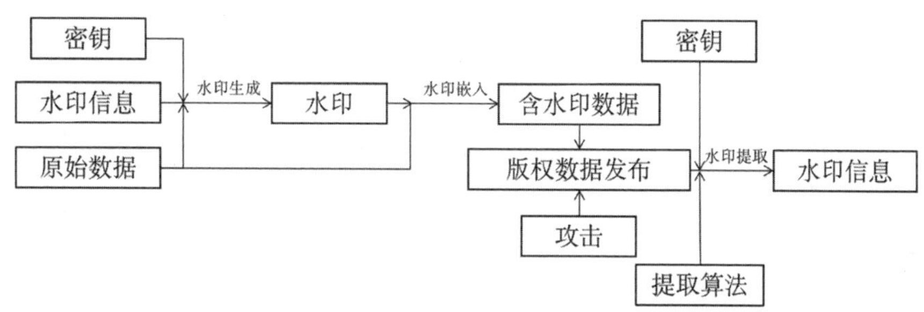

图 6-20　数据水印技术流程框架

该流程主要包括水印生成、水印嵌入、版权数据发布、攻击、水印提取等。其中水印生成是利用数据归属方的密钥信息，并结合原始数据属性信息，通过某些算法生成待嵌入的水印；水印嵌入是根据原始数据的主键信息，结合密钥信息，通过某些算法确定水印数据嵌入的位置；版权数据发布指在将水印嵌入之后，数据就有了版权信息，数据归属方便可将处理后的数据进行发布；攻击指的是版权数据遭到了外泄，或者经过某些未授权的操作；在数据归属方拿到了外泄或者侵权数据后，可以通过和水印嵌入算法相对应的提取算法对这些数据的水印进行尝试提取，若可提取到有效信息，则说明数据为版权方所有。

需注意，数据归属方的数据发布对象可能有多个，例如测试方和分析方。在这种情况下可根据发布对象的不同使用不同的密钥，亦即水印信息也可通过密钥进行区分。

1. 常见攻击

在数据外泄后，由于泄露方可能会无意或恶意对未授权的数据进行一些操作，例如修改、删除或者顺序调整等，对水印数据产生不可忽略的影响。这些攻击操作大抵有如下几类。

（1）良性更新。

在这种情况下，照常处理任何带水印关系的元组或数据。结果可能会添加、删除或更新已标记的元组，这可能会删除嵌入的水印或可能导致无法检测到嵌入的水印（例如，在更新操作期间，标记数据的某些标记位可能会被错误地翻转）。此类处理属于无意间执行。

（2）恶意进行值修改。

①添加攻击：主要指将一些额外的信息添加到版权数据当中，这些额外的信息主要包括：一定比例的元组（记录）添加、新的属性（列）。有些攻击者甚至会在版权数据的基础上添加属于自己的水印信息以宣告版权归属。

②删除攻击：又叫作抽样攻击，指的是选择版权数据的部分元组和属性进行使用。

③替换攻击：随机或通过一定方式将数据内容替换成不含有水印信息的数据。

④置换攻击：打乱元组或者属性的顺序。

⑤混合攻击：将以上攻击方式进行组合搭配。

2. 数据水印特征

根据水印攻击的特点，并结合水印自身的特点，总体上数据水印包含有如下特征。

（1）隐蔽性。

隐蔽性指的是水印嵌入后应该是不可感知和不易察觉的，不应造成原始数据在指定用途上的失真和不可用；水印嵌入前后在特定衡量指标上的偏差较小，例如数值型数据在水印嵌入前后均值和方差的变化。

（2）健壮性。

健壮性指的是在经受一定的水印攻击后，仍能正确提取水印信息。

（3）不易移除性。

不易移除性指的是水印要设计得不容易甚至不可能被攻击者移除。

（4）安全性。

安全性指的是在没有密钥或嵌入—提取算法的情况下，攻击者无法对水印信息进行提取、伪造、替换和修改。

（5）盲检性。

盲检性指的是水印的提取不需要原始数据及嵌入的水印具体内容（即水印信息不落地）。在工程实践中，盲检性是一个重要的特性。因为数据库实时更新的机制，若不具备盲检性，则需要对水印信息进行额外存储，会有一定的安全隐患并造成很大资源浪费。

需注意的是，上述提到的特征之间存在相互制约的关系，例如隐蔽性和健壮性是一对相互矛盾的特性，健壮性的增强势必意味着水印信号的增强，而水印信号的增强一般意味着更多的数据会被修改，这就与隐蔽性的要求背道而驰。故在实际中，需根据实际的业务需求对水印的特征做到有侧重地取舍。

6.6.2　技术路线

数据嵌入水印要求水印信息具有隐蔽性、可区分性，加入水印信息后的数据具有不失真性，类比到信号处理中，就等同于在原始信号的基础上添加噪声，这个噪声是可区分的，添加方式可为加性添加也可为乘性添加，添加噪声后的信号要求不影响信号特性的估计。根据水印嵌入数据元组的影响方式，水印算法一般可以分为三类。由于水印算法并不限定于具体的形式，这里主要介绍这三类水印算法的思想。

1. 通过脱敏实现的数据水印技术

此类技术属于基于数据修改的技术的一种，其工作原理为：针对满足条件的数据内容（长度大于一定值的数字或字母的组合），对特定位置上的字符进行修改。首先，选出某几个位置作为水印信息的嵌入位置，这些位置上的原始字符丢弃即可；然后，使用剩余位置上的字符，通过一定映射和运算后，得到与待嵌入长度相同的字符作为水印信息；最后，将生成的水印信息嵌入指定位置即完成水印信息的嵌入，其中位置的选取方法和水印字符的计算方式可设计为和密钥相关的操作。

在水印提取部分，可根据密钥确定水印嵌入位置，根据其余位置的字符和密钥指定的计算方式对水印信息进行计算。若计算得出的水印字符与版权数据中相同位置的字符相同，则水印信息即为密钥对应的信息，否则轮循密钥进行计算比对。例如在图6-21中，针对手机号14316101326（注意该手机号为编造数据，仅作示例展示使用，若有雷同纯属巧合）添加水印。

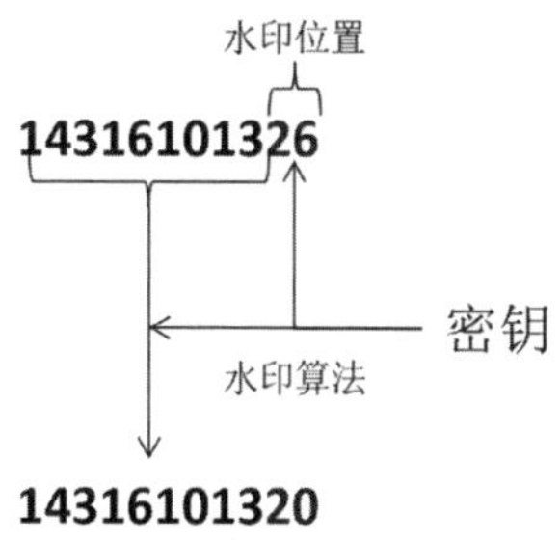

图 6-21　针对手机号添加水印

根据密钥得出水印添加位置为最后2位，水印信息计算方式为其余各位置上的数值的加和对100求余取得，即(1+4+3+1+6+1+0+1+3)mod100=20，则最终添加水印后的手机号码为14316101326。溯源时，根据密钥对应的水印位置和水印信息计算方式，轮循计算比对完成。

可以看出，此类方法针对所有满足条件的数据都会进行修改，这样的好处是在理想情况下仅需一条水印数据便可实现水印信息的追溯，且对于删除和置换攻击等可以做到有效抵御。但缺点也很明显：对原始数据进行了一定规模的修改，会造成数据在某些特定场景中（例如分析场景）变得失真，以至于不可用。

2. 通过低限度修改数据实现的数据水印技术

有一类通过低限度修改数据的数据水印技术可以解决数据的失真问题。在此类方法中，原理为：针对满足条件的数据内容进行按照位置的比特层面的0/1变换。一种常用的方法是R.Agrawal研究的基于统计理论的数据水印算法。此方法是针对数值型属性的水印嵌入方法。该方法约束了数值性属性的值修改的合理范围，目的是在可控的误差范围内的修改不会损害数据的有效性及造成数据的失真。此方法的基本步骤可概述如下：首先，选择水印嵌入的元组位置。选择方式通常利用密码学中的单向哈希函数来完成。具体地，通过给定的水印比例、密钥、水印强度及元组主键值等参数，用哈希函数选择待水印的元组。然后，根据可进行修改的属性的数目和比特位数来确定嵌入水印的属性及比特位。此过程也可使用哈希函数通过模运算来完成。接着，依据一定的水印嵌入算法将选定元组的待嵌入的属性中的某个比特位的值置为0或者1，即可完成水印信息的嵌入。目前一般使用最低有效位（Least Significant Bit，简称LSB）进行替换。在提取水印信息时，经过多数选举并根据假设检验理论做出数据中是否存在水印、存在何种水印的判断。这一技术后续有一些改进方式，但大抵上都受到此方法的启发。

类别属性的特征的水印嵌入方式一般与数值型的类似，只不过是将插入的内容由0/1比特转化为文本内容较难感知的回车符、换行符和空格；此外，针对文本内容词义不变的需求，还有通过近义词替换的方式实现水印的嵌入等。

可以看出，本类方法可约束属性中值的修改范围，做到在容许范围内的不失真，本类方法亦可以抵御一定程度的添加和删除等常见攻击。但是其还是会在一定程度上影响原始数据。

3. 通过添加伪行伪列实现的数据水印技术

为了满足在实际应用中完整保留原始数据的需求，需要一类无失真的水印方法。这类方法中较为常用的是通过添加伪行伪列实现。此方法的原理为：对原始数据的各元组和属性的内容不做修改，仅在原始数据的基础上新增伪行（元组）和伪列（属性）。

（1）添加伪行水印。

根据数据各属性的数据类型、格式，并以业务含义（若有）作为取值范围进行约束生成仿真的数据，然后根据密钥确定的插入位置对仿真元组进行插入操作。一般为按照数据元组总数的比例确定伪行的数目，均匀插入；然后按密钥指定的水印计算方式对插入元组中的可修改属性进行水印添加。在水印溯源时，对数据进行遍历，如果计算符合水印构成的元组的数目超过某个预设的数目或比例，则可认为该数据中存在对应的水印信息。如图6-22所示（注意图中手机号为编造数据，仅作示例展示使用，若有雷同纯属巧合）。

工号	手机号
1223	14220618293
2345	14337745579
3234	15437988087
4346	16136075340
5778	16416097917
6890	19400237586

依照密钥k均匀插入伪行

工号	手机号
1223	14220618293
2345	14337745579
3234	15437988087
1556	13420815226
4346	16136075340
5778	16416097917
6890	19400237586
5672	14441785741

溯源：遍历数据符合密钥k规则的数据达到阈值

密钥k对应水印信息

图 6-22　添加伪行水印

构建伪行并均匀插入原始数据，对可修改的属性“手机号”，在伪行中复用基于脱敏的水印技术可将水印信息插入。在溯源时，遍历每条元组记录，当符合水印构成条件的元组数目超过或达到阈值（例如在本例图6-22中的阈值为2个元组），则认为水印提取成功。

（2）添加伪列水印。

伪造新的属性列，生成的伪列需与原数据中其他属性尽量高度相关，这样不容易被攻击者察觉。伪列属性的选取可使用数据挖掘中的Apriori关联分析法或者一些推荐算法。然后根据选定的属性生成合理的仿真数据，根据密钥信息将水印信息嵌入伪造的新列，方式与伪行类似。

可以看出，本类方法对原始数据不会进行任何修改，只是会在数据中按照约定的规则新增一些元组和属性，此类方法可以抵御一定程度的添加、删除和替换等常见攻击。但是其有一定的被识别并删除的风险。

6.6.3　应用场景

数据的可追溯性包括确定数据的可靠性和质量、验证数据的来源、维护数据的版权及查找泄露位置，多用于数据共享的场景。

（1）确定数据质量。

数据的质量通常取决于数据的来源及其流转过程。由于当今数据交易量的增加，数据往往由多方传输和处理，这使得数据的溯源更加困难。数据溯源技术可对数据质量进行跟踪验证，定位数据有价值信息损失的环节。

（2）追溯数据源。

追溯数据源可以标识数据处理的各环节，发现何时何地生成特定数据，了解何时何地恶意泄露数据或谁偷走了泄露的数据，以确定相应的保护措施和解决方案。追溯数据源可避免数据泄露事件的发生，在发生后也可快速定责。

（3）数据著作权保护。

追溯数据源还可以确定和维护数据版权。

6.7 文件内容识别（P）

6.7.1 概况

文件内容识别主要是通过一定的技术手段识别相关的文件类型，并将文件中的实际内容提取出来为后续的分析提供依据，主要通过如下方式进行。

（1）根据文件对象的内容特征识别文件类型。

（2）对已经识别的文件类型分别进行解析，提取文件内容，转换为UTF-8类型的txt文件。

（3）提取文件对象的元数据。

常用的识别技术手段如表6-4所示。

表 6-4 常用的识别技术手段

<table>
<tr><th>技术类别</th><th>技术子类</th><th>技术名称</th><th>应用效果</th></tr>
<tr><td rowspan="8">文本特征智能识别</td><td rowspan="4">智能切词</td><td>基于改进型最大熵的词性标注</td><td>基于最优路径与兼类词性识别的文档词性准确标注</td></tr>
<tr><td>基于机械匹配的初步文档分词</td><td>基于词典及语料库的多种匹配算法实现兼类词的准确分词</td></tr>
<tr><td>基于 BiLSTM-CRF 短语提取</td><td>基于词语相关性，结合 CRF 字词标签预测模型，实现短语词的准确提取</td></tr>
<tr><td>基于短语句法分析的长词识别</td><td>基于句法分析树的词性组合实现文档长词的有效提取</td></tr>
<tr><td rowspan="2">文档聚类</td><td>基于主题模型的文档主题中心识别</td><td>通过 LDA 模型识别文档主题及主题中心，实现文档的初步分类</td></tr>
<tr><td>基于主题中心的改进 K-Means 文档聚类</td><td>将文档主题中心作为基于距离计算文档类型的初始中心点进行迭代运算实现文档的快速准确分类</td></tr>
<tr><td rowspan="8">关键词提取</td><td>基于 TF-IDF 的词频权重标识</td><td>基于中文词库在文档中出现的概率模型标识文档中词语的权重</td></tr>
<tr><td>基于词频权重的改进 TextRank 关键词提取</td><td>基于词语 TF-IDF 权重排序词图分析，准确提取反映文档特性的关键词</td></tr>
<tr><td rowspan="2">指纹提取</td><td>基于 Minhash 多类型指纹提取</td><td>采用向量降维算法实现文档句、段等的指纹特征有效提取</td></tr>
<tr><td>基于 Simhash 快速指纹提取</td><td>基于相似性归并方法快速计算文本的指纹特征</td></tr>
<tr><td rowspan="4">分类模型构建</td><td>词向量分布式表示</td><td rowspan="4">基于分布式词向量的文档快速分类预处理，融合深度神经网络的学习模型，构建高精度的文档分类模型，实现新文档的准确分类</td></tr>
<tr><td>基于句子内容的文档分类预处理</td></tr>
<tr><td>基于词序关联分析的文档分类模型预处理</td></tr>
<tr><td>基于变长上下文关联分析的文本分类</td></tr>
</table>

6.7.2　技术路线

1. 文本特征智能识别

文本特征智能识别流程如图6-23所示，主要实现文档解析、文档智能切词、文档聚类及关键词提取。

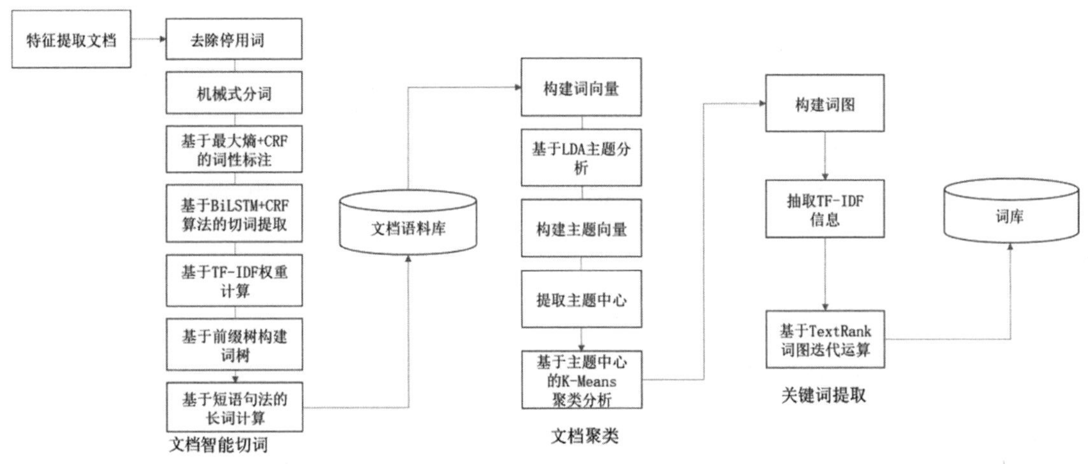

图6-23　文本特征智能识别流程

2. 智能切词

智能切词技术流程如图6-24所示，通过去除停用词、机械式分词、词性标注、短语提取等过程，构建文档语料库，为后续深度分析提供基础数据。

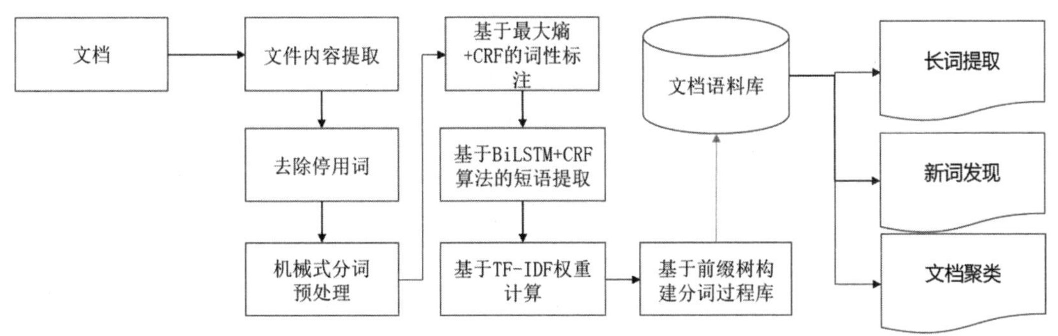

图6-24　智能切词技术流程

关键技术解析如下。

（1）基于改进型最大熵的词性标注。

采用最大熵进行初次标注，保留最优路径，通过在其他几条比较好的路径中为每个兼类词挑选第二个候选词性，再利用条件随机场模型（Conditional Random Field，简称CRF）对兼类词的候选词性进行优化选择，结合最大熵标注内容进行文档词性标注，并将标注结果作为最终的词性标注。具体流程如图6-25所示。

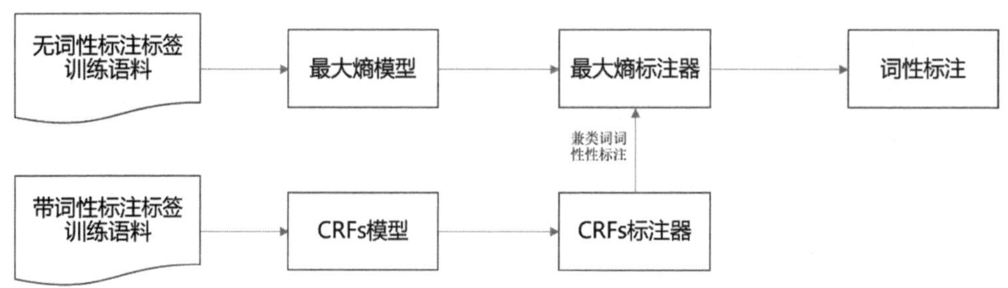

图 6-25 基于改进型最大熵的词性标注流程

（2）基于机械匹配的初步文档分词。

该方法对待分词文件文本主要采用字符串匹配的策略进行分词。依据多种匹配策略，将待分析的文件文本与一个大词典中的词条进行匹配，若在词典中找到某个字符串，则分词成功。

按照扫描方向的不同，分为正向匹配和逆向匹配。

（3）基于BiLSTM-CRF短语提取。

使用BiLSTM-CRF进行短语发现，主要步骤如图6-26所示。

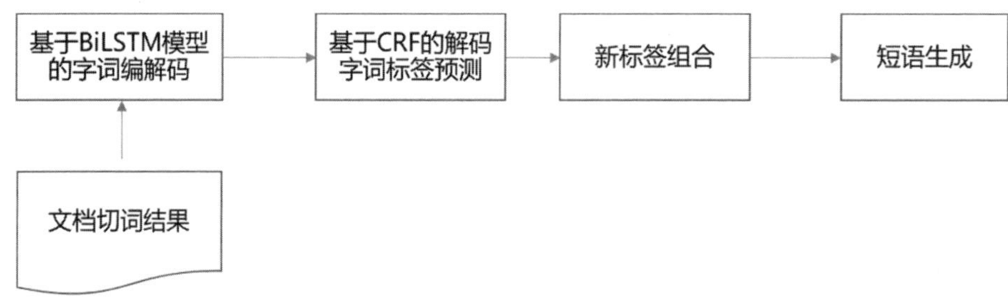

图 6-26 使用 BiLSTM-CRF 进行短语发现

首先，以基于机械匹配后文档分词的结果作为输入，使用Bi-directional Long Short-Term Memory（简称BiLSTM）模型对相关词语进行编码解码。

其次，根据解码结果，使用CRF模型预测相关字词的标签；并根据预测的新标签进行词语组合，生成文档短语。

（4）基于短语句法分析的长词识别。

基于上述三个步骤的处理结果对解析后文本词语构建句法分析树，根据已标注词性进行长词组合，提取文档长词，将此过程进行重复运算，最终经过人工审核确认，将生成的文档长词加入文档语料库。基于短语句法分析的长词识别流程如图6-27所示。

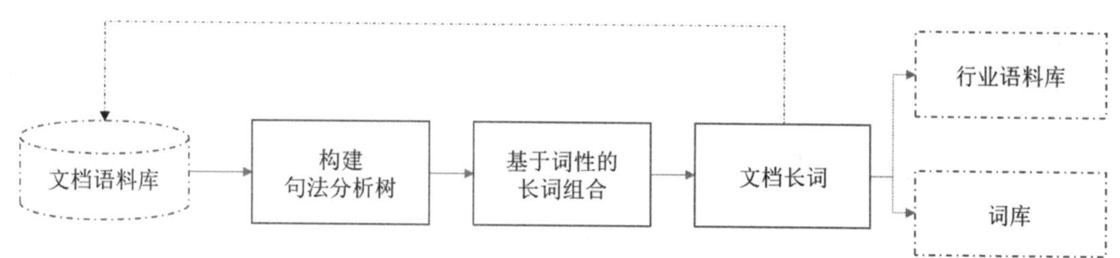

图 6-27　基于短语句法分析的长词识别流程

3. 文档聚类

文档聚类过程如图6-28所示，将文档语料库中的词语构成文档的词向量，并通过隐含狄利克雷分布（Latent Dirichlet Allocation，简称LDA）模型进行文档主题分析，将主题中心作为*K*-Means聚类分析的初始值进行文档聚类处理，实现文档快速准确聚类。

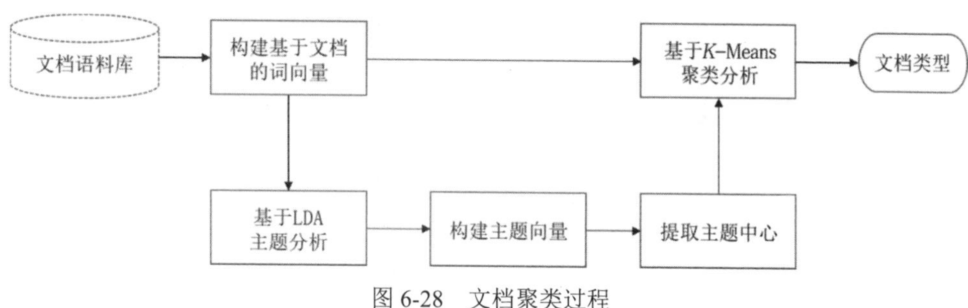

图 6-28　文档聚类过程

关键技术解析如下。

（1）基于主题模型的文档主题中心识别。

给定一批无序的语料，基于LDA的主题训练过程如图6-29所示。

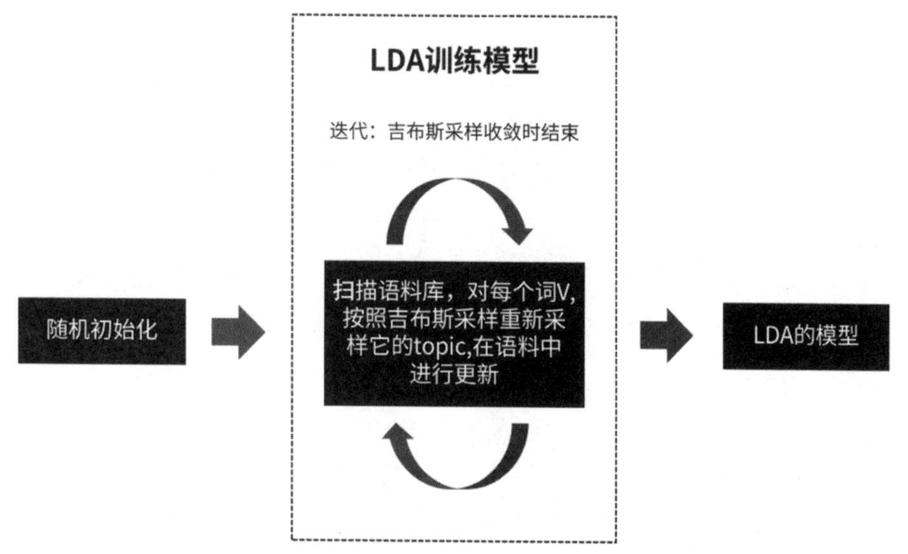

图 6-29　基于 LDA 的主题训练过程

随机初始化：对语料中每篇文档中的每个词ω，随机地赋一个topic编号z。

重新扫描语料库，对每个词v，按照吉布斯采样重新采样它的topic，在语料中进行更新。

重复以上语料库的重新采样过程直到吉布斯采样收敛。

统计语料库的topic-word共现频率矩阵，该矩阵就是LDA的模型。

（2）基于主题中心的改进*K*-Means文档聚类。

通过主题模型的学习，初步得到相关文档的主题及主题中心，选择主题中心作为*K*-Means文档聚类的初始中心进行迭代运算，最后得出聚类结果。

4. 关键词提取

关键词提取是将文档预处理后生成的文档语料库中的词语构建词图，并将词图的词按照TF-IDF权重进行排序，进行TextRank模型计算，得到文档的关键词，具体流程如图6-30所示。

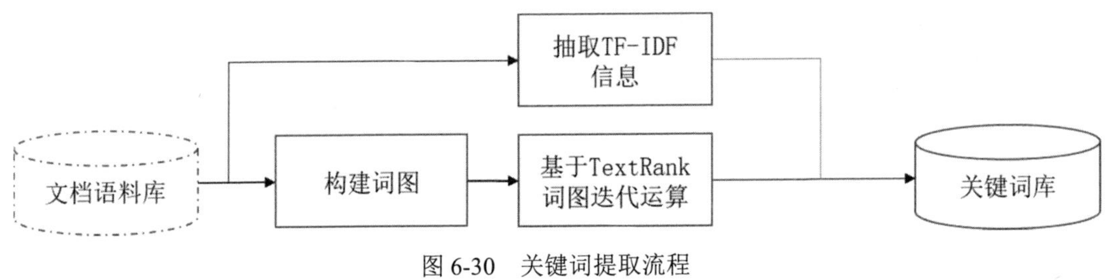

图 6-30　关键词提取流程

关键技术解析如下。

（1）基于TF-IDF的词频权重标识。

使用词频—逆向文件频率算法（Term Frequency－Inverse Document Frequency，简称TF-IDF）提取关键词的方法，其中TF衡量了一个词在文档中出现的频率。TF-IDF值越大，则这个词成为一个关键词的概率就越大。

（2）基于词频权重的改进TextRank关键词提取。

该方法有效融合标题词、词性、词语位置等多种特征。同时，结合基于TF-IDF计算后所得到的词频权重值，能够提取代表此类文档特征的有效关键词。

5. 指纹提取

敏感文档指纹特征的提取是针对文本预处理结果进行，且根据企业具体的业务应用场景，采用基于Simhash和Minhash的指纹提取算法对敏感文件进行指纹特征提取，具体过程如图6-31所示。

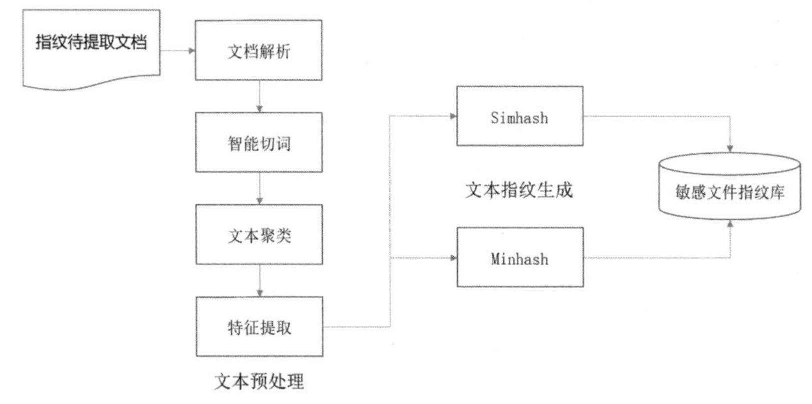

图 6-31　敏感文档指纹特征的提取流程

注：在逐条实时匹配场景下，使用 Simhash；在定期批量匹配场景下，使用 Minhash。

关键技术解析如下。

（1）基于Minhash多类型指纹提取算法。

Minhash采用最小哈希函数族来构建文档的最小哈希签名。文档的最小哈希签名矩阵是对原始特征矩阵降维的结果。降维后的文本向量从概率上保证了两个向量的相似度和降维前是一样的，结合LSH技术构建候选对，可以大大减少空间规模，加快查找速度。

（2）基于Simhash快速指纹提取算法。

Simhash可以将相似的文件哈希化得到相似的哈希值，使得相似项会比不相似项更可能哈希化到同一个簇中的文件间成为候选对，可以以接近线性的时间去解决相似性判断和去重问题。

6. 分类模型构建

针对样本文件的文档语料库构建分类模型，主要分如下步骤。

首先，构建样本文档分布式词向量，将词向量输入FastText进行文本预分类。

其次，将FastText预分类结果输入卷积神经网络（Convolutional Neural Network，简称CNN），提取文本局部相关性。

最后，将带有文本局部相关行的处理结果输入递归神经网络（Recurrent Neural Network，简称RNN），利用RNN对文档上下文信息加长且双向的“n-gram”捕获，更好地表达文档内容，以此进行分类模型进一步训练，得到更精确的文本分类模型，并使用该模型对新输入文档实现准确分类，如图6-32所示。

图 6-32　分类模型构建流程

关键技术解析如下。

（1）词向量分布式表示。

采用分布式表示（Distributed Representation）将文本解析分词后的内容向量化，将每个词表达成n维稠密且连续的实数向量。

（2）基于句子内容的文档分类预处理。

将分布式词向量传输给FastText，FastText将句子中所有的词向量进行平均，通过一定的线性处理实现文档的初步分类，并将分类结果直接接入Softmax层。

（3）基于词序关系分析的文档分类预处理。

由于FastText中的分类结果是不带词序信息的，卷积神经网络核心点在于可以捕捉局部相关性，因此CNN有效弥补了FastText的关联缺陷。将FastText的Softmax层结果输入CNN，进一步提取句子中类似于n-gram的关键信息。

（4）基于变长上下文关联分析的文本分类。

CNN在一定程度上关注了文档的局部相关性，但基于固定filter_size的限制，一方面，无法对更长的序列信息建模，另一方面，filter_size的超参调节很烦琐，因此无法更好地关注文档的上下文信息。递归神经网络在文本分类任务中，通过Bi-directional RNN捕获变长且双向的“n-gram”信息，有效弥补CNN缺陷，实现文本分类模型的精确构建。

6.7.3 应用场景

通过文件类型特征识别、嵌套提取等技术手段，对包括Office系列文档、PDF文档、压缩文件等几百种文件的识别和文字提取，并将文字统一转化编码。包括但不限于表6-5所示的类型。

表 6-5 文件内容识别应用文件类型

文件支持类别	具体类型
超文本标记语言格式	HMTL
XML 格式	XHTML，OOXML 和 ODF 格式
Microsoft Office 办公文件格式	Word、Excel、PowerPoint、visio 等
PDF 格式	PDF
富文本格式	RTF
压缩格式	Zip、7z、RAR、Tar、Archive 等压缩格式
Text 格式	txt
邮件格式	RFC/822 邮件格式，微软 outlook 格式
音视频格式	WAV，mp3，Midi，MP4，3GPP，flv 等格式
图片格式	JPEG，GIF，PNG，BMP 等格式
源码格式	Java，C，C++等源码文件
iWorks 文档格式	支持苹果公司为 OS X 和 iOS 操作系统开发的办公软件文档格式

针对文件内容识别的应用场景如表6-6所示。

表 6-6　文件内容识别应用场景

业务场景名称	业务场景描述	技术实现思路	关键技术点
无敏感文件样本集	企业保密单位不提供敏感文件的样本，但需要识别出外发文件及内部存储文件是否为敏感文件	基于自然语言学习，进行文档聚类，提取文档特征及主题内容，识别文档类别及敏感类型	文本特征智能识别（智能切词、文档自动聚类、关键词提取）
有敏感文件样本集	企业保密单位提供敏感文件的样本，基于该样本，识别出外发文件及内部存储文件是否为敏感文件	基于对敏感文件样本的数据建模分析，学习出样本文件的分类模型，通过模型应用识别敏感文件	指纹提取（Simhash、Minhash） 分类模型构建（基于神经网络的分类模型构建）

典型业务场景描述如下。

（1）打印机监控。

打印机监控实时监控各类文档打印过程。若打印的文件内容为非敏感信息，则对打印过程不予干预；若为敏感信息，则依据策略决定是否予以打印。当出现敏感信息打印事件时，打印机监控模块会上报该事件。

（2）移动存储介质监控。

移动存储介质监控实时监控由终端向各类移动存储介质复制、剪切、拖动文件的动作。若操作的文件内容为非敏感信息，则对动作过程不予干预；若为敏感信息，则依据策略决定是否执行动作。当出现敏感信息复制、剪切事件时，移动存储介质监控模块会上报该事件。

（3）共享目录监控。

共享目录监控实时监控由终端向共享目录复制、剪切、拖动文件的动作。若操作的内容为非敏感信息目录，则对动作过程不予干预；若为敏感信息目录，则依据策略决定是否执行动作。当出现敏感信息目录复制、剪切事件时，共享目录监控模块会上报该事件。

（4）光盘刻录监控。

光盘刻录监控实时监控CD/DVD的刻录过程。若光盘刻录内容为非敏感信息，则不予干预；若为敏感信息，则依据策略决定是否予以刻录。当出现敏感信息刻录事件时进行事件上报与管控。

（5）核心数据保护。

核心数据保护识别核心数据在终端及网络上如何存储、使用和传输，通过对核心数据的有效识别进行分级管理，设定访问权限，同时使用加密存储方式确保核心数据的安全管理。

6.8　数据库网关（P）

6.8.1　概况

数据库网关的概念最早脱胎于Oracle的security label，需要解决的核心问题是将权限管控从数据库本身的权控体系中剥离出来，实现细粒度的权限管控。例如通常情况下，拥有DBA角色的特权账号，涉及的工作可能是backup/restore（备份/恢复）、performance tuning（性能调整优化）、表结构修改等，虽然其本身具有对业务对象的访问权限，但从业务视角来说，这类对象不应当能够被运维账号访问。业务权限逻辑如图6-33所示。

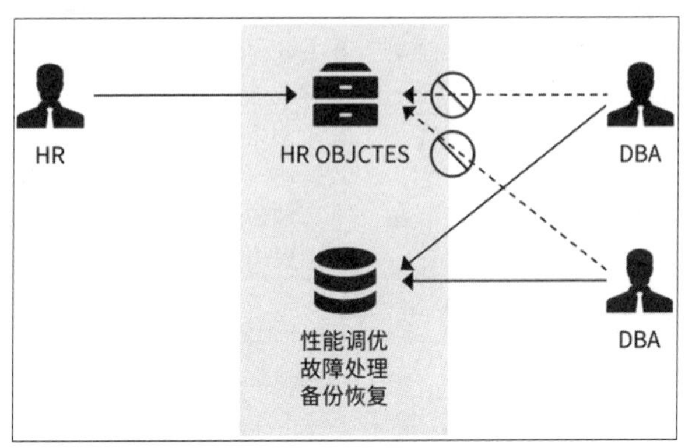

图 6-33　业务权限逻辑

即使都是业务账号，由于部门或者职级不同，能访问的数据也是不同的。为了解决这个问题，Oracle 10g推出了security label。该组件的实现思想基于安全管理员预先配置的规则。安全组件会去修改数据库用户执行的SQL，对其添加谓词过滤条件。如图6-34所示的数据案例，假设有两个用户user20和user30，user20属于部门编号为20的部门，user30属于部门编号为30的部门。虽然两个账号都对该表有select权限，但security label可以基于预设条件，自动对用户发起的SQL添加过滤条件。

	EMPNO	ENAME	JOB	MGR	HIREDATE	SAL	COMM	DEPTNO
1	7369	SMITH	CLERK	7902	1980/12/17	800.00		20
2	7499	ALLEN	SALESMAN	7698	1981/2/20	1600.00	300.00	30
3	7521	WARD	SALESMAN	7698	1981/2/22	1250.00	500.00	30
4	7566	JONES	MANAGER	7839	1981/4/2	2975.00		20
5	7654	MARTIN	SALESMAN	7698	1981/9/28	1250.00	1400.00	30
6	7698	BLAKE	MANAGER	7839	1981/5/1	2850.00		30
7	7782	CLARK	MANAGER	7839	1981/6/9	2450.00		10
8	7788	SCOTT	ANALYST	7566	1987/4/19	3000.00		20
9	7839	KING	PRESIDENT		1981/11/17	5000.00		10
10	7844	TURNER	SALESMAN	7698	1981/9/8	1500.00	0.00	30
11	7876	ADAMS	CLERK	7788	1987/5/23	1100.00		20
12	7900	JAMES	CLERK	7698	1981/12/3	950.00		30
13	7902	FORD	ANALYST	7566	1981/12/3	3000.00		20
14	7934	MILLER	CLERK	7782	1982/1/23	1300.00		10

图 6-34　原始数据表

User20执行SQL：

```
select * from emp
```

User20实际执行SQL：

```
Select *
From (select empno, ename, job, mgr, hiredate, sal, comm, depto from emp) e
Where e.deptno=20
```

User30执行SQL：

```
select * from emp
```

User30实际执行SQL：

```
Select *
From (select empno, ename, job, mgr, hiredate, sal, comm, depto from emp) e
Where e.deptno=30
```

这种方法虽然可以在不修改代码的情况下实现细粒度的数据访问控制，但也带了大量的弊端。比如实际的业务SQL往往非常复杂，涉及大量的子查询或视图引用，使用security label，由于是通过内部语法解析后添加where过滤条件，假如条件加得不恰当会引起诸多SQL性能方面的问题甚至是逻辑错误，从而导致获取数据不全；且security label只对select语句生效，对于dml及ddl操作则没有限制。为了弥补性能和逻辑方面的问题，Oracle在后来的版本中推出了虚拟私有数据库（Virtual Private Database，简称VPD）的功能，核心逻辑同security label一样也是动态添加where过滤条件。VPD在性能上有所提升，但主要问题依然很明显。VPD同样仅支持select语句，采购成本过高，且仅针对Oracle 11g以上版本有效。

那么为什么不能直接做权限回收呢？因为系统账号（如Oracle的sys、system，MySQL的root@localhost）天然就具备数据库内对象的访问权限，无法回收！如果通过数据库自身能力来阻止系统账号，要么需要做数据内容加密；要么借助DDL触发器，限制特权用户的登录范围，间接控制其对数据的访问。而业务账号的情况则更加复杂。首先，系统上线运行后不建议在没有清晰梳理与测试的情况下贸然进行二次权限回收。尤其是对于像Oracle这种有执行计划缓存机制的数据库系统，权限的变更会导致用户的对象重新载入共享池，在业务压力大的情况下极易造成硬解析，形成性能方面的压力。其次，如果系统涉及了自定义包、存储过程、函数等，则可能涉及较多的引用，并且过程内的调用都需要直接授权而非间接授权，那么权限就更加难以梳理或从原账号中回收。

6.8.2　技术路线

由于数据库自身的安全机制有诸多的限制，因此才诞生了基于网络的数据库网关类产品。常见的部署方式有如下四种：旁路镜像模式、串联部署模式、反向代理模式和策略路由模式。

（1）旁路镜像模式。

旁路镜像是一种纯监控模式，是将所有对数据库访问的网络报文以流量镜像的方式发送给数据库网关进行分析。受部署形态的限制，一般仅能做审计告警使用，也有部分数据库网关宣称旁路模式下可以支持阻断。实现思路是根据预先配置好的规则，向违规操作的会话发起一个tcp reset报文，来重置整个会话。这样做的问题在于，防火墙分析与响应与用户执行SQL之间有延时，尤其是在高并发场景下更为明显，所以实际的情况是当tcp reset报文发起时，SQL请求可能早已经结束了，根本无法实现阻断的效果。因此旁路阻断的技术才不被大多数用户所采纳。

（2）串联部署模式。

串联部署是将数据库网关串联在交换机与被防护数据库服务器之间，这样所有业务系统和维护人员的访问流量都会经过数据库防火墙。所有通过TCP网络访问数据人员的访问行为均被记录和防护，部署拓扑如图6-35所示。

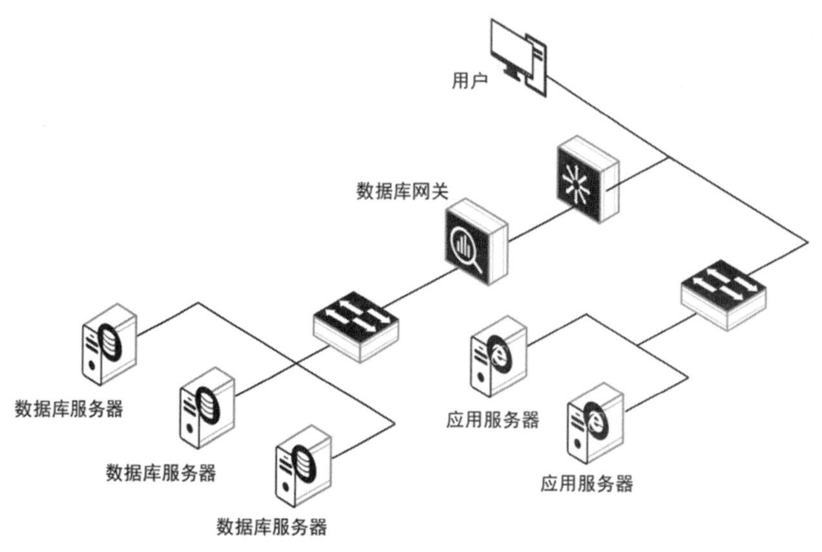

图 6-35 串联部署拓扑图

（3）反向代理模式。

反向代理是指对外暴露数据库网关的代理IP与代理端口。对于用户而言，需要修改原本访问数据源配置连接串中的IP地址和端口，将其改为数据库网关的代理IP与代理端口。通过代理后访问到数据库，从数据库层面看到的客户端IP地址就是数据库网关的IP地址，这样数据库在回包时同样会返回给数据库网关，进而对上下游报文进行控制。同时，可利用iptables、数据库的event触发器、用户与IP绑定等机制指定数据库用户只能通过数据库网关访问数据库服务，避免出现反向代理被绕开的情况。部署方案如图6-36所示。

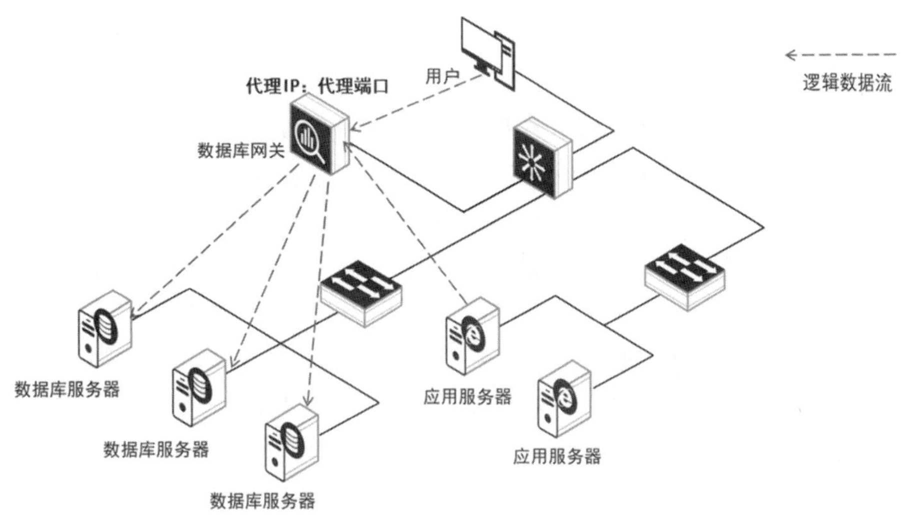

图 6-36 反向代理模式部署拓扑图

（4）策略路由模式。

策略路由模式通过路由策略引流将访问数据库流量引向数据库网关，同时避免数据库网关设备直接物理串接在数据库系统与应用系统之间，从而来应对复杂或有控制需求但同时不具备串接部署条件的网络环境。在策略路由模式下，需要在交换机上面配置策略路由，将原地址为指定网段，或目的地址为指定数据库IP地址的数据流引流至数据库网关；同时将数据库返回的流量也牵引至数据库网关，保证双向流量都会经过网关。这种模式适用于较为复杂的网络场景中，既无法找到汇聚点将设备串联，同时由于工作量巨大，无法修改客户端连接串联反向代理模式的场景。策略路由模式部署拓扑图如图6-37所示。

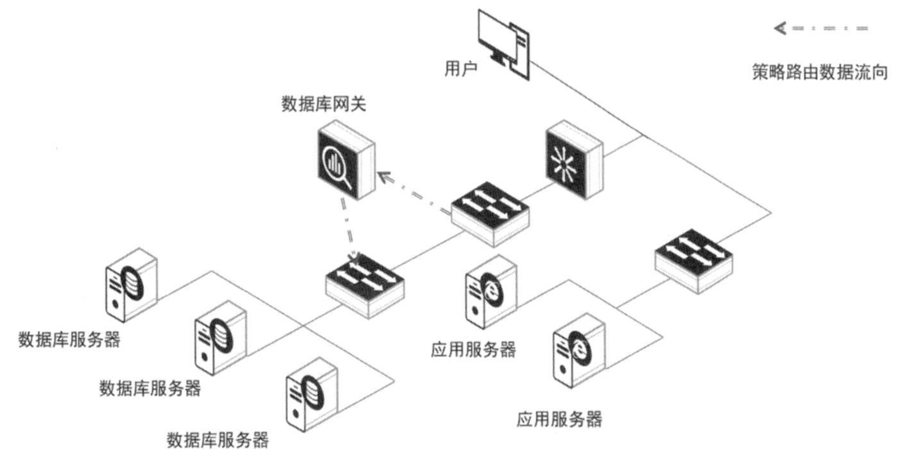

图 6-37 策略路由模式部署拓扑图

一般来讲，数据库网关类产品具备的能力如下。

（1）数据库种类的支持。常见的数据库有Oracle、MySQL、PostgreSQL、DB2、SQLServer、DB2、Sybase、Informix，国产数据库如达梦、kingbase等，此外随着大数据技术的发展，

对常见的nosql如mongodb、hbase、elasticsearch及大数据组件如hive、impala、odps等也需要有比较好的支持，来适应更广泛的使用场景。

（2）权限管控。需要能支持到字段级别的细粒度的权限管控，同时能支持update、delete等dml操作，以及drop table、truncate table等管控操作。主流的数据库网关基本都能实现基于返回行数的控制，如业务系统的一个分页查询一般为500～1000条，超出这个阈值的操作行为就可以被标记为拖库行为，进而被阻断或告警。基于返回行数控制功能，现在很多厂商都开始做基于返回结果的访问控制，比如特权账号直接查询某些特殊的VIP用户信息等。

（3）动态脱敏。基于访问控制功能的基础之上，数据网关产品还衍生出了动态脱敏的能力，动态脱敏是一种不改写数据库中的数据而对返回值进行掩码的技术能力。动态脱敏可以基于SQL改写，也可以基于结果集改写，比如医院的叫号系统就是常见的动态脱敏，在展示患者姓名的时候通常会将名字中的一位以“*”代替，但后台数据库中还是存储该患者的真实姓名。

然而，实际应用中有一种需求场景：在报表系统中通过同一个业务系统（即使用相同的数据库账号）访问数据库，但由于部门权限不同，即使查询的是同一张报表，也需要按照部门权限的不同进行区别显示。对于该需求就可以通过返回行数控制+返回内容控制来实现，即当user20访问部门编号为30的部门时进行告警或拦截。为了不影响业务正常运行，也可以通过动态脱敏功能将脱敏后的数据返回给user20。

（4）虚拟补丁能力。给数据库系统打补丁的操作通常会伴随一些风险，特别是对于MySQL这种没有补丁包概念只能通过升级数据库版本来实现补丁能力的开源数据库。数据库网关将针对特定安全漏洞的攻击行为进行分析，提取行为特征进行阻断拦截，变相实现为数据库打上补丁的防护效果。

（5）分析能力。经过一定的学习期后，能够辨别哪些是正常的SQL操作，哪些是存在一定风险的SQL操作。同时，结合会话、用户与应用等相关元素进行行为建模，减少误报、误拦截。

6.8.3 应用场景

数据库网关最主要的应用场景有以下几种。

（1）细粒度的权限管控。从影响行数、SQL输入参数、涉及对象（表、视图、物化视图、同义词、函数、存储过程等）和字段、数据内容、SQL操作类型、时间、应用（客户端）类型、操作时间、客户端IP地址、账号等层面实现不同等级的访问控制。

（2）虚拟补丁。防止攻击者利用安全漏洞对数据库进行攻击。

（3）运维审批。防止未经审核的SQL直接在生产系统中运行。

（4）动态数据脱敏。从多个维度实现不同的人访问同一对象返回不同结果。避免非业务人员访问业务数据。

6.9　UEBA 异常行为分析（E）

6.9.1　概况

Gartner对UEBA的定义是“基本分析方法（利用签名的规则、模式匹配、简单统计、阈值等）和高级分析方法（监督和无监督的机器学习等），用打包分析来评估用户和其他实体（主机、应用程序、网络、数据库等），发现与用户（或实体）的标准画像（或行为）相异的活动。这些活动包括受信内部或第三方人员对系统的异常访问（用户异常），以及外部攻击者绕过安全控制措施的入侵（异常用户）”。

Gartner认为，UEBA是可以改变游戏规则的一种预测性工具，其特点是将注意力集中在最高风险的领域，从而让安全团队可以主动管理网络信息安全。UEBA可以识别历来无法基于日志或网络的解决方案识别的异常，是对安全信息与事件管理（SIEM）的有效补充。虽然经过多年的验证，SIEM已成为行业中一种有价值的必要技术，但是SIEM尚未具备账户级可见性，因此安全团队无法根据需要快速检测、响应和控制。

UEBA是垂直领域的分析者，提供端到端的分析，从数据获取到数据分析，从数据梳理到数据模型构建，从得出结论到还原场景，自成整套体系，提供用户行为跟踪分析的最佳实践，记录了人产生和操作的数据，并且能够进行实际场景还原，从用户分析的角度来说非常完整并且直接有效。UEBA帮助用户防范信息泄露，避免商业欺诈，提高新型安全事件的检测能力，增强服务质量，提高工作效率。

6.9.2　技术路线

用户与实体行为分析系统目的是实现对用户整体IT环境的威胁感知。首先通过业务场景的梳理，整合当前的资产信息并辅助梳理和识别具体的业务场景，然后通过数据治理能力，将原本零散分布于各类不同信息系统的数据进行标准化和规范化，辅助梳理和选择正确的数据；同时通过深度及关联的安全分析模型及算法，利用AI分析模型发现各系统存在的安全风险和异常的用户行为。在此基础上，实现统计特征学习、动态行为基线和时序前后关联等多种形式场景建模，最终为用户提供包含正常行为基线学习、风险评分、风险行为识别等功能的实体安全和应用安全分析能力，可作为企业SIEM、SOC或数据防泄露（Data Loss Prevention，简称DLP）等技术和企业安全运营体系的升级，为企业提供内部安全威胁更精准的异常定位。

UEBA主要包括三大功能模块，数据中心，场景分析（算法分析）层和场景应用层。各层之间采用集中的数据总线进行数据传输和交换，以此降低各类安全应用对底层数据存储之间的强依赖性，各层之间独立工作，方便后期的安全业务扩展和保障各层之间的稳定运行（见图6-38）。

图 6-38　UEBA 功能架构图

数据中心是实现分析相关数据的集中采集、标准化、存储、全文检索、统一分析、数据共享及安全数据治理。具备数据自动识别、智能解析、用户和实体行为捕获，以及威胁情报关联碰撞和管理等数据治理能力。通过数据服务总线，向上提供数据服务，同时接受上层的分析结果统一存储。

场景分析层定义了UEBA的主要分析能力，包含UEBA分析引擎和内置分析场景。分析引擎包括实时分析、离线分析和分析建模能力，可辅助客户根据实际网络环境想定的异常场景进行建模分析，提供基于实体内容的上下文关联、基于用户行为的时空关联分析能力。

场景应用层包含了UEBA的主要功能用途，包括为客户提供用户总体风险分析、账户风险评分、单用户行为画像、用户群体画像、异常行为溯源，以及用户行为异常场景建模等功能，具备特征权重调整、风险自动衰减，以及自动化学习运维人员反馈等智能机制，同时提供原始日志、标准化日志及用户异常行为的快速检索与即席查询功能，如图6-39所示，辅助客户风险预警和风险抑制。

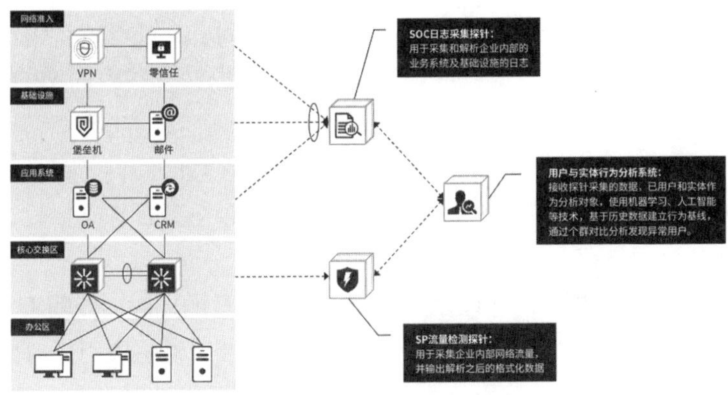

图 6-39　UEBA 功能业务图

6.9.3　应用场景

数据访问安全解决方案，能够对进出核心数据的访问流量进行数据报文字段级的解析操作，完全还原出操作的细节，并给出详尽的操作返回结果，通过内建的机器学习AI引擎，使用机器学习算法来确定用户和数据行为基准，以检测异常。

从客户的时间维度来看，数据的访问是有规律的，客户的业务时间也是有规律的。用户行为分析（UEBA）可以根据用户历史访问活动的信息刻画出数据的访问“基线”，而之后则可以利用这个基线对后续的访问活动做进一步的判别。

场景描述：医院第三方运维人员众多，运维人员对数据访问权限过大，在缺乏相应的管理控制手段，很容易在利益驱动下窃取医药售卖情况等敏感信息、篡改运营数据甚至删库跑路等，给医院造成严重后果。

步骤1：UEBA以高风险事件为切入点，发现某用户在短时间内，高频查询了敏感级别较高的数据，例如药物名称、药物金额等，且这段时间访问数据的敏感程度已经偏离了自身的历史基线，进而确认该用户账号可能存在问题。

步骤2：进一步排查分析，发现该用户违规进行了药物销量信息的统计查询操作，且在此之前，曾有过遍历数据库表的操作，疑似在检索敏感数据所存位置，结合步骤1高风险事件，进一步证实该账号存在违规盗取数据信息行为（见图6-40）。

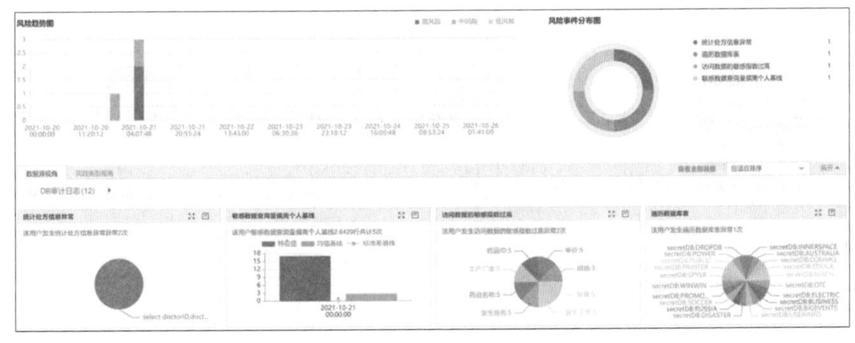

图 6-40　运维人员用户行为画像

场景描述：应用系统存在数据暴露面广且较难梳理问题，外部或者内部人员通过网络爬虫高频窃取应用系统中核心数据，或者利用第三方数据共享导致的API接口泄露，通过接口遍历的形式获取敏感数据。

步骤1：UEBA以高风险事件为切入点，发现某用户在短时间内，存在高频访问敏感信息的行为，且从查询的SQL语句的查询内容及条件看，存在不断修改参数，进行遍历敏感查询数据的情况，该用户存在风险的可能性较大。

步骤2：进一步排查分析，发现该账号在查询敏感信息的同时，伴随着大量的相似SQL语句执行失败，或执行不同类型SQL语句执行失败的记录，说明该用户对数据库的表及表字段信息并不熟悉，存在大量的遍历猜测行为，进一步说明了该账号存在问题（见图6-41）。

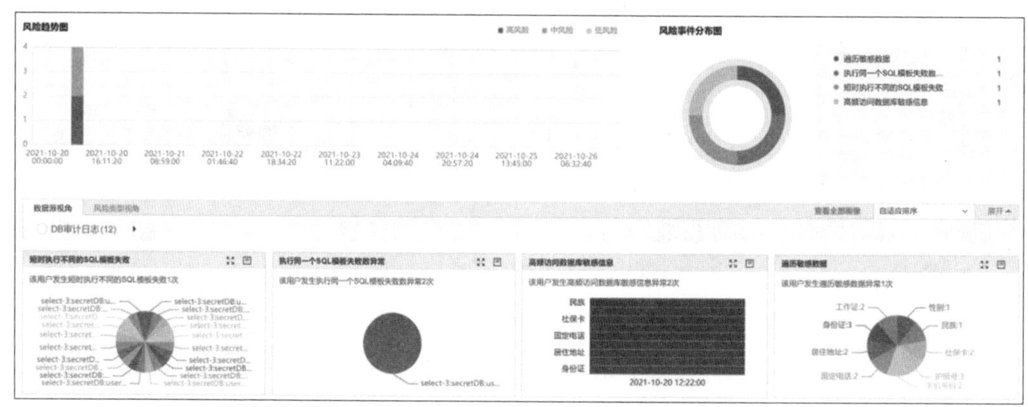

图 6-41　应用系统实体行为画像

6.10　数据审计（E）

6.10.1　概况

随着《中华人民共和国个人信息保护法》等安全相关法律法规的颁布，国家对于信息安全的保护要求越来越高。特别是《信息安全技术—网络安全等级保护评测要求》（GB/T 28448—2019，简称等级保护2.0）中明确提出，需要对数据库系统提供集中审计功能。

数据审计系统是一款基于对数据库传输协议深度解析的基础上进行风险识别和告警通知的系统，对主流数据库系统的访问行为进行实时审计，让数据库的访问行为变得可见、可查。同时，通过内置安全规则，可以有效地识别出数据库访问行为中的可疑行为并实时触发告警，及时通知客户调整数据的访问权限进而达到安全保护的目的。

数据审计系统可以让客户直观地查看到每个数据库系统的整体运行情况，为数据库系统的调整优化提供有效的数据支撑（见图6-42）。

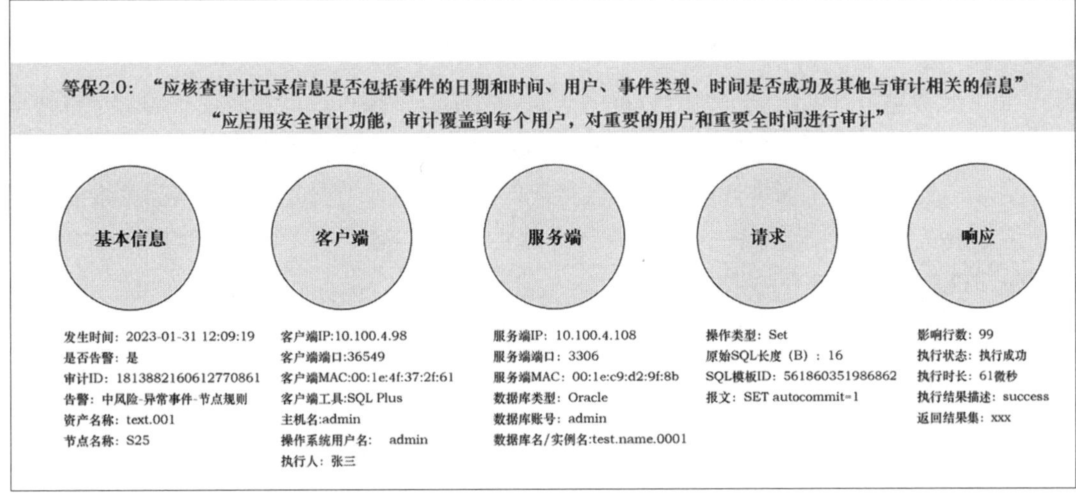

图 6-42　数据审计系统监控数据库运行

数据审计系统需支持审计主流的数据库系统，比如Oracle、MySQL、SQLServer、PostgreSQL、DB2、MongoDB、HANA、人大金仓、达梦、Oceanbase、Hbase、Hive等数据库种类和版本，以满足客户复杂数据场景下的审计需求，同时，应满足部分数据库协议加密场景下的审计，例如Oracle、MySQL、SQLserver的SSL加密审计，及Hive等协议的kerberos加密审计（见图6-43）。

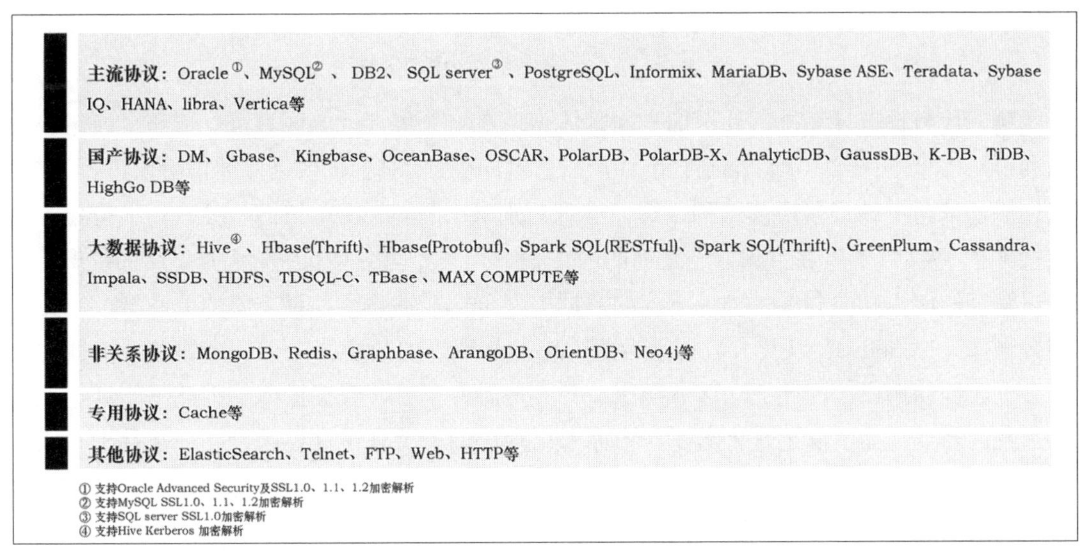

图 6-43　主流的数据库系统

数据审计系统还需支持大量风险识别的安全规则，安全规则分成SQL注入规则、漏洞攻击规则、账号安全规则、数据泄露规则和违规操作规则，通过审计行为和安全规则的匹配，发现违规操作，并给出告警和建议措施。

6.10.2 技术路线

第一代数据审计系统能记录对数据的访问，且审计结果可查询并展现；而对于审计全面性、准确性的要求则比较简单，有时甚至不太关注是否能够做到全面审计。更有甚者，有的厂商基于传统的网络审计产品简单改造或产品都未经改造只是概念包装后就推向市场的产品。招标参数，结果列出一堆网络审计产品要求：支持包括但不限于HTTP、POP/POP3、SMTP、TELNET、FTP等（见图6-44）。

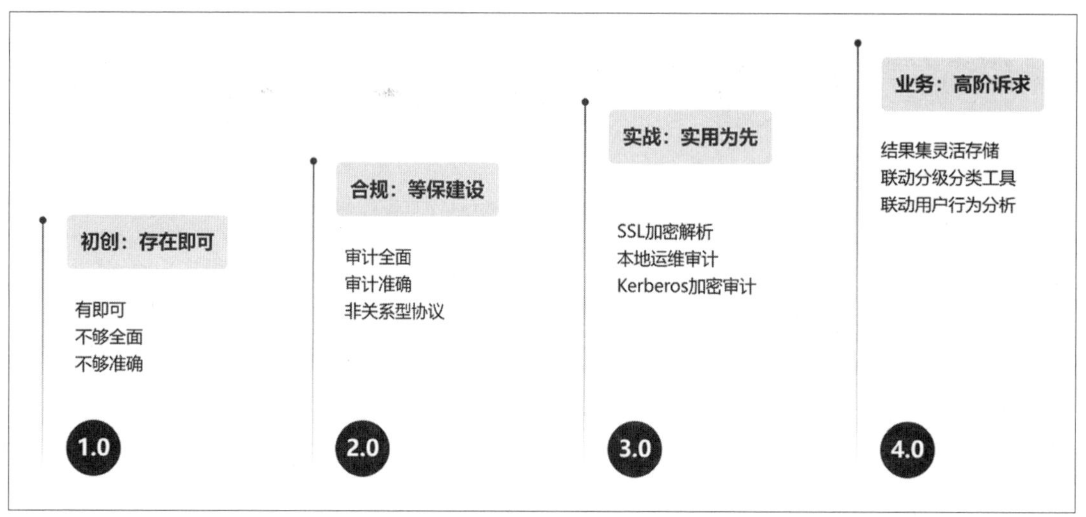

图 6-44 数据审计系统不同版本对比

第二代数据审计系统审计更加全面具体表现在：（1）审计的内容全：能够全面记录会话和语句信息等；（2）审计准确，审计产品通过DPI技术对各种数据库通信协议进行分析，以还原通信包中的通信协议结构，继而准确识别SQL语句、SQL句柄、参数、字符集等信息；通过“会话”“语句”“风险”之间的内在联系实现界面交互和线索关联，从而提升“审计追踪”的能力和便利性。（3）兼容的数据类型全：能够兼容各种主流的关系型、非关系型数据库（NoSQL），以及大数据平台组件等。从审计的角度，由于一个业务系统往往共用一个数据库用户，因此无法区分哪个业务人员触发了哪些数据操作，因此不能真正地满足追查的需要。为了满足这个需要，市面上出现了两类关联审计技术，一种是基于时间戳方式实现的关联审计，其关联审计信息并不准确，尤其在高并发场景中，正确率不超过50%；另一种基于插件通过HTTP协议与数据库协议进行关联，理论上能实现应用关联审计100%的准确率。

三代数据安全审计产品统计和追踪按照业务的行为和分类来进行信息的组织和展现。首先通过广泛支持加密协议的解析与审计来丰富审计内容，例如SSL加密、Kerberos认证加密等，其次通过本地Agent捕获本地数据库客户端程序中实际响应的SQL指令，实现对本地运维人员的数据库操作行为的审计。三代数据安全审计产品不仅仅是将丰富之后的审计记录进行简单的展现，还包括数据的组织，把分散的SQL语句，再组织成一个个业务操作，这个时候给业务人员展现的就不是每秒有多少个SQL操作，而是每秒有多少个业务操作。当前一个会话中的多条审计记录，组织成一个业务操作后，不仅仅是审计记录的展现，同时包括性能、类型统计、成功与失败、检索条件、报表都是基于业务操作为单位。数据审计系统的“风险监控能力”，是企业安全部门关注的重点，包括是否存在对数据资产的攻击、密码猜测、数据泄露、第三方违规操作、不明访问来源等安全风险。因此，系统需要支持更加全面、灵活的策略规则配置，准确的规则触发与及时告警的能力，从而在第一时间发现并解决风险问题，避免事件规模及危害的进一步扩大。

四代数据安全审计产品将从单一产品的单一能力集转变为广泛联动，且集中提升复杂场景下的极端审计性能。与分级分类工具联动以实现对不同等级的数据使用针对性的审计策略，同时与用户行为分析工具联动，通过对重要数据资产访问来源和访问行为等的“学习”，建立起访问来源和访问行为的基线，并以此作为进一步发现异常访问和异常行为的基础。在数据安全审计产品进入第四代后，面临的主要问题将是庞大的业务量与有限的设备性能之间的矛盾，当前的演进方向集中在分布式部署和削峰审计两处：（1）通过部署多台数据安全审计设备来实现超大流量场景的审计工作承接，将各个节点进行统一管理，日志可统一查询、策略可统一下发，解决了常态化大流量的业务场景下数据库行为审计难点；（2）对于存在短时间内流量高峰的业务场景，可通过削峰审计功能实现30min内2～3倍于设备承载能力的数据库行为审计，解决了短时间流量高峰可能带来的大量丢包、漏审的问题。

数据审计系统从产品功能框架上可以自下而上分成流量输入、协议解析、规则匹配、数据入库、数据输出和系统管理几部分（见图6-45）。

图6-45 数据审计系统产品功能框架

流量输入层是接入需要审计的流量信息，并对流量进行二三层网络协议和TCP层协议进行解析，提取IP、端口等信息，并根据信任过滤（过滤规则）去除不需要进行审计的流量。协议解析层的功能是按照各种不同数据库的传输协议解析数据包中包含的有效信息，提取出数据库名称、SQL语句、客户端工具等信息，一般知名的数据审计系统在协议解析领域已经积累多年的经验，对数据库协议有着很深的理解，对流量的解析精确且全面。规则引擎的功能是将数据库协议解析出来的SQL语句和安全规则进行匹配，以此来发现SQL语句中存在的可疑风险，基于有限状态机（Deterministic Finite Automaton，简称DFA）的AC算法进行匹配，实现多条安全规则只需进行一次匹配，实现了高效的规则匹配。如果规则匹配的过程中没有发现风险，那么需要将SQL语句进行字段标准化形成一条审计日志，如果发现了风险，还会根据风险级别相应地产生一条标准化的告警日志，为了达到审计日志和告警日志可回溯，需要将日志进行存储，此时入库程序就会将产生的日志存储到磁盘当中。当需要进行审计日志和风险日志查询时，数据审计系统的数据输出模块提供了Web端查询功能，并且还可以将这些日志信息通过syslog、Kafka的方式将日志发送到第三方的平台。系统管理模块提供了丰富的管理功能，包括了规则管理、软件升级等功能。

6.10.3 应用场景

业务应用系统/运维人员一般会通过网络和数据库进行数据的交互，通过部署数据审计系统实现用户、业务访问的审计。常见的数据审计部署场景有两种，镜像部署方式和Agent代理客户端部署方式。

（1）镜像部署。该方式在审计系统时采用旁路部署，不需要在数据库服务器上安装插件，不影响网络和业务系统的结构，无须与业务系统对接，与数据库服务器没有数据交互，也不需要数据库服务器提供用户名和密码（见图6-46）。

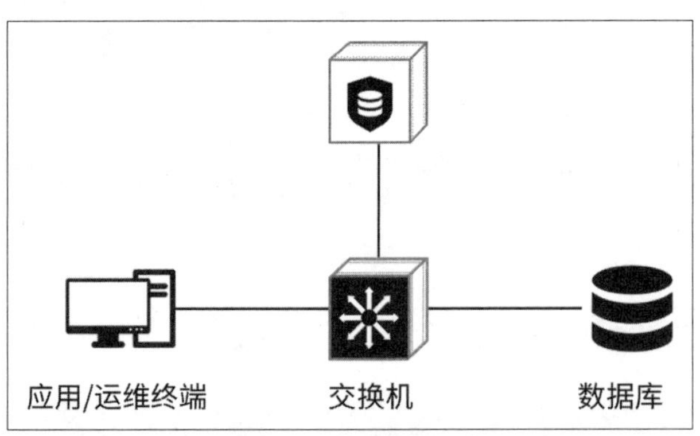

图 6-46　镜像部署拓扑图

（2）Agent代理客户端部署。该方式不需要云环境底层支持流量镜像，只需要安装Agent即可完成云环境数据库的安全审计，一般支持主流的云环境中的主流的Linux和Windows等虚拟主机（见图6-47）。

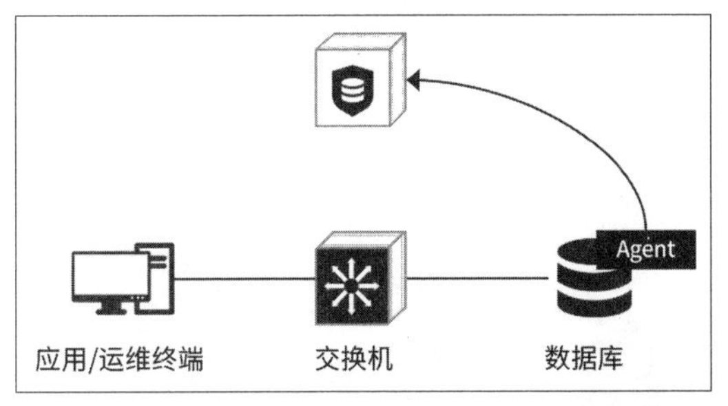

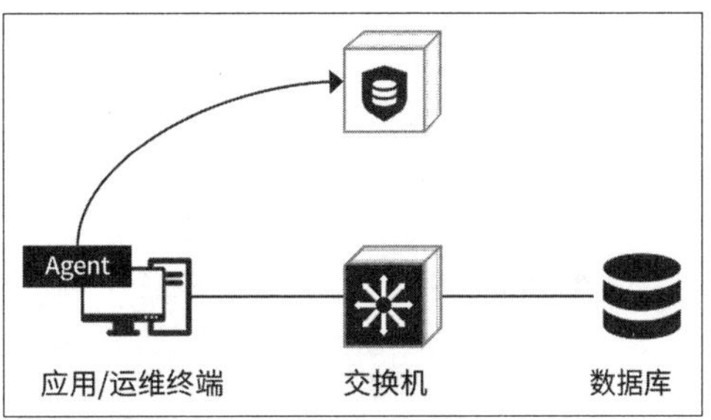

图 6-47　Agent 代理客户端部署拓扑图

6.11　API 风险监测（E）

6.11.1　概况

API是现代企业数字化转型的关键组成部分，它为企业提供了许多机会，包括创新业务模式、增加收入来源、提高客户满意度等。但与此同时，API的开放性和普及性也给企业带来了安全风险和威胁。随着攻击者的技术手段不断升级，API的安全漏洞和风险变得更加复杂和隐蔽，攻击者可以利用API漏洞或不当使用API来访问敏感数据、篡改数据或破坏系统。此外，随着数据保护法律法规的逐步完善，企业需要对API的数据保护和合规性进行更加严格的监控。

在过去几年中，许多大型企业已经意识到API的安全性问题，开始建立API风险监测系统。这些企业包括金融、电信、制造等行业，企业建立API风险监测系统的原因各不相同，但都希望通过API风险监测系统来保护自己的API，避免遭受安全攻击和数据泄露。API风险监测系统是一个用于监测API安全风险的系统，它可以帮助企业发现并防止潜在的安全威胁。它通过监测API的使用情况、访问模式、数据传输等方面，检测API的安全漏洞和风险，及时可以发现安全事件，保护企业的API不受攻击。

6.11.2　技术路线

随着互联网的不断发展，API（Application Programming Interface）已成为Web应用程序中的重要组成部分，它允许不同的软件系统之间进行通信，从而促进了数据的共享和交换。然而，API的使用也带来了一定的安全风险，如未经授权的访问、数据泄露等。因此，开发一个API风险监测系统对于Web应用程序的安全至关重要。下面是一个API风险监测系统技术路线图，该系统旨在监测和预防API的安全风险。

1. 系统架构

API风险监测系统的架构应该分为5个主要模块：数据采集、数据加工、数据分析、数据开放、数据存储（见图6-48）。数据采集模块负责收集并还原API使用的数据，包括请求和响应的信息。数据加工模块负责对还原的API日志进行归类、数据识别打标。数据分析引擎负责梳理应用结构，监测API中潜在的安全风险和性能问题。数据开放模块负责发送警报和通知，以便及时采取必要的措施。数据存储模块负责将API操作日志、风险日志进行存储。

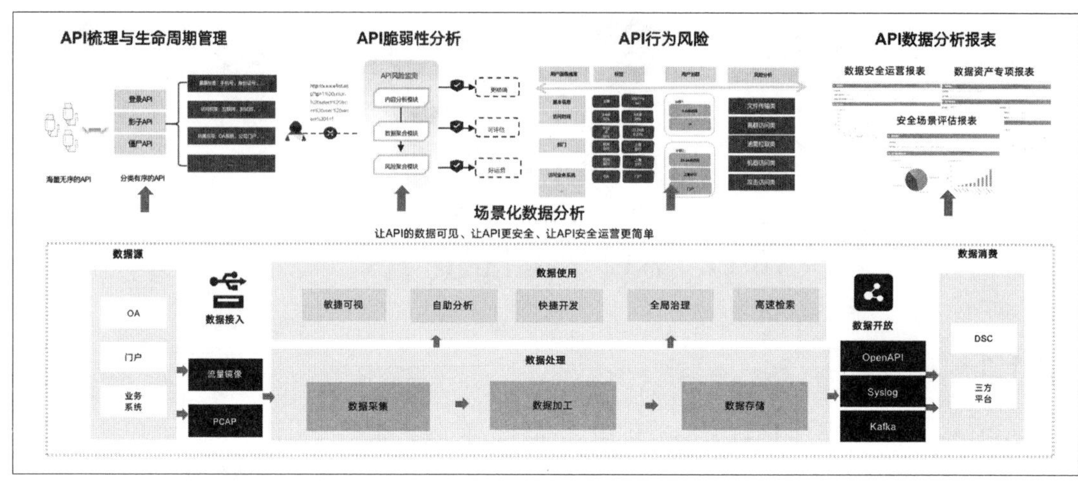

图 6-48　API 风险监测系统架构图

2. 实现方法

（1）数据采集。API风险监测系统中的数据采集主要作用是：收集API的流量和还原出原始的API操作日志。API日志收集还原可以使用多种技术和工具来实现，包括不限于：内置网络嗅探器，可以监控网络流量并收集API使用数据；结合API网关，捕获API请求和响应数据，并将其发送到监测系统；对接日志分析器：可以解析应用服务器日志文件，并提取API使用数据。

（2）数据加工。数据加工主要是对还原出的API操作日志进行二次分析打标，分析维度包括：API暴露的数据标签、API业务类型、API可访问网段、API所属业务系统等。可基于一些开源的数据处理技术进行自研。

（3）数据分析。数据分析是指结合安全场景对加工后数据进行聚合分析，业务场景包括：API资产梳理、API暴露面分析、API脆弱性分析、API行为风险分析、API合规性评估等API数据安全场景。可以使用多种技术来实现，包括不限于：利用机器学习算法，使用监督学习或无监督学习来检测API使用中的异常情况；利用可视化的统计分析，可以使用统计方法来检测API使用中的异常情况；建立风险规则引擎，可以使用预定义的规则来检测API使用中的异常情况。

（4）数据存储。可使用一些非关系型、分布式等类型的数据库将API资产数据、API审计日志、API风险日志存储180天以上。选择存储方式时，需要考虑数据的规模、存储需求和成本等因素，以及系统的可扩展性、可靠性和安全性等方面。

（5）数据开放。产品发现的风险需及时发送警报和通知，支持将日志推送到其他三方平台进行开放分析。风险预警规范可以使用电子邮件、短信或其他即时消息发送警报和通知。日志推送可以开放接口对第三方进行数据开放；也可以使用Syslog、Kafka对第三方进行数据推送。

3. 关键技术

（1）安全性。API风险监测系统必须保证数据的安全性，防止敏感数据被窃取或篡改。为此，系统需要使用安全协议，例如HTTPS，并采取其他安全措施。

（2）可扩展性。API风险监测系统必须具有可扩展性，以便能够适应不断增长的API使用量和不断变化的需求。为此，系统需要使用可扩展的架构和技术，例如分布式、容器化、微服务、云计算等。

（3）实时性。API风险监测系统必须具有实时性，能够及时检测和预警API使用中的潜在风险。为此，系统需要使用实时数据采集和分析技术，并且能够快速响应和处理警报和通知。

（4）可视化。API风险监测系统必须具有可视化的功能，能够将API使用数据和风险情况以图表、报表等形式展现出来，便于管理员和其他相关人员进行分析和决策。

（5）日志管理。API风险监测系统必须具有完善的日志管理功能，能够记录和存储API使用数据、分析结果、警报和通知等信息，以便进行回溯和分析。

6.11.3　应用场景

API风险监测最主要的应用场景有以下几种：

（1）摸清企业资产家底。内置资产自动梳理引擎，可将海量无序的API梳理成分类有序的API资产台账，助力企业掌握数据资产全貌，将僵尸API、影子API、涉敏API一网打尽。自动区分API和应用URL，聚焦传输数据的API。

（2）API安全风险可控。洞悉业务流量中可能存在的脆弱性风险，呈现当前API安全问题和数据健康状态，为后续漏洞提供改进依据。能够通过多维度对API的访问行为进行建模，对API的访问行为进行长效监测，并识别出异常行为，实时生成风险告警，实时监测企业内的API数据安全。

（3）事后风险溯源。对数据使用行为能够做到全面留痕，有效的保存API访问日志180+天，让网络运营者在发现问题时能够及时有效地溯源。

（4）API安全合规运营。持续识别 API暴露面、生命周期，支持多种合规审计场景，全面监测内部数据合规运营。

第二部分　数据要素市场与隐私计算

第 7 章　数据要素市场概述

7.1　数据的概念与特征

7.1.1　数据的概念

数据是对客观事物（如事实、事件、事物、过程或思想）的数字化记录或描述，是无序的、未经加工处理的原始素材。数据可以是连续的，如声音、视频图像等；也可以是离散的，如符号、文字等。

7.1.2　数据的特征

数据主要具有以下几个方面的特征：

（1）可记录性：数据是以适当的方式对事物的原始信息进行记录描述和识别的物理符号。

（2）规律性：数据是利用现代化信息技术对人类行为和事物的变化所做出的系统、全面的记录。

（3）客观性：数据反映的是客观事物的真实信息或者最接近真实的信息，不是凭空设想或者猜测出来的虚假信息。

（4）多样性：数据的表现形式多种多样，有结构化数据、非结构化数据，以及半结构化数据等形式。

7.2　数据资源和数据资产

数据资源和数据资产都是数据汇聚产生的结果，数据资源是数据的自然维度，数据资产是数据的经济维度，两个概念相互融合，且不冲突。

7.2.1　数据资源

数据资源，是载荷或记录信息的物理符号按一定规则排列组合而形成的集合，是能够参与社会生产经营活动、可以为使用者或所有者带来经济效益、以电子方式记录的数据。可以是数字、文字、图像，也可以是计算机代码的集合。区别数据与数据资源的依据主要在于是否具有使用价值，数据资源具有特定的使用价值。数据资源是一种宝贵的资源，但是数据资源的法律权属界定仍然是一个世界性难题，传统的法学确权理论还无法移植到数据这类易复制的无形资源上。

7.2.2 数据资产

数据资产，从本质上来讲是产权的概念，是指由个人或企业拥有或者控制的，能够为个人或企业带来经济利益的，以物理或电子的方式记录的数据资源。从会计学角度讲，数据资产并不完全符合会计准则中对资产以及无形资产的定义,其很难将数据计入财务报表。因此，数据目前还不能被视为传统意义上的资产。但数据资产化是世界经济发展的必由之路，也是数据成为一种生产要素的必然要求。

数据资产的基本特征通常包括非实体性、依托性、多样性、可加工性和价值易变性。

（1）非实体性：数据资产本身不具备实物形态，需要依托实物载体存在。数据资产的非实体性同时意味着其具备非消耗性，即数据不因使用而发生磨损和消耗等。因此，数据资产在存续期间可无限使用。

（2）依托性：数据资产必须存储在一定的介质里。介质的种类多种多样，例如纸、磁盘、磁带、光盘、硬盘等，甚至可以是化学介质或者生物介质。同一数据资产可以通过不同的形式，同时存在于多种不同的介质之中。

（3）多样性：数据资产在表现形式和融合形态等方面具有多样性的特征。数据资产的表现形式包括数字、表格、图像、文字、光电信号、生物信息等。此外，数据与数据库技术、数字媒体、数字制作特技等技术融合也可以产生更多样的数据资产。多样的信息可以通过不同方法实现互相转换，从而满足不同数据消费者的需求。数据资产的多样性在数据消费者身上表现的时候，是通过使用方式的不确定性展示的。不同数据资产类型拥有不同的处理方式。数据资产应用的不确定性导致数据资产的价值变化波动较大。

（4）可加工性：数据可以被维护、更新、补充、增加；也可以被删除、合并、归集、消除冗余；还可以被分析、提炼、挖掘、加工以得到更深层次的数据资源。

（5）价值易变性：数据资产的价值受多种不同因素的影响，包括技术因素、数据容量、数据价值密度、数据应用的商业模式和其他因素等。这些因素随时间推移不断变化，导致数据资产价值具备易变性。

7.3 数据要素的概念与特性

7.3.1 数据要素的概念

数据要素是参与社会生产经营活动中、为使用者或所有者带来经济效益、以电子方式记录的数据资源。与传统生产要素一样，数据要素就是将数据作为一种生产性资源，投入产品生产和服务过程中去，由一般的信息商品转化为新的生产要素。即数据作为新型生产要素，具有劳动工具和劳动对象的双重属性。首先，数据作为劳动工具，通过与场景的融合应用，能够提升生产效能，促进生产力发展。其次，数据作为劳动对象，通过采集、加工、存储、流通、分析环节，产生了价值。

区别数据资源与数据要素的依据主要在于其是否产生了经济效益。数据资源是具有价值的数据集合。只有投入社会生产经营活动之中，给个人、企业、社会带来经济效益的数据资源才能成为数据要素。

7.3.2　数据要素的特性

数据要素主要具有非竞争性、非稀缺性、非损耗性、非排他性和非恒价性的特点。

（1）非竞争性：任何人使用数据时都不会影响他人使用数据的数量。与劳动力、资本等传统生产要素相比，数据要素虽然具有较高的开发成本，但其可以在同一时间点被多种不同的主体在不同场景下使用，且增加使用者的边际成本基本为零。

（2）非稀缺性：数据要素突破了土地、资本、劳动力等传统生产要素有限供给的局限性，数据要素能够海量积累使数据规模趋近无限，同时具有自我繁衍的功能，在使用过程中创造丰富的数据资源。

（3）非损耗性：数据要素是可再生的，其开发和利用过程本质上就是一个不断产生信息和知识的过程，数据要素的价值在动态使用中得以发挥，不仅不会发生损耗，甚至还可以实现增值。

（4）非排他性：数据要素可以无限复制给多个主体同时使用，且各使用主体之间互不排斥也互不干扰，数据要素的非排他性随着消费者或使用者的增加而增强。

（5）非恒价性：数据要素的价值随着应用场景的变化而变化。数据要素在交易和流通过程中产生价值，且与应用场景有较大相关性。同样的数据要素，在不同的应用场景中，价值也不同。

7.4　数据要素市场的概念与特征

7.4.1　数据要素市场的概念

数据要素市场是以数据要素价值的开发和利用为目的，围绕数据要素生命周期中的各个环节所形成的市场。数据要素市场化就是将尚未完全由市场配置的数据要素转向由市场配置的动态过程，其目的是形成以市场为根本的调配机制，实现数据流动的价值或者数据在流动中产生的价值。数据要素市场化配置是一种结果，而不是手段。数据要素市场化配置是建立在明确的数据产权、交易机制、定价机制、分配机制、监管机制、法律范围等保障制度基础之上的。数据要素市场的发展，需要不断动态调整以上保障制度，最终形成数据要素的市场化配置。

7.4.2　数据要素市场的特征

数据要素市场有很多特性，相较于其他生产要素市场，其独具的特征如下：

（1）数据要素市场需求多样化。由于数据要素的非稀缺性和非损耗性，数据要素使用量大，取之不尽、用之不竭，且涉及国计民生的方方面面，这就导致数据要素市场具有需求多样化的特征。

（2）数据要素市场参与主体多元化。由于数据要素本身的非排他性、易复制性，使得同一数据要素可能涉及多个主体，具有多种权属关系，从而造成数据要素主体权责不清晰、数据权属难界定等特征。

（3）数据要素市场联动性较强。与传统生产要素市场相比，数据要素本身流通需求较旺盛。因此，数据要素要在不同机构、企业及行业间流通，实现其价值就离不开高度协同联动的市场环境。

（4）数据要素市场买卖模式多样。数据要素市场不一定是简单的撮合买卖模式，可以存在其他复杂模式。例如，多家金融机构之间通过共享用户数据，可以合作成立合资公司，按照数据贡献的比例来分配股权，合资公司整合数据资源后开发数据产品对外销售。这样，各个金融机构既获得了完整用户信息，又作为股东分享合资公司的利润。这个模式通过股权分配实现了利益绑定，使得数据整合产生了“1+1>2”的效应，解决了数据共享中的激励相容问题。

7.5 数据要素市场建设的意义

数据要素市场的建立和完善，有利于数据要素的整合分析、价格确定、交易流通和开发利用，激发各市场主体对数据流通的积极性；同时有利于构建公平有序的市场规则，打破已有的数据垄断现象，保障各市场主体平等获取和使用数据的权利。

当前，由于数据类型和特征的多样性，以及数据价值缺乏客观计量标准等原因，数据要素市场在建立过程中遇到了诸多问题，且尚待解决。但数据的点对点交易，即场外交易一直在发生。市场中现已存在大量的数据提供商，它们对数据的处理程度从浅到深大致可分为原始数据提供者、轻处理数据提供者和信息提供者。场外数据交易已经发展出咨询中介、数据聚合服务商和技术支持中介等，作为连接数据买方和数据提供方之间的桥梁。这些场外交易服务仍很不透明且非标准化，这是当前数据交易面临的普遍问题。更不容忽视的是非法数据交易，比如交易个人隐私数据的“数据黑市”和“数据黑产”。自2019年以来，我国对“数据黑产”展开了集中整顿。

如何在不影响数据所有权的前提下交易数据使用权，成为一个可行的探索方向。基于不同的技术手段，市场展开了多方面的尝试。一方面，将区块链技术用于数据存证和使用授权，在数据产权界定中发挥作用；另一方面，采用隐私计算技术，对外提供数据时采取密文而非明文的形式，从而使数据具备排他性。

7.6　我国相关政策解读

截至2022年年中，我国陆续出台了一系列与数据要素市场建设相关的政策，如图7-1所示。本节将介绍其中一部分关键政策。

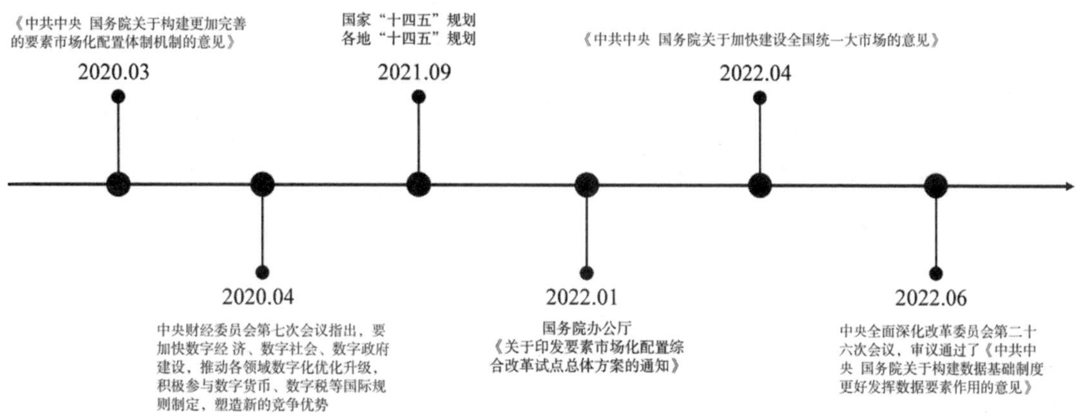

图 7-1　数据要素市场建设政策

（1）从2020年开始，数据要素市场重新激活，新一代数据要素市场在更加完善的政策制度、底层法律逻辑、新型商业逻辑的支撑下纷纷进入实质性建设阶段。在《中共中央 国务院关于构建更加完善的要素市场化配置体制机制的意见》中明确提出，要加快培育数据要素市场。

（2）2020年4月，中央财经委员会第七次会议指出，要加快数字经济、数字社会、数字政府建设，推动各领域数字化优化升级，积极参与数字货币、数字税等国际规则制定，塑造新的竞争优势。

（3）2021年9月，国家“十四五”规划提出，要建立健全数据要素市场规则，统筹数据开发利用、隐私保护和公共安全；加快建立数据资源产权、交易流通、跨境传输和安全保护等基础制度和标准规范。随后各省市、自治区、直辖市等地方政府在制定各地“十四五”规划时，有相当多的地方政府都提出关于加快数据要素市场化配置改革的工作目标和任务。

例如，北京市“十四五”规划提出，要加快培育数据要素市场。要制定数据管理条例，探索制定数据资源产权、信息技术安全、数据隐私保护等重点领域规则。制定公共数据管理办法，推动公共数据安全共享。鼓励互联网平台公司、大型研究机构向社会共享公共数据、驱动商业数据有效聚集。推进数据资产金融服务，探索数据资产质押融资、保险、担保、证券化。

上海市“十四五”规划提出，建立数据资源产权、交易流通、跨境传输和安全保护等基础制度和标准规范，探索数据资源统一登记确权体系。加快培育数据要素市场，推动数据交易从敏感、低附加值的数据买卖模式向脱敏、高附加值的知识赋能模式转变，培育形成一批具有国际一流水平的行业大数据应用平台和开发应用市场主体，积极参与数字领域国际规则和标准制定。建设数据要素开放共享管理体制，探索建立数据要素流通和交易体系，加快跨境数据安全流动先行先试。

广东省“十四五”规划提出，培育建立数据要素市场。制定出台地方性数据条例，建立健全数据生成采集、整合汇聚、确权定价、流通交易、开发利用、安全保护等方面的基础性规则和标准规范。构建经济社会重点领域规范化数据开发利用场景，开展数据应用试点示范。积极培育大数据交易市场，争取国家支持建设省数据交易平台和设立数字资产交易所。支持深圳市建设粤港澳大湾区数据交易平台，研究论证设立数据交易市场或依托现有交易场所开展数据交易，探索跨区域和跨境数据合作。开展数据生产要素统计核算试点。建立数据交易市场监管制度，开展监管执法，打击数据垄断、数据欺诈和数据不正当竞争行为。

浙江省“十四五”规划提出，推进数据要素市场化配置改革。探索建立统一规范的数据管理制度，科学界定数据权属，建立数据产权交易制度。推进公共数据开放共享，建立健全规范有序、安全高效的公共数据开放利用机制，推动社会数据和公共数据融合应用。提升社会数据资源价值，鼓励企业、行业协会、社会组织等单位开放自有数据资源，构建社会数据多源采集体系。积极培育公益性数据服务组织和研究机构。

值得注意的是，除了经济相对发达的“长三角”“珠三角”地区，“一带一路”沿线省份、东北地区也均对数据要素市场化配置改革作了新的部署。

（4）2022年1月，《关于印发要素市场化配置综合改革试点总体方案的通知》正式发布，为以后如何积极稳妥地开展要素市场化配置综合改革试点工作明确了方向，为数据要素市场化配置综合改革提出了以下几点要求：

① 完善公共数据开放共享机制。建立健全高效的公共数据共享协调机制，支持打造公共数据基础支撑平台，推进公共数据归集整合、有序流通和共享。探索完善公共数据共享、开放、运营服务、安全保障的管理体制。优先推进企业登记监管、卫生健康、交通运输、气象等高价值数据集向社会开放。探索开展政府数据授权运营。

② 建立健全数据流通交易规则。探索“原始数据不出域、数据可用不可见”的交易范式，在保护个人隐私和确保数据安全的前提下，分级分类、分步有序推动部分领域数据流通应用。探索建立数据用途和用量控制制度，实现数据使用“可控可计量”。规范培育数据交易市场主体，发展数据资产评估、登记结算、交易撮合、争议仲裁等市场运营体系，稳妥探索开展数据资产化服务。

③ 拓展规范化数据开发利用场景。发挥领军企业和行业组织作用，推动人工智能、区块链、互联网、物联网等领域数据采集标准化。深入推进人工智能社会实验，开展区块链创新应用试点。在金融、卫生健康、电力、物流等重点领域，探索以数据为核心的产品

和服务创新，支持打造统一的技术标准和开放的创新生态，促进商业数据流通、跨区域数据互联、政企数据融合应用。

④ 加强数据安全保护。强化网络安全等级保护要求，推动完善数据分级分类安全保护制度，运用技术手段构建数据安全风险防控体系。探索完善个人信息授权使用制度。探索建立数据安全使用承诺制度，探索制定大数据分析和交易禁止清单，强化事中事后监管。探索数据跨境流动管控方式，完善重要数据出境安全管理制度。

（5）2022年4月印发的《中共中央 国务院关于加快建设全国统一大市场的意见》明确提出，要加快培育统一的技术和数据市场。建立健全全国性技术交易市场，完善知识产权评估与交易机制，推动各地技术交易市场互联互通。完善科技资源共享服务体系，鼓励不同区域之间科技信息交流互动，推动重大科研基础设施和仪器设备开放共享，加大科技领域国际合作力度。加快培育数据要素市场，建立健全数据安全、权利保护、跨境传输管理、交易流通、开放共享、安全认证等基础制度和标准规范，深入开展数据资源调查，推动数据资源开发利用。

（6）2022年6月，中央全面深化改革委员会第二十六次会议，审议通过了《中共中央 国务院关于构建数据基础制度更好发挥数据要素作用的意见》，会议指出，数据作为新型生产要素，是数字化、网络化、智能化的基础，已快速融入生产、分配、流通、消费和社会服务管理等各个环节，深刻改变生产方式、生活方式和社会治理方式。我国具有数据规模和数据应用优势，我们推动出台《中华人民共和国数据安全法》《中华人民共和国个人信息保护法》等法律法规，积极探索推进数据要素市场化，加快构建以数据为关键要素的数字经济，取得了积极进展。要建立数据产权制度，推进公共数据、企业数据、个人数据分类分级确权授权使用，建立数据资源持有权、数据加工使用权、数据产品经营权等分置的产权运行机制，健全数据要素权益保护制度。要建立合规高效的数据要素流通和交易制度，完善数据全流程合规和监管规则体系，建设规范的数据交易市场。要完善数据要素市场化配置机制，更好发挥政府在数据要素收益分配中的引导调节作用，建立体现效率、促进公平的数据要素收益分配制度。要把安全贯穿数据治理全过程，守住安全底线，明确监管红线，加强重点领域执法司法，把必须管住的坚决管到位。要构建政府、企业、社会多方协同治理模式，强化分行业监管和跨行业协同监管，压实企业数据安全责任。

7.7　数据要素市场发展历程

7.7.1　第一代数据要素市场在国内的建设情况

7.7.1.1　第一代数据交易平台的情况

2014年到2017年，是我国数据要素市场高速发展的第一段时期。这一阶段，在全国范围内陆续建立了多家数据交易所（中心），形成了第一代的数据要素市场。作为早期成立的数据交易平台，各地大数据交易所（中心）的运营模式具有标志性意义。具体而言，2014年，全国首个大数据交易平台——中关村数海大数据交易平台在中国“硅谷”中关村成立。2014年12月31日，全国第一家大数据交易所贵阳大数据交易所成立，并于2015年4月14日正式挂牌运营。在2014～2017年，国内先后成立了23家由地方政府发起、指导或批准成立的数据交易机构，一时数据交易机构呈井喷态势。然而，2017年以后的几年间，各地新增数据交易机构数量骤降为零。

第一代数据要素市场中存在的数据交易平台可以分为以下4种类型：

（1）以大数据交易所（平台）为代表。这些平台大多在运营上坚持“国有控股、政府指导、企业参与、市场运营”的原则，大多采取会员制，数据供需双方需成为会员才能交易。

（2）以交通、电商、金融等领域的行业机构为代表。比如，中科院深圳先进技术研究院、深圳北斗应用技术研究院有限公司和深圳前海华视移动互联有限公司3个主体联合成立的“交通大数据交易平台”。这些行业的数据交易起步较早，数据流动更为方便。

（3）以数据服务商为代表。比如，数据堂、美林数据等。这类主体对数据资产采取“采产销”一体化运营，盈利性较强。

（4）以大型互联网公司建立的交易平台为代表。比如，京东建立的京东万象数据服务商城等。

7.7.1.2 第一代数据交易平台的困局

2018年到2020年成为数据要素市场建设的“空白期”。除了《贵州日报》于2018年报道“截至2018年3月，贵阳大数据交易所会员数量突破2000家，接入225家优质数据源，交易额累计突破1.2亿元，交易框架协议近3亿元，可交易数据产品近4000个”，其他几个省级数据交易中心的交易状态、数据交易量等数据均未对外公开，仅有的公开报道也多限于各家数据交易中心早期的交易数额。

经过几年演变，第一代数据要素市场已与目标发生了一定的偏离。以2016年成立的浙江大数据交易中心为例，最初的设想是要做一个开放的独立第三方交易场所，且有一定的定价权；至2019年，实际业务已经转变为数据应用与数据供需撮合服务的服务商。

第一代数据要素市场的发展现状主要由以下四个问题造成：

（1）上位法缺失。在《中华人民共和国数据安全法》《中华人民共和国个人信息保护法》《关键信息基础设施保护条例》出台之前，国家未对数据交易做出明确规定。

（2）数据确权困难。现有法律未对数据所有权做出明确规定，地方（除深圳外）没有立法权。

（3）交易内容单一。国内交易中心大多仅进行数据交易，交易的数据资产为未经加工的原始数据，既容易被再次贩卖，又容易泄露隐私。

（4）尚未形成综合交易市场。零散的市场主体依托自身掌握的区域或企业数据资源进行交易，交易规模小、市场活跃度低。

7.7.2　新一代数据要素市场方兴未艾

自从2020年3月以来，国家层面给数据要素市场在宏观层面的发展指明了方向。自此，全国各地根据文件的精神，掀起了新一代数据要素市场建设的浪潮。表7-1中列了截至2022年11月，国内建立的主要数据交易中心。

2020年8月，北部湾大数据交易中心在广西南宁揭牌。北部湾大数据交易中心是以“政府指导，自主经营，市场化运作”为原则组建的国际化数据资源交易服务机构和数据服务全生态交易平台，可以提供“一站式”全生态数据服务，是面向中国与东盟区域汇聚、处理、使用和交易各类数据产品的枢纽，也是建设“中国—东盟信息港”和实施数字广西战略的基础设施平台之一。

2021年3月，北京国际大数据交易所成立，它是贯彻北京市“国家服务业扩大开放综合示范区”和“中国（北京）自由贸易试验区”建设的标杆性重点项目。北京国际大数据交易所探索建立集数据登记、评估、共享、交易、应用、服务于一体的数据流通机制，推动建立数据资源产权、交易流通、跨境传输和安全保护等基础制度和标准规范，引导数据资源要素汇聚和融合利用，促进数据资源要素规范化整合、合理化配置、市场化交易、长效化发展，打造国内领先的数据交易基础设施和国际重要的数据跨境交易枢纽，加快培育数字经济新产业、新业态和新模式，助力北京市在数据流通、数字贸易、数据跨境等领域发挥创新引领作用，成为全球数字经济的标杆城市。

2021年8月，我国西北地区首个大数据交易所—陕西省大数据交易所在西安揭牌。陕西省立足培育发展数据大集市，吸引一批企业聚集，促进大数据生态体系建设。通过创新大数据发展模式，实现教育、医疗、环境、语音、交通、电商、微博、微信等各类大数据资源的汇集、交易、发布，并不断培育数据市场。

2021年10月，贵州省新一代数据交易市场推出，通过建立“三个一”，使政府公信力和政务数据资源供给得到进一步提高。其中，“三个一”分别为：一个贵州省数据流通交易服务中心，一家国有控股运营公司，一个数据流通交易平台。贵州省数据流通交易服务中心属于公益类事业单位。该中心计划兼顾效益、公平和数据安全，履行数据流通交易管理职责，在数据要素市场领域，建立和完善流通交易规则、交易平台运营管理、数据商准入管理等制度规范。国有控股运营公司，由省国资企业和贵阳市国资企业等共同组建了贵州云上数据交易有限公司，负责运营贵州省数据流通交易平台，具体承担市场推广、交易撮合、业务拓展等工作，积极探索市场化运营路径，培育一批专业“数据商”和第三方服务机构，努力营造一个服务全国的数据流通交易生态。通过采用隐私计算、区块链等新技术手段，以安全可信的开发利用环境为底座，搭建贵州省数据流通交易平台，包含数据产品上架、数据产品交易、数据商准入、交易监管等子系统，实现数据“可用不可见”“可控可计量”“可信可追溯”。

2021年11月，天津获批设立北方大数据交易中心，该中心立足天津，服务京津冀和北方地区，辐射全国，建立市场化主导的数据交易服务机构，搭建数据供需双方互联沟通的桥梁，以创新培育大数据业务场景驱动数据交易业务。生态城将以北方大数据交易中心的设立为契机，充分发挥数据要素价值，加快新旧动能转换，推动产业结构优化提升。

2021年11月，上海数据交易所正式揭牌。上海数据交易所的成立是贯彻落实中共中央国务院《关于支持浦东新区高水平改革开放打造社会主义现代化建设引领区的意见》的生动实践，是推动数据要素流通、释放数字红利、促进数字经济发展的重要举措，是全面推进上海城市数字化转型工作、打造“国际数字之都”的应有之义，也将有望成为引领全国数据要素市场发展的“上海模式”。上海数据交易所的设立，重点是聚焦确权难、定价难、互信难、入场难、监管难等关键共性难题，形成系列创新安排。一是全国首发数商体系，全新构建“数商”新业态，涵盖数据交易主体、数据合规咨询、质量评估、资产评估、交付等多领域，培育和规范新主体，构筑更加繁荣的流通交易生态。二是全国首发数据交易配套制度，率先针对数据交易全过程提供一系列制度规范，涵盖从数据交易所、数据交易主体到数据交易生态体系的各类办法、规范、指引及标准，确立了“不合规不挂牌，无场景不交易”的基本原则，让数据流通交易有规可循、有章可依。三是全国首发全数字化数据交易系统，上线新一代智能数据交易系统，保障数据交易全时挂牌、全域交易、全程可溯。四是全国首发数据产品登记凭证，首次通过数据产品登记凭证与数据交易凭证的发放，实现一数一码，可登记、可统计、可普查。五是全国首发数据产品说明书，以数据产品说明书的形式使数据可阅读，将抽象数据变为具象产品。

表 7-1 截至 2022 年 11 月国内建立的主要数据交易中心（所）

机　构	成立时间	公司主体	地　区
哈尔滨数据交易中心	2015 年 1 月	哈尔滨数据交易中心有限公司	黑龙江哈尔滨
贵阳大数据交易所	2015 年 4 月	贵阳大数据交易所有限责任公司	贵州贵阳
武汉东湖大数据交易中心	2015 年 7 月	武汉东湖大数据交易中心股份有限公司	湖北武汉
武汉长江大数据交易所	2015 年 7 月	武汉长江大数据交易中心有限公司	湖北武汉
重庆大数据交易平台	2015 年 9 月	数海信息技术有限公司拟参与建设	重庆
华东江苏大数据交易中心	2015 年 11 月	华东江苏大数据交易中心股份有限公司	江苏盐城
华中大数据交易所	2015 年 11 月	湖北华中大数据交易股份有限公司	湖北武汉
交通大数据交易平台	2015 年 11 月	中科院深圳先进技术研究院、深圳北斗应用技术研究院有限公司、深圳前海华视移动互联有限公司联合成立	广东深圳
河北大数据交易中心	2015 年 12 月	北京数海科技有限公司参股	河北承德
杭州钱塘大数据交易中心	2015 年 12 月	杭州钱塘大数据交易中心有限公司	浙江杭州
广州数据交易服务平台	2016 年 3 月	广州数据交易服务有限公司	广东广州

（续表）

机　　构	成立时间	公司主体	地　　区
西咸新区大数据交易所	2016 年 4 月	西咸新区大数据交易所有限责任公司	陕西西安
上海数据交易中心	2016 年 4 月	上海数据发展科技有限责任公司	上海
亚欧大数据交易中心	2016 年 8 月	九次方大数据信息集团有限公司参与建设	新疆乌鲁木齐
丝路辉煌大数据交易中心	2016 年 10 月	丝绸之路大数据有限公司出资组建	甘肃兰州
浙江大数据交易中心	2016 年 11 月	浙江大数据交易中心有限公司	浙江杭州
南方大数据交易中心	2016 年 12 月	深圳南方大数据交易有限公司	广东深圳
河南中原大数据交易中心	2017 年 2 月	河南中原大数据交易中心有限公司	河南郑州
青岛大数据交易中心	2017 年 4 月	青岛大数据交易中心有限公司	山东青岛
河南平原大数据交易中心	2017 年 11 月	河南平原大数据交易中心有限公司	河南新乡
东北亚大数据交易服务中心	2018 年 1 月	吉林省东北亚大数据交易服务中心有限公司	吉林长春
香港大数据交易所	2019 年 4 月	长城共同基金旗下的投资主体	香港
山东数据交易平台	2020 年 1 月	山东数据交易有限公司	山东济南
山西数据交易平台	2020 年 7 月	山西综改示范区、百度公司	山西太原
北部湾大数据交易中心	2020 年 8 月	广西北部湾大数据交易中心有限公司	广西南宁
安徽大数据交易中心	2020 年 9 月	安徽大数据产业发展有限公司	安徽淮南
中关村医药健康大数据交易平台	2020 年 9 月	北京大数据中心参与	北京
北京国际大数据交易所	2021 年 3 月	北京国际大数据交易有限公司	北京
长三角数据要素流通服务平台	2021 年 9 月	凌志软件股份有限公司参与	江苏苏州
北方大数据交易中心	2021 年 11 月	北方大数据交易中心（天津）有限公司	天津
上海数据交易所	2021 年 11 月	上海数据交易所有限公司	上海
华南国际数据交易公司	2021 年 11 月	华南（广东）国际数据交易有限公司	广东佛山
西部数据交易中心	2021 年 12 月	西部数据交易有限公司	重庆
深圳数据交易所（筹）	2021 年 12 月	深圳数据交易有限公司	广东深圳
合肥数据要素流通平台	2021 年 12 月	安徽大数据产业发展有限公司	安徽合肥
德阳数据交易平台	2021 年 12 月	德阳数据交易有限公司	四川德阳
海南数据产品超市	2021 年 12 月	中国电信海南分公司参与	海南海口
湖南大数据交易所	2022 年 1 月	湖南大数据交易所有限公司	湖南长沙

（续表）

机　　构	成立时间	公司主体	地　　区
无锡大数据交易平台	2022 年 3 月	江苏无锡大数据交易有限公司	江苏无锡
福建大数据交易所	2022 年 7 月	福建大数据交易所有限公司	福建福州
贵州省数据流通交易服务中心	2022 年 8 月	贵州省事业单位	贵州贵阳
青岛海洋数据交易平台	2022 年 8 月	青岛国实科技集团有限公司参与	山东青岛
郑州数据交易中心	2022 年 8 月	郑州数据交易中心有限公司	河南郑州
广州数据交易所	2022 年 9 月	广州数据交易所有限公司	广东广州

7.8　数据要素市场发展的挑战和机遇

7.8.1　数据要素市场发展的挑战

数据要素市场发展存在以下六大挑战。

7.8.1.1　数据统筹力度弱

统筹协调有力、整合资源高效是发展数据要素市场的首要条件，当下我国数据资源开放共享刚刚起步，各行各业思想认识不一致，数据开放整体制度尚不成熟。

一方面，中央层面统筹力度不足。自2015年以来，促进大数据发展部际联席会议制度发挥了重要协调作用,但仍然难以解决未来构建超大规模数据市场所必须匹配得更加专业、更加精细地统筹决策和落地执行等一系列问题。部委层面，国务院组成部门、直属特设机构和直属机构中，超过60%的单位印发对应领域大数据发展文件，并启动本行业大数据中心体系建设。各部委纷纷加强本行业数据管理，但“烟囱林立”、条块分割、重复建设等问题较为突出，跨部门、跨系统、跨区域统筹协调难度依然很大，难以形成整体合力。未来面对数据流通的超级规模、超广泛领域、超复杂技术、全时空监管等特征，当下顶层缺位、上下不连、横向不通的管理体制机制的缺陷和障碍已经十分突出。

另一方面，地方层面自本轮机构改革以来，已有25个省级地方成立大数据管理机构，成立的机构表现形式为组建大数据管理局、政务服务数据管理局和大数据管理中心。由于缺乏统筹，各地大数据机构设置和职能范围五花八门，有的属于省政府主管，有的隶属国务院办公厅、国家发展和改革委员会、经济和信息化委员会等职能部委，机构性质多元带来了运行机制的差异。

7.8.1.2　数据立法待突破

数据作为一种虚拟物品，其权利体系构成与实物有所差别，从全球范围看，数据确权问题均是巨大挑战。特别是随着互联网平台经济日益发达，数据权属生成过程愈加复杂多变。当下，我国在数据开放、数据交易和数据安全层面的立法亟须突破。首先，数据开放层面法学理论和立法总体滞后。数据作为一种虚拟环境物品，其权利体系的构成与界定与传统现实物品差异很大，需要对传统民事权利体系理论进行扩充和完善。目前，《中华人民共和国政府信息公开条例》尚未适应数据开放的管理，数据开放原则、数据开放平台、数据管理制度还需要进一步完善。

其次，数据权属和交易生成过程多元、多变且复杂。如在数据交易方面，数据权属、数据交易市场准入、市场监管以及纠纷解决等机制尚未立法规定。以网约车为例，用户原始数据被平台收集后，通过运营商网络传输，关联数据可能同时与消费者个体、平台、运营商和监管部门均有关联，其权属界定同时存在国家数据主权、数据产权和数据人格权三种视角，标准难以统一。

最后，数据安全作为棘手的问题，增加了数据确权的难度。《中华人民共和国网络安全法》颁布后，关键信息基础设施界定、网络产品和服务审查以及网络运营者安全义务界定等缺乏实施细则，存在很多模糊地带，进一步影响数据有效确权。

7.8.1.3 交易市场培育难

数据具有一定程度的排他性、质量价值差异性、收集成本高等特征，因此，大数据市场的进入壁垒得以提高，市场垄断得以形成。一方面，高昂的数据成本降低了数据的可获得性；另一方面，数据的质量和价值会伴随时间推移而递减。对于企业来说，如果数据的时效性和相关性不能得到保障，其竞争优势也会丧失。

当下数据交易市场培育面临以下五个方面的问题：一是数据标准化、资产化和商品化体系尚未建立。各方在开展数据共享流通时，因为统一标准欠缺导致无法建立统一的数据大市场。二是数据收益和成本估算机制较为缺乏。这是因为数据价值会随着交易主体和应用场景的变化而变化，交易过程容易出现信息不对称的问题。三是交易双方信任机制难以建立，把握数据使用流向问题难以解决。四是数据定价模式缺乏系统框架。目前，大量零散数据交易定价均针对应用场景，缺乏统一的数据定价标准。五是形成交易市场的要件尚不具备，我国尚缺乏实现数据资产化、商品化和标准化的交易体系，制约了数据交易市场的形成。在交易事前阶段，缺乏针对数据产品和交易商的评估体系，数据质量难以保障，“脏数据”、假数据随处可见。在交易事中阶段，缺乏统一的交易撮合定价体系，依靠点对点交易甚至“数据黑市”方式进行，加剧了数据滥用和诈骗等现象的滋生。在交易事后阶段，缺乏全国统一的数据可信流通体系，区块链等新技术应用不足，进一步阻碍了数据要素的顺畅交易流通。

7.8.1.4 创新资源配置难

数字经济时代资源配置的空间逐步拓宽，由原来的物理空间正在扩展到网络空间，跨区域的系统创新有了可能，但与之配套的营销服务、通用技术、规范标准尚未建立健全，在一定程度上影响了创新资源的配置。

当下，数据资源配置面临的问题主要集中在以下四个方面：

（1）在政府管理层面，数据资源共享壁垒仍难打破，各个部委主管行业数据和地方成立的大数据机构职能不够统一。由此带来了数据资源的调度欠缺统筹管理，条块分割问题普遍存在，共享渠道不畅等问题。

（2）在政企之间，数据资源对接困难较大。一方面，我国政务数据开放刚刚起步，全国开放数据集规模仅为美国的1/9，企业生产经营数据中来自政府的仅占7%。另一方面，市场环境中的公司企业，特别是掌握海量数据的超大型互联网企业，出于对用户隐私的保护和对商业利益的维护，向政府开放数据资源的意愿低。

（3）在市场层面，互联网公司梯队划分界限逐步明晰，垄断现象开始凸显，形成“阿里系”“腾讯系”等数据共享阵营，彼此之间数据壁垒森严，阻碍了数据要素市场一体化步伐。

（4）在产、学、研协同层面，数据与创新链存在严重脱节。人才和技术集聚的高校科研机构缺乏一手数据展开研究，拥有海量数据的政府机构和头部互联网企业数据分析人才欠缺，由此带来大数据领域“两张皮”的困境。

7.8.1.5 数据市场监管难

数据技术与市场体系的结合，重构了市场中参与主体间的关系结构，也带来新的市场竞争方式和竞争规则。但是当前的市场监管大多是在工业经济时代诞生的，与数字经济的发展还存在诸多不匹配的地方。这主要是因为数字经济市场的竞争增加了线上维度，是一场新的竞争，数字经济市场竞争在赋予企业更强能力的同时，也带来了不规范。比如，针对垄断型平台企业监管手段有待加强。当前，在社交媒体、共享经济、移动支付、电子商务等数字经济重点领域，平台垄断现象日益凸显，一些头部超大型企业掌握的数据资源规模和价值甚至已超过政府监管部门，存在形成数据市场“法外之地”的隐患。

当前，数据要素市场监管中的三个“不适应”问题值得关注，具体如下。

（1）原有针对传统企业的监管模式与数据要素市场的高效流动性不相适应，亟待建立新型事前、事中、事后监管模式，加强数字经济领域重大突发事件的应急响应处置能力。

（2）条块分割的监管体制与数据要素市场的协同联动性不相适应。在条块化和属地化的数据管理机制下，单个部门或单个地区的监管力量已不足以应对“互联网+”“大数据+”驱动的跨地区、跨行业、跨层级的数据监管需求。

（3）传统线下监管手段与数据要素市场线上线下一体化特性不相适应。比如，一些教育、出行、医疗、金融等领域的数据型企业难以完全参照线下经营实体资格条件取得相应牌照和资质，无形中提高了创业门槛。

7.8.1.6　数据安全保障难

当前，我国发展数据要素市场需要高度关注以下数据安全问题。

（1）数据“阿喀琉斯之踵”隐患日益突出。在我国数字经济发展和数字政府建设过程中，公民、企业和社会组织等有关社保、户籍、疾控、政策等海量数据正进行大规模的整合存储。这些数据一旦泄露，对个人而言可能造成隐私曝光、经济受损等影响，对企业和机构可能造成核心经营数据和商业秘密外泄等后果，对政府则可能造成调控混乱、决策失误和治理瘫痪等问题。

（2）全新数据技术的特殊性对安防技术提出新挑战。全新关键技术的应用需要在改变已有信息系统架构的基础上完成，这些变化通常会带来诸多新的漏洞风险。例如，目前大数据平台大多基于Hadoop框架进行二次开发，安全机制缺失，安全保障能力比较薄弱。

（3）网络安全产业整体实力弱，在个人、企业、国家和国际等层面以及互联网底层技术层面，一定程度上都存在安全问题，黑客攻击、网络犯罪、网络窃密等互联网安全事件频发。

7.8.2　数据要素市场发展的新机遇

常言道，挑战与机遇并存。由于上述六大挑战，数据要素市场建设过程中也展现了以下五大新机遇。

7.8.2.1　建立全社会数据流通公共服务平台的机遇

完善数据要素市场，基础平台的建设不容忽视，从发展空间来看，未来10年随着5G、区块链等新技术加速推广，数据要素市场基础设施将面临巨大“瓶颈”。亟须加快建设全国一体化国家大数据中心体系，建立完善“政—政”数据共享、“政—企”数据开放、“企—政”数据汇集和“企—企”数据互通四个方向的数据要素流通公共服务体系。具体而言，包含以下四类数据流通公共服务体系：

（1）公共数据共享交换平台体系。通过完善公共数据共享交换平台体系，深入推进政务信息系统整合共享工作，构建国家信息交换体系，建立覆盖各级各类政府部门和公共部门的数据共享交换机制，推动政务数据共享实现跨地区、跨部门和跨层级。

（2）国家公共数据开放体系。为了建立完善的国家公共数据开放体系，首先需要各级部门完善和健全公共数据开放体系，制定数据开放进程和计划，在加强安全和隐私保护的前提下开放相关数据集，形成国家大数据智力众包机制。

（3）社会化数据采集体系。社会化数据采集体系的建立和完善，需要清理、整合、统筹各级政府面向社会化机构的数据采集和信息报送渠道，依法依规建立社会化数据统一获取和合作机制，探索建立面向超大规模头部互联网企业的数据目录备案机制，推动政务数据与社会化数据平台化对接，充分发挥社会治理合力。

（4）国家数据资源流通交易体系。国家数据资源流通交易体系的建立，需要搭建包括数据交易撮合、交易监管、资产定价、争议仲裁在内的全流程数据要素流动平台，明确数据登记、评估、定价、交易跟踪和安全审计机制。建立全社会数据资源质量评估和信用评级体系。利用区块链等新技术，搭建全社会数据授权存证、数据溯源和数据完整性检测平台。

在以上基础上，可以建设超大规模数据新型基础设施体系。例如，可以打造“国家数网”体系，推动“东数西算”，实现东部产业资源与西部算力和能源的有效衔接；同时配合京津冀、粤港澳、长三角等国家战略建设区域数据中心，形成以数据为纽带的东中西协调发展新格局。

7.8.2.2 营造便于数据要素流通的市场环境的机遇

数据要素流通环境的建构要以应用需求为指引，精准对接市场需求，坚持多元协同共治原则，充分发挥政府和市场两类资源优势，强化数据确权定价、准入监管、公平竞争、跨境流通、风险防范等方面的制度建设，营造健康可持续的数据市场环境。

（1）建立数据确权定价基本框架。建设全国数据资源统一登记确权体系，分层分类对原始数据、脱敏化数据、模型化数据和人工智能化数据的权属界定和流转状态进行动态管理，形成覆盖数据生成、使用、采集、存储、监测、收益、统计、审计等各个方面，面向不同时空、不同主体的确权框架。探索建立成本定价、收益定价、一次定价与长期定价相结合的数据资源流通定价机制。

（2）简化数据市场准入机制。修订完善《互联网信息服务管理办法》等现有法律规制，降低数据领域新技术、新业务和创业型企业的准入门槛，结合商事制度改革要求，厘清前置审批与业务准入之间的关系，采用正面引导清单、负面禁止清单和第三方机构认证评级相结合的方式，简化、规范数据业务市场准入备案制度。

（3）强化事中事后监管。梳理数据产业发展监管环节和线上线下监管要素，完善以数据为基础、以信用为核心的事中事后监管手段。构建覆盖数据企业市场竞争、股权变动、服务运行、信息安全、资源管理等环节的信息采集上报机制，研究形成针对数据流量造假、隐私泄露、数据泄露和滥用等新型不正当竞争行为的监管治理手段，探索建立政府、平台型企业、数据市场主体和个人多方参与、协同共治的新型监管机制。

（4）探索完善数据跨境流通市场机制。充分运用区块链等新技术探索建立开放透明的跨境数据流动监管体系，积极参与数据跨境流通市场相关国际规则制定。以海南自贸区(港)、深圳中国特色社会主义先行示范区等为依托，开展境内离岸数据中心服务试点，建设一批全球数据港，允许外资服务提供者在自贸区内设立合资或独资企业，发展外向型数据业务服务。

（5）建立数据市场风险防控体系。建立面向企业的数据安全备案机制，提升数据安全事件应急解决能力。建立数据市场安全风险预警机制，提前应对数据带来的就业结构变动、隐私泄露、数据歧视等社会问题，严控数据资本市场风险。设立数据跨境流动风险防控机制，加强跨境数据流动监测和业务协同监管。强化关键领域数字基础设施安全保障，切实加大自主安全产品采购推广力度，保护专利、数字版权、商业秘密、个人隐私等数据。

7.8.2.3　完善数据要素流通分配政策工具的机遇

数据的权属界定是大数据市场有序竞争的前提。数据政策和立法需要与《中华人民共和国反垄断法》《中华人民共和国民法典》《中华人民共和国个人信息保护法》《中华人民共和国数据安全法》《中华人民共和国消费者权益保护法》紧密结合，坚持审慎包容，对与数据要素流通相关的财政、税收、金融、投资等方面的政策进行适配优化，建立与数字化生产力相匹配的数据要素流通分配政策工具箱。

（1）探索推进“数据财政”模式在政府治理中的应用。有序推进公共数据资产运营和增值化开发利用，探索数字经济贡献度与财政支出挂钩的财政管理体制改革模式，逐步形成政府数据开放共享促进地方财税收入的良性模式。

（2）建立健全适应数据要素特点的税收征管制度。建立针对大型平台企业的跨地域税收联合征管机制，探索鼓励企业向政府安全共享监管数据的税收抵扣政策，加大对小微企业和以数据为核心的技术创新企业的税收优惠，积极参与数字经济国际税收规则体系构建。

（3）大力发展数字金融，推动金融体系数字化转型。落实并完善适应数据要素市场化的金融政策，积极探索区块链、人工智能等新技术在监管金融市场中的应用，发挥金融机构在交易市场中的作用，鼓励金融机构进行业务创新。优化数字经济基础设施领域投资结构，加强投资引导，切实转变数字经济领域政府投资“重硬件、轻软件，重建设、轻应用，重监管、轻服务”导向，引导社会资本参与数字经济投资。

（4）抓紧解决数据确权和立法问题。应建立以促进产业发展为导向的数据产权框架，分层分类对原始数据、脱敏数据、模型数据和人工智能数据的权属进行动态管理，建立全国数据资源的统一登记确权体系，加快数据立法进度。

（5）构建与数据市场相适配的宏观政策工具箱。完善金融财税政策，推动土地财政向数据财政转变，探索数字经济跨域税收联合征管，大力发展数字金融。优化宏观经济“三驾马车”，强化数据拉动消费升级，加大数字化有效投资，推进建设“数字丝路”。

7.8.2.4　推进数据与其他创新要素深度融合的机遇

探索建立以数据链有效联动产业链、创新链、资金链和人才链的“五链协同”制度框架，促进建立实体经济、科技创新、现代金融、人力资源协同发展的产业体系。“五链协同”的制度框架可以从以下三个方面展开：

（1）聚焦产业链，以数据链连接创新链。大力推进科学数据共享平台的建设，推进数据驱动型创新研发。构建以数据为纽带的产、学、研协同创新体系，鼓励以“官助民办”形式建立大数据和人工智能开放创新公共平台，形成大数据智力众包模式。

（2）围绕产业链，以数据链激活资金链。建立基于大数据的产业运行监测和精准投资体系，针对产业链不同环节设立知识产权基金、协同创新基金和产业并购基金，形成全链条精准化投融资渠道，促使资金向具有竞争优势的实体经济企业汇聚。

（3）依托产业链，以数据链培育人才链。依托重点产业数据集群优势，建设不同行业大数据实习实训平台，培育具有世界水平的数据科学家、工程师和高水平创新团队。发挥大数据人才精准画像和供需匹配优势，为各层次人才提供“代理式”“一站式”“全天候”服务，促进产业链、数据链和人才链同频共振。

7.8.2.5　优化产业结构、充分释放数据要素的转型带动作用的机遇

生产要素的流动有利于经济重心的转移。在改善数据要素配置效率的同时，需要深入剖析影响供给侧结构性改革的根源，寻求数据要素在市场结构中的最佳位置。因此，要大力推进大数据、人工智能、区块链、5G等技术形态与实体经济深度融合，以信息化培育新动能，以新动能推动新发展，从而带动我国经济发展的质量变革、效率变革、动力变革。数据要素至少可以推动以下三个方面的结构性改革：

（1）优化动力结构。在消费端，培育以数据为核心的消费新业态新模式，强化数据对消费升级的拉动作用。在投资端，加快建设大数据、人工智能、区块链等数字经济基础设施，拉动有效投资。在贸易端，搭建“一带一路”大数据公共服务平台，为地方政府和社会化机构“走出去”和全球贸易决策提供数据服务。

（2）优化产业结构。全面推动大数据、人工智能、 区块链、5G等新技术应用和产业孵化，为数字化产业发展创造良好的“生态环境”。加快产业数字化转型，营造企业竞相发展、活力迸发的数据创新创业氛围，推动互联网、高端制造、现代农业等“数据富矿区”企业大数据转型，发挥数据推动一、二、三产融合发展的“黏合剂”效应。

（3）优化区域结构。推动建设“东数西算”工程，促进东部产业和创新资源与西部算力和能源资源的有效衔接，形成以数据为纽带的东中西协调发展新格局；建设粤港澳、京津冀、长三角等一批区域性数据要素共享流通枢纽工程，充分发挥数据要素在推进区域协调发展中的纽带和桥梁作用。

第 8 章　数据要素流通的法律支撑

8.1　国内法律法规的解读

8.1.1　《中华人民共和国网络安全法》解读

2017年6月1日，《中华人民共和国网络安全法》正式实施，作为我国网络安全领域的基础性法律，目的是“保障网络安全，维护网络空间主权和国家安全、社会公共利益，保护公民、法人和其他组织的合法权益，促进经济社会信息化健康发展”，本法的颁布在网络安全历史上具有里程碑的意义。

《中华人民共和国网络安全法》的正式实施，宏观层面意味着网络安全同国土安全、经济安全等一样成为国家安全的重要组成部分；微观层面意味着细化了网络空间安全治理的具体目标与任务，是当前我国开展网络空间安全治理的纲领性文件。《中华人民共和国网络安全法》自正式施行以来，为应对新的网络安全态势，在保障网络安全，维护网络空间主权和国家安全，保护公民、法人等合法权益，以及促进网络产业发展等方面都发挥了重要作用，提升了国家网络安全的法律保障能力。

《中华人民共和国网络安全法》指出了关键信息基础设施的重要性和关键性，明确了国家网信部门对网络安全工作和相关监督管理工作的统筹协调地位，具体化了各部门在信息保护等方面的工作职责，有利于各部门和广大人民群众提高网络安全意识，在面对网络安全威胁时更加有效地维护自身权益。

例如，《中华人民共和国网络安全法》的第七章附则中对“网络”“网络安全”进行了明确的界定，因此安全的保障不仅限于保护物理领域的通信设备安全，也要保护网络非物理领域的信息安全。《中华人民共和国网络安全法》的第四章“网络信息安全”，对网络运营者、用户个人、监管部门及其工作人员等行为主体在网络空间的行为做出了明确的法律规定。例如，网络运营者对用户信息或个人信息的保密与保护；任何个人和组织应当对其使用网络的行为负责，不得窃取或者以其他非法方式获取个人信息，不得非法出售或者非法向他人提供个人信息。这些规定与条款明确了不同行为主体在网络空间的法律责任，为依法保护网络信息安全提供了法律依据。

由于网络信息安全涉及“内容数据”“流量数据”，是“网络数据的完整性、保密性、可用性”等问题，主要保障表达自由与进行合理规制之间的平衡。从实现“信息自由流动与维护国家安全、公共利益实现有机统一”的战略目标出发，网络空间信息治理具有双重使命：一方面是保障网络信息安全，另一方面要促进“信息自由流动”，逐步落实《中华人民共和国宪法》赋予公民的基本权利和义务。

在数据要素市场的建立与运作过程中，数据的流通交易、开发利用是需要满足的核心能力。数据与信息在网络空间中的流通是数据要素流通交易和开发利用的基础，也是《中华人民共和国网络安全法》的适用范围。

8.1.2 《中华人民共和国数据安全法》解读

《中华人民共和国数据安全法》，是我国第一部有关数据安全的专门法律，也是国家安全领域的一部重要法律，已于2021年9月1日起正式施行。《中华人民共和国数据安全法》作为全球数据安全综合立法的首创性探索，对于全球数据安全相关法律法规的制定具有引领和示范意义。

8.1.2.1 《中华人民共和国数据安全法》的背景

1. 外迎挑战

自2018年以来，随着GDPR的生效，在全球范围内掀起了数据保护的浪潮。根据联合国贸发会发布的数据，全球已有132个国家和地区制定了数据保护和隐私相关的法律。以“国家安全”为盾抵御数据跨境流通带来的风险似乎已成为备受青睐的有效举措，甚至成为各国政治、经济博弈的重要手段。数据安全现已成为国家安全与权力博弈的重要内容，中国的数据安全立法迫在眉睫。

2. 内促发展

近年来，我国不断完善对于数据与信息安全的法律保护及顶层设计。《中华人民共和国数据安全法》的颁布反映了国内对于数据开发与利用的现实需求，数据安全立法涉及国家、数据产业、企业以及个人等主体重大而广泛的利益。2020年3月30日印发的《中共中央国务院关于构建更加完善的要素市场化配置体制机制的意见》，明确提出数据成为土地、资本、劳动力及技术之外的第五大基本市场要素。2020年5月28日，全国人民代表大会通过的《中华人民共和国民法典》，首次将数据和网络虚拟财产纳入保护范围，赋予数据一定的财产属性。因此，数据安全与保护已成为我国经济发展战略布局必不可少的部分。

8.1.2.2 《中华人民共和国数据安全法》的介绍

《中华人民共和国数据安全法》总则第七条中明确指出：“国家保护个人、组织与数据有关的权益，鼓励数据依法合理有效利用，保障数据依法有序自由流动，促进以数据为关键要素的数字经济发展。”这标志着国家鼓励数据依法合理有效利用，保障数据依法有序自由流动，促进以数据为关键要素的数字经济发展，为后续地方性立法提供了上位法依据，同时为数据安全产业的发展带来新的商机。

数据交易这个概念也是第一次在全国性法律中被提及而引发关注。《中华人民共和国数据安全法》第十九条规定：“国家建立健全数据交易管理制度，规范数据交易行为，培育数据交易市场。”这体现了国家对合法数据交易的支持。同时，第三十三条对从事数据交易中介服务的机构提出了具体的管理措施，体现了国家兼顾数据安全，约束、规范数据交易中介服务机构，建立良好数据交易秩序的要求。但对服务本身尚未给出明确的范围，相关市场参与者可参考国标《信息安全技术　数据交易服务安全要求》中“帮助数据需方和供方完成数据交易的活动”对自身的业务属性进行定位。该项规定鼓励数据主体参与数据交易活动中来，促进数据有序流动，从而带动整个数据产业的安全、健康、快速发展。

政务数据在数字经济创新发展中，属于十分重要的一种资源，在促使经济增长方式转变方面具有十分重要的作用。《中华人民共和国数据安全法》中对“政务数据安全与开放”进行了单独章节的编写,突出强调了政务数据的应用价值及对公共数据开放的指引性作用。

（1）明确总体要求。《中华人民共和国数据安全法》提出了政务数据开放的总体要求，并明确规定：“国家制定政务数据开放目录，构建统一规范、互联互通、安全可控的政务数据开放平台，推动政务数据开放利用。” 政务数据已成为促进政府科学决策、提高公共管理效能的重要资源。建设数字城市带动大量公共服务数据采集、分析进一步提升了政务数据的体量和质量。由政府引导政务数据开放，能进一步推动社会组织的数据开放行为。

（2）进一步明确国家机关的安全责任。国家机关安全责任包括依法收集使用数据、对履职中依法知悉的数据予以保密、建立健全数据安全管理制度、监督受托方履行相应的数据安全保护义务，及时、准确地公开政务数据。

《中华人民共和国数据安全法》敏锐洞察到政府履职过程中收集、使用数据的安全合规、数据保密、数据共享和委托第三方设计、运维电子政务系统带来的安全问题，要求相关国家机关制定完善的数据安全管理制度、严格的批准程序并落实安全监督职责。特别是目前电子政务系统建设愈加依赖企业提供的专业服务，“政府购买服务”已成为当下的主流趋势，但服务外包不等于安全责任的转移，政府部门依然是网络数据安全的第一责任人，因此必须严格落实对服务机构的安全监管职责。

在数据安全保障的前提下，《中华人民共和国数据安全法》明确了政务数据以公开为原则、不公开为例外的基本理念。个人隐私保护、敏感数据安全使用、数据确权等可以引入“隐私计算”模式，实现数据共享的“可用不可见”，解决数据信任和隐私保护、溯源等难题，保障政务数据安全、高效开放，提升国家机关运用数据服务经济社会发展的能力。

8.1.3　《中华人民共和国个人信息保护法》解读

8.1.3.1　《中华人民共和国个人信息保护法》的介绍

《中华人民共和国个人信息保护法》于2021年11月1日正式施行。《中华人民共和国个人信息保护法》总体而言采取了优先保护个人权利和社会公共利益的路径。具体而言，《中华人民共和国个人信息保护法》列举了个人信息处理的合法基础，包括：授权同意、合同必需、履职必需、应对突发公共卫生事件、在合理的范围内处理已公开的信息、公益目的等。

与国际立法相比，个人信息处理者的合法利益本身不能构成授权同意之外的合规基础。对一般市场参与者而言，主要的数据处理合规基础是授权同意、合同必需和在合理范围内处理已公开的信息：

（1）对授权同意而言，实践中可采用交互式弹窗的形式在用户使用特定功能时逐一获取该功能必需的数据，明确列出数据共享的目的及合作方名单，在隐私协议条款前简要介绍核心条款等。在平衡法律要求、用户体验和保障消费者知情权方面，行业开始摸索一套较为成熟的合规实践。

（2）对合同必需而言，合同必需的原则与最小必要原则密切相关。因此，在获取数据之前，市场参与者需要区分产品服务的核心功能和附加功能，审慎衡量获取的数据类型是不是提供相关产品和服务的必要前提。

（3）对在合理范围内处理已公开的信息而言，《中华人民共和国个人信息保护法》也在附则中对其含义进行了进一步的明确。市场参与者可能需要评估个人信息主体公开信息的具体途径、目的、预期公开程度、数据使用目的是否超出个人信息主体的合理预期等因素。由于该合规基础的模糊性较大，相对而言也会存在更多的合规隐患。

8.1.3.2 《中华人民共和国个人信息保护法》的应用实践

考虑到实践中普遍存在不支持注销账户、撤回同意投诉无门等问题，《中华人民共和国个人信息保护法》要求个人信息处理者提供便捷的撤回同意方式。撤回同意的便捷程度与给予授权的便捷程度相对等。此外，《中华人民共和国个人信息保护法》明确，撤回同意不影响撤回前基于个人同意已进行的个人信息处理活动的效力。由于数据存在极强的可复制性，个人信息主体在给出首次授权同意后，对于姓名、身份证号、手机号、地址等相对静态的信息很容易失去控制权。即使在撤回同意后，个人及每个环节数据处理者也很难控制数据的后续流转。相比而言，更容易落地的是行为类数据，相关数据处理者需要确保在个人信息主体撤回同意后，相关数据被终止搜集，必要时也需要对其进行删除或匿名化。

针对实践中儿童早已成为在线教育、线上游戏、视频网站和社交产品的用户群体之一的情况，《中华人民共和国个人信息保护法》明确要求将不满十四周岁未成年人的个人信息作为敏感个人信息加以保护。因此，相关数据处理者可能需要更改内部数据分级分类的标准，依照我国法律和相关标准对敏感信息的要求对不满十四周岁未成年人的个人信息进行特别保护。此外，《中华人民共和国个人信息保护法》也要求个人信息处理者对其制定专门的个人信息处理规则。具体而言，处理规则的内容可能会涉及确认用户年龄的实现方式、确认监护人授权同意的实现方式、针对儿童群体准备专门的个人信息保护文本和用户协议、未成年人发布信息内容的提示和保护义务、推送内容的管理机制等。同时，对于面向普通公众提供产品和服务的运营者而言（如搜索服务），是否与专门针对儿童提供产品和服务的运营者在儿童个人信息保护领域的要求有所区分仍有待理论和实践的进一步探索。例如，是否需要额外搜集用户的年龄信息从而将儿童从全部用户群体中识别出来，此类要求与最小必要原则如何适配等。

针对用户画像、“大数据杀熟”等问题，《中华人民共和国个人信息保护法》立足于维护广大人民群众的网络空间合法权益，充分吸收了成熟国家标准与行业实践的内容，从算法伦理、数据获取、数据使用、风险评估和日志记录的方面对自动化决策进行了规制。在算法伦理层面，《中华人民共和国个人信息保护法》要求数据处理者保证决策的透明度和结果的公平合理。参照国际立法的实践，数据处理者可能需要在用户协议中向用户简明介绍算法的基本逻辑和对用户权益的影响，不得通过自动化决策对个人在交易价格等交易条件上实行不合理差别待遇等。

在数据获取方面，《中华人民共和国个人信息保护法》要求数据处理者在进行商业营销、信息推送时给予用户拒绝的权利。在数据使用方面，提供不针对个人特征选项的信息推送可能要求企业对自身的商业模式进行调整，如在自动化决策推荐算法之外，为用户提供单纯依照点击量、发布时间等统计结果的选项。在风险评估方面，要求数据处理者在事前进行风险评估，具体的内容可能包括自动化决策系统在准确性、公平性、歧视、隐私和安全方面的影响（包括训练用数据的影响），并对影响评估中的问题予以纠正。

《中华人民共和国个人信息保护法》明确了当个人信息权益因个人信息处理活动受到侵害时，个人信息处理者不能证明自己没有过错的，应当承担损害赔偿等侵权责任。换言之，个人信息处理者如果不能证明自己在数据处理、数据保护中不存在过错，将在诉讼中面临一定程度的败诉风险。具体到合作协议的证据留存方面，企业也需要对数据处理的所有参与方、各方的权利义务、违约情况等具体情形进行存证，以证明本方的数据处理符合法律的规定与合作方之间的约定。

《中华人民共和国个人信息保护法》的出台进一步完善了我国在个人信息保护和数据安全领域的立法体系，为个人权益的保护构建了较为完善的法律框架，同时为数据市场的交易提供更多规范指引。

8.1.4　《数据出境安全评估办法》解读

2022年7月7日，国家互联网信息办公室公布《数据出境安全评估办法》，自2022年9月1日起施行。《数据出境安全评估办法》的出台旨在落实《中华人民共和国网络安全法》《中华人民共和国数据安全法》《中华人民共和国个人信息保护法》的规定，规范数据出境活动，保护个人信息权益，维护国家安全和社会公共利益，促进数据跨境安全、自由流动，切实以安全保发展、以发展促安全。

随着数字经济的蓬勃发展，数据跨境活动日益频繁，数据处理者的数据出境需求快速增长。明确数据出境安全评估的具体规定，是促进数字经济健康发展、防范化解数据跨境安全风险的需要，是维护国家安全和社会公共利益的需要，是保护个人信息权益的需要。《数据出境安全评估办法》规定了数据出境安全评估的范围、条件和程序，为数据出境安全评估工作提供了具体指引。

《数据出境安全评估办法》规定了应当申报数据出境安全评估的四种情形，具体包括：数据处理者向境外提供重要数据的情形；关键信息基础设施运营者和处理100万份以上个人信息的数据处理者向境外提供个人信息的情形；自上年1月1日起累计向境外提供10万人个人信息或者1万人敏感个人信息的数据处理者向境外提供个人信息的情形；以及国家网信部门规定的其他需要申报数据出境安全评估的情形。

《数据出境安全评估办法》提出了数据出境安全评估的具体要求，规定数据处理者在申报数据出境安全评估前应当开展数据出境风险自评估并明确了重点评估事项。规定数据处理者在与境外接收方订立的法律文件中明确约定数据安全保护责任义务，在数据出境安全评估有效期内发生影响数据出境安全的情形应当重新申报评估。此外，还明确了数据出境安全评估程序、监督管理制度、法律责任以及合规整改要求等。

8.1.5 地方性法规

8.1.5.1 上海市：要素融合构建生态

2022年1月1日正式实施的《上海市数据条例》，以独立章节的形式对数据要素市场发展提出了具体要求。例如，“培育数据要素市场主体，鼓励研发数据技术、推进数据应用，深度挖掘数据价值，通过实质性加工和创新性劳动形成数据产品和服务”，“建立数据资产评估制度，开展数据资产凭证试点”“支持数据交易服务机构有序发展”。

8.1.5.2 广东省：数据要素市场化配置改革

2021年广东省发布《广东省数据要素市场化配置改革行动方案》《广东省数字经济促进条例》等多项数据领域的政策文件，明确提出了广东省数据要素市场配置的建议：以深圳作为数据要素市场化配置改革重点试点示范区，发挥各地基础性优势特长，共同推进全省“一中心多节点”大数据中心建设；探索数据产权确立评估、首席数据官、数据经纪人认证管理等制度，以政府把关与市场配置双层结构，合理化数据要素市场发展导向，逐步形成数据交易流通生态网络。

2022年6月，国内首部城市数字经济地方性法规《广州市数字经济促进条例》正式实施，其中明确提出要“实现数据资源价值化，构建数字经济全要素发展体系”，为广州建设数字经济引领型城市提供了制度体系与法制保障。2022年9月30日，广州数据交易所正式运行。首批数据经纪人、数商企业签约进场，在交易所已申请挂牌的交易标的超300个，进场交易标的超200个，并达成首日交易总额超1.55亿元。广州数据交易所是贯彻落实党中央、国务院关于发展数字经济战略部署，加快培育统一数据要素市场的重要举措；为贯彻落实国务院关于《广州南沙深化面向世界的粤港澳全面合作总体方案》提供了具体实践，为深入推动数据要素市场化配置改革开创了新局面。

8.1.5.3　浙江省：数字化改革牵引数据要素市场发展

2020年11月发布的《浙江省数字赋能促进新业态新模式发展行动计划（2020—2022年）》中提出通过深入推进公共数据开放应用、提升社会数据资源价值、加强数据要素安全保障，开展数据要素增值行动的行动方针。

2022年5月，浙江省发展改革委印发了《浙江省数据要素市场化配置试点实施方案》。作为数字经济大省，浙江率先开展数据要素市场化配置改革试点意义重大：有助于推动产业联动、优化经济结构，塑造数字经济时代新的竞争优势。要推动数据要素市场化配置改革，必须多措并举、协同推进，才能完成权属清晰、公平有序的数据要素市场的建设。《浙江省数据要素市场化配置试点实施方案》提出了包括谋划数据要素流通场景、完善数据流通机制、支持社会数据市场化配置在内的重点任务。

8.2　国际数据要素市场的立法保护情况

8.2.1　欧盟数据要素市场的立法保护

8.2.1.1　欧盟《通用数据保护条例》（GDPR）

2018年5月25日，《通用数据保护条例》（General Data Protection Regulation，GDPR）在欧盟开始全面施行。该条例因其严苛的规定、广阔的适用范围、高昂的罚款，被称为“史上最严”的数据保护法案。该条例对欧盟内部具有约束力，并直接适用于所有成员国。

GDPR中强化了信息主体同意的条件。第4条规定，信息主体的“同意”是指信息主体依据其意愿，通过一个声明或者肯定的行为而自愿做出的任何具体指定的、知情的、明确的表示，来表明自己同意与其相关的数据被加工处理。注意以下几点：第一，同意必须以声明或肯定的行为做出。第二，如果信息处理活动是基于信息主体的同意，信息控制者应当举证信息主体已经同意其处理自己的个人信息。第三，若信息主体以书面形式做出同意的表示，而且与其他事项有关时，请求信息主体做出同意的表示必须符合：形式通俗易懂、容易获取，语言表达清晰、朴实，且需清楚明了、有识别性，而不能使用冗长的、难以辨别的、晦涩难懂的条款。第四，在信息主体做出同意之前，应当被告知有撤回权。信息主体有权随时撤回同意，且撤回同意时必须像做出同意时一样容易，但这一行为并不能影响撤回之前基于同意已经进行的信息处理活动的合法性。第五，直接向儿童提供信息社会服务的，对16周岁以上儿童的个人信息的处理是合法的；但处理16岁周以下儿童的个人数据时，必须征得其父母的同意或授权；且各成员国可以通过立法来降低年龄，但不得低于13岁。

同时，条例规定不管是数据管理者（Data Manager）还是数据处理者（Data Processor），都必须以合法、公平、透明的方式搜集和处理信息，必须用通俗的语言向用户解释搜集数据的方式，并有义务采取措施删除或纠正有误的个人数据。允许欧盟企业在集团内部进行数据交流，但若要向欧盟以外的区域传输数据，则需要满足一定条件。例如，该地属于欧盟委员会认定“具有适当数据保护水平”的地区。而一旦出现不合规的现象，数据供应链自上而下的各方都会被问责。

GDPR还对企业的人力提出了建议：不管是不是欧盟企业，如果在欧盟地区的雇员超过了250人，便需要雇用一名“数据保护专员”（Data Protection Officer）。欧盟28个成员国均已设立监管机构“数据保护局”（Data Protection Authority），将对各国GDPR的执行状况进行监督。如有违规企业，最高处罚金额可至2000万欧元或企业全球年营业额的4%（二者取较高值）。值得注意的是，不光是企业，政府也受到GDPR的管辖。政府作为处理欧盟地区个人数据的“公共当局”，属于GDPR规范的行为主体之一。对数据管理者和数据处理者，要确保数据保护专员适当、及时地参与到所有与个人信息保护有关的业务中；必须为数据保护专员提供支持以便他们执行职务，包括提供其履行职务所必需的充分的资源，允许其访问个人信息，接触数据处理机制，维持自身专业素养；数据保护专员不受数据管理者和数据处理者下发指令的约束，不因履行职责而被解雇或处罚。就数据保护专员来说，就其履行的职责负有保密义务；也可以履行其他职责，但不得履行其他可能导致利益冲突的职责和义务。

欧盟《通用数据保护条例》（GDPR）对个人数据保护从“属地”向“属人”转变，大幅扩展了管辖范围；采取“用户授权+企业担责”的模式，寻求个人数据保护权利与企业和政府的合法利益之间的适当平衡；通过“充分性认定”，确定数据跨境自由流动白名单国家，规定获得充分性认定的国家和地区可不经过数据主体授权接收欧盟个人数据。欧盟委员会每4年通过数据保护立法、监管机构运作、国际承诺和公约签订等维度对“充分性认定”的国家和地区进行评估；非白名单国家企业需要采用欧盟委员会批准的一系列标准数据保护条款或采取的“有约束力的公司规则”并获得认证后，才能跨境传输数据。

8.2.1.2 GDPR与《中华人民共和国个人信息保护法》的比较

欧盟的GDPR与《中华人民共和国个人信息保护法》在多处权利内容上有相同的理念，但《中华人民共和国个人信息保护法》还规定了两项隐形个人信息权利，体现了《中华人民共和国个人信息保护法》的特色（见表2-1）。

表 2-1　我国个人信息确立内容与欧盟个人数据权利内容的异同

个人信息权利或个人数据权利		共　同　点	不　同　点
显性个人权利	访问权	个人主动行使的理念相同	出发点不同；衍生数据的可访问性不同；提供额外副本的费用不同
	修正权	无明显差异	无明显差异
	删除权/被遗忘权	个人自治的理念相同	可删除的范围不同；对处理者的要求不同；权利的适用范围不同；特殊情况下处理方式不同
	限制处理权	非删除的理念相同	行使范围不同；对处理者的要求不同
	信息/数据可携权	可复制与转移的理念相同	格式要求不同；适用范围不同；传输的时限不同
	反对权	停止使用的理念相同	适用界限不同；可行使的情形不同
隐性个人权利	有权知悉其数据如何被收集处理	对处理者的要求相同	可知晓事项范围不同；提供相关信息时点不同
	有权撤回同意	撤回同意的规定相同；同意的合法性、自愿性与准确性原则相同	对默认同意的认可不同
	有权免受自动化决策的限制	对自动化决策的要求相同	适用例外不同；对处理者的要求不同
	有权向监管机构发起申诉	对相关部门的要求相同	行使该权利的前提条件不同；可发起申诉的监管机构不同
	有权对监管机构提起行政诉讼	无法比较	GDPR 规定了此项权利；《中华人民共和国个人信息保护法》未明确该项权利
	有权对控制者或处理者提起诉讼	提起诉讼的理念相同	提起诉讼的条件不同；受理诉讼的法院不同
	有权就其损失获得赔偿	获得赔偿的理念相同；赔偿的责任分配相同	涉及多个处理者时的要求不同
	有权要求处理者解释说明	GDPR 未规定此项权利	《中华人民共和国个人信息保护法》要求加强个人对其信息的控制能力
	近亲可对死者信息行使权利	GDPR 未规定此项权利	《中华人民共和国个人信息保护法》要求保障相关数据不会由于其主体逝世而消亡

8.2.2　美国数据要素市场的立法保护

美国过去一直对数据隐私和数据安全领域进行分别立法，在各州和各行业，有专门立法。主要内容侧重于4个着力点：推进隐私保护的立法工作；加强隐私信息数据生命周期的安全治理（收集、利用、控制、评估）；落实隐私保护的主体责任；完善隐私保护的程序。这4个维度表明，美国的数据要素市场框架既有宏观层面的指导意义，又具有微观层面的可操作性。可以将美国数据要素市场时间的根基归纳为以下三类。

（1）法律体系：夯实隐私保护的基石。自1967年《信息自由法》（Freedom of Information

Act）开始，美国隐私权法案不断丰富与完善。直至2009年美国以建立第一个政府开放数据平台为契机，相继出台了美国政府开放数据中的隐私保护法案。以奥巴马政府颁布的《信息自由法》备忘录为行动指南，以《隐私权法》（Privacy Act）《开放政府数据法案》（Open, Public, Electronic, and Necessary Government Data Act）等法案为遵循，主要表达了两个方面的内容。

对收集数据的审查：联邦政府机构需对收集的数据进行日常审查，对隐私泄露、安全风险、法律责任、知识产权限制等因素进行考虑，以确定是否公开数据。

增强数据的透明度：所收集的个人数据的相关信息要向公民进行说明，以增强公民隐私保护意识；相关信息包括收集个人数据的必要性、使用目的、预计删除日期、是否与第三方共享以及共享的目的等。隐私法案的完善是当前美国政府开放数据实践取得良好效果的重要保障。

（2）管理体系：强化隐私保护的责任。组织机构的设立是履行隐私保护责任的必要措施。美国在隐私保护的管理体系中设置多元主体，分担不同职能、承担不同责任、管理数据周期不同阶段，以强化隐私保护责任，实现政府开放数据的利益最大化。

（3）数据市场监管：鼓励跨境数据的自由流动。在跨境数据要素流动方面，美国政府积极主张跨境数据要素的自由流动。2018年美国颁布《澄清境外合法使用数据法》（Clarifying Lawful Overseas Use of Data Act），更是赋予美国政府与服务提供商调取全球跨境数据的权限。此举的目的在于推动数字自由贸易，服务本国数字经济高速发展。在美国国内数据市场监管方面，随着数字资源的重要性逐渐显现，数字巨头们滥用市场支配地位的问题引发美国政府监管机构的高度重视，也对苹果、谷歌等企业开启了反垄断调查。

第 9 章　数据要素流通体系框架

9.1　关键问题与整体框架

中国共产党中央全面深化改革委员会（以下简称中央深改委）第二十六次会议，审议通过了《中共中央 国务院关于构建数据基础制度更好发挥数据要素作用的意见》，对下一阶段的数据要素治理和发展进行了顶层设计。意见指出，我国数据要素市场的建设仍处于初级探索阶段。数据确权、定价、交易、监管等问题的解决是数据要素市场快速、健康发展的必要条件。数据要素市场发展需要完善以下四个制度：清晰界定数据产权制度，完善数据流通和交易制度，建立数据收益分配制度，以及完善数据安全治理制度。

9.1.1　关键问题

现阶段，数据在要素市场流通的过程中存在着四个关键问题。

（1）数据产权制度尚不清晰。清晰界定数据产权，是数据要素市场运转的重要前提。中央深改委第二十六次会议明确提出了，数据资源持有权、数据加工使用权、数据产品经营权等分置的产权运行机制。但该产权运行机制如何在数据要素市场的实际场景中得到应用，尚需研究。建议以数据要素市场中的实际场景、实际问题为切入点，深入开展数据产权理论研究，分类分级探索数据确权授权路径，持续完善数据产权制度体系。既要符合法律规定，又能满足市场实际需求，还要为将来进一步完善数据产权制度留足空间。

（2）数据流通和交易制度尚未完善。数据的高效流通交易，是释放数据价值，有效支撑生产或消费的重要前提。从近年来各地探索情况来看，数据流通和交易的方式日趋多元，市场逐步活跃。中央深改委第二十六次会议指出，要建立合规高效的数据要素流通和交易制度，完善数据全流程合规和监管规则体系，建设规范的数据交易市场。下一步，建议在统筹好各地已建数据交易场所、已有流通市场和规则的基础上，进一步明晰我国数据流通交易的体系布局和发展定位。研究制定数据要素市场准入规则、探索不同使用场景和用途用量的数据流通交易模式。

（3）数据收益分配制度尚未建立。中央深改委第二十六次会议指出，要完善数据要素市场化配置机制，更好发挥政府在数据要素收益分配中的引导调节作用，建立体现效率、促进公平的数据要素收益分配制度。下一步，一方面，建议尽快建立数据要素资源市场化配置机制，对数据要素价值与价格、要素贡献与回报率等形成科学的评估评判标准，使劳动者的贡献与报酬相匹配。另一方面，建议完善保障公平的数据要素分配调节机制，重点关注公共利益和相对弱势群体，实现效率和公平相兼顾，让全体人民更好地共享数字经济发展成果。

（4）数据安全治理制度尚未完善。数据因其具有无形性的特点，对现有市场监管理念、治理模式、技术手段等提出了更高要求。加强数据安全治理，是有效防范和化解各种数据风险的重要保证。中央深改委第二十六次会议强调，要把安全贯穿数据治理全过程，守住安全底线，明确监管红线，加强重点领域执法司法，把必须管住的坚决管到位。下一步，建议进一步创新政府治理方式，压实企业主体责任，调动社会组织力量，构建政府、企业、社会多方协同的治理模式。同时，对数据采集、加工、流通、使用等全生命周期过程中的治理规则进行分类细化研究，加快基础共性、关键技术、安全管理等标准的研究制定，积极对接国际标准，开展贯标达标等工作。

9.1.2 整体框架

数据要素流通体系框架是一套以促进数据要素市场高速发展为目的，对数据要素市场进行全方位考量后构建的实现数据流通、治理的基础制度技术框架。数据提供方将数据提供给数据要素流通体系框架，按照数据提供方、数据需求方以及数据加工方达成共识的数据产品合约内容，经过数据加工方安全地传输、加工后，交付给数据需求方，如图9-1所示。

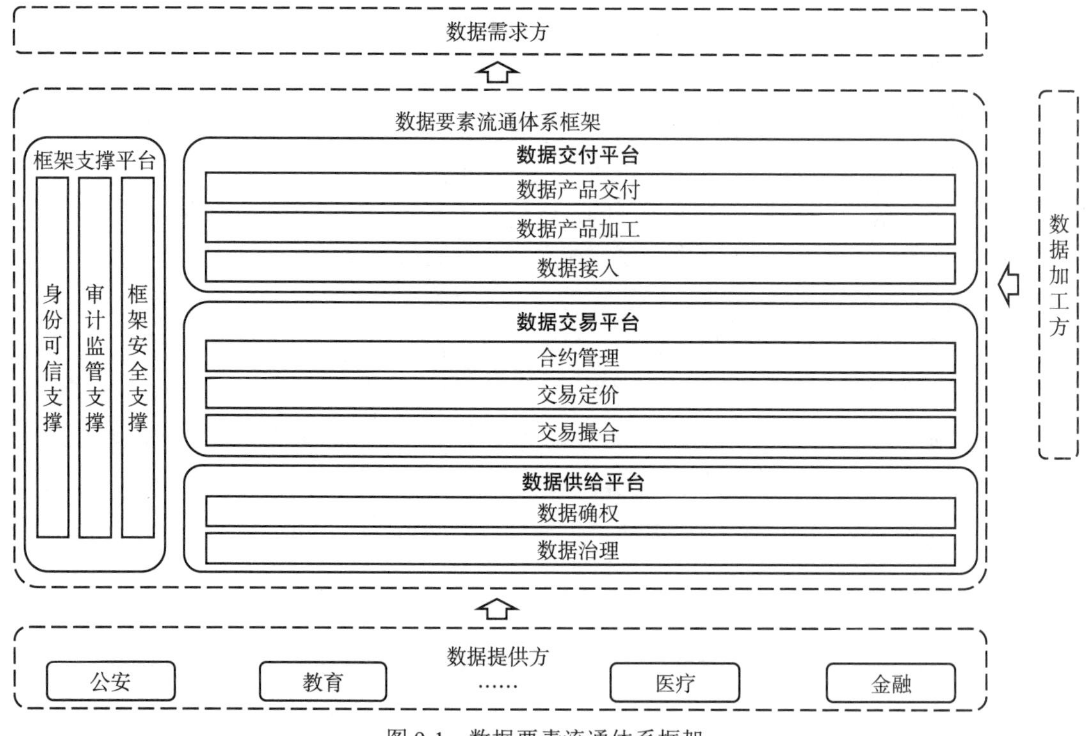

图 9-1　数据要素流通体系框架

本章从广义上描绘了以“三横一纵”形式呈现的数据要素流通体系框架，如图9-1所示。三横分别为用于收集数据信息，并界定数据权属关系的数据供给平台；挖掘数据与应用场景的关系，完成数据要素流通，实现数据要素价值释放的数据交易平台；通过保障数据要素安全流通，实现数据产品生产、加工与交付的数据交付平台。一纵则是指对数据供给、交易、交付平台和数据本身提供安全性保护的平台，通过结合身份可信支撑、审计监管支撑以及框架安全支撑三个模块进行保护的框架支撑平台。

9.2　框架支撑平台

框架支撑平台通过给数据要素流通体系框架提供可信身份、审计监管、安全保护的支撑，确保数据供给平台、数据交易平台、数据交付平台以及数据要素流通过程中数据的安全、可信。

9.2.1　身份可信支撑

在数据要素流通体系框架中，贯穿整个框架的模块之一就是对身份的可信控制，也就是身份认证与访问控制。在将数据提供给数据供给平台的时候，需要明确数据提供方的身份，即确定数据所属。数据提供方、数据需求方以及数据加工方在数据交易平台签订交易合约的时候，需要对交易参与方身份的真实性进行确认。数据交付平台也需要通过身份认证与访问控制，确保正确的数据交付给了正确的买家。

一个主体可以同时以数据产品的数据提供方或者数据需求方的身份在交易平台上开展交易活动。在数据交易场景下，通常一个身份代表一个交易主体，一个身份可以对应个人、企业，或者某个政府部门。交易主体与身份是一对一的映射关系。但是，一个交易主体可以有多个账户、凭据，甚至是人格。

（1）账户是身份的电子表示，一个身份（主体）可以对应多个账户。账户可以拥有一些许可和权限。通过许可和权限，账户可以通过许可和授权，允许身份（主体）的资源参与数据流通活动。身份（主体）的资源包括待交易的数据资源和数据资产，以及执行购买行为的交易资源。

（2）凭据是指拥有相关口令、密码、证书或其他类型密钥的账户。

（3）人格可以看成是一种对身份相关信息的通用描述，它可以是交易主体中的任何角色：可以是交易人员、公司高管以及其他任何与数据交易相关的群体。一个身份（主体）可以有多种人格，技术上的实现方式通常是同一身份（主体）对应多个账户，以及多个凭据。

主体认证 = 账户 + 凭据

主体认证是对参与数据流通主体身份正确性进行验证的过程。主体验证的本质是验证参与方的确是其所声称的主体。即主体认证是通过验证账户与凭据的对应关系是否成立完成的。

不同应用场景对身份认证安全性的需求是有区别的。相应地，账户与凭据的复杂度需求也不是统一的。账户可以是简单的，如身份缩写，这种简单的账户信息容易被猜到；也可以是复杂的，比如员工编号，这种复杂的账户信息能更好地隐藏身份信息。凭据的复杂度根据安全性需求的不同也是可变的，例如弱口令、强口令、一次一密、生物特征凭据等不同凭据在安全性上天差地别，弱口令易被破解，生物特征则很难模拟。另外，也可以通过增加安全机制的数量提升身份认证过程的安全性，根据安全机制数量的不同，可以分为单因子认证、双因子认证以及多因子认证。

在通过主体的身份标识和身份验证技术正确识别主体身份后，还需要结合访问控制技术才能构建完整的身份可信支撑模块。访问控制技术是根据主体的身份特征以及预先设置的权限，将主体对资源的访问操作进行授权或限制的过程。

9.2.1.1 身份认证技术

当前，基本存在以下三大类身份认证的技术手段：

（1）基于信息秘密的身份认证。信息秘密是指只有用户知道的、可以证明身份的信息，也就是主体认证中的凭据。常见的秘密信息包括，网络身份证、静态口令、动态口令等。网络身份证（VIEID），全称虚拟身份电子标识（Virtual identity electronic identification）是互联网身份认证的工具之一，用于在网络通信中识别通信各方的身份及表明身份或资质。静态口令是指用户自己设定或改变的口令，口令在一定时间内是不变的。但是为了完成认证步骤，用户或者系统需要对静态口令进行记忆与存储，会降低口令的安全性。因此，在考虑安全性的设计上，静态口令不是一种推荐的认证方式。动态口令是一种按照时间或者次数周期性变化的口令，每个口令只能使用一次的认证方法。

（2）基于信任物体的身份认证。信任物体是指将主体所拥有的某件物体作为主体认证中的凭据的认证方式。典型的基于信任物体的身份认证方法包括智能卡、短信口令等。智能卡又称集成电路卡，是一种应用极为广泛的个人安全器件，常见的智能卡有IC卡、NFC卡等。将主体身份凭证录入智能卡硬件后，用户可以通过出示并验证智能卡中存储的身份凭证验证主体身份。短信口令认证是用户根据身份认证需求向平台获取随机的短信口令，平台以手机短信的方式按需提供基于随机数的动态口令的身份认证方式。由于短信网关技术非常成熟，短信口令业务的后期客服成本较低且稳定，所以成为目前被大量采纳的技术。

（3）基于生物特征的身份认证。生物特征是指人与生俱来的生理特征。生物特征识别是指通过计算机利用人体固有的生理特征鉴别个人身份。常用的生物特征包括指纹、虹膜、脸像、声音等。指纹是生物特征的一种重要的表现形式，具有“人人不同”和“终身不变”的特性；同时由于附属于人的身体，提供了使用的便利性和难以伪造的安全性。将指纹作为主体凭证的身份认证技术已经在门禁、考勤、电脑等多种应用场景得到了广泛的使用。虹膜是眼球中包围瞳孔的部分，也就是眼睛中的彩色部分，上面布满极其复杂的花纹，而每个人虹膜的花纹都是不同的。将虹膜作为主体凭证的身份识别技术就是使用计算机对虹膜花纹特征进行量化，用以验证主体真实身份的技术手段。人脸识别技术则是将人脸中各个面部器官的位置、大小和特征进行量化建模的方式，用以验证主体真实身份的技术手段。

9.2.1.2　访问控制技术

访问控制主要是通过对访问资源的硬件、软件以及管理策略进行控制，实现对主体的授权访问，并防止未经授权访问的技术手段。访问控制技术的实践需要先通过身份认证技术完成对主体身份的验证，在确定预先设置主体的访问权限后，将主体对资源的访问操作进行授权或限制，最后监控和记录所有的访问行为。

访问控制技术有多种分类方式，常见的有时间维度以及实现方式两种分类维度。时间维度的访问控制是根据访问控制的实施阶段划分的。访问控制在实现方式维度的划分是根据实现对资源访问控制的方式完成的。

1. 时间维度

根据对主体访问资源行为进行控制时间阶段的不同，可以分为预防性、检测性以及纠正性的访问控制。不同类型的访问控制技术通常具有不同的特点。

（1）预防性访问控制是在访问发生之前，试图阻止不必要的或者未授权的访问活动的技术。常见的预防性访问控制技术有数据分类、渗透测试、加密、安全策略、反病毒软件、防火墙、入侵防御系统等。通常，预防性访问控制是发生在恶意行为发生之前，需要通过入侵检测等方式检测或推测恶意行为的发生。因此，这类访问控制的准确度和误报率依赖恶意行为检测工具的准确性。

（2）检测性访问控制是在访问发生之后，试图检测出不需要或者未授权的访问活动的技术。虽然，不需要或未授权的访问是一个过程，但是对这些事件的检测通常只能在事后根据日志等信息进行回溯。常见的检测性访问控制的技术手段包括日志审计、蜜罐、蜜网、入侵检测系统、用户监督与审查、事故调查等。通常，检测性访问控制发生在恶意行为完成之后，根据日志等方式回溯恶意行为。因此，具有较高的准确性，但无法阻挡恶意行为的进行。

（3）纠正性访问控制是在发生未授权访问后，将系统状态恢复正常的技术。纠正性访问控制的目的是通过纠正因安全事件而引发的改变，增强系统的可用性。纠正访问控制的技术手段包括，终止恶意活动、重新启动系统、删除或隔离恶意程序、备份和恢复计划等。

2. 实现方式

访问控制也可以按照控制技术的实现方式分为管理访问控制、技术访问控制、物理访问控制。

（1）管理访问控制是通过对组织的安全策略和其他法规或要求定义的策略的实践完成的。管理访问控制的重点是通过控制业务流程和人员活动的边界实现对资源的访问控制。常见的管理访问控制手段有背调、数据分类分级、安全意识培训、人员培训、报告和评审等。

（2）技术访问控制是通过软件或硬件技术手段对资源和系统访问行为进行管理的控制方式。上文中提到的加密、访问控制列表、防火墙、入侵检测系统、入侵防御系统等都是常见的技术访问控制手段。

（3）物理访问控制是通过物理机制给信息系统提供保护，防止通过物理手段获取对资源的未授权访问的控制方式。常见的物理访问控制技术手段包括门禁、监控、警报等。

9.2.1.3 身份认证与访问控制的生命周期

身份认证和访问控制的生命周期指的是在数据要素流通体系框架内，对主体身份以及相应的资源访问权限的创建、管理和删除。如果没有对主体账户的正确定义和维护，系统就无法执行身份认证，无法进行访问授权与控制，也无法完成跟踪与问责。数据要素流通体系框架中的身份可信支撑模块正常运行依赖于身份认证与访问控制生命周期中访问配置、账户审核以及账户撤销这三个模块。

（1）访问配置是身份认证与访问控制的第一步，访问配置指的是为主体创建新账户并为其配置适当的权限。新账户创建的过程通常被称为登记或注册，在这个过程中会明确身份认证所需的条件。首先，主体向系统提供合法合规的身份证明文件，系统根据主体身份完成身份认证的注册步骤。其次，系统会给主体账号配置适当的访问控制权限。通常，会通过一些自动化权限配置系统完成这项任务：如果账号属于某个已经定义了的组，则自动化权限配置系统会根据组对应的职责赋予账号适当的、最小化的权限；如果账号是一个全新的角色，则根据职责范围创建并赋予合适的权限。

（2）账户审核是身份认证与访问控制的第二步，通常是持续时间最长的一个步骤。在账户启用的过程中，应该定期对账户活动进行审核，以确保安全策略的正确执行。在这个阶段，主要检测并解决两个问题：过度权限以及蠕变权限。过度权限是指账户拥有比完成所需任务更多的权限；蠕变权限是指主体账户随着角色更改而积累的权限，这可能是因为主体角色变化而导致添加了新的权限，但是没有将不再需要的权限删除。这两个问题均违反了最小特权原则。

（3）账户撤销是指主体出于任何原因不再使用系统时，对账户的停用操作。

9.2.1.4 身份可信支撑在数据要素流通体系框架内的应用

数据要素流通体系框架依赖于身份可信支撑模块对通过框架流通的数据产品的访问进行控制。身份可信支撑模块通过对数据提供方进行身份认证，确认其身份的真实性；对数据加工方进行身份认证与访问控制，确保数据加工方只有在被授权的情况下才能对框架内的数据产品进行相应的操作，例如访问、计算、共享等；对数据需求方进行身份认证与访问控制，确保没有恶意用户伪装成数据需求方非法获取数据产品，同时确保数据需求方无法获取其他未获得授权的数据产品。

数据要素流通体系框架还可以进一步与密钥管理和密码算法相结合，提供资源访问的监视、跟踪、审核能力，提高数据产品在流通过程中的受控、合规及隐私保护能力。具体而言，数据要素流通体系框架包括数据供给、数据交易及数据交付3个平台，身份可信支撑模块在这三个平台中都起着至关重要的作用。

数据供给平台的主要目的是，将从不同数据源采集到的数据，根据法律和法规的要求，完成数据权属的划分与确定工作。数据产品的确权是明确不同的参与方（如多个数据提供方）对某个数据产品分别具有哪些权利。虽然数据产品的确权过程依赖的是相关的法律和法规；但是，对法律法规正确应用的前提是对主体身份的正确识别。若参与方的身份无法正确识别，则会导致数据产品错误的确权结果，从本质上影响数据产品的安全性和隐私性。

数据交易平台的主要目的是辅助数据产品的提供方、数据需求方以及数据加工方之间完成包括供需、责任、使用范围、交易价格等在内的交易合约，并通过技术手段确保合约的真实性、完整性以及不可抵赖性。在这个阶段，身份认证与访问控制模块主要起到两个作用。首先，需要通过身份认证与访问控制模块，确保交易磋商过程中各参与方身份的真实性，以防止攻击者通过假冒参与方等手段，伪造交易合约造成损失。其次，为了确保交易合约的真实性、完整性和不可抵赖性，通常是通过将身份认证技术与密码学技术相结合的方式实现的，使用签名、消息摘要等技术手段保护交易合约，确保交易合约的安全性。

数据交付平台的目的是根据交易合约的限制条件，将对应的数据产品安全地交付给对应的数据需求方。其中，主要有两个步骤牵涉身份可信支撑模块。首先是对数据需求方的身份认证。正确识别出数据产品交付对象的身份，且确保交付的对象就是交易合约中的数据需求方，是数据产品安全交付的前提。其次，在对交付的数据产品进行确认的过程中，身份可信支撑模块能防止合法用户（如数据需求方）对其他未授权数据产品的非法获取。

9.2.2　审计监管支撑

哪怕选取了最优秀的人，制定了最健全的策略，开发了最完备的程序，应用了世界一流的技术确保数据要素流通体系框架的安全性，这也只能保证框架一时的安全。长期安全性的实现依赖于不定期地对整个框架进行评估、优化。因为，若运营方缺乏持续评估和改善框架安全态势的投入，这些安全防护能力将随着时间的推移而逐渐失效。

审计监管的目的是从合法合规、安全管理、审计技术等多个维度出发，完成对数据要素流通体系框架安全态势的评估。为了完成对安全态势的评估任务，需要根据整体框架，确定审计监管的目标。数据要素流通体系框架的审计目标是确保在合法合规的前提下，验证数据在流通过程中的安全性。

审计监管支撑模块分别针对框架中的数据供给平台、数据交易平台以及数据交付平台的行为与状态进行审计。数据供给平台的审计监管主要是对数据来源的审计以及数据采集过程中数据权属状态的审计。数据交易平台的审计监管主要是对数据交易撮合与合约建立过程中的磋商流程与合约内容的审计，交易定价过程中交互的信息与定价结果的审计，以及交易合约管理过程中的行为审计。数据交付平台的审计监管主要分为数据准入过程的数据的合法合规性审计，数据使用授权过程中数据的权属审计、数据交易融合计算过程中的参与方行为审计。

9.2.2.1 合法合规

根据场景，可以将流通内容和流通对象的合法性评估分为境内流通与跨境流通两个部分。依据《中华人民共和国数据安全法》第31条规定："关键信息基础设施的运营者在中华人民共和国境内运营中收集和产生的重要数据的出境安全管理，适用《中华人民共和国网络安全法》的规定；其他数据处理者在中华人民共和国境内运营中收集和产生的重要数据的出境安全管理办法，由国家网信部门会同国务院有关部门制定。"2022年7月，国家互联网信息办公室出台了《数据出境安全评估办法》，对数据出境安全评估的情形、要求、程序进行了规定。简言之，截至2022年，分别有相关法律法规对数据在境内与跨境两种场景下流通过程中的安全问题进行了规范，但暂时还没有相关的法律法规针对交易行为本身。

境内流通的合法性由《中华人民共和国数据安全法》及《中华人民共和国网络安全法》明确，并基于2022年2月15日起实施的《网络安全审查办法》开展数据审查。根据《网络安全审查办法》第十条的规定，网络安全审查重点评估采购活动、数据处理活动以及国外上市可能带来的国家安全风险，主要考虑以下三项与数据安全相关的因素：① 核心数据、重要数据或大量个人信息被窃取、泄露、毁损以及非法利用或出境的风险；② 国外上市后关键信息基础的设施，核心数据、重要数据或大量个人信息被国外政府影响、控制、恶意利用的风险；③ 其他可能危害关键信息基础设施安全和国家安全数据安全的因素。

跨境流通的合法性可以参考《中华人民共和国数据安全法》与《中华人民共和国网络安全法》，具体实施办法在《数据出境安全评估办法》中进行了描述。《数据出境安全评估办法》主要从以下四个方面考虑数据跨境流通过程中的合法性：① 数据跨境的目的、范围、方式等的合法性；② 数据本身的规模、范围、种类、敏感程度及其风险，例如数据的安全及数据中的个人信息权益是否能够得到充分有效的保障；③ 境外接收方所在国家或者地区的数据安全保护政策法规、数据保护水平对跨境交易数据产品的影响；④ 接收方拟订立的法律文件中是否充分约定了数据安全保护责任义务。

9.2.2.2 安全管理

对安全管理控制措施的审计是审计监管中极其重要的一个部分。由于安全管理措施可能比技术控制措施更普遍、更不明显，它甚至比系统技术层面的审计更加重要。管理控制措施主要是通过账户管理、灾难备份、安全培训等策略或程序实施的。为了验证安全管理措施的效果，审计监管需要从数据要素流通体系框架的各个平台收集与安全管理流程相关的数据。安全管理控制措施主要包括账户管理、备份验证和安全培训。

（1）账户管理。攻击者最常用的一种攻击方式就是成为数据要素流通体系框架的"正常"特权用户。通常有三种方式可以完成这个目标：盗用现有特权账户、创建新的特权账户，以及将普通账户的权限提升为特权账户。在技术层面，要阻止第一种攻击，常用的是强身份认证技术，如强密码、多因素身份验证等；对于第二、三种攻击方式通常只能通过及时修复数据要素流通体系框架内信息系统的漏洞来缓解。针对账户管理相关的问题，在管理层面的措施更有助于问题的修复。例如，通过密切关注账号的创建、修改以及使用情况，对非授权或异常使用情况通过及时检测、报警、阻断在账户安全的维度提高数据要素流通体系框架的安全性。

（2）备份验证。数据要素流通框架需要支持大量数据的安全流通。虽然在数据要素流通的场景下，数据提供方和数据需求方通常不会希望流通的数据在框架内被备份保存；但是，数据要素流通体系框架仍然有必要对流通过程中的其他运维数据（如交易合约、交易记录、用户身份等）进行存证以保证框架的高可用。在管理的维度对备份机制进行审计时，需要关注相关的数据是否被周期性备份，备份的数据是否被定期测试、以确保备份是真实可用的。

（3）安全培训。安全培训的目的是通过培训的方式，让数据要素流通体系框架的参与者了解相关的安全问题，获得特定技能，能够有意识地减少由人为因素给框架引入的安全问题。

9.2.2.3　审计技术

审计技术根据审计过程的时间先后可以分为，日志产生、日志存储以及日志分析三个阶段。

1. 日志产生

日志是在对数据要素流通体系框架进行审计活动中生成的与框架活动相关的信息。根据审计对象的不同，可以将日志产生过程中的审计分成两类：软件系统审计、运行事件审计。

1）软件系统审计

由沙子建的城堡其安全程度永远不可能赶上用石头建的城堡，软件系统的安全性就决定了数据要素流通体系框架是由沙子还是石头建成的。软件系统审计的技术手段有很多种，当无法获得软件系统源码时，可以通过漏洞测试、渗透测试的方式完成软件系统的安全性审计；当能获得源码时，则可以通过代码审查、接口测试的方式完成。

（1）漏洞测试。软件的漏洞测试十分重要，但是也十分复杂。即使最好的自动化漏洞扫描工具也会产生误报或者漏报。此外，存在一个单独的漏洞本身并不危险，但是多个类似漏洞的组合可能造成十分严重的安全问题。只有资深的安全检测人员才能对这些复杂的情况提供一个相对准确的测试结果。此外，漏洞测试的结果只能代表测试那一刻的安全性。全球的安全研究人员都在不断地探索新的漏洞形态，而任何一个漏洞的发现都可能使之前的测试结果不再准确。

（2）渗透测试。渗透测试是指在获得授权的情况下，模拟攻击者，对数据要素流通体系框架的网络及系统通过发起渗透完成的测试。渗透测试通常是由专业的渗透测试人员使用一些专门的程序和工具，尝试绕过数据要素流通体系框架的安全控制措施得以实现。有威胁的攻击者通常具有十分专业的知识，很聪明、很有创造力，因此渗透测试的准确度也依赖于测试专家的能力。渗透测试通常需要完成对数据要素流通体系框架中的Web服务器、DNS服务器、路由器配置、框架的漏洞、开放端口及可用服务等模块的测试。

（3）代码审查。代码审查指由软件开发者以外的第三方人员，系统性地检查软件系统各部分的源码。通过理解系统的实现逻辑，验证系统的安全性。这种审查模式常用于公司内部的开发流程、开源框架等场景等，不是数据要素流通体系框架软件的典型审计方式。

（4）接口测试。接口测试是指对框架内不同平台、模块之间的交换节点的安全性进行测试评估的方式。测试通常是通过不断向接口输入好的和坏的数据进行的。不同的接口对输入数据有不同的处理规则，接口测试的结果完全依赖于创建的输入数据。例如，某个接口可以接受所有数值输入，但是仅当输入的数值是“-1”时会引起错误；这种情况下，测试人员构建的输入中是否包含“-1”就极为关键。

2）运行事件审计

众所周知，不存在百分之百的防御机制，再坚固的城堡也可能被攻破。因此，需要对数据要素流通体系框架运行过程中的运行事件进行安全审计。运行事件审计的目的就是发现针对框架的攻击行为。最常见的运行事件审计方式就是日志审查。日志审查是通过审计数据要素流通体系框架的日志文件，完成检测安全事件的检测以及验证安全控制机制的有效性的方式。

由于日志信息的场景相关性并不存在一种万能的可以用于所有应用场景的日志记录方式。因此，为使日志中蕴含足够多有价值的信息，需要将操作日志与数据要素安全流通体系框架深度融合，确保框架上的所有活动均能记录在操作日志之中。运行事件审计通常通过日志审计、数据库安全审计以及运维审计完成。

（1）日志审计。对于数据要素流通体系框架中数量众多的应用，以及安全防护模块而言，在运行过程中会不断产生大量的相互独立的日志信息。有限的管理人员面对这些数量巨大且彼此割裂的日志信息，工作效率极低，难以发现真正的安全隐患。通过建立综合日志审计系统，可以对应用模块、网络设备、安全设备和主机日志进行系统性处理，及时发现各种安全威胁和异常行为事件，增强框架对安全事件追溯的能力及手段，方便管理员进行安全事件的跟踪和定位，并为安全事件的还原提供有力证据。

（2）数据库安全审计。数据库作为存储数据的重要介质，自然是数据要素流通体系框架安全中最重要的部分组成之一。数据库安全审计是将对数据库的所有访问都呈现在管理员面前，使数据库始终处于可感知和可控制的状态下，实现数据库威胁的迅速发现和响应。数据库安全审计需要实现的核心功能包括实时行为监控以及关联审计。实时行为监控保护数据库系统，防止受到特权滥用、漏洞攻击、人为失误等侵害；任何尝试对数据库进行攻击或违反审计规则的操作都会被检测到并实时告警。关联审计能够将业务系统的审计记录与数据库审计记录进行关联，直接追溯到威胁来源的终端用户。

（3）运维审计。运维审计主要针对数据要素流通体系框架内不同使用人员不同账号之间引起的账号管理混乱、授权关系不清晰、越权操作、数据泄露等安全问题。根据各类法规对运维审计的要求，可以采用B/S架构，集身份认证（Authentication）、账户管理（Account）、控制权限（Authorization）、日志审计（Audit）于一体，支持框架各模块的安全监控与历史查询。

2. 日志存储

日志存储方式对日志审计而言也是至关重要的。多数情况下，大多数系统的日志文件都被存储在本地设备中。这种方法的优势是易于开发、部署与运维。但是劣势也十分明显，当存储日志的服务器发生服务中断时，日志文件将无法记录系统信息；集中式的日志存储设备还可能成为攻击者的攻击目标，攻击者可以通过对日志文件的篡改隐藏攻击行为。因此，日志的完整性和可用性对于审计监管而言十分重要。

区块链技术的诞生给日志的存储提供了一种全新的实现思路。由于区块链对完整性和可用性的天然支持，区块链技术被广泛应用于日志审计场景中。但是，区块链的上链效率较为低下，对于吞吐量大的应用场景可能会造成一些困扰。在数据要素流通体系框架的日志审计系统中，可以将所有操作日志通过区块链技术固化。例如，一种实现方式是，同时维护集中式的日志审计系统与基于区块链的日志审计系统，在日志记录过程中将之交易合约相关的日志信息同时保存在区块链上以及本地日志系统中；在日志审计的时候，通过对比区块链上日志与本地日志，确保数据交易记录不被篡改。而两个并行日志系统的存在，可以按照系统负载对区块链上日志的负载进行调节，一定程度上解决区块链的日志审计系统在大吞吐量下的局限性。

3. 日志分析

日志分析方式是体现日志审计结果的重要模块。传统的日志审计具有很高的滞后性。日志审计专业人员需要通过周期性地对大量日记文件梳理与分析，完成对数据要素流通体系框架运行过程的安全性审计。随着人工智能等自动化技术的发展，如此滞后的日志审计方式已经逐渐无法满足用户对安全性的需求了。因此，基于自动化日志分析的入侵检测与防御技术已被广泛使用。用户行为审计（User and Entity Behavior Analytics，UEBA）是其中一种针对用户（数据交易参与者）行为的入侵检测技术。

Gartner对用户行为审计的定义是“基本分析方法（利用签名的规则、模式匹配、简单统计、阈值等）和高级分析方法（监督和无监督的机器学习等），用打包分析来评估用户和其他实体（主机、应用程序、网络、数据库等），发现与用户或实体标准画像或行为相异常的活动所相关的潜在事件。检测对象包括受信内部或第三方人员对系统的异常访问（用户异常），或外部攻击者绕过安全控制措施的入侵（异常用户）”。

UEBA是一种预测性工具，其特点是将注意力集中在最高风险的领域，从而让安全团队可以主动管理网络信息安全，是对安全信息与事件管理的有效补充。是对安全信息与事件管理（SIEM）的有效补充。虽然经过多年的验证，SIEM已成为行业中一种有价值的必要技术，但是SIEM尚未具备账户级可见性，因此安全团队无法根据需要快速检测、响应和控制。

UEBA是垂直领域的分析者，提供端到端的分析，从数据获取到数据分析，从数据梳理到数据模型构建，从得出结论到还原场景，自成整套体系，提供用户行为跟踪分析的最佳实践，记录了产生和操作的数据，并且能够进行实际场景还原，从用户分析的角度来说非常完整并且直接有效。UEBA帮助用户防范信息泄露，避免商业欺诈，提高新型安全事件的检测能力，增强服务质量，提高工作效率。

UEBA实现了对数据要素流通体系框架整体IT环境的威胁感知，包括用户管理、资产管理等核心能力，辅助梳理和识别框架的业务场景。通过数据治理能力，将原本数据要素流通体系框架内复杂的数据进行标准化和规范化，辅助梳理和选择正确的数据；同时通过深度及关联的安全分析模型及算法，利用 AI 分析模型发现系统内存在的安全风险和异常的用户行为。在此基础上，实现统计特征学习、动态行为基线和时序前后关联等多种形式的场景建模，最终为数据要素流通体系框架提供包含正常行为基线学习、风险评分、风险行为识别等功能的实体安全和应用安全分析能力，为框架提供内部安全威胁更精准的异常定位。同时能为有关监管部门起到安全审查的辅助参考作用。

9.2.3 框架安全支撑

数据要素流通体系框架中的数据供给、数据交易、数据交付平台相互辅助共同完成数据流通的支撑工作，三个平台相互协作实现了在合法合规、合理定价、安全流通的前提下，数据在要素市场中的流通。作为一个完整的框架，抵御已知的不同种类的能力是至关重要的。除了传统的物理安全、网络安全、系统安全、软件安全等安全技术以外，数据安全在以数据作为核心的数据要素流通体系框架中也是需要特别考虑的。框架安全支撑相关的详细内容将在第4章中详细讨论。

9.3 数据供给平台

数据供给平台在数据要素流通体系框架中的作用是通过确定输入数据在不同空间、时间、场景下的各项属性，明确数据的权属，然后将被正确定义的数据提供给数据交易与数据交付平台。数据供给平台通过数据接入、数据治理以及数据确权三个模块完成上述任务，如图9-2所示。数据接入模块会将不同数据来源、不同类型的数据导入数据供给平台内。数据治理模块通过对接入数据的分类分级、数据治理操作，方便了后续对数据权属的确定以及对数据产品的加工。数据确权模块则是辅助完成对数据的确权工作，便于在数据交易平台中签订交易合约。

其中，数据确权是一项复杂的系统工程，涉及多方主体、多重法律关系，需要在坚持基本原则的基础上，发挥法律、技术、监管多重路径手段，推动数据确权方案的落地。其中，多方主体主要涉及用户、企业、国家；多重法律关系主要涉及个人信息保护、数据集中等；基本原则包括发展和规范并重、个人信息保护底线、分级分类管理等原则。

（1）发展和规范并重的原则重在维持对企业数据集中和无序竞争问题的管控，以及企业数据在推动经济高质量发展和高品质生活服务之间的平衡。

（2）个人信息保护底线原则重在维持用户对个人数据的隐私需求、数字经济健康发展，以及我国数据规模优势有效利用之间的平衡。

（3）分级分类原则重在根据行业及应用场景，维持企业拥有的不同数据类型，以及不同场景下对不同类型数据的管理和使用需求之间的平衡。

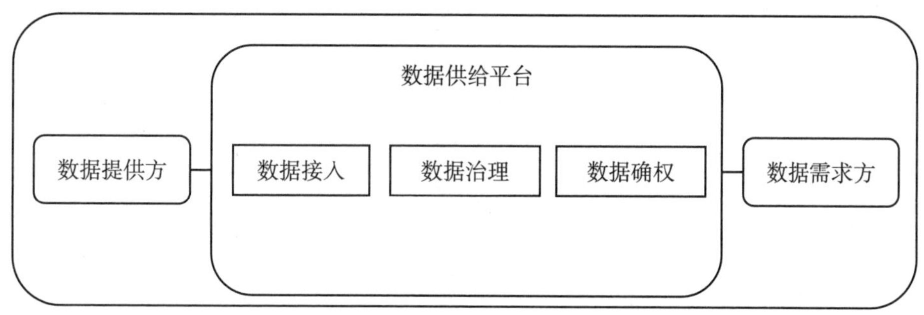

图 9-2　数据供给平台框架

9.3.1　数据的来源

在经济学概念上，数字经济是人类通过大数据（数字化的知识与信息）的识别、选择、过滤、存储以及使用，引导、实现资源的快速优化配置与再生、实现经济高质量发展的经济形态。其核心在于对大数据的处理，也就是对不同领域、不同类型、不同意义的数据通过采集、识别、处理等步骤实现价值化。

数据价值化的过程可以分为数据、信息、知识、观点、智慧五个不同的阶段，如图9-3所示。其中，数据是信息的载体。信息指的是数据所蕴含的意义以及关系。知识是我们尝试去理解、总结信息而得到的产物。在尝试总结知识的时候，需要在不同的数据与信息之间构建关系。例如，一年中日出与日落的时间（如日出方程式）就是知识，是对太阳时间信息的理解与总结。观点则是针对某个问题，根据相关的信息与知识总结出的对该问题的理解。能够综合衡量多种观点，进而做出正确决策的能力则称之为智慧。

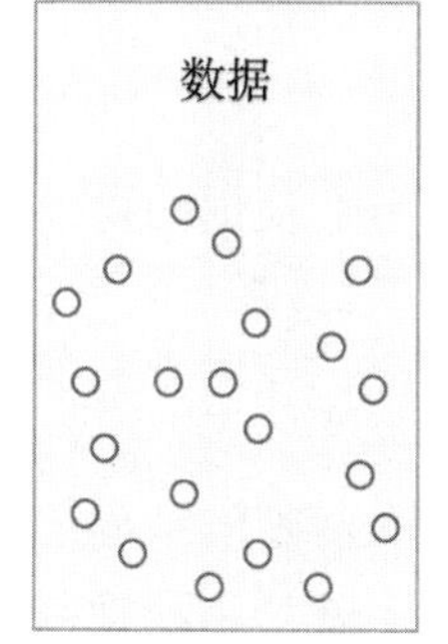

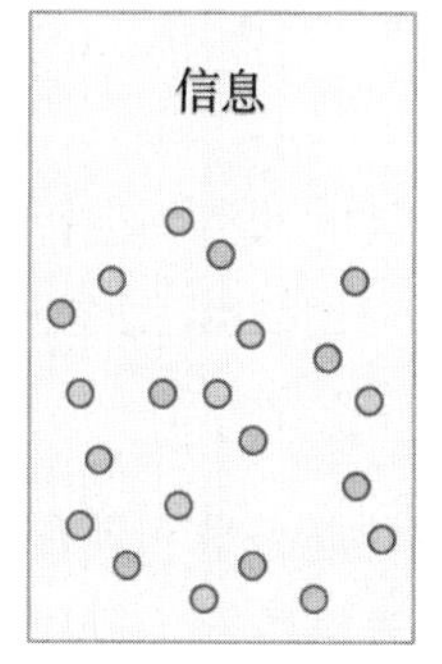

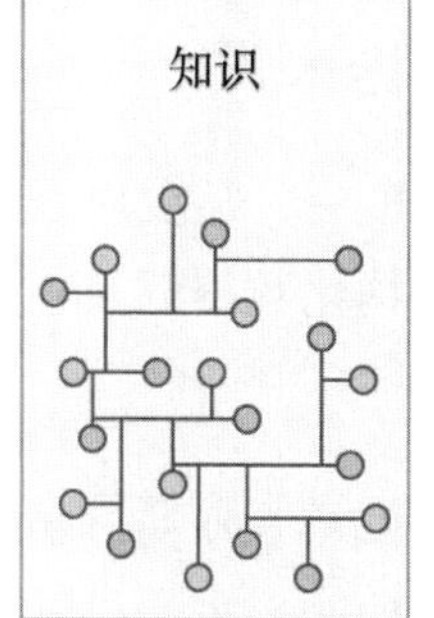

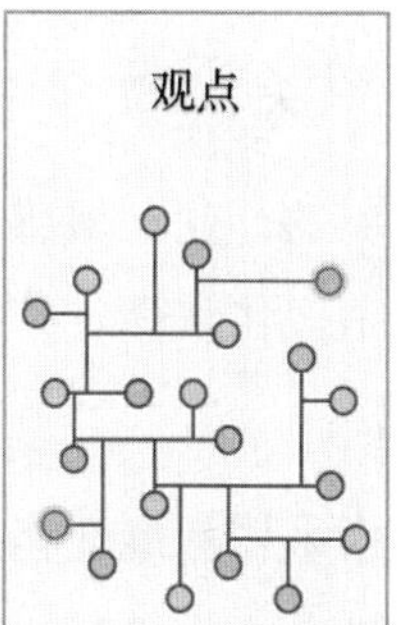

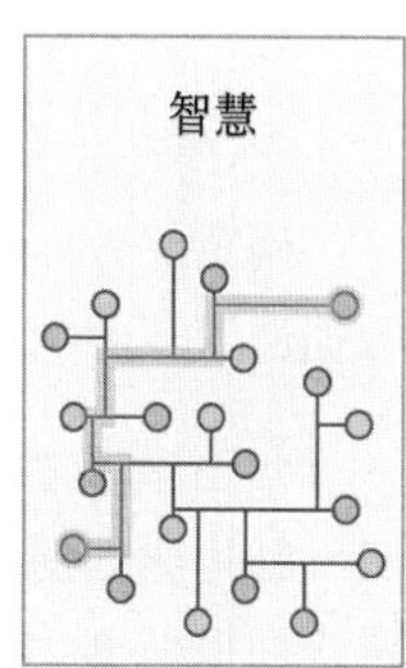

图 9-3　数据的价值形态

假设数据是我们工厂生产所需的原材料，那么数据来源就好比进货渠道，首先，工厂开工之前需要确定好进货渠道。数据来源的确定需要先确定行业，不同行业的数据特征迥异。例如，做木桌子需要的是木材，做石桌子需要的是石料。其次，需要确定数据的敏感程度，不同敏感程度的数据有不同的获取来源。例如，宇宙空间站的桌子需要的航天航材属于高敏感度材料，有专门的进货渠道。最后，在市场中需要根据数据的类型挑选数据。例如，在木材市场中有原木、木板等，它们具有不同的特性及价格。综上所述，数据的来源可以通过行业类型、敏感程度以及数据类型进行区分。

9.3.1.1 按照行业类型区分数据来源

数据来源的确定需要首先确定对应行业。不同行业的数据具有不同的特点和意义。例如，在交通行业可能存在大量的图像数据，记录了一段时间内各个路段的交通情况；而在金融领域更多的是数值数据，代表了金融行业各个领域的盈利与走势情况。

因为划分粒度不同，我国对行业类型的划分也不尽相同。根据我国统计局统计数据显示，数字经济中数据要素可以赋能以下9类产业：农业、制造业、交通业、物流业、金融业、商贸、社会、政府、其他。而多地对产业类型进行了细化，如贵州省DB 52/T1123—2016《政府数据 数据分类分级指南》中细化分出了23种行业类型，分别为经济、政治、军事、文化、资源、能源、生物、交通、旅游、环境、工业、农业、商业、教育、科技、质量、食品、医疗、就业、人力资源、社会民生、公共安全、信息技术。

9.3.1.2 按照数据敏感程度区分数据来源

在同一个行业中，数据的敏感程度也是不同的，不同敏感程度的数据具有不同的获取途径和获取方式。通常，低敏感程度的数据可以从公共途径获取完整数据；中敏感程度的数据可以通过技术手段（如隐私计算技术）参与计算，获得计算的结果，创造数据的价值；而高敏感程度的数据不能参与任何形式的流通。在将数据提供给数据交易平台及数据交付平台进行交易与处理的时候，不同敏感程度的数据也有不同的要求。例如，个人隐私数据的处理需要得到个人用户的授权，受限流通数据的使用需要得到数据提供方的授权等。因此，数据供给平台需要根据行业规范区分所需数据的敏感程度，然后根据敏感程度确定数据来源与参与流通的方式。具体的敏感程度的划分会在第3.3.2节阐述。

9.3.1.3 按照类型区分数据来源

确定好数据所属的行业与敏感程度后，需要对数据具体的类型进行划分。根据结构，数据通常被归纳为结构化数据、非结构化数据以及半结构化数据三大类。

1. 结构化数据

结构化数据是指采用标准化格式记录与存储信息的数据类型，具有定义清晰的结构，符合数据模型，并且易于人类和软件访问。定义良好的表格数据（行和列）就是一种常用的结构化数据，我们可以快速地了解表格数据中有哪些列、有多少行，是什么类型的数据，并且了解它们都是什么含义。表格数据常以Excel格式存储在磁盘上，或以数据表的形式存储在数据库中。我们可以使用相应的工具对这些数据进行读写处理，以便用于数据科学的解决方案。相应的工具包括但不限于Office软件，SQL语言，Python语言等。

2. 非结构化数据

非结构化数据是数据结构不规则或不完整，没有预定义的数据模型，不方便用数据库二维逻辑表来表现与存放的数据。非结构化数据是数据最常见的表现形式，文字、图片、声音或视频都属于非结构化数据。这类数据通常存储在文件系统中。

从非结构化数据中提取信息是困难的，因为非结构化数据中的信息是隐式的，对这类数据中的信息的提取是极具主观色彩的。例如，名言“一千个读者就会有一千个哈姆雷特”就很好地展示了不同个体对非结构化数据信息提取的差异性。又如，一张图片在同一时间和空间给到两个不同人的时候，会由于两个人的文化背景、社会经验等状态的差异，导致提取出截然不同的信息。人工智能中的深度学习模型是对非结构化数据进行信息挖掘的非常有效技术手段。它在图像识别、语音识别、语义识别等方面都已有成熟的应用。

3. 半结构化数据

半结构化数据是介于非结构化数据和结构化数据之间的数据格式。它并不符合结构化数据中数据结构与数据表或关系型数据库强关联的特性；但半结构化数据包含标记信息，可以用来分隔语义元素，并对记录和字段进行分层。它虽然定义了一致的格式，但是结构不是很严格，比如数据的一部分可能是不完整的或者是不同的类型。半结构化数据的存储方式通常为文件，常见的半结构化数据包括JSON、XML等格式的数据。这类数据通常存储在文件系统之中。

9.3.2　数据的分类分级

数据的分类分级是实施数据治理，完成数据权属界定的先决条件。具体而言，对数据进行细粒度、高精度的分类是实现风险可控、运营合规、价值实现的必要条件；不同类别的数据因其蕴含信息的敏感程度不同，在流通使用过程中也有不同的要求。以数据格式相对固定的结构化数据为例，用户身份证与地方全年财政收入这两个数据属于不同的数据类型，其中所蕴含的信息价值迥异，同时具有不同的敏感等级，对应不同的法律约束，在流通加工过程中需要采取不同的技术手段。

9.3.2.1　数据分类分级的关系

国际上对于数据分类与分级一般统称为Data Classification，其中的种类（Classification Categories）对应分类、级别（Classification Levels）对应分级。我国将数据分类与分级进行了区分。分类强调的是根据数据的属性或特征，将其按照一定的原则和方法进行区分和归类，并建立起一定的分类体系和排列顺序，以便更好地管理和使用数据的过程。分级则侧重的是按照一定的分级原则对分类后的数据进行定级，从而为数据的开放和共享安全策略制定提供支撑的过程。

对于分类与分级两项工作，目前尚未出台法规或标准明确阐明其顺序关系，但一般都是遵循先分类再分级的顺序。如《中共中央 国务院关于构建更加完善的要素市场化配置体制机制的意见》(以下简称《意见》) 指出"推动完善适用于大数据环境下的数据分类分级安全保护制度，加强对政务数据、企业商业秘密和个人数据的保护"。可以看出《意见》对数据进行了基础的划分：政务数据、企业商业秘密和个人数据，然后才是在基本分类下进行细化分级保护机制，即先分类再分级。又如2016年贵州省经济和信息化委员会（贵州省大数据发展领导小组办公室）发布的DB52/T1123—2016《政府数据 数据分类分级指南》中提出"政府数据分类是通过多维数据特征准确描述政府基础数据类型，以对政府数据实施有效管理，有利于按类别正确开发利用政府数据，实现政府数据价值的最大挖掘利用"，"政府数据分级是通过政府数据的敏感程度确定数据类型,从而为政府不同类型数据的开放和共享策略的制定提供支撑"。并提出采用自主定级的分级原则："各政府部门单位在开放和共享政府数据之前，应该按照分级方法自主对各种类型政府数据进行分级。"隐含逻辑也是先分类再分级。

9.3.2.2 数据分类方式

数据分类的方式，根据《意见》的建议，分成了政务数据、企业商业数据和个人数据三大类型，具体分类方式如图9-4所示。

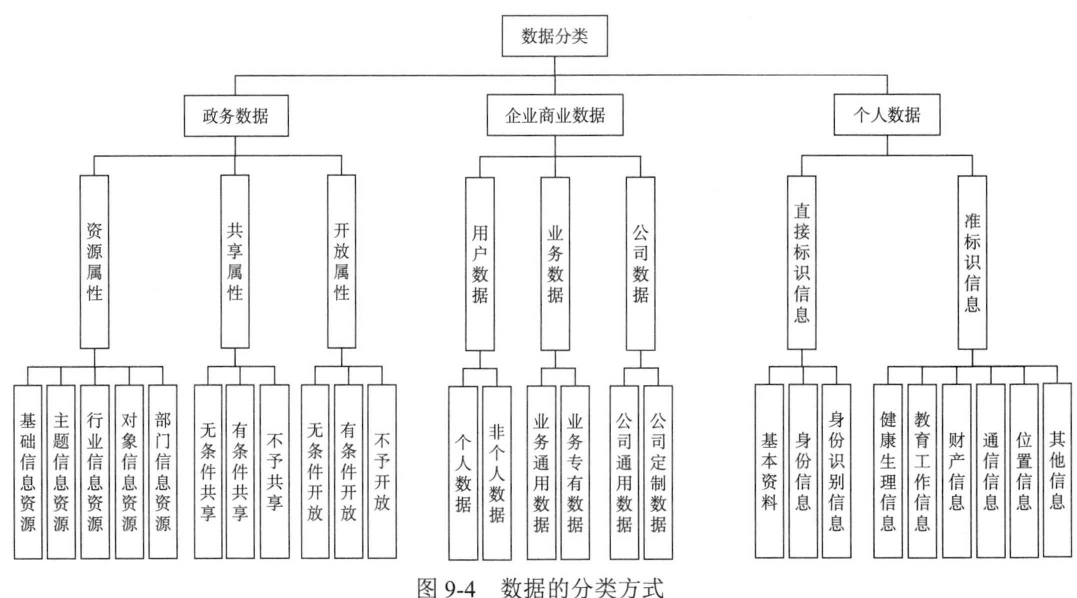

图 9-4 数据的分类方式

1. 政务数据

政务领域需要覆盖社会各行各业的行业特征，政务数据的种类极其繁多且复杂。但同时，由于我国政府对政务数据梳理的重视程度，政务数据结构已完成了系统性的梳理，结构十分清晰。四川省地方标准《政务数据　数据分类分级指南》中，将政务数据根据资源属性、共享属性以及开放属性三类进行了划分。在资源属性下，政务数据包括含有政务基础信息的基础信息资源类数据、围绕经济社会发展这一主题领域的主题信息资源类数据、包含各行各业发展现状信息的行业信息资源类数据、针对某特定主体或客体对象的对象信息资源类数据以及包括不同政府职能部门的部门信息资源类数据。共享数据的共享对象是其他政务部门，而开放数据的开放对象是整个社会。共享属性和开放属性的分类方式相似，均包含无条件、有条件以及不予共享或开放三种细分方式。

2. 企业商业数据

企业商业数据可以被分为用户数据、业务数据、公司数据三个类别。用户数据是与用户相关的数据，根据用户数据与公民身份信息的关联程度可以分为个人数据与非个人数据。业务数据是与组织的业务形态息息相关的数据，包含业务通用数据和业务专有数据。业务通用数据是指与市场、业务分析相关的业务数据，业务专有数据指的是与具体业务流程相关的业务数据（如电子商务公司的订单物流、商品详情数据，视频网站中的视频数据等）。公司数据是指维持公司正常运行过程中产生的相关数据，可以分为公司通用数据和公司定制数据两类。公司通用数据主要是指对于不同的公司都是相似的数据，包括日志数据、制度数据等。公司定制数据是指蕴含公司机密信息，具有极高价值的，专属于公司的数据，如人事数据、财务数据、法务数据、采购数据、代码数据等。

3. 个人数据

个人数据是指包含公民个人信息的数据。《网络安全标准实践指南》TC260—PG—20212A中将个人数据分为直接标识信息与准标识信息两类。直接标识信息是指在特定环境下可以单独唯一识别特定自然人的信息。准标识信息则是指在特定环境下无法单独唯一识别特定自然人，但是结合其他信息可以通过推断的方式唯一识别特定自然人的信息。根据《信息安全技术　个人信息安全规范》GB/T 35273—2020中的统计，直接标识信息包括个人基本资料、身份信息、身份识别信息三类；准标识信息包括健康生理信息、教育工作信息、财产信息等。

9.3.2.3　数据分级方式

数据的分级，通常需要同时考虑当数据遭到篡改、破坏、泄露或者非法获取、非法利用时的危害对象和危害程度。危害对象是指受到危害的对象，可以包括国家安全、公共利益、个人合法权益、组织合法权益四类对象。具体行业的数据分级实践中，危害对象可以是上述四类对象的一个子集。例如，《证券期货业数据分类分级指引》中，考虑的危害对象为公共利益、个人合法权益、组织合法权益，并不涉及国家安全。危害程度是数据的安全性被破坏后，所造成的危害大小。危害程度一般也分为无危害、轻微危害、一般危害、严重危害，部分标准（如《网络安全标准实践指南——网络数据分类分级指引》）中引入了特别严重危害的危害等级。

具体而言，在《网络安全标准实践指南——网络数据分类分级指引》中，根据危害对象与危害程度的不同定义了5个数据安全级别，第1级是最低敏感程度及危害程度的数据安全等级，第5级是最高敏感程度及危害程度的数据安全等级，如表3-1所示。在行业性数据分级的实际应用中，会依据《网络安全标准实践指南——网络数据分类分级指引》中的内容，结合行业特点，进一步将影响程度及数据安全级别进行更为精细的划分。如在《金融数据安全 数据安全分级指南》中的分级方法和《网络安全标准实践指南——网络数据分类分级指引》完全一致，根据金融业机构数据安全遭破坏后的影响对象和影响程度，将数据安全级别由高到低划分为5个级别。而在证券期货行业，《证券期货业数据分类分级指引》则将其数据根据安全性由高到低划分为了4个级别。

表 3-1 数据定级规则参考

<table>
<tr><th>最低级别</th><th>危害对象</th><th>危害程度</th><th>一般特征</th></tr>
<tr><td>5 级</td><td>国家安全</td><td>严重危害、特别严重危害</td><td rowspan="2">一旦遭到篡改、破坏、泄露或者非法获取、非法利用，可能危害国家安全、国民经济命脉、重要民生、重大公共利益</td></tr>
<tr><td>5 级</td><td>公共利益</td><td>特别严重</td></tr>
<tr><td>4 级</td><td>国家安全</td><td>轻微危害、一般危害</td><td rowspan="4">一旦遭到篡改、破坏、泄露或者非法获取、非法利用，可能危害国家安全</td></tr>
<tr><td>4 级</td><td>公共利益</td><td>严重危害</td></tr>
<tr><td>4 级</td><td>个人合法权益</td><td>特别严重危害</td></tr>
<tr><td>4 级</td><td>组织合法权益</td><td>特别严重危害</td></tr>
<tr><td>3 级</td><td>公共利益</td><td>一般危害</td><td rowspan="3">一旦遭到篡改、破坏、泄露或者非法获取、非法利用，可能对公共利益造成一般危害，或对个人、组织合法权益造成严重危害，但不会危害国家安全</td></tr>
<tr><td>3 级</td><td>个人合法权益</td><td>严重危害</td></tr>
<tr><td>3 级</td><td>组织合法权益</td><td>严重危害</td></tr>
<tr><td>2 级</td><td>公共利益</td><td>轻微危害</td><td rowspan="3">一旦遭到篡改、破坏、泄露或者非法获取、非法利用，可能对个人、组织合法权益造成一般危害，或对公共利益造成轻微危害，但不会危害国家安全</td></tr>
<tr><td>2 级</td><td>个人合法权益</td><td>一般危害</td></tr>
<tr><td>2 级</td><td>组织合法权益</td><td>一般危害</td></tr>
<tr><td>1 级</td><td>个人合法权益</td><td>轻微危害</td><td rowspan="2">一旦遭到篡改、破坏、泄露或者非法获取、非法利用，可能对个人、组织合法权益造成轻微危害，但不会危害国家安全、公共利益</td></tr>
<tr><td>1 级</td><td>组织合法权益</td><td>轻微危害</td></tr>
</table>

9.3.3 数据的治理

从不同来源收集到的数据，需要经过治理才能提供给数据交易、加工、交付流程。数据治理是指为确保数据安全、私有、准确、可用和易用所执行的所有操作。它包括人们必须采取的行动、必须遵循的流程以及在整个数据生命周期为其提供支持的技术。数据治理通常将风险可控、运营合规、价值实现作为三大整体目标。风险可控是通过建立数据风险评估管理机制，确保数据风险不超过组织的风险容忍度的方式得以实现。运营合规是根据法律、规范和行业标准评价评估数据的合规性的过程。价值实现是指通过应用数据，助力数据价值的释放，完成数据价值的实现。

数据风险评估通常以资产识别、脆弱性识别、威胁识别、已有安全措施识别、残余风险分析这五个维度为基础展开。基于以上五个基础维度的评估结果，分析数据处理活动中的脆弱性问题，及该脆弱性问题面临的威胁，并相应地检查已有安全措施，判断残余风险。最终根据数据资产价值和残余风险判定数据安全风险值，形成数据安全风险评估结论。

运营合规是在法律法规的指引下，根据各合规项建立安全策略并具体实施相应安全措施的过程。法律法规是指引企业或组织数据安全建设的重要依据，需要对解读的安全标准和规范的合规项进行落实，形成合规库，为数据要素流通提供参考及评估标准，并根据合规库中的合规项，制定各类安全策略规则。

价值实现是指通过对数据的生产、加工等操作，释放数据价值，赋能数字经济的过程。在数据要素流通体系框架中，由于数据价值实现常具有多个参与方，涉及数据确权、定价、安全等更复杂的困境。因此，数据供给平台中的数据治理部分将不涉及该内容，数据的价值实现将通过数据交易平台和数据交付平台完成。

9.3.4　物质的权属

运营合规是第3.3.3节数据治理中一个重要的部分，数据的权属问题是讨论数据运营合规的法律依据之一，但是数据的权属确定仍困难重重。在探讨数据的权属难点之前，本节会先通过对物质权属现状的简单介绍，使读者大致了解权属相关的法律知识，以便理解数据权属确立中的困难。

根据《中华人民共和国民法典》中对物权的描述，物权是大陆法系民法所采纳的概念，它是指公民、法人依法享有的直接支配特定物的财产权利。所谓直接支配，是指权利人无须借助于他人的帮助，就能够依据自己的意志依法直接占有、使用、或采取其他的支配方式支配其物。通俗地说，一头牛属于你，你可以用它来耕田、拉车，可以租给他人使用，也可以杀掉卖牛肉。这种支配的权利是排他的，任何人都不能干涉。

物权一般包含三个大类，即所有权、用益物权和担保物权，如图9-5所示。所有权是指所有人依法对其财产享有的占有、使用、收益、处分的权利。用益物权是指以物的使用、收益为目的的物权；用益物权包括国有土地使用权、宅基地使用权等。担保物权是指以担保债权为目的，即以担保债务的履行为目的的物权；担保物权包括抵押权、质权、留置权等。

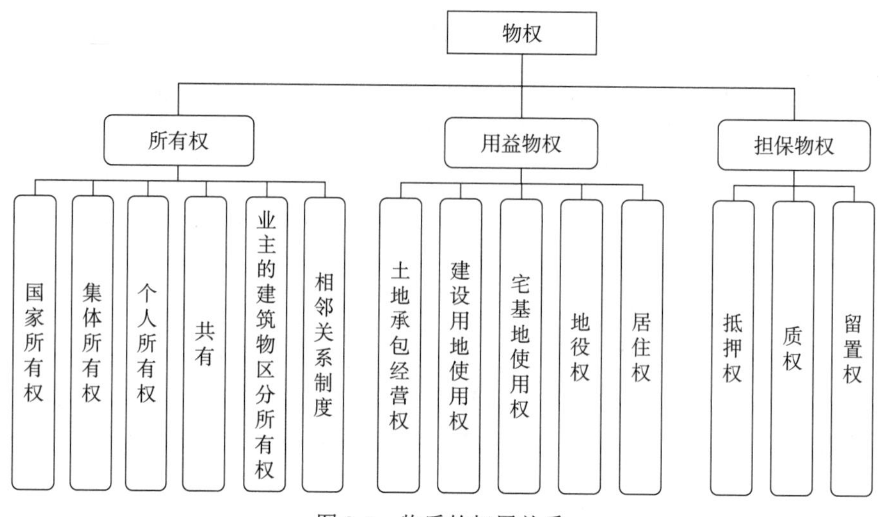

图 9-5　物质的权属关系

担保物权与用益物权制度共同构成他物权体系，如果没有担保物权，则不仅整个物权法的体系是残缺的，而且很难确定《中华人民共和国担保法》中规定的抵押、质押、留置是否为担保物权。

9.3.4.1　所有权

所有权是物权法中的重要内容，所有权是指所有人依法可以对自己的物进行占有、使用、收益和处分的权利。它是物权中最完整、最充分的权利。通俗地说，你拥有一件物品，你可以自己使用；可以出租给别人，收取租金；也可以转手卖给他人。这就是你对这件物品的所有权，是一种绝对的权利。所有权通常包括国家所有权、集体所有权、个人所有权、共有、业主的建筑物区分所有权以及相邻关系制度。

（1）国家所有权是指由全民所有，是法律规定属于国家所有的财产。由国务院代表国家行使所有权，法律另有规定的，依照法律行使。国家所有财产的范围主要有矿藏、水流、海域、无居民海岛、城市的土地、森林、山岭、草原、荒地、滩涂等自然资源，野生动植物资源，无线电频谱，文物，国防资产，基础设施等。

（2）集体所有权是指由集体所有，是法律规定属于集体所有的财产。集体所有的财产主要包括属于集体的土地、森林、山岭、草原、荒地、滩涂，集体所有的建筑物、生产设施、农田水利设施，集体所有的教育、科学、文化、卫生、体育等设施，以及其他的不动产和动产。

（3）个人所有权是指，法律规定属于私人所有的财产。私人所有的财产主要包括合法的收入、房屋、生活用品、生产工具、原材料等不动产，以及动产享有所有权。私人主体主要包括企业出资人、营利法人和其他法人、社会团体，捐助法人等。

（4）共有是指数人共同享有一物的所有权，共有不是一种独立种类的所有权，而是同种或不同种所有权间的联合。通常可以分为按份共有和共同共有。按份共有人按照其份额对共有的不动产或者动产享有占有、使用、收益和处分的权利。通俗地说，甲、乙、丙共有一套房屋，其应有部分各为1/3，为提高房屋的价值，甲主张将此房的地面铺上木地板，乙表示赞同，但丙反对。因甲乙的应有部分合计已过半数，故甲乙可以铺木地板。而共同共有则是，共同共有人对共有的不动产或者动产共同享有占有、使用、收益和处分的权利。通俗地说，共同共有关系通常发生在互有特殊身份关系的当事人之间，如夫妻之间的夫妻共同财产关系、个人合伙和企业之间的联营等。

（5）业主的建筑物区分所有权，是所有权制度中一个比较特殊的分类。业主的建筑物区分所有权是特指业主对建筑物内的住宅、经营性用房等的专有部分享有所有权，对专有部分以外的共有部分享有共有和共同管理的权利。与大多数物质相比，建筑物是一种特殊的物质。由于建筑物向多层、高空发展，被一人或少数人所有的可能性不高，通常是由建筑物中的众多住户所共有，这种现象就是建筑物的区分所有。当业主购买了一个建筑物中的部分空间后，业主就对其购买的空间享有了单独所有权，同时对楼梯、走廊、屋顶等公用部分享有了共有权。这就是业主的建筑物区分所有权。

（6）此外，在所有权制度中，还存在相邻关系制度。相邻的两个业主之间会形成相邻关系，这是一种比较复杂的权利状态，既不能完全用普通所有权规则，也不能完全用共有权规则来解决。如在一栋大楼内，相邻业主之间可能互相造成噪声污染；建筑物也可能对周围邻居的通风采光造成负面影响，这些都在相邻关系制度的范畴内。物权法中的相邻关系的主要目的是促进和睦的人与人之间的关系的建立，维护社会秩序的安定。在我国的司法实践中，出现了不少业主与开发商之间、业主与业主之间的产权纠纷，这些问题处理不好，会影响社会安定，因此我国设立了相邻关系制度来加以解决。

9.3.4.2　用益物权

用益物权是指非所有人所享有的对物的使用和收益的权利；是用益物权人在法律规定的范围内，对他人所有的不动产，享有占有、使用、收益的权利；它着眼于财产的使用价值。通俗地说，某餐饮企业租用别人的房屋进行经营，它依法享有对租用房屋的占有、使用、收益的权利，但是它没有处分房屋的权利。也就是说餐饮企业拥有的是房屋的用益物权。我国物权法在用益物权方面，主要规定了土地承包经营权、建设用地使用权、宅基地使用权、地役权、居住权等权利。

（1）土地承包经营权，是指承包农户以从事农业生产为目的，对集体所有或国家所有的，由农民集体使用的土地进行占有、使用和收益的权利。在土地利用过程中，土地承包经营权人应当维持土地的农业用途，不得用于非农建设，禁止占用耕地建窑、建坟或者擅自在耕地上建房、挖砂、采石、采矿、取土等，禁止占用基本农田发展林果业和挖塘养鱼。

（2）建设用地使用权，是指自然人、法人或非法人组织依法对国家所有的土地享有的建造并保有建筑物、构筑物及其附属设施的用益物权。建设用地使用权人对国家所有的土地依法享有占有、使用和收益的权利，有权自主利用该土地建造并经营建筑物、构筑物及其附属设施。建设用地使用权的法律特征有以下特点：

第一，是设定在国家所有土地之上的用益物权。

第二，是因为建筑物或其他工作物使用国有土地的用益物权。

第三，主要内容在于使用国家所有的土地。

（3）宅基地使用权，宅基地是农村村民用于建造住宅及其附属设施的集体建设用地，包括住房、附属用房和庭院等用地，在地类管理上属于（集体）建设用地。宅基地使用权是指农村居民对集体所有的土地占有和使用，自主利用该土地建造住房及其附属设施，以供居住的用益物权。宅基地使用权人依法享有对集体所有的土地占有和使用的权利，有权依法利用该土地建造住房及其附属设施。宅基地使用权的主要内容包括以下四点。

第一，明确了宅基地使用权人对宅基地的占有和使用权。

第二，宅基地使用权人有权获得由宅基地产生的收益，并且有权依法转让房屋的所有权及宅基地的使用权。

第三，由于宅基地因自然灾害等原因减少而导致宅基地使用权消失的，应重新分配宅基地。

第四，宅基地使用权仅限于集体经济组织成员之间转让。

（4）地役权，是按照合同约定利用他人的不动产，以提高自己不动产效益的权利。在行使权利的过程中，将自己的不动产提供给他人使用的一方当事人称为供役地人；因使用他人不动产而获得便利的不动产为需役地；为他人不动产的便利而供使用的不动产为供役地，即他人的不动产为供役地，自己的不动产为需役地。地役权的基本内容是，地役人有权按照合同约定，利用供役地人的土地或者建筑物，以提高自己需役地的效益。地役权自地役权合同生效时设立。当事人要求登记的，可以向登记机关申请地役权登记。不登记，不得对抗善意第三人。通俗地说，甲为了能在自己的房子里欣赏远处的风景，便与相邻的乙约定：乙不在自己的土地上从事高层建筑；作为补偿，甲每年支付给乙4000元。两年后，乙将该土地使用权转让给丙。丙在该土地上建了一座高楼，与甲发生了纠纷。对此纠纷，甲对乙的土地不享有地役权。

（5）居住权是指权利人为了满足生活居住的需要，按照合同约定或遗嘱，在他人享有所有权的住宅之上设立的占有、使用该住宅的权利。居住权作为用益物权具有特殊性，即居住权人对于权利客体（即住宅）只享有占有和使用的权利，不享有收益的权利，不能以此进行出租等营利活动。通俗地说，张先生与李女士结婚时住的两居室是张先生单位分的，后两人因感情不和离婚，法院将房子判给男方，但李女士可以暂时居住。离婚后李女士收养一子和她一起生活，不久，李女士突然病逝。其子要求继续在此房居住，张先生不同意，遂将此房收回。李女士离婚后对房子拥有的就是居住权。由于居住权不能继承和转让，因此她收养之子不能继续住在此房。

9.3.4.3　担保物权

担保物权，是指债权人所享有的为确保债权实现，在债务人或者第三人所有的物或者权利之上设定的，就债务人不履行到期债务或者发生当事人约定的实现担保物权的情形，优先受偿的他物权。担保不单有物的担保，也有人的担保；债务人自己提供物的担保的，债权人应当先就该物的担保实现债权，也可以要求保证人承担保证责任。通俗地说，甲向乙借款20万元，以其价值10万元的房屋、5万元的汽车作为抵押担保，以1万元的音响设备作质押担保，同时由丙为其提供保证担保。其间汽车遇车祸损毁，获保险赔偿金3万元。如果上述担保均有效，丙应对借款本金在6万元数额内承担保证责任。丙承担的是物的担保以外的担保责任。担保物权主要包括抵押权、质押权、留置权。

（1）抵押权是为担保债务的履行，债务人或者第三人不转移财产的占有，将该财产抵押给债权人，债务人未履行债务时，债权人有权就该财产优先受偿。例如，甲公司为获得贷款，将其厂房抵押给银行，如不能按期归还贷款，银行有权将该厂房拍卖，从拍卖所得的价款中优先受偿，这就是所谓的抵押权。

（2）质权是为担保债务的履行，债务人或者第三人将其动产出质给债权人占有，债务人未履行债务时，债权人有权就该动产优先受偿。例如，公民甲向公民乙借款，将其摩托车设定质押，双方签订质押合同以后，还必须将摩托车存放在乙处，这就是质押。质权与抵押权的不同在于前者是转移动产的占有，而后者则是不转移动产的占有。通俗地说，抵押和质押的区别在于抵押一般需要登记，而质押一般不需要登记。抵押的对象主要是不动产，而质押的对象包括动产和权利（如有价证券、公司的股份以及知识产权中的财产权等）。

（3）留置权是债务人未履行债务时，债权人可以留置已经合法占有的债务人的动产，并有权就该动产优先受偿。例如，农民甲到期没有履行对农民乙的债务，乙就留置了甲与债务有关的农用车一辆，但是甲还在这辆车上设立了抵押权或者质权，如果各个权利人均对此车行使自己的权利，谁应该首先得到补偿呢？那就应该是设立了留置权的乙。

9.3.5　数据的权属

在数据要素流通体系框架中，数据供给平台提供的是清晰的符合业务逻辑的法律边界。高屋建瓴的法律条文通常需要解读与适配才能在实际应用场景中得以落地。数据要素供给平台通过数据治理过程中运营合规阶段对法律法规合规性的约束，给使用框架的用户提供法律法规方面的支撑。

9.3.5.1　数据权属界定面临的困境

物权可归纳为所有权、用益物权以及担保物权三大类，但在实践操作过程中，会根据物的不同衍生出不同的细分权利。例如，由于楼房房产的特殊性，衍生出了业主的建筑物区分所有权；由于土地的属性不同，衍生出了建设用地使用权、宅基地使用权等。自2019年，党的十九届四中全会将数据定义为生产要素后，数据的权属问题也正式在产学研各界开始被广泛讨论。

数据的权属界定过程中面临的问题可以分成理论与实践两个维度。数据权属界定的理论困境主要由法律界对数据的法律属性认知的差异性而导致。数据权属界定的实践困境主要是在数据确权的实践中产生的。由于数据产权的法律关系不明确，会导致个人、企业以及国家在数据上的权利内容及分配规则不清，进而影响数字经济的发展，如图9-6所示。

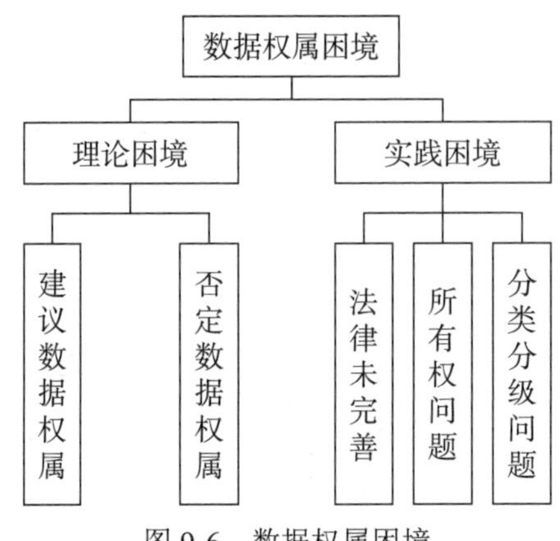

图 9-6　数据权属困境

1. 理论困境

数据的法律属性是界定数据产权的重要因素，由于传统法学理论体系难以解决数据产权问题，国内外学术界对数据的法律属性问题也产生了极大的争议。部分观点认为不应该针对数据单独提出数据权属以及数据权利的概念。

我国学者梅夏英认为出于以下三点原因，不宜单独提出数据权利的概念。

原因一：数据不能作为民事权利的客体。数据没有特定性、独立性，也不属于无形物，因此不能归入表彰民事权利的客体。

原因二：不能独立视作财产。数据无独立经济价值，其交易性受制于信息的内容，且其价值实现依赖于数据安全和自我控制保护，因此不宜将其独立视作财产。

原因三：数据权利化难以实现。基于数据主体不确定、外部性问题和垄断性等问题，数据权利化也难以实现。

Drexl J等人则从经济学和法学的角度阐述了不建议为数据设置专有权的理由。从经济学的角度，数据专有权会对经济学中的经营自由和竞争自由带来负面干扰，进而会提高市场准入门槛、影响市场的公平性。从法学的角度，现有的法律框架中，不存在将数据分配给特定法律主体的强制性要求；例如，为了促进数据的流通，哪怕是个人隐私数据，在明确得到个人授权的前提下，也是可以通过权属转移实现流通的；再如，通过传感器生成的数据的专有权也不只属于传感器的所有者。

另外，有部分学者正在尝试根据不同的理论梳理数据的法律属性，以辅助明确数据权属。关于数据的法律属性，学术界基于人格权、财产权、知识产权、新型财产权等多个理论产生了以下不同的观点：

第一种观点，认为个人信息应当是人格权的范畴。从《中华人民共和国民法典》总则编的规范设置来看，个人信息在性质上应当属于人格权益的范畴，个人信息权利以主体对其个人信息所享有的人格权益为客体。

第二种观点，认为数据具有财产权。部分学者认为，用户数据具有财产属性已经成为数据时代的社会共识，在市场实践中，用户数据商品化现象充分说明了其具有财产性质。也有学者从数据所有权和用益权的角度提出了二元权利结构模式的理论,认为可以借助“自物权—他物权”和“著作权—邻接权”的权利分割思想，根据不同主体对数据形成的贡献来源和程度，设定数据所有者拥有数据所有权和数据处理者拥有数据用益权的二元权利结构，以实现数据财产权益分配的均衡。

第三种观点，认为数据是知识产权的一种。作为一种知识产权，数据存储和成果可通过著作权法中的专利、商标等知识产权手段进行保护；也有学者将数据与著作进行了类比，认为由于数据被公开后应禁止他人公开传播的特性与著作类似，故可参考知识产权法完善对数据的相关立法。

第四种观点，认为数据属于新型财产权。由于数据在流通过程中会流经多个主体，涉及复杂的利益关系，因此需要根据该特性确立复杂的数据新型财产权体系，以达到数据的初始主体以及数据流通主体间的利益平衡。例如，可以通过为初始数据的主体配置基于个人数据的人格权和财产权，为数据流通主体配置排他性的数据经营权和数据资产权的方式构建新型数据权属体系。

2. 实践困境

在数字经济体系建设的实践活动中，数据权责不明导致个人、企业、国家在数据权利与责任的划分上不清晰，降低了数据所有方对数据共享的意愿、增加了数据共享后的法律风险，成为促进数据价值释放、打造数字经济过程中的核心障碍之一。随着数字化转型全面推进，数据权属制度的制定对于整个经济发展具有举足轻重的作用。在数据权属界定的实践过程中，遇到的问题可以按照确权过程的前、中、后三个阶段展开讨论。

（1）数据权属界定过程前，需要对数据进行预处理，以便于确权工作的展开。当前被广泛认可的预处理手段是数据的分类分级。数据是一个抽象的概念，实践应用中数据包含很多种类，例如个人数据、企业数据、政务公共数据、原生数据、衍生数据等，不同种类的数据在权属界定的实践上存在差别。相同数据可以使用的场景也千差万别，例如政务、金融、国安、互联网、医疗等，相同的数据在不同场景下的权属界定也不尽相同。相比欧美已经构建完成了对个人数据和非个人数据进行区分管理的自由流通框架，我国目前尚未建立数据分级分类的管理制度，尤其对非个人数据和个人数据的统一监管，严重制约了数据要素价值的发挥。

（2）数据权属界定过程中，需要依赖法律对数据权属的界定提供尺度。目前，国内外立法层面尚未对数据权属问题给出明确答案。在国际社会中，欧盟的GDPR、美国的数据安全与数据隐私相关法律，均在规定个人和企业对于数据权利的同时，规避了数据权属界定的问题。

在法律层面权属界定难点之一是数据所有权归于单方主体的局限性与归于多方主体的困难程度。若将数据所有权简单地归于数据收集人（如企业），则难以产生整体上的产权意义。因为，数据存在“一数多权”的现象，如果多个主体都对同一数据进行采集，均享有数据所有权；但是所有权的排他性否定了“一数多权”的可能性。另外，若将数据所有权归于被收集人（如用户），由于个人权利行使与企业积极性激发的难度，不利于个人权利的行使和数据产业的发展。

（3）数据权属界定过程之后，还需要积极发挥行政监管作用，保证数据按照权属界定的结论依法流通。其一是企业对数据使用与处理过程中的法律意识有待培养，多数企业数据处理尚不透明，要提高企业处理数据的透明度，要求企业对个人数据在处理与共享过程中的行为对用户进行公开与确认。其二是政府与社会对数据安全的监管能力有待加强，当前的监管尚处于“局部监管、突出问题”阶段，需要向“全流程、全链条、全主体”的监管模式转变。

9.3.5.2 数据确权的探索

数据确权的过程就是对数据产权确定的过程。对比已有的物权法，数据也应该包含所有权、用益物权以及担保物权。2022年之前，在实践生产活动中，为了方便数据的流通与管理，通常将数据的用益物权拆分为使用权、收益权、管理权等。同时，对数据的用益物权进行了分离。分离之前，所有权、使用权、收益权、管理权实际表达的全是所有者的权利；分离之后，除上述四项所有权仍然存在之外，所有权增加了一类数据使用者的所有权，即使用权增加了一类数据使用者的使用权，收益权增加了一类数据使用者的收益权，管理权增加了一类数据使用者的管理权。这时的两权分离，实质是在拥有者与非拥有者之间进行的权利的分割分配。

2022年，中央深改委第二十六次会议通过的《关于构建数据基础制度更好发挥数据要素作用的意见》（简称《意见》）中，明确提出“数据资源持有权、数据加工使用权、数据产品经营权等分置的产权运行机制。”

（1）数据资源持有权。物权中的所有权是具有排他特性的权利，而数据的可复制、易共享的特性与排他性背道而驰。因此，《意见》提出了“数据资源持有权”的概念，旨在搁置对数据所有权的争议，推动数据要素的进一步流通。相较于所有权，“持有”的概念指的是不依赖于所有权源的、对有形或无形的物通过一定的方式或手段有意识地控制或支配。

数据资源持有权中对数据资源的控制或支配能力是通过对数据的管理权以及衍生出的私益性实现的。在法律层面，“持有”一词分别在刑法与民商法中得以使用；刑法中的“持有”更多的是规制持有行为，民商法中的“持有”更多强调的是权益归属。在实践层面，《关于构建数据基础制度若干观点》建议数据持有者可以对依法持有的数据进行自主管理，并防止干扰或侵犯数据处理者合法权利的行为。因而，数据持有者可以根据持有权赋予的排他性享有相应的益处。

（2）数据加工使用权。数据加工使用权是指企业自我使用、加工处理指定数据的权利。数据具有低成本复制的特性，可以在使用过程中，在不造成数据损耗和质量下降的前提下，将数据复制成无限份。数据的低成本复制性增加了使用权转移的方便程度，利于实现多方共赢，在新经济价值创造的过程中具有积极的意义。但同时，为防止对数据低成本复制特性的滥用行为，数据持有者将指定数据的使用权授予使用者后，数据的使用者不能将数据转手倒卖获利。数据的加工使用权只可以从数据中获取信息并加工生成相应的数据产品与数据服务。

另一个角度，数据加工使用权可以提升数据的排他性，增加企业对数据在会计意义上的控制权。公共公开的数据，由于所有人都具有对他的加工使用权，没有排他性。如公共公开的数据能给每个企业带来经济收益，则该数据就不具有排他性，企业对该数据不具备控制权。而通过加工使用之后，就生成了全新的具有排他性的企业独占的数据，这些数据就享有了会计意义上的数据经济利益，因而也具有了会计意义上的控制权。

（3）数据产品经营权。数据产品经营权是指政府授予法人机构数据产品的经营权利，例如授予数据交易机构开展数据交易活动的权利。数据产品经营权的展开有三项前提。首先，享有数据产品经营权的数据必须是合法收集、生成或其他合法来源的数据，非法获得的数据不享有经营权。其次，企业对数据必须依法经营。最后，数据产品经营权涵盖的数据对象不能违反其他法律法规的限制或规定，例如《中华人民共和国个人信息保护法》。

数据的产品经营权需要基于数据分类分级的结果开展。数据产品经营权的行使与数据的类型以及场景的属性息息相关。例如，个人属性数据、行为数据比产品规格数据具有更高的隐私及敏感程度；又如企业持有用户的身份证号码等最高隐私级别的数据时，必须遵循《中华人民共和国个人信息保护法》中明确的“告知—同意”原则，且用户享有数据的撤回权；针对如手机号等一般隐私级别的数据，企业可在合规操作的前提下控制这类数据。

9.3.5.3　数据确权的实践

1. 中国

中国还未在法律法规层面对数据产权结构进行明确的定义。出于促进数字经济市场体系建立的考虑，我国在多地开展了数据产权试点计划。例如，2021年9月全国首个数据知识产权质押案例落地浙江杭州高新区（滨江），通过杭州高新融资担保公司增信，将数据资产进行质押，获得上海银行滨江支行授信人民币100万元。2021年10月，全国首张公共数据资产凭证（企业用电数据）在广东发布，公共数据资产凭证以数据资产凭证作为数据流通的专用载体，实现资产主体、资产本体、资产权利三位一体的绑定关系，以此声明数据主体、数据提供方和数据使用方。公共数据资产凭证作为政府认可的可信数据载体，具备可验证、可溯源等特点，可实现跨域互信互认、互联互通，受到主管部门的监管与保护。2022年6月，中央全面深化改革委员会第二十六次会议通过的《中共中央 国务院关于构建数据基础制度更好发挥数据要素作用的意见》中明确提出了“数据资源持有权、数据加工使用权、数据产品经营权”分置的数据产权运行机制。

2. 欧盟

欧盟是全球范围内最早进行数据产权体系构建的地区，通过《通用数据保护条例》（GDPR）和《非个人数据在欧盟境内自由流动框架条例》，确立了“个人数据”和“非个人数据”的二元架构。GDPR明确任何已识别或可识别的自然人相关的个人数据，其权利归属于该自然人，该自然人享有包括知情同意权、修改权、删除权、拒绝和限制处理权、遗忘权、可携权等一系列广泛且绝对的权利。针对个人数据以外的非个人数据，企业享有数据生产者权，不过其权利并非是绝对的。

3. 美国

美国并无针对数据的综合立法，而是将个人数据置于传统隐私权的架构之下，利用“信息隐私权”来化解互联网对私人信息的威胁。同时通过《公平信用报告法》（Fair Credit Reporting Act，FCRA）、《金融隐私权法》（Right to Financial Privacy Act，RFPA）、《电子通信隐私法》（Electronic Communications Privacy Act，ECPA）等法律，在金融、通信等领域制定行业隐私法，辅以网络隐私认证、建议性行业指引等行业自律机制，形成了“部门立法+行业自律”的体制。

4. 其他

日本并不主张对数据本身另行设定新的排他性私权。经过学界、产业界以及政府部门的多方探讨，目前日本对数据权属问题的处理规则已经比较明确。概括来说，对数据权属以自由流通为原则，特殊保护为例外。具体而言，就是以构建开放型数据流通体系为目标，不突破现有法律规定和法律解释，不对数据另行设置私权限制，以尊重数据交易契约自由为原则，促进数据自由流通。

俄罗斯规定的数据主体的权利与其他国家落脚点不同，其更多的是针对处理人开展的。所谓处理人，是指独立或与其他单位合作，处理个人数据，并能确定个人数据处理的目的、范围的国家机关、主管机关、法人或个人。

印度的《2018个人数据保护法（草案）》将数据视为“信托”问题，将每个决定处理个人数据目的和方法的实体定义为“数据受托人”，并要求其承担主要责任。数据受托人是指单独或者与其他人一起决定处理个人数据的目的和方式的任何人，包括邦、公司、法律实体或个人。

9.4　数据交易平台

9.4.1　总体思路与交易流程

完成一项传统商品交易的前置条件包括：确立供需关系，磋商交易价格，以及确保合法合规。在传统商品交易的过程中，这些前置条件是明确且容易实现的。

（1）传统商品的供需关系是明确的。供需关系也就是商品的用途和买家的需求之间的对应关系。例如，车的作用就是交通，买车的主要目的是通行；床的作用就是休息、买床的主要目的是睡觉等。

（2）传统商品具有成型的价格体系。产品的价格多取决于产品本身的价值、生产成本、供需关系、边际效益等因素。已有多种成熟的经济学模型支持产品定价的完成，例如有利用投入产出关系建立价格的模型、根据宏观经济线性规划价格的模型、在古典经济学一般均衡理论的指导下的可计算一般均衡模型等。

（3）传统商品交易相关法律法规也是健全的，例如交易相关的《中华人民共和国民法典》《中华人民共和国电子商务法》《中华人民共和国政府采购法》《中华人民共和国进出口商品检验法》等，这些法律法规对传统商品交易过程形成了系统性覆盖。

在交易场景中，传统商品和数据有着巨大的差别。无论是传统商品还是数据，人们通过交易获得是它的属性。以传统商品为例，人们购买汽车必然要获得的是它的交通属性，然后会希望它能提供舒适属性，进一步可能会希望它提供社交属性等更多的属性。传统商品所能提供的属性的范围是有限的，例如不可能通过购买汽车对烟叶的产量产生影响。数据却不同，数据是信息的载体，人们购买数据是为了获得它的属性——信息。但是不同的角色能从同样的数据中获得不同的信息，并且很难提前知晓数据集中获得的所有信息，例如一个包含个人财产信息的数据集，在金融领域可以提取财产风险信息，互联网领域可以提取消费偏好信息，国家层面可以提取贫富分布等统计学信息等。

因此，数据的交易与传统商品的交易也是天差地别的，是一件十分复杂且困难的事情。

（1）数据交易的供需关系很难建立。数据所蕴含的信息种类繁多，且会随着应用场景而变化，难以预测。因此，数据提供方很难准确提供数据价值的说明。同时，需求方由于不知道都有哪些数据，无法提前知晓是否对数据存在需求，无法提出己方尚且未知的需求。

（2）数据产品的价格磋商机制尚不成熟。现有的成熟定价机制都是建立在商品信息已经完成交互的前提下实现的，数据产品的价值与产品信息息息相关，提前泄露信息可能会降低数据产品的价值。另外，数据产品的定价需要参考本身的价值、供需的关系等信息。由于数据所蕴含信息的不确定性，导致了数据价值的不确定性，再加上供需关系的不确定性进一步提升了数据定价的难度。

（3）数据交易的法律法规尚不健全。数据交易在合法合规方面，也由于相关法律法规的缺失，一直处于灰色地带。但针对数据交易和流通也并非无计可施，近年来颁布的《中华人民共和国数据安全法》《中华人民共和国个人信息保护法》等法律，都在一定程度上对数据交易的规范做出了界定，也让我们看到了未来数据交易迅猛发展的希望。

为了在一定程度上缓解数据交易的难题，可以通过建立数据交易平台的方式，促进数据交易活动的发展。数据交易通常有数据提供方、数据需求方和数据加工方三个角色，每个角色可以是单一的实体，也可以由多家实体构成。数据交易平台由交易撮合、交易定价以及合约管理三个模块组成。交易撮合模块用于协助数据提供方、数据需求方以及数据加工方沟通并确定需求。交易定价模块用于辅助完成数据的定价。合约管理模块则用于对数据供需双方达成一致的交易合约进行管理，如图9-7所示。

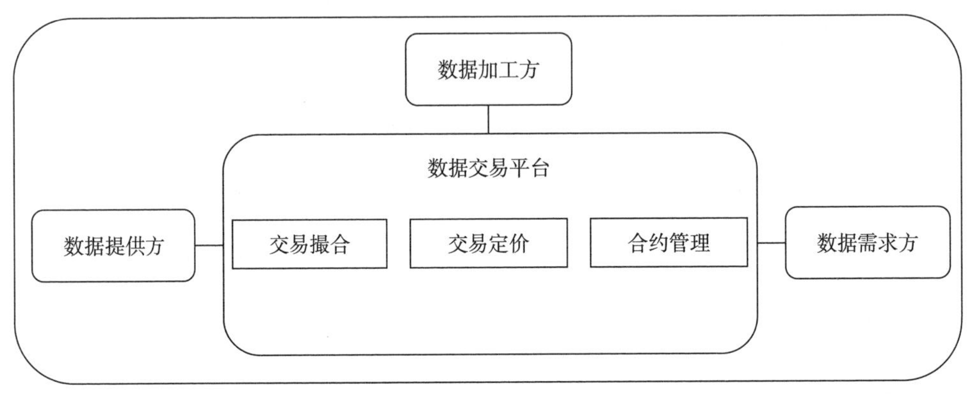

图 9-7　数据交易平台

9.4.2　交易主体与交易内容

数据交易过程中，交易的主体（数据提供方和数据需求方）以及交易的内容（数据）的边界是需要最先确定的。只有确定了交易的主体内容后，才可能开始交易的过程。因此本节主要探讨数据交易活动中的主体和内容。

9.4.2.1　交易主体

数据交易的主体为参与数据交易活动的参与方。参与的角色包括数据提供方、数据需求方以及数据加工方。其中，数据加工方可以由数据提供方、数据需求方，或者被双方同时授权的第三方主体担任。当前涉及数据交易的主体，主要分为个人、企业以及政府。

（1）个人。个人的利益诉求主要集中于个人信息权益保护方面，如限制企业使用其个人信息或要求政府部门更正其个人信息等。

（2）企业。企业的业务领域主要涉及数据收集、数据交易、数据加工、数据共享等。企业能够通过提供服务等方式获取大量个人信息，利用技术、人力等资源对海量的数据进行深加工，实现数据增值。

（3）政府。政府天然承担着数据开放、数据共享的职能和责任。政府部门及具有公共管理职能的机构在履行职责的过程中，会收集个人信息或获取企业数据，并基于税收等特定目的分析整理数据，形成公共数据资源。政府与企业之间的数据法律关系包括签订数据处理委托协议，委托数据处理公司整合、分析、利用数据资源等。政府与政府间的数据法律关系表现形式是各部门间的数据共享，以数据驱动形式实现国家治理能力现代化建设。同时，在保障国家机密、商业秘密和个人隐私的前提下，政府也有义务向社会提供可供开放、共享、利用的公共数据。

9.4.2.2　交易内容

1. 交易内容

数据交易的内容根据不同的交易场景可以有不同的形态。常见的数据交易场景及交易内容有以下三种。

（1）数据通信。以通信服务提供商为例，提供商给每个手机用户提供的网络数据通信服务是一种数据交易的场景。这种场景中，数据通信服务的价格由多个因素决定，例如单位时间内（如一个月）传输的数据量，位置（如是否漫游）和传输速度等。数据通信服务的价格与传输的具体内容无关。

（2）数字产品。以视频媒体平台为例，人们在视频平台上观看节目，就是对数字产品的购买，因为节目是以数据流的方式被发送到用户端。这种场景下，数字产品的价格与数据通信服务无关。数字产品通常有三种定价方式：首先是根据数字产品的内容定价，例如看一部电影收5元钱；其次是打包售卖，例如包月看电影收30元钱；最后，商家也有可能将数字产品免费出售，作为交换，数据提供商会要求收集数据需求方的使用数据、并设法将其变现。

（3）数据产品。广告商可能会希望购买用户的消费信息以支持其广告投放效率，获取更多收益。这里的消费信息就是数据产品。在时间维度上，通常新鲜度越高的数据价值越高，广告商会想获取人群更近期的消费记录。也存在技术能力高的公司可以通过购买一段时间内的历史数据推测出用户的消费行为偏好信息。在范围维度上，一些公司可能希望用长时间段范围的信息推测用户习惯，分析用户行为曲线；而有些公司可能希望获得特定时间范围内的信息，进行特定时间段内的预测，比如“双十一”时期，过年期间等。不同维度信息的价格也是不同的。

2. 数据产品的特点

以上三种场景中，数据通信和数字产品的交易模型可以参考传统产品的交易方式，且已较为成熟。这两类产品也可以利用数据交易平台获取再创造的资源，如视频创作者在交易平台上获取多方视频资源，通过联合计算生成新的视频内容，并将新的视频内容进行售卖。但由于这种交易类型本质上还是数据产品（多方视频资源）的交易，因此在数据要素流通体系框架中，主要探讨的是以数据产品作为交易内容展开的交易行为。

在对数据产品的研究和探索过程中，学术界和企业界都将关注点放在了数据产品的商品属性上。从交易流通领域审视数据产品的商业价值和社会价值，数据产品除了具备传统数据产品的经济特征和物理特征外，还独特地拥有了以下几个特点。

（1）数据产品的实时性。很多数据产品需要进行周期性更新以确保数据产品所蕴含信息的实时性，以满足用户对数据产品的实时性需求。在决策相关的应用场景中，数据产品的实时性需求尤为重要，因为过时的数据可能导致错误的决策或者产生误导性的结果。例如，城市大脑为上下班高峰期的交通情况赋能的场景中，给城市大脑提供的数据需要具备很强的实时性，如分钟级的更新频率，以及时获得交通状态的最新信息，才能辅助做出正确的决策；物流公司获取的天气预报信息可能需要每隔一天就进行一次更新，以确保物流业务的正常运行。

（2）数据产品的定制化。很多数据产品都有根据用户和场景进行定制化的需求。虽然，有些数据产品具有通用性，可以用来解决一系列问题；但是定制化的数据产品能提高效率，给用户提供更高的价值，给卖家提供更高的收益。例如，一款旨在分析零售公司销售情况所使用的数据产品，针对该公司的销售产品、客户信息、业务流程进行定制后会具有更高的价值。

（3）数据产品的多样性。由于用户需求和场景的不同，数据产品可以有很多不同的种类。例如，数据产品可以用来辅助数字孪生、辅助决策、提高效率、优化流程、提升用户体验、辅助科研等。

3. 数据产品的分类

数据产品可分为2大类4小类，如图9-8所示。两大类分别是数据资产以及数据服务，四小类则分别是原始数据集、脱敏数据集、模型化数据和人工智能化（AI化）数据。

（1）数据资产。数据资产包括原始数据集和脱敏数据集。原始数据集指从网络、传感器等渠道收集到的，针对特定场景及对象的信息记录，例如天气数据、工业网络数据、经济数据、车联网数据、新闻数据等。脱敏数据集则是指对原始数据集中的敏感信息经过脱敏技术，将数据进行变形，将原始数据集中的敏感隐私信息隐藏保护后的数据集。这两类数据资产一般无法根据买方需求进行定制，其价值的高低由数据资产的质量决定。在对数据资产进行定价时，由于是直接交付数据集本身，数据的价值需要充分考虑对数据资产的隐私保护水平。

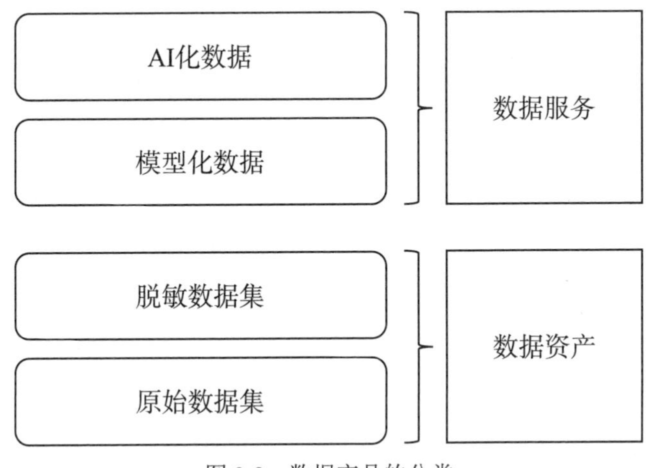

图 9-8　数据产品的分类

（2）数据服务。数据服务指模型化数据和AI化数据。模型化数据是指根据应用场景及用户的需求进行特定的模型化开发形成的结果数据。例如，针对特定的数据资产和明确的应用场景，完成了数学建模后，将数据集经过模型计算得到了数据集，就是一种模型化数据。基于这种模型开展的服务是模型化数据服务。

AI化数据指的是基于原始数据集、脱敏数据集，或者模型化数据，使用人工智能相关技术形成的用于数据服务的数据。相较于模型化数据、AI化数据用人工智能（AI）的方式而不是传统的基于可解释的数学建模的方式。AI化数据常在人脸识别、语音识别、拍照翻译等广泛应用人工智能的领域被频繁交易。

数据服务的形式具有多样性，可以是提供服务的完整软件，可以是一段能够提供服务的脚本代码，也可以是一个能够提供服务的装置等。

相较于数据资产，数据服务的产品均基于客户的应用需求而定制，与应用场景以及业务场景具有极高的相关性。同时，这类场景的数据可能由多方同时提供。因此，在对这类数据产品进行定价时，需要结合场景评估数据服务的效用；并且需要针对模型的具体情况，建立科学的贡献评估机制，进而促进多方收益的合理分配。

9.4.3　交易撮合

交易撮合主要指数据交易需求的匹配。数据交易需求是指数据提供方、数据需求方以及数据加工方之间，依据自身需要通过交易平台提出匹配需求。数据提供方将数据通过数据供给平台提供给交易平台；数据需求方根据自身需求进行数据申请；在数据产品需要加工后才能提供给数据需求方的情况下，可以在数据提供方与数据需求方同意的前提下，引入数据加工方完成数据产品的加工任务。数据交易平台将数据产品和需求进行匹配，撮合数据提供方、数据需求方以及数据加工方完成交易的协商与确定。

交易撮合辅助模块具体涉及的任务主要包括两个方面。首先需要辅助数据提供方、数据需求方以及数据加工方完成交易合约的签订。其次，交易平台还可以根据需求者的相关历史记录，挖掘需求者潜在的需求并进行主动推送。

9.4.3.1 交易合约的签订

数据提供方、数据需求方以及数据加工方在交易合约的磋商过程中，通常需要沟通并确认包括数据产品的范围进行定义、确定产品价格与付款条款、确定使用条款、解决法律及监管在内的多方面的问题。数据交易平台在促进交易合约签订的时候，需要智能、可视化地针对这几个方面的问题进行引导，以最大化减少数据提供方、数据需求方及数据加工方在这些方面的投入，促进数据要素安全快速流通。

1. 定义数据产品的范围

定义数据产品的范围是商业协议谈判过程中的重要步骤，定义数据产品范围的目的是明确需要包含和排除的内容。数据产品范围是指产品中包含的特定数据集、格式和服务。通过清晰、准确地定义数据产品的范围，数据提供方、数据需求方以及数据加工方都可以确保他们清楚地了解产品中包含的内容，清晰各自的任务，并可以避免后期产生的误解或争议。数据提供方、数据需求方以及数据加工方可以遵循以下几个步骤完成数据产品范围的定义：

（1）确定数据集。第一步是确定数据产品中所需的特定数据集。包括确定数据类型、数据源，以及任何相关的元数据或文档。

（2）确定数据的格式。数据提供方、数据需求方以及数据加工方应该协商确定数据的格式。这可能涉及指定文件格式、API形式、数据结构，以及任何其他相关细节。

（3）定义任何其他服务或支持。数据提供方、数据加工方作为数据产品的一部分可以提供其他服务或支持，例如培训或技术帮助。在这一阶段，需要明确数据产品中包含的内容以及可能涉及的任何额外费用。

（4）指定任何排除条件。指定数据产品中未包含的内容也很重要。这可以帮助避免误解，并确保双方对产品中的内容有清晰的了解。例如，数据提供方提供的数据集不包括哪些内容，数据加工方完成的数据产品不包括哪些功能等。

2. 确定定价和付款条款

数据提供方、数据需求方以及数据加工方应该根据数据产品的范围，确定数据产品的价格和付款条款。在这一步骤中，还需要考虑任何额外费用，例如许可费或维护费。

3. 考虑使用条款

数据提供方、数据需求方以及数据加工方需要就数据产品的使用条款达成一致。包括数据需求方或数据加工方如何访问、使用、共享、维护数据，以及使用数据过程中的任何限制条件。例如，对于数据修改和版权的协商，对于数据使用开发过程中的最小化原则的协商，对于数据泄露的溯源与追责问题的协商，对于违约责任的协商等。以下是数据提供方、数据需求方以及数据加工方在考虑使用条款时可以参考的几个步骤。

（1）确定数据的预期用途。这涉及数据需求方和数据加工方要明确数据产品的特定使用方式和目的，如研究、分析、营销等。

（2）确定访问条款。数据提供商和数据需求方应就访问数据产品的条款达成一致，包括谁有权访问数据，如何访问数据等。这可能涉及对用户账户、密码和其他安全措施的相关要求。

（3）澄清共享条款。数据提供方、数据需求方以及数据加工方还应明确对数据产品的共享条款，包括是否可以与第三方共享，在什么情况下可以共享，哪些内容可以共享等。建立明确的共享条款对保护数据的隐私和安全性十分重要。

（4）确定任何限制条款。数据提供方、数据需求方以及数据加工方还需要就使用数据产品过程中的任何限制条件达成一致，例如对用户数量的限制、对数据准许使用时长的限制等。

4. 解决任何法律或监管方面的考虑

数据提供方、数据需求方以及数据加工方还需要考虑在交易过程中与法律和监管相关的问题，包括与数据隐私、数据安全和知识产权相关的问题。对交易过程中的法律与监管问题可以参考以下步骤：

（1）研究适用交易合同的相关法律法规。不同的国家和地区具有不同的法律和法规，因此对当地的法律法规的了解十分重要。可以通过律师或其他专业的方式，对合约进行审查，以确保其在法律上是合理并符合相关法律法规的。

（2）考虑寻求法律建议。如果不确定如何解决合同中的法律或监管方面的考虑，或者存在其他问题或疑虑，最好向具有合同法方面经验的专业人员和平台寻求法律建议。

（3）了解交易的税收情况。任何交易都是需要缴税的，在对交易的法律和监管问题进行考虑的时候，也需要对交易缴税相关的内容有所了解。

在实际场景中，由于上述方面跨越了多个领域，需要与多方机构进行沟通，才能完成合约的签订。因此，数据交易平台中，交易撮合模块的主要目的是，通过对以上细节问题的梳理，帮助数据交易的参与方快速、安全地完成交易合约的确定。经过梳理，对常见的交易场景，可以形成符合法律和法规规范的自动化合约磋商机制，使交易参与方只需要就数据价格与特别的使用条款进行沟通；对特别的交易场景，根据交易合约的磋商步骤，给交易参与方提供交易合约签订指引。

9.4.3.2　需求挖掘

数据交易平台还可以通过对运营分析能力的支持，挖掘数据需求方潜在的需求，并进行主动推送。运营分析是指结合数据交易平台用户的行为分析，掌握数据产品的市场运营情况，为用户提供有针对性的优化产品或服务指引，提升数据产品经营指标，提高平台内交易撮合的成功率。运营分析的对象可以是交易平台的参与方和数据产品。通过对参与方的运营分析，可以辅助梳理数据提供方的用户情况，例如行业分布、企业规模等统计信息，辅助平台完成数据提供方的拓展；可以梳理数据需求方的用户分布，并进行需求预测，辅助数据需求方通过数字化转型提升效率；也可以梳理数据加工方的能力分布，并根据加工需求，辅助数据加工方参与合适的加工合约。通过对数据产品的运营分析，可以基于数据产品的历史运营指标、技术指标、行业指标和统计指标的分析结果，掌握数据产品的行业现状。

9.4.4 交易定价

数据定价的问题是数据要素市场构建的重要问题之一，随着数据使用方法的改进以及数据价值的提高，数据产品定价的问题也被学界和业界不断探索，更先进的数据定价方法与模型也被不断提出。近些年来，数据产品在流通过程中出现了一些关键的趋势，对数据定价问题产生了以下影响。

（1）个人数据价值的提升。个人数据包括有关个人特征、行为、偏好和态度的信息，可以从包括社交媒体、搜索引擎和硬件设备在内的各种来源收集。随着数字营销需求的增长，个人数据已成为一种宝贵的商品。专门从事购买、销售个人数据的数据经纪人和其他中介机构也应运而生。许多公司愿意为获得高质量的个人数据支付访问费用，以便更好地了解和定位客户。因此，蕴含个人数据的数据产品的价值也随之水涨船高。

（2）数据正用于创建新产品和服务。许多公司通过购买和使用数据来创建新的产品和服务，例如个性化建议、个性化新闻提要以及其他数据驱动的应用程序。这催生了Data-as-a-Service（DaaS）业务模型，在该模型中，为了创造和改善产品和服务，公司产生了对数据产品的需求，并且愿意支付费用以获得数据的使用权。例如，一家出售定制化营养计划的公司可能会购买有关个人饮食习惯、锻炼计划、健康目标相关数据的使用权限，以更精准地创建定制化的营养计划。金融技术公司为了定制更精确的客户投资计划，也会需要使用与个人的支出习惯和财务目标相关的数据。

（3）数据正在通过许可和订阅获利。许多公司正在通过许可和订阅模型从数据中获利。在该模型中，它们向其他公司收取访问数据的费用。对于拥有大量高质量数据的公司来说，这可能是非常可观的收入来源。对于该模型涉及的双方，数据许可和订阅通常是双赢的。提供数据的公司能够将其数据产品出售并获利以产生收入，而访问数据的公司能够使用这些数据来构建和改善自己的产品和服务。例如，一家收集和处理消费者购买习惯相关数据的公司,可能会将这些数据的使用权许可给营销机构或其他想要使用它开发新产品的公司。

（4）数据隐私和法规变得越来越重要。随着数据变得越来越有价值，数据的使用频率也骤然升高。随之而来的是对数据隐私以及个人数据滥用问题的担忧。正是由于看到了这些问题，全球各个国家相继出台了与数据隐私保护相关的法律法规。例如，欧盟的GDPR，对公司如何收集、使用和销售个人数据给予限制。

在传统经济学中，有很多不同的模型和方法可以支持对商品的定价操作。但是，没有一种模型或者方法可以解决所有商品的定价问题;企业可能需要根据具体商品的应用场景，对这些方法进行选择与组合以得到合适的定价模型。

相较传统商品的定价，数据产品的定价问题尚未形成行业共识，产生行业标准。因此，数据交易平台的交易定价辅助模块的目的是基于已有的定价模型，给数据提供方、数据需求方以及数据加工方提供数据定价的支持，以辅助交易参与方能就数据产品价格一事达成共识。

数据要素市场是多样的，不同市场中，数据价值释放的主导因素不尽相同，数据产品定价方式五花八门；数据产品定价的模式也多种多样。本节通过对数据产品定价问题现状的梳理，希望可以帮助快速地完成数据定价辅助模块的构建。具体而言，本节将首先介绍数据产品定价问题的难点，其次分析影响数据产品定价的因素，再次对数据产品定价的方法进行阐述，最后介绍数据产品定价的模型。

9.4.4.1　数据产品定价的难点

数据产品相较传统商品有着很多特性。有些特性在给用户提供更多便利、创造更多价值的同时，对数据产品的定价造成了一定的障碍。国内外众多学者对数据定价问题的根本难点进行了研究。有学者认为数据来源的多样、数据管理的复杂、数据自身结构的多样是造成数据产品定价困难的根本原因。也有学者认为，数据产品交易定价的难点是数据产品的分类困难。此外，数据产品价值的不确定性、稀缺性、多样性以及交易过程中数据流通的困难也造成数据产品价格难以统一。数据产品的产权问题，也在一定程度上对数据产品定价问题造成了负面的影响。要从经济价值角度衡量数据产品的价值可能需要先解决数据产品交易中的数据所有权归属问题。具体来说，在对数据产品进行定价的时候，可能会遇到以下一些困难：

（1）难以确定数据产品对数据需求方的价值。数据产品的价格与供需关系密切相关，而数据产品能向数据需求方提供的价值的量化是一项挑战。为了确定数据产品对数据需求方的价值，需要进行市场研究并且收集客户反馈，以更好地了解产品的使用方式以及对客户业务的影响。如果将数据产品的价格设定得过高，则难以吸引客户；如果将价格设定得太低，则无法获利。

（2）难以确定数据产品的质量。数据产品的质量对数据产品价格具有重大影响。数据产品质量越好，数据产品价格就会越高。数据的质量通常由数据的规范性、一致性、完整性、时效性、准确性、稀缺性、多维性、有效性以及安全性九个维度决定。但是，数据产品的质量也是一个难以量化的指标。

（3）难以确定数据产品的成本。数据产品定价时需要考虑的另一个因素是数据产品的成本。数据产品的成本包括但不限于从外部来源获取数据的成本，以及存储、处理、保护数据的成本。准确计算收集数据、治理数据、托管和维护数据等的成本对于数据产品定价十分重要。

（4）难以确定不断变化的市场状况。市场条件发生变化时，会对数据产品的需求、数据产品的竞争、数据产品的质量、数据产品许可协议的条款、数据提供方的声誉等造成影响；这些影响会进一步影响数据产品的价格。例如，如果市场增加了对特定类型数据产品的需求时，该类数据产品的价格也可能会随之增加。经济环境的变化、行业趋势的变化等外部市场因素也会影响数据的价格。这些市场状况的变化都会给确定数据产品的价格增加挑战。

（5）难以确定数据产品的权属。数据产品的权属是确定数据产品价格的重要因素，因为它会影响获取数据产品的成本和数据产品的使用条款。如果公司或组织不拥有出售的数据，则可能需要从第三方购买，在这种情况下，数据产品的价格就会受到从第三方获取数据产品的成本影响。如果公司或组织拥有正在销售的数据，在这种情况下，价格可能更多基于数据产品提供给数据需求方的价值，而不是获取数据的成本。此外，数据的权属还会影响数据的使用条款。如果公司拥有数据，则能够设置约束力更强的使用条款，例如限制使用数据的方式，这些约束也会影响数据产品的整体价格。但是，实际情况是，法律层面数据权属尚未清晰，大多数公司无法明确自己拥有的数据的权属。

9.4.4.2 数据产品定价的影响因素

数据产品的价值可以从成本、数据质量、应用价值三个维度进行评估，如图9-9所示。

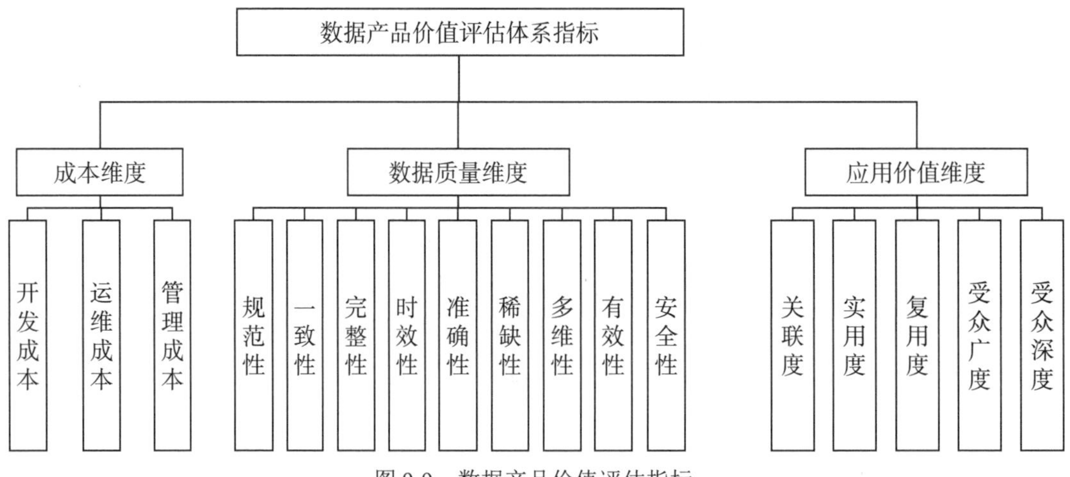

图 9-9　数据产品价值评估指标

1. 成本

产品的价格受到产品生产成本的影响，数据产品也不例外。对数据产品成本的一种定义是：企业对数据产品的获取、传递、表达、存储、搜索、处理等直接或间接支出的费用。数据产品的成本主要由开发成本、运维成本及管理成本构成。

相较传统产品的开发成本，由于生产技术的不同，数据产品的开发成本有显著的降低。这种成本抑减现象主要是由数据产品的信息检索成本、生产成本、复制成本、传输成本以及个性化定制成本5个方面导致的。

（1）信息检索成本。指的是搜索构成数据产品的信息所发生的开销；这类开销包括人力开销、信息搜索及存储的软硬件开销、机密或隐私数据购买的开销等。

（2）生产成本。指的是通过对海量数据进行处理，得到具有价值的数据产品的开销。相较于传统产品，数据产品的生产成本也有所降低。首先，数据产品的生产原料、半成品采购以及传输成本相对较低；其次，一个数据产品的边际成本几乎为零；最后，数据产品的定制化成本相较于传统产品也显著降低。

（3）复制成本。数据产品是非竞争性的，即一个用户获得了数据产品以后，并不会降低其他用户获得该产品的数量和质量。由于数据产品的非竞争性以及零边际成本特性，数据产品的复制成本也接近零。零复制成本在降低数据产品开发成本的同时，也给知识产权保护及数据隐私保护带来了隐患。

（4）传输成本。传统产品通常需要依赖物流业将产品在全球范围内进行流转，流转过程中由时间、人力、油费、路费等构成了传输成本。数据产品，由于互联网的存在，上述几个维度构成的传输成本趋近于零。

（5）个性化定制成本。传统产品个性化定制的成本通常是十分高昂的。以定制一张桌子为例，工厂需要根据个性化需求进行设计，需要对个性化材料进行采购，还需要对桌子进行建模并生产。哪怕是对桌子的某个部位（如桌腿）进行个性化定制，也需要重复上述步骤。相较而言，数据产品就可以通过少量的修改，快速便捷地生产出很多不同的版本。

运维成本是指维护数据产品生产环节，确保数据产品质量的过程中所带来的开销。运维成本可以包含负责运维数据产品的数据科学家、工程师和其他专业人员的劳动成本；用于存储、处理和分析数据的硬件和软件费用，包括升级或更换设备的任何费用；收集和处理其他数据以保持数据产品时效性和准确性的开销等。

管理成本是指行政管理部门为组织和管理生产经营活动而发生的各项费用支出，数据产品成本中的管理成本与传统产品的管理成本是一致的。

2. 数据质量

数据质量是评价数据价值的基础。数据采集过程中难免出现错误、缺失、冗余等情况，导致原始数据质量参差不齐。通过对收集的原始数据进行清洗和治理，可以提升数据的准确性、完整性，并解决数据的重复性、出错率等问题，实现数据质量的提升，为后续数据的开发利用奠定基础。参考全国信息技术标准化技术委员会提出的数据质量评价指标，可以设定规范性、一致性、完整性、时效性、准确性等数据质量评估指标。同时，由于数据质量对数据价值实现层面具有特定影响，可以增加稀缺性、多维性、有效性、安全性四类评估指标。

（1）数据规范性是指数据记载的形式符合要求的程度。不规范的数据往往不能准确反映被测现象的性质和程度，造成描述和理解误差，造成统计分析困难。所以需要对数据规范性进行检验。

（2）数据一致性是确保多个用户对同一个数据的访问获得的信息是一致的。当多个用户试图同时访问一个数据时，它们同时使用相同的数据，可能会发生以下情况：丢失更新、未确定的相关性、不一致的分析和幻读。数据一致性要求避免这些情况的发生。

（3）数据完整性是要求所有数据值均正确的状态，没有被未授权篡改。

（4）数据时效性是指在不同需求场景下，数据的及时性和有效性。

（5）数据准确性是指数据记录的信息不存在异常或者错误。例如，一个人的生日是2022年1月10日，中国的格式是2022/1/10，美国的格式是1/10/2022，英国的格式是10/1/2022，在此示例中，日期在数据的内容上是正确的，但其表达形式容易导致数据准确性降低。

（6）数据稀缺性是指在特定目的或主题下缺乏相似数据的情况。数据稀缺性可能由多种原因导致，例如缺乏收集和存储数据的资源或基础架构，缺乏数据收集的计划，出于行业规定或法律道德限制不能收集数据等。

（7）数据多维性是指在特定目的或主题下，从多个角度对该主题信息的记录。通常数据产品的维度越多，蕴含的信息就越多，数据产品的价值就越高。

（8）数据有效性指的是数据的准确性和正确性。这是使用数据产品时要考虑的一个重要特性，因为无效的数据可能导致结论不正确以及结果不准确。

（9）数据安全性是指保护数据免受未经许可传送、泄露、破坏、修改的能力指标，是标志数据安全程度的重要指标。

3. 应用价值

数据产品的应用价值是指通过各种方式使用数据（如决策、计划、解决问题等）而获得的价值收益。数据的应用价值可以通过多种方式得以体现。例如，可以通过对数据的分析得到更好的决策；可以通过分析数据，识别并优化“瓶颈”以提高效率；可以利用个性化数据给用户提供更符合用户偏好和特点的产品与服务、从而获得更好的用户体验；可以将数据用于识别和减轻风险（如金融风控、设备故障预警）等。通过分析历史交易数据，量化评估数据产品在不同应用场景下的效用和价值，可以将上述能力综合为数据产品的关联度、实用度、复用度、受众广度、受众深度五类指标。

（1）数据产品的关联度是指数据产品提供的信息与应用场景之间的相关性程度。当数据产品与应用场景相关联时，就意味着数据产品中至少有某一个变量与应用场景的某一个维度相关，该变量的变化与维度的更改是相关联的。但是，相关不一定意味着因果关系，仅仅因为变量和维度的相关性，并不一定意味着因为应用场景中某个维度的变化而导致了数据产品变量的更改。了解数据产品与场景的关联度对提升预测、识别等任务的结果能起到显著的作用。

（2）数据产品的实用度指的是数据产品能被使用并产生价值的程度。在评估数据产品的应用价值时，数据产品实用性是需要重点考虑的因素。无论数据产品的质量、潜在价值如何，如果数据产品无法以有意义的方式产生价值，该数据产品的实用度也是很低的。数据产品实用度会受到许多因素的影响，例如数据产品质量、数据产品的应用关联度、数据产品的格式、数据产品的可访问性等。

（3）数据产品的复用度指的是数据产品对应用场景的兼容性，一个能在更多场景中复用的数据产品具有更高的数据产品复用度。通常来说，复用度高的数据产品具有更高的应用价值。因为，复用度更高的数据产品能够节省大量收集新数据产品所需的时间和资源，提高了效率；对已经被证明是准确和可靠的数据产品重复使用，易于进一步提高数据产品的准确性；复用度高的数据产品可以用于多种场景，提供更大的灵活性和适应性。要提升数据产品的复用度，需要提供充分的文献记录，使用正确的数据产品格式，并使其易于访问和使用。

（4）数据产品的受众广度指的是能够访问并使用数据产品的人群数量。数据产品的受众群体可以包括各种各样的人群，例如研究人员、分析师、决策者、普通公众等。通常，拥有广泛受众的数据产品比具有狭窄受众的数据产品更有价值，因为它可以被更多的人或组织使用，能够产生更大的总体效应。

（5）数据产品的受众深度指的是个人或组织对数据产品理解的程度。具有更高受众深度的数据产品是指被更多拥有专业知识的人或者组织使用的数据产品，而具有较低受众深度的数据产品则是被较不专业的人或组织使用的数据产品。通常，具有更高受众深度的数据产品能拥有更高的应用价值，因为数据产品的使用者能从其中挖掘出更多数据价值。例如，行业专家使用一份数据产品，他们可能会总结出对具有较少专业知识的人看不到的新模式或者新见解，这些新模式和新见解可以帮助人们更好地理解该数据产品，并实现更多的应用价值。

终端用户通过对数据产品的使用最终实现数据价值的释放。因此，在数据产品市场中，数据产品的应用价值是影响该阶段数据产品价值的主要因素之一。数据产品提供方在充分调研市场需求的基础上，开发具有较高场景关联度的数据产品，并及时优化、迭代数据产品，提升数据产品的实用度，通过不断拓宽产品的使用范围，提高数据产品的复用度和受众广度，提升数据产品的使用频率，最后通过将数据产品交由高受众深度的专家进行分析，从而实现数据要素价值的全面释放。

9.4.4.3　数据产品定价的方法

数据作为一种生产要素，现已成为企业的重要资产。其与无形资产有许多相似的特性，如无实物形态、价值不确定性、时效性、非竞争性等。因此，一种对数据产品进行定价的方法是将成本法、收益法、市场法和实物期权法等无形资产评估的方法沿用到数据产品之中。

1. 成本法

成本法是从数据产品价值的成本维度出发完成定价的方法。在无形资产的评估中，成本法是反映企业经济效益的最基本方法。该方法以生产费用价值论为理论基础，将数据资产的重置成本作为其价值计量基础，适用于市场不活跃的情况。刘玉等学者对数据产品的无形资产属性进行了确认，认为对于企业外购和主动获取的数据产品，应将成本法作为会计计量。

成本法虽然简单易操作，但存在许多局限。首先，数据产品趋近于零的边际成本，以及较高的固定成本，使单位产品均摊难以实现，数据产品成本量化困难。其次，数据成本与价值之间的对应关系弱，仅靠成本并不能衡量其获益能力，成本法估值偏低。最后，由于数据独特的生产过程，数据产品不存在平均化的社会必要劳动时间，衡量数据价值不能仅考虑成本而忽视具体使用情境。此外，也有研究指出，数据产品难以计量的功能性贬值也是成本法的应用障碍之一。

2. 收益法

由于数据产品不具有物理功能，其价值可以由其带来的收益决定。收益法是评估数据产品价值的首要方法。该方法以效用价值论为理论基础，将待估数据产品的预期收益值作为价值计量。此方法的前提是已知数据产品的预期收益、折现率和效益期限，这也是该方法实际落地的障碍所在。首先，由于数据产品价值的不确定性，数据产品的效益依赖于数据处理技术等具体条件，预期收益难以量化。其次，信息不对称导致数据产品难以得到不同主体都认可的合理价值，评估主观性较大。最后，数据产品折现率的确定难度大。鉴于此，目前多数企业将数据产品使用热度作为收益的计量维度，具体指标有数据产品的使用次数、调用频数等。

3. 市场法

市场法从市场获取指标，考虑了市场供求，更具客观性和公平性。该方法以均衡价格论为理论基础，参照市场上类似数据产品交易案例的价格，利用技术水平、价值密度、评估日期、数据容量等可比因素进行修正，得到待估数据产品的价格。随着数据市场的日趋活跃，市场法更具适用性。但目前市场法仍然存在诸多挑战。首先，我国的数据产品交易尚处于初期实践中，市场不成熟，交易案例少，且案例多为协议定价，主观性强，参考性低。其次，数据产品的个性化程度高，难以寻找到具有相似特性的交易案例。最后，修正系数确定困难，某些修正项（如数据质量）难以量化，且难以确保数据产品差异修正全面。

4. 实物期权法

实物期权法适用于不确定性较大的无形资产，本质是对数据产品生命周期内的潜在价值进行动态评估。翟丽丽等学者建立了数据产品的B-S期权定价模型。但由于数据产品本身具有成本特殊、风险高、价值不确定等特点，期权模型并不完全适用于数据产品价值评估。

鉴于单一方法难以量化数据产品价值因素，戴炳荣等学者指出应在无形资产评估方法的基础上，考虑数据产品的价值密度、应用场景等因素，制定综合定价方法。在这个研究方向上，黄乐等学者初步尝试将了成本法、市场法以及收益法相结合的数据产品定价方式。此外，考虑数据产品本身的价值特征，王建伯等学者通过构建神经网络得到反映实际数据产品应用价值的客观价格。

9.4.4.4　数据产品定价的模型

数据产品的定价方法是方法论，需要有具体的定价策略对数据产品的价值进行量化。常见的数据产品定价策略有静态定价、动态定价、免费增值定价和基于博弈论的定价策略。

1. 静态定价

静态定价是一种数据产品的价格，是固定的，并且不会随着时间的变化而变化的定价模型。数据提供方根据自身的市场定位，自主地调整确定数据产品的价格，以达到数据提供方盈利等的目的。这意味着所有的数据需求方需要为数据产品支付相同的价格，无论他们使用多少或使用多长时间。静态定价主要包括固定定价、分层定价以及打包定价三种方式。

（1）固定定价是指数据提供方根据数据产品的成本和效用，结合市场供需情况，设定一个固定价格的定价方式。固定定价的优势在于价格固定，节省了撮合协调的时间成本和沟通成本；其局限在于适用范围狭窄，仅限于批量廉价的数据产品交易。基于使用量的定价方式就是一种固定定价方式，根据数据产品的时效和需求确定固定价格，然后根据数据需求方的数据使用程度（如API调用次数，订阅方式）收费，主要适用于批量、廉价的数据。

（2）分层定价是指将数据产品分成不同的价格层次，每个层次设置具有不同特性的数据产品。数据需求方可以根据自己的需求及预算，选取相应的数据产品。分层定价在给数据需求方提供更多选择性，增加数据需求方购买可能的同时，还能激励数据需求方向更高层级的数据产品升级。

（3）打包定价是指将多种数据产品捆绑在一起作为一个套餐，并以折扣价出售的定价模型。打包定价的目的是通过将多种具有关联性的数据产品打包在一起折扣出售，为数据需求方提供优惠与便利，为数据提供方创造更多的收益。

静态定价的优点是，数据需求方可以更容易地理解数据产品的价格，并完成预算。因为无须根据用量或其他因素不断调整价格，数据需求方也可以简单地完成价格管理。但是，在绝大多数情况下，静态定价都不是最佳的选择。例如，如果数据产品的生产成本是随时间不断变化的，静态定价就无法达到利润最大化的目的。

2. 动态定价

动态定价是一种响应式定价策略，其中数据产品的价格会根据数据要素市场的需求、供应、趋势和竞争情况实时变化。例如，航空公司可能会使用动态定价，根据一年中的时间、路线以及提前购票情况，对航班价格进行调整；酒店可能会根据房间占用率、该地区房间的需求来调整房间价格。动态定价的目的是通过动态地设定对客户有吸引力的价格来优化收入，同时考虑了生产、存储和销售数据产品的成本。但是，动态定价策略的实施和管理相对复杂，不适合所有数据产品。在数据要素流通体系尚未健全，数据要素市场机制尚在建立的当下，数据产品的动态定价模式的应用环境尚未成熟。常见的动态定价方法包括自动定价、协商定价及拍卖式定价。

（1）自动定价是指根据供需情况，通过算法和软件自动调整价格的方式。自动定价通常是使用定价引擎来完成的，该引擎通过分析竞争对手的价格、数据产品的可用性、数据需求方的需求等因素，动态地计算出最佳价格。自动定价允许数据提供方快速、准确地调整价格，以响应不断变化的市场状况，从而帮助企业最大化利润并保持竞争力。具体而言，自动定价可以由具有权威性和公信力的机构对数据产品的价值做出初步评估，以供数据产品交易的参与方参考，提高数据定价的效率。

当下，自动定价是一种为数据交易所、交易中心、交易平台等数据交易场所通过选定的数据产品价值评估指标为数据产品提供第三方定价的手段。例如，贵州大数据交易所会先使用数据质量评价指标初步评估数据产品的价值，然后根据评估结果、数据产品的历史成交价格得出一个合理的数据产品价格区间，供数据产品交易的参与方参考。

（2）协商定价是一种数据产品交易的参与方通过协商、轮流出价等方式，直至达成所有参与方都能接受的合理价格的定价策略。这可以是手动过程，参与方进行直接讨论以达成价格协议；也可以通过促进谈判过程的软件或其他工具自动化完成协商过程。各方对数据产品价值的认可是协商定价的基础。进行协商的根本原因是不同参与方之间信息的不对称，对数据产品的价值存在不同的认知。因此，需要通过协商减小不同参与方之间的信息差，进而使所有参与方可以对数据产品的价值达成一致。

协商定价在实践中最为常见，其优点在于定价的自由度以及交易的成交率较高。由于参与方之间可以进行充分的沟通，在定价的过程和模型的选择上自由度较高。通过协商能够最大限度地满足所有参与方的需求，因此通过协商定价的数据产品交易成交率也较高。实践中数据提供方、数据需求方以及数据加工方在开展数据产品交易时，往往采用协商定价的数据产品定价模式，由所有参与方协商具体的价格，达成合意后数据需求方与数据加工方即可调用相关数据产品。

（3）拍卖式定价是指将数据产品通过拍卖方式确定价格的定价策略。拍卖定价通常针对优质的数据产品，属于需求导向定价，适用于一个数据提供方和多个数据需求方交易的场景，以最高竞拍价为数据产品的成交价格。拍卖的方式有物理拍卖和在线拍卖两种形式。在物理拍卖过程中，投标人聚集在一个地点竞标相关的数据产品；在在线拍卖的方式下，数据需求方通过网站或平台远程参与拍卖过程。

拍卖定价的优点在于充分依靠市场来确定数据产品价格，由市场上的数据需求方根据数据产品效用的预期决定数据产品价格，无须设置繁杂的数据产品价值评估标准。贵阳大数据交易所将拍卖定价作为其数据定价的模式之一，对部分数据产品采取拍卖定价模式。荷兰学生曾通过竞拍的方式以350欧元出售了包括其个人隐私信息在内的数据产品，相关个人隐私信息包括个人简历、医疗信息、位置信息、电子邮箱、行程信息等。但是，由于数据产品的非竞争性（边际成本和复制成本趋近于零），拍卖式定价能否在实际场景中得到广泛应用，还有待市场的反馈。

3. 免费增值定价

免费增值定价是指通过向数据需求方提供免费的数据产品或者补贴价格的方式提升用户黏性，进而促使其中一部分数据需求方购买其他具备增强功能的数据产品，或者向第三方销售数据需求方数据的交易模式。通常，免费增值定价可以分为两个阶段，免费付费阶段，以及增值付费阶段。免费付费阶段会首先向数据需求方提供免费的基本数据产品，以提高顾客满意度和用户黏性。进而在增值付费阶段，吸引数据需求方为更高级的数据产品付费，或者向第三方销售数据需求方的相关数据。例如软件、游戏，或应用程序常会向用户免费提供基本版本，并提供收费的高级版本。又如，在健身房会员或在线约会网站，用户可以免费尝试部分产品或服务，但必须付费以访问更多功能。免费增值模型可以成为数据提供方产生收入的有效方法，同时利于建立客户群、并提高品牌知名度。

4. 基于博弈论的定价策略

博弈论是数学中研究战略决策的分支。在博弈论体系中，博弈是由两个或多个参与方参与，根据其他参与方的行动与输出做出决策的情形。博弈论常被用来分析不同参与方之间的战略互动，并且可以应用到包括数据产品定价在内的多种现实场景中。

在数据产品定价的场景中，博弈论是基于对参与方行为的决策互动关系描述而发展起来的理论体系。纯粹的博弈论定价模型主要是描绘数据产品在一个具体场景中最终达到均衡状态的过程。博弈论在产品定价场景中已经得到了广泛应用。例如，在双寡头竞争下，数据驱动的博弈论模型可以预测竞争对手的价格反应和参考价格演变。在美国中型汽车市场中，存在使用博弈论对销售数据和价格数据进行分析完成需求预测的实例。有专家将博弈论与基于使用量的定价策略结合，完成了数据产品的广义定价模型。还有学者将博弈论应用于物联网数据定价领域，实现了云计算辅助、区块链增强的数据产品市场中的数据提供方与需求方各自的利益最大化。

博弈论是一个广义的理论名词，在这个理论体系之下，包含了很多不同的模型，常见的博弈论模型包括纳什均衡模型、Betrand竞赛模型、领导者—追随者模型、价格歧视模型。

（1）纳什均衡模型。该模型是以著名数学家约翰·纳什（John Nash）的名字命名的。这是一个用于研究两个或多个参与方竞争的场景，在该场景中每个参与方的竞争策略与其他参与方的策略都具有很强的相关性。纳什均衡代表多个参与方的竞争策略最终形成的稳定的状态。在纳什均衡之下，所有参与方均能达到最优，所有参与方均不期望对自己的策略进行更改。

（2）Bertrand竞赛模型。该模型是以经济学家约瑟夫·伯特兰德（Joseph Bertrand）的名字命名的。该模型用于分析两个或多个数据提供方通过对相似的数据产品以设定价格的方式形成竞争的场景。在该模型达到均衡状态时，数据产品的价格将被设定为每个数据提供方的边际生产成本。因为，在了解其他数据提供方定价以后，每个数据提供方都会将价格尽可能降低，以获取更多的市场份额并最大化利润。

（3）领导者—追随者模型。该模型用于分析一个数据提供方（领导者）先设定价格，其他数据提供方（追随者）根据领导者的定价设定价格的场景。在该模型下，领导者先根据自身的成本结构以及对追随者设计价格的预期设计价格；追随者再根据已知领导者的价格以及自身的成本结构完成定价。领导者—追随者模型的目标是，领导者得出一个能最大化利润的定价，追随者的定价能够使其获得尽可能多的市场份额以保持盈利水平。

（4）价格歧视模型。该模型用于分析数据提供方根据不同数据需求方的付款意愿设定价格的场景。对数据需求方的区分可以根据资产情况、地理位置、购买历史等因素完成。该预测模型下，公司将根据数据产品在不同数据需求者间对需求价格的弹性设计数据产品的定价。例如，为以小企业或个人消费者为主的数据需求方提供较低的价格，同时向较大的公司或者政府机构收取相对高的价格。具体的定价将根据数据需求群体的需求弹性进行调节与优化。

9.4.5 合约管理

在交易磋商阶段，数据提供方、数据需求方以及数据加工方之间对数据产品交易进行了完备的沟通与确认。交易定价阶段，交易的参与多方对交易合约内的数据产品价格达成了一致。合约管理模块就是要在数据交易平台中完成合约的签订，并且对数据产品的交易合约进行管理。对交易合约管理的主要目的是通过确保交易合约的内容能够正确地、按时地执行，以保证参与方均能履行其义务。交易合约的管理可以涉及以下几个方面：

（1）合约真实性管理。合约真实性管理的目的有两点，一是确保签订合约的参与方，也就是数据提供方、数据需求方以及数据加工方身份的真实性；二是确保参与双方签订了合约后无法对签订合约的行为进行抵赖。合约的真实性管理需要结合框架的身份认证模块完成。通过应用身份认证模块，可以确保合约参与方的身份的真实性；再将用户身份信息与公钥密钥体系中的数字签名技术相结合，能够实现抗参与方抵赖的能力。

（2）合约完整性管理。通过合约完整性管理可以实现两个目标：首先，确保合约的内容的完整性，合约内容在签订以后，不会被合约的参与方、交易平台，或者第三方攻击者任意篡改；其次，确保交易平台内的合约不会丢失，或者丢失后能够回溯。

合约内容的完整性可以使用消息摘要等密码学技术实现。消息摘要是把任意长度的输入糅合产生长度固定的伪随机输出算法。通过消息摘要技术可以保证合约内容的完整性。具体而言，在合约签订完成后对合约内容计算消息摘要并存储，在需要验证的时候再次计算合约的消息摘要，若两次消息摘要值相等，则可以证明合约未被更改。此方法成立的核心是消息摘要记录的安全性，若被记录的消息摘要值可以被轻易篡改，则合约内容的完整性就无法得到验证。消息摘要值的安全性可以通过可信平台模块（Trusted Platform Module，TPM）等不可篡改的硬件，或者类似区块链的分布式记账系统实现。

平台内的合约数据的完整性可以通过冗余备份、纵深防御、分布式记账等技术手段实现。冗余备份针对的是非恶意的数据丢失及系统错误的情况，如磁盘损坏、掉电等场景。纵深防御针对的是恶意外部攻击者，通过系统性地部署多种安全机制，检测并防止恶意外部攻击者对交易合约的攻击。分布式记账则是一种分布式记录交易合约的方式，这种方式可以确保交易合约的完整性；但该方法的缺点是，合约的机密性可能遭到破坏，对于机密的合约可能不适用该种方法。

（3）合约条款执行管理。合约条款执行管理的目的是确保合约中约定的任务正确、合法合规地完成。在数据要素流通体系框架中，合约中具体任务的执行在数据交付平台中进行。数据交易平台的交易合约管理模块需要合理地设计接口与数据交付平台对接，将合约的任务及时、正确地传递给数据交付平台执行。

（4）合约进度管理。合约进度管理的目的是跟踪合约内所约定条款的工作进度，并确保合约参与各方履行了其应尽的义务。有效的合约进度管理可以帮助合约条款的正常执行，并能提高合约约定任务的质量。在交易合约出现问题时，合约进度管理可以及时发现这些问题，并在造成更大损失之前及时辅助交易参与方解决这些问题。

（5）合约终止与续约管理。合约终止与续约管理的目的是通过对合约终止过程的审查，最大限度地降低出现争端的风险。该过程包含两个方面，首先是合约终止管理，通过审查合约中的条款是否已经达到了终止条件，对满足终止条件的合约进行管理，确保在正式结束合约之前采取了所有必要的步骤。其次是续约管理，对于已经或者快要完成的合约，可以根据交易效果以及交易双方的需求，辅助交易双方对后续合作展开沟通。如果交易双方有续签需求，辅助双方完成新合约的签订并自动进入新合约的管理。

（6）合约纳税管理。合约纳税管理模块需要对数据产品流通过程中的交易情况进行记录，以提供足量的信息，辅助后期的报税纳税。需要记录与管理的信息包括合约参与方的身份信息、合约交易的商品、合约执行的情况、合约的金额等。

9.5　数据交付平台

数字经济时代的特点之一便是将数据视作关键的生产要素，并通过跨领域、跨行业、跨地域的机构间数据流通，释放要素价值。但目前来看，我国数据交易的道路尚在探索之中，规模小、成长慢，不同机构组织之间的数据流通仍然存在诸多阻碍。然而，根据本书前文中的分析，数据要素交易市场建设意义重大，且其未来前景看好，数据要素市场的需求与潜力巨大。因此，数据交易平台和数据交付平台的建设仍需各地市的不断试点实践；同时，隐私计算、区块链、大数据等相关数字核心技术也将在这些实践中取得进步和发展。

基于本书第3.4.2节对于数据交易主体与交易内容的定义，可以看出，对于可直接交易的权属明确的数据产品，如专利、版权、游戏装备等，数据交易平台提供撮合交易、分账、存证等功能，数据交付平台用于数据产品的直接交付。而对于交易加工后的数据产品的场景，则需要以数据交付平台作为底层技术支撑，完成数据加工生产数据产品后进行交付，以避免数据的二次传播和利用。其中，数据加工的内容包括利用数据融合计算产生的数据价值、根据场景定制开发的模型化数据和AI化数据。

数据交付平台需要根据交易合约的内容，在满足数据交易的各个交易主体的交易需求、保证数据安全性及合法合规的前提下，以隐私计算为底层技术支撑，构建实现数据存储、流通、授权、加工、交付、存证的基础设施平台，支撑数据的汇聚、融合计算和创新应用。同时，在数据要素市场流通的运营模式、交易模式、技术支撑、安全保障等方面形成可复制、可推广的经验做法，实现数据要素市场规范有序发展。数据交付平台通过数据接入、数据产品加工、数据产品交付三个模块，完成了交易合约的内容，将最终的数据产品交付给了数据需求方如图9-10所示。

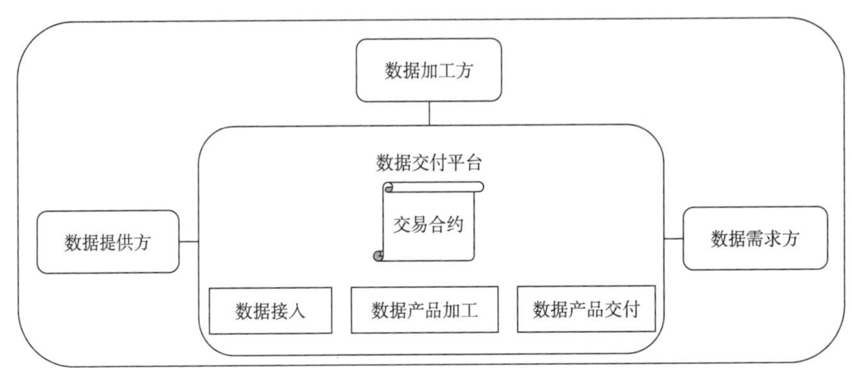

图 9-10　数据交付平台流程

9.5.1　数据接入

数据是数据价值交易的载体。在数据接入前，数据供给平台首先要对数据的合法合规性进行准入审计，详见第9.3节；数据交付平台的第一步是根据交易合约的内容获取对应的数据以及数据使用的授权。由于数据交易需求的差异化，数据交付平台需满足的数据接入形式众多。而针对数据时效性强的特点，数据交付平台对数据准入审计和数据接入的效率也有一定要求。

9.5.1.1　数据接入方式

根据数据存储的环境不同、数据本身的种类不同，可以通过不同的方法访问数据。例如，若数据存储在数据库中，则需要使用数据库管理系统（Database Management System，DMS）或编程语言接入数据；若数据存储在如CSV格式的文件中，则可以通过网络直接传输数据。常见的接入数据的方式包括离线文件接入、数据库直连接入、API接口接入以及实时数据接入。

1. 离线文件接入

文件上传一种离线文件接入的典型方式，也是数据接入最原始也是最简单的方式。离线文件接入根据接入的频率，具有一次性接入和周期性接入两种方式。

（1）一次性接入是指由数据提供方一次性上传，上传后数据不再更新的离线文件接入方式。

（2）周期性接入是指由数据提供方上传后，对数据进行周期性覆盖或增量更新的离线文件接入方式。例如，数据集可按分钟、小时、日、周、月、设置触发条件等方式进行更新。

2. 数据库直连接入

数据库直连接入是通过对接已有的数据库，直接连接数据库表读取数据的接入方式。数据库直连接入支持从多种类型的DMS（如关系型和非关系型数据库）中获取数据，典型的DMS包括但不限于Hive、Spark、HDFS、MySQL、Oracle等多种数据库类型。

数据库直连接入通过监控数据库中的数据，实现离线数据的自动同步。在数据同步方式建立完成后，需要通过配置的方式，将数据库中源数据的属性信息与数据交付平台的数据仓库的属性进行关联，这样才能自动将数据从数据源转化为数据仓库的数据结构，适应后续的数据清洗、计算、归总等处理过程。

3. API 接口接入

API接口接入是指通过对接API接口完成数据接入的方式。API接口的性能要求较高。数据交付平台可以使用API接口的方式从数据提供方获取数据，也可以通过API接口的方式向数据需求方提供数据。

数据交付平台使用API接口获取数据提供方数据时，数据交付平台会通过API接口采集数据并传送到数据产品加工模块中，通过数据产品加工模块，通过对数据的实时分析与存储，完成数据产品的加工。

数据交付平台使用API接口向数据需求方提供数据时，数据交付平台需要提供一套标准化的API接口，并提供API接口的说明文档、示例程序，或者SDK包。数据需求方利用API接口从数据交付平台获取数据产品，并应用于实际生产场景中，包括基于数据产品的应用程序开发、基于数据产品的自定义分析模型与OLAP分析等。这种方式需要数据需求方具有开发能力，需要开发人员来进行数据对接的开发与调试。

4. 实时数据接入

实时数据接入是指，当源数据改变了之后，实时地将新的数据接入数据交付平台的方式。在实时数据接入方式下，数据交付平台与数据提供方需要联合定义一套标准的数据格式，数据提供方按照此数据格式产生相应的数据文件，平台负责监控和传输数据文件，并实时地处理与存储数据。对于数据量大、时效性强的数据，如日志数据等，实时数据接入的方式必不可少，但要注意实时数据的质量。

9.5.1.2　数据使用授权

数据需求方在达成数据交易前，需要取得数据使用授权。数据使用授权决定了数据“持有权”和“使用权”的界定和分离。数据持有权应当归属数据提供方，而数据需求方仅得到数据使用权。虽然数据交易合约的签订代表着数据提供方将数据持有权授予了数据需求方，但是在实际应用过程中，为了提高数据交易的安全性，数据提供方通常会要求以更高的粒度（如每个数据集）对提供的数据进行授权操作。

数据使用授权的申请内容应包含数据的基本信息（如数据量、数据结构等）和任务的基本信息（如计算目的，使用时长、计算结果的归属等）。通过细粒度的数据授权控制，当数据被需求方使用时，能够保障数据提供方具备知情和拒绝的权利，让交易合约的各个参与方都可以安全、便捷、灵活地进行数据共享和交换，保证数据安全和个人隐私。

如前文（第9.4.2节）中对于数据交易内容的描述，交付的数据产品包含两种情况，一种是对权属明确的数据产品的直接交付；另一种是对加工后的数据产品的交付。

前者，是将数据提供方提供的数据产品完整地交付给数据需求方。当数据提供方与数据需求方就该种交付方式签订了交易合约,并由数据提供方将数据产品上传至交付平台时，数据产品交付给数据需求方后所产生的隐患都假定已经由数据供需双方在交易合约阶段完成了磋商。

后者，数据提供方需要对数据的使用权以及数据加工方的加工方法进行验证并授权。数据提供方仅将数据的使用权授权给了数据加工方与数据需求方，数据加工方与数据需求方需要在无法访问原始数据的前提下，完成对数据产品的生产、加工与获取。具体的加工技术在9.5.2节中详细介绍。另外，仅依赖使用授权并不足以确保数据在加工过程中的安全，例如，数据需求方或数据加工方的不当操作可能造成被授权的原始数据泄露。因此，数据提供方同时需要对加工方法进行审批与授权。

然而，单纯技术手段的数据使用授权并不能够解决数据在实际使用过程中的所有问题。因此，数据提供方、数据需求方以及数据加工方还需在数据使用授权的过程中对数据交易的其余事宜达成协议，如对数据修改和版权的规定、数据使用开发过程中关于最小化原则的规定、数据泄露的溯源与追责、违约责任的限定等。同时，针对数据需求方与数据加工方在数据交付过程中的违约行为，交付平台可以通过允许数据提供方无理由随时撤回数据的授权以降低损失，并在事后对违约行为进行认定。

9.5.2 数据产品加工

数据产品加工过程性需要实现的是“数据可用不可见”。数据需求方和数据加工方通过数据产品加工的方式，在不访问原始数据的前提下，使用原始数据加工产生了全新的数据产品。因此，数据产品加工的过程分成两个阶段。首先需要明确加工逻辑，由于计算场景的多样性，交付平台可以给数据需求方提供灵活的模型算法开发能力。例如，使用银行数据训练获得风控模型的过程中，模型训练过程就是加工逻辑，交付平台可以给数据需求方和数据加工方提供安全的模型训练环境。该模型训练环境，需要确保加工逻辑运行过程中，原始数据的“可用不可见”。该要求可以通过技术实现，主流的技术手段是包含机密计算、安全多方计算以及联邦学习的隐私计算技术。

9.5.2.1 模型算法开发

数据交付平台提供的数据产品加工模块应该包含丰富的算法库，并提供易用、统一的用户界面，支撑用户联合建模/推理、联合查询/统计、匿踪查询等各类应用场景。使各参与方在不用交换存储在本地的原始数据的前提下，即可实现数据安全协作建模，解决数据隐私与数据共享的矛盾，释放数据价值，为多企业、多部门间的数据交互、融合应用奠定基础。

1. 模型算法开发能力

由于计算场景与计算任务的多样性，数据交付平台可以通过提供模型算法开发的能力，辅助数据加工方与数据需求方完成自定义模型算法的开发，提高数据交付平台的灵活性。模型算法的开发能力，数据交付平台可以通过提供Hive、Spark、Python、R语言等开发环境提供。

（1）Hive。Hive是基于Hadoop的一个数据仓库工具，用来对存储在Hadoop中的大规模数据进行数据提取、转化、加载、查询和分析。Hive数据仓库工具能将结构化的数据文件映射为一张数据库表，并提供SQL查询功能，能将SQL语句转变成MapReduce任务来执行。

（2）Apache Spark。Spark是专为大规模数据处理而设计的快速通用的计算引擎，是类Hadoop MapReduce的通用并行框架。不同于MapReduce的是Spark的Job中间输出结果可以保存在内存中，从而不再需要读写HDFS，除能够提供交互式查询外，它还可以优化迭代工作负载。

（3）Python。Python是可以实现应用程序快速开发的编程语言。Python提供了高效的高级数据结构，能简单有效地实现面向对象编程，被广泛应用于机器学习和数据挖掘领域。

（4）R语言。R语言是一套完整的支持数据处理、计算和制图的编程语言，主要用于统计分析、绘图、数据挖掘等应用场景。相较于其他编程语言，R语言的优势在于：强大的数据存储和处理系统、数组运算工具（在向量、矩阵运算方面功能尤其强大）、完整连贯的统计分析工具、优秀的统计制图功能等

2. 模型算法开发环境

数据产品加工模块应该重点关注支持功能的多样性以及开发环境的易用性。

在功能多样性方面，作为一个通用的数据产品开发平台，应支持尽可能多的常见模型的开发能力，满足丰富的数据流通场景的需求。相关的模型开发能力包括最简单的数学表达式、数理统计的支持、稍复杂的逻辑回归、XGBoost，以及复杂的神经网络模型等。

数据产品加工模块的易用性可以通过对算法能力的功能性抽象与“拖拉拽”界面设计，以及针对数据流通场景的算法自动优化完成。算法能力的功能性抽象与“拖拉拽”能力，将逻辑回归等能力构造成基础算子，用户可以通过简单的算子选择与关联设计出全新的任务。用户选定了输入数据集“matmul_alice”和“matmul_bob”，并希望通过逻辑回归算子，使用两个数据集进行模型训练。根据场景需求，在模型训练之前依次选择隐私集合求交（Private Set Intersection，PSI）、缺失值处理以及标准化操作，实现了对数据集的预处理。上述任务的构建是通过对算子的“拖拉拽”操作完成的，可以提高平台的易用性，降

低模块使用者的开发成本。算法自动优化是指，针对特定的数据流通场景，如复杂算法、复杂数据、复杂场景、高精度无损联邦学习等，在数据交付平台后台自动化、透明地完成算法的优化，提升任务执行的效率，增加数据产品加工模块的易用性，如图9-11所示。

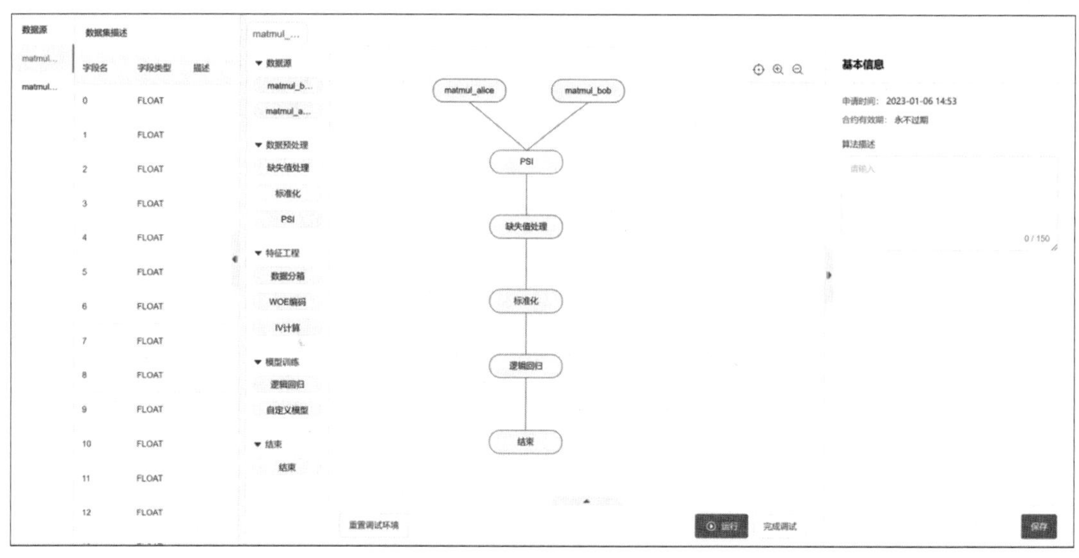

图 9-11　模型开发易用性示例

9.5.2.2　数据安全加工

数据交付平台以保障数据安全为前提，而数据安全加工离不开隐私计算。隐私计算是在保护数据本身不会对外泄露的前提下，实现对数据价值挖掘和开发利用的信息技术；是一套包含人工智能、密码学、数据科学等众多领域交叉融合的跨学科技术体系。隐私计算技术可以在不泄露原始数据信息的前提下，支持数据查询、数据建模等多方数据协同利用的场景，进而实现对于数据价值的挖掘。隐私计算主要的技术实现思路分为三种：依托可信硬件的技术实现（机密计算）、以密码学为核心的技术实现（安全多方计算）、融合隐私保护技术的联合建模（联邦学习）。三种隐私计算技术的特性如表9-2所示。

表 9-2　隐私计算技术利用特性

技术名称	安全性						可用性		
	不可得	不可知	不可还原	不出域	不可篡改	可追溯	可　算	可　查	可再利用
机密计算	★★★★★	★★★★	★★★★	★★★★	★★★★★	★★★★★	★★★★★	★★★★★	★★★★
安全多方计算	★★★★★	★★★★	★★★★	★★★★★	★★	★	★★★★	/	★★★★★
联邦学习	★★★★★	★★★	★★★	★★★★★	★★	★	★★★★	★★★★★	★★★★★

★ 越多表示能力越强

1. 机密计算（Confidential Computing，CC）

机密计算是指基于受信任的硬件，构建出一个加密、隔离、可证明的计算环境，用来对数据的使用提供保护的计算模式。机密计算技术常被用来保护数据应用中的隐私安全。硬件可信执行环境（Trusted Execution Environment，TEE）是目前最常见的实现机密计算的受信任硬件技术。TEE技术可以在数据机密性、数据完整性和代码完整性三个方面提供极高保护水平的环境。机密计算的基本原理是：将需要保护的数据和代码存储在由硬件技术构建出的机密计算环境中（如TEE等），对这些数据和代码的任何访问都必须通过基于硬件的访问控制，防止在使用中被未经授权访问或篡改，从而提高对敏感数据的安全管理水平。

基于机密计算技术的隐私保护方案的优势之一在于不受算法和网络限制，其支持算法的灵活度及计算任务的执行效率相比一般的计算模式几乎没有损失。基于硬件实现的安全性保护方案相较于纯软件实现的方案也更安全、可信。由于机密计算技术是基于硬件的保护技术，因此就算操作系统、内核等特权软件被恶意使用，也无法对被机密计算技术保护的数据和代码造成威胁。但是，作为基于可信硬件的方案，其劣势也在于需要信任机密计算硬件厂商对机密计算技术的设计和实现。

数据交付平台中，可以将计算数据与交易合约通过安全的方式传入机密计算环境内部，利用机密计算技术安全地完成计算任务，实现数据“可用不可见”的安全性防护能力。通过将机密计算环境与交易合约绑定，为每个交易合约创建独立的机密计算环境，实现不同合约之间的数据完全隔离。数据交付平台为关键数据计算任务创建独立的机密计算环境，所有需要高度保密的操作在硬件机密计算环境中执行，提供了极高的安全保护等级。通过对机密计算环境内的计算任务和操作的记录，可实现对交易合约执行情况的监控，便于安全审计。

在实际应用中，为了提高数据交付平台的易用性与灵活性，平台也可能会向用户提供安全调试沙箱。安全调试沙箱是数据进入机密计算环境进行运算前，数据交付平台提供给开发人员的用于安全测试的沙箱环境。数据交付平台会向安全调试沙箱开放部分样本数据进行算法的调试。由于机密计算环境的构建需要占用一定的硬件资源，而测试环境由于不含隐私数据，因此可以向数据需求方或数据加工方提供资源消耗较小的安全调试沙箱用于调试。

2. 安全多方计算（Secure Multi-Party Computation，SMPC）

安全多方计算是一种基于密码学的技术。具体而言，是指在无可信第三方的情况下，多个参与方共同计算一个目标函数，并且保证各方仅能获取自己的计算结果，无法通过计算过程中交互的数据推测出其他任意一方的原始数据的计算模式。多方安全计算作为隐私计算的一种常用技术，在安全性和易用性方面有着天然的优势。数据交付平台可以通过安全多方计算的能力给用户提供丰富的应用支持，例如：

（1）隐私求交，是指在原始数据不出域的前提下，支持多个数据集求交集，但是却不泄露任何一方除了交集之外的信息。

（2）匿踪查询，是指在隐匿查询条件的前提下，获得准确的查询结果。查询条件对被查询方不可见。

（3）通用计算，是指在保护本地原始数据的前提下，支持多方联合完成基础计算（算术运算、关系运算、逻辑运算）、多项式计算等通用计算任务。

（4）隐私保护的机器学习，是指在保护本地原始数据的前提下，支持多方联合完成机器学习算法的训练、预测任务。具体而言，需要支持多种数据预处理、特征工程以及模型算法。

3. 联邦学习（Federated Learning，FL）

联邦学习是由两个或两个以上的参与方协作构建一个共享的机器学习模型的计算模式，每个参与方都拥有若干能够用来训练的数据。联邦学习训练过程中原始数据始终存储在本地，不直接互相传输，直观上体现了数据最小化原则。数据最小化原则可被理解为在多方联合进行机器学习模型训练的场景中，以完成模型的构建为标准，在模型可构建的前提下交互最小的数据量。

联邦学习技术通过细节优化，在多方面提升了多方联合训练与预测过程中的安全性。以逻辑回归纵向联邦学习为例，训练模型需要双方共同计算模型参数。最初的方法是将参数直接暴露给对方或第三方，保留原始数据不出本地。但是参数的本质是基于原始输入数据的函数，暴露参数可能存在原始数据泄露的风险。为进一步实现个人信息和隐私保护，可以使用多种技术手段对中间计算过程的明文数据进行保护。一种方法是使用同态加密等方式，使得模型参数以密态传输；一种方法是使用差分隐私等，通过往中间参数中添加噪声的方法保护隐私信息；还有一种方法是使用安全多方计算方法，使得模型参数在传输过程中难以被还原。以上方法殊途同归，都以进一步减少中间计算过程的明文数据传输为原则，同样体现了数据最小化原则。此外，在预测过程中，无限制地使用模型预测也可能造成模型参数或样本数据泄露。控制预测过程的用法用量，或者使用更安全的密码学手段（如安全多方计算技术），可以降低预测过程的数据披露。总之，联邦学习是通过在各个阶段尽可能降低数据共享来实现数据隐私保护的最大化。

将联邦学习技术应用于数据交付平台时，通常应该具备以下几项能力。

（1）隐私求交。在纵向联邦场景中，模型训练之前都需要基于交集ID准备数据，隐私求交可以轻松地帮助模型训练参与方完成ID对齐。在ID敏感的场景，依托隐私求交的非对称联邦技术，联邦学习平台能有效解决样本ID交集泄露的问题。

（2）特征工程。特征工程是模型训练中必不可少的环节，通过联邦定制化改造，需要支持分箱、特征标准化、特征筛选、热编码等主流特征工程。

（3）数据分析。在联邦模型训练过程中，算法人员通常都需要对模型特征的统计分布、相关性等做出深入了解。因此，联邦学习技术需要针对多方数据，在保护各方数据隐私的前提下，具备完成统计、相关性等联合数据分析的能力。

（4）模型训练。数据交付平台需要具备基于联邦学习技术对算法进行定制化优化从而达到无损的模型训练效果的能力。通常需要支持逻辑回归（Logistic Regression，LR）、XGBoost、神经网络等算法，以满足主流的横纵向联邦场景。

（5）模型应用。模型训练完成后会生成对应的模型实例，在算法人员调试模型的过程中一般会生成多个模型实例，算法人员可以对比模型参数和效果数据，从而有针对性地优化模型。模型应用包括模型导出、模型验证、模型预测等功能。

9.5.3　数据产品交付

数据提供方、数据需求方以及数据加工方达成交易意向后，数据提供方及数据加工方需要通过合适的交付方式向数据需求方提供数据产品。数据产品的交付包括交付内容和交付形式两个方面。

对于交付内容，在目前交易的数据产品中，公共数据占据主导地位。以金融业为例，如图9-12所示，根据《金融业数据流通交易市场研究报告（2022年）》，2022年个人信息类和企业信息类数据占金融交易市场的90%以上。

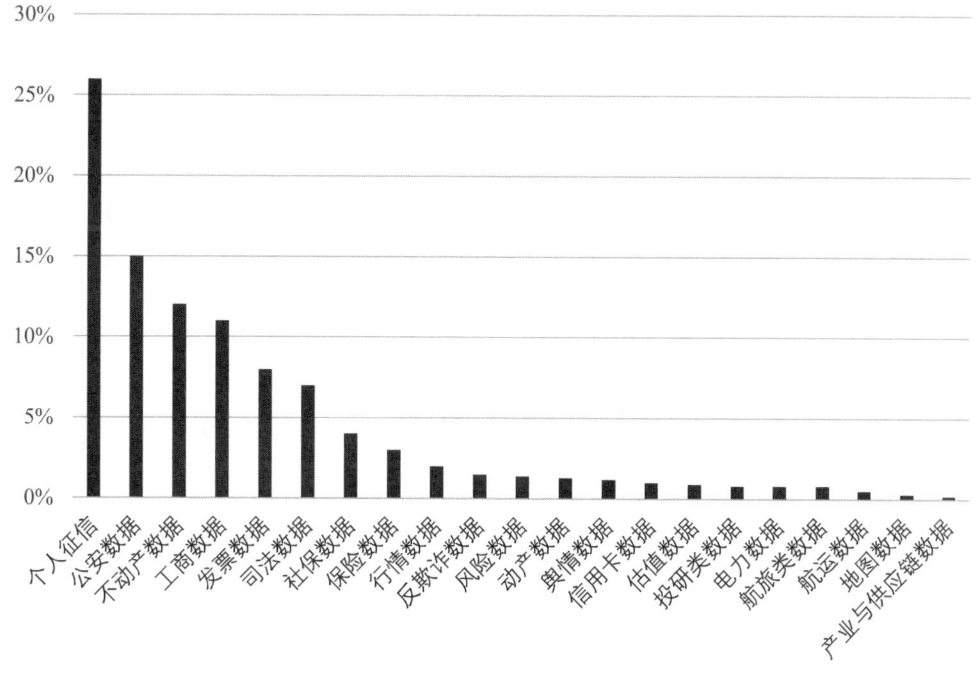

图 9-12　金融行业数据产品交易情况

对于交付形式，由于业务场景、数据性质和面向对象等方面的不同，数据产品的输出也应适应多种形式。但如表9-3所示，无论使用哪种形式的产品交付，都需要考虑交付产品的准确性、完整性、时效性和安全性。

表 9-3 数据产品交付方式

	准确性	完整性	时效性	安全性
数据文件	★★★	★★★	★★	★★★
API 接口	★★	★★	★★	★★
模型算法	★★★	★★★	★★★	★★★
Web 服务	★★★	★★★	★★★	★★
分析类产品	★★★	★★★	★★	★★★

（1）数据文件。文件是数据产品的交付方式中最传统且常用的一种。数据提供方根据交易规定的界限范围，向数据需求方以文件的形式提供数据。在这种场景下，数据提供方一般需要通过数据治理、数据加密等手段保障数据的质量及安全，以满足业务场景的需要。

（2）API接口。应用程序编写接口（API）是最直接也是最常见的数据产品交付形式。按照要求，提供标准化、定制化的数据，往往能满足客户最直接的数据需求。接口是一组用于构建应用程序软件的子程序定义、协议和工具，是一组明确定义的各种软件组件之间的通信方法，其主要目的是让应用程序开发人员得以调用已经实现的功能，而无须考虑其底层的源代码，或理解其内部工作机制的细节。这种标准化的数据输出端口，在数据产品交付过程中具有高效、便捷的优点。同时，API调用的计价方式较其他方式也相对明确，一般采用调用次数作为计价依据。

（3）模型算法。除了数据本身之外，模型算法也是数据分析的关键之一。相对直接提供数据，模型算法是针对业务场景定制化的服务。例如，将模型算法嵌入业务流程，替代人工排班等复杂操作；将模型算法嵌入管理人员的决策过程，提高决策效率等。数据交付平台应支持用户自主分析、建立模型算法，同时结合行业及业务底层数据，提供不同的分析模板，提升数据探索的灵活性。

（4）Web服务。有开发能力的数据提供方会以自己所拥有的数据作为基础，开发具备计算、存储、展示、分析等功能的产品，以Web服务的方式向外部提供数据产品服务。用户可以通过调用远程Web服务的方式，方便地获得数据产品所提供的服务。Web服务的计费方式也相对明确，通常以按次或订阅的形式对外收费，部分Web服务甚至免费对外提供，仅收集使用者的部分信息作为回报。

（5）分析类产品。分析类产品形式交付的产品通常是决策分析报告、市场调研报告等。这类产品是从一个或多个数据提供方的基础数据中派生出来的，通常从不同的渠道获取整合相关的数据并将其通过一定的处理方法形成可视化的产品。通过分析类的数据产品，数据的脉络被梳理清楚，数据的关系被清晰地展示，隐藏的问题被暴露无遗，更深层的原因得以探查，经验被真正地利用，场景被更完整地打造，数据需求方可以一目了然地获取大数据分析结果，节省大量的时间和成本。但该产品的缺点也很明显，即无法向数据需求方提供用于验证的基础数据，而且针对同一问题的不同分析类产品的价值是不同的，不同的分析工具和方法对最终结果的影响具有不确定性，数据需求方需要购买多个不同分析类产品才能对同一问题有更科学的理解。

9.5.4 实践与挑战

数据交付平台产品在实际应用场景的部署实践中存在着技术复杂、平台开发部署成本高昂、隐私计算产品性能低下、多平台间相互独立等问题。随着行业的发展，越来越多从业者加入这个行业中，开发出了很多开源/非开源的隐私计算平台，大大降低了数据交付平台开发的技术复杂度与成本。但是，隐私计算技术的性能及多平台之间的互联互通问题仍是限制数据交付平台快速发展的主要矛盾。

1. 性能“瓶颈”

在当下的隐私计算技术中，基于密码学的安全多方计算和基于联合建模的联邦学习存在较为明显的性能“瓶颈”。隐私计算技术通常采用复杂的加密机理，交互次数多，导致大量计算和通信负载。现阶段，由于硬件算力得到显著提升，且建模活动通常在线下进行，使用者已对“为安全牺牲一定性能”的现状有了普遍共识，隐私计算的传统机器学习建模所消耗的时间仍在可接受的范围之内。而一旦涉及算法更为复杂的深度学习等领域，隐私计算带来的性能“瓶颈”容易使相关建模时长令人无法接受。同时，隐私计算是一种多方同步计算技术，由于“木桶效应”，整个计算建模流程将受限于性能较弱的一方，这对各参与方的计算、网络等资源提出了更高的要求。虽然在目前的技术发展中存在一些挑战，但随着软硬件技术的不断突破和算法的不断优化，未来隐私计算仍拥有广阔的发展空间。

2. 跨平台互联互通

隐私计算的兴起，为数据要素的流通和价值释放提供了新的模式，但是面对技术产品百花齐放的情形，用户选型时除了需要对产品的基础功能、性能和安全性进行考量，也开始对能否与已经部署了不同平台产品的机构进行互联互通产生了疑问。跨平台互联互通的需求也就应运而生，互联互通指的是不同组织、不同场景、不同隐私计算平台之间在平台“互操作”与数据“可携带”等方面的能力。用户的最终诉求是希望在部署产品后，仍可以实现各自持有的数据仍可在不同底层技术平台之间流畅传输、交互、融合，协同完成计算任务。

因此，数据交付平台跨平台互联互通的目标形态是：具有不同隐私计算系统架构或功能实现的数据交付平台（包括同一平台的不同版本）之间通过统一规范的接口、交互协议等实现跨平台的数据、算法、算力的互动与协同，以支持部署不同技术平台产品的用户共同完成同一数据产品加工任务。

（1）跨平台互联互通的难点。隐私计算技术原理本就复杂，而异构数据交付平台间的互联互通不仅能够实现复杂的隐私计算原理，保证平台原有功能的实现，还要提供足够的包容性，考虑到不同平台设计的复杂差异。总体而言，跨平台互联互通存在以下四个难点。

首先，不同隐私计算核心技术路线之间存在天然壁垒，隐私计算并非一项单一技术，而是一个包含多种技术的复杂体系，这些技术实现的底层思想天差地别，这种技术上的差异性给数据交付平台的互联互通带来巨大挑战。

其次，隐私计算算法的实现方案复杂多样，每个算法在基础原理、工程优化、计算架构上均存在不同。

再次，不同厂家的数据交付平台应用管理的设计不同，例如资源授权、任务管理、任务编排、流程调度等功能的实现也可能基于完全不同的技术路线。

最后，驱动力不足，要达成数据交付平台的互联互通，不同的厂家必然要在技术路线选择、产品实现、知识产权等方面进行一定的迁就与妥协；由于跨平台互联互通尚未成为刚需，各厂家的源动力不足。

（2）跨平台互联互通的现状。自2021年开始，很多隐私计算技术提供者和应用侧都开始推进跨平台互联互通的尝试，提出了不同的思路和方案，也取得了一定的进展。

（3）跨平台互联互通的未来推进思路。当前，在标准体系层面，对利用隐私计算技术的数据交付平台之间，跨平台互联互通的具体方案进行规范势在必行。国内多家标准化组织和研究机构都在推进相关技术标准的研讨和编写。但是，数据交付平台的跨平台互联互通不只需要在技术层面进行攻关，更需要在商业层面继续突破。因此，除了相关标准规范体系，还必须从实践中汲取经验，推广运营事实标准，由标准进行引导，根据实际业务场景进行细化完善，双管齐下；最终在技术方案选择、跨平台协同和具体应用实施的各个环节给出具有普遍共识的、可落地执行的细节指引。

第 10 章　框架安全架构与技术

在数据要素流通体系框架中，数据供给平台、数据交易平台和数据交付平台三者结合，以辅助实现合法合规、合理定价和安全流通三个目标为手段，实现促进数据要素流通的目的。作为一个完整的框架，除了满足业务和功能上的需求外，抵御不同攻击手段的纵深防御能力也非常重要。因此，以本章介绍的框架安全架构与技术为基础构建的数据要素流通体系框架中的框架安全支撑模块，可以对框架的业务系统和基础设施提供纵深防御的能力。

经过多年的实践经验，数据要素流通体系框架的安全性保护与传统的信息系统存在异同之处。简言之，数据要素流通体系框架需要在具备传统信息系统的安全防护手段的同时，有针对性地提供数据治理与数据安全相关的安全性保护。本章从数据生命周期、信息系统体系架构以及纵深防御技术手段3个方面详细阐述了应该如何保护数据要素流通体系框架，如图10-1所示。

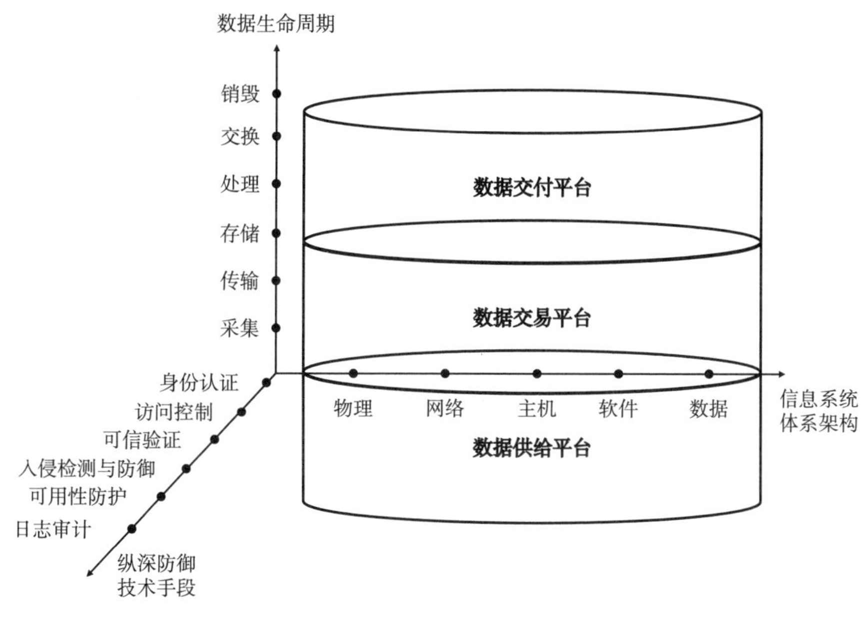

图 10-1　框架安全架构

10.1　信息系统体系架构

10.1.1　物理安全

物理安全是保障信息系统安全的大前提。坏人可以通过获取物理访问权限的方式，绕过其他安全防护手段肆意破坏信息系统。若没有对物理环境的安全保护，任何其他层面的安全防护手段都无法提供有效的安全防护。物理安全的主要目的是防护来自真实世界对物理设备造成的安全威胁，常见的物理威胁包括天灾和人祸。常见的天灾包括火灾、水灾、地震、风灾、雷电等；人祸包括爆炸、破坏、偷窃、由疾病、交通等客观因素造成的人力损失等。

实现物理安全防护的第一个关键因素就是IT基础设施场所的选择。数据流通过程中，基础设施的物理安全是流通数据的安全性基础，流通数据包括数据资产、数据产品等。将基础设施部署在一个政治环境不稳定，或者骚乱、抢劫、破坏公共财产等犯罪活动高发的地区，不是一个明智的选择。同时，为了避免自然灾害，还需要避开台风、洪水、地震等自然灾害多发的地区。另外，为了保证业务的可用性，还需要远离供电不稳定或供电线路故障高发的区域。

物理安全防护部署的控制流程可以分成四个步骤，分别是：吓阻、阻挡、监测、延迟。吓阻是通过威慑的方式，熄灭攻击者的意图；阻挡是通过技术与管理手段组织攻击者接触物理基础设施；监测是指当阻挡失败的时候，对入侵行为的及时发现；延迟是指推迟攻击者成功实施破坏的时间。

（1）吓阻主要是通过边界安全控制手段实现的。常见的边界安全控制手段包括但不限于围栏、照明、警卫。围栏是一种能够清晰地划分出安全边界的边界控制手段。根据安全需求的不同，围栏的高度和建造材料可以不同。例如，1米高的围栏可以吓阻无意穿越者，2米高的围栏可以吓阻大多数攻击者，3米高外加电网的围栏可以吓阻几乎所有攻击者。照明不是一种强有力的吓阻手段，主要是用来阻止无意穿越者、偷盗者等不坚定的攻击者。警卫是一种通过部署警戒人员，提高物理边界的安全性，吓阻入侵与攻击行为的手段。

（2）阻挡的主要实现方式包括门禁和胸卡在内的安全控制手段。门禁是一种比较原始但有效的身份验证机制，它的作用是阻挡未授权人员的进入。门禁能够与警卫相互补充，作为边界的入口，阻挡攻击者的进入。胸卡代表的是不同形式的物理身份标识装置，用以进行身份识别与身份验证，识别并阻挡未授权人员进入。

（3）监测通常使用动作探测器和二次验证机制实现。动作探测器是指在一定区域内通过物理信道的变化感知运动、声音等物理信息的传感器装备。这些物理信道包括红外、热量、音频、光电变化等不同类型。动作探测器在实际应用的过程中通常会陷入漏报率与误报率的平衡问题：若设备灵敏度阈值设高了，会增加误报率；若设备灵敏度阈值设低了，则会增加漏报率。因此，可以通过将二次验证机制与动作探测器联合使用，降低漏报率和误报率，提高入侵检测的准确性。

（4）延迟通常是通过入侵警报的后续措施实现的。在触发入侵警报后，系统可以启动不同的防护机制，延迟攻击者攻击成功的时长。常见的延迟方式有阻止机制、驱除机制等。阻止机制常通过关闭门锁、关闭房门等操作实现，通过切断攻击者的进攻路线，进一步增加攻击的难度。驱除机制常通过警报、警铃、照明等方式实现。通过驱除机制，警告攻击者，吓阻他们的恶意行为，并尝试迫使他们离开。

10.1.2 网络安全

网络是一种通过使用不同的机制、设备、软件和协议，使不同的设备之间能够互相联通，相互协作构成一个整体，以便协同完成更复杂的工作任务的技术。针对网络的架构体系，国际标准化组织（International Standards Organization，ISO）定义了一套适用全球网络产品供应商的网络产品互联互通协议集，以确保网络能在全球范围内跨越国界互联互通，这就是著名的开放系统互联（Open Systems Interconnection，OSI）模型。

如图10-2所示，OSI模型将网络从下到上分成了物理层、数据链路层、网络层、传输层、会话层、表示层和应用层。应用层是最接近用户应用场景的层面，通过FTP、TFTP、SNMP、SMTP、HTTP等协议，给用户提供文件传输、会话管理、邮件传输、网页浏览等功能。表示层的作用给应用层提供服务，将应用层的数据根据对应的要求进行编码解码、压缩与解压缩、加密解密，常用的表示层标准包括ASCII、TIFF、JPEG、MPEG、MIDI等协议。会话层的作用是给应用层协议提供支撑，在应用程序之间建立连接，协商、建立、维持和撤销通道，PPTP、RPC等是常见的会话层协议。传输层通过TCP、UDP等协议，实现在会话层构建网络通道中的数据传递。网络层则负责将数据正确地编址和路由，并将数据实际路由至正确的目的地；常见的协议有IP、ICMP、IGMP、RIP等协议。数据链路层的作用是将网络层数据转化成二进制格式，常见的协议有ARP，RARP，PPP等协议。物理层的作用是将二进制格式的比特数据转换为用于传送数据的电信号，常见的物理层标准接口有综合业务数字网（Integrated Services Digital Network，ISDN），数字用户线路（Digital Subscriber Line，DSL），同步光纤网络（Synchronous Optical Networking，SONET）等。

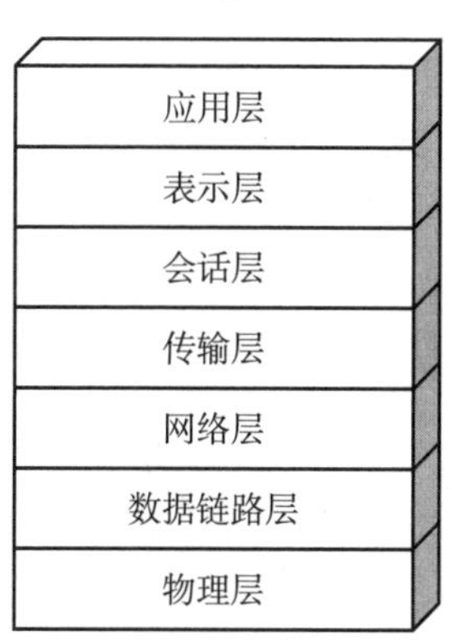

图 10-2　OSI 网络模型

网络安全问题通常是由协议架构设计及实现的漏洞导致的。网络攻击的主要目的是破坏网络中传输数据的机密性、完整性以及可用性。破坏机密性的网络攻击以窃取网络中传输的数据内容为目的。破坏完整性的网络攻击通常以破坏网络通信完整性为手段，达到伪装网络身份窃取网络数据的目的；破坏网络通信完整性常见的技术手段报告对网络报文的篡改和重放。破坏可用性的网络攻击通常是利用海量资源，或者网络协议漏洞，向网络中塞入海量数据，或者消耗网络设备资源，导致网络无法正常使用的攻击手段。

网络的安全防护体系主要依靠密码学、身份认证、网络可用性优化三类技术实现。密码学作为安全防护体系的基础，对网络数据进行加密，防护如网络嗅探攻击等针对网络数据机密性的攻击。将身份认证技术与网络协议结合，可以降低网络完整性被破坏的可能性。网络可用性的提升，除高性能网络设备堆砌提升网络性能外，通常会通过优化网络协议、部署内容分发网络（CDN）、部署DDoS网关等方式实现。

加密技术的应用提升了网络的机密性。加密技术在网络中应用的常见场景包括：链路加密与端到端加密、电子邮件加密以及Internet加密。

（1）链路加密与端到端加密。链路加密是指在物理层与数据链路层，通过将加密技术与网络协议结合的方式，提供网络数据的加密能力。链路加密的优势是对上层应用透明，且包括数据报文头在内的所有信息均是加密的。但链路加密的应用过程中，由于每个路由节点均需要密钥，增加了密钥管理的复杂性。端到端加密是在应用层对数据进行加密的方式。端到端加密给用户提供了更大的灵活性，但是由于只在应用层完成数据的加密操作，数据报文头、地址、路由信息等在应用层之下添加的信息无法加密，增加了安全风险。

（2）电子邮件加密。常见的电子邮件加密方式有多用途Internet邮件扩展（Multipurpose Internet Mail Extensions，MIME）和可靠加密（Pretty Good Privacy，PGP）两种。MIME是一种规定电子邮件附件如何格式化、封装、传输及打开的技术规范。PGP是加密传输电子邮件的系统，PGP基于公钥密码体系以及散列算法实现对邮件数据机密性的保护。

（3）Internet加密。通过对Internet上各种应用传输过程加密来实现Internet加密。Internet加密技术主要包括SSH、SSL、TLS、HTTPS等。SSH的功能类似于一种安全的隧道机制，使一台计算机可以安全地远程登录并访问另一台计算机。SSL是Netscape开发的基于公钥密码体系实现的，提供网络数据加密、服务器身份验证、消息完整性和身份验证能力的安全协议簇。TLS是通过不同技术方式实现的与SSL功能相似的协议。起先，多数人认为SSL 3.0与TLS 1.0提供的安全保护能力是相似的，但是2014年针对SSL的POODLE攻击证明了TLS在安全性方面的优越性。HTTPS是运行在SSL与TLS上的HTTP协议，由SSL或TLS给HTTP的数据提供安全性保护。

身份认证提升了网络的完整性。现如今越来越多的网络协议兼容了身份验证相关的能力。常见的网络协议身份认证的方式有口令身份认证协议（PAP）和挑战握手身份验证（CHAP）。PAP对使用网络协议的用户通过输入口令的方式进行身份标识和身份验证。CHAP通过挑战/响应机制对用户完成身份验证，相比PAP方式提升了身份认证的健壮性。

10.1.3 系统安全

系统安全主要是针对性地解决操作系统层面的安全性问题。因此，在讨论系统安全之前需要先对操作系统有一个大致的了解。操作系统是一个向下通过对硬件设备的抽象实现硬件管理，向上给应用程序和用户提供具有资源服务能力的工作环境。如图10-3所示，操作系统构建在多种硬件之上，包括中央处理器（CPU）、其他计算单元（如GPU）、存储器（如内存、缓存等）、总线、网络接口等。这些硬件各有各的特点，且相互协同。而无论是单个硬件本身，还是硬件之间的协同机制都十分复杂。操作系统通过在内核模式中对硬件功能的抽象，实现对硬件资源使用与分配的管理后，通过统一的标准化的接口向上层应用程序提供多种不同的服务。根据应用场景和硬件类型的不同，常见的操作系统有传统操作系统，如Linux、MacOS（小于v8.6）等；微内核操作系统，如seL4等和混合内核操作系统，如Windows NT，XNU内核等。信息系统体系架构中应用的操作系统需要具备的安全能力会在本章详细阐述。

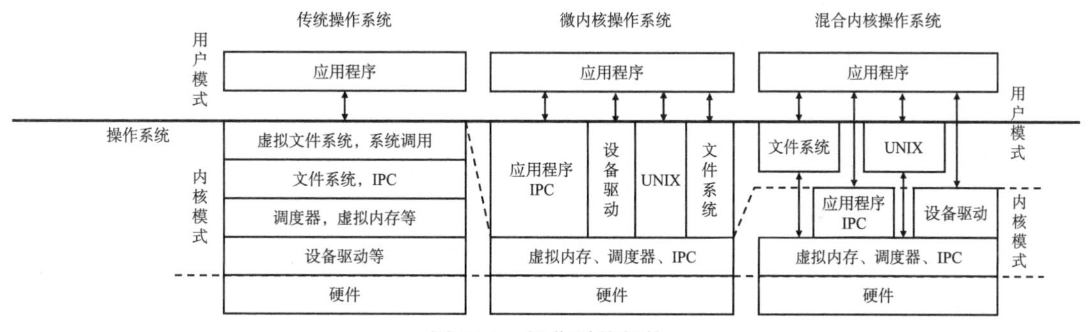

图 10-3　操作系统架构

10.1.3.1　操作系统

具体而言，操作系统主要完成了对内存设备、I/O设备以及中央处理器这三类硬件设备的抽象；并以进程为技术手段，对用户态的应用程序实现了隔离，使操作系统支持多应用程序的并行处理。

1. 内存管理

计算机体系架构中，由于所有的指令都与内存有或多或少的关系，因此内存是支持操作系统及应用程序高效运行的核心部件。操作系统内存管理主要包括以下5项不同的能力：

（1）物理隔离。通过内存管理，将不同的应用程序以及操作系统进程的内存空间分布到物理内存中相互独立的区间，以实现物理隔离，提升内存安全性。

（2）逻辑隔离。应用程序的分段机制是一个典型的逻辑隔离的例子。操作系统会将运行在进程空间内的不同逻辑类型，根据其不同的特性，部署不同的安全策略。例如，在Linux操作系统中会将ELF文件分为代码段、数据段、只读数据段等不同的分段，用以存放不同类型的应用程序数据，而不同的分段会被赋予不同的权限，以实现不同分段之间的逻辑隔离。

（3）共享。绝大多数应用程序在运行过程中，需要与其他的应用程序及用户进行数据交互。因此，操作系统的内存管理需要在确保数据机密性和完整性的前提下，支持进程间的内存共享。

（4）重新分配。内存的管理是一个动态的过程，当内存中的内容不再活跃时，为了提高可用内存的数量，提升操作系统的运行效率，需要将不活跃的内容交换到硬盘驱动器中。当需要执行内容时，则需要将相应的内容移至内存中，并提供新的指针。

（5）保护。内存保护指的是，通过限制进程只与分配给它们的内存段交互，完成对内存段的访问控制保护，限制内存段的非授权访问。

2. I/O 设备管理

操作系统控制I/O设备时，会先向设备发送命令，然后通过接收I/O设备的反馈，或者处理CPU中断请求，为I/O设备与应用程序建立安全的通信信道。操作系统进行I/O管理的主要目标是提供抽象、安全的交互方式，使应用程序不必关注与I/O设备交互过程的实现。常见的I/O控制方式包括程序控制式、中断驱动式、直接内存访问（DMA）式、预映射式以及全映射式。

（1）程序控制式I/O可以理解成以同步方式实现I/O的通信逻辑。例如，当CPU将数据发送到I/O设备时，若设备尚未准备好，CPU就会陷入等待，直至设备准备好后，才继续执行。由于I/O操作的运行周期较长，这种方式很容易造成时间和资源上的浪费。

（2）中断驱动式I/O与程序控制式I/O的区别在于它是以异步的方式实现I/O的通信逻辑。例如，当CPU将数据发送到I/O设备后，CPU会直接开始处理另一个进程的计算任务。当I/O设备准备好后，会向CPU发送中断以继续程序的执行。

（3）DMA式I/O可以理解成不通过CPU中转，直接在I/O设备与内存之间传输数据的方法。

（4）预映射式I/O是指CPU将进程的物理内存地址发送给I/O设备，I/O设备通过物理内存地址直接与内存进行交互的方式。

（5）全映射式I/O是指操作系统将虚拟地址发送给I/O设备，I/O与内存之间的通信由操作系统进行代理与控制的方式。

3. CPU 管理

CPU管理模块通过实现对CPU类型的识别，采用合适的指令集，使应用程序能正常运行。不同类型的CPU具有不同的架构，Intel和AMD是x86指令集，华为鲲鹏是ARM指令集，此外还有RISC-V指令集。另外，同为x86架构的Intel和AMD的指令也并非完全相同。例如，Intel研发的针对密码算法加速的AES-NI指令集在同为x86架构的AMD CPU中并不存在。CPU管理需要确保上层应用程序和用户能够在不同的CPU上无感知运行。

4. 进程管理

进程是应用程序的指令、数据以及由操作系统分配的资源的总和。在操作系统中，为了保证每个进程中运行的应用程序的安全性，以及整体系统的可用性，进程管理需要包含进程调度、进程隔离以及线程管理三个模块。

（1）进程调度。进程调度是进程管理的重要模块之一，进程调度的核心是根据进程的资源需求，为不同的进程分配不同优先级，合理利用系统资源。不同操作系统使用基于不同调度策略的调度器完成进程调度任务。另外，在进程调度过程中引起的资源异常耗尽、死锁等问题也由进程调度模块处理。

（2）进程隔离。操作系统通常使用进程隔离的方式避免进程之间的相互影响。常用的进程隔离方法包括封装、命名空间以及虚拟内存映射。当采用封装这种进程隔离方法时，进程本身不能直接跟其他进程交互，需要通过实现并开发的接口完成进程间的通信。命名空间是指不同的进程有各自的命名标识，将命名标识与进程标识对应，实现进程的识别以及强制进程隔离的实现。虚拟内存映射是通过虚拟内存以及页表技术，对不同进程的内存空间进行隔离的方式。

（3）线程管理。当一个进程需要向硬件发送一些处理的程序和数据时，进程会生成一个线程用于执行该具体任务。在操作系统中，进程和其创建的线程共享相同的资源。

10.1.3.2　操作系统安全保护机制

操作系统内安全机制的需求可以归结为：应用程序不应该被信任。为了保证任意应用程序数据的安全性，以及不可信应用程序无法破坏其他应用程序的安全性，操作系统需要提供应用程序的保护机制。操作系统的安全保护机制可以从技术机制和策略机制两个维度部署。

1. 技术机制

技术机制是指操作系统设计与开发人员在创建系统时设置的保护操作系统安全的模块。通常包含分层、抽象、进程隔离和硬件分隔四种类型。

（1）分层。分层是通过将操作系统的权限按照等级进行区分而实现的。通常更高的层级具有更高的特权等级。层与层之间的通信只能通过特定的接口进行，接口需要完成对授权情况的安全性验证。

（2）抽象。抽象是面向对象编程中的基本原则之一，对应的就是对象的概念。在操作系统中，通过将具有相似权限、角色的用户进行抽象并完成分组，通过对组用户权限的统一管理实现更统一和安全的权限管理机制。

（3）进程隔离。进程隔离是基于进程管理的能力实现的，它的目的是保证操作系统中每个进程的指令和数据运行在单独的内存空间中，且这些空间的边界由操作系统保护。

（4）硬件分隔。硬件分隔的目的与进程隔离相似，都是为了确保每个进程的指令和数据在单独的内存空间中运行。随着计算机应用的发展，威胁模型也发生了一些变化。在如云计算的一些应用场合中，云租户并无法完全相信云主机的操作系统，进程隔离也就无法提供足够的安全性。因此，一些基于硬件的分隔技术被陆续提出，将由操作系统实现的进程隔离下沉到由硬件实现。硬件分隔可以给更多应用场景提供更加安全、灵活的隔离方式。

2. 策略机制

操作系统安全策略机制是操作系统安全原则的扩展，主要包括最小特权原则、特权分离原则、问责制。

（1）最小特权原则。最小特权原则通常是指每个角色仅获得足以完成任务的权限。在操作系统安全中特指在设计实现操作系统的进程时,应该确保他们尽可能以用户模式运行。通常，在特权模式下执行的进程数量越多，恶意用户可利用的潜在漏洞数量就越多。

（2）特权分离原则。特权分离原则是指将特权的权限进一步细化分隔，以实现更强的安全保护能力。在操作系统中，特指基于细粒度的访问控制，通过将每种特权操作赋予不同的权限的方式，进一步限制特权用户对系统资源的非授权访问。特权分离原则是建立在最小特权原则之上的，当将特权分离原则应用于管理员的权限管理时，也就是对管理员用户应用了最小特权原则。

（3）问责制。问责制是指通过不可篡改的日志，对操作系统中包括特权行为在内的所有操作进行记录，并通过审计的方式回溯和问责的机制。

10.1.4 软件安全

软件安全主要指的是保护运行在操作系统之上的应用程序的安全性。应用场景、使用人员、设计方案、开发经验等变量都会极大地影响软件安全。本节将从两个维度探讨软件安全：恶意软件和软件漏洞。恶意软件是指为了达到某种恶意的目的而特别开发的软件。软件漏洞则是指，在软件设计和开发过程中，有意或疏忽引入的安全问题。框架安全架构需要具备对恶意软件的检测能力，架构的设计及实现过程中也需要尽量避免软件漏洞的引入。

10.1.4.1 恶意软件

根据恶意的目的或者恶意行为的不同，恶意软件有多种不同的形式。综合而言，恶意软件常通过对插入、避免、删除、复制、触发、载荷六种能力的组合实现不同的恶意功能。插入是指安装攻击载荷的副本；避免是指对检测软件的逃逸；删除指的是完成攻击后对攻击载荷的删除动作；复制是指通过复制的方式传播攻击载荷或恶意软件的行为；触发是指通过一些条件初始化攻击载荷的行为；载荷是执行具体攻击能力的代码和数据片段。

恶意软件常见分类如下。

1. 病毒

病毒可能是最早出现的恶意软件形式之一。电脑病毒与生物病毒有着相似之处，是一个可以感染其他软件的小型的程序或代码段。与生物病毒类似，电脑病毒主要的功能是破坏和传播。病毒的破坏是通过执行病毒内的有效载荷来释放破坏力，造成系统和数据的机密性、完整性、可用性的破坏。病毒的传播可以通过不同的技术手段实现，常见的病毒传播技术手段包括：主引导记录感染、文件程序感染、宏病毒以及服务注入：

（1）主引导记录感染。主引导记录是计算机上在系统启动过程中用于加载操作系统的部分，主引导记录感染就是通过修改主引导记录的方式感染操作系统。感染主引导记录后，系统启动时并读取主引导记录时，病毒会引导系统读取并执行特定代码将病毒加载到内存中，有效载荷的执行也可以在该过程中进行，以完成破坏。

（2）文件程序感染。文件程序感染的过程中，病毒会对被感染文件进行少量的修改，以完成病毒复制以及系统破坏所需载荷的植入。

（3）宏病毒。宏病毒是指利用一些应用程序提供的脚本功能，如Microsoft Office支持的VBA编程语言，实现病毒的传播和破坏能力。现阶段，应用程序开发人员已经对应用程序的宏开发环境进行了优化，限制了不受信任的宏的运行能力，增加了宏病毒的攻击难度，导致宏病毒数量急剧减少。

（4）服务注入。服务注入是一种具备绕过反病毒软件检测能力的传播方法，其绕过机理是将病毒自身注入可信的系统进程或者反病毒软件。由于反病毒软件进行安全性检测时，需要向操作系统请求必要的信息。当病毒注入了上述关键服务后，可以通过中间人的方式控制反病毒程序获得的信息，达到隐藏自身的目的。

2. 蠕虫

与病毒不同，蠕虫是不需要借助宿主应用程序就能完成复制行为的独立程序。就如生物界的蠕虫一样，是可以自主活动，并自主完成复制的生物。近年来，最著名的蠕虫病毒是2010年的震网病毒（Stuxnet），它针对的是西门子的监控和数据采集系统（Supervisory Control And Data Acquisition，SCADA）。震网病毒可以通过U盘、数据库系统、Windows零日漏洞等渠道进行传播，寻找目标系统。找到目标系统后，通过激活特定的攻击载荷操纵西门子设备完成预先设计的操作，导致西门子控制器的离心机的物理损毁。

3. Rootkit

Rootkit是攻击者获得管理员级别访问权限后上传的一整套工具包。Rootkit中通常会包含一个后门程序，便于攻击者再次访问系统。

4. 间谍软件

间谍软件是指安装到目标系统中，以收集敏感信息为目的的恶意软件。

5. 僵尸网络

僵尸软件指的是一段能够控制被植入的系统完成攻击者任意任务的代码或程序，被植入僵尸软件的机器被称为“僵尸”。当攻击者通过僵尸软件控制了大量的系统时，这些被控制的系统的集合就是僵尸网络。“僵尸”网络可以被用来直接实施恶意行为，如被用来实施DDoS攻击；也可以被攻击者用来间接获利，如被僵尸网络控制者出租以换取回报。

6. 逻辑炸弹

与炸弹相似，逻辑炸弹也包含引线和炸药。逻辑炸弹的引线是特定的逻辑触发器，例如用户执行的某个特定动作；逻辑炸弹的炸药是完成破坏工作的恶意负载。虽然逻辑炸弹有清晰的定义，但在实际应用中，逻辑炸弹也可以作为其他恶意软件的组件。例如，病毒感染了系统后，可以使用逻辑炸弹完成攻击载荷的部署及触发。

7. 特洛伊木马

特洛伊木马是一种表面无害，但内部包含恶意载荷，可以对系统造成破坏的程序。不同的特洛伊木马可以具有不同的功能。特洛伊木马可能以破坏系统内的数据为目的，也可能以窃取系统或用户的敏感信息为目的，还可能以出租资源获取收益为目的等。

8. 勒索软件

勒索软件是一种通过威胁公布受害者的个人数据，或解除受害者对系统的访问权限的方式向受害者勒索赎金的恶意软件。被记录的最早的勒索软件在1989年被发现。在20世纪90年代，赎金的交付容易留下痕迹，因此勒索软件一直不温不火。近些年，随着比特币的兴起，勒索软件的数量急剧增加。2013年的Cryptolocker是最出名的勒索软件之一，它通过加密系统内数据的方式阻止受害者对系统的正常使用；只有当受害者通过比特币交付赎金后，攻击者才会解密系统内的数据，恢复受害者对系统的控制权。

10.1.4.2 软件漏洞

软件漏洞是指软件开发阶段引入的漏洞。软件在开发过程中，首先要满足的是功能性需求，对软件的安全防护通常是在软件开发完成后独立部署的。这类软件安全防护方式通常具有较低的准确性和及时性。只有将安全深度融入软件的设计和开发阶段，才能给软件提供足够的安全性。软件的开发设计通常需要经历需求分析、软件架构设计以及软件产品开发三个阶段。本节将讨论如何将软件安全深度融入这三个阶段以减少软件漏洞的数量。

1. 需求分析阶段

在功能性需求分析阶段，软件的研发小组需要研究软件的要求，并针对性地整理出功能需求。在安全性分析阶段，需要依次完成安全需求分析、安全风险评估、隐私风险评估以及风险承受能力评估。

（1）安全需求分析的方法通常是先确定分析对象，然后从机密性、可用性、完整性的角度定义其安全需求。

（2）安全风险评估阶段的目标是尽可能地分析出更多的安全风险，如软件漏洞和逻辑漏洞，并且评估出这些漏洞可能造成的危害。

（3）隐私风险评估主要是针对软件中用户隐私信息的风险进行评估。具体的用户个人信息的隐私要求可以参考《中华人民共和国个人信息保护法》以及相关行业的数据分类分级指导办法。

（4）风险承受能力评估是依据安全风险评估与隐私风险评估的结果，衡量采取安全设计的成本以及出现安全问题的损失，结合软件开发方的实际情况，确定软件开发安全策略。

2. 设计阶段

设计阶段要根据需求分析阶段确定的安全问题以及安全策略完成解决方案的设计。安全设计通常需要完成威胁模型确定和暴露面分析两项任务。

（1）威胁模型确定就是对攻击者能力边界的确认。合适的威胁模型对软件的开发极为重要。例如，软件开发者若考虑过多高实现难度的威胁，则会带来过多的成本，如需要物理接触为前提条件；而若软件开发者忽略了低利用难度的威胁，则开发出软件的暴露面就会过大，如软件中包含了数据库而开发者未对数据库提供安全保护。

（2）暴露面是指攻击者对软件产品发起攻击的范围，就如古代的盔甲一样，没有被覆盖的地方就成了易于被对手攻击的脆弱面。软件可以通过接口封装、访问控制、隔离机制等方式减少软件的暴露面。

3. 开发阶段

在讨论开发阶段安全性的时候，需要先明确安全需求以及确保安全设计上不存在漏洞。开发阶段的安全目标是在对软件的实现过程中，不引入软件漏洞。开发阶段的安全性通常是通过选择安全编程语言并遵循安全编程实践原则，降低在源码层面引入漏洞的可能性实现的。

（1）安全编程语言。编程语言是开发者与计算机沟通的桥梁，所有的软件都是通过某种编程语言实现的。不同类型的编程语言通常具有不同的抽象层级。常见的编程语言包括：机器语言、汇编语言、高级编程语言以及超高级编程语言

随着计算机的发展，编程语言也随之进行了一些迭代。在20世纪50年代初，计算机刚刚诞生的时候，以二进制表示的机器语言是最开始且唯一被使用的编程语言。由于机器语言的编程过程不仅耗时，而且正确率低下，程序员们就将机器语言通过符号化表示的方法设计了汇编语言。例如，在x86计算机架构中，用RETQ的符号代表机器语言“11000011”。到20世纪60年代初，随着软件内部逻辑的不断复杂，高级编程语言也被创造了出来，典型的高级编程语言是C语言。高级编程语言将多个汇编指令组合成单个具有逻辑意义的高级语句，例如if-else语句。之后，基于汇编语言和高级语言不断产生了更多超高级编程语言，例如Java、C#、Python、R、Rust等。

安全的编程语言主要是指内存安全的语言。内存安全的语言主要通过编译时检查和运行时检查两种方式，发现并阻止由程序员引入的漏洞。常见的由内存安全的语言缓解的漏洞包括缓冲区溢出漏洞，线程之间的竞态错误等。机器语言、汇编语言、高级编程语言（如C/C++），在设计之初并未考虑这些安全问题，因此不被认为是内存安全的语言。超高级语言通过解释器或编译器在软件开发阶段系统性地完成了内存安全问题的检查与修复。

（2）安全编程实践。在安全编程语言之上，软件的开发还需遵循安全编程实践以减少开发过程中软件漏洞的数量。安全编程语言有助于缓解内存相关的软件漏洞；安全编程实践则是希望通过编程规范的限定，减少软件开发过程中逻辑漏洞的引入。逻辑漏洞指的是由于程序逻辑不严谨导致一些逻辑分支处理错误引入的漏洞。在实际开发中，因为开发者

水平不一且缺乏安全意识，所以常常会出现该类漏洞。

世界范围内多个组织先后推出并推广了与安全编程实践相关的标准。经过多年的实践后，一些规范被业界广泛应用。美国卡内基梅隆大学列出的十条安全编程实践规范就是被广泛采纳的规范之一，《CISSP权威指南（第8版）》也对这项规范进行了阐述：

① 输入数据的验证。安全编程规范最重要的规则之一就是不要认为输入的数据是正确的，需要对所有输入进行完整的验证。

② 输出数据的清理。对于软件输出的数据需要检查与清理，确保数据中不包含敏感信息，间接地对软件安全造成危害。

③ 关注编译器的警告信息。许多开发人员为了开发进度，通常会忽视编译器的警告。编译器的警告信息通常意味着潜在的安全风险，这些风险虽然不会直接导致程序报错，但是也可能成为被攻击者利用的漏洞。

④ 保持代码简单。逻辑清晰简单的代码通常会自动避免诸多软件安全漏洞。

⑤ 白名单机制。软件应该默认拒绝所有的请求及行为，仅对白名单中经过审核的请求及行为有限度地开放。

⑥ 最小特权原则。与系统安全中的最小特权原则一样，在软件开发过程中，需要保证软件中的每个变量、对象、角色都在最小特权集内运行。针对特殊的提权操作，需要保证提权过程的安全性以及特权释放的及时性。

⑦ 纵深防御的实践。在软件部署阶段，通常通过纵深防御的部署以实现更高的安全能力。在软件开发阶段，也建议应用纵深防御的思想。也就是建议软件内的每个防御层都具有独立性，即在防御层的设计开发过程中，假设所有其他防御层都不能正常运行。

⑧ 根据安全策略完成软件架构设计。软件的设计开发需要根据目标部署环境的安全策略完成软件架构的设计。

⑨ 设置代码质量规范。应该根据所选的开发语言，设置代码质量规范。代码质量越高，软件缺陷和漏洞就越少。高质量的代码规范可以指引完成高质量的软件开发。

⑩ 采用安全编程标准。安全编程要求只有被应用到软件开发的实际流程中才能产生效果，建议通过组织体系、机制，强制要求开发人员遵守，保证所有安全实践内容可以正常落地。

10.1.5 数据安全

《中华人民共和国数据安全法》给出了数据安全的定义，“通过采取必要措施，确保数据处于有效保护和合法利用的状态，以及具备保障持续安全状态的能力”。从功能性角度出发，软件是实现信息系统功能的核心组件，提升软件的安全性可以有助于提升信息系统中数据的安全性。但是，从安全角度出发，恶意用户并不一定按照软件的逻辑实现其意图。数据安全的目的就是从数据本身出发，通过技术手段提升数据在其全生命周期中的安全性。数据安全的相关技术主要包括数据资产扫描、敏感数据识别与分类分级、数据加密、数据脱敏和数据水印，详细介绍请参见第6章。

10.2　数据生命周期安全技术

数据的生命周期包括数据采集、传输、存储、处理、交换和销毁六个阶段。数据生命周期安全技术是指为处于上述阶段的数据提供机密性、完整性以及可用性保护的技术手段。

10.2.1　数据采集

数据采集是利用一种装置，从系统外部采集数据并输入系统内部接口的过程。通俗地说，在数字化、信息化转型已初见成效的今天，数据采集就是将社会中产生的数据进行搜集、归纳，并提供给数据需求方的过程，这些数据可以是用摄像头采集的视频，用麦克风采集的音频，用传感器采集的数值等。由于不同数据提供方所拥有的数据类型、格式、质量等均是不同的。因此，对于数据要素流通体系框架而言，从不同数据提供方获得数据的过程就可以使用数据采集技术进行输入数据的统一梳理。

10.2.1.1　被采集数据的特性

为了确保采集而来的数据的价值，其通常需要满足以下特点：全面性、多维性、时效性、合法性。

1. 全面性

数据的全面性是对数据体量和场景覆盖程度的衡量指标。采集的数据需要具有足够的分析价值，数据的场景覆盖程度需要足够支撑分析需求。比如“查看商品详情”这一行为，需要采集用户触发时的环境信息、会话信息以及背后的用户ID等信息，最后需要统计这一行为在某一时段触发的人数、次数、人均次数、活跃比等。

2. 多维性

数据的多维性是对数据中蕴含的信息以及数据质量的衡量指标。数据为了发挥生产要素的特性，更重要的是能够满足分析需求。宇宙是由多维空间构成的，从常见的三维静态空间、四维时空理论，到理论中存在的五维、六维直至十一维空间理论，越多的维度蕴含更多的信息量，能解释更多的现象。数据作为宇宙中的一个元素，也是符合维度越多，数据信息量越大的特性。

比如“查看商品详情”这一行为，我们可以通过埋点，搜集用户查看的商品的价格、类型、商品ID等多个属性。从而知道用户看过哪些商品、什么类型的商品被查看的次数多、某一个商品被查看了多少次，而不仅仅是知道用户进入了商品详情页。

3. 时效性

数据的时效性是指在不同需求场景下，数据的及时性和有效性。对应用系统而言，往往对数据时效性要求较高，过时的数据即使分析出了也不会对实际应用产生有价值的影响。通俗地说，数据库中的用户联系方式信息在2020年是正确的，但在2021年则未必正确。据统计，商业和医疗信息库中50%的用户信息在2年内可能会过时。

4. 合法性

数据的合法性是确保数据采集的过程在相关的法律框架内进行。具体而言，数据采集的合法性问题是保护自然人和企业的数据合法权益。对个人信息进行保护，主要是出于保护个人隐私的法益。概括而言，对个人隐私的保护，实质上是个人民事权利保护的一部分。企业数据通常蕴含商业机密和商业利益，对企业数据的保护是维护市场主体权益、保护市场竞争秩序。

10.2.1.2 数据采集系统

为保证采集到的数据满足上述四项特点，通常采用多源异构的手段从多途径收集海量的数据，在被采集数据输出给使用方之前，通过数据治理的技术手段，使最终输出的数据满足要求。数据治理是一个庞大的技术体系，是指将数据作为组织资产围绕数据全生命周期而展开的相关管控、绩效和风险管理工作的集合，以保障数据及其应用过程中的运营合规、风险可控和价值实现。数据采集系统的目的可以通过元数据管理、数据质量管理两个功能模块，并结合数据采集合法性约束得以实现。

1. 元数据管理

元数据是描述数据的数据，描述了数据的定义和属性。主要包括业务元数据、技术元数据和管理元数据。元数据管理的目的是厘清元数据之间的关系与脉络，规范元数据设计、实现和运维的全生命周期过程。有效的元数据管理为技术与业务之间搭建了桥梁，为系统建设、运维、业务操作、管理分析和数据管控等工作的开展提供了重要指导。

如图10-4所示，元数据管理包含了元数据采集、元数据基础管理以及元数据分析管理三个模块。

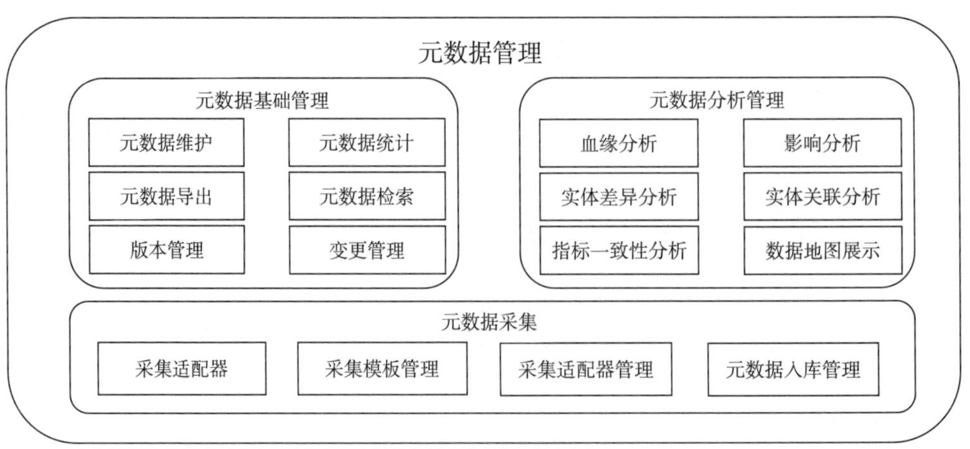

图10-4　元数据管理

（1）元数据采集。元数据采集模块的目的是从数据提供方快速地获得数据。其中采集适配器需要实现对不同类型的数据源的采集能力，如数据库、Excel、API等。

（2）元数据分析管理。通过集成不同的元数据分析技术，辅助对元数据关系的厘清。

（3）元数据基础管理。通过元数据基础管理，确保元数据管理模块的正常运行。

在数据采集阶段，可以借助元数据管理辅助确保数据的全面性及多维性。数据的全面性需要保证数据的覆盖程度满足需求，数据的多维性需要确保数据具有足够的信息量与信息深度。通过元数据分析管理中的血缘分析、影响分析、实体差异分析、实体关联分析、指标一致性分析、数据地图展示等技术，可以辅助厘清元数据之间的关系与脉络，助力数据覆盖率与信息深度的提升。

2. 数据质量管理

在数据采集阶段，可以通过数据质量管理模块辅助保证数据的时效性。数据质量管理是指对可能引发的各类降低数据质量的问题，进行识别、度量、监控、预警等一系列管理活动，并使得数据质量获得进一步提高的方式。数据质量管理通过多种数据度量、监测技术，对业务数据、技术数据以及管理数据进行规则匹配和质量监控。

数据质量管理模块中的时效性衡量的是指定数据与真实业务情况同步的时间容忍度内，即指定的更新频度内，及时被刷新的数据的百分比。因为有些数据库中没有完整、清洁、可用的时间戳，从而导致数据时效性的判定非常困难；有些数据经过扩散与传播后原始时间戳丧失，导致数据真实的时效性难以判定。在数据采集过程中运用数据质量管理模块，可以对已有的时间戳进行统一管理，对缺失的时间戳进行溯源补充，以保证被采集数据的时效性。

3. 数据采集合法性约束

在数据采集阶段，数据信息的采集可以通过爬虫、嗅探等技术获取，也可以通过场内或场外交易的方式购买。数据要素流通体系框架需要确保个人、企业的数据均是在保障个人隐私信息安全以及企业机密信息安全的前提下流通并创造价值的。因此，在数据采集阶段，需要对数据提供方提供的数据的合法性进行辨别。从合法性角度，依据收集信息主体以及是否符合法律规定，可将数据采集分为法定采集、授权采集以及未授权采集（不当采集）三类。

1）法定采集

法定采集，指为了公共利益的需要，法律明确规定需要收集的信息。这些法律规定散布在各种法律规范之中，一般收集这些数据的主体是国家机构或事业单位，收集的数据都与国计民生息息相关。例如，气象数据，地震监测信息、水污染数据以及传染病等数据都是国家法律法规明确要求收集，并且要求民众或者相关企业配合收集报送检测的。这些为了公共利益的需要而由立法指定采集的数据就是法定采集数据。

例如，《中华人民共和国水污染防治法》授予实行排污许可管理的企业事业单位和其他生产经营者对所排放的水污染物自行监测，并保存原始监测记录的权力，以及对监测数据的真实性和准确性提供保障的责任。《中华人民共和国防震减灾法》明确国务院地震工作主管部门需要对地震信息进行监测并公开，其他单位和个人可以对地震相关的数据进行监测与研究。《中华人民共和国气象法》规定了海上钻井平台、航空器、远洋船舶进行气象数据探测与报告的权利与义务。《中华人民共和国传染病防治法》明确了疾病预防控制机构、医疗机构对疾病信息采集的权力，以及对采集获得的个人隐私信息保护的要求。

2）授权采集

授权采集，主要指互联网企业收集数据信息时，需征得数据所有人的授权或者同意的一种数据采集方式。收集数据信息时需征得当事人的同意已经是普遍的共识，并且得到了法律法规的确认。授权采集是除法定采集以外，最广泛的采集方式。授权采集中，是否获得授权是至关重要的一步。获得授权意味着采集已经得到当事人的同意，通常情形下，获得授权的数据采集是合法合规的。如果未获得数据当事人的“知情同意”，则可能衍生出各种法律责任。

《中华人民共和国网络安全法》《信息安全技术 个人信息安全规范》等法律规范和行业规范都明确要求采集数据时必须先获得授权，得到当事人的同意。例如，《中华人民共和国网络安全法》中第二十二条规定：“网络产品、服务具有收集用户信息功能的，其提供者应当向用户明示并取得同意；涉及用户个人信息的，还应当遵守本法和有关法律、行政法规关于个人信息保护的规定”。第四十一条规定：“网络运营者收集、使用个人信息，应当遵循合法、正当、必要的原则，公开收集、使用规则，明示收集、使用信息的目的、方式和范围，并经被收集者同意。网络运营者不得收集与其提供的服务无关的个人信息，不得违反法律、行政法规的规定和双方的约定收集、使用个人信息，并应当依照法律、行政法规的规定和与用户的约定，处理其保存的个人信息。”

3）未授权采集（不当采集）

未授权采集是指采集信息时未获得当事人同意和授权的采集。这种不当采集信息的行为主要包括窃取、侵入、破坏等表现方式。

（1）窃取行为是指网络运营者未经其他平台允许，窃取其数据信息为己所用。这种行为未经他人允许，在窃取过程中极易侵犯其他平台的商业秘密，或者平台用户的个人隐私。

（2）侵入行为是指数据采集时，网络运营者利用爬虫、撞库等技术，未经其他平台允许，擅自侵入其他平台计算机信息系统内部获取数据的行为。例如，使用爬虫技术，非法侵入国家事务、国防建设、尖端科学技术领域等高敏感级别的计算机信息系统，只要实施了侵入行为即构成犯罪。

（3）破坏行为是指网络运营者为了收集信息，利用App、撞库等技术对计算机信息系统功能，或对计算机信息系统中存储、处理或者传输的数据等进行破坏，或者故意制作、传播计算机病毒等破坏性程序，影响计算机系统正常运行，后果严重的行为。比如，行为人编写爬虫程序，将其植入计算机信息系统，对计算机信息系统中存储的数据进行删除。

另外，未授权采集还包括政府部门的工作人员在执行公务时中不当获取、传播数据的行为。例如，有关部门违反了《中华人民共和国网络安全法》第三十条规定，将在履行网络安全保护职责中获取的信息用作其他用途。

10.2.2　数据传输

数据从采集到创造价值的整个过程都离不开数据传输。数据传输安全是指通过采取必要措施，确保数据在传输阶段，处于有效保护和合法利用的状态，并具备保障持续安全状态的能力。数据传输过程中主流且有效的安全保护方式就是通过数据加密技术实现对数据机密性、完整性、可用性的保障。在实践过程中，除数据加密技术以外，对数据进行访问控制管理，也能够有效控制数据传输安全。

10.2.2.1　数据传输加密

数据传输加密包括网络通道加密和信源加密两种实现方式。网络通道加密包括使用安全的网络协议，利用协议中的加密和认证技术，实现对网络数据包的机密性和完整性的保护。信源加密是指通过将数据在应用层加密解密，以实现端到端加密解密的方式。

上述两种方式的本质都是基于密码学的加密，区别在于网络通道加密是将加密技术与网络协议进行了融合；而信源加密则将加密技术嵌入了应用程序的运行逻辑中，提供了应用层的加密方案。这两种技术的目标都是通过密码技术给数据提供机密性、完整性以及可用性的保障。

（1）机密性。传输过程中数据的机密性是指传输的数据明文不能被攻击者获取。常见的保护数据机密性的密码学算法包括对称加密算法和非对称加密算法。对称加密算法的优点是加密解密速度快，适合大量数据的场景；常见的对称加密算法包括国产算法SM1、SM4，国际算法DES、AES等。非对称加密算法的加密解密效率低，通常用于密钥交换过程中的加密。

（2）完整性。传输过程中数据的完整性是指确保传输数据的完整、无缺失，且传输过程中的数据无法被篡改的特性。消息摘要算法是常见的保护数据完整性的密码算法，常见的消息摘要算法有国产算法SM3、国际算法SHA512等。在实践中，通常是在数据发送端对数据计算消息摘要，在数据接收端重新计算消息摘要并比对两个消息摘要的方式保障数据的完整性。

（3）可用性。传输过程中数据的可用性是指对数据持续访问的能力，以及当数据的访问被中断后迅速恢复并投入使用的能力。通常会通过冗余设计等手段增加传输过程的可靠性，通过实现冗余系统的平稳与快速切换、减少数据访问被中断的时间。常见的冗余设计手段包括磁盘整列、数据备份、异地容灾等。

密码学算法的合理使用对利用密码的数据保护技术至关重要。选择正确的密码算法是保护数据安全的第一步。在此基础上，管理人员应该根据数据传输场景及安全性需求，对密码算法配置、密钥管理方式等数据传输安全策略进行正确的适配、审核和监控。

10.2.2.2 数据传输访问控制

数据传输访问控制可以通过身份认证、权限限制的手段防止非授权人员访问、修改、篡改以及破坏系统资源，防止数据遭到泄露与恶意破坏。通常，通过将数据传输访问控制作用于待传输数据以达到对数据安全的防护作用。具体来说，身份认证技术能够确保用户的身份被正确识别，攻击者无法通过伪造正常或高权限用户的方式完成攻击行为；另外，通过权限限制将被传输数据授权给合适的用户，以达到对传输数据的安全保护。在构建数据传输加密通道前，需要应用访问控制技术对两端主体的身份进行鉴别和认证，以防止恶意非授权用户使用身份欺骗的方式（如中间人攻击）截获传输数据。

身份认证是指通过身份认证技术，限制用户对数据或资源的访问。常见的身份认证方式包括口令认证技术、多因子认证技术、数字证书的身份认证技术、基于生物特征的身份认证技术、Kerberos身份认证技术、协同签名技术、标识认证技术等。

权限限制是指基于最小特权原则、最小泄露原则、多级安全策略，限制用户对数据或资源的访问。常见的权限限制方式包括访问控制表、访问控制举证、访问控制能力列表、访问控制安全标签表等。通常会通过对用户的安全级别以及数据的安全级别进行划分并授予不同安全级别的方式实现。对用户的权限划分需要基于最小特权原则展开，对数据的权限划分则需要根据最小泄露原则进行。

10.2.3 数据存储

数据的存储是数据生命周期中极其重要的一个阶段，在数据要素流通体系框架中大多数的数据，在其生命周期中的多数时间都处于此阶段。故数据存储安全也就理所当然成了数据安全的重要阶段。数据存储安全同时需要考虑数据的完整性、保密性和可用性三个方面。数据安全能力成熟模型（Data Security Model，DSMM）将数据存储安全划分为三个过程域，分别为：存储介质安全、逻辑存储安全、数据备份和恢复。

10.2.3.1 存储介质安全

存储介质安全，顾名思义是为了确保存储数据的介质本身的安全性。数据可以存储在多种存储介质之上，例如物理实体介质（磁盘、硬盘），虚拟存储介质（容器、虚拟盘）等。存储介质安全就是通过有效的技术和管理手段，防止由于对介质的不当使用而引发的数据泄露风险。这类风险更加偏重于物理层面的安全威胁。例如，攻击者可以窃取或损坏重要的 IT 资产（服务器、存储介质等），可以通过接入物理设备（USB、FPGA卡等）的方式窃取信息或上传恶意软件。

存储介质安全方案以“管理手段为主，技术手段为辅”的方式展开。管理手段中明确了制度规范与人员能力的要求。具体而言，要求建立包含介质的使用审批和记录流程、购买的可信渠道及初始化（净化）的相关规程、存储介质的分类标识标记、定期对存储介质进行常规检查等的制度规范；需要有专人专职负责介质安全相关事宜，而且熟悉介质使用的相关合规要求。技术手段中，需要部署对介质进行访问和使用的记录审计工具（如门禁、监控系统）。

10.2.3.2　逻辑存储安全

逻辑存储安全保护的目标是控制存储介质的存储架构，以及软硬件逻辑。通常使用管理与技术相结合的手段，针对数据逻辑存储和存储架构建立有效的安全控制手段，以达到在逻辑层面保护数据存储安全的目的。逻辑存储的安全风险更加偏重于系统、软件逻辑层面的安全威胁，常见的安全威胁包括软件故障、硬件故障、入侵与攻击，以及其他不可预料的未知故障等。

逻辑存储安全方案的实践可以通过“以技术为根基，以管理为骨架”的方式展开。相关的技术手段包括认证鉴权、访问控制、日志管理、通信举证、文件防病毒等安全技术和安全配置策略。一般来说，存储数据的容器主要是服务器，所以这就要求加强服务器本身的安全措施。从服务器看，一方面，需要加强常规的安全配置，这方面可以通过相关的安全基线或安全配置检测工具进行定期排查，检查项包括认证鉴权、访问控制等；另一方面，需要加强存储系统的日志审计，采集存储系统的操作日志，识别访问账号和鉴别权限，检测数据使用规范性和合理性，实时监测以尽快发现相关问题。从而建立起针对数据逻辑存储、存储容器的有效安全控制。

在技术体系上，需要用管理的方式使每个技术模块充分发挥作用。例如，需要有专人专岗统一负责逻辑存储安全管理，并熟悉逻辑存储安全架构和相关运维工作；需要建立数据逻辑存储安全管理规范，明确每个技术模块的技术要求及实施办法；需要培训技术人员能熟练使用相关工具与技术进行配置扫描、漏洞扫描、监测数据使用规范性，以及对重要数据进行加密。

10.2.3.3　数据备份和恢复

数据备份和恢复，是指通过定期的数据备份的技术手段，实现对存储数据的冗余管理，在数据存储服务中断时能提供业务快速恢复的能力。数据备份和恢复是为了提高信息系统的高可用性和灾难可恢复性。在数据存储系统崩溃的时候，保证数据可用性是数据安全的基础，没有备份就没法找到数据。

数据备份和恢复实践通常是在制定好备份与恢复相关的安全规范后，是由数据备份、数据恢复技术与工具自动化执行任务来实现的。根据不同的数据内容和系统情况，需要选择合适的数据备份方式（全量备份、增量备份、差异备份）。同时，应制定完备的数据备份管理制度，以保证数据备份工作的规范性。数据备份管理制度包括但不限于需备份数据、备份周期、备份留存时长等。当存储数据的完整性或可用性被破坏后，为保证数据恢复过程中的安全性和规范性，应制定数据恢复的相关安全规范。

主流的数据备份技术主要有三种：LAN备份、LAN Free备份和SAN Server-Free备份。在这三种备份技术中，LAN备份技术使用得最为广泛，成本也最低，但是对网络带宽占用和服务器资源消耗也是最大的；LAN Free备份技术不占用局域网网络传输带宽，对服务器的资源消耗由于SAN光纤本身负责了一部分处理过程，所以比LAN备份技术要小，成本也较高；SAN Server-Free备份技术对服务器资源的消耗是最小的，但是搭建难度和成本也是最高的。在现实场景中需要根据组织实际情况选择相应的备份技术。

在部分数据流通场景中，数据提供方不会希望系统对数据产品进行备份。例如，当数据提供方出售的并非原始数据而是借用隐私计算等技术手段出售经过计算加工后的数据产品的时候，数据提供方不会希望其原始数据在流通过程中的任一环节被备份保存。虽然如此，数据要素流通体系框架本身运行的业务数据的备份也是十分必要的。

简言之，需要制定数据备份与恢复的安全管理制度和操作规范，包含备份范围、频率、工具、过程、日志记录、保存时长、恢复测试流程、访问权限设定、有效期保护、异地容灾等各项内容。同时，需要由具备资质的技术人员，使用数据备份和恢复的自动化工具和数据加密、完整性校验的工具及技术手段，对存储中的数据完成备份与恢复任务。

10.2.4 数据处理

数据处理，顾名思义是对数据进行操作、加工、分析等处理的行为。数据处理的过程对数据接触得最深入，所以安全风险也比最大。数据处理安全就是为了解决数据处理过程中的安全问题，降低该阶段的安全风险。数据处理过程的安全问题可以根据保护对象的不同分为内向的保护与外向的保护。内向的保护指的是保护数据的隐私信息在处理过程中不会被数据加工方非法获取；外向的保护指的是保护数据的机密性与完整性不被数据处理环境之外的攻击者破坏。

10.2.4.1 内向保护

向内保护的目的是确保数据的隐私信息在数据处理的过程中不被数据处理者非法获取。内向保护可以通过数据脱敏、数据安全分析以及数据正当使用三种方式实现。其中，数据脱敏是通过对数据变形的方式隐藏数据隐私信息的技术手段。数据安全分析是指通过在数据分析过程中采取适当的安全控制措施的方式，防止数据处理者在数据分析过程中非法提取数据中的隐私信息。数据正当使用是通过建立机制的方式防止内部合法人员违规、违法地获取、处理和泄露数据。

1. 数据脱敏

数据脱敏的实施过程中，以在数据采集阶段获得的数据作为输入，首先根据数据资产识别的结果，明确数据脱敏的范围与脱敏的方式；其次采用相应的技术手段完成脱敏操作，以达到保护敏感数据的目的。数据脱敏的核心是实现数据可用性和安全性之间的平衡，既要考虑系统开销，满足业务系统的需求，又要兼顾最小可用原则，最大限度地防止敏感信息泄露。

脱敏数据范围的划分需要根据应用场景以及数据分类分级的要求展开。检测的内容包括文件中携带的电子密级标识和文档中的涉密标识，相关文件包括但不限于压缩文件、加密文件、图片文件以及文档中包含的图片信息。脱敏信息的定位可以通过关键词检测、机器学习、深度学习等技术手段实现。

常用的数据脱敏技术手段有无效化、随机值替换、数值替换、对称加密、平均值以及偏移取整6种。

（1）无效化是指在处理待脱敏的数据时，通过对字段数据进行截断、加密、隐藏等方式让敏感数据脱敏，使其不再具有利用价值。

（2）随机值替换是指将字母变为随机字母，数字变为随机数字，文字替换为随机文字的方式来改变敏感数据。这种方案的优点在于可以在一定程度上保留原有数据的格式，往往这种方法用户不易察觉。

（3）数据替换与前边的无效化方式比较相似，不同的是这里不以特殊字符进行遮挡，而是用一个预先设定的虚拟值替换真值。

（4）对称加密是一种特殊的可逆脱敏方法，通过加密密钥和算法对敏感数据进行加密，密文格式与原始数据在逻辑规则上一致，通过密钥解密可以恢复原始数据，要注意的就是密钥的安全性。

（5）平均值经常用在统计场景，针对数值型数据，我们先计算它们的均值，然后使脱敏后的值在均值附近随机分布，从而保持数据的总和不变。

（6）偏移取整通过随机移位改变数字数据，这种方法在保持了数据的安全性的同时保证了范围的真实性，比之前几种方案更接近真实数据，在大数据分析场景中意义比较大。

2. 数据安全分析

数据安全分析旨在通过技术手段或者规范数据分析行为的方式，使原始数据不会泄露给数据分析者，实现内向数据的安全保护。防止数据加工者在进行数据挖掘、分析的过程中，获取被分析数据的原始数据、未被授权的信息和个人隐私信息，造成内向数据泄露。

数据安全分析能力可以通过采取隐私计算技术手段或适当的安全控制措施获得。

（1）隐私计算技术。隐私计算技术是一类在保护数据与隐私信息安全的前提下实现数据安全流通、计算，激发数据价值的技术手段。将隐私计算技术与不同的数据分析技术手段深度融合，能够给数据分析过程提供安全支撑。

（2）安全控制措施。需要对数据分析过程中涉及的活动尽可能多地进行风险评估，对权限进行限制，去除数据分析结果中的敏感信息等。

3. 数据正当使用

数据正当使用是指基于国家相关法律法规对数据使用和分析处理的相关要求，通过对数据使用过程中的相关责任、机制的建立保证数据的正当使用。具体而言，对数据的使用要有明确的权限授权管理，数据使用目的必须遵守国家相关法律法规和行业安全规范。数据访问权限严格控制最小化并建立惩罚措施，对过程进行审计记录。

10.2.4.2 外向的保护

外向的保护是通过防止系统外的攻击者破坏被处理数据的机密性和完整性，实现数据处理环境的安全。简言之，数据处理环境安全是通过在数据处理过程中应用安全控制技术，建立外向的安全保护机制，防止外部人员对数据造成破坏。安全控制技术需要包括身份认证与授权、数据资源隔离、日志管理与审计等能力。身份认证与授权提供对用户的身份及权限进行管理的平台，并可以将数据资源授权给合适的用户，以达到对权限的细粒度控制，从而最大限度地保护数据处理过程中的安全。数据资源隔离是通过技术手段，构建外向的隔离环境，确保框架内的数据、系统功能、会话、调度和运营环境等资源的隔离。日志管理与审计记录数据处理的所有行为，以备后期追溯。数据处理环境安全的具体措施可以借鉴信息系统纵深防御技术手段。

10.2.5 数据交换

完成对数据的处理，发挥数据的价值之后，需要通过数据交换将数据的价值在市场中进行传播。相较于关注传输信道安全问题的数据传输，数据交换安全着重在于针对不同应用场景的数据交换方式下的安全风险控制。根据数据安全能力成熟模型（DSMM）对数据在应用层面的交换方式进行了抽象，明确了数据共享、数据发布以及数据接口这三种数据交换方式。

（1）数据共享是指通过业务系统、产品向外部组织提供数据，或者通过合作的方式与合作伙伴交互数据的共享数据场景。这种场景下被交换的数据的格式、范围等信息是由双方协商确定的。

（2）数据发布是指将数据对外提供给外部组织使用的过程。数据发布场景下的数据格式、适用范围、使用者等信息是由发布方决定的。

（3）数据接口特指使用OpenAPI等接口的方式将数据由数据所有方向指定的数据需求方提供的方式。

数据交换安全就是对数据共享过程中的安全风险、数据发布过程中数据的安全及合规风险以及数据接口调用过程中的安全风险进行管理、控制、降低的方案。安全方案通常从技术与管理两个维度展开。

（1）在技术层面，针对数据共享和数据发布两种场景，主要通内容审核、数据脱敏、日志审计等技术手段，在保证重要数据以及隐私数据安全的同时，保证向外部提供的数据真实、正确、时效、可控和合规。在数据接口场景下，则采用身份认证、加密、时间戳、参数过滤、日志审计等手段降低数据通过接口泄露的风险，以及提高数据泄露后追溯的能力。

（2）在管理层面，三种场景下都需要明确数据共享的管理与审核制度、安全规范与控制策略，并设立岗位与选取人员负责相关事宜。

10.2.6　数据销毁

数据销毁安全作为数据安全生命周期的最后一个阶段，目的是在数据提供方实施数据销毁操作后，应该被销毁的数据被永久删除了且不可恢复。数据销毁存在以下两种情况：

（1）数据销毁。通过建立针对数据内容的清除、净化机制，实现对数据的有效销毁，防止因对存储介质中的数据内容进行恶意恢复而导致的数据泄露风险。

（2）介质销毁。数据的存储介质在被替换或淘汰后，需要对介质进行彻底的物理销毁，保证数据无法复原，以免造成信息泄露。

介质销毁通常使用硬盘消磁、硬盘粉碎、硬盘折弯等物理方式毁坏硬盘等存储介质。但由于其高昂的代价，且数据要素市场中的数据以流通为目的，除非是介质替换及淘汰的场景，通常不需要如此高级别的销毁程度。因此，数据销毁方式是更常用的选择。数据销毁软件主要采用对数据存储区域填充覆盖垃圾信息的方式销毁数据，数据存储区域包括硬盘的扇区、内存的页、CPU缓存的Cache Line等。

10.3　纵深防御技术手段

纵深防御技术体系的思想是，体系中的每个防御技术或防御层都具有独立性和相关性。独立性是指，假设所有其他防御技术或防御层都不能正常运行，单独的防御技术或防御层也能起到防御作用。相关性是指，多项防御技术或防御层的相互结合能够提供更强的安全保护能力。数据要素安全流通技术框架纵深防御的技术手段包含以下6个方面：身份认证、访问控制、可信验证、入侵检测与防御、可用性防护以及日志审计。

10.3.1　身份认证

用户身份认证是通过用户名和某种形式的私密数据（过去一般指密码）关联的方式，对数据要素安全流通技术框架中的参与方身份进行验证，在多个参与方之间构建信任的技术。身份认证的核心技术为用户标识和用户鉴别。用户标识是通过对参与方的身份进行核实，将参与方的用户名和用户标识符进行对应的能力。用户鉴别是采用令牌、生物特征、数字证书、口令等方式，在参与方登录数据要素安全流通平台时，对参与方的用户身份进行鉴别的能力。

身份认证的生命周期通常包括开通实现、合规控制、密码管理、角色管理、数据治理以及访问请求六个阶段。

（1）开通实现表示向参与方提供对平台、数据访问权限的过程。它通常涉及采用各种连接手段，在正确的时间向正确的参与方提供正确的访问权限。

（2）合规控制的目标是实现可持续的安全透明度和风险管理，防范平台内部真实存在的安全威胁。

（3）密码管理是对参与方的密码进行管理的模块，好的密码管理模块可以提高业务敏捷性。

（4）角色管理的主要目的是赋予参与方完成自身工作所需的最小的访问权限。一个好的角色管理系统可以根据应用领域及应用场景，更有逻辑、更直观地对各个角色进行分组，从而简化访问管理。

（5）数据治理的目的是通过对数据细粒度的分析，将访问控制模型与应用层面数据的控制与监督进行同步。数据治理的能力包括但不限于：数据发现和分类、许可分析、行为分析、数据归属确定、合规策略、数据访问请求、数据访问核准、实时活动监控等。

（6）访问请求是指完成相应的审批和控制后，开通平台的服务访问权限，包括可请求单元的管理，请求合理化，请求范围和委托能力控制，请求追踪和管理等。

10.3.2 访问控制

访问控制是实现机密性、完整性、可用性和合法使用性的重要基础，通常包括三个要素：主体、客体和控制策略。

（1）主体是指提出访问资源具体请求的实体。是某一操作动作的发起者，但不一定是动作的执行者；可以是某一参与方，也可以是参与方启动的进程、服务和设备等。

（2）客体是指被访问资源的实体。所有可以被操作的信息、资源、对象都可以是客体。客体可以是信息、文件、记录等集合体，也可以是网络上硬件设施、无线通信中的终端，甚至可以包含另外一个客体。

（3）控制策略是主体对客体的相关访问规则集合，即属性集合。访问策略体现了一种授权行为，也是客体对主体某些操作行为的默认。

访问控制技术，是指在完成主体和客体身份认证的基础上，主体（参与方）依据某些控制策略或权限对客体（数据）本身或其资源进行的授权访问。正确的访问控制策略与机制可以对两类攻击起到防御作用：“合法的账号做非法的事情”，即保证合法用户访问受保护的网络资源，防止非法主体进入受保护的网络资源，以及利用权限攻击链进行的权限升级与横向移动，即防止合法用户对受保护的网络资源进行非授权访问。因此，访问控制的内容包括控制策略实现和安全审计。

（1）控制策略。控制策略即明确主体可以对何种数据资源（客体）进行何种类型的访问。通过合理地设定控制规则集合，确保用户对信息资源在授权范围内的合法使用。既要确保授权用户的合理使用，又要防止非法用户侵权进入系统，使重要信息资源泄露。同时对合法用户，也不能越权行使权限以外的功能及访问范围。

（2）安全审计。系统可以自动根据用户的访问权限，对计算机网络环境下的有关活动或行为进行系统的、独立的检查验证，并做出相应评价与审计。

10.3.3　可信验证

可信验证的发展经过了三个阶段。在可信1.0时代（20世纪70年代）可信指的是系统的一种基本属性，用于确定系统为用户提供服务的持续能力，这种能力也被称为容错能力。随着信息技术的发展，信息安全中可信的需求愈加强烈。从1997年开始对可信的概念进行提升，进入了可信2.0时代。可信2.0的理念是，从物理安全的可信根出发，在计算环境中构筑从可信根到应用的完整可信链条，为系统提供可信度量、可信存储、可信报告等可信支撑功能，支持系统应用的可信运行。近年来，我国可信计算研究者将基于主动免疫体系的可信计算技术命名为可信3.0。可信3.0提出了全新的可信计算体系框架，在网络层面解决可信问题。

数据要素流通体系框架安全性的前提条件之一就是可信。可信表示可预期性，即平台会按照预期的方式运行。可信验证的原理类似人体的免疫系统，把平台中按照要求部署和运行以完成所需要特定功能的部分当作"自己",可能干扰功能的正常执行的部分定义为"非己"。可信验证对系统的保护是通过及时地识别"自己"与"非己"，并且及时地破坏与排斥"非己"部分来完成的。

框架安全架构中的可信验证与数据交付平台中的机密计算技术中"可信"的意义不尽相同。机密计算技术中的可信仅指由机密计算技术创建出的运行环境的可信。而数据交付平台中的可信则指的是，针对平台的所有软硬件模块建立的免疫机制；通过保证模块如期执行，防止漏洞被攻击者利用，增强平台的安全性，抵抗已知与未知的威胁。平台的软硬件模块可以分为两大类：一类是平台基础设施，例如平台的硬件、操作系统等；另一类是平台业务应用，例如平台业务逻辑、平台身份管理、平台配置信息、平台资源管理等。

从技术角度，可信验证的技术基础是密码学中的消息摘要算法。消息摘要算法也被称为哈希（Hash）算法或散列算法。消息摘要算法是密码学算法中非常重要的一个分支，它的主要特征是加密过程不需要密钥，并且经过加密的数据无法被解密，只有输入相同的明文数据经过相同的消息摘要算法才能得到相同的密文。通过提取数据的指纹信息（消息摘要）可以实现数据签名、数据完整性校验等功能。

10.3.4　入侵检测与防御

入侵检测与防御是一类对框架内的资源访问情况进行持续性追踪、甚至防御的技术。本节主要介绍防火墙、入侵检测系统、入侵防护系统、高级持续威胁攻击防御系统这四类入侵检测与防御技术。

10.3.4.1　防火墙

防火墙的本义是指，为防止火灾发生及蔓延，人们通过将石块、砖头等材料堆砌成屏障，这种防护结构就被称为防火墙。防火墙在计算机科学领域中是一个架设在互联网与内网之间的信息安全系统，根据持有者预设的策略监控往来的传输。防火墙是目前最重要的网络防护技术之一，它可能是一台专属的网络设备部署于网关之上，控制流经网关的网络报文；也可能是执行在主机内的软件，以检查各个网络接口的网络传输。

防火墙最基本的功能就是隔离。防火墙在计算机网络领域，是实现最小特权原则的核心技术之一：将防火墙部署于不同安全性的区域之间，它通过隔离将网络划分成不同的区域，并通过设置合适的安全策略，控制不同信任程度区域之间传送的数据流，提供不同区域之间受控制的连通性。例如，互联网是不可信任的区域，而内部网络是高度信任的区域，就可以将防火墙置于内外网关处，以实现互联网与内部网络的隔离，避免安全策略中禁止的通信的发生。

10.3.4.2 入侵检测系统

入侵检测是指“通过对行为、安全日志、审计数据或其他网络上可以获得的信息进行操作，检测到对系统的闯入或闯入的企图”。入侵检测系统（Intrusion Detection System，IDS）是检测和响应计算机入侵行为的系统，其作用包括威慑、检测、响应、损失情况评估、攻击预测和起诉支持在信息化、数字化、数据化的大场景下，入侵检测技术可以在第一时间检测出漏洞、攻击，阻断入侵路径，保护数据要素市场基建框架免受攻击。传统的入侵检测技术根据技术手段、检测对象可以有不同的划分。

1. 基于检测技术的划分

根据检测技术的不同，IDS可以划分为基于异常检测模型的IDS和基于误用检测模型的IDS。

（1）基于异常检测模型（Anomaly Detection）是类似白名单的检测方式，定义正常的行为及其阈值，超出阈值的非正常行为就被认为是入侵。这种检测模型漏报率低，误报率高。因为不需要对每种入侵行为进行定义，所以能有效检测未知的入侵。

（2）基于误用检测模型（Misuse Detection）是类似黑名单的检测技术，通过收集并分析入侵方式，建立相关的特征库，将入侵的特征进行抽象并检测，当特征与库中已知的攻击记录相匹配时，系统就认为是入侵。这种检测模型误报率低、漏报率高。

2. 基于检测对象的划分

根据检测对象的不同，IDS可以有三种不同的分类：基于主机的、基于网络的、混合型IDS。

（1）基于主机的IDS保护的一般是主机系统。分析的数据是计算机操作系统的事件日志、应用程序的事件日志、系统调用、端口调用和安全审计记录。基于主机的IDS存在一种进化版，即基于状态的IDS。基于状态的IDS会先分析并构建系统状态的有限状态机，然后监控系统经历的所有状态变化，对不符合有限状态机的情况报警。以操作系统为例，常见的状态包括：用户输入数据、用户登录、用户打开应用程序、应用程序之间通信等。

（2）基于网络的IDS主要是通过分析网络中传输的数据报文，对整个网段的安全状态进行检测。基于协议异常的IDS是基于网络的IDS的一个子类。基于协议异常的IDS会先给相应协议构建一个“正常”的协议使用模型，在实际使用过程中，不遵循该模型的协议通信认为是异常网络报文。

（3）混合型IDS对基于网络和基于主机的IDS进行了互补融合，既可以发现网络中的攻击信息，也可以从系统日志中发现异常情况。

10.3.4.3　入侵防护系统

随着网络入侵事件的不断增加和黑客攻击水平的不断提高，一方面企业信息系统感染病毒、遭受攻击的速度日益加快；另一方面企业网络受到攻击做出响应的时间却越来越滞后。解决这一矛盾，传统的入侵检测系统（IDS）显得力不从心，入侵防护系统（Intrusion Prevention System，IPS）就被引入以解决此困境。IPS是信息系统安全设施，是对防火墙的补充，是一种能够监视信息系统行为的计算机安全设备或软件系统。IPS在IDS检测到威胁的基础上，进一步提供了实时中断、调整或隔离一些不正常或是具有伤害性行为的能力。IPS根据保护对象的不同，可以分为基于主机的入侵防护系统（Host-based IPS，HIPS）、基于网络的入侵防护系统（Network-based IPS，NIPS）、基于应用的入侵防护系统（Application-based IPS，AIPS）。

（1）基于主机的入侵防护系统（HIPS）通过在主机或服务器上安装软件代理程序，防止攻击入侵操作系统以及应用程序。基于主机的入侵防护能够保护服务器的安全漏洞不被不法分子利用。基于主机的入侵防护技术可以根据自定义的安全策略以及分析学习机制来阻断对服务器和主机发起的恶意入侵。HIPS可以阻断缓冲区溢出攻击、改变登录口令、改写动态链接库以及其他试图从操作系统夺取控制权的入侵行为，整体提升主机的安全水平。

HIPS工作在受保护的主机或服务器上，它不但能够利用特征和行为规则检测，阻止诸如缓冲区溢出之类的已知攻击，还能够防范未知攻击，如针对Web页面、应用和资源的未授权的访问。HIPS与具体的主机/服务器操作系统平台紧密相关，不同的平台需要不同的软件代理程序。

在技术上，HIPS将数据包过滤技术、状态包检测技术和实时入侵检测技术相结合，组成了分层防护体系。这种体系能够在保证吞吐率的前提下，最大限度地保护服务器的敏感内容。在部署方式上，HIPS既能以软件的形态运行于操作系统之中，通过拦截针对操作系统的可疑调用，对主机提供安全防护；也能以改变操作系统内核的方式，提供比操作系统更加严谨的安全控制机制。

（2）基于网络的入侵防护系统（NIPS）通过检测流经的网络流量，提供对网络系统的安全保护。NIPS工作在网络上，直接对数据包进行检测和阻断，与具体的主机和服务器操作系统平台无关。另外，由于NIPS是实时在线的，就需要具备很高的性能，以免成为网络的“瓶颈”。因此，NIPS通常被设计成类似交换机的硬件网络设备，以实现千兆级网络流量的深度数据包检测和阻断功能。现阶段，常见的硬件网络设备可以分为3类：第一类是网络处理器（网络芯片）；第二类是专用的FPGA编程芯片；第三类是专用的ASIC芯片。随着处理器性能的提高，NIPS的实时检测与阻断功能很有可能出现在未来的交换机上。

在检测技术的实现上，NIPS吸取了NIDS的成熟技术，包括特征匹配、协议分析和异常检测。特征匹配是最广泛应用的技术，具有准确率高、速度快的特点。基于状态的特征匹配不但能检测攻击行为的特征，还能检查当前网络的会话状态，避免受到欺骗攻击。协议分析是一种较新的入侵检测技术，它充分利用网络协议的高度有序性，结合高速数据包捕捉和协议分析，实现攻击特征的快速检测。协议分析能够理解不同协议的工作原理，以此为基础分析这些协议的数据包，以便寻找可疑或不正常的访问行为。由于很多协议的实现偏离了协议标准（如RFC），协议分析不仅针对协议标准，还针对协议的具体实现。异常检测的误报率比较高，NIPS不将其作为主要技术。

（3）应用入侵防护（AIPS）把HIPS扩展成为部署于应用服务器之前的网络设备。AIPS被设计成一种高性能的设备，配置在应用数据的网络链路上，以确保用户遵守设定好的安全策略，保护服务器的安全。

10.3.4.4 APT 攻击防御

高级持续威胁（Advanced Persistent Threat，APT）攻击现已逐渐演化成了各种社会工程学攻击与零日漏洞利用的综合体，是当前网络空间安全中最具威胁性的类型之一。APT攻击的出现从本质上改变了全球网络空间安全形势。近年来，在国家意志与相关战略资助下，APT攻击已演化为国家网络空间对抗新方式，它针对如政府部门、军事机构、商业企业、高等院校等具有战略战术意义的重要部门，采取多种攻击技术和攻击方式，以获取高价值的敏感情报或破坏目标系统。

自APT术语诞生至今，依然没有权威、统一的定义，但不同研究机构和研究者相继提出了各自对于APT的理解与描述。美国国家标准技术研究所（National Institute of Standards and Technology，NIST）给出的APT定义为："攻击者掌握先进的专业知识和有效的资源，通过多种攻击途径（如网络、物理设施和欺骗等），在特定组织的信息技术基础设施建立并转移立足点，以窃取机密信息，破坏或阻碍任务、程序或组织的关键系统，进行后续攻击。"美国著名的FireEye公司认为："APT是黑客以窃取核心资料为目的，针对客户所发动的网络攻击和侵袭行为，是一种蓄谋已久的恶意商业间谍威胁。"安天公司认为："APT是指组织（特别是政府）或者小团体使用上下先进的攻击手法对特定目标进行长期持续性网络攻击。"尽管研究者从不同视角给出了APT的不同定义，但仍可通过其名称结构来理解APT攻击本质：高级、持续、威胁。因此，本文认为：APT攻击是指组织（特别是政府）或者小团体使用先进的攻击手段对特定目标进行有组织、有目标、隐蔽性强、破坏力大、持续性长的新型攻击和安全威胁。由于APT攻击的背后是技术优秀、资金充足的黑客组织或集团，在攻击前准备充分，在攻击时隐蔽性强，在攻击后难以取证，APT已演化为有目的、有组织、有预谋、隐秘的群体式定向攻击。

纵观当前主流的APT防御解决方案，大致分为以下四类。

（1）恶意代码检测类，其核心思想是基于恶意代码的行为异常特征的边界防御。通过将未知程序载入沙箱进行模拟运行，进而根据程序行为判断其合法性。

（2）主机应用保护类，其核心思想是基于白名单机制的终端防御，实施“有则放行，无则禁止”的策略。

（3）网络入侵检测类，其核心思想是基于私有云网络实现多层次威胁防御。

（4）大数据分析检测类，其核心思想是通过对APT攻击生命周期所产生的海量数据进行收集、分析、检测、监控，及时准确地发现相关攻击。

10.3.5　可用性防护

在数据要素市场的运作过程中，数据的确权、定价和流通中任何一个步骤中断；数据要素流通体系框架中，数据供给、交易、交付平台中任何一个平台的不可用，都会使数据无法有效流通，进而阻碍对数据的利用，以及数据价值的创造。可用性防护的目的就是保障数据要素流通体系框架的可用性。最常见且最有效的针对可用性的攻击是DDoS攻击，DDoS防护技术以及负载均衡技术是保障系统可用性常用的技术手段。

10.3.5.1　DDoS 防护

DDoS攻击是最常见的破坏系统可用性的攻击方式之一，其目的是使系统崩溃瘫痪，进而造成巨大的经济损失。通常可通过抗DDoS网关（如流量清洗设备）对DDoS攻击进行防护。抗DDoS网关不仅实现对主机的安全防护，同时能保护路由器、交换机、防火墙等网络设备，缩短攻击发现的时间，增长平台在线可用时间。抗DDoS网关的工作是通过对异常流量的精确检测，识别出攻击流量，并进行有效的阻断而完成的。通过流量分析与连接跟踪技术，最大限度地保证了平台的互操作性与可靠性。

10.3.5.2　负载均衡

负载均衡是指将工作任务进行平衡、分摊到多台机器上运行，由多台机器协同完成任务的工作方式。通过使用负载均衡，能够达到对计算资源的利用率最大化，对平台的吞吐率最大化，将系统的稳定性及可用性提升的效果。当系统遭受DDoS攻击的时候，通过将攻击分摊到多台机器上，可以降低DDoS攻击的成功率，保护系统的可用性。负载均衡包括软件负载均衡和硬件负载均衡。

软件负载均衡是指在一台或多台计算机的操作系统上安装一个或多个附加软件来实现负载均衡。它的优点包括：基于特定环境、配置简单、使用灵活、成本低廉、可以满足一般的负载均衡需求。但是，当连接请求特别多的时候，软件本身会成为系统可用性保护的一个关键；并且软件的可扩展性及安全性受到操作系统的限制。

硬件负载均衡是通过在机器和外部网络间安装负载均衡设备实现的。这种设备通常称为负载均衡器，由专有设备完成专有任务，独立于被保护的主机与操作系统。它的优点包括：整体性能极高，配合多样化的负载均衡策略，可以进行智能化的流量管理，达到最佳的负载均衡需求。一般而言，硬件负载均衡在功能、性能上均优于软件方式。它的缺点则是成本昂贵。

10.3.6 日志审计

众所周知，不存在百分百的防御机制，日志审计的目的就是在数据要素流通体系框架被入侵后和正在被攻击的时候，通过日志审计功能发现异常。日志审计通常分为日志记录系统和日志审计系统。

10.3.6.1 日志记录系统

日志记录系统的用处是搜集系统产生的日志信息并存储。日志记录系统通常是攻击者首要的攻击目标，因为攻击者需要篡改日志信息以隐藏其攻击行为。因此，日志记录系统需要确保日志记录无法被非法篡改。通常，可以通过远程日志、日志副本、一次性写入介质、区块链四种技术对日志的完整性提供保护。

（1）远程日志是指将日志存放在远程系统中。这种情况下，攻击者为了篡改日志，需要入侵远程系统，增加了攻击链，提升了攻击难度，为发现并阻断攻击争取了时间。

（2）日志副本是指保留多项日志副本，并将每个副本存储在不同的位置。这种情况下，攻击者只要漏改了一处日志副本，攻击行为就无法被隐藏，可以增加攻击者隐藏攻击行为的难度。

（3）一次性写入介质是指将日志信息存储在只支持单次写入的存储介质之中。利用物理存储介质的特性，抵御攻击者对日志的篡改可能。

（4）区块链技术是一种可以保证链上数据完整性的技术。简单地说，区块链是一个分布式电子账本系统，这个系统将账本数据的多个副本存放在多个节点上进行维护。区块链技术由两大技术簇组成，分别是区块链以及分布式共识机制。在该技术中，每个日志上链以后就是一个区块。每个区块被附上之前所有事件的消息摘要，就构成了一个链。分布式共识机制保证了攻击者无法对链上的区块信息进行篡改。

10.3.6.2 日志审计系统

日志审计系统的用处是通过读取并分析存储的日记信息，判断数据要素流通体系框架是否存在安全威胁。根据审计的目标对象不同，日志审计系统可以分为综合日志审计、数据库安全审计以及运维审计。

（1）综合日志审计。框架中存在数量众多的应用和安全防护模块，在系统运行过程中会不断产生大量的相互独立的日志和事件。有限的管理人员面对这些数量巨大且彼此割裂的日志信息，工作效率极低，难以发现真正的安全隐患。通过建立综合日志审计系统，可以对应用模块、网络设备、安全设备和主机的日志进行系统性处理，及时发现各种安全威胁和异常行为事件，增强框架对安全事件追溯的能力及手段，方便管理员进行威胁事件的跟踪和定位，并为威胁事件的还原提供资料。

（2）数据库安全审计。作为数据存储介质的数据库，自然是数据要素流通体系框架中最重要的部分之一。因此，需要对数据库进行安全审计，将数据库的所有访问都呈现在管理员面前，使数据库始终处于可感知和可控制的状态下，实现对数据库威胁的迅速发现和响应。

数据库安全审计需要实现的核心功能包括实时行为监控及关联审计。实时行为监控通过对数据库系统的行为监控，保护数据库系统，防止数据库系统受到特权滥用、漏洞攻击、人为失误等侵害；任何尝试对数据库进行的攻击或违反审计规则的操作都会被检测到并告警。关联审计能够将业务系统的审计记录与数据库审计记录进行关联，直接追溯到威胁来源的终端用户。

（3）运维审计。运维审计主要针对数据要素流通体系框架内，由不同使用人员和不同账号之间引起的账号管理混乱、授权关系不清晰、越权操作、数据泄露等安全问题。根据各类法规对运维审计的要求，推荐采用B/S架构，集身份认证、账户管理、权限控制、日志审计于一体，实现对框架内各模块的运维监控与历史查询。

第 11 章　隐私计算技术

11.1　隐私计算技术路线

满足数字经济发展需求，推动数据要素价值释放的同时，做好数据安全保证及敏感数据的隐私保护，是当前亟待解决的核心问题之一。数据在流通、使用的过程中，存在个人隐私信息和商业机密泄露的风险。隐私计算技术可以在保护数据与隐私信息安全的前提下，实现数据的安全流通，激发数据价值。

隐私计算技术并不是单一的技术，而是集计算机体系结构，密码学、计算机网络、大数据、人工智能等众多领域融合的技术体系。中国信息通信研究院发布的《隐私计算白皮书（2021年）》给出了隐私计算技术的定义，即“在保证数据提供方不泄露原始数据的前提下，对数据进行分析计算的一系列信息技术，保障数据在流通与融合过程中的‘可用不可见’”。当前阶段，隐私计算技术主流路线包括机密计算、安全多方计算（Multi-Party secure Computation，MPC）、联邦学习，三者各有优劣，适用于不同的场景。

机密计算技术是一种基于硬件的安全保护技术。通过使用特定的硬件功能，创建一个被硬件保护的，与外部隔离的机密计算环境给运行的应用程序和被处理的数据提供安全性保护，实现隐私安全，如图11-1所示。

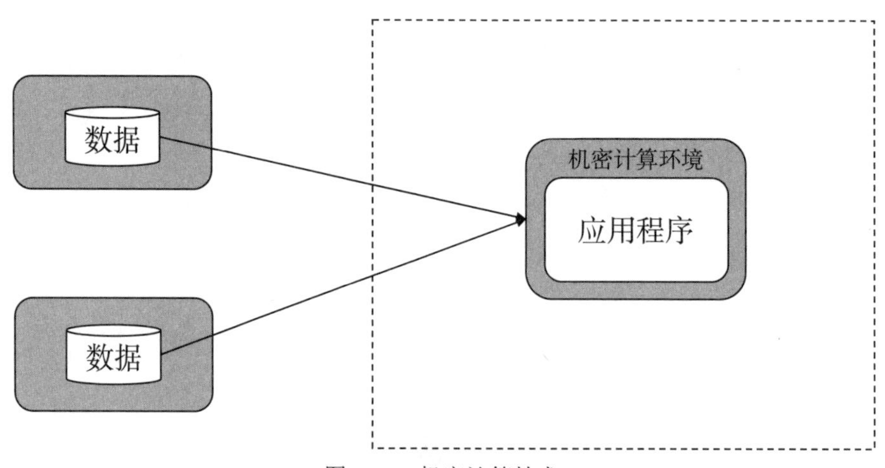

图 11-1　机密计算技术

安全多方计算基于一系列密码学协议实现多方联合计算的过程。各方通过本地MPC模块对本地与接收到的数据进行随机化和加密处理，实现了多个参与方之间基于密文数据的基本运算函数，可以达到不信任的参与多方在不泄露各自私有信息的前提下进行多方合作计算目的，如图11-2所示。

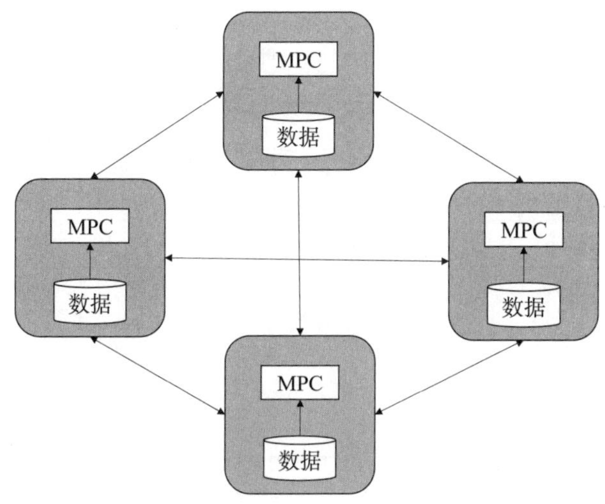

图 11-2　安全多方计算技术

联邦学习是分布式机器学习的演进，核心思想是“数据不动、模型动”。由多个参与方通过分别使用各自明文数据的方式，完成分布式训练。并且和一个中心参数服务器通过交互完成梯度训练和模型更新的方式，实现最终模型的安全聚合，如图11-3所示。

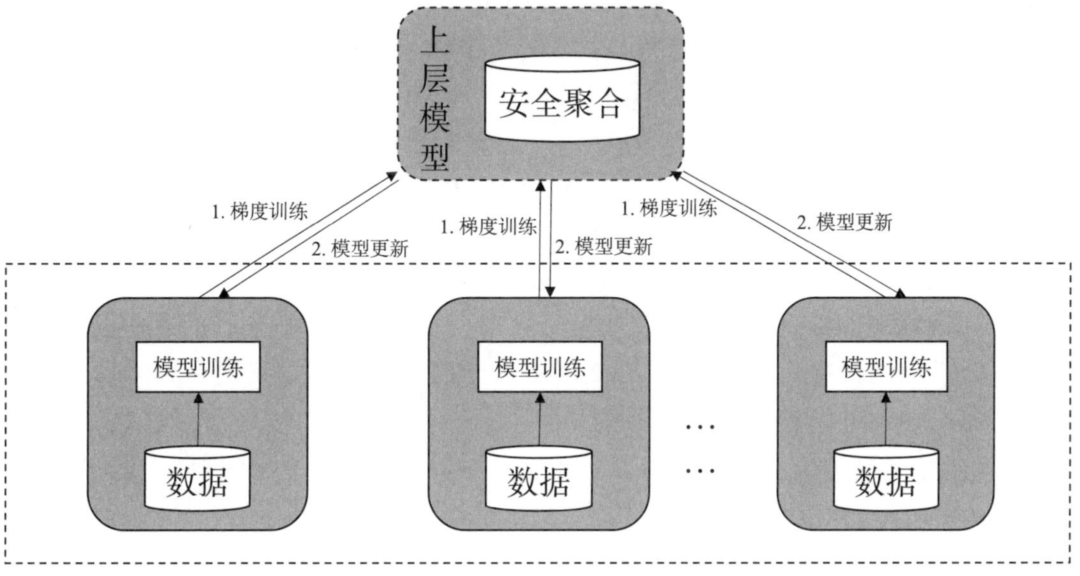

图 11-3　联邦学习技术

隐私计算技术的不同技术路线有着不同的优势和不足。如表11-1所示，机密计算具有几乎等同于明文计算的性能和通用性，安全性基于可信硬件。安全多方计算的安全性高但普遍存在计算和通信“瓶颈”。联邦学习在机器学习领域速度较快，但对于隐私信息保护能力有待提升。总体而言，尚没有任何一种技术路线能在所有维度全方位领先。

表 11-1　隐私计算技术路线介绍与对比

对 比 项	机密计算	多方安全计算	联邦学习
核心思想	硬件保护数据隔离计算	数据密文协同计算	数据不动，模型动
适用场景	联合统计、共享查询、机器学习等任意场景	联合统计、共享查询、机器学习	机器学习
安全性	较高（取决于可信硬件）	高（密码学证明安全）	中（梯度安全保护）
通用性	强（支持原文场景下所有计算）	强（通过算子组合，可以实现任意计算功能）	一般（只适合机器学习场景）
性能	强（等同于明文计算）	弱（密文计算性能远低于明文计算）	中（需要通信模型梯度）
技术成熟度	强	中	强

11.2　机 密 计 算

近年来，随着隐私计算领域的兴起，机密计算（Confidential Computing）技术逐渐发展为隐私计算主要的技术实现思路之一。机密计算是一种基于可信硬件实现数据应用保护的技术。全球最具权威的IT研究与顾问咨询公司Gartner在2019年隐私成熟度曲线报告中将机密计算定义为一种将基于CPU硬件技术、基础设施即服务（Infrastructure As A Service，IaaS）云服务提供商虚拟机镜像以及相关软件进行组合，使得云服务消费者能够成功创建隔离的可信执行环境（Trusted Execution Environment，TEE）的计算模式。机密计算联盟（Confidential Computing Consortium，CCC）在2021年将机密计算的定义更新为“一种通过硬件可证明的可信执行环境对使用中的数据提供安全保护的计算模式”。根据以上定义，可以发现在2021年以前，业界都将基于硬件的可信执行环境（TEE）技术作为机密计算技术的基础，给数据提供安全的计算环境。

2022年，随着国标GB/T 41388—2022《信息安全技术　可信执行环境　基本安全规范》中对可信执行环境定义的确定，以及越来越多不同的基于硬件的数据安全保护方案的提出，业界对机密计算的定义有了全新的思考。虽然当前还没有对机密计算的国标定义，但业界通常认为机密计算是“基于受信任的硬件，构建出一个加密、隔离、可证明的计算环境，用来对数据的使用提供保护的计算模式”。基于受信任硬件的可信执行环境（TEE）技术是常用的机密计算技术之一。

机密计算技术常用的应用场景是云计算，用户会希望自己的数据对主机OS和云提供商都不可见。因此，其提供了一个只基于可信硬件能力的隔离执行环境，具备对主机OS的隔离、可证明的能力，机密计算近年来逐渐成为大家关注的焦点。遵循行业惯例，业界认为机密计算可以在数据和代码的机密性、完整性，以及代码运行时机密性提供一定保护水平的环境。此外，除了云计算场景外，机密计算也可在更广泛的数据流通场景中得到应用。

机密计算技术依托可信硬件，提供加密、隔离、可证明的计算环境，为隐私数据提供一种受硬件保护的计算模式。首先，通过可信、抗篡改的软硬件体系在计算单元中构建一个安全、可信的区域——机密计算环境，保证其内部加载的程序和数据在机密性和完整性上得到保护。其次，外部数据（包括数据集、代码等）的输入与结果数据的输出均经过安全信道传输，保证数据传输过程中的安全性。最后，该区域的所有数据，包括原始数据、代码和过程数据均被就地销毁，以保证数据使用后的安全性。以上三点的结合，实现了数据的“可用不可见”。

其中，机密计算环境的构建完全依赖于机密计算技术的硬件实现，安全信道的建立以及数据的销毁通常在应用软件层面实现。因此，本节主要针对机密计算环境构建的相关问题进行介绍。简单而言，首先，通过硬件为机密计算环境单独分配隔离的内存区域，所有敏感数据均在这块内存中完成计算任务；隔离管理机制也由硬件完成，可以保证主机操作系统在内的其他软硬件模块无法窃取或篡改这块隔离内存内的数据。其次，任务在隔离环境内启动的过程中，使用以硬件为可信根的逐级验证方式，保证了启动内容的完整性；并且，在环境构建完成后，通过以可信第三方为可信根的远程证明技术证明机密计算环境的安全、可信。最后，针对云提供商针对机密计算环境的物理攻击（如针对内存的冷启动攻击），可使用内存加密的方式进行保护；同时，一些机密计算方案中，也将内存加密作为一种技术手段实现硬件级的隔离管理。

本节首先介绍机密计算环境构建的相关原理，其中包括：可信启动、隔离执行和内存加密。其次对现有TEE技术方案进行归类和介绍。最后，对现有TEE技术方案展开易用性和安全性方面的分析。

11.2.1　机密计算原理

机密计算主要通过可信启动、远程证明、隔离执行、内存加密四种技术手段来构建一块安全可信的执行区域。其中，可信启动保证了运行于可信执行区域中的内容的完整性、真实性，隔离执行给运行中的可信执行区域提供了运行时的保护，内存加密主要针对离线攻击进行了防御。下面对这四种技术手段的原理依次展开介绍。

1. 可信启动

可信启动是一种通过对机密计算环境启动过程中的每个阶段进行验证，以防止启动数据被非授权或恶意篡改，保证系统在启动过程中完整性的技术。可信启动基于一个信任根，通过依次对被执行的组件进行完整性验证，构建了一个信任链。通过完整性验证，可信启动确保只有经过验证的代码可以被加载，如果检测到准备启动的组件被非法修改，则会中断启动过程。可信启动是一项早已成熟的技术。早在1997年，Arbaugh等人就在论文《A secure and reliable bootstrap architecture》中提出了这种安全可信的启动方式。首先，这种启动方式需要通过对启动过程中的每个组件计算消息摘要的方式构建基准值；其次然后，在可信启动过程中根据基准值验证每个组件的完整性。由于可信启动过程中是由当前组件对待启动组件进行可信验证，因此信任链可以用递归式表示：

$$I_0 = True$$
$$I_{i+1} = I_i \cap V_i\left(L_{i+1}\right)$$

其中，I_0是初始引导代码的完整性；I_i代表第i层完整性的布尔值；L_i表示每层级的相关信息；V_i为可信验证函数，其输入参数为被验证组件的信息，返回值为布尔值；$\cap$为布尔与运算。验证函数计算第i层的散列值，并将结果与基准值进行比较。

以裸机上启动操作系统为例，如图11-4所示，操作系统的启动流程是：机器加电后，会启动BIOS或者UEFI，也就是I_0；然后会由BIOS/UEFI激活操作系统的启动引导程序；启动引导程序会装载操作系统的内核；之后依次装载并启动系统驱动、系统文件、第三方驱动、最后完成操作系统的启动。在可信启动中，上述模块逐级完成可信验证，即系统启动序列上的各个部件逐级进行完整性度量，将度量值与存放在硬件可信根的初始系统状态基准值进行比较，如果验证通过说明系统没有被恶意攻击者篡改，将控制权逐级移交给上一层直至用户应用程序，通过完整的信任链来保护平台启动过程每步的安全，实现可信启动。

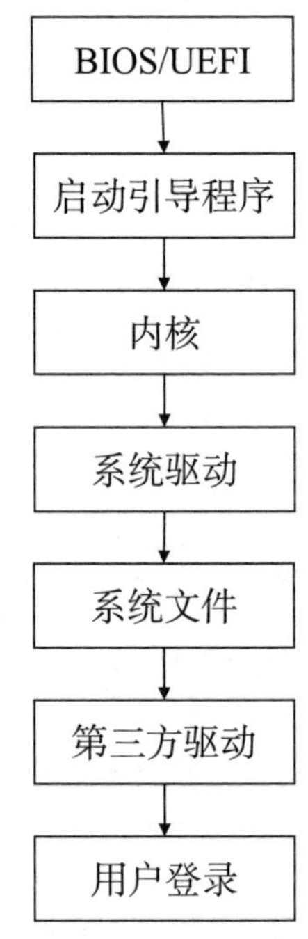

图 11-4　操作系统可信启动流程

可信启动过程的安全性的根基是信任根，也就是上例中对BIOS/UEFI的可信验证。在传统操作系统中，会假设BIOS/UEFI是安全可信的，也就是假设$I_0 = True$。在机密计算背景下，出于更高的安全需求，BIOS/UEFI的安全可信也需要进行验证。通常的做法是将BIOS/UEFI的基准值存入不可篡改的硬件中，在可信启动过程中，由硬件对BIOS/UEFI进行验证，确保I_0的正确性。可信平台模块（Trusted Platform Module，TPM）属于该类硬件，并且被广泛应用。

2. 远程证明

可信启动可以确保机密计算环境创建过程中的安全性，但是由于在可信的时候，可信启动的过程是透明的，用户无法感知运行的程序是否在一个机密计算环境之内。那么如何让用户相信当前的程序运行在机密计算环境内呢？这时就需要借助远程证明（Remote Attestation）技术。

总体而言，尽管各类机密计算技术的验证方法千差万别，但远程证明的标准流程是统一的，都是通过公钥基础设施（Public Key Infrastructre，PKI）体系中的签名与验签技术实现的。远程证明在技术上采取的是挑战响应的模式，如图11-5所示。机密计算硬件生产厂商会在每个硬件中植入用户无法触及的一把私钥，而对应的公钥在硬件生产厂商手中。在远程证明过程中：

步骤1：挑战者（用户）会向运行在机密计算环境中的应用程序发起远程证明请求，请求中包含挑战信息。

步骤2：运行在机密计算环境中的程序会将挑战信息使用私钥通过硬件进行签名，生成独特的远程证明报告。

步骤3：将包含签名信息的远程证明报告发送给挑战者（用户）。

步骤4：挑战者（用户）收到远程证明报告后，会向硬件生产厂商请求公钥进行验签；验签结果可以告知用户应用程序是否运行在机密计算环境中。

图 11-5　远程证明

远程证明技术与其他机制的结合可以进一步提供安全性的证明能力。例如，在远程证明认证报告中加入程序的度量值，并使用硬件私钥对度量值签名，可以给用户提供验证机密计算环境内运行程序的完整性的能力。此外，还有一些定制化的机密计算解决方案，如可以在检测到物理攻击的时候，通过销毁存储在硬件中私钥的方式，使之无法生成远程证明报告，间接告知用户机密计算环境已经不安全。硬件厂商在知悉机密计算硬件漏洞的时候，可以将这些硬件对应的公钥去除，使远程验证的报告验证过程无法成功，增加用户的安全性。

3. 隔离执行

可信启动可以确保机密计算环境可信且安全地创建，机密计算环境在执行过程中的安全性则由隔离执行技术保证。隔离执行的目标是，确保机密计算程序在运行的过程中，包括操作系统内核在内的攻击者无法破坏其机密性和完整性。与可信启动类似，计算机软件的运行隔离技术并不是一项全新的技术，早在1964年由贝尔实验室、麻省理工学院及美国通用电气公司所共同参与研发的多人多任务操作系统Multics就实现了用户与任务间的隔离。

在操作系统中，CPU访问的是虚拟地址，操作系统中的寻址是基于虚拟地址完成的，内存中的寻址是通过物理地址进行的，页表用于记录虚拟地址到物理地址转换的相关信息，如图11-6所示。

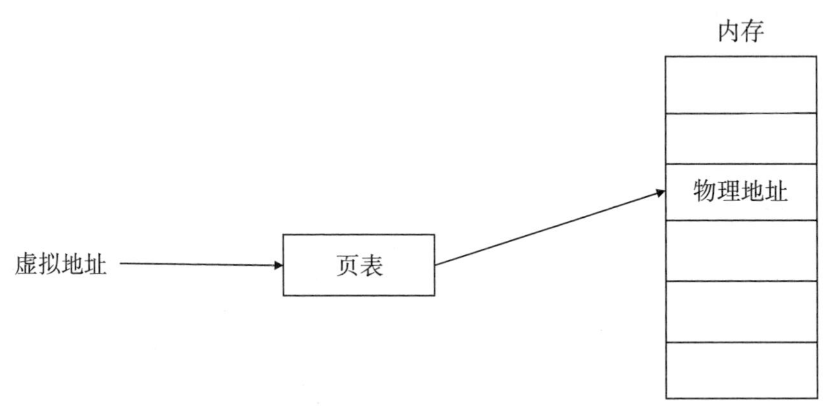

图 11-6　操作系统虚拟地址与物理地址转换关系

页表是一张映射表，即虚拟地址到物理地址的映射。以32位操作系统为例，二级页表会把32位虚拟机地址空间划分为3大部分：页目录项、页表项和页内偏移值。页目录项中记录着页表项的地址，页表项中记录着页框的地址，最后通过虚拟地址中最低12位的偏移值在页框内寻址虚拟地址对应的物理地址，如图11-7所示。

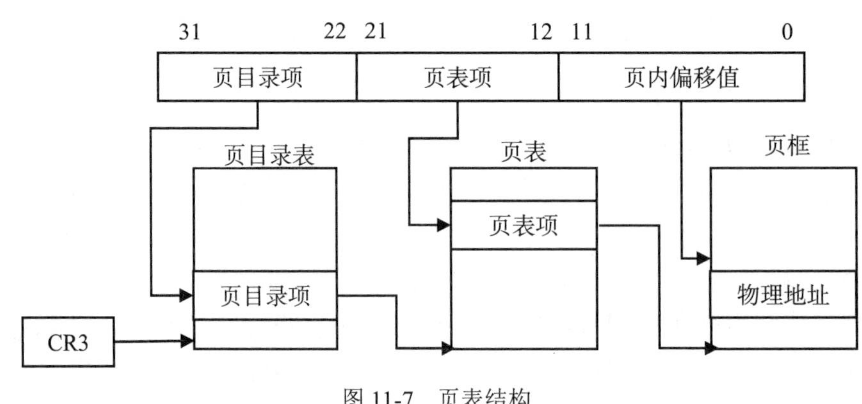

图 11-7　页表结构

早期的虚拟地址与物理地址的转换过程是由操作系统负责完成。由于寻址操作的频繁性，以及页表转换的复杂性，大大降低了操作系统的性能。因此，多数CPU中提供了名为MMU（Memory Management Unit）的硬件组件，用于完成虚拟地址到物理地址的转换工作，提升了系统的性能，如图11-8所示。MMU主要负责的是内存地址的寻址，对I/O设备，也提供了名为IOMMUs（I/O Memory Management Units）的硬件组件，用于转换I/O设备的DMA（Direct Memory Access）地址到物理地址。

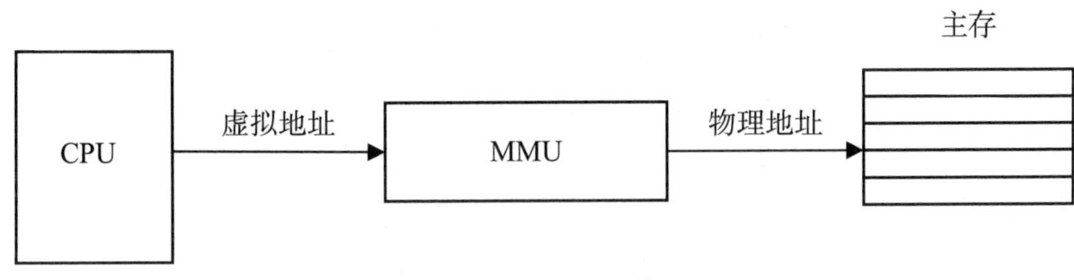

图 11-8　MMU 工作

操作系统中最常见的隔离执行的技术手段就是基于页表的隔离。操作系统基于处理器提供的硬件MMU将不同地址空间分配给不同的进程以实现进程隔离，即实现了软件组件之间的隔离，进一步提高了系统的安全性。操作系统中，不同的进程有不同的地址空间，不同的地址空间有不同的页目录表，图5-7中的CR3寄存器的作用是根据进程信息定位不同的页目录表，实现了操作系统进程间的隔离。类似地，IOMMUs转换设备DMA地址到物理地址，一个IOMMUs能限制设备仅能访问其得到授权的那部分内存。页表项（Page Table Entry，PTE）中，除页框的地址外，还存在12个标志位，包含指示物理地址是否可被读写的R/W标志位、指示物理地址是否只有特权用户才能访问的U/S标志位等。操作系统可以根据这些标志位获得更细粒度的隔离能力。

在机密计算场景中，当操作系统被认为不可信的时候，由于操作系统具备对页表进行更改的权限，单纯基于页表的隔离已经不足以对机密计算环境提供隔离执行的保护了。因此，在机密计算技术中，将上述原本由操作系统完成的基于页表的隔离交由硬件完成。简单地说，机密计算技术中通过硬件将机密计算环境和非机密计算环境进行隔离。通过基于硬件严格的访问控制技术，确保了只有机密计算环境内的程序可以访问该环境内的数据，以保证存储在机密计算环境的敏感资源不被非法访问或获取。

目前，硬件的隔离执行技术存在基于页表和基于内存加密两种技术路线。基于页表的隔离执行也存在两种类型，一类是由硬件将内存中一整块区域划分为机密内存，由硬件对针对这块内存的访问实施访问控制技术；另一类利用了页表项中的标志位，由硬件对标志位进行修改以及读取的方式，限制了机密计算环境外的程序对机密计算内存的访问。基于内存加密的隔离执行方式是通过硬件将机密计算环境的内存空间加密的方式实现隔离。如果机密计算环境的内存空间被非授权访问了，硬件会拒绝对该内存空间解密，或者无法使用正确的密钥解密，导致攻击者无法读出有效数据，进而保护了机密计算环境内数据的机密性，实现了隔离。

4. 内存加密

内存加密技术是通过对称加密解密手段以及对系统硬件的精心设计构造而实现的，确保了计算过程中内存数据的机密性。具体而言，机密计算环境在启动时，由硬件生成密钥用于该环境内存的加密解密操作，通常是以页为粒度对内存加密解密。

内存加密技术主要针对的是部分侧信道攻击，常见的包括冷启动、内存接口窥探等攻击方式。冷启动攻击是指具有计算机物理访问权限的攻击者通过拔取物理内存并异步读取的方式获得内存中的机密信息。2009年，Halderman等研究员发表了名为《Lest We Remember：Cold Boot Attacks on Encryption Keys》的论文，成功读取了内存中的密钥、图片等机密信息，详细阐述了针对内存的冷启动攻击步骤：

（1）使用计算机读取机密信息。

（2）使用液氮等方式使内存快速降温至零下50摄氏度。

（3）将内存拔下，插入另一台电脑读取内存中的数据。

内存加密技术将从CPU进入内存的数据加密后，确保了在内存中的机密信息均为密文状态。即使使用了冷启动攻击，成功读取了内存中的数据，获取的也是密态数据。由于缺少加密密钥，冷启动攻击无法成功获取机密信息。

各大CPU厂商机密计算技术中的内存加密手段层出不穷。简单地说，内存加密技术由机密计算应用控制单元和内存控制器两个部分构成。机密计算应用通过控制单元控制其自身的内存加密属性，决定哪些内存是需要被加密的，如图11-9所示。机密计算应用控制单元的信息通过硬件的方式传递给内存控制器，内存控制器中的相关硬件采用对称加密解密技术完成特定内存的加密解密工作，该硬件在向内存写数据时加密数据，从内存读取数据时解密数据。所有加密解密密钥的生成和管理均由一个特有的硬件模块来负责，上层的软件通过相应的内存映射寄存器对该硬件模块发送请求来生成、安装、更换或撤销密钥。

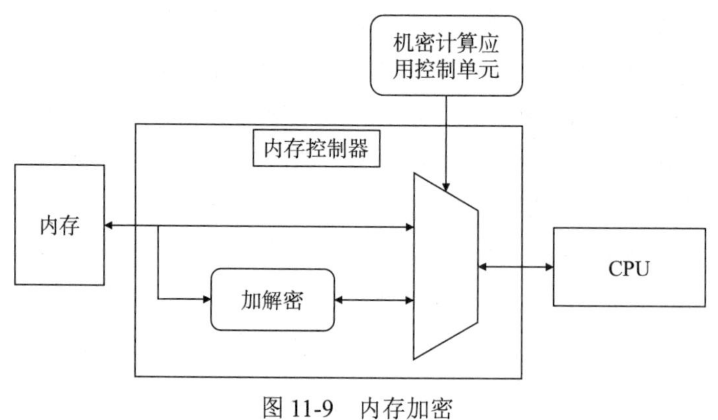

图 11-9　内存加密

11.2.2　机密计算技术分类

近些年，机密计算相关技术方案和产品如井喷般涌出。其中，包含国外众多知名厂商提出的机密计算技术方案：ARM组织于2006年提出TrustZone，通过总线设置将系统资源划分为安全世界（Secure World）和非安全世界（Normal World），实现对用户应用的安全隔离执行和完整性验证；Intel公司于2013年推出了第一个相对完备的机密计算方案Intel SGX

（Software Guard Extensions），该技术方案首次完整实现了可信启动、隔离执行和内存加密。并于2020年提出Intel TDX，它是一种基于硬件的虚拟机隔离技术，可以用于保护客户虚拟机免受云主机的安全威胁；同时，AMD公司于2016年提出了首例保护虚拟机免受更高特权实体攻击的商用解决方案AMD SEV（Secure Encrypted Virtualization）；2019年美国加州大学伯克利分校提出Keystone，着眼构造一个用于配置、建立以及实例化可定制机密计算环境的框架。同时，上述技术方案也是目前社区和生态中较为成熟的几类方案。国内的CPU芯片厂商海光、飞腾、兆芯、鲲鹏等公司分别推出了支持机密计算技术的海光CSV、飞腾TrustZone、ZX-TCT和鲲鹏TrustZone，蚂蚁集团推出了基于libOS的机密计算开源框架Occlum。

根据机密计算实现所依赖的硬件架构的不同，可以将上述技术方案归类为基于x86、基于ARM、基于RISC-V和GPU的技术方案。其中包括X86指令集架构的Intel SGX、AMD SEV技术和KubeTEE等技术；高级精简指令集机器（Advanced RISC Machine，ARM）指令集架构的TrustZone和CCA等技术、RISC-V架构下的Keystone以及GPU硬件基础上构建的NVIDIA H100。每种架构下的TEE技术方案各具特色，设计构造千差万别，如表11-2所示。

表 11-2　机密计算方案分类

硬件架构 / 机密计算环境	x86	ARM	RISC-V	GPU
App-CC	Intel SGX	TrustZone，鲲鹏	Keystone，蓬莱	NVIDIA H100
VM-CC	AMD SEV，Intel TDX，海光 CSV	CCA	无	无
Container-CC	KubeTEE，KataTEE	无	无	无

根据机密计算技术实现的机密计算环境粒度的不同，可以分为三大类：分别是基于应用程序的机密计算方案（Application-based Confidential Computing，App-CC），基于虚拟机的机密计算方案（Virtual Machine-based Confidential Computing，VM-CC），以及基于容器的机密计算方案（Container-based Confidential Computing，Container-CC）。简单而言，这三类技术的区别在于隔离执行所应用的边界不同。App-CC将隔离执行应用在应用程序内部，人为将应用程序分割成安全环境和不安全环境两个部分，将隔离执行应用于这两个环境边界，以达到安全环境对不安全环境的硬件隔离。符合这类的机密计算方案有Intel SGX，ARM TrustZone等。VM-CC将隔离执行应用在每个虚拟机的边界处，以达到被机密计算保护的虚拟机与其他虚拟机和宿主机之间的硬件隔离。符合这类的机密计算方案有AMD SEV，海光CSV，Intel TDX等。Container-CC则是将隔离执行应用在每个容器的边界处，使被机密计算保护的容器与其他容器和宿主机之间的硬件隔离。符合这类的机密计算方案有基于Intel SGX的KubeTEE和基于海光CSV的KataTEE等。

App-CC是通过将应用程序划分成安全世界和普通世界，并对安全世界进行保护实现的。因此，需要先对目标应用程序进行划分，将需要被保护起来的数据和代码放置于安全世界中执行，最终将执行的结果再返回到普通世界，如图11-10所示。加载到安全世界的代码和数据必须被可信启动，也可以成为App-CC进行远程证明时的依据之一。当应用程序被保护的部分加载到安全世界之后，安全世界底层的可信硬件保护将不被外界访问及篡改，底层可信硬件根据该App-CC的度量信息生成其身份密钥，可以用于加密保护存储App-CC之外的数据和密钥，同时只允许该App-CC访问，从而实现了应用层面的数据隔离。所有App-CC都被加载到特定的内存区域中，每个App-CC只能访问属于自己的物理内存区域。根据不同机密计算技术的设计初衷，部分App-CC方案暂时还未支持内存加密。

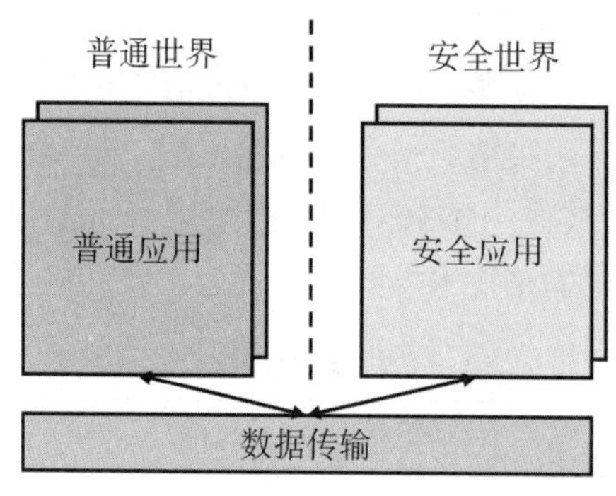

图 11-10　App-CC 架构

VM-CC是通过将机密计算技术和虚拟化技术相结合实现的机密计算环境。如图11-11所示，在虚拟化技术中，需要通过虚拟机监控器（Virtual Machine Monitor，VMM）控制运行多个客户虚拟机（Guest Virtual Machine，Guest VM）的状态。VM-CC技术方案中，每个Guest VM在被创建时，会由底层硬件控制的硬件模块生成其内存加密密钥，该密钥用于加密该虚拟机的内存页。同时，Guest VM在运行时，底层硬件指定其特殊标记符号并与内存加密密钥相关联，并基于此标记加密该虚拟机中所有的代码和数据，从而实现了虚拟机之间的强隔离。因此，不同虚拟机之间、宿主机和VMM都不能直接读取或窃取虚拟机的内存数据，只有拥有对应标记的虚拟机才可以访问明文状态下的代码和数据。此外，相较于App-CC，VM-CC不需要对应用进行划分和重构，易用性较高。

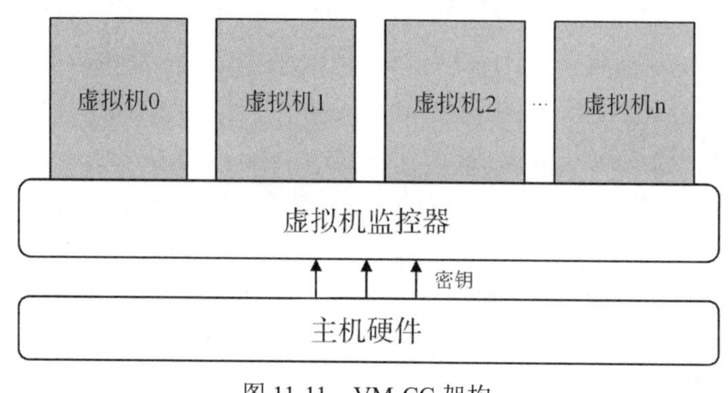

图 11-11　VM-CC 架构

Container-CC是将机密计算技术与容器以及Kubernetes技术结合，构建出的机密计算技术架构。Container-CC严格来说，不是全新的基于硬件的机密计算技术，而是将已有的App-CC和VM-CC与容器技术相结合而产生的一类解决方案。Container-CC的目标是对容器使用者屏蔽多种机密计算技术的底层实现细节，在使用体感上保持与使用普通容器进行开发和部署的一致性。Container-CC有两种典型的架构：Pod级Container-CC和进程级Container-CC。

（1）Pod级Container-CC的代表是KataTEE，这是一种将基于普通虚拟化技术实现的轻量级沙箱替换为基于机密计算技术实现的轻量级机密计算环境的技术方案。目的是将用户的整个Pod以及其中的容器运行在受机密计算技术保护的环境中。其使用的机密计算技术可以是AMD SEV、Intel TDX以及海光CSV。

（2）进程级Container-CC的代表是KubeTEE，这是一种基于App-CC实现的Container-CC。区别于Pod级Container-CC，进程级Container-CC将容器工作负载运行在LibOS之上，并由App-CC对容器的生命周期进行管理。

11.2.3　机密计算方案介绍

本小结从机密计算技术实现所依赖的信息系统硬件架构不同入手，对已经实现的机密计算技术方案进行简单介绍。

11.2.3.1　x86

1. Intel SGX

2015年，Intel推出SGX（Software Guard Extensions）指令集扩展，目的是提供一套依靠硬件安全来提供可信、隔离和加密的机密计算环境，依赖一组新的指令集扩展与访问控制机制，实现不同程序间的隔离执行，保障用户关键代码和数据的机密性和完整性。Intel SGX的可信计算基为硬件CPU，避免将存在安全漏洞的软件作为可信计算基所导致的安全隐患，极大提升了系统安全性。

具体而言，开发者使用SGX扩展指令把计算应用程序的安全计算过程封装在一个被称为Enclave的容器内，并划分出一块特定的内存空间用于隔离保护该容器内的代码和数据，结合其特殊的内存加密和访问机制保障用户程序运行时数据的机密性，从而免受拥有特殊权限的恶意软件攻击。Enclave也就是Intel SGX构建的机密计算环境，它由CPU直接保护，Intel SGX将应用程序以外的软件栈（如OS、BIOS等）都排除在可信计算基以外，一旦软件和数据位于Enclave中，即便是操作系统和虚拟机监控器也无法影响Enclave里面的代码和数据，从而在可信、隔离和加密的环境下保证软件功能的完备性。

SGX属于App-CC，构建应用时需要进行划分，在用户态的（不可信）应用程序可以通过调用门的接口嵌入SGX机密计算环境保护的可信区域。支持SGX的Intel CPU保证Enclave中的受保护内容是在内存中加密的，并且与外界强隔离。外界的代码如果想进入Enclave

中执行其中的可信代码必须通过指定的入口点，后者可以实施访问控制和安全检查以保证Enclave 无法被外界滥用。同时，Enclave中的数据和代码的机密性和完整性均由SGX保护。因此，SGX能够提供可信启动、远程证明、隔离执行和内存加密，可以保护用户应用程序的机密性和完整性。

1）Intel SGX的可信启动

用户对基于Intel SGX的机密计算环境Enclave的构建，主要通过ECREATE、EADD、EEXTEND和EINIT四条指令实现。

（1）ECREATE指令负责实例化一个新的Enclave，定义其基地址、内存空间和信任根证书，并将这些元数据存储在关联Enclave的SGX Enclave控制结构（SGX Enclave Control Structure，SECS）中。

（2）EADD指令负责向处于未初始化状态的Enclave中添加初始代码和数据。

（3）EEXTEND指令负责在系统加载Enclave时，更新Enclave的度量值。

（4）EINIT指令负责对Enclave的完整性进行校验，来判断用户程序在创建过程中是否被篡改，并将Enclave的状态修改为已初始化。因此，Enclave在创建时，系统会进行页面分配、复制程序代码与数据和度量操作，通过对每个添加的页面内容进行度量，最终得到一个创建序列的度量结果，保存在Enclave的控制结构中。然后，SGX通过一条初始化指令EINIT将这个结果结合Enclave所有者签名的证书中的散列值完成完整性校验。至此，完成了Enclave的安全启动。

2）Intel SGX的远程证明

Intel SGX技术根据不同的应用场景，提供了两种远程证明方案：远程证明和本地证明。简言之，远程证明是该技术的完整实现，本地证明是针对特定无法连接远程服务器的场景提出的其他实现。

（1）远程证明是提供给远程用户完成验证的方式，其需要一个特殊的Enclave被称为引用Enclave，其创建当前平台用于远程证明的非对称密钥对（Enhanced Privacy Identification，EPID），该密钥对代表平台身份和底层硬件的可信度。具体而言，由远程验证者发起验证请求到平台，平台请求目标Enclave根据自身的信息和附加信息生成报告，并使用引用Enclave的报告密钥生成MAC值返回给平台，平台请求引用Enclave完成目标Enclave的本地证明，验证通过后使用EPID私钥对目标Enclave报告签名，并重新封装返回给远程验证者，远程验证者请求远程验证服务器完成目标Enclave的远程证明，如图11-12所示。

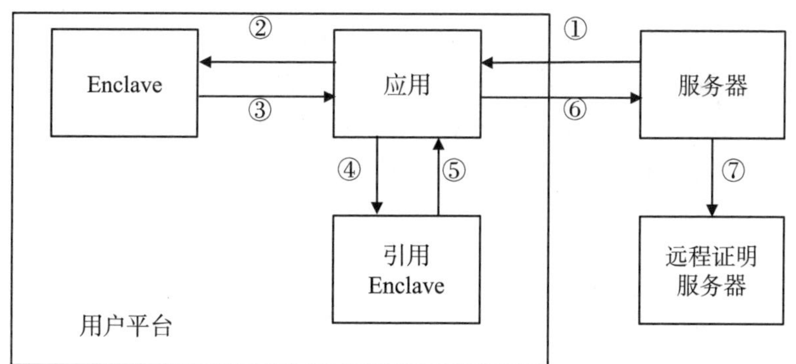

图 11-12　Intel SGX 远程证明

（2）本地证明通过两个运行于同一平台上的Enclave间的互证明完成。Enclave A是本地验证发起方，Enclave B是验证方。需要进行本地认证时，Enclave B先将挑战信息发给Enclave A；然后，Enclave A根据自身的信息以及Enclave B的密钥生成本地证明报告以及MAC值，随后将报告发送给Enclave B；Enclave B获取报告和MAC值并进行校验，并将验证结果返回给Enclave A，如图11-13所示。

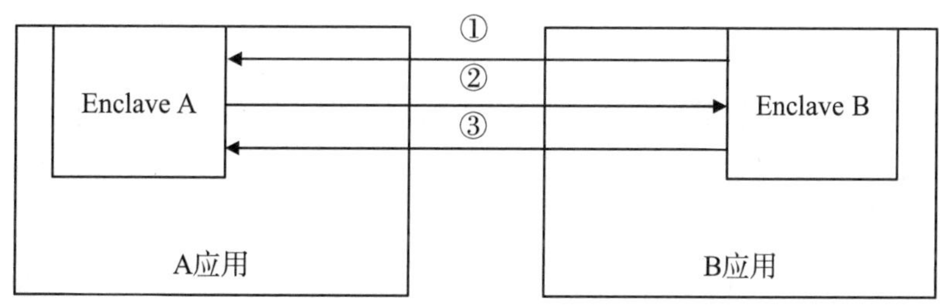

图 11-13　Intel SGX 本地证明

3）Intel SGX的隔离执行和内存加密

Enclave是一个被硬件保护的机密计算环境，可以用于存放应用程序敏感数据和代码。Enclave允许用户加载指定的代码和数据，这些代码在加载前必须被度量，在保证加载到Enclave中的代码和数据的完整性的同时，需要保证在程序运行态时，被加载到Enclave内的数据和代码的安全性，即无法被外部软件访问，以及存放于内存中的数据的安全性。Intel SGX通过一套特殊的内存管理机制来实现Enclave之间的内存隔离。Enclave中的代码和数据被存放在处理器预留内存（Processor Reserved Memory，PRM）中，PRM是动态内存DRAM中一段用于SGX的保留区域，这段连续的内存空间处于最低的BIOS层而不能被任何软件访问。CPU中集成的内存控制器会拒绝任何外设对PRM的访问。此外，每个Enclave的内容及关联的数据结构被存放在Enclave页面缓存（ Enclave Page Cache，EPC）中。同时，由于EPC是由不可信的操作系统进行分配的，EPC的分配信息存储在Enclave页面缓存映射（Enclave Page Cache Map，EPCM）中，CPU会根据EPCM中的内容进行相应的安全检查，每个Enclave在访问EPC时，会根据EPCM中的信息检查目标EPC是否属于当前Enclave，以达到互相隔离执行的目的。另外，当EPC因空间不足等原因被从PRM中移出时，CPU会对

EPC中的内容进行加密后存放在内存的其他区域。而对于PRM以外的内存，则按照系统中其他保护机制进行访问。这样的内存保护机制，防止了Enclave内部运行的程序被其他恶意软件盗取和篡改隐私信息。同时，Intel CPU通过内存加密引擎（Memory Encryption Engine，MME）保证了DRAM的机密性和身份的真实性，如图11-14所示。

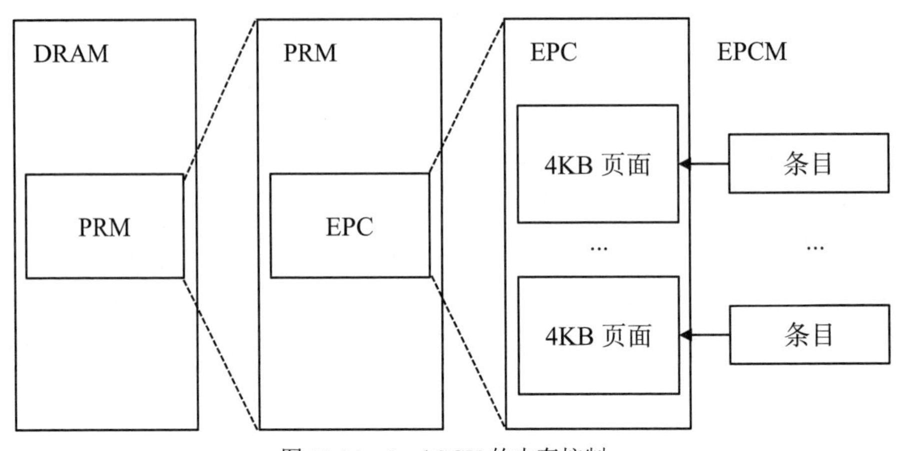

图 11-14　Intel SGX 的内存控制

2. AMD SEV

与Intel SGX的推出仅相隔1年，AMD在2016年推出了安全加密虚拟化SEV（Secure Encrypted Virtualization）技术，这是首个VM-CC类型的保护虚拟机免受更高特权实体攻击的机密计算技术方案。以Intel SGX为代表的App-CC类别的技术方案，主要是通过重构甚至重写被保护的软件的方式保护软件中的一段数据和代码逻辑免受攻击，因此利用App-CC类别的技术方案来保护规模如操作系统内核、虚拟机大小的代码较为困难。相比而言，以AMD SEV为代表的VM-CC类别的技术方案构建的机密计算环境可以保护整个虚拟机，在可用性方面得到了极大提升。

AMD SEV技术的主要应用场景是云环境。在云环境中，云管理员通常具有比用户更高的特权，可以直接访问VM的内存。通过应用SEV技术可以使用户虚拟机能够抵御来自高特权用户的攻击。简单地说，AMD通过使用一个安全处理器，利用AES加密算法加密虚拟机的内存，并且将它们与现有的AMD-V虚拟化技术进行结合实现了SEV技术。在实现上，AMD在原有硬件上扩充了一个片上系统(System on Chip，SoC)固件，并将其与内存控制器(Memory Management Unit，MMU)进行了结合以支持安全内存加密与SEV功能。SEV允许每个虚拟机使用自己的密钥来选择性地加密和管理自己的内存，这就为在不可信云环境下保护虚拟机及其中的数据提供了可能。所有密钥均由安全处理器进行管理且不对外暴露接口，提升了SEV技术的安全性。

1）AMD SEV的可信启动

AMD SEV的可信启动始于“SKINIT”指令，该指令是在不可信环境中开始创建VM-CC类型的机密计算环境的初始动作。在不可信环境中调用“SKINIT”指令之后，处理器会进入机密计算环境的初始化阶段，为安全加载器（Secure Loader，SL）构建一个安全执行环境。这个初始化过程是由CPU以一种无法被篡改的方式完成的，由硬件保证了过程的安全性。然后，SKINIT会调用SL载入虚拟机镜像，并且对被载入的镜像进行度量，将度量的结果与存储在硬件中的基准值进行比较。最后，会跟操作系统的可信启动流程一样，依次校验并启动IOS/UEFI、启动引导程序、操作系统的内核、系统驱动、系统文件、第三方驱动，最后完成操作系统的启动。

2）AMD SEV的远程证明

为了让用户验证云环境上运行的是被AMD SEV技术保护且根据用户的配置正确部署的虚拟机，AMD设计并实现了一套适用于SEV的远程证明机制。AMD SEV的远程证明首先在虚拟机内部根据用户的随机挑战生成证明报告，并使用平台认证密钥（Platform Endorsement Key，PEK）对报告签名，然后由用户借助AMD芯片的证书链完成报告有效性的校验。

AMD芯片的证书链在远程验证过程中至关重要。在系统初始化时，SEV固件会使用安全熵源生成一对非对称密钥PEK，并使用固化在芯片中的芯片认证密钥（Chip Endorsement Key，CEK）对其签名来保证PEK的真实性。同时，若在云服务环境下，云服务提供商会使用（Owner Certificate Authority，OCA）密钥签署PEK。SEV固件还会派生出一对平台协商密钥（Platform Diffie-Hellman key，PDH）密钥，该密钥用于与远程方协商共享密钥，如用于用户和SEV虚拟机之间建立的安全通道。SEV固件使用PEK对派生出的PDH签名，保证PDH的真实性。此外，为了保证芯片密钥CEK的真实性，AMD在芯片出厂的时候，会使用在AMD厂商的AMD SEV签名密钥ASK（AMD SEV Signing Key）对CEK签名。同时，ASK的真实性由AMD根密钥ARK（AMD Root Signing Key）来保证，如图11-15所示。

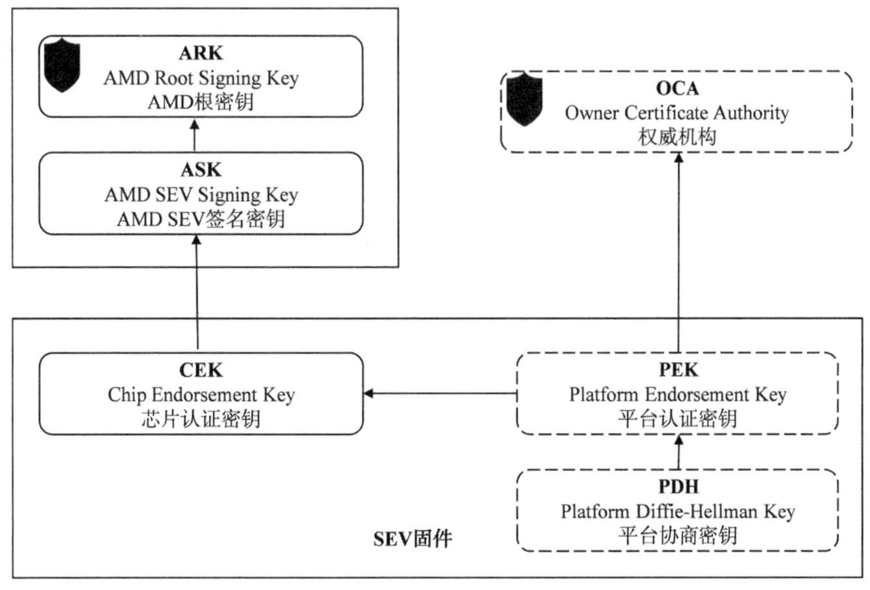

图 11-15　AMD SEV 认证密钥链

3）AMD SEV的隔离执行与内存加密

AMD SEV通过对不同SEV虚拟机设置不同的地址空间标识（Address Space ID，ASID）的方式实现隔离执行；通过对不同的SEV虚拟机的内存使用不同的密钥进行加密，使其也具备了抵抗部分物理攻击和侧信道攻击的能力。简单地说，在SEV功能启用后，SEV虚拟机页表项中物理地址的43位到47位分别表示地址空间标识（Address Space ID，ASID）和C-bit，页表项中的加密位C-bit来决定内存是否需要被加密，地址空间标识用于表明当前页属于哪个SEV虚拟机。当SEV虚拟机访问内存时，地址中会携带与之对应的虚拟机ASID，CPU可以通过ASID实现不同SEV虚拟机的隔离执行。具体而言，每当一个虚拟机在SEV模式下启动后，加密固件会在片上系统里生成虚拟机的SEV上下文并返回一个处理句柄给VMM，每个处理句柄对应一个SEV上下文，其中存有虚拟机的加密密钥。随后，安全处理器会在SoC的SEV上下文中根据处理句柄查找当前虚拟机的密钥并安装到MMU中，同时用ASID进行标记。客户虚拟机VM1与VM2能够使用各自的密钥，通过设置自己客户页表（Guest Page Table，GPT）中的加密位C-bit来加密自己的内存，从而也实现了内存加密。AMD CPU也会根据地址中的ASID完成不同SEV之间的隔离执行，如图11-16所示。

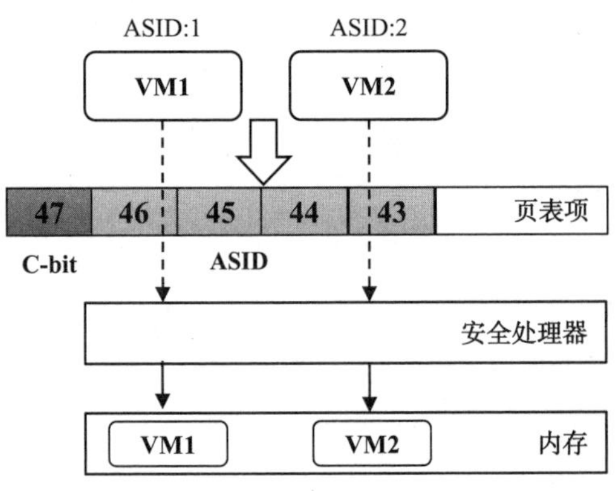

图 11-16　AMD SEV 内存加密

3. Intel TDX

Intel TDX（Intel Trust Domain Extensions）是一种基于硬件的虚拟机隔离技术，可以用于为客户虚拟机构建一块机密计算环境，使其免受云主机的安全威胁。Intel TDX技术旨在通过一套软硬件结合的方式将客户虚拟机与平台上的高权限虚拟机管理程序（VMM）和任何其他非信任域隔离，以保护被机密计算环境保护的客户虚拟机免受外部软件的威胁，进而确保系统安全与可靠。同时可以防止不同系统组件之间相互干扰而导致的未知威胁，从而达到保护用户的隐私数据和敏感信息的目的。

Intel TDX技术方案属于VM-CC类，其不仅可以通过虚拟机实现，还可以通过安全容器kata来支持容器的安全隔离。同时，Intel TDX的设计思路是将整个虚拟机VM放在一个机密计算环境里，这样不管应用在私有云还是公有云上，都无须再对运行于虚拟机中的应用程序和数据做受信任和不受信任的划分和修改，只需操作系统支持TDX技术。

Intel TDX是通过将英特尔虚拟机扩展（Intel Virtual Machine Extensions，VMX）技术、多密钥全内存加密（Multi-Key Total Memory Encryption，MKTME）技术拓展应用到虚拟机上，为虚拟机提供了一块名为信任域（Trust Domain，TD）的机密计算环境。TDX的基本思路就是引入新的CPU工作模式，然后通过对内存加密技术，将不同虚拟机用不同的key加密，同时key由CPU直接进行管理。Intel TDX方案中的核心模块为Intel TDX模块以及支持TDX功能的虚拟机管理模块（VMM）。主机通过VMM控制信任域中的机密虚拟机的创建和生命周期管理；信任域（TD）的构建，信任域（TD）内虚拟机的保护等安全性能力则由被硬件机密计算环境保护的TDX模块进行管理，如图11-17所示。

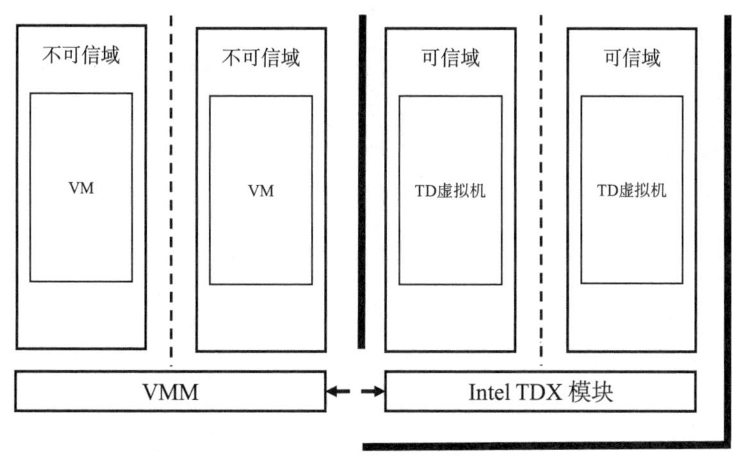

图 11-17　Intel TDX 系统架构

在Intel TDX技术中，如图11-18所示，只有四个实体被信任：TDX Module、TDX、ACM、TD Quoting Enclave和Intel CPU。其中，TDX module向VMM提供接口，用来创建、销毁、执行TD，解决特权应用的问题；TDX ACM帮助TDX Module验签；Intel CPU提供了加密引擎等物理保护手段。相对的是，VMM、其他软件、平台固件、主机系统和BIOS都被划入了不可信区域。

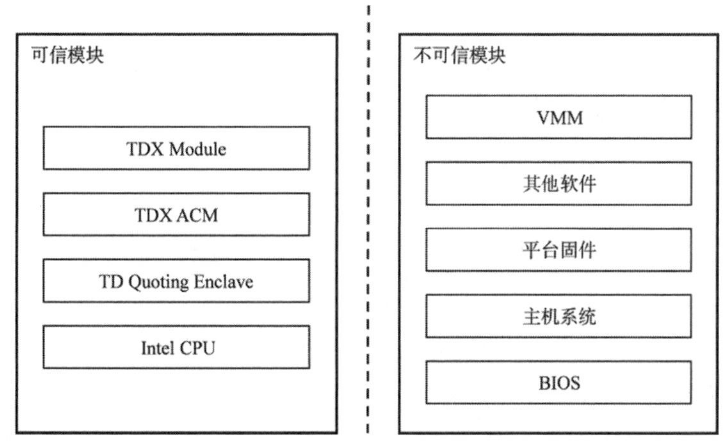

图 11-18　Intel TDX 信任边界

1）Intel TDX中的可信启动

可信启动的过程包括两个部分：TDX模块的可信启动和TD虚拟机的可信启动。

（1）TDX模块的可信启动依赖于Intel CPU的一个全新的名称为SEAM（Secure-Arbitration Mode）的运行模式，这个模式提供了一些扩展指令辅助TDX模块的可信启动。SEAM运行模式下，会将SEAM范围寄存器（SEAMRR）划分的内存区域单独分配给SEAM模式。当TDX模块的可信启动的时候会执行SEAMLDR指令，SEAMLDR指令会先验证TDX模块的完整性，通过后将其装载入SEAM的内存区域。在之后的运行过程中，Intel CPU保证了除特定扩展指令以外，这块属于SEAM模式的内存区域无法被访问与篡改。

（2）TD虚拟机的可信启动则是通过TDX模块对TD虚拟机的完整性的校验实现。详细地说，系统在创建TD虚拟机时，TDX模块会初始化TD的测量寄存器。同时。VMM会请求TDX模块将测量寄存器的地址空间包含在TD内，并将TD虚拟机初始化时的内存页面和虚拟机镜像数据的度量值存储在其中。此外，TDX模块还会提供一组运行时的扩展寄存器，这些寄存器将存储对TD虚拟机运行时度量的结果。用户在启动TD虚拟机时，Intel TDX模块会完成启动时和初始创建状态的度量值的校验。

2）Intel TDX的远程证明

Intel TDX在进行远程证明时，TD虚拟机会借助一个名为TD引用Enclave的模块来生成远程证明报告。TD引用Enclave会通过TDX模块调用SEAMREPORT指令由CPU创建一个与硬件绑定的本地证明报告。该报告中包含TD虚拟机相关的认证信息、TD虚拟机的测量值等信息。

挑战方对本地证明报告进行验证的时候，挑战方也是通过TD引用Enclave完成验证工作。TD引用Enclave则会通过CPU的EVERIFYREPORT指令完成本地证明报告的校验，校验通过则会生成远程证明报告。

3）Intel TDX的隔离执行

Intel TDX 通过对VMM访问TD虚拟机的限制保证TD虚拟机运行过程中的安全，主要包括以下两个方面的操作：

（1）TDX模块能够保证在运行过程中，拦截不受信的软件（如VMM）对TD虚拟机资源的访问，比如TD虚拟机内程序的CPU控制寄存器、MSR寄存器、调试寄存器、性能监控寄存器、时间戳寄存器等。

（2）TD虚拟机创建的时候可以选择禁止TD虚拟机的调试和性能监控功能，这样VMM就无法获得TD虚拟机的相关信息，降低了TD虚拟机被侧信道攻击的风险。

4）Intel TDX的内存加密

Intel TDX使用MKTME加密技术进行内存加密，MKTME是一种软件透明的全内存加密技术。相较于传统的全内存加密（TME）技术，MKTME加密技术实现了以页为粒度的加密，并支持使用多个密钥对内存进行加密。密钥由内存控制器产生并持有，软件不可访问，且拥有密钥ID。Intel CPU不允许除TDX模块和对应的TD虚拟机以外的软件或硬件使用密钥ID进行内存访问。在Intel TDX技术中，使用不同密钥加密不同的TD虚拟机，同时密钥由CPU直接管理，继而在不同TD虚拟机之间实现了隔离。

TD虚拟机可以访问两类内存：保存TD机密数据的私有内存，用于与外部的非可信实体通信的共享内存。TD虚拟机的私有内存通过MKTME技术加密，实现了对内存数据的机密性和完整性保护。共享内存用于与外部代理进行通信，具体包括I/O操作、网络访问、存储服务等。VMM使用Extended Page Table（EPT）将TD虚拟机的内存地址与外部的地址空间进行映射实现了共享内存。为了确保安全性，对EPT的操作需要由TDX模块完成。

11.2.3.2　ARM

1. TrustZone

2003年，ARM公司提出了CPU指令集的安全扩展TrustZone，主要面向的应用场景是低功耗的移动电子产品，目的是建立一个基于硬件保护的安全框架来抵御各种潜在的攻击。TrustZone是App-CC的一种，是将软件切分为可信应用（Trusted Application，TA）和客户端应用（Client Application，CA），通过构建机密计算环境对软件的TA部分进行保护的一种机密计算技术。CA与TA之间的数据交互只能通过精心设计并实现的接口进行，通过接口可以将高安全级别的数据和操作放置于TA内执行，这大大提升了TA的安全性。ARM芯片是由不同的芯片生产企业向ARM公司购买ARM架构设计成果授权后自行生产而成，全球范围内已有数百家企业购买了ARM的授权。其中，全球平台（Global Platform，GP）定义的标准API接口是应用最广泛的与TA交互的接口规范。

具体而言，TrustZone通过总线设置将系统软件和硬件资源划分为安全世界（Secure World）和非安全世界（Normal World），两个世界通过监视器模块进行切换。同时，在处理器架构上将原有的物理核也虚拟成两个世界，一个安全核（Secure Core），执行安全世界中用户的代码；一个非安全核（Non-Secure Core），执行非安全世界中用户的代码。因此，每个世界都具备自己独有的软件和硬件资源，如应用软件、内存区域、外设和物理核等。通常，在安全世界中进行需要保密的操作，如数据加密解密、密钥管理、身份认证和指纹识别等，其余操作在非安全世界中进行，如图11-19所示。

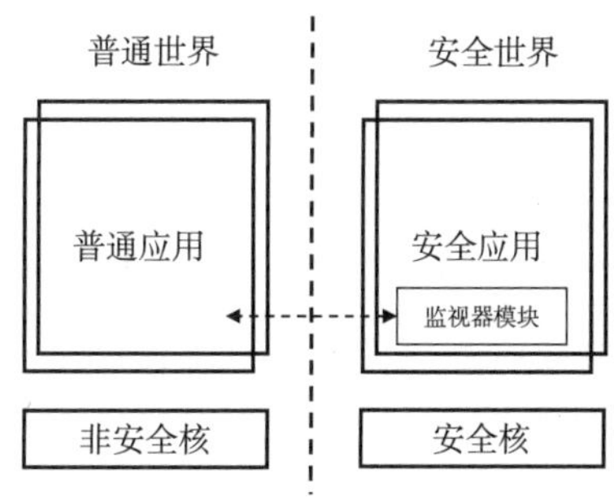

图 11-19　TrustZone 的体系架构

1）TrustZone的可信启动

TrustZone架构中的可信启动，符合基本的可信启动原理。TrustZone的可信启动开始于受信任的只读存储器ROM，基于ROM完成系统各个组件的度量和初始化校验。在引导加载过程中先启动安全世界并对启动状态做完成性校验，依赖芯片内置的安全硬件，逐级完成整个安全系统信任链的校验，验证通过后再启动非安全世界，保证了系统启动过程中的安全性。

2）TrustZone的远程证明

ARM公司设计的TrustZone中并未明确定义其远程证明方案的实现方式，但是一些硬件厂商定制了解决方案。例如，华为公司基于鲲鹏920处理器实现了TrustZone并提出了一套远程证明方案。该方案的设计中，安全世界内的TA部分在编译时，处理器中的机密计算模块会对其进行度量并将度量值储存。该TA在后续实际部署加载时，机密计算模块会重新对其度量，并生成度量报告。度量报告由底层可信基派生的密钥签名。用户通过完成证书链的校验来确认度量值的真伪，然后与编译时生成的度量值比较，从而完成对TA的远程证明。

3）TrustZone的隔离执行

ARM TrustZone与其他App-CC类型的机密计算架构类似，也是在硬件层完成了安全世界和非安全世界的隔离。具体而言，ARM架构中设计了AMBA3 AXI（AMBA3 Advanced eXtensible Interface）系统总线作为TrustZone的基础架构设施，该总线可以确保非安全世界的软件无法访问安全世界的软硬件资源，提供了安全世界和非安全世界的安全隔离机制。

TrustZone中安全世界和非安全世界在系统资源的划分，大多是基于NS比特位来实现的。TrustZone在系统总线上针对每个信道的读写增加了一个额外的控制信号位，被称作Non-Secure或者NS位，使用该比特位表示当前总线传输数据的安全状态。总线上的所有主设备在发起新的操作时会设置该信号位，总线或从设备上解析模块会对主设备发起的信号进行辨别，来确保不会发生越权访问。

具体而言，在安全世界与非安全世界之间切换的机制被称为监视器模式。监视器模式通过NS位控制系统软硬件组件的安全状态。非安全世界的进程可以通过SMC（Secure Monitor Call）指令调用或者异常机制进入监视器模式，经过验证后可以使用安全世界提供的相关服务，但是不能直接访问安全世界的数据。作为保护系统安全的守卫，监视器模式还会保存当前执行环境的上下文状态：当要切换环境时，监视器先保存当前非安全世界运行的非安全进程状态，然后设置安全状态寄存器的值，再切换到安全世界进行安全操作。同理，在内存管理中，缓存和内存的隔离也是通过类似的方式实现的：当CPU经过内存管理单元（Memory Management Unit，MMU）将虚拟地址向物理地址转换时，会同时使用硬件机制进行内存访问鉴权，只有通过鉴权验证的安全操作才可以通过监视器模式修改NS位进入安全世界访问相关内存和缓存。

4）TrustZone的内存加密

ARM公司设计的TrustZone中并未设计、定义实现内存加密的模块。部分TrustZone厂商根据各自的产品市场情况，在芯片设计过程中加入了内存加密模块实现了对安全世界内存数据的安全性保护。

2. CCA

2021年，ARM公司发布全新ARMv9架构下的ARM机密计算架构（ARM Confidential Compute Architecture，ARM CCA）的技术方案。与x86架构下的Intel TDX和AMD SEV类似，ARM CCA属于VM-CC类型的机密计算技术，便于用户直接开发和使用。ARM CCA旨在解决特权软件和硬件固件可以明文读取云平台中用户代码和数据的问题。ARM CCA提供基于硬件的机密计算环境，使云服务提供商失去访问客户数据的能力，从而减少系统攻击面，降低用户数据泄露的可能性。从整体上说，ARM CCA只允许VMM管理CCA虚拟机，而禁止其访问CCA虚拟机的内存、寄存器和数据。

ARM CCA提出了全新的RME（Realm Management Extension）扩展，并引入了名为Realm的机密计算环境的概念。ARM CPU通过创建受保护的执行空间Realm机密计算环境来实现保护CCA虚拟机环境中用户的敏感信息的目的，而Realm机密计算环境是通过RME扩展完成构建的。RME是ARMv9-A架构的延伸/扩展，是ARM机密计算体系结构（ARM CCA）的硬件组件，它还包括软件元素。RME实现了受保护地址空间与高特权软件或信任区固件之间的通信与隔离。ARM CCA的整体架构如图11-20所示，包含监视器模块、Realm空间、VMM、RMM（Realm管理监视器）、分区管理器、安全世界和非安全世界。Realm空间可以被VMM动态分配，VMM负责Realm虚拟机的资源分配和管理，其中包括创建、销毁、申请和释放内存页。RMM提供操控Realm页表的服务、Realm虚拟机上下文管理、向Realm虚拟机提供认证和加密服务以及负责管理VMM下发的Realm虚拟机与Realm空间的创建、销毁等请求。监视器模块负责不同模块空间之间的信息转发，其连接着安全世界、非安全世界和Realm空间，保证各个空间的隔离。例如，由VMM发送的请求指令需要经由监视器模块转发到RMM。

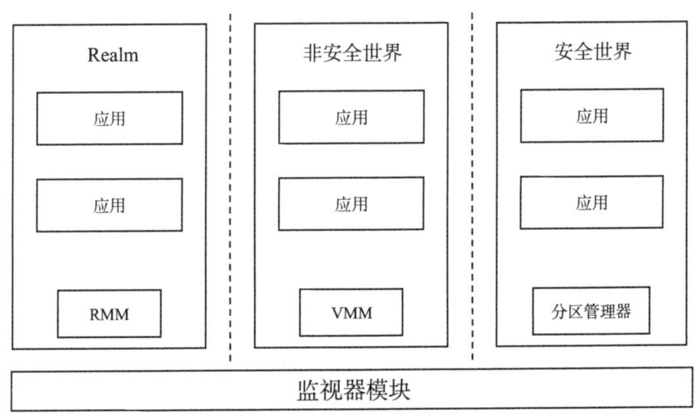

图 11-20　ARM CCA 架构

1）ARM CCA的可信启动

ARM CCA的可信启动同样开始于受信任的只读存储器ROM，依据可信启动原理依次完成CCA可信固件的校验与启动。只有实际启动时计算的度量值与在固件中存储的具有签名标识的度量值一致时，才可以加载CCA虚拟机镜像。

2）ARM CCA的远程证明

当用户对一个CCA虚拟机发起远程证明请求时，首先该CCA虚拟机向RMM的安全域发起域认证挑战。其次RMM将根据CCA虚拟机的元数据生成对应的报告，由CCA底层硬件对报告验证签名，生成完整的远程证明报告。最后，用户获得远程证明报告后，通过硬件厂商的根证书完成远程证明报告的验证。ARM CCA的远程证明可以与其他技术相结合，为其他应用场景提供更安全的解决方案，例如可以将远程证明与密钥协商相结合，在CCA虚拟机与用户应用程序之间建立一个端到端安全的通道。

3）ARM CCA的隔离执行

在ARM CCA中，由Realm保护的任何代码或数据都不能被普通世界中的内核、VMM、其他Realm和不受Realm信任的设备访问或修改，无论这些代码和数据是在内存中还是在寄存器中。这些实体访问Realm的代码、数据或寄存器状态的尝试会被硬件阻止并抛出错误异常。

为了保证实现隔离执行，使得CCA虚拟机在Realm空间中运行时的内存可以在非安全世界和Realm空间之间、在非安全世界和安全世界之间移动，ARM引入了名为颗粒度保护表（Granule Protection Table，GPT）的技术。该表会跟踪内存页的使用范围，MMU模块在进行地址转换时会使用该表中的信息进行合法校验。GPT会对每个内存页是用于Realm空间、安全世界还是非安全世界进行跟踪与记录。硬件在每次内存访问时会根据GPT进行世界之间的强制隔离，阻止非法访问。在同一个世界中，GPT提供了更细粒度的隔离能力，这就是CCA虚拟机之间相互隔离的方式。当内存页在不同空间之间迁移时，硬件会对这部分内存页中的数据进行加密和清理，以确保数据的安全性。

4）ARM CCA的内存加密

针对TrustZone官方没有支持的内存加密的问题，在ARM CCA中利用RME完成了支持。RME会使用名为内存保护引擎（Memory Protection Engine，MPE）的硬件模块实现内存加密，且对不同的CCA虚拟机会使用不同的密钥完成加密操作。

11.2.3.3 RISC-V

1. Keystone

美国加利福尼亚大学伯克利分校于2018年提出，并于2020年开源了一个针对RISC-V架构的机密计算技术——Keystone。Keystone属于App-CC类型，其针对RISC-V架构提出了一个可以对机密计算能力进行定制化开发的开源框架，便于硬件制造商、开发商以及研究人员定制开发自己的机密计算技术。Keystone技术同时满足机密计算中的安全启动、隔离执行和远程证明。

Keystone着眼于构建一个可定制的机密计算框架，通过功能模块化来定制机密计算技术。可定制化机密计算框架允许使用者基于RISC-V架构创建一个硬件，并在特定的标准上根据使用者的需求构造和配置不同的技术实现机密计算。

Keystone的核心模块包括Keystone安全监视器（Security Monitor，SM）、根信任模块（Root of Trust，RoT）以及物理存储器保护模块（Physical Memory Protection，PMP）。Keystone安全监视器是用来完成机密计算环境构建，并且负责维持机密计算安全边界的运行逻辑。Keystone安全监视器的完整性由硬件的根信任模块验证与保证。安全检视模块安全保护逻辑的底层实现，是由硬件的物理内存保护模块（Physical Memory Protection，PMP）实现的。Keystone着重强调将资源管理和安全检查解耦。每个应用程序运行在各自被硬件隔离出的物理内存区域，并且拥有自己的Enclave Runtime组件来完成管理应用程序。Enclave Runtime负责管理Enclave 应用程序的用户代码的生命周期、内存管理、系统调用，并且完成与Keystone安全监视器间的通信，如图11-21所示。

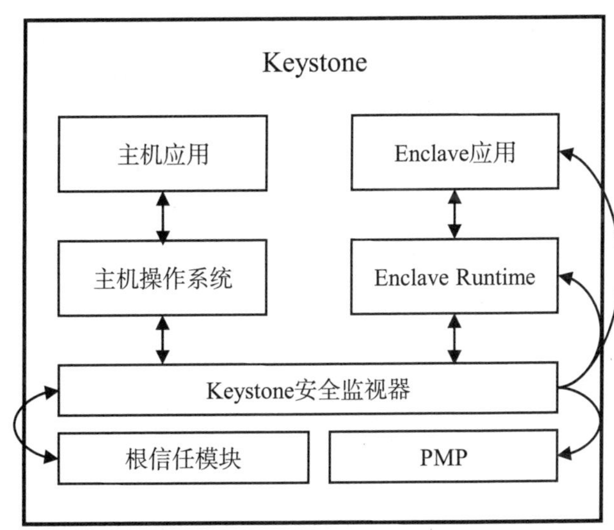

图 11-21　Keystone 系统架构

1）Keystone的安全启动

Keystone在安全启动时，根信任模块完成对Keystone安全监视器镜像的度量，并由硬件生成随机密钥存储到Keystone安全监视器的私有内存中。底层硬件会对度量值和密钥签名。

2）Keystone的远程证明

在远程证明过程中，Keystone安全监视器会在Enclave应用程序启动的时候进行度量。在执行远程证明过程的时候，Keystone安全监视器会对正在运行的Enclave应用程序进行度量，并将度量结果、挑战信息、签名以及其他根据应用场景自定义的信息包含在远程证明报告中，提交给远程证明发起方进行验证。

3）Keystone的隔离执行

Keystone的隔离是由Keystone安全监视器和物理内存保护模块共同完成的。Keystone安全监视器通过对不同的Enclave应用程序的识别、对中断异常等需要应用到硬件不同总线操作的处理，将需求转化翻译成对应物理内存区域标识后交给物理内存保护模块。物理内存保护模块通过对区域标识的验证，完成不同Enclave应用程序之间内存的隔离。

4）Keystone的内存加密

Keystone 的方案中暂且没有对内存加密模块的实现，社区正在邀请专家参与完成相关功能。

2. 蓬莱

蓬莱机密计算环境是基于RISC-V架构CPU的最主流的机密计算技术之一，同时是国内唯一开源的机密计算方案。与其他RISC-V架构下的机密计算方案相比，蓬莱在可扩展性（隔离环境数量、安全内存大小）和系统性能（通信时延、启动开销）等方面具有显著的优势。蓬莱先后被OpenEuler和OpenHarmony两大开源社区接收，并与国内多家芯片厂商实现合作，形成了良性发展的开源生态。蓬莱可以与任意RISC-V架构的芯片适配，既可应用于物联网与边缘计算领域，也可应用于云计算等领域，通过机密计算环境对应用程序提供全生命周期的保护。

蓬莱在整体架构上与Keystone的区别不大，但是在细节实现上却千差万别。例如，蓬莱引入了保护页面表（Guarded Page Table，GPT）技术，依靠GPT保护页粒度的内存隔离，以完成隔离执行，实现可伸缩的内存保护。

为了降低机密计算技术的准入门槛，鼓励更多从业人员介入。蓬莱架构在安全监视模块和具体的硬件间，设计了一层“安全原语”接口。机密计算环境实例的管理逻辑将实现在这层通用的接口上，而不需要关心具体的硬件隔离和保护机制。具体地，蓬莱扩展了现有RISC-V硬件原语，通过软硬件协同的方式来支持隔离环境的可扩展性。当前，蓬莱系统实现了一套新的RISC-V指令扩展sPMP，即特权级物理内存保护机制（s-mode Physical Memory Protection，sPMP），允许在安全监视器中实现可扩展的物理内存隔离。除了sPMP硬件扩展，蓬莱同时支持通过现有的物理内存隔离机制（Physical Memory Protection，PMP）对Enclave实施保护，实现隔离执行，如图11-22所示。

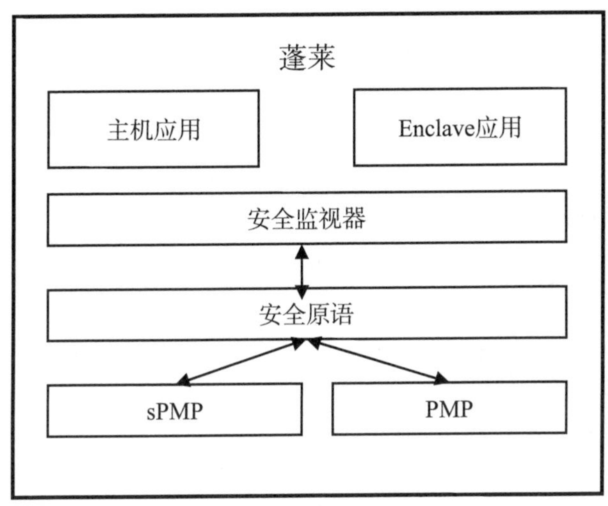

图 11-22　蓬莱体系架构

11.2.3.4　GPU

2022年，NVIDIA推出了基于全新Hopper架构的H100 GPU，是全球首个支持机密计算的GPU，可以保护在GPU中使用数据和代码的机密性与完整性。NVIDIA H100 GPU为AI和HPC等为计算密集型工作负载提供了运行态的安全保护。通常，无论是在本地还是云环境中，数据、AI模型、正在运行的应用程序都可能是对用户有价值的敏感信息，因此容易受到各种攻击。基于NVIDIA Hopper架构中设计与实现的机密计算技术可缓解上述威胁，在保证AI工作负载效率的同时，为用户数据提供基于硬件的安全性保护，保护敏感数据和专有AI模型免受未授权的访问。

在H100 GPU的机密计算模式开启下，会创建一个机密计算环境，除机密计算环境的拥有者外，没有人可以访问环境内部的数据与代码。这种设计阻止任何未经授权的访问或篡改，包括VMM、主机操作系统，甚至是物理访问。数据在GPU的机密环境与CPU之间传输的时候，都会以PCIe线束进行加密和解密。除此之外，H100 GPU还提供了访问控制的支持，确保只有经过授权的用户才能将数据和代码放入机密计算环境中执行，减少了针对AI数据投毒等攻击的攻击面。同时，NVIDIA的GPU机密计算方案类似VM-CC，在大多数情况下不需要对GPU加速工作负载进行代码更改，提升了机密计算环境的易用性。

NVIDIA H100 GPU至少可以应用在以下三种应用场景中。

（1）保护AI知识产权。AI模型提供商可以将其AI模型置于H100 GPU机密计算环境中，在保护知识产权，即AI模型，免受未经授权的访问或篡改的同时，让更多受众获享AI解决方案。

（2）保护AI训练和推理过程中数据的安全。在AI模型训练和推理的过程中需要使用大量的、多维的数据。这些数据可能包含很多敏感信息，例如个人身份信息。在数据监管日渐严格的当下，如何保护这些数据在使用过程中的安全性至关重要，H100 GPU机密计算环境提供了技术支撑。

（3）安全的多方协作。当前，被广泛使用的模型，如ChatGPT等，多为神经网络模型。神经网络的构建和改进需要使用仔细标记的、多样化的数据集。多数情况下，单一来源的数据无法支撑训练出足够强大的模型，这要求多方在不影响数据源的机密性和完整性的情况下进行协作。H100 GPU机密计算环境可以帮助解决该问题。

11.2.4 易用性分析

11.2.4.1 技术的易用性

机密计算技术实现方案从技术路线的角度可以将现有技术方案分为三大类：分别是基于应用程序的机密计算方案（Application-based Confidential Computing，App-CC），如Intel SGX，ARM TrustZone等；基于虚拟机的机密计算方案（Virtual Machine-based Confidential Computing，VM-CC），如Intel TDX，AMD SEV等；基于容器的机密计算方案(Container-based Confidential Computing，Container-CC）。其中，App-CC类型的机密计算技术由于在设计之初需要对应用程序进行拆分，易用性较低；VM-CC和Container-CC的机密计算技术可以在不对应用程序进行修改的情况下使用，易用性较高。

（1）以SGX、ARM TrustZone为例的App-CC类型的机密计算技术方案在提供代码和数据安全性保护的同时，需要对应用程序进行重新划分，将需要被保护起来的部分放置于机密计算环境中实现。同时，需要基于机密计算技术提供的SDK对应用程序在源码层面进行适配。因此，使用代价较高，需要学习机密计算架构及其相关API。

Intel SGX的开发者需要将目标应用程序分成两个部分，因此需要决定哪些组件应该置于机密计算环境内部，哪些可以置于不可信的环境中，以及双方如何通信。对于复杂的应用，确定并完成高效、合理且安全的划分方案是一件颇具挑战性的工作。出于硬件限制和安全考虑，机密计算环境中是无法直接访问机密计算环境外的资源的。而App-CC的机密计算环境内由于较小的可信基，使很多现有的软件或工具都无法在机密计算环境中运行。

另外，Intel SGX的应用开发者通常需要使用某种SGX SDK，且这些SDK的学习与使用成本高昂。被广泛使用的Intel SGX的SDK有Intel SGX SDK、Open Enclave SDK、Google Asylo 或 Apache Rust SGX SDK。由于这些SDK是基于不同的开发语言实现的，且SDK之间缺少统一的接口标准，因此进一步提升了Intel SDK的学习和使用成本。上述困境使得为SGX的应用开发较为困难，制约了SGX和机密计算的普及度和接受度。

ARM TrustZone相较于Intel SGX存在泛用性广、成本低的特点。由于TrustZone是基于ARM架构进行开发，其可以根据相关需求进行具体的匹配，虽然其允许厂商根据自己的技术进行定时化开发，但其泛用性却远远强于Intel SGX等依靠单个厂商的可信计算硬件技术。相对于Intel SGX等一系列可信硬件解决方案，TrustZone只需要在原有芯片上进行操作和改进即可，相对于专用芯片，由于其是通过ARM架构安全扩展引入的，因此在成本上也优于其他解决方案。

ARM TrustZone在应用程序的设计与实现方面，也需要将其划分为两大部分：包含正常模式的客户端应用（Client Application，CA）和安全模式的可信应用（Trusted Application，TA）。CA和TA通过通用唯一辨别码（Universally Unique Identifier，UUID）进行识别，只有使用相同的UUID，双方才能实现交互。同时，这类方案普遍存在开发语言限制的问题，不支持更加友好的编程语言，使用者需要依据SDK所提供的接口完成程序的适配工作。

（2）VM-CC和Container-CC两类机密计算技术方案构建了虚拟机以及容器级别的机密计算环境，VM-CC允许每个虚拟机使用自己的密钥来选择性地加密和管理自己的内存，并对系统模块的访问做出限制。Container-CC的目标在于容器级别的加密和隔离，是为了让用户在无感知的前提下使用机密计算技术所带来的系统安全性上的提升。该类技术方案可以使应用程序不再需要分割或修改程序即可受到机密计算环境的保护，这极大降低了开发人员适配的成本。

11.2.4.2　部署运维

在部署运维方面，机密计算技术方案都需要依赖底层硬件和上层软件的支持。因此，在实际应用的过程中，需要同时部署固件、操作系统驱动以及上层软件栈，提升了部署难度。不同的机密计算技术形态各异，且尚未形成统一的行业标准，也给异构的机密计算平台部署带来了一定的障碍。另外，机密计算方案在更新升级时需要同步对软硬件进行升级，增加了运维的成本。

11.2.5　安全性分析

机密计算技术假设只有硬件是可信的，包括操作系统内核、VMM在内的所有用户和程序均是不可信的。在如此强大的安全假设之下，自2015年Intel SGX以及2016年AMD SEV发布以来，业界和学术界对不同机密计算技术的安全性进行了持续、深入的研究。一系列安全漏洞被研究者们相继发现并提交，机密计算厂商也先后使用微指令（MICROCODE）对已知的漏洞完成了修复，使机密计算技术的安全性得到了大幅提升。

机密计算技术的安全问题大致可以分为两大类：一类是由不完善的系统设计导致的漏洞；另一类是侧信道漏洞。本节会以知识性科普为目的介绍这两类安全性问题。对机密计算的安全性研究在持续进行中，本节无法囊括所有已知的安全漏洞。机密计算厂商对安全问题的修复也从未间断，本节中介绍的很多安全漏洞也已经被修复。

11.2.5.1　不完善的系统设计

为了保证落盘数据的安全性，达到安全持久的数据存储目的，机密计算技术提供了一种成为密封的安全机制，允许每个机密计算环境使用硬件对其中需要落盘的数据进行加密和验证。密封机制可以防止恶意操作系统对落盘数据的读取和篡改。但是，部分机密计算技术不完善的设计，使恶意操作系统可以用旧的加密和验证版本替换最新的密封数据，通过欺骗机密计算硬件，使计算硬件误以为旧的数据是合法的而完成解密操作，获得机密信息。这类攻击被命名为回滚攻击。

机密计算技术对机密计算环境不完善的身份认证机制也可能导致安全性漏洞。具体而言，攻击者可以对同一个应用程序创建两个机密计算环境实例，然后通过各种重定向技术将通信导向伪造的机密计算环境中，以达到破坏机密计算环境完整性的目的。

机密计算环境与非可信环境的交互过程需要完善的系统设计，不完善的交互机制也很容易导致安全漏洞。例如，AMD SEV创建的机密计算环境保护的是整个虚拟机，非可信环境的交互过程主要是通过虚拟机控制块（Virtual Machine Control Block，VMCB）来实现的。VMCB包含很多SEV虚拟机相关的关键信息（如指令指针、控制寄存器等），同时能通过VMCB实现对SEV虚拟机的控制（如上下文切换进入、虚拟机运行、退出条件变更等）。通过结合VMCB中的信息以及CPU寄存器中的数据，如VMM等特权用户就能够实现对SEV虚拟机任意内存的明文读取。2017年AMD推出SEV的升级版本SEV-ES，通过对VMCB中内容加密的方式，保证了交互信息的机密性，解决了上述问题。

然而，由于SEV-ES虚拟机的ASID与虚拟机句柄的关联关系，以及负责虚拟机内地址向物理地址转换的嵌套页表（Nested-Page Table，NPT）未被SEV-ES机密计算技术所保护，研究人员针对这两个设计上的疏漏，实现了对SEV-ES虚拟机数据的攻击和对SEV-ES虚拟机的加密内存数据的任意读写。随后，AMD又推出了SEV-SNP，SEV-SNP建立在原始AMD SEV和SEV-ES的基础上，可提供额外的基于硬件的内存完整性保护，以抵御上述两类已知的安全漏洞。

机密计算环境与外界的内存共享也常常出现安全漏洞。举例而言，出于安全方面的考虑，DMA通常是不被机密计算环境允许直接访问机密计算环境内的内存空间的。因此，机密计算环境需要将共享数据以明文的方式放入内存页，这一过程中可能会对I/O数据的机密性造成威胁。当管理共享内存的授权表（Grant Table）可以被攻击者篡改时，攻击者就可以通过将内存页恶意授权给由攻击者创造的恶意机密计算环境的方式，破坏内存中数据的机密性。

11.2.5.2 侧信道漏洞

侧信道漏洞是机密计算技术最常见的漏洞类型。不完善的系统设计是由机密计算方案设计过程中的疏漏造成的，是偶发性漏洞。当数据和应用程序在机密计算环境内执行的时候，其实是在被硬件保护的区域内明文执行，机密计算技术保证了攻击者无法突破安全边界攻入机密计算环境内部。而利用侧信道漏洞进行攻击的时候，攻击者则是在机密计算环境的外部，通过收集信息的方式完成攻击。因此，这类漏洞是机密计算技术漏洞中很难被根除的类型。

根据收集到信息类型的不同，侧信道攻击也可以进一步分为两大类，一类是特权用户收集操作系统相关的信息；另一类是用户收集机器运行的物理信息。

（1）在操作系统中，缓存和页表是两种经常会被用来泄露机密信息的侧信道。

缓存的侧信道攻击常采用的技术之一名为Prime + Probe。顾名思义，Prime+Probe攻击分为Prime和Probe两个阶段。首先Prime阶段攻击者会使用垃圾信息填充缓存空间。其次，攻击者需要等待机密计算环境中的应用程序通过读内存的操作更新缓存中的垃圾数据。最后，Probe阶段攻击者需要测量读取缓存中在Prime阶段填充的垃圾信息的时间，如果读取的时间过长，则表明机密应用程序使用了这部分缓存。这种攻击利用缓存粒度的数据访问模式对机密数据进行攻击。

页表的侧信道漏洞也是一种常见的漏洞。Controlled Channel攻击是最出名的利用页表破坏被Intel SGX保护数据机密性的攻击。Intel SGX是App-CC类型的机密计算技术，SGX机密应用程序的缺页请求需要由操作系统进行处理。这就使恶意操作系统能够通过监视缺页中断的方式，收集SGX机密应用程序访问了哪些内存页。根据内存页的访问信息，攻击者可以还原机密应用程序相关的数据，破坏机密计算环境的机密性。

（2）机器运行的物理信息包括能耗、电压、CPU频率、电磁辐射等信息在服务器刚刚兴起的时候，就已经有很多使用示波器、热成像仪、能耗传感器等硬件收集信息、推测服务器中运行数据的攻击存在了。随着技术人员对这类攻击的重视，以及能屏蔽这类信息泄露材料的发明，这类侧信道攻击的热度有所降低。

随着机密计算技术的诞生，安全边界从机房的围墙变为了由CPU硬件保护的虚拟围墙，攻击者们具备了使用CPU的性能监测接口收集机器运行相关的物理信息的能力，这类侧信道攻击又再次进入了研究员们的视野。不同的组织与专家已经分别通过收集CPU能耗、CPU电压、CPU频率这几项物理信息，成功获取了被机密计算系统保护的机密数据，破坏了机密计算系统的机密性。

11.3　安全多方计算

安全多方计算（Secure Multiple-party Computation，MPC）是现代秘密学中的重要分支，也是大数据时代协同计算中保护数据隐私的核心技术。其主要研究内容是在无可信第三方的情况下，一组互不信任的参与者如何安全地协同计算一个函数，最终只输出函数计算结果，而不暴露任何除结果之外的其他信息，如各参与方的隐私数据等。整个计算过程中，各参与方对其所拥有的隐私数据有绝对的控制权。

MPC起源于一个安全两方计算问题，即姚期智院士于1982年提出的“百万富翁问题”，该问题可以描述为：“假设有两个富翁，他们想知道谁更富有，但他们又想保护好自己的隐私，不愿意让任何人知道自己拥有多少财富，如何在保护好双方隐私的前提下，计算出谁更有钱呢？”1986年，姚期智院士针对该问题，给出一种电路加密的解决方案，适用于通用型的安全两方计算问题，该方法在后续的工作中被称为混淆电路技术。

自从1982年姚期智院士开创工作以来，经过数10年的研究，MPC已经从理论逐步进入实际应用中。随着大数据时代的到来，新兴技术不断涌现，如云计算、人工智能等。而MPC由于其在数据安全性和隐私性上的天然优势，成为隐私计算中核心技术之一，受到了广泛关注。近几年，MPC在学术界已产生大量研究成果，在工业界也产生了许多实际应用。近十年来，MPC领域出现了一系列优秀开源库，进一步推动了MPC的应用和部署，如ABY、EMP-toolkit、FRESCO、JIFF、MP-SPDZ、MPyC和Crypten等。

在实际的MPC工程部署中，参与方主要承担的角色可分为数据方、计算方、结果方。数据方指原始秘密输入数据的提供者；计算方指安全多方计算协议算力的提供者，负责安全多方计算协议的实际执行；结果方指安全多方计算结果的接收方。

MPC技术并不是一个单一的技术，其构成还涉及秘密分享、不经意传输、同态加密等多种密码学原语。目前，MPC主要有两条实施技术路线，即通用MPC和针对特定问题的MPC。在学术界和具体应用场景中，通用MPC的解决方案包括基于秘密共享、混淆电路以及同态加密的计算解决方案；针对特定问题的MPC的主流计算解决方案包括两种：一种是隐私集合求交集；二种是隐私信息检索。

本小结首先将对MPC中涉及的主要技术原理进行介绍，其中包括秘密分享、不经意传输、混淆电路。其次，针对特定场景的MPC应用技术进行介绍，包括隐私集合交集、隐匿信息查询和隐私保护机器学习。最后，对MPC协议常见的安全性分析方法和安全挑战模型进行介绍。

11.3.1 技术原理

11.3.1.1 混淆电路

混淆电路（Garbled Circuit，GC）最初是1986年姚期智院士为解决安全两方计算而提出的一种电路加密思路。之后，Goldreich等人将此方案中的两个参与者扩展为多个。混淆电路对于安全多方计算意义重大，但该方法一直是以一种处理技巧进行描述，没有具体的定义和证明。直至2012年，Bellare等人给出了混淆电路的具体形式化定义，随之给出其语义定义、安全定义等，此项工作奠定了混淆电路作为一项独立的密码方案的基础。后续发展出混淆电路技术大多是在姚氏协议的技术上构造得来的，虽然此协议的通信复杂度已不是现有协议中最优的，但由于其协议的执行轮数是常数，避免了由于协议本身引入的较大的通信延迟。

混淆电路是一种密码学协议，其使两个参与方能够在无须知道对方数据的情况下共同计算某一函数。其关键在于可计算的函数问题都可以转换为一组电路，由加法电路、乘法电路、比较电路等表示，而电路本质上由一个个逻辑门组成，包括与门、非门、或门、与非门等。即使是复杂的计算过程，如深度学习等，也是可以转换成电路的。

为帮助读者理解，我们以姚期智院士提出的百万富翁问题为例，尝试将这些函数转化为电路。在“百万富翁”问题中，两个富翁Alice和Bob想比较一下谁更富有，又不向对方透露自己有多少财富，该问题本质上要解决的函数是比较大小。假设Alice的财富表示为整数a，Bob的财富表示为整数b。转换为二进制后，a和b可表示为$a_n a_{n-1} \ldots a_1$ 和$b_n b_{n-1} \ldots b_1$，其中a_i、$b_i \in 0$，1，可以使用归纳法来判断它们的大小。定义变量如下：

$$c_{i+1} = \begin{cases} 1, & a_i a_{i-1} \ldots a_1 > b_i b_{i-1} \ldots b_1 \\ 0, & a_i a_{i-1} \ldots a_1 \leqslant b_i b_{i-1} \ldots b_1 \end{cases}$$

初始值$c_1 = 0$，$a_1 a_{i-1} \ldots a_1 > b_i b_{i-1} \ldots b_1$的充分必要条件是$a_i > b_i$，或$a_i = b_i$且$a_{i-1} \ldots a_1 > b_{i-1} \ldots b_1$。显然，通过$c_1 = 0$可以推导出$c_2$，$c_3$，…，$c_{n+1}$，而$c_{n+1}$为最终比较结果。在已知$a_i$，$b_i$，$c_i$的情况下，$c_{i+1}$可总结为：$(a_i > b_i)$或$\left(a_i = b_i \text{并且} c_i = 1\right)$。这一总结等价于如图11-23所示逻辑电路。

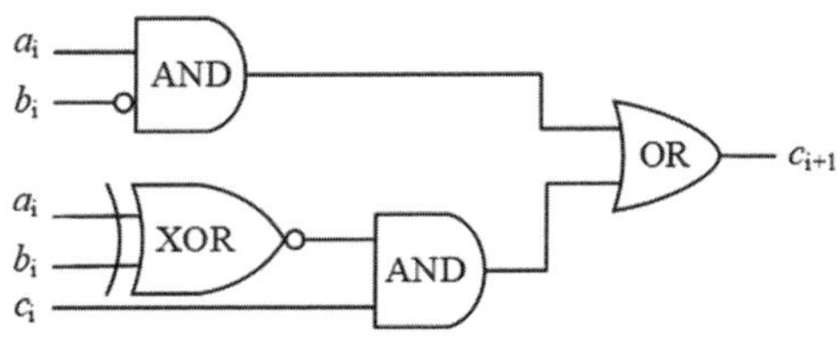

图 11-23 部分逻辑电路

将上述逻辑电路封装成拥有三个输入$\left(a_i, b_i, c_i\right)$和一个输出$(c_{i+1})$的电路模块。将$n$个模块串联可以得到判断$a_n a_{n-1} \ldots a_1 > b_n b_{n-1} \ldots b_1$的电路，如图11-24所示。

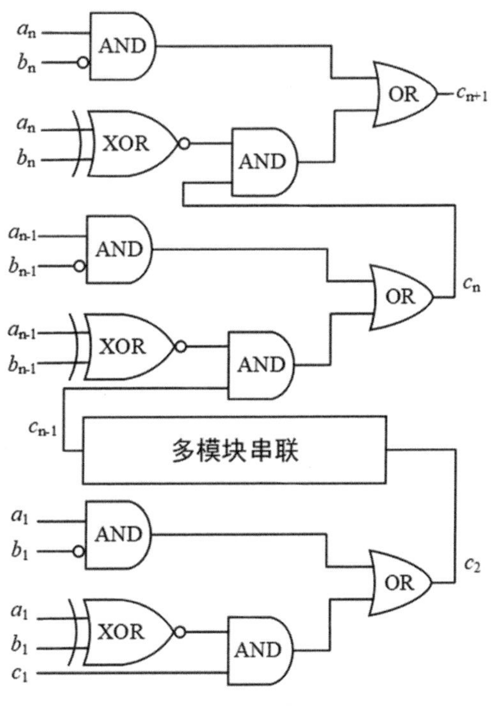

图 11-24 完整逻辑电路

在上述电路中，c_{n+1}为整个电路的输出。当$c_{n+1}=1$时，则$a>b$。至此，已经将比较函数转化为一个逻辑电路，但该电路还不能解决“百万富翁”问题，因为现在仅有电路，没有混淆，电路中每一根导线的输入值是明文状态，而我们要求参与方不能获得对方的数据。接下来我们介绍如何将逻辑电路变成真正的混淆电路，其中将使用到密码学原语不经意传输技术（Oblivious Transfer，OT），该协议能使接收者输入选择比特后获得发送方输入信息中的对应信息，同时保证双方输入的私密性，具体协议可参考本小节后续不经意传输部分。

假设Alice和Bob要基于混淆电路计算某一函数$f\left(a，b\right)$，主要步骤有：

（1）Alice将目标函数$f(a，b)$转换为布尔电路，并对电路进行加密混淆。

（2）Alice将混淆表和部分输入字符串发送给Bob。

（3）Bob对混淆电路进行计算。

（4）Alice和Bob恢复秘密，获得电路计算结果。

为帮助读者理解上述步骤，我们以与门为例，对混淆电路执行步骤进行介绍。

1. 生成混淆电路

逻辑电路与门如图11-25所示，有两个输入导线和一个输出导线，三个导线分别对应真值表的3列。

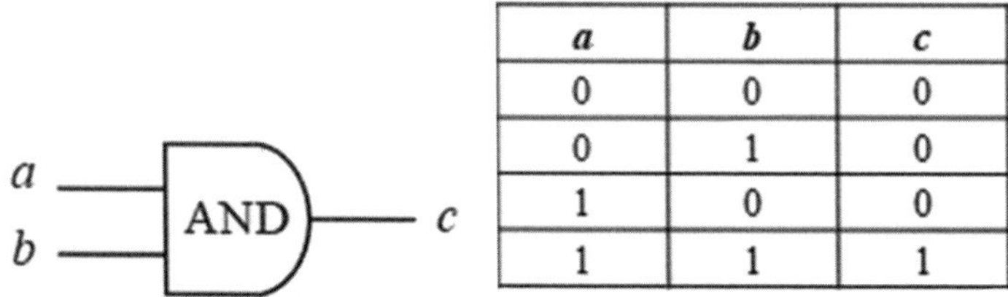

a	b	c
0	0	0
0	1	0
1	0	0
1	1	1

图 11-25　与门逻辑电路图及真值表

Alice首先生成逻辑电路的真值表，然后将真值表中每根导线对应列的0、1数值使用不同字符串进行替换。针对上述与门我们生成6个不同的字符串k_a^0，k_a^1，k_b^0，k_b^1，k_c^0，k_c^1，分别用于替换a，b，c三个导线输入0或1的两种情况，如图11-26所示。

a	b	c
0	0	0
0	1	0
1	0	0
1	1	1

a	b	c
k_a^0	k_b^0	k_c^0
k_a^0	k_b^1	k_c^0
k_a^1	k_b^0	k_c^0
k_a^1	k_b^1	k_c^1

图 11-26　与门的真值表转换

Alice使用与a、b导线相对应的字符串作为密钥，使用对称加密算法，对c导线对应的字符串进行两次加密，以第一行为例：$Enc_{k_a^0}\left(Enc_{k_b^0}(k_c^0)\right)$，简写为$Enc_{k_a^0，k_b^0}(k_c^0)$，对其余行执行类似操作得到四个密文。最后，将得到的密文顺序打乱。至此，我们得到了逻辑电路与门的混淆表（Garbled Table），如图11-27所示。

a	b	c
k_a^0	k_b^0	k_c^0
k_a^0	k_b^1	k_c^0
k_a^1	k_b^0	k_c^0
k_a^1	k_b^1	k_c^1

$Enc_{k_a^0,k_b^0}(k_c^0)$
$Enc_{k_a^0,k_b^1}(k_c^0)$
$Enc_{k_a^1,k_b^0}(k_c^0)$
$Enc_{k_a^1,k_b^1}(k_c^1)$

shuffle

$Enc_{k_a^1,k_b^0}(k_c^0)$
$Enc_{k_a^1,k_b^1}(k_c^1)$
$Enc_{k_a^0,k_b^1}(k_c^0)$
$Enc_{k_a^0,k_b^0}(k_c^0)$

图 11-27　与门混淆表（换图）

2. 发送混淆表与部分输入字符串

Alice将其输入对应的字符串发送给Bob，如Alice输入a导线的值为0，则将k_a^0发送给Bob，由于Bob不知道其对应关系，所以无法从k_a^0推测任何有用信息。随后，Alice将混淆表发送给Bob，即上文中经过打乱后的四个密文。

Bob通过不经意传输协议，从Alice处获得其输入值对应的字符串。不经意传输保证了Bob输入0时，仅能得到k_b^0，反之，得到k_b^1，且Alice对Bob的输入值一无所知。

3. Bob 计算混淆电路

Bob基于收到的k_a^*和k_b^*对混淆表进行解密，由于仅有两个密钥，Bob仅能解开混淆表中四个密文中的其中一个，得到k_c^*，例如Alice输入值a=0，Bob输入值b=1时，仅能解开$Enc_{k_a^0}\left(Enc_{k_b^1}(k_c^0)\right)$得到$k_c^0$的值。由于混淆表是经过打乱的，所以此时$k_c^*$仍不带任何有用信息。

Bob仅能解开其中一个值，而现在有4个密文，Bob如何判断应该解密哪个呢？此处用到了一个小技巧，Alice在生成k_c^*时，会在其前缀加一定数量的0，作为成功解密的标识，Bob则将四个密文全部解密，通过前缀判断成功解密了哪一个密文。

4. 获得计算结果

最后，Alice分享k_c^0、k_c^1，或者Bob分享最后的k_c^*，即可得到电路的计算结果。

上面介绍了逻辑电路与门构造混淆电路的方法，现实场景中通常要计算的函数是十分复杂的，如前文中我们构造的比较函数单个比特逻辑电路就用到了4个逻辑门，需要标注7条导线。但理解上述与门的构造方法后，将逻辑门的输出作为下一个逻辑门的输入，则很容易就能将其拓展为更复杂的电路。

11.3.1.2　秘密共享

秘密共享（**Secret Sharing**）由Adi Shamir和George Blakley各自独立提出，指将秘密以适当的方式拆分，拆分后的份额由不同参与方持有，单个参与方无法恢复秘密信息，当且仅当足够数量的参与者协作才能恢复原始秘密值，是构造MPC协议的重要支撑技术之一。主流MPC框架和协议中使用到的秘密共享主要有门限秘密共享、算术共享、布尔共享和Yao

共享，本节将逐个进行介绍。

秘密共享方案主要由秘密分发和秘密重构两个方法组成。

（1）秘密分发：构建多项式$f(x) = s + a_1x^1 + a_2x^2 + \cdots + a_{k-1}x^{k-1}modq$，其中$s$为要分享的秘密，$q$为一个可公开的大素数。$n$个参与者记为$P_1$，$P_2$，…，$P_n$，$P_i$分配到的子密钥为$(i，f(i))$。

（2）秘密重构：构造多项式$f(x) = \sum_{j=1}^{k} f\left(i_j\right) \prod_{l=1，l \neq j}^{k} \frac{(x-i_l)}{(i_j-i_l)}$，代入$k$个子密钥，取$x$为0，计算$f(0)$即可得到原始秘密$s$。

1. 门限秘密共享

在如导弹发射控制、密钥托管等某些重要任务中，往往需要多人同时参与才能生效。这时需要将秘密分给多人保存，在一定数目持有秘密的人同时到场时才能恢复这一秘密。由此，我们引入门限秘密共享的一般概念。如图11-28所示，设秘密s被分成n个份额，每个份额也可称为1个子密钥，每个份额由一个参与者持有，使得：

（1）由t个或多于t个参与者所持有的份额可重构s。

（2）由少于k个参与者所持有的份额则无法重构s。

（3）由少于t个参与者所持有的份额得不到秘密s的任何信息。

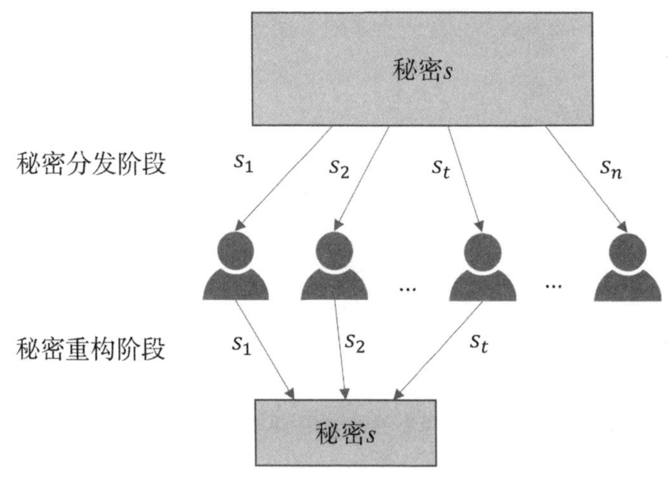

图 11-28　秘密共享概念图

下面介绍最具代表性的Shamir门限秘密共享方案，Shamir门限秘密共享方案是基于多项式Lagrange插值公式构造的。

Lagrange插值：已知$\varphi(x)$在k个互不相同的点函数$\varphi(x_i)$，$(i = 1，…，k)$，可构造k-1次插值多项式为：

$$f(x) = \sum_{j=1}^{k} \varphi\left(x_j\right) \prod_{l=1，l \neq j}^{k} \frac{\left(x - x_l\right)}{\left(x_j - x_l\right)}$$

Lagrange插值问题也可认为是已知k-1次多项式$f(x)$的k个互不相同的点的函数值$f\left(x_i\right)$，

$(i=1,\ldots,\ k)$ 构造多项式$f(x)$。若把密钥s取作$f(0)$，则n个子密钥取作$f(x_i)$，$(i=1，2，\ \ldots，n)$，那么利用其中的任意k个子密钥可重构$f(x)$，从而可得密钥s，这就是Shamir的$(k，n)$门限秘密共享方案。

2. 算术共享

在算术秘密共享中，没有如Shamir门限秘密共享方案所述的门限特点，当一个秘密x基于算术共享产生n个子密钥时，只有拥有全部的n个子密钥才能恢复出原始秘密x，一个长度为m比特的值x，将会被分为两个或多个在环$\mathbb{Z}_{2^m}$上的值的和。算术共享拥有秘密分发和秘密重构两个方法，通过加法共享各参与方间的隐私值，加法门如图11-29所示。

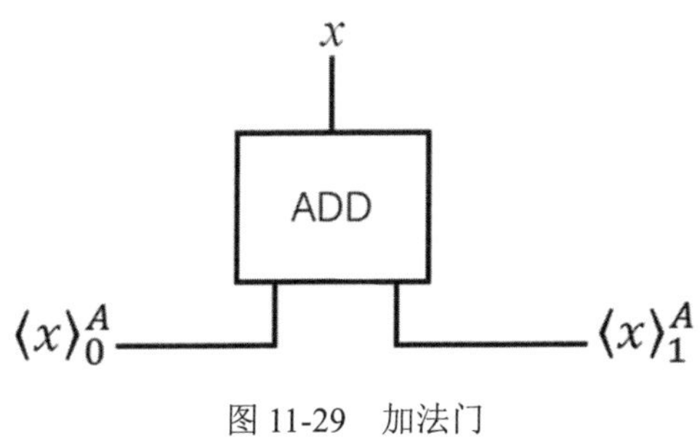

图 11-29　加法门

1）秘密分发和秘密重构的实现

秘密分发：参与方P_i在环$\mathbb{Z}_{2^m}$内任取随机数r，计算$\langle x\rangle_0^A = x - r$，将$r$发送给$P_{1-i}$，定义$\langle x\rangle_1^A = r$，此时满足$x = \langle x\rangle_0^A + \langle x\rangle_1^A$。

秘密重构：P_{1-i}发送其拥有的秘密份额$\langle x\rangle_{1-i}^A$给P_i，则P_i可恢复原始秘密$x = \langle x\rangle_{1-i}^A + \langle x\rangle_i^A$。

2）技术优势

此外，算术共享还支持秘密份额间的加法和乘法操作。假设现已对x和y进行算术共享，P_i拥有$\langle x\rangle_i^A$和$\langle y\rangle_i^A$。

加法：要求P_i获得秘密份额$\langle z\rangle_i^A$，满足$z = x + y$，P_i仅需本地执行$\langle z\rangle_i^A = \langle x\rangle_i^A + \langle y\rangle_i^A$。

乘法：要求P_i获得秘密份额$\langle z\rangle_i^A$，满足$z = x * y$，执行乘法操作需要乘法三元组$\langle c\rangle^A = \langle a\rangle^A * \langle b\rangle^A$辅助计算，$P_i$设定$\langle e\rangle_i^A = \langle x\rangle_i^A - \langle a\rangle_i^A$，$\langle f\rangle_i^A = \langle y\rangle_i^A - \langle b\rangle_i^A$，双方执行秘密重构恢复出$e$和$f$，$P_i$执行$\langle z\rangle_i^A = i * e * f + f * \langle a\rangle_i^A + e * \langle b\rangle_i^A + \langle c\rangle_i^A$，即可获得$x * y$的秘密份额$\langle z\rangle_i^A$，乘法三元组的获得可以使用不经意传输或同态加密算法获得，更多细节可以参考Demmler等人设计的ABY框架，在此不做过多赘述。

3. 布尔共享

布尔共享使用基于异或（XOR）的秘密共享方案来共享变量，通常使用Goldreichd等人提出的GMW协议来作为布尔电路函数。为了简化表示，我们下述方法以单个比特为例，m比特的情况下，可以并行处理m次。布尔共享同样拥有秘密分发和秘密重构两个方法，布尔共享异或门如图11-30所示。

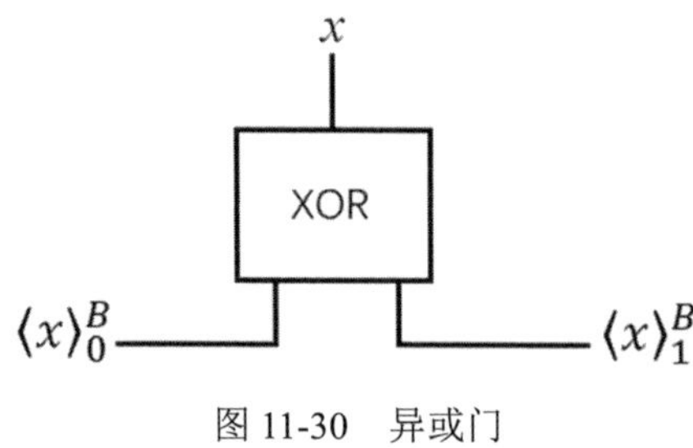

图 11-30 异或门

1）秘密分发和秘密重构的实现

秘密分发：参与方P_i选择一个随机比特位r，计算$\langle x\rangle_0^B = x \oplus r$，将$r$发送给$P_{1-i}$，定义$\langle x\rangle_1^B = r$，此时满足$x = \langle x\rangle_0^B \oplus \langle x\rangle_1^B$。

秘密重构：P_{1-i}发送其拥有的秘密份额$\langle x\rangle_{1-i}^B$给P_i，则P_i可恢复原始秘密$x = \langle x\rangle_{1-i}^B \oplus \langle x\rangle_i^B$。

2）技术优势

此外，布尔共享还支持秘密份额间的异或（XOR）和与（AND）操作。假设现已对x和y进行布尔共享，P_i拥有$\langle x\rangle_i^B$和$\langle y\rangle_i^B$。

异或（XOR）：要求P_i获得秘密份额$\langle z\rangle_i^B$，满足$z = x \oplus y$，P_i仅需本地执行$\langle z\rangle_i^B = \langle x\rangle_i^B \oplus \langle y\rangle_i^B$。

与（AND）：要求P_i获得秘密份额$\langle z\rangle_i^B$，满足$z = x \wedge y$，执行乘法操作需要布尔三元组$\langle c\rangle^B = \langle a\rangle^B \wedge \langle b\rangle^B$辅助计算，$P_i$设定$\langle e\rangle_i^B = \langle x\rangle_i^B \oplus \langle a\rangle_i^B$，$\langle f\rangle_i^B = \langle y\rangle_i^B \oplus \langle b\rangle_i^B$，双方执行秘密重构恢复出e和f，$P_i$执行$\langle z\rangle_i^B = i * e * f \oplus f * \langle a\rangle_i^B \oplus e * \langle b\rangle_i^B \oplus \langle c\rangle_i^B$，即可获得$x \oplus y$的秘密份额$\langle z\rangle_i^A$，布尔三元组的获得使用$R - OT_1^2$预处理，具体细节可以参考 ABY 框架的实现方法。

除Shamir门限秘密共享、算术共享和布尔共享外，在安全多方计算领域还经常用到姚氏秘密共享，可以参考混淆电路小节，混淆电路计算步骤最后恢复获得计算结果恢复秘密使用的子密钥，即为姚氏秘密共享的份额。值得一提的是，Demmler 等人在 ABY 框架的工作中实现了算术共享、布尔共享和姚氏秘密共享之间的转化，使用混合秘密共享协议方法比使用单个协议有更好的性能。

11.3.1.3 不经意传输

不经意传输（Oblivious Transfer，OT）作为重要的密码学基础协议之一，是MPC协议的关键构造模块。1988年，Kilian提出了一个著名的结论：拥有一个实现不经意传输的黑盒就可以完备地构建任何一个安全计算协议。该结论证明，MPC和OT在理论层面是等价的，基于OT可以在不引入其他任何额外假设的条件下构造MPC协议。

不经意传输最早由Michael O.Rabin在1981年提出，Rabin的OT定义旨在模拟信号在传输过程中的失真现象，即Alice和Bob进行通信，Alice发送一个信息给Bob，通信的结果是Bob可能会收到Alice发送的消息，也可能收不到该信息，这两个事件发送的概率都为二分之一，同时Alice不知道Bob是否收到了消息。1985年Even等人提出了应用更为广泛的标准OT协议，其中同样涉及两个参与方：持有两个消息m_0，m_1的发送方Sender，持有一个选择比特$c \in 0，1$的接收方Receiver。OT允许Receiver得到m_c，但无法得到另一个消息m_{1-c}的任何信息。与此同时，Sender也无法得到选择比特的任何信息。标准OT的结构如图11-31所示。

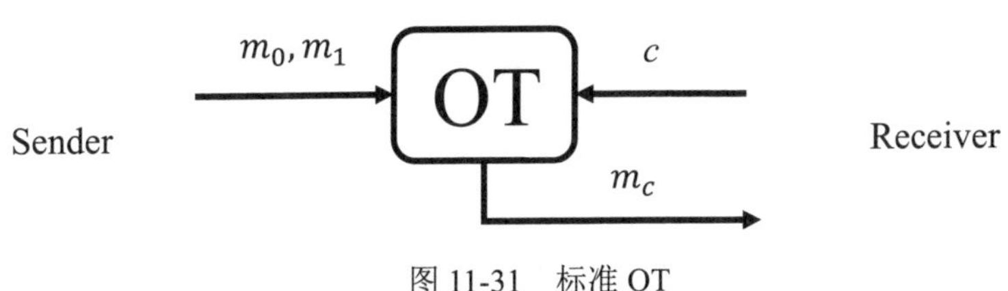

图 11-31　标准 OT

除上述接收方在两个信息间获得其中一个信息（1-out-of-2 OT…OT_1^2）的OT协议外，还有n个信息间取其中一个的OT_1^n、n个信息间取其中k个的OT_k^n等多种标准OT变体。此外，还有衍生的Random OT、Correlated OT、OT Extension等多种技术。

我们首先介绍半诚实敌手模型下基于公钥的OT协议。

参数：发送方Sender和接收方Receiver。Sender输入秘密m_0，$m_1 \in \{0，1\}^n$，Receiver的输入为选择比特$c \in 0，1$。

协议的步骤：

步骤1：Sender生成两对公私钥$\left(pk_0，sk_0\right)$，$\left(pk_1，sk_1\right)$，将公钥pk_0，pk_1发送给Receiver。

步骤2：Receiver随机生成对称加密密钥k，使用公钥pk_c对k进行加密，将密文$Enc_{pk_c}(k)$发送给Sender。

步骤3：Sender使用两个私钥对收到的密文分别进行解密，则执行$Dec_{sk_0}\left[Enc_{pk_c}(k)\right]$和$Dec_{sk_1}\left[Enc_{pk_c}(k)\right]$，并利用解密结果作为对称密钥，对$m_0$，$m_1$加密，并将加密后的结果发送给Receiver。假设c=1，则此步Sender收到的为$Enc_{pk_1}(k)$，则$Dec_{sk_0}\left[Enc_{pk_1}(k)\right]$解密结果可以视为随机数，我们用$R$表示，而$Dec_{sk_1}\left(Enc_{pk_1}(k)\right)$的解密结果为$k$。此时，利用$R$对$m_0$加密得到$Enc_R(m_0)$，利用$k$对$m_1$加密得到$Enc_k(m_1)$，将上述两个密文发送给Receiver。

步骤4：Receiver收到利用k对收到的两条信息进行解密。当c=1时，Receiver收到$Enc_R(m_0)$和$Enc_k(m_1)$，显然，k仅能解开$Enc_k(m_1)$，因此仅能获得m_1。

上述方案基于公钥简单实现了一个“1-out-of-2”的OT协议，Sender无法知道 Receiver的选择比特c，Receiver也无法从收到的信息中获取任何与m_0相关的信息。

标准OT协议实现了一个确定性功能，所有的消息和选择位均有参与方输入，具有一定现实意义。除标准OT外，还有Random OT协议，该协议实现了一个随机功能，所有的消息和选择位由函数自发产生，不具有现实意义。

Random OT协议使得Sender获得消息m_0，$m_1 \in_R \{0，1\}^n$，Receiver获得其中一个消息m_c和对应的选择比特位c。Beaver等人证明了能够使用极低的代价将Random OT转换为标准OT。许多学者在构造方案时，在离线阶段产生大量Random OT实例，在线阶段再以较低的代价将这些Random OT转化为实际要使用的Standard OT。上述Random OT如图11-32所示。

图 11-32　Random OT

在上述给出的构造中，执行一次OT协议需要一轮公钥操作，而公钥加密解密相对来说是昂贵的。基于OT构造MPC协议时，往往需要大量OT实例。如姚氏混淆电路中，每个输入比特位，都需要执行一次OT协议，OT协议的执行效率，直接影响MPC协议的执行效率。而OT协议需要非对称密码学原语才能保障协议的安全性，Impageliazzo等人证明，如果使用对称密码学构造OT协议，则无法规约到NP问题上。因此，许多研究工作都致力于研究降低生成大量OT实例所需要的公钥密码学的操作次数。

降低公钥使用次数的常见办法是使用混合加密满足实际需求，即使用公钥密码学加密对称密钥k，然后使用对称加密密钥k加密长信息M。该思路是否能使用到OT的构造中呢？Beaver最早引入了OT拓展的概念，其目的是使用快速运算算法将少量基本OT有效地拓展为大量的OT实例。Beaver的第一个OT扩展协议以非黑盒方式使用伪随机生成器（PRG），但仅在理论上有效。目前，具体有效的OT扩展协议主要分为两种风格：一种基于IKNP框架；另一种基于PCG框架。基于IKNP框架的协议采用对称密钥原语PRG进行扩展并支持选择位，而基于PCG框架风格的协议利用LPN问题中噪声的稀疏特性来实现扩展，只允许随机选择位。

11.3.1.4　同态加密

随着互联网的发展和云计算概念的诞生，以及人们在密文搜索、电子投票、移动代码和多方计算等方面的需求日益增加，同态加密（Homomorphic Encryption，HE）变得更加重要。同态加密是一类具有特殊自然属性的加密方法，此概念由Rivest等人在20世纪70年代首次提出。与一般加密算法相比，同态加密除了能实现基本的加密操作之外，还能实现密文间的多种计算功能，即对密文先计算后解密的结果等价于先解密后计算。这个特性对保护信息的安全具有重要意义，利用同态加密技术可以先对多个密文进行计算之后再解密，不必对每个密文解密而花费高昂的计算代价；利用同态加密技术可以实现无密钥方对密文的计算，密文计算无须经过密钥方，既可以减少通信代价，又可以转移计算任务，由此可平衡各方的计算代价；利用同态加密技术可以实现让解密方只能获知最后的结果，而无法获得每个密文的消息，可以提高信息的安全性。正是由于同态加密技术在计算复杂性、通信复杂性与安全性上的优势，越来越多的研究力量投入其理论和应用的探索中。近年来，云计算受到广泛关注，其在实现中遇到的重要问题之一即是如何保证数据的私密性。同态加密可以在一定程度上解决这个技术难题。

1. 同态加密算法概念

同态加密是基于数学难题的计算复杂性理论的密码学技术。对经过同态加密的数据进行处理得到一个输出，将这个输出进行解密，其结果与用同一方法处理未加密的原始数据得到的输出结果是一样的。本质上，同态加密是指这样一种加密函数，对明文进行环上的加法和乘法运算再加密，与加密后对密文进行相应的运算，结果是等价的。如图11-33所示，原始数据经过同态加密后，在密文下进行计算处理，在进行解密时得到的计算结果，与直接明文进行相同计算得到的计算结果相等。由于这个良好的性质，人们可以委托第三方对数据进行处理而不泄露信息。具有同态性质的加密函数是指两个明文a、b满足$Dec(Enc(a) \odot Enc(b)) = a \oplus b$的加密函数，其中$Enc$是加密运算，$Dec$是解密运算，$\odot$、$\oplus$分别对应明文和密文域上的运算。当$\oplus$代表加法时，称该加密为加同态加密：当$\oplus$代表乘法时，称该加密为乘同态加密。

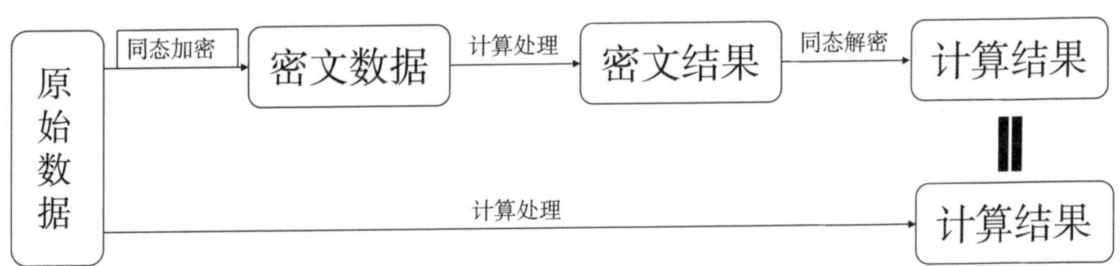

图 11-33　同态加密密文计算

全同态加密是指同时满足加同态和乘同态性质，可以进行任意多次加和乘运算的加密函数。2009年，IBM的研究人员Gentry首次设计出一个真正的全同态加密机制，即可以在不解密的条件下对加密数据进行任何可以在明文上进行的运算，使对加密信息仍能进行深入分析，而不会影响其保密性。经过这一突破，存储他人机密电子数据的服务提供商就能受用户委托来充分分析数据，而不用频繁地与用户交互，也不必看到任何隐私数据。同态加密技术允许公司将敏感的信息储存在远程服务器里，既避免了从当地主机端发生泄密，又保证了信息的使用和搜索；用户也得以使用搜索引擎进行查询并获取结果，而不用担心搜索引擎会留下自己的查询记录。为提高全同态加密的效率，密码学界对其研究与探索仍在不断推进，这将使全同态加密越来越向实用化靠近。

2. 同态加密算法分类

同态加密包括多种类型的加密方案，可以对加密数据执行不同类别的计算。根据性质不同可以分为半同态加密、类同态加密、全同态加密：

1）半同态加密（Partially Homomorphic Encryption，PHE）

支持无限次的运算，但是只支持加法或者乘法中的一种。根据支持的运算不同，可分为加法同态加密和乘法同态加密。

（1）加法同态加密：该加密方案支持的同态函数族为所有可以仅由加法实现的函数。目前使用比较广泛的是Paillier加法同态。

（2）乘法同态加密：该加密方案支持的同态函数族为所有可以仅由乘法实现的函数，经典乘法同态方案有RSA加密方案。

2）类同态加密（Somewhat Homomorphic Encryption，SWHE）

类同态加密算法可以对密文进行有限次数的加法和乘法操作。例如，Boneh-Goh-Nissim同态加密方案可以支持任意次加法和1次乘法的任意组合。但是执行第二次同态乘法操作将使得解密结果无效。

3）全同态加密（Fully Homomorphic Encryption，FHE）

支持对密文进行不限次数的任意同态操作，理论上只要支持任意次数的加法和乘法操作就能支持任意的其他操作。目前，可实现全同态加密的方案主要有Gentry方案、BGV方案、BFV方案、GSW方案、FHEW方案、TFHE方案和CKKS方案。

目前，支持全同态加密算法的方案均存在计算和存储开销大等问题，距离高效的工程应用还有不小的差距，同时面临国际与国内相关标准的缺失，因此在半同态加密算法满足需求的情况下可优先使用半同态加密算法。

3. 同态加密算法方案

为帮助读者理解同态加密算法，接下来对具有代表性的方案进行简单介绍。

1）半同态乘法加密算法

在半同态乘法加密算法中具有代表性的有RSA加密算法和ElGamal加密算法，基于RSA加密算法的加密方法和密文结构，可推导出RSA的乘法同态性质。

（1）假设有两个明文数据m_1和m_2，经RSA加密后的密文数据为c_1和c_2；

（2）易得$(c_1 \times c_2)^d = (m_1^e \times m_2^e)^d = ((m_1 \times m_2)^e)^d$；

（3）根据加密计算公式$m^e \equiv c\ (mod\ n)$和解密计算公式$c^d \equiv m\ (mod\ n)$，很容易得出$(c_1 \times c_2)^d \equiv m_1 \times m_2\ (mod\ n)$。

由于原始RSA加密算法在加密过程中没有使用随机因子，相同密钥加密相同明文所得的结果是相同的，因此利用RSA的乘法同态性质实现同态加密运算在选择明文攻击下存在安全风险。此外，ElGamal加密算法也满足乘法同态性，并在加密过程中使用了随机因子，因此使用相同密钥相同明文两次加密的结果是不同的，且满足乘法同态性。ElGamal加密算法是同态加密国际标准中唯一指定的乘法同态加密算法。关于ElGamal加密算法原理，在此不做过多介绍。

2）半同态加法加密算法

在半同态加法加密算法中具有代表性的有Paillier加密算法，Paillier加密算法基于复合剩余类的困难问题，是一种满足加法的同态加密算法，已经广泛应用在加密信号处理或第三方数据处理领域。其通过将复杂计算需求以一定方式转化纯加法的形式来实现，再基于Paillier加密算法完成计算。此外，Paillier加密算法还支持数乘同态，即支持密文和明文相乘。Paillier加密算法是同态加密国际标准中唯一指定的加法同态加密算法。关于Paillier加密算法原理，在此不做过多介绍。目前，Paillier加密算法已在众多具有同态加密需求的场景中产生了实际应用。

3）全同态加密算法

任何计算都可以通过加法和乘法门电路构造，因此加密算法只要同时满足乘法同态和加法同态特性，且运算操作次数不受限制就称其满足全同态特性。

（1）第一代全同态加密方案

2009年Gentry提出了首个满足全同态性的加密算法，该方案是一种基于电路模型的全同态加密算法，支持对每个比特进行加法和乘法同态运算。Gentry方案的基本思想是在类同态加密算法的基础上引入Bootstrapping方法来控制运算过程中的噪声增长问题，这也是第一代全同态加密方案的主流模型。

（2）第二代全同态加密方案

Gentry方案之后的第二代全同态加密方案通常基于容错学习（Learning with Error，LWE）和环上容错学习（Ring Learning with Error，RLWE）假设，其安全性基于格上（Lattice）困难问题，典型方案包括BGV方案和BFV方案等。BGV方案采用模交换技术代替Gentry方案中的Bootstrapping过程，不需要通过复杂的解密电路控制同态运算产生的噪声增长问题，BFV与BGV类似，但经过改进不需要通过模转换进行密文噪声控制。

（3）第三代全同态加密方案

典型第三代全同态加密方案包括GSW和CKKS。GSW是一种基于近似特征向量的全同态加密方案，其性能不如BGV方案等其他基于RLWE的方案，但GSW方案的密文为矩阵形式，而矩阵相乘并不会导致矩阵维数改变，因此，GSW方案解决了以往方案中密文向量相乘导致密文维数碰撞的问题。CKKS方案支持针对实数或复数的浮点数加法和乘法同态运算，但是得到的计算结果是近似值，其适用于不需要精确结果的场景，比如机器学习等。

11.3.1.5　实现框架

通过前面的介绍我们已经知道，安全多方计算（MPC）可以将一群互不信任的各方组织起来进行安全的联合计算，而不泄露计算结果以外的任何信息。这种计算方式非常强大，目前在学术界、工业界以及政府部门的应用都非常广泛。但是也必须承认，使用这种技术需要具备多学科的知识，将底层密码学原语与上层业务逻辑结合起来，这是非常有难度和挑战性的。

近年来，MPC框架的发展如火如荼，这些框架的出现极大地降低了使用MPC的门槛，让非专业的用户不需要去了解底层的MPC计算细节，只需要在开发过程中，通过一些安全关键字对变量进行定义，编译器就可以自动把这些程序编译成对应的中间层。中间层会被输入计算框架，通过底层协议的接口完成最终的密态运算。

MPC框架任务执行流程的两个部分，一个是MPC计算任务自左而右分为3个部分，分别是安全输入、安全计算以及安全输出，在安全计算部分则自上而下由用户开发语言、优化器/编译器以及底层协议构成，如图11-34所示。

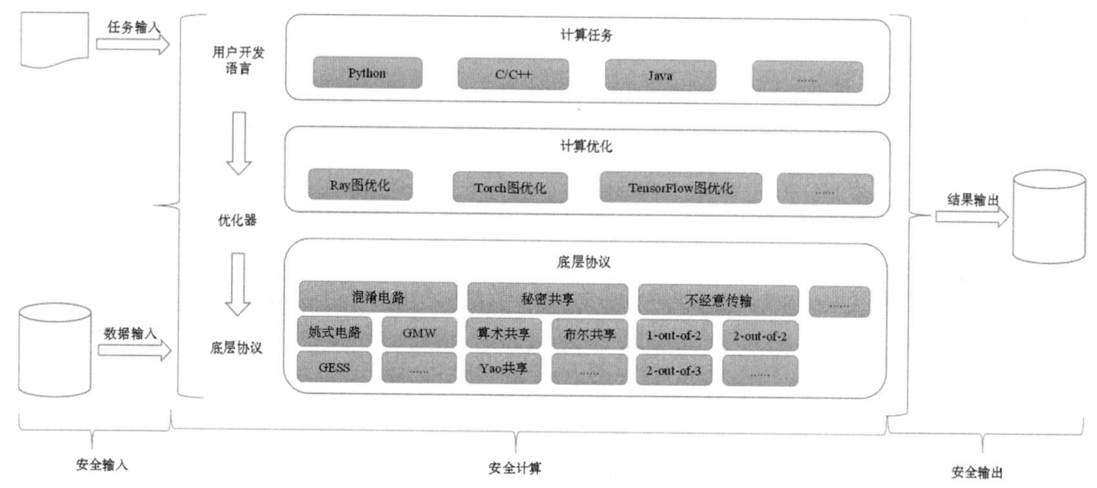

图 11-34　MPC 任务执行流程

1. MPC 的安全计算过程

安全多方计算的过程大体可以分为安全输入、安全计算以及安全输出。

1）安全输入

安全输入，即数据提供方输入隐私数据的过程。在这个过程中，涉及很多安全问题，如通信安全如何保证，即参与计算的多方两两之间维持可信的加密通信信道，并在此基础上，数据提供方输入数据，通过协议将数据转换为密态数据。如何保证数据输入的原始数据存留在本地，与各参数方交换的数据为加密的密文数据等。

2）安全计算

安全计算的过程，重点是底层的安全多方计算协议，不同的协议所支持的参与方数量是不同的，如支持两方计算的姚氏混淆电路、SecureNN、ABY2、Pond等，又如支持三方计算的BMR、ABY3、SPDZ等。同时，不同的协议所采用的密码学手段是不同的，例如SPDZ采用加法秘密共享、GMW采用Shamir秘密共享、ABY3采用复制秘密共享等。另外，不同的密码学原语对网络层和计算层的要求是不同的。例如，当采用秘密共享的方式进行环上的乘法操作时，由于无须复杂的加密解密，其性能较好。然而当用于比较操作时，需要转化为在环上的大量进位加法和进位乘法操作，通信轮数的激增将致其运行效率低下。在此时，如采用混淆电路方案，则只需进行一轮混淆和评估就能完成任务，虽然需要加密解密，但是相较大量的通信，耗时更少。

3）安全输出

安全输出，即多方运算之后的结果数据保存至指定方的过程。该过程涉及密态数据运算后的结果如何恢复成明文状态，在恢复成明文状态的过程中如何保证数据只被指定的结果获取方获得，以及如何保证恢复出来的明文结果是计算得出的正确结果。

2. MPC 框架的基础构成

一个MPC框架基本可以抽象成三部分，分别是底层协议、解释器/编译器/优化器以及用户开发语言。

1）底层协议

MPC的底层协议是MPC最为核心的技术部分，该协议包括基础的密态运算定义，例如密态加法和密态乘法，以及相关的密态逻辑运算。同时考虑到上层调用的效率，部分框架针对代数运算做了有针对性的优化工作，如密态矩阵乘法，神经网络相关的如密态卷积运算、密态求导运算等操作。

2）解释器/编译器/优化器

MPC框架提供了编译优化功能，具体来说就是在用户使用上层语言开发完算法之后，框架会将算法翻译成安全多方计算协议的接口，以此来调用底层的MPC协议运行算法，同时，还需要根据底层的MPC优化算法结构，如进行图优化、网络优化等操作。由此可见，该部分是框架的核心，不同的框架采用同种MPC协议，其整体运行效率差异主要也体现在这里。

3）用户开发语言

MPC框架通过给用户提供高级编程语言，可以方便开发者进行算法开发。语言通常保留了传统高级开发语言的关键字和特性，使开发者便于上手。同时，会增加一些表示安全性语义的关键字，为下层的编译器提供一些编译指导。

3. 框架比较

目前涌现了大量的多方安全计算框架，如开源项目ABY、EMP-toolkit等。表11-3中列出了常见框架的比较。其中，GC（Garbled Circuit）表示混淆电路，MC（Multi-party Circuit Protocol）表示基于多方电路的协议，Hy（Hybird Models）表示混合模型，在支持安全计算的同时支持非安全计算，表中●表示支持，○代表不支持。

表 11-3　安全多方计算框架比较

框架名称	协　议	计算方数量	混合模式	半诚实模式	恶意模式	是否开源
EMP-toolkit	GC	2	●	●	●	●
Obliv-C	GC	2	●	●	○	●
OblivVM	GC	2	●	●	○	●
Wysteria	MC	2+	○	●	○	●
ABY	GC，MC	2	●	●	○	●
SCALE-MAMBA	Hy	2+	●	●	●	●
Sharemind	Hy	3	●	●	○	○
PICCO	Hy	3+	●	●	○	●

下面简单地介绍表11-3中的各个框架。

（1）EMP-toolkit是一个基于混淆电路的MPC框架，其包含了不经意传输调用库、安全类型库，以及支持自定义协议的调用库（用户可以使用自己设计的协议）。

（2）Obliv-C是一个C的扩展，在调用Obliv-C后用户可以在定义类型时添加obliv关键字来声明该类型为安全类型。该框架支持两方运算，其采用混淆电路来实现安全计算。

（3）ObliVM是一个支持两方计算的混淆电路MPC框架，其实现了类似Java语言的编译器，向上提供的类似Java的开发语言无须具有安全背景知识就可以进行程序的开发。其支持大量的数据类型和用户自定义的类型，不支持Boolean类型，但其可以进行逻辑操作。

（4）Wysteria与ObliVM类似地开发了一种新的高级函数编程语言，专门为分布式安全计算设计。Wysteria支持任意数量的计算方，其解释器动态地将程序Wysteria编译为布尔电路，并使用GMW协议执行。

（5）ABY是一个混合协议框架，既支持混淆电路，又支持安全多方计算算术电路。

（6）SCALE-MAMBA实现了恶意威胁模型下的安全计算框架，是SPDZ协议的升级框架。其采用类似Python的语言模式供用户调用。由于是基于SPDZ协议族的，其采用了离线和在线阶段的划分，在离线阶段生成随机数，在线阶段进行计算。

（7）Sharemind是一个安全数据处理框架，其采用了加法秘密分享的方法，基于安全三方计算实现。

（8）PICCO框架实现了一个安全编译器，包括三个部分：C语言程序安全扩展翻译、安全输入/输出的I/O程序、基于混合模型的计算程序。

除以上介绍的MPC框架外，市面上还有很多其他的MPC框架，如PySyft、MP-SPDZ等，但是由于这些框架采用的底层协议本质上还是ABY、SecureNN等类似协议，所以不再赘述。

表11-4给出了许多框架支持的数据类型，其中动态数组指的是可以进行数组内容的添加和删除的数组类型，而结构体则是支持用户自定义类型的结构。

表 11-4　支持的数据类型

框架名称	布　尔	定点整数	浮点数	数　组	动态数组	结构体
EMP-toolkit	●	●	●	●	●	●
Obliv-C	●	●	○	●	●	●
OblivVM	○	●	●	●	●	●
Wysteria	○	●	○	○	○	●
ABY	○	●	○	●	○	●
SCALE-MAMBA	○	●	●	●	○	●
Sharemind	●	●	○	●	●	●
PICCO	○	●	●	●	●	●

表11-5给出了许多框架支持的操作类型。其中，逻辑运算是在布尔域上的操作，而比较运算则是在算术域上的操作

表 11-5　支持的操作类型

框架名称	逻辑运算	比　较	加　法	乘　法	除　法	位　移
EMP-toolkit	●	●	●	●	●	●
Obliv-C	●	●	●	●	●	●
OblivVM	●	●	●	●	●	●
Wysteria	○	●	●	●	○	○
ABY	●	●	●	●	○	○
SCALE-MAMBA	○	●	●	●	●	●
Sharemind	●	●	●	●	●	●
PICCO	●	●	●	●	●	●

通过上述对各框架之间的比较可以看到，不同的框架支持的MPC协议和模型假设有所不同，这导致了它们在功能实现上的巨大差异，在功能和可用性上还需要进一步研究。

11.3.2　应用技术

11.3.2.1　隐私集合交集

隐私集合交集（Private Set Intersection，PSI）计算属于安全多方计算领域的特定应用问题，具有很强的应用背景和研究意义，其允许持有各自集合的参与方来共同计算隐私集合交集，而不暴露任何额外信息。隐私集合交集技术还有众多分支技术和针对不同场景的方案，如仅计算交集的元素数量，而不计算出具体的交集元素等。

PSI场景如图11-35所示，Alice持有一个集合$X = \{x_1, x_2, \dots, x_n\}$，Bob持有一个集合$Y = \{y_1, y_2, \dots, y_n\}$，他们想解出集合交集$I = \{t|t \in X \cap Y\}$，但要求Alice无法得到

$Y-(X\cap Y)$中的任何元素，Bob无法得到集合$X-(X\cap Y)$中的任何元素。

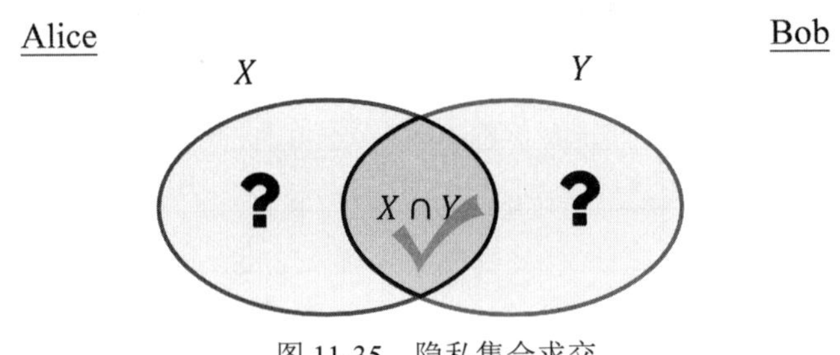

图 11-35　隐私集合求交

1. 应用场景

1）私有联系人匹配

当我们注册或者使用一款新的App时，从通讯录中查找同样在使用该App的联系人成为十分常见的操作。通过将用户的通讯录发送给服务提供商可以有效完成该项功能，但与此同时用户的通讯录数据将遭到泄露。在这种场景下，使用PSI技术，将用户的联系人作为一个参与方的集合，服务提供商的注册用户号码库作为另一参与方的集合，即可在用户数据和服务提供商数据均不暴露的前提下完成联系人匹配这一功能。

2）在线广告曝光效果追踪

在线广告常常按照广告曝光次数收费。不过广告平台希望能够协助广告主了解广告曝光后的效果，即从广告曝光到广告点击乃至商品购买的转化率如何，或者反过来，购买了某个商品的消费者中有多少曾经看到过平台上曝光的广告。然而，其中的隐私问题是难关，因为网购平台往往记录了商品的订单信息，而广告平台掌握着广告的曝光数据。从理论上讲，只有双方把数据拿出来核对才能找到同时出现在两个平台中的数据，从而计算曝光效果。但在实际中，这种直接核对的操作是绝不可行的。不仅因为网购平台和广告平台经常不是同一家企业，仅仅出于保护商业机密就不可能向对方直接透露信息。更因为这些都是消费者的个人隐私数据，不可以泄露，也不可以用来识别消费者的身份。因此，PSI技术可用于对网购平台订单信息与广告平台曝光数据求隐私集合交集来分析广告曝光和购买之间的关系。

3）金融联合建模

在跨机构联合建模场景中，首先需要对各个参与机构的不同样本集进行安全对齐。在传统方法中，需要把各个参与方的样本汇集到同一个中心节点或者某一个参与方求出交集，实现样本对齐，再进行模型训练。在真实应用场景中，用于对齐的数据往往是身份证、手机号等唯一确定信息，如何在不泄露私密数据的前提下进行数据对齐是联合间模能否保护用户隐私并大规模应用的关键步骤。若在数据准备阶段就泄露了隐私数据，则联合建模的合规性将受到极大的质疑。在这种场景中，隐私集合交集技术可以实现在跨机构建模过程中，各个参与方通过交集部分ID，再通过匹配内部的特征数据来发起训练任务。

2. 技术发展

在PSI概念还未被提出时，遇到隐私集合求解交集这一问题时，往往采用朴素哈希方案，即直接计算集合元素的哈希值再求解哈希值的交集而得出对应集合元素的交集信息。优势是速度快，通信量低，但不安全。攻击者可通过哈希碰撞攻击来窃取发送方的集合信息。

为了解决朴素哈希方案产生的碰撞问题，需要使用安全的对比方法对比双方元素是否相等（隐私相等性测试，判断两个隐私的字符串是否相等，而不泄露字符串的具体信息），如果双方各持有m个元素，那么这项工作将需要m^2次隐私相等性测试。举例说明，假设P_1持有集合$X = x_1, x_2, x_3$，P_2持有集合$Y = y_1, y_2, y_3$，那么P_1需要对元素x_1与Y集合中的y_1，y_2，y_3分别执行隐私相等性测试协议，以判断x_1是否在集合Y中。通过该方法计算隐私集合交集通信复杂度的和计算复杂度高，但能保证双方集合数据的保密性。

对PSI协议的性能优化主要集中在两个方面，一方面是对集合元素隐私相等性测试方法的优化，现在主流使用的隐私相等性测试方法主要基于不经意传输、同态加密、密钥交互、混淆电路等方法设计，在不同场景下有不同的性能表现。另一方面，优化方向是在数据结果上，利用Cuckoo哈希等方法对要进行隐私相等性测试的元素进行优化。

通过计算集合元素的哈希值将元素映射到哈希表中，隐私相等性测试次数能减少至$O(nlog_2n)$，n为哈希表长度，参与方选择哈希函数$h: \{0, 1\}^* \rightarrow 0, 1, \ldots, n-1$并通过哈希函数h计算的哈希值将元素映射至长度为$n$行容量为$b$的二维哈希表中，随后参与双方对哈希表的每行分别使用隐私相等性测试协议逐个对比元素是否相等，该方案需要nb^2次隐私相等性测试，若将容器中的每行元素再映射到子哈希表中去，隐私相等性次数能进一步减少。为便于读者理解行对行执行PSI协议，在此假设双方分别持有集合$X=\{x1, x2, x3, x4\}$，Y={y1，y2，y3，y4}。不构建哈希表的原始对比方法如图11-36（左）所示，需要16次元素对比，构建哈希表的原始对比方法如图11-36（右）所示，则仅需第一行1次，第二行2次，第三行2次，共5次元素对比，对比次数大幅下降。

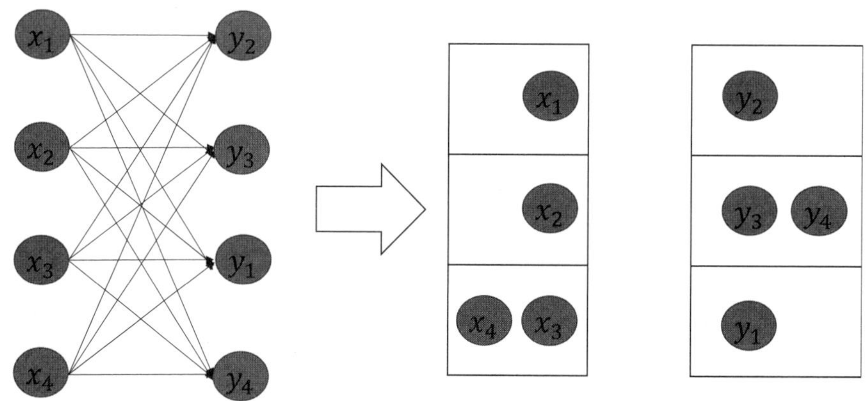

图 11-36　分桶计算交集

Pinkas等人将上述其中一个哈希表替换成Cuckoo哈希表并基于OT拓展设计了不经意OPRF（Oblivious PRF，OPRF）协议以此完成了隐私相等性测试。举例说明，Alice和Bob

共同协商两个哈希函数，Alice通过这两个哈希函数将持有的每一个元素映射到二维哈希表的两行中，Bob使用相同的两个哈希函数将元素映射到Cuckoo哈希表中，如果遇到映射失败的情况，则将元素存储在临时的存储空间Stash中，随后Bob将Cuckoo哈希表中各位置的单个元素与Alice构造的二维哈希表的对应行中的每一个元素进行隐私相等性测试，将大小为s的Stash中的元素与Alice的所有元素进行隐私相等性测试，最终可以求出双方隐私集合的交集，共需要做$O(m)+O(ms)$次隐私相等性测试，复杂度接近线性。Kolesnikov等人在2016年提出了一个在局域网内高效的两方PSI协议，其核心在于提出了一个更高效的OPRF协议。Pinkas等人2019年提出了一种新型OT拓展协议，并利用该协议完成隐私相等性测试，该方案使用多项式打包集合信息，计算量略大于Kolesnikov等人在2016年提出的方案，但通信量大幅减少，从通信量上考虑优势明显。Chase等人在2020年提出轻量多点OPRF函数，并基于该函数设计了两方PSI协议，与现有的PSI协议相比在计算和通信之间实现了更好的平衡。

3. 实现方法

目前已有大量隐私集合求交方案被提出，主要有基于公钥密码学的PSI方案、基于混淆电路的PSI方案和基于不经意传输的PSI方案。在此我们介绍在工程落地有一定优势的两个方案。

1）基于Diffie-Hellman密钥交换协议实现的PSI

Decisional Diffie-Hellman（DDH）假设：双方协定群G和生成元g，对于随机选取的a，b，c，(g^a, g^b, g^{ab})与(g^a, g^b, g^c)是不可区分的。

我们首先对基于Diffie-Hellman的隐私集合求交方案进行介绍。基于Diffie-Hellman的隐私集合求交方案数据流如图11-37所示，参与双方各自生成私钥，参与方1对自己的集合加密后发送给参与方2，参与方2基于已有私钥对收到的集合加密并将自己的加密后发送给参与方1，参与方对收到的参与方2的密文集合再加密后，即可对比得出双方集合交集。具体流程如下：

参数：Alice输入集合$\{x_1, x_2, \ldots, x_n\}$，Bob输入集合$\{y_1, y_2, \ldots, y_n\}$，$H(\cdot)$为充当随机预言机的哈希函数。

协议的步骤：

步骤1：Alice生成随机密钥$\alpha \leftarrow \mathbb{Z}_q$，Bob生成随机密钥$\beta \leftarrow \mathbb{Z}_q$。

步骤2：Alice计算$\{H(x_1)^\alpha, H(x_2)^\alpha, \ldots, H(x_n)^\alpha\}$，并将其发送给Bob。

步骤3：Bob计算$\{H(x_1)^{\alpha\beta}, H(x_2)^{\alpha\beta}, \ldots, H(x_n)^{\alpha\beta}\}$以及计算$\{H(y_1)^\alpha, H(y_2)^\alpha, \ldots, H(y_n)^\alpha\}$并将结果发送给Alice。

步骤4：Alice计算$\{H(y_1)^{\alpha\beta}, H(y_2)^{\alpha\beta}, \ldots, H(y_n)^{\alpha\beta}\}$。

步骤5：Alice对比$\{H(x_1)^{\alpha\beta}, H(x_2)^{\alpha\beta}, \ldots, H(x_n)^{\alpha\beta}\}$和$\{H(y_1)^{\alpha\beta}, H(y_2)^{\alpha\beta}, \ldots, H(y_n)^{\alpha\beta}\}$中的公共元素即可得到隐私集合的交集。

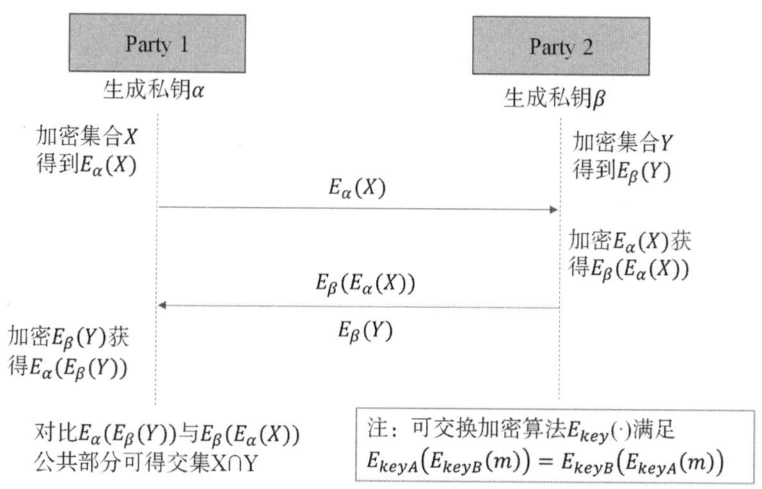

图 11-37　基于 Diffie-Hellman 的 PSI

安全性分析：密文的安全性由已被证明的DDH假设保证。

正确性分析：

（1）若$x = y$，则$H(x)^{\alpha\beta} = H(y)^{\alpha\beta}$。

（1）若$x \neq y$，则$H(x)^{\alpha\beta} \neq H(y)^{\alpha\beta}$且Alice无法从$H(y)^{\alpha\beta}$中获得任何敏感信息。

2）基于OPRF实现的PSI

不经意伪随机函数（**Oblivious Pseudorandom Function，OPRF**）是一个安全两方协议，参与对象由接收方和发送方组成。协议执行时，随着接收方输入值x，不经意伪随机函数计算协议产生种子值k。最终，发送方得到种子值k，接收方得到OPRF结果$F(k，x)$。发送方可通过种子值k计算$F(k，y)$，其中y为待计算的参数值。OPRF主要过程可分为如图11-38所示。

图 11-38　OPRF 抽象

步骤1：等待接收者输入值x。

步骤2：生成一个随机PRF种子k将其发送给发送者。

步骤3：将$F(k，x)$发送给接收者。

OPRF可被用于测试接收方的私有元素x是否存在于发送方的私有集合$Y=\{y_1，y_2,\ldots，y_n\}$中，经过上述3个步骤之后发送方持有OPRF密钥k，接收方持有$F(k，x)$，发送方使用密钥k计算$F(k，y_i)$，$i \in n$得到集合$\{F(k，y_i)|i \in n\}$并将其发送给接收方，接收方可通过对比是否有$F(k，y_i) = F(k，x)$，从而判断是否存在$y_i = x$。如图11-39所示，若对接收方集合中的所有元素都执行一次上述步骤可以求出集合交集，但过于烦琐，效率较低。Pinkas和

Kolesnikov等人的针对PSI的研究成果中，使用Cuckoo哈希技术对上述问题进行优化，有效地减少了双方执行上述步骤的次数。

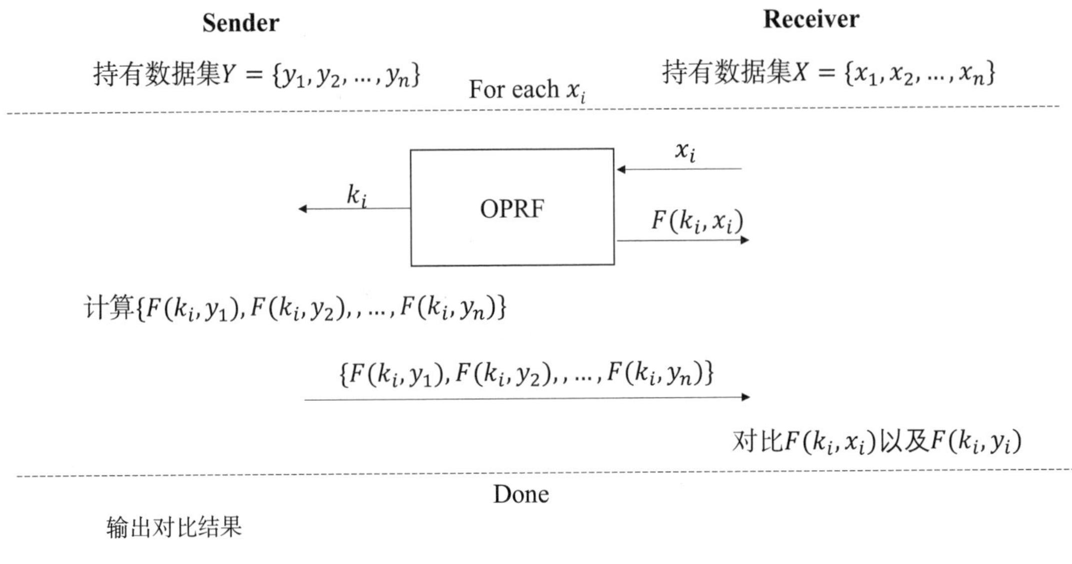

图 11-39　基于 OPRF 的 PSI

基于OPRF设计PSI是常见操作，基于DH也可以设计OPRF协议，很多PSI的研究都是针对如何设计OPRF的，目前应用在PSI中的主流OPRF大多基于OT拓展协议构造。

11.3.2.2　匿踪查询

匿踪查询也称隐私信息检索（Private Information Retrieval，PIR），是安全多方计算领域内的一项实用技术。已知最早的PIR技术由Benny Chor在1995年提出，其指出在传统查询场景中，通常由Client发送查询请求，由Server回复查询结果。从抽象角度来看，查询场景的安全性可分为Server的数据安全和Client的查询请求的隐私性。在Benny Chor等人提出PIR之前，仅有关于如何保护Server端的数据安全的研究。而Benny Chor提出，我们是否可以在查询场景中保护Client的查询请求的隐私性？PIR技术就是在这个背景下提出的，其目的是保证Client向服务器提交查询请求时，用户在信息不被泄露的前提下完成查询，即整个查询过程中服务器不知道用户具体查询信息和查询出来的数据项。

PIR场景由Client和Server构成。Client向Serve发送了一个需要保护的隐私查询，Server向Client返回一个查询结果。如仅需保护Client查询的隐私，而又不在意性能，则有一个简单的解决方案。让Server将所持有的所有数据全量发给Client，由Client本地进行搜索查询获得结果。但显然，该方案效率极低。PIR同样可以视为一种弱化的1-out-of-*n* OT协议，区别是OT也要求Client不得获得其他数据项的信息。

原始PIR定义场景已经不能满足于我们现实中的很多场景，实际应用中往往不单单要求只保护Client或Server中的某一方，而需要同时保护Server数据的安全性和Client query的安全性，那么我们称这种协议为对称PIR（symmetric PIR，sPIR）。

目前，常见的sPIR方案实现有三类，分别是：基于不经意传输的PIR实现、基于同态加密的PIR实现和基于关键字查询的PIR实现。其中要介绍的基于不经意传输的PIR实现和基于同态加密的PIR实现属于基于索引的PIR，其要求Client在查询数据库之前，就已预先得知想要查询的数据索引信息，场景如图11-40所示，用户可以要求查询第i个数据，而数据库将在不知道i的情况下，使用户获得数据x_i。

图 11-40　基于索引的 PIR

1. 基于不经意传输的 PIR 实现

在1-out-of-n OT的基础上，很容易构建PIR方案，只需Client端和Server端调用1-out-of-n OT，Server端输入n个对称加密密钥作为消息，Client端选择获得第t个消息，Server端使用n个密钥对要查询的n个数据逐个进行加密，将加密结果发送给Client端即可。1-out-of-n OT技术保证了Client端仅能解开其中一个数据，同时保证了Server端不知道Client端获得了哪一个密钥。使用公钥加密简单实现1-out-of-n OT并构造PIR方法，过程如下：

步骤1：假设Server有n条数据，则生成与n条数据对应的n个公私钥对$((PK_1, SK_1), (PK_2, SK_2),\ldots,(PK_n, SK_n))$，将$n$个私钥保留，$n$个公钥$(PK_1, PK_2, \ldots, PK_n)$发送给Client，保留私钥。

步骤2：Client随机生成对称加密密钥key，假设Client要检索第t条信息，则用收到的第t个RSA公钥PK_t加密key，将加密结果C发送给Server。

步骤3：Server用保留的私钥$(SK_1, SK_2, \ldots, SK_n)$，依次尝试解密$C$，获得$n$个解密结果，依次得到$(key_1, key_2, \ldots, key_n)$。

步骤4：Server使用对称加密算法，利用$(key_1, key_2, \ldots, key_n)$对$n$条数据$(m_1, m_2, \ldots, m_n)$一一对应加密，将产生的密文数据$(c_1, c_2, \ldots, c_n)$发送给用户。

步骤5：Server使用对称加密算法，利用$(key_1, key_2, \ldots, key_n)$对$n$条数据$(m_1, m_2, \ldots, m_n)$一一对应加密，将产生的密文数据$(c_1, c_2, \ldots, c_n)$发送给用户。

2. 基于同态加密的 PIR 实现

基于同态加密的PIR实现采用Paillier加法半同态加密算法，Paillier算法相较传统的公钥加密算法的3个重要特点：

（1）可以实现两个密文加法计算。

（2）可以实现一个密文与一个明文相乘。

（3）由于加密时用到随机数，所以相同的明文、相同的密钥，可以产生很多个不同的密文，这些不同的密文解密后都能得到相同的原始明文。

基于Paillier同态加密的性质可以构建PIR方案，由于公钥加密和同态计算操作要比对称加密昂贵得多，因此基于Paillier同态加密的PIR方案相比较基于OT的方案，计算量要高许多，但由于最后仅需返回1个密文，因此通信量更少。以$EPK(x)$表示基于Paillier同态加密算法以PK作为公钥加密x。基于同态加密的PIR具体步骤如下：

步骤1：Client生成Paillier加密公私钥对(PK，SK)。

步骤2：Server有n条数据(m_1，m_2，…，m_n)，客户端要检索第t条数据。则Client产生密文向量(c_1，c_2，…，c_n)，其中$c_t = Enc_PK(1)$为使用Paillier公钥对明文1加密的结果，其余项c_1，c_2,…，c_{t-1}，c_{t+1}，…，c_n 为使用Paillier公钥对明文0加密的结果。

步骤3：Client将(c_1，c_2，…，c_n)和公钥PK发送给Server。

步骤4：Server将(c_1，c_2，…，c_n)和(m_1，m_2，…，m_n)基于Paillier同态加密做明密文的向量内积运算，得到密文结果$C = E(m_1 * 0 + m_2 * 0 + \ldots + m_t * 1 + \ldots + m_n * 0) = E(m_t * 1)$，将$C$发送给Client端。

步骤5：Client利用私钥SK对C进行解密，得到想要检索的第t条原始明文信息m_t。

3. 关键字 PIR 实现

在很多实际应用场景中，Client往往不知道自己要查询数据的索引号，而大多数场景都是根据关键词进行查询，此类方案又称关键字，如图11-41所示。

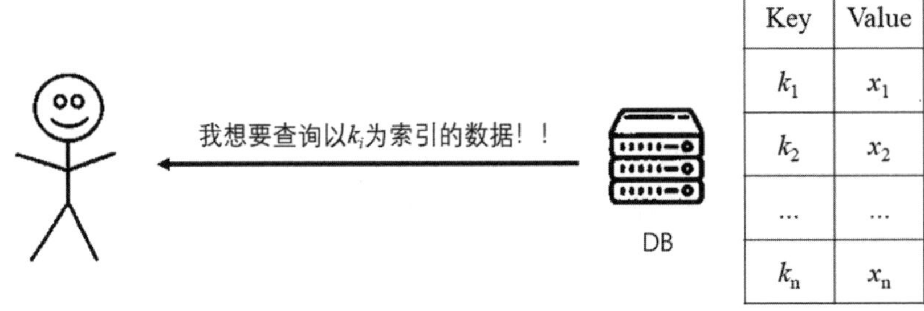

图 11-41　基于关键字的 PIR

可以利用Paillier同态加密算法和拉格朗日插值多项式实现（实现方法可参考本书秘密共享部分）。关键字PIR实现过程主要包括以下步骤：

步骤1：Server有明文数据集(x_1，m_1)，…，(x_n，m_n)，对此明文数据集进行拉格朗日多项式插值，插值结果为最高次幂为n-1的最终多项式$g(x) = a_0 + a_1x + \ldots + a_nx^n$。同时构造标识多项式$f(x) = (x - x_1) * (x - x_2) * \ldots * (x - x_n) = c_0 + c_1x + \ldots + c_nx^n$。数据集中的任意点($x_i$，$m_i$)，满足$f(x_i) = 0$，$g(x_i) = m_i$。

步骤2：Client生成Paillier同态加密公私钥对(PK, SK)。

步骤3：对于待查关键字x_t，Client利用PK分别加密x_t的1次方到x_t的n次方，组成密文向量$(E_{PK}(x_t), E_{PK}(x_t^2), \dots, E_{PK}(x_t^n))$，并将该向量和公钥$PK$发送给Server。

步骤4：Server利用密文向量$(E_{PK}(x_t), E_{PK}(x_t^2), \dots, E_{PK}(x_t^n))$，和$f(x)$、$g(x)$的系数，分别计算同态密文$E(f(x_t))$、$E(g(x_t))$，将计算结果发送给Client。

步骤5：Client利用私钥SK对两条密文进行解密，如果$f(x_t)=0$，则$g(x_t)$即为检索结果；否则检索结果为空。

11.3.2.3 隐私保护机器学习

1. 机器学习的隐私泄露问题

机器学习（Machine Learning，ML）是人工智能的一个分支，主要是研究如何从经验学习中提升算法的性能，它是一种数据驱动预测的模型。它可以自动利用样本数据（即训练数据）通过“学习”得到一个数学模型，并利用这个数学模型对未知的数据进行预测。机器学习在数据训练阶段存在的隐私威胁主要为训练数据集的隐私泄露。在训练模型时，往往采用集中式学习（Centralized Learning）的方式，将各方的训练数据集中到一台中央服务器进行学习。训练数据的隐私泄露，就是在模型训练时可能发生数据泄露问题。目前大多数公司或者模型提供商都是使用集中式学习的方式训练模型，因此需要大规模地收集用户数据。但是对于收集用户数据时保护用户隐私没有一个统一的标准，所以在收集用户数据时可能会造成用户的数据隐私被泄露的问题。在2018年图灵奖得主Goldwasser在密码学顶级会议CRYPTO 2018上指出了安全机器学习中密码学的2个主要发展方向：分布式模型训练和分布式预测，通过安全多方计算实现隐私保护机器学习。与联邦学习相比，基于安全多方计算实现的隐私保护的机器学习会将全过程中的数据安全性推导至数学困难问题上，因此是可证明安全的，但相应的运算速度会更慢，适用于对安全性要求高的场景。

在大数据驱动的云计算网络服务模式下，Jiang等人在国际顶级安全会议ACM CCS 2018上提出了基于机器学习的密态数据计算模型，具体是由数据拥有者、模型提供商和云服务提供商组成。其中，数据拥有者对数据的拥有权和管理权是分离的；而云服务提供商也通常被假定为诚实且好奇（半可信）的，即在诚实运行设定协议的基础上，会最大限度发掘数据中的隐私信息，且该过程对数据拥有者是透明的。

在密态数据计算模型已经衍生出众多多方场景，例如：

（1）多方云服务提供商。数据拥有者通过秘密共享的方式将隐私数据信息分别分散到各个服务器上进行计算，各个服务器分别返回相应的计算结果，多个云服务提供商之间不进行主动合谋，最终由数据拥有者进行汇聚并得到结果。

（2）多方数据拥有者。当前的企业组织多采用协作学习模型或联邦学习模型。比如，分发相关疾病疫苗时，医疗组织希望基于大数据利用机器学习确定高暴发的地区，这就需要不同区域医疗组织的数据，但往往出于法律和隐私的考量，数据无法完成及时共享。

2. 基于 MPC 保护机器学习数据

隐私保护机器学习（Privacy-Preserving Machine Learning，PPML）方法最早可追溯至2000年，Lindell等人提出了两方在不泄露各自隐私的前提下，通过协作对联合数据集进行提取挖掘的方法。Agrawal等人允许数据拥有者将数据外包给委托者进行数据挖掘任务，且该过程不会泄露数据拥有者的隐私信息。早期关于PPML的研究工作主要集中在决策树、*K*-means聚类、支持向量机分类、线性回归、逻辑回归和岭回归的传统机器学习算法层面。这些工作大多都使用姚氏混淆电路，将问题化简为线性系统求解问题，但这不能推广到非线性模型，而且需要比较大的计算开销和通信开销。

在机器学习训练过程中，模型提供商会对一些训练数据进行记录，而这些训练数据往往会涉及用户个人的隐私等信息。在训练阶段，机器学习基于训练数据集展开模型训练，基于所学习数据的内在特征得到决策假设函数，而预测阶段目标模型的有效性则依赖属于同一分布的训练数据集和预测数据集，但是攻击者仍可以通过修改训练数据的分布从而实施目标模型的攻击。因此，采用隐私保护的手段保护数据和模型的安全必不可少。密码学中保护机器学习中隐私的常见技术，主要包括同态加密技术、安全多方计算技术和差分隐私技术。

1）基于同态加密技术

同态加密技术允许直接在密文上做运算，运算之后解密的结果与明文下做运算的结果一样，全同态加密（Fully Homomorphic Encryption，FHE）可以计算无限深度的任意电路，全同态加密技术一直被认为是进行隐私保护机器学习的一项重要技术。

2016年Gilad-Bachrach等人提出了Crypto-Nets可以借助神经网络对加密数据进行相应推断，此后也有使用层次型同态加密方案对预先训练好的卷积神经网络模型提供隐私保护性质，但是层次型同态加密技术会使模型精度和效率严重下降。同时，模型中平方级的激活函数会被非多项式的激活函数和转换精度的权重代替，导致推导模型与训练模型得到的结果会有很大不同。Jiang等人则提出了一种基于矩阵同态加密的通用算术运算方法，提出在一些用户提供的密文数据上云服务提供商进行模型训练，该方法可以将加密模型应用到更新后的加密数据上。2019年Zheng等人利用门限部分同态加密实现了Helen系统，该系统能够允许利用多个用户的数据同时训练模型，但不泄露数据。与之前的方案相比，Helen能够抵御m方中m-1方都为恶意的对手。

尽管从理论层面认为FHE技术可以进行任意计算，但受当前相关实际方案约束，FHE普遍仅能支持整数类型的数据；同时，电路深度需要固定而不能进行无限次的加法和乘法运算；除此之外，FHE技术不支持比较运算操作。虽然目前存在一些实数上计算并有优化的FHE方案，但数据规模大幅扩张、计算负载不断加剧、非线性激活函数的拟合计算误差等原因导致FHE的方案效率无法得到进一步提升。

2）安全多方计算技术

在基于安全多方计算技术的隐私保护机器学习方面，MPC允许互不信任的各方能够在自身私有输入上共同计算一个函数，其过程中不会泄露除函数的输出以外的任何信息。但是，传统的MPC协议往往需要较为庞大的计算量和通信复杂度，导致其难以在实际机器学习中得以大规模部署。目前，常见的基于MPC的PPML解决策略有：（1）基于混淆电路、不经意传输等技术的隐私保护机器学习协议，并执行两方MPC协议来完成激活函数等非线性操作计算；（2）基于秘密共享技术允许多方参与方参与机器学习网络模型训练或预测，且该过程不会透露数据或模型信息。

3）差分隐私技术

差分隐私技术（Differential Privacy，DP）是通过添加噪声来保护隐私的一种密码学技术，加入少量噪声就可以取得较好的隐私保护效果，因此从它被Dwork等人提出来就被广泛接受和使用。相比较前面2种密码学技术，差分隐私技术在实际场景中更易部署和应用。在机器学习中一般用来保护训练数据集和模型参数的隐私。DP技术主要分为中心化差分隐私技术和本地化差分隐私技术，中心化差分隐私技术主要采用拉普拉斯机制（Laplace Mechanism）、指数机制（The Exponential Mechanism）等方法。而本地化差分隐私技术则采用随机响应（Randomized Response）方法。

上文介绍了机器学习中常见的3种隐私保护技术，即基于同态加密技术、安全多方计算技术、差分隐私技术。随着深度学习的兴起，人工智能也迎来了发展契机，但是随着人工智能的广泛应用，其安全与隐私问题也越来越引起人们的关注，安全与隐私问题已经成为阻碍人工智能发展的绊脚石。学术界和工业界涌现了大量隐私保护机器学习框架。典型的两方隐私保护机器学习框架包括TASTY、ABY、SecureML、MiniONN、DeepSecure和GAZELLE等。利用传统分布式机器学习算法，典型的多方参与的PPML方案有ABY3、SecureNN、ASTRA、Flash、Trident、BLAZE和Falcon等。

11.3.3　安全性分析

MPC的目标是让一组参与方在事先约定好某个函数后，可以得到此函数在私有输入下的正确输出，同时不会泄露额外的任何信息。本小节将先介绍现实—理想范式（Real-ideal Paradigm），该范式是定义MPC安全性时所用的核心概念。随后，讨论MPC中最常用的三种安全挑战模型，主要有半诚实敌手模型、恶意敌手模型和隐蔽敌手模型。

11.3.3.1　现实—理想范式

现实-理想范式引入定义明确、涵盖所有安全性的“理想世界”，通过讨论现实世界和理想世界的关系来定义安全性，避免枚举安全性要求而导致存在安全漏洞等问题，一般认为Goldwasser和Micali给出的概率加密原语安全性定义是第一个使用现实—理想范式定义和证明安全性的实例。密码学不同领域中采用的安全性证明方法不同。基于可证明安全理论的证明适用于密码学中的加密与数字签名领域，而现实—理想范式是目前安全多方计算研究中广泛接受、普遍采用的证明方法。

（1）理想世界: 假设有一个可信的第三方τ，他在任何情况下都不会撒谎，也不会泄露任何不该泄露的信息。在理想世界中，各个参与方借助可信的第三方进行隐私计算，秘密地将自己的私有输入发送给完全可信的第三方τ，由可信第三方τ安全地计算函数F，并将计算结果返回给所有参与方。在计算过程中，各个参与方除了从协议得到可信第三方发送给自己的计算结果外得不到其他任何信息。假设在理想世界存在攻击者，其可以控制任意一个或多个参与方，但不能控制τ，未被控制的参与方被认为是诚实的参与方。显然，攻击者只能得到计算结果，而无法得到任何额外的信息，可信第三方τ发送给诚实的参与方的输出都是一致的、有效的，攻击者选择的输入与诚实的参与方的输入是相互独立的。上述借助理想世界中的可信第三方实现隐私计算模型虽然简单，但具有最高安全性，任何一个实际MPC协议的安全性都不可能超过这个协议，我们可以用理想世界作为判断实际协议安全性的基准。

（2）现实世界: 现实世界中，要找到一个可信的第三方是极不现实的。攻击者可以攻陷参与方，被攻陷的参与方等价于原始参与方就是攻击者，根据MPC中常见的两种安全挑战模型定义，被攻陷的参与方可以遵循协议规则执行协议，也可以任意偏离协议规则执行协议。在现实—理想范式中，如果攻击者实施攻击后，其在现实世界中达到的攻击效果与其在理想世界中达到的攻击效果相同，则可以认为现实世界中的协议是安全的。现实—理想范式的目标是在给定一系列假设条件下，使其在现实世界中提供的安全性与其在理想世界中提供的安全性等价。

11.3.3.2 半诚实敌手模型

半诚实（Semi-honest）攻击者可以攻陷参与方，但会遵循协议规则执行协议。换句话说，攻陷参与方会诚实地执行协议，但可能会尝试从其他参与方接收到的消息中尽可能地获得更多信息。此外，多个攻陷参与方可能会发起合谋攻击，即多个攻陷参与方把自己视角中所看到的通信内容汇总到一起来尝试获得信息。半诚实攻击者也被称为被动（Passive）攻击者，因为此类攻击者只能通过观察协议执行过程中自己的视角来尝试得到秘密信息，但无法采取其他任何攻击行动。半诚实攻击者通常也被称为诚实但好奇（Honest-but-Curious）攻击者。

基于现实—理想范式对安全多方计算协议进行证明的原理是将一个实际的安全多方计算协议与一个理想的安全多方计算协议的安全性进行对比，如果实际的多方保密计算协议不比理想的安全多方计算协议泄露更多信息，则实际的安全多方计算协议是安全的。如果现实世界中参与方所拥有的视角和理想世界中攻击者所拥有的视角不可区分，那么协议在半诚实攻击者的攻击下是安全的。

初看半诚实攻击模型，会感觉此模型的安全性很弱，简单地读取和分析收到的信息似乎根本就不是一种攻击方法。实际上，构造半诚实安全的协议并非易事。同时，在构造可抵御更强大攻击者攻击的协议时，一般都在半诚实安全协议的基础之上进行改进。

11.3.3.3　恶意敌手模型

恶意（Malicious）攻击者，可以让攻陷参与方任意偏离协议规则执行协议，以破坏协议的安全性。恶意攻击者分析协议执行过程的能力与半诚实攻击者相同，但恶意攻击者可以在协议执行期间采取任意行动，这意味着攻击者可以操作网络，或在网络中注入任意信息。恶意攻击者场景下的安全性也将通过比较理想世界和现实世界的差异来定义，但需要考虑以下两个重要的附加因素：

（1）对诚实参与方输出的影响。攻陷参与方偏离协议规则执行协议，可能会对诚实参与方的输出造成影响。例如，攻击者的攻击行为可能会使两个诚实参与方得到不同的输出，但在理想世界中，所有参与方都应该得到相同的输出。在半诚实攻击模型下，也要比较现实世界和理想世界的输出，但诚实参与方得到的输出与攻击者的攻击行为无关。同时，恶意攻击者不一定会给出最终的输出，恶意参与方可以输出任何想输出的结果。

（2）输入提取。在半诚实模型下，参与方会遵守协议规则执行协议，因此可以明确定义诚实参与方的输入，并在理想世界将此输入提供给τ。而在现实世界中，我们无法明确定义恶意参与方的输入，这意味着在理想世界中我们需要知道将哪个输入提供给τ。对于一个安全的协议，无论攻击者可以在现实世界中实施何种攻击行为，此攻击行为应该也可以通过为攻陷参与方选择适当的输入，从而在理想世界中实现。因此，让仿真者选择攻陷参与方的输入。这方面的仿真过程称为输入提取，因此仿真者要从现实世界的攻击者行为中提取有效的理想世界输入，来“解释”此输入对现实世界造成的影响。大多数安全性证明只需考虑黑盒仿真过程，即仿真者只能访问现实世界中实现攻击的预言机，不能访问攻击代码本身。

11.3.3.4　隐蔽敌手模型

上述半诚实敌手模型安全性太弱，而在恶意敌手模型的安全性要求下协议执行的效率又太低，为了克服这些困难，提出了一种隐蔽（Covert）敌手模型。隐蔽攻击者，会试图通过从协议执行过程中获取的内容来推测其他参与方的私密信息，还会试图通过改变协议行为来挖掘其他参与方的隐私信息。然而，如果攻击者尝试发起这样的攻击行为，其会有一定概率被其他参与方检测出来，与恶意敌手模型不同的是，如果没有检测到攻击者，那么在隐蔽敌手模型中的攻击者可能会成功地实施攻击。在隐蔽敌手模型中，对手必须权衡被抓到的风险和攻击带来的好处。在金融或政治领域不能假设参与方是完全诚实的，但所涉及的公司和机构无法承受攻击被发现所受到的名誉损失。

11.4 联邦学习

11.4.1 概述

隐私保护机器学习（Privacy-Preserving Machine Learning，PPML）是一个蓬勃发展的研究领域，其在允许机器学习对用户的私人数据进行计算的同时，还能确保数据的隐私安全。联邦学习是隐私保护机器学习中的一个重要分支，在当前强调数据安全和隐私保护的大环境中，其作为一种新兴的人工智能技术范式，有望成为下一代人工智能协作网络架构的基础，建立跨域异构参与者之间的数据信任，并促进科学技术的发展与演进。

本章中主要介绍了联邦学习产生的背景以及一些基本概念，对一些广受关注的联邦学习开源框架做了介绍，并在最后讨论了目前联邦学习系统所面临的问题以及可行的解决方案。

11.4.1.1 联邦学习的背景及概念

背景

近年来，机器学习技术在人工智能领域迅猛发展，在计算机视觉、自然语言处理和推荐算法等领域都有良好的表现。这些机器学习技术的成功，都是通过大量数据的训练得到的。然而，一方面随着人工智能在各个行业的不断落地，人们对于数据安全和隐私保护的关注程度也在不断提高；另一方面，法律制定者和监管机构也出台了新的法律来规范数据的管理和使用，法律的实施进一步增加了不同组织之间收集和分享数据的难度。因此，各方面原因导致在许多应用领域，满足机器学习规模的数据量是难以达到的，人们不得不面对“数据孤岛”难题和隐私安全难题。更严重的是两者之间存在一定程度的制衡。

（1）“数据孤岛”难题。通俗地讲，在一个组织中，各级部门都拥有各自的数据，这些数据是存在相互关系的，但是又被存放在不同的部门。从安全性、隐私性等方面考虑，各个部门只能获取本部门的数据，而无法获取其他部门的数据。而这些数据就好似信息这片大海中的一座座孤岛，即“数据孤岛”。

（2）隐私保护难题。2018年5月，欧盟发布了新法案《通用数据保护条例》（General Data Protection Regulation，GDPR）以加强对用户数据隐私保护和对数据的安全管理。2019年10月，中国人民银行推出了《个人金融信息（数据）保护试行办法》（初稿）的规定。该规定申明“不得以‘概括授权’的方式取得信息主体对收集、处理、使用和对外提供其个人金融信息的同意”。在这样的新要求之下，大批的互联网公司的发展遭受迎头一击，给众多人工智能技术与应用的落地带来了前所未有的挑战。

面对上述挑战，联邦学习技术应运而生，成为解决传统机器学习和人工智能方法在获取标注数据以落地过程中所面临的“数据孤岛”和隐私安全难题而进行的全新尝试。

联邦学习是人工智能领域的一项新的基础性技术，其基础便是保护数据隐私并满足法律法规要求，在此基础上它可以在多个参与者或计算节点之间执行高效的机器学习。此外，联邦学习提供“闭环”学习机制，其有效性取决于数据提供者对自己和他人的贡献，这有助于激励更多参与者加入整个数据“联邦”生态。

概念

联邦学习最初是由谷歌的McMahan等人提出，其使用“Federated Learning”术语来描述这项技术，后来谷歌和我国的微众银行沿用了这一术语。但是在国外不同的企业、不同的组织机构有不同的术语，以加利福尼亚大学伯克利分校为例，其采用“Shared Learning”这一术语来描述该技术。但是到目前为止，“Federated Learning”这一术语还是被广泛认可和使用的，在国内一般翻译为“联邦学习”。

联邦学习（Federated Learning，FL）是由两个或两个以上的参与方协作构建一个共享的机器学习模型，每个参与方都拥有若干能够用来训练的训练数据。在联邦学习模型的训练过程中，每个参与方所拥有的数据都不会离开该参与方，在各方之间主要是模型相关的信息加密后进行传输和交换，且各参与方之间均不能通过这些加密的信息推测出其他方的原始数据，在这种模式下训练出来的模型性能会逼近集中训练所得到的模型性能。

从技术架构上来说，联邦学习是一种具有隐私保护属性的分布式机器学习技术，即通过一个中央服务器协调众多结构松散的客户终端进行模型更新。其工作原理是：客户终端从中央服务器下载现有模型，通过使用本地数据对模型进行训练，并将模型的更新内容上传至云端。训练模型通过将不同终端的模型更新进行融合，以此优化预测模型，客户终端再将更新后的模型下载到本地，过程不断重复。在整个过程中，终端数据始终存储在本地，不存在数据泄露的风险。

联邦学习有巨大的商业应用潜力，但是也面临着诸多挑战。首先是通信上面临着挑战，各参与方与中央服务器之间的通信连接可能是慢速且不稳定的，因为同一时间可能会有非常多的参与方在通信。其次是数据上面临的挑战，各方身份认证存在困难，这会导致联邦模型被恶意攻击，损害整个联邦系统或者模型性能。为了应对这些挑战，研究人员也做了大量研究。例如，在部署联邦学习平台时使用专线进行通信，最大限度地降低通信连接不稳和带宽较小的问题。通过研究环状网络架构，让每个参与方只与两个参与方进行通信连接，以降低出现网络拥堵的可能性。通过设置精选的基准数据集用于公平比较，针对模型更新和模型聚合算法进行改进，进行个性化的联邦学习等方法来提高非独立同分布数据训练模型的健壮性和效率。

总体而言，联邦学习是可提供隐私保护的分布式机器学习技术。

11.4.1.2　网络架构

根据实际应用场景的不同，联邦学习的系统中可能会有中心服务器，也可能没有中心服务器，进而产生了不同的联邦学习架构，目前常见的联邦学习架构包括带中心服务器的客户—服务器架构（Client-Server，C-S）、去中心化架构的对等网络架构（Peer-to-Peer，P2P）及环状网络架构（Ring）。

1. 客户—服务器架构

中心化架构也被称作客户端—服务器架构，在该架构中，各参与客户端利用自己的本地数据和本地资源进行本地训练，待训练完成后再将脱敏参数上传到服务器进行整合，其具体架构如图11-42所示。

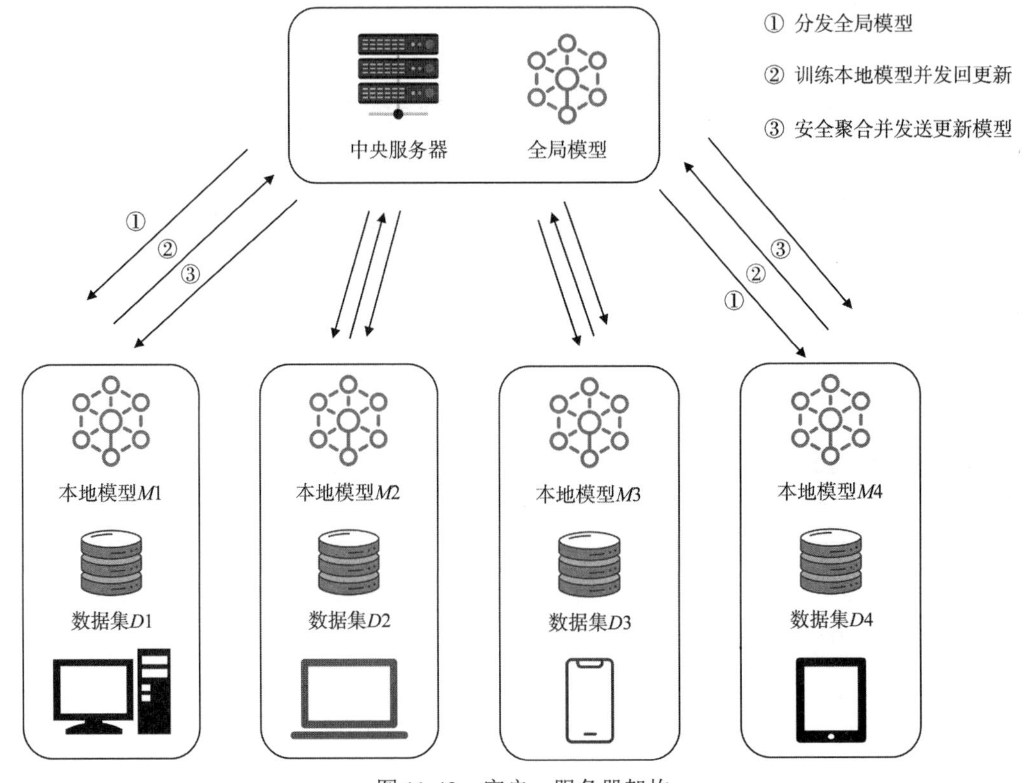

图 11-42　客户—服务器架构

客户—服务器架构的基本流程大致可以分以下三个步骤。

步骤1：分发全局模型。中央服务器初始化全局模型，并根据不同的客户端状态信息选择参与训练的客户端，并将初始化后的模型结构和参数分发给所选客户端。

步骤2：训练本地模型并发回更新。客户端收到模型后利用本地数据执行模型训练，在训练一定次数之后，将更新的模型参数发送给服务器。

步骤3：聚合与更新。服务器对所选客户端参数进行聚合后更新全局模型，并将更新后的模型及参数发送给各客户端，通过重复以上步骤直到停止训练。

中心化架构设计的优点在于架构设计简单，各个参与的客户端设备通过中心节点即可进行管理。同时对客户端的容错性也较好，当少量的客户端发生故障时，中心节点可以暂时将其屏蔽，而不会影响联邦系统的计算过程。在带来优点的同时，也不可避免地产生问题。中心化架构的问题在于如何找到一个可以信赖的第三方作为中心服务端来进行客户端管理以及模型的聚合以及参数的加密解密等操作。同时，虽然客户端少量发生故障不会对联邦系统产生太大影响，但是当中心节点发生故障时，联邦系统便无法正常运行了。

由于上述的这些问题，去中心化的架构也正在成为研究热点。

2. 对等网络架构

对等网络架构（P2P）是一种去中心化的架构设计，在该架构中，各个参与方之间可以直接通信，不需要借助第三方（中心服务器），其架构示意图如图11-43所示。

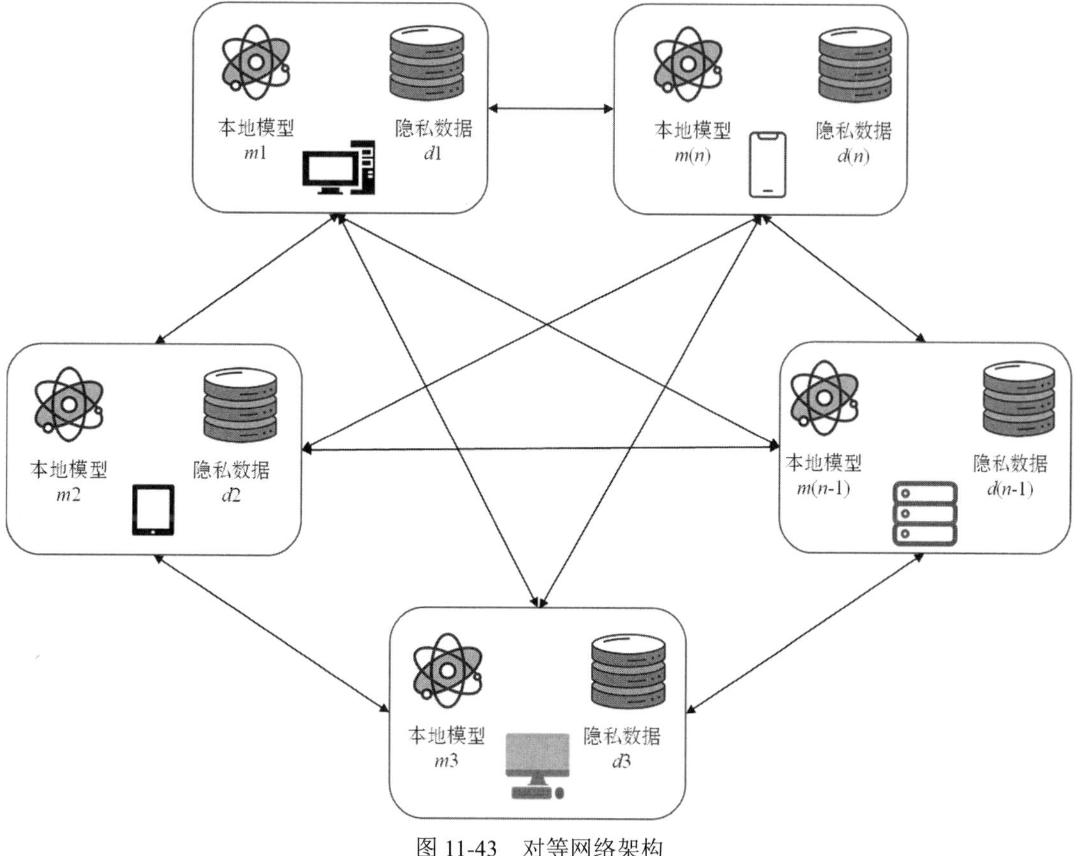

图 11-43　对等网络架构

在该架构中，与客户—服务器架构有所不同，训练全局模型的任务是由某一个参与方发起，且当其他参与方对模型进行训练后，各参与方需要将其本地模型加密传输给其余参与方，这样能够更好地保证联邦学习系统的安全性。

显然，由于减少了第三方服务器的参与，在提高安全性的同时也不可避免地带来了一些缺点，由于所有模型参数的交互都是加密的，因此需要更多的加密和解密操作，以及传输更多的中间结果，这对通信和性能的影响是巨大的，并且由于各方是直接进行通信，所以在架构设计上相较于客户—服务器架构而言也更为复杂。

3. 环状网络架构

环状网络架构（Ring）是一种去中心化的设计，与对等网络架构类似，其不需要协调方来进行模型参数的聚合，其架构如图11-44所示。

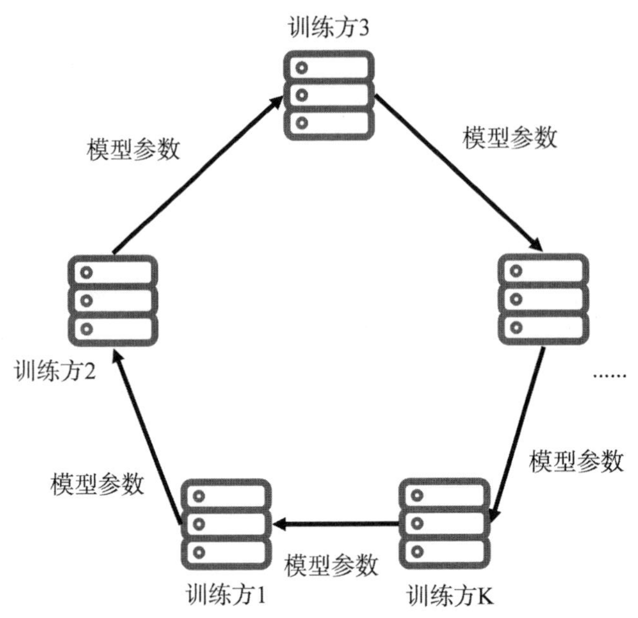

图 11-44　环状网络架构

与客户—服务器架构相比，环状架构设计由于无须第三方协调者的参与，且各参与方之间直接进行通信，避免了信息泄露给第三方的可能性。同时，由于每个参与方都只有前、后两个参与方，前一个参与方作为输入，后一个参与方作为输出，这种通信方式不仅有效地提高了联邦系统的安全性，而且产生的网络拥堵的概率也是极低的。

与对等网络架构相比较而言，这种网络架构中的每个参与方只能与某一个参与方进行通信，以一种环状的方式完成数据在各参与方之间的传输流动，这在一定程度上限制了使用的场景。在当前业界中使用环状结构设计的联邦学习系统还是比较少的。

11.4.1.3　分类及适用范围

联邦学习的孤岛数据有不同的分布特征。对于每个参与方来说，自己所拥有的数据可以用一个矩阵来表示。矩阵的每行表示每一个用户或者一个独立的研究对象，所有这些研究对象的集合可以称为样本空间。矩阵的每列表示用户或者研究对象的一种特征，所有这些特征的集合可以称为特征空间。同时，每行数据都会有一个标签，所有这些标签的集合可以称为标签空间。对于每个用户来说，人们希望通过他的特征X，学习一个模型来预测他的标签Y。在实际生产中，不同的参与方可能是不同的公司或者机构，人们不希望自己的数据被别人知道，但是人们希望可以联合训练一个更强大的模型来预测标签Y。根据训练数据在不同参与方之间数据的特征空间和样本空间的分布情况，可以将联邦学习分为横向联邦学习（Horizontal Federated Learning，HFL）、纵向联邦学习（Vertical Federated Learning，VFL）以及迁移联邦学习（Federated Transfer Learning，FTL）。

1. 横向联邦学习

横向联邦学习也称为按样本划分的联邦学习（Sample-partitioned Federated Learning 或 Example-partitioned Federated Learning)，当两个参与方的用户重叠部分很少，但是两个数据集的用户特征重叠部分比较多时，这种场景下的联邦学习即是横向联邦学习。比如，一个银行系统在深圳和上海的分部为参与方，两边业务类似，收集的用户数据特征比较类似，但是两个分部的用户大部分是本地居民，用户重叠比较少，当两个分部需要做联邦模型对用户进行分类的时候，就属于横向联邦学习。横向联邦学习的各参与方的数据集有相同的特征空间和不同的样本空间。其公式描述如下：

$$\mathcal{X}_i = \mathcal{X}_j，\ \mathcal{Y}_i = \mathcal{Y}_j，\ I_i \neq I_j，\ \forall \mathcal{D}_i，\ \mathcal{D}_j，\ i \neq j，$$

式中，$\mathcal{D}_i$和 $\mathcal{D}_j$分别表示第i方和第j方拥有的数据集。假设两方的数据特征空间和标签空间对，即$(\mathcal{X}_i，\mathcal{Y}_i)$和$(\mathcal{X}_j，\mathcal{Y}_j)$是相同的。但是我们假设两方的客户$ID$空间，即$I_i$和$I_j$是没有交集的或交集很小。如图11-45所示，两个参与方的横向联邦学习场景，两个参与方之间的特征数据是对齐的，但是各方所拥有的数据是不同，基于此扩大了机器学习算法的数据量。

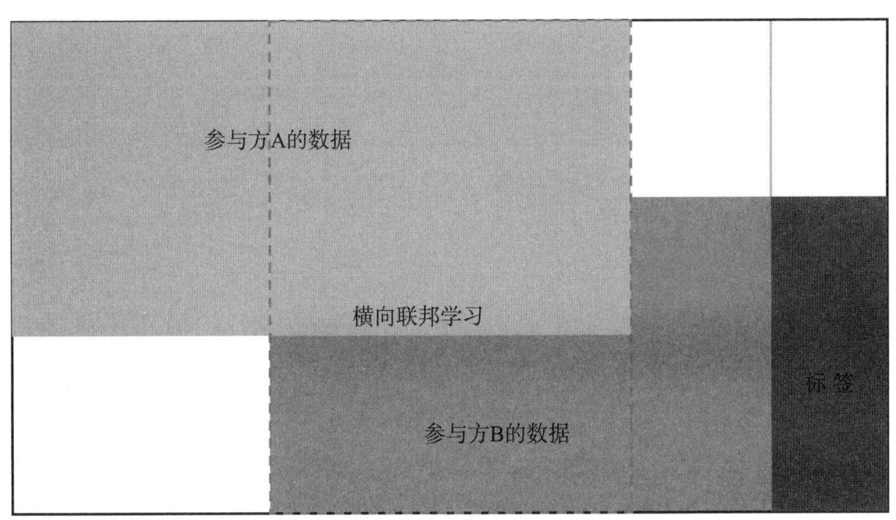

图 11-45　横向联邦学习

2. 纵向联邦学习

当两个参与方的用户重叠部分很多，但是两个数据集的用户特征重叠部分比较少时，这种场景下的联邦学习称为纵向联邦学习。比如，同一个地区的两个机构，一个机构有用户的消费记录，另一个机构有用户的银行记录，两个机构有很多重叠用户，但是记录的数据特征是不同的，两个机构希望通过加密聚合用户的不同特征来联合训练一个更强大的联邦学习模型，这种类型的机器学习模型就属于纵向联邦学习。

纵向联邦学习通常具有不同的特征空间和相同的样本空间，在这种联邦体系下，每一个参与方的身份和地位都是相同的，这种联邦系统，有：

$$\mathcal{X}_i \neq \mathcal{X}_j,\ \mathcal{Y}_i \neq \mathcal{Y}_j,\ I_i = I_j,\ \forall \mathcal{D}_i,\ \mathcal{D}_j,\ i \neq j,$$

式中，$\mathcal{X}_i$表示特征空间，$\mathcal{Y}_i$表示标签空间，I是样本ID空间，$\mathcal{D}$表示由不同参与方拥有的数据集。

纵向联邦学习的目的是，通过利用由参与方收集的所有特征，协作地建立起一个共享的机器学习模型。如图11-46所示，基于两个参与方的纵向联邦学习场景，两个参与方之间的样本数据是对齐的，但是特征不同。

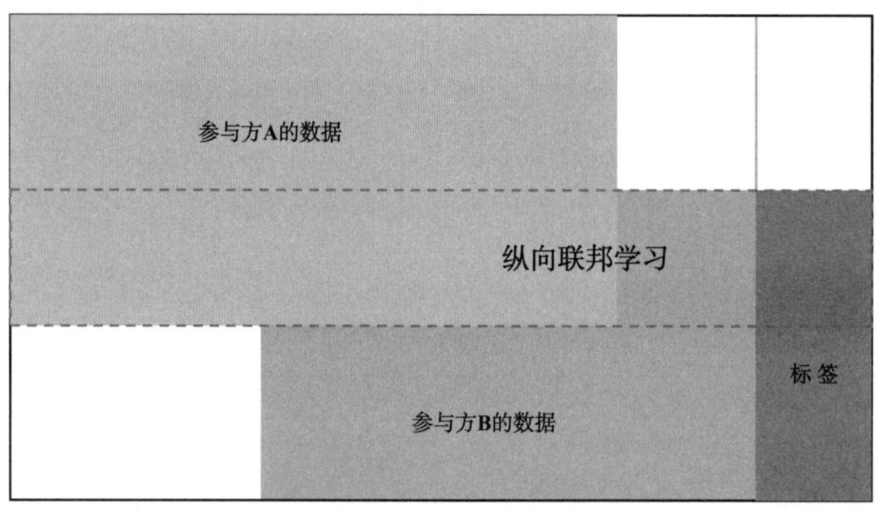

图 11-46　纵向联邦学习

3. 联邦迁移学习

迁移学习目前也在快速的发展之中，目前基于执行迁移学习的方法，可以将迁移学习主要分为3类：基于实例的迁移学习、基于特征的迁移学习以及基于模型的迁移学习。我们下面以基于模型的迁移学习为例进行展开。

迁移学习我们可以理解成，当两个参与方用户重叠部分很少，两个数据集的用户特征重叠部分也比较少，且有的数据还存在标签缺失时，这种场景下的联邦学习叫作迁移联邦学习。比如，两个不同地区的机构，一个机构拥有所在地区的用户消费记录；另一个机构拥有所在地区的银行记录，两个机构具有不同的用户，同时数据特征也各不相同，在这种情况下联合训练的机器学习模型就是迁移联邦学习。

如图11-47所示，基于两个参与方的联邦迁移学习场景，两个参与方之间的特征空间和样本空间都是不完全相同的。联邦迁移旨在为以下场景提供解决方案：

$$\mathcal{X}_i \neq \mathcal{X}_j,\ \mathcal{Y}_i \neq \mathcal{Y}_j,\ \mathcal{I}_i \neq \mathcal{I}_j,\ \forall \mathcal{D}_i,\ \mathcal{D}_j,\ i \neq j,$$

式中，$\mathcal{X}_i$和$\mathcal{Y}_i$分别表示第i方的特征空间和标签空间，$\mathcal{I}_i$表示样本空间，$\mathcal{D}_i$表示i方拥有的数据集。最终的目标是对目标域中的样本进行尽可能准确的标签预测。

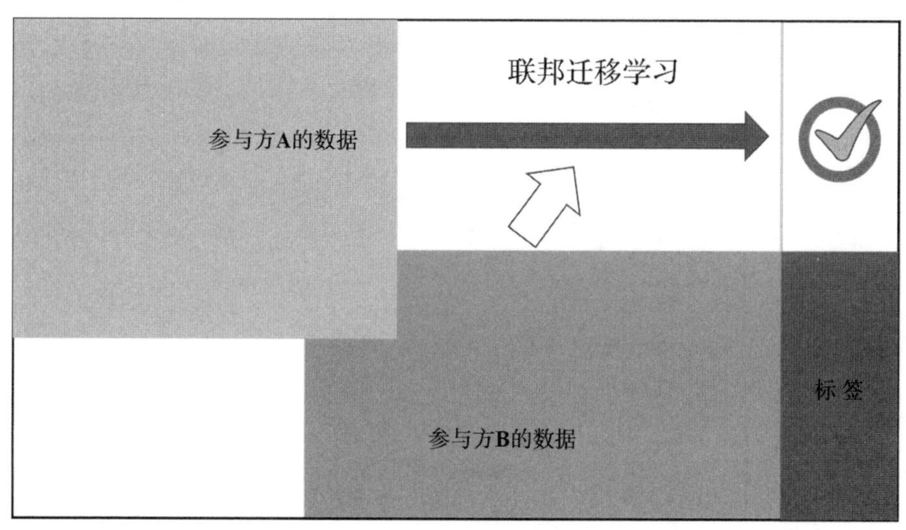

图 11-47　纵向联邦学习

11.4.1.4　联邦学习流程

目前，大部分开源联邦学习系统都是使用客户—服务器架构设计，这里我们以客户—服务器架构来介绍联邦学习流程。

从物理层面来看，基于客户—服务器架构设计的联邦学习系统一般由数据持有方和中心服务器组成。一个数据持有方本地数据的数据量或特征数可能是难以支持一次成功的模型训练的，因而需要其他数据持有方的支持。类似分布式机器学习，联邦学习中心服务器的主要工作也是汇聚各节点的训练数据，进行聚合之后再下发给各个节点，比如收集各方所持有的梯度信息，并在服务器内部对收集上来的梯度进行聚合之后再给各个节点返回新的梯度信息，各节点接收到新的梯度信息之后各自本地更新模型即可。

联邦学习的合作建模过程中，数据持有方的数据始终是保存在本地的，模型的训练也是在本地使用数据进行训练，这样做可以保证数据隐私不会被泄露。每轮训练迭代产生的梯度或者模型参数在进行脱敏之后作为交互信息上传到中心服务器，等待中心服务器返回聚合后的参数，对模型进行更新。

不同的基本假设与定义，不同的联邦学习在架构和训练算法上也有不同之处。

1. 横向联邦学习

横向联邦学习的目的主要是利用分布在各方的同构数据进行机器学习建模。对于不同的样本来说，机器学习中常见的损失函数的函数结构通常是相同的。所以在数学上，横向联邦学习的各个参与方对损失函数的贡献就有着相似的数学形式,在计算上往往并不复杂。因此，每个参与方均是在本地使用数据训练一个完整的模型，中心服务器要做的仅仅是对各方的模型参数或梯度信息进行聚合以提高模型的健壮性。具体架构如图11-48所示。

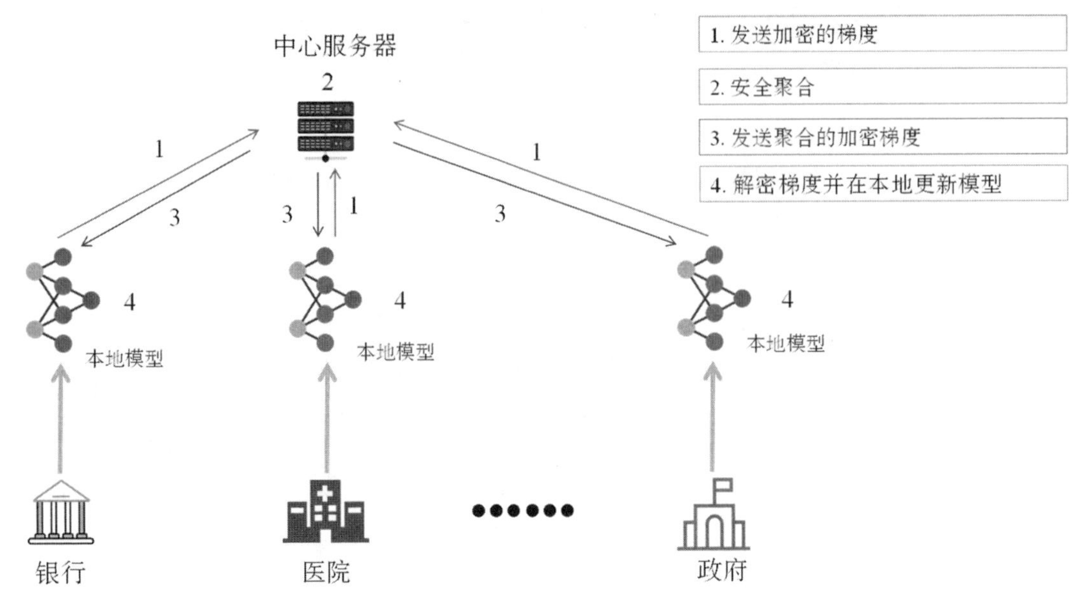

图 11-48　横向联邦学习

步骤1：各参与方在本地计算模型梯度，并使用同态加密、差分隐私或秘密共享等加密技术，对梯度信息进行掩饰，并将掩饰后的结果发送给中心服务器。

步骤2：服务器进行安全聚合操作。

步骤3：服务器将聚合后的结果发送给各个参与方。

步骤4：各参与方对收到的梯度进行解密，并使用解密后的梯度结果更新各自的模型参数。

上述4个步骤是一次完整的训练过程，不断迭代此过程直到损失函数收敛或达到允许的迭代次数的上限。需要注意的是，在上述步骤2中，聚合服务器接收到参数之后进行聚合操作，通常是计算加权平均值。如果参与方发送的是训练过程中的梯度信息，则该过程称为梯度平均；如果发送的是模型参数，则此过程称为模型平均；梯度平均和模型平均均可称为联邦平均算法。

2. 纵向联邦学习

纵向联邦学习的主要目的是利用分布在各方的异构数据进行机器学习建模，与横向联邦学习有所不同，纵向联邦学习中对于不同样本来说损失函数的结构是有所不同的，在数学形式上有所差异，计算上相对复杂。因此，纵向联邦学习的模型训练过程中每个参与方仅是使用本地数据计算模型的一部分参数及一部分损失函数，完整的模型参数及损失函数的计算需要将各方本地计算的结果进行融合才能得出，这里中心服务器的作用便是协调各方进行模型参数及损失函数的计算。

以两方合作建模的场景为例，假设银行提供标签数据，运营商提供数据，协调者为进行模型聚合的服务器方。其训练流程如图11-49所示。

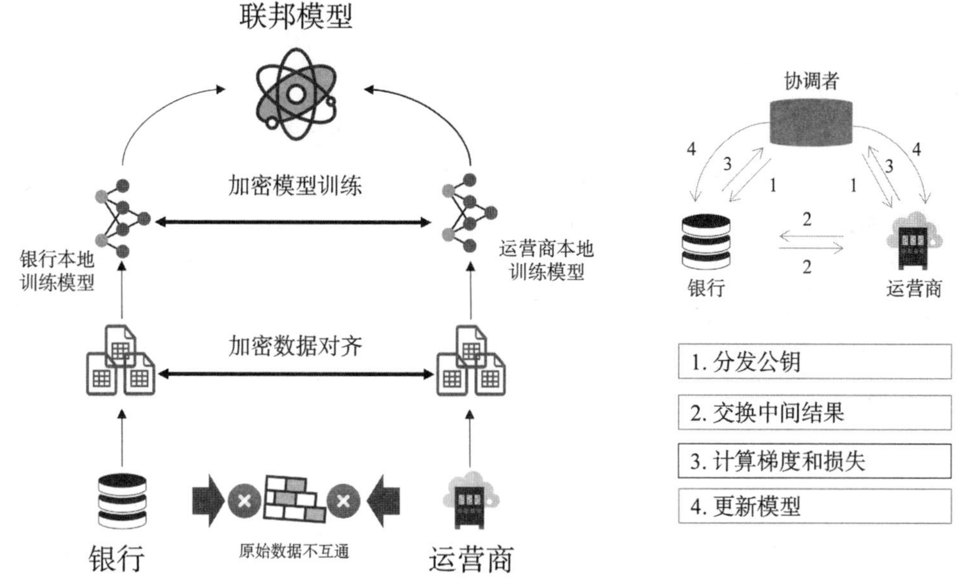

图 11-49　纵向联邦学习

在纵向联邦学习中，训练过程可以分为两个部分。第一个部分对双方的异构数据进行对齐操作，使双方的数据ID能够匹配；第二个部分是对已经对齐后的数据进行模型训练。

（1）加密数据对齐。由于银行和运营商的数据是异构的，所以联邦学习系统使用PSI技术对双方的数据进行对齐操作。该操作可以确保双方不会暴露各自的原始数据便可以将对应ID的数据进行对齐，并且在对齐过程中也不会暴露其中一方的用户ID。

（2）加密模型训练。在数据进行对齐之后，便可以使用对齐的数据进行模型训练。在该阶段，训练过程主要分为以下4个步骤：

步骤1：协调者在加密系统中创建密钥对，并将公钥同步给银行和运营商。

步骤2：银行和运营商分别使用自己的本地数据进行模型训练，在训练过程中对中间结果进行加密和交互。中间结果主要是本地计算的梯度信息和损失函数的值。

步骤3：银行和运营商分别将本地的梯度通过从协调者获取的公钥进行加密，并添加掩码。其中，运营商会计算加密的损失函数。银行和运营商将计算结果发送给协调者。

步骤4：协调者获取了银行和运营商的结果之后，使用私钥对结果进行解密，并将解密的结果分别发送给银行和运营商。银行和运营商在接收到明文结果，在本地去除添加的掩码以获取真实的梯度信息，并使用该信息更新模型的参数。

上述4个步骤完成了一轮模型训练，不断迭代此过程直到损失函数收敛或者达到最大迭代次数，训练结束。

3. 联邦迁移学习

通过前文的介绍我们可以了解到，横向联邦学习和纵向联邦学习都是利用了数据集在样本空间的相同或者特征空间的相同来实现的。但是在实际生产中，还存在样本空间和特征空间均不相同的情况，而联邦学习加上迁移学习便是应对这种场景产生的。

在了解联邦迁移学习之前，我们需要先简单了解一下迁移学习的概念。在迁移学习中有两个重要的概念，分别是“任务”和“域”。任务是模型要去执行的目标，例如识别图片中的物体；而域就是数据的来源，域也分为源域和目标域，其中源域可以理解为目前已经了解的，已经有了标注的大量数据，例如已经标注了物体的位置及类别的图片；目标域可以理解为我们目前还并不是很了解，还存在大量标签缺失的数据，例如一张未标记物体位置及类别的图片。

一个迁移学习的过程，左侧表示的是传统的机器学习过程。可以看到，迁移学习不仅利用目标域中的数据作为学习算法的输入，还利用了源域中的所有学习过程（包括训练数据、模型以及任务）作为输入。通过这个图我们可以清晰地看出迁移学习的关键概念，即通过从源域获取更多的知识来解决目标域中缺少训练数据的问题，如图11-50所示。

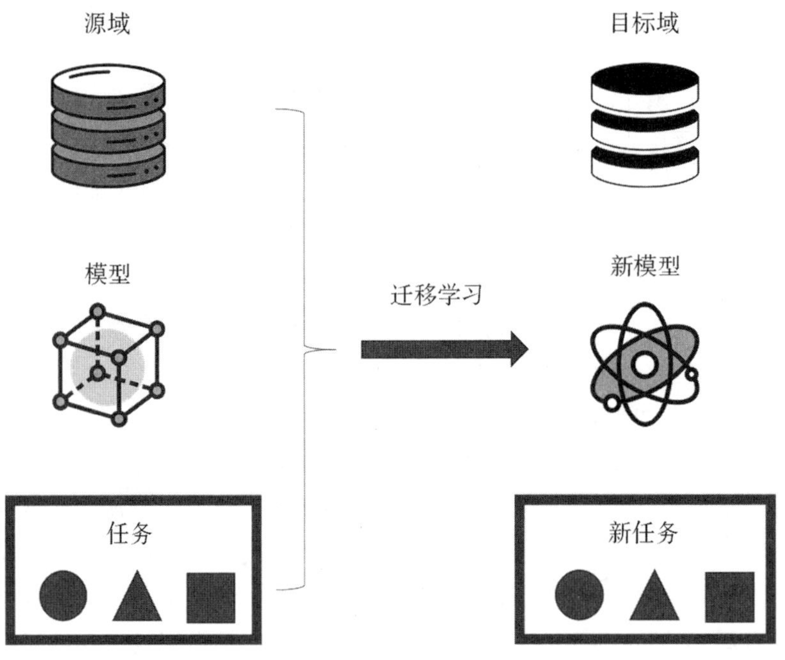

图 11-50　迁移学习概念

联邦迁移学习是联邦学习和迁移学习的结合，源域和目标域的概念在联邦迁移学习中同样适用。以刘洋等人提出的联邦迁移学习框架为例，这里假设源域和目标域的数据集分别位于不同的参与方，且各参与方之间的数据在样本上存在有限程度的重叠。

首先，各参与方在本地先使用本地数据计算出一份数据的隐藏表征信息，在此基础上各参与方通过交换中间数据来完成一个模型的训练。其次，在训练的过程中由于涉及多方的数据，所以整个训练过程不能泄露任意一方的数据及隐私信息，这里可以使用一些隐私计算技术来实现，例如同态加密、多方安全计算等方法。最后当模型训练完成之后，需要使用该模型对目标域的数据进行预测，以达到对目标域中未标记样本的预测。需要注意的是，模型的预测过程也是一个多方协作过程，这个过程中同样需要对数据隐私进行保护。

11.4.2　开源框架介绍

联邦学习的核心是分布式机器学习，与传统的分布式机器学习相比，联邦学习通过上传参数、不上传数据的方式进行分布式机器学习，进而实现了数据的隐私保护。通过整合各个节点上的参数，不同的设备可以在保持设备中大部分数据的同时，实现模型训练更新。当前市场上已经有了一些开源联邦学习框架被用于科研与实际应用，下面将介绍几种当下比较流行的联邦学习开源框架的实现方案。

11.4.2.1　FATE

FATE（Federated AI Technology Enabler）是微众银行在2019年开源的联邦学习框架，旨在解决各种工业应用实际问题。在安全机制方面，FATE采用密钥共享、散列以及同态加密技术，以此支持多方安全模式下不同种类的机器学习、深度学习和迁移学习。在技术方面，FATE同时覆盖了横向、纵向、迁移联邦学习和同步、异步模型融合，不仅实现了许多常见联邦机器学习算法（如逻辑回归、梯度提升决策树、卷积神经网络等），还提供了“一站式”联邦模型服务解决方案，包括联邦特征工程、模型评估、在线推理、样本安全匹配等。此外，FATE所提供的FATE-Board建模具有可视化功能，建模过程交互体验感强，具有较强的易用性。目前，这一开源框架已在金融、服务、科技、医疗等多领域推动应用落地。

1. FATE 框架

基于高可用和容灾的设计，FATE框架主要包括离线训练和在线预测两个部分。离线部分实现建模，在线部分实现推理。其系统架构如图11-51所示。其中FATE-Cloud负责集群节点注册及管理、可视化集群部署及更新以及FATE集群监控；FATE-Board为联邦学习过程可视化模块，并提供任务及日志管理功能；FATE-Flow为学习任务流水线管理模块，负责联邦学习的作业调度以及联邦模型的生命周期管理；FATE-Serving提供联合推理及在线联邦模型管理功能；FederatedML是联邦机器学习的核心组件，主要提供联邦机器学习算法；安全协议模块提供如同态加密及多方安全计算等安全协议；并且FATE框架支持TensorFlow及Pytorch框架的计算支持，支持EggRoll或Spark作为分布式计算组件；支持HDFS、HIVE、MySQL及LocalFS等多种数据存储方式。

图 11-51　FATE 系统架构

2. FATE 系统功能

1）离线训练框架

对于离线训练框架，如图11-52所示，其架构主要分成基础设施层、计算存储层、核心组件层、任务执行层、任务调度层、可视化面板层以及跨网络交互层。在基础设施层，FATE提供KubeFATE模式，使用云本地技术管理联邦学习工作负载，支持通过Docker Compose和Kubernets进行部署。其中，KubeFATE提供了丰富的FATE集群生命周期管理功能，可以方便地对集群进行增加或删减、修改配置等操作。利用FATE集群管理的任务框架，研发人员可以轻松定位与解决基础设施层的问题。

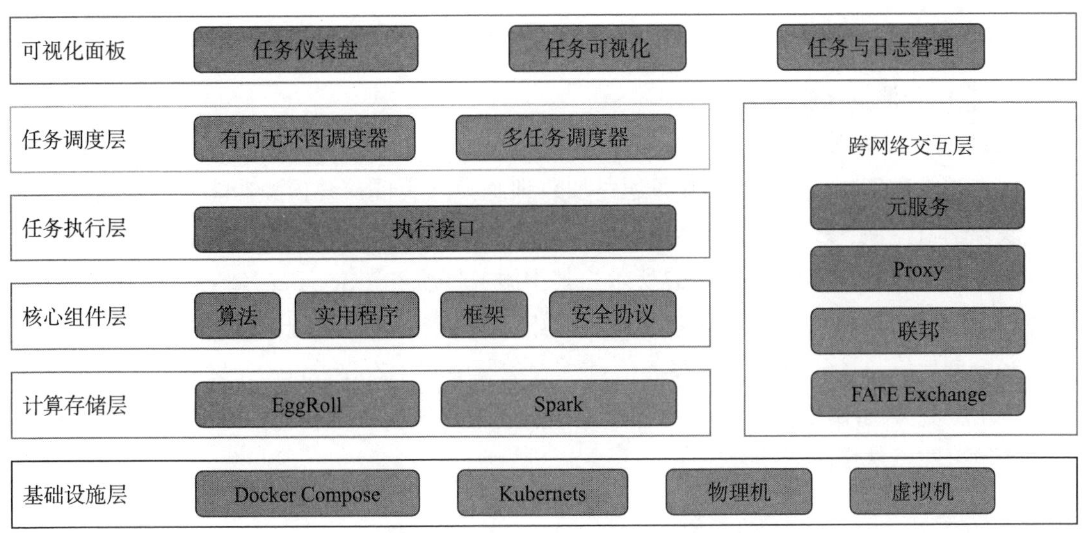

图 11-52 离线训练框架架构

在计算存储层，离线训练框架使用EggRoll以及Spark作为分布式计算引擎。当使用EggRoll作为计算引擎时，簇管理器（Cluster Manager）负责提供服务入口以分配资源，节点管理器（Node Manager）执行实际计算和进行存储，Rollsite负责数据传输。当使用Spark作为计算引擎时，需要使用HDFS来实现数据的持久化，而Pipeline的同步和训练过程中消息的同步则要依赖于Nginx和RabbitMQ服务来完成。

核心组件层主要提供数据交互、算法和模型训练评估相关的实现。本层主要由FederatedML组成，其包括许多常见机器学习算法的联邦实现以及必要的实用工具。简单地说，可分为以下几个功能模块：

（1）算法模块，用于数据预处理和联邦特征工程的机器学习算法。

（2）实用程序模块，作为启用联邦学习的工具，例如加密算子、参数定义及传递变量自动生成器等。

（3）框架模块，用于开发新算法模块的工具包和基础模型。

（4）安全协议模块，包括SPDZ，OT等协议，以实现安全联邦学习。

任务执行层以及调度层主要由FATE-Flow构成。FATE-Flow是实现联邦学习建模和任务协同调度的重要工具，主要包括：DAG定义联邦学习Pipeline、联邦任务协同调度、联邦任务生命周期管理、联邦模型管理、联邦任务输入输出实时追踪以及生产发布功能。

可视化面板层由FATE-Board构成，主要实现联邦建模过程的可视化。FATE Board由任务仪表盘、任务可视化、任务管理与日志管理等模块组成，可以对联邦学习过程中模型的训练状态及输出结果进行可视化展现。FATE-Board提供了矩阵图、回归结果、树模型等可视化效果，从而使研究人员可以更及时地了解模型状态与调整参数，提升联邦学习的效果。

跨网络交互层由Federated Network联邦多方通信网络构成，它的架构如下：元服务为元数据管理者和持有者，负责定位不同数据在不同机器的位置；Proxy为应用程序层联邦学习路由，Federation负责全局对象的抽象和实现，FATE Exchange提供通信功能。

2）在线预测框架功能

FATE服务是针对联邦学习模型的高性能工业化服务系统。在离线建模后，FATE Flow将模型推送至FATE服务，FATE服务通过加载训练模型实现在线预测功能，主要支持动态加载联合学习模型、多级缓存、生产部署的预/后处理、联邦学习在线批量预测、各方并行预测等。其具体部署架构如图11-53所示。其中服务器服务（Serving Service）为预测功能的核心，用于处理各种请求，提供基于gRPC的模型在线推理服务。服务器服务从FATE-Flow加载好模型后，将该模型相关的服务信息注入注册中心（Zookeeper），以便网关服务从中拉取可用服务并调用。同时，训练好的模型信息将被发送给模型管理服务完成持久化存储，作为备份可在特殊情况下恢复。

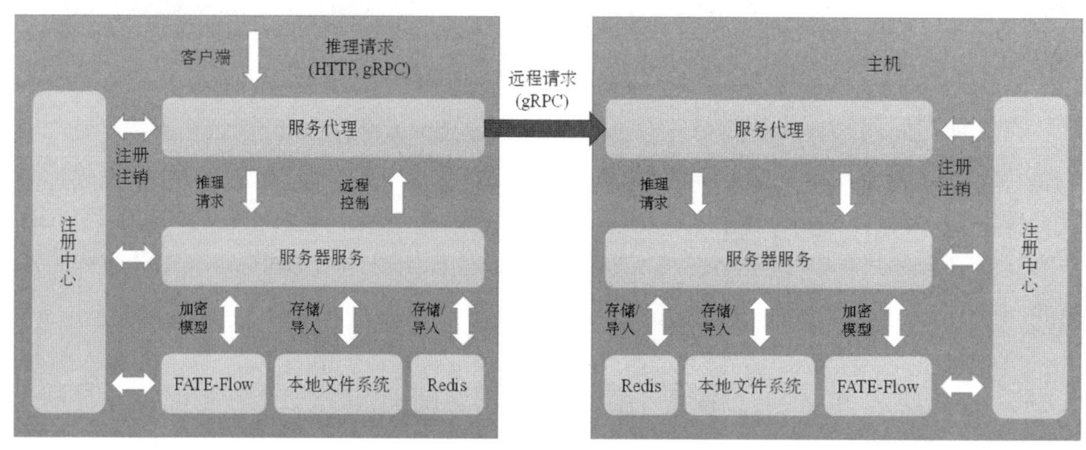

图 11-53　FATE-Serving 部署框架

服务代理（Serving Proxy）主要是在多方交互时作为网关服务实现服务路由，实现客户端与主机之间的通信。它对外提供gRPC接口以及HTTP接口，维护一个各参与方PartId的路由表，通过路由表中的信息转发外部系统的请求。

从FATE的系统架构和系统功能可以看出，FATE的优势在于其具有丰富的算法组件，具有简单、开箱即用、易用性强的特点。作为目前唯一的一个可以同时支持横向联邦学习、纵向联邦学习以及联邦迁移学习的开源框架，FATE得到了业界广泛的关注与应用。同时，FATE还提供了“一站式”联邦模型解决方案，可以有效降低开发成本，相比其他开源框架，在工业领域优势突出。

11.4.2.2　PySyft

PySyft是OpenMined在2018年提出，开源于2020年的一个基于Python的隐私保护深度学习框架，主要借助差分隐私和加密计算等技术，对联邦学习过程中的数据和模型进行分离。PySyft的设计主要依赖客户端之间交换的张量链，特点是涵盖了多种隐私机制，如差分隐私、同态加密和安全多方计算；并以可扩展的方式进行设计，便于研究人员添加新的联邦学习方法或隐私保护机制。

1. PySyft 系统架构

PySyft是一个对张量进行抽象运算的标准化框架。其核心设计主要依赖于客户端之间交换的张量链，各成员节点之间的数据传输可以表示为一连串的操作，而每个操作都由一个特殊的类来体现。SyftTensor是为了实现该操作的一个抽象概念，其主要作用是用来表示数据的状态。SyftTensor可以通过链子连接起来，链式结构的头部总是有Torch张量，SyftTensors所体现的状态可以向下使用子属性访问，向上使用父属性访问。

一个张量链的一般结构，其中SyftTensors被一些子类的实例所取代，这些子类都有特定的作用。所有的操作都首先应用于Torch张量，然后它们通过转发到子属性的方式使用链来进行传输，如图11-54所示。

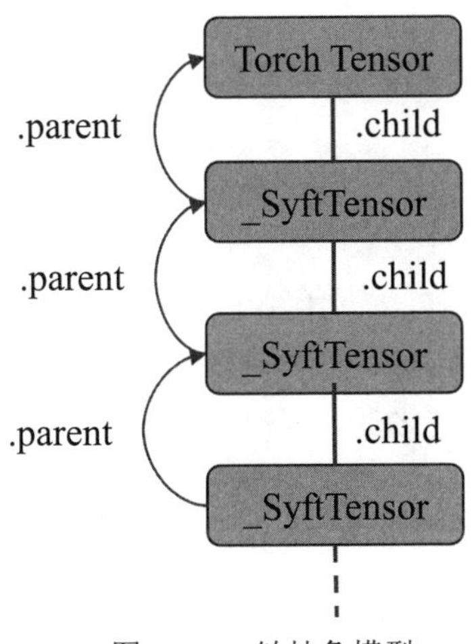

图 11-54　链抽象模型

SyftTensor有两个重要的子类。首先是LocalTensor，它在Torch张量实例化时自动创建。它的作用是在Torch张量上执行对应于重载运算的本地运算。其次是PointerTensor，它是在张量被发送到远程客户端时创建。张量的发送和取回方式十分简单，如图11-55所示，首先是整个张量链将被发送到远程客户端，并将该链使用双节点链进行替换，其中包含了谁拥有数据以及远程PointerTensor的存储位置信息。并且PySyft采用了类似指针的方式进行多方调度，当向客户端发送张量时，会返回一个指向该张量的指针，所有操作都将使用该指针执行。

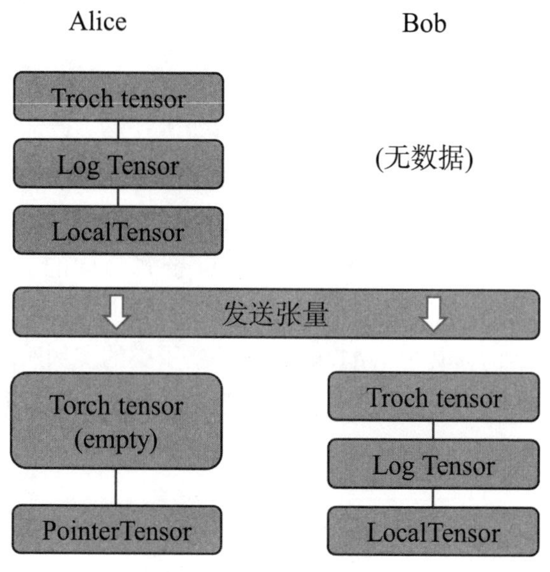

图 11-55　张量发送过程

PySyft建立了一个标准化的协议来在各个客户点之间进行通信。在联邦学习的模式下，框架实现两种网络通信模式。一种是建立在普通网络套接字基础上的Network Sockets，而另一种则支持Web Sockets。Network sockets可使客户端通过调用API的方式进行网络通信。而Web Sockets允许从浏览器中实例化多个客户端，每个客户端都视为独立的实体，并通过WebSocketAPI进行网络通信。

2. PySyft 系统功能

作为注重隐私安全的深度学习框架，PySyft重要的一项系统功能就是基于张量指针集成了SyMPC多方安全计算库以实现SPDZ协议。同时，除安全多方计算外，PySyft还支持差分隐私，包括DP-SGD、PATE、Moments Accountant、Laplace和指数机制。同态加密方面由TenSEAL库负责完成，其主要依赖MicrosoftSEAL中的CKKS，允许各方加密它们的数据，以便让不受信任的第三方使用加密数据训练模型，而不泄露数据本身。除此之外，还有PyDP，Petlib等库提供了隐私保护。

对于联邦学习类型，PySyft目前仅可用于横向联邦学习，涵盖联邦算法包括FedAvg等。虽然它可进行基于拆分神经网络的垂直学习，并利用PSI协议以保护数据集隐私，但仍未提供纵向联邦的解决方案。机器学习算法方面，该框架支持逻辑回归和神经网络，如DCGAN和VAE模型。除联邦学习的基本方法外，PySyft还支持联邦的同步和异步机制。操作系统方面，PySyft支持macOS、Windows、Linux系统。研究人员能进行单机模拟、基于拓扑架构的分布式训练和移动端设备训练。

11.4.2.3　TFF (TensorFlow Federated)

TFF是一个基于去中心化数据的开源联邦学习框架，其底层能力是基于TensorFlow实现的，目前还并不支持使用GPU进行加速运算，TFF还不能直接用于生产环境，其旨在促进联邦学习的开放性研究和实验。

1. TFF 系统架构

为协调客户端和中央服务器的交互，TFF除了提供与GKE（Google Kubernetes Engine）和Kubernetes集群的集成，还提供容器映像来部署客户端并通过gRPC调用进行连接，其系统架构图11-56所示。

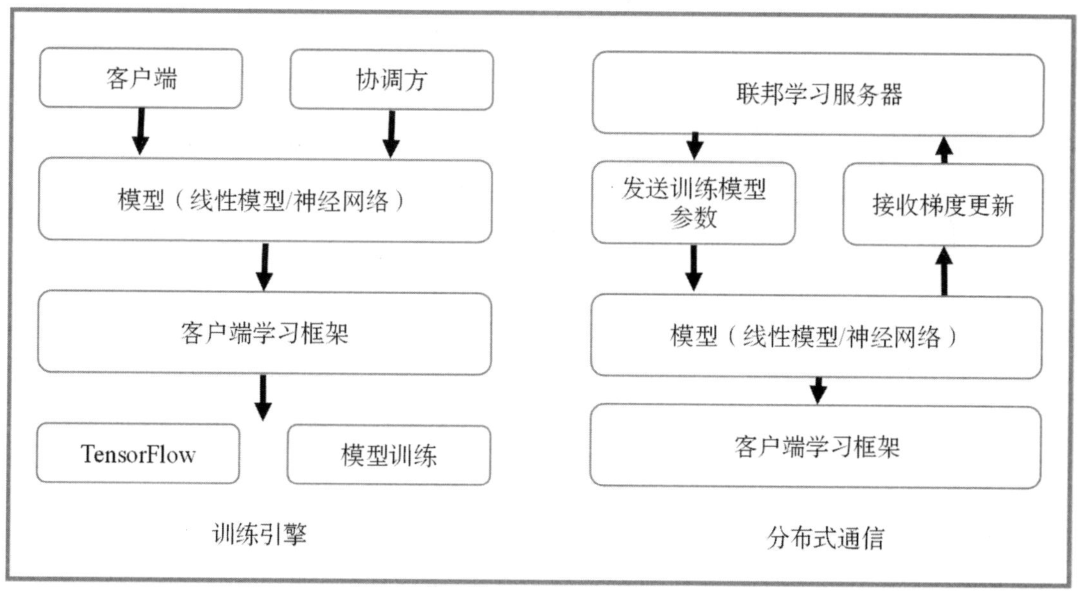

图 11-56　TFF 系统架构

从系统架构图可以看出，TFF的训练流程包括以下3步：

步骤1：服务端周期性地从设备集群中筛选有效的设备子集。

步骤2：服务端向训练设备发送数据，包括计算图以及执行计算图的方法。而在每轮训练开始时，服务器向设备端发送当前模型的超参数以及必要状态数据。设备端根据全局参数、状态数据以及本地数据集进行训练，并将更新后的本地模型发送到服务端。

步骤3：服务端聚合所有设备的本地模型，更新全局模型并开始下一轮训练。

由此可见，TFF客户端的功能主要包括连接服务器，获取模型和参数状态数据、模型训练、模型更新。其架构设计如图11-57所示。

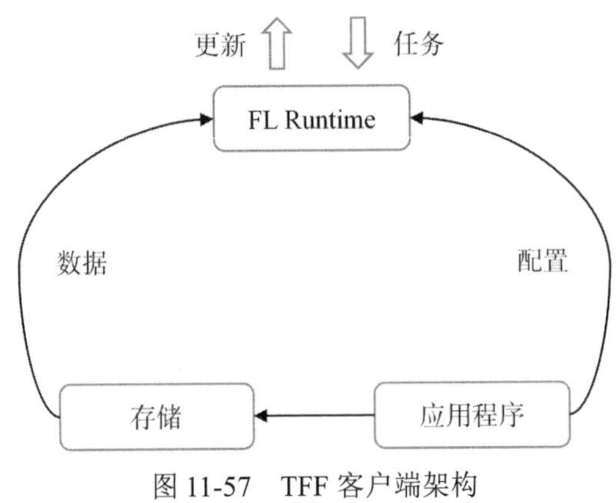

图 11-57　TFF 客户端架构

对于服务器端，TFF围绕编程模型参与模式（Actor Model）设计，使用消息传递作为唯一的通信机制，采用自顶向下的设计结构，如图11-58所示。其中，协调方（Coordinator）是顶级参与者，负责全局同步和推送训练。多个协调方与多个联邦学习设备集群一一对应，负责注册设备集群的地址。协调方接收有关选择器的信息，并根据计划指示它们接受多少设备参与训练。而选择器负责接收和转发设备连接，同时定期从协调方接收有关联邦集群的信息，决定是否接受每台设备做出本地决策。主聚合器（Master Aggregator）负责管理每个联邦学习任务的回合数，它可以根据设备的数量做出动态决策，以生成聚合器（Aggregator）实现弹性计算。

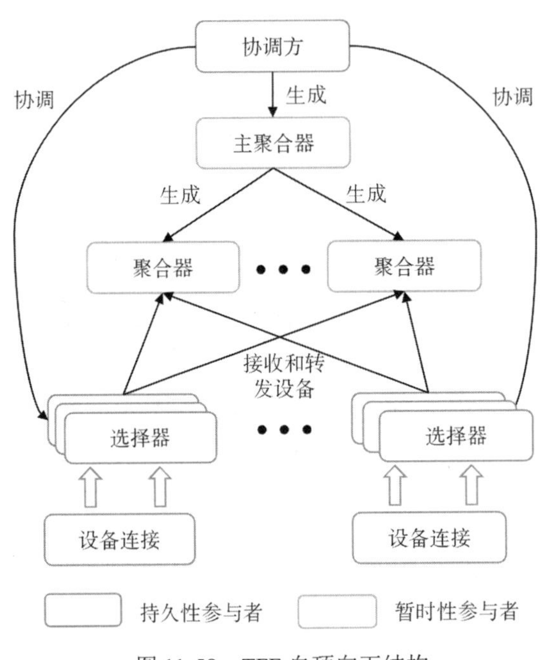

图 11-58　TFF 自顶向下结构

2. TFF 系统功能

为实现联邦学习模型训练的实验环境和计算框架，TFF构建了FLAPI（Federated

Learning API）和FCAPI（Federated Core API）2个级别的接口。如图11-59所示，FLAPI包括模型、联合计算构建器、数据集3个部分。模型部分提供封装完成的tff.learning函数，研究人员可以直接调用该函数实现各种联邦学习算法而无须自行构建，如可以使用FedAvg和Fed-SGD进行模型训练。联邦计算构建器的主要目的是使用现有模型为训练或评估构造联邦计算的帮助函数，主要用于辅助联邦学习的训练和计算过程。在数据集模块，通过Tensorflow API中提供的LEAF生成联邦学习特定训练数据集，给出了用于TFF仿真和模型训练的可直接下载和访问的罐装数据集。除了高级接口外，FCAPI提供了底层联邦学习接口，是联邦学习流程的基础，研究人员可以方便地构建自定义联邦学习算法。

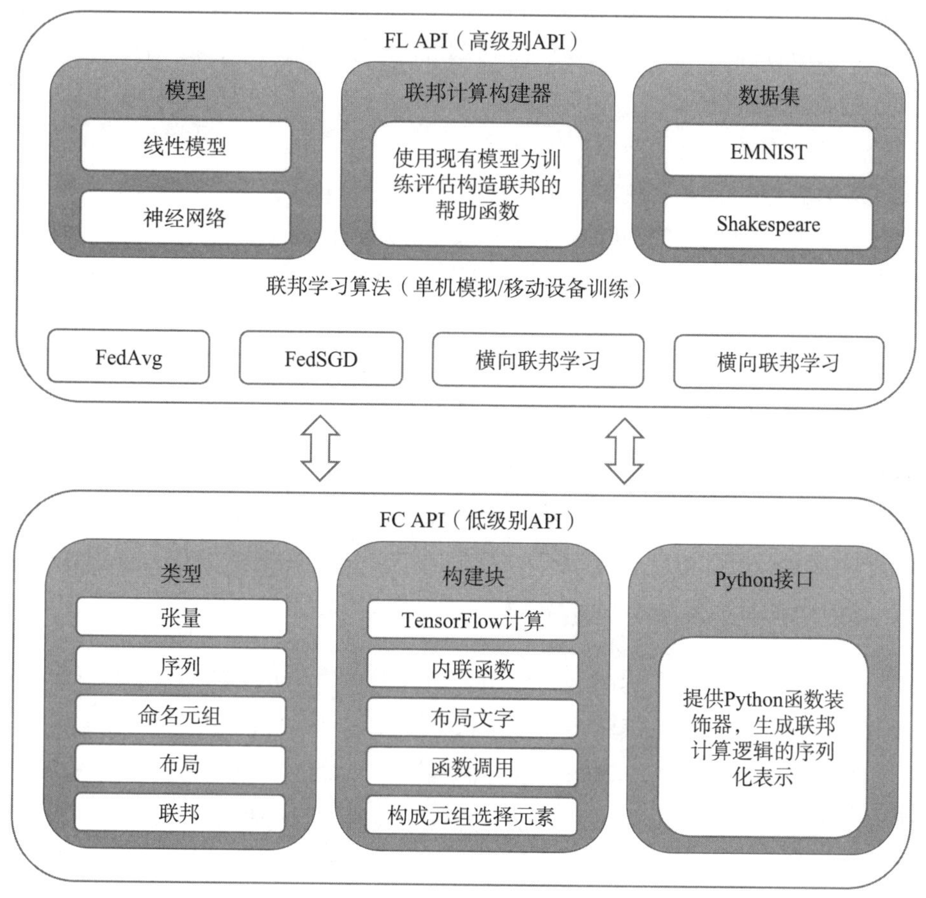

图 11-59　TFF API 架构

在联邦学习类型方面，TFF目前只支持横向联邦学习，尚未提供纵向联邦及迁移学习的方案；模型方面，提供了FedAvg，FedSGD等算法，同时支持神经网络和线性模型；在计算范式方面，TFF支持单机模拟和移动设备训练，不支持基于拓扑结构的分布式训练；在隐私保护机制方面，TFF采用差分隐私以保证数据安全。TFF的主要受众目标是研究人员和从业者，他们可以采用灵活可扩展的语言来表达分布式数据流算法，定义自己的运算符，以实现联邦学习算法和研究联邦学习机制。

11.4.2.4 其他开源框架

2019年，百度基于安全多方计算、差分隐私等领域的实践，开源了PaddlePaddle生态中的联邦学习框架PaddleFL，旨在为业界提供完整的安全机器学习开发生态。PaddleFL提供多种联邦学习策略，在业界受到了广泛关注，PaddlePaddel具有一定的大规模分布式训练和Kubernetes对训练任务的弹性调度能力，目前已经开源了横向联邦学习场景。

FedML是由美国南加州大学联合麻省理工学院、斯坦福大学、密歇根州立大学、威斯康星大学麦迪逊分校、伊利诺伊大学香槟分校、腾讯、微众银行等众多高校与公司联合发布的一个联邦学习开源框架。FedML不但支持3种计算范例（单机模拟、基于拓扑结构的分布式训练、移动设备训练），还通过灵活且通用的API设计和参考基准实现促进了各种算法研究，并针对非独立同分布（Non-Independent Identically Distributed，Non-IID）数据设置了精选且全面的基准数据集用于公平比较。

Flower是由英国牛津大学在2020年发布的一款联邦学习框架，其优点在于Flower可以模拟真实场景下的大规模联邦训练，且基于其跨平台的兼容性、跨设计语言的易用性、对已有机器学习框架的支持以及抽象的框架封装，用户可以快速高效搭建所需的联邦学习训练流程。Flower综合计算资源、内存空间和通信资源等因素，高效实现了移动和无线客户端下异构资源的使用。

综上所述，联邦学习在工程落地上大有前景。与分布式学习动辄构建一个庞大的计算集群和数据存储集群，以训练出表现良好的模型相比，联邦学习显得更加轻量，能够在使用真实数据集的情况下保护隐私。因其需要的先期准备成本以及后期维护成本大大降低，适用于各种体量的公司。

11.4.3 联邦学习中的安全问题

联邦学习技术的开发者、参与者与使用者均应遵守信息安全的基本原则，即保密性、完整性和可用性等。联邦学习系统由于其协作训练及模型参数的交互方式容易受到各种攻击，同时面临威胁。识别联邦学习可能存在的漏洞和风险将有助于通过提前部署防御来建立一个更安全的环境。因此，对于联邦学习开发人员来说，分析所有可能存在的漏洞和风险并加强防御是确保数据安全和隐私的必要步骤。本章节将对联邦学习过程中的安全威胁以及如何有效进行防御进行分析说明。

在联邦学习场景中，攻击行为不但可以由不受信任的服务器发起，也可以由恶意参与方发起。攻击可分为主动攻击和被动攻击。被动攻击中，中心服务器、参与方、模型使用者可以从模型参数中推断用户的敏感信息。而主动攻击可以通过篡改训练数据及本地模型，欺骗其他参与方暴露隐私，或者通过上传恶意参数，对联邦学习的全局模型造成负面影响。

11.4.3.1　威胁模型

1. 威胁模型

传统意义上，联邦学习的威胁模型可以分为诚实但好奇的服务器和恶意服务器。

（1）诚实但好奇的服务器：该服务器一般是被动的，遵守联邦学习的协议，并不直接观察训练数据以及参与方直接上传的模型参数，但可能会从聚合的模型中推断参与方的隐私信息。

（2）恶意服务器：该服务器一般是主动的，会从参与者上报的模型参数中学习参与者的私人信息，并且会进行一些偏离联邦学习协议的破坏性的攻击，如修改、删除等。

2. 攻击位置

联邦学习由中心服务器、参与方和通信协议三个部分构成。这三部分均存在一定的安全隐患。

（1）中心服务器：中央服务器负责分享初始模型参数，汇总本地模型，并将全局模型更新分享给所有参与方。因此，应保证中心服务器的安全性，以确保服务器的公开漏洞不被攻击者利用。

（2）参与方：联邦学习通常有多个参与方，每个参与方基于本地数据进行训练。由于中心服务器无法对参与方本地数据及上报的参数进行审查，因此恶意参与方可对本地训练数据和模型参数进行篡改，以达到影响最终全局模型的目的。另外，参与方有机会接触全局模型，这可能使全局模型受到反演攻击的威胁。

（3）通信协议：联邦学习通过客户以迭代的方式参与训练来完成学习过程，这涉及在特定网络上的大量通信。由于联邦学习通常会进行多轮训练，这极大增加了窃听者破解密钥及对通信过程进行攻击的机会。因此，联邦学习的通信建议采用公钥加密技术的混合网络，以确保整个通信过程中通信内容受到保护。

3. 攻击来源

按照攻击来源分，联邦学习的安全威胁可分为外部攻击和内部攻击。

（1）外部攻击：包括通信窃听者及模型最终使用者发起的攻击。

（2）内部攻击：包括中心服务器或参与者发起的攻击。内部攻击通常比外部攻击更强，也是目前主要研究及防御的目标。

4. 攻击阶段

这些安全威胁在模型训练阶段和推理阶段均可发生。

（1）模型训练阶段：该阶段的攻击将影响或损坏联邦学习的全局模型，主要方式为数据投毒或者模型投毒。

（2）模型推理阶段：该阶段攻击存在于训练结束的模型使用阶段，其目的为使已训练完成的模型产生错误的输出。

11.4.3.2 安全及隐私攻击类型

1. 投毒攻击（Poisoning Attack）

投毒攻击在联邦学习中是一种主要攻击。因为联邦学习中的每个参与方都拥有本地训练数据，所以他们可以篡改数据并通过在篡改的数据上进行训练将被污染的权重添加到全局联邦学习模型中。投毒攻击一般发生在训练阶段，通过篡改训练数据集或本地模型间接篡改全局模型的性能或准确性。投毒攻击可分为随机攻击和目标攻击，其差异在于，随机攻击旨在降低联邦学习模型的准确度，而目标攻击则是使联邦学习模型输出攻击者想要的结果。在联邦学习中，模型的更新是由多个参与方提供的，也就是说，攻击者可以在一个或多个参与方的训练数据中进行投毒，所以投毒攻击发生的概率很高，其威胁的严重程度也较高。投毒攻击根据投毒的对象可分为以下两类。

（1）数据投毒（Data Poisoning）：数据投毒可由任意参与方发起，其后果同参与者介入攻击的程度以及被投毒的数据数量相关。最典型的数据投毒攻击为后门攻击，该攻击通过给一部分数据注入触发器（如特定的图形）来干扰联邦学习模型的训练，从而使全局模型被污染，进而对嵌入这些特定触发器的数据进行错误预测。具体而言，后门攻击将触发器加入本地数据样本中，并将这些被污染的训练数据的标签翻转成另一类，如在手写数字分类任务中将所有“1”的数据标签翻转为“7”，并对数据加入特定的后门触发器，而其余数据样本和标签保持不变。攻击后的联邦学习模型将无法正确分类“1”，并会错误地将“1”的数据样本分类为“7”。由于后门攻击并不会降低模型对干净数据的预测效果，因此非常难检测，但需要一定数量的参与方才能得到满意的攻击效果。

（2）模型投毒 （Model Poisoning）：模型投毒攻击通过直接参与方的本地模型进行修改以达到操纵全局模型的目的。一般来说，在模型投毒攻击中，恶意方可在更新的模型发送到中央服务器进行汇总之前对其进行修改。由于中心服务器无法对上传的模型参数进行验证及审查，因此全局模型极易被投毒。在最近的研究中，模型投毒攻击已经被证明比数据投毒攻击更有效，但模型投毒需要更复杂的技术及更强的计算能力。

2. 推理攻击 (Inference Attack)

该攻击目标在于从模型交换参数中推理出隐私信息。在联邦学习中，即便没有直接交换训练数据，模型参数更新中也可能泄露参与方的本地数据信息。攻击者可以通过分析多轮训练参数的差异推理出训练数据的隐私信息。目前的攻击可推理出大量隐私信息，包括各类训练数据原型，指定数据是否出现在训练集中，及训练数据是否具有某一项属性等。推理攻击的严重性与投毒攻击高度相似，因为在联邦学习过程中，无论是参与方还是中心服务器，都有较大可能遭受推理攻击。

1）梯度反演（Gradient Inversion）

攻击者可通过共享的梯度参数还原训练数据。该攻击可发生在服务器，也可发生在参与方。攻击者通过训练一个生成式对抗网络 （Generative Adversarial Network，GAN）来合成与训练数据相似的数据样本。因为GAN旨在生成与训练数据分布相同的样本，因此通过GAN生成的图像与原始图像几乎相同。也因为此，梯度反演攻击只在所有分类的样本具有很强的相似性时（如人脸识别）才有比较好的效果。

2）成员推理（Membership Inference）

给定一个数据样本和一个预训练过的模型，攻击者可通过一定手段判断该样本是否被用于训练。在联邦学习中，服务器可观察到参与方的模型更新而参与方拥有聚合后的模型参数。因此，无论是服务器还是参与方均可发起成员推理攻击。该攻击可直接导致隐私泄露。例如，特定患者的临床记录用于训练与疾病相关的模型会泄露该患者患有疾病的事实。

3）属性推理（Property Inference）

给定一个预训练过的模型，攻击者判断其对应的训练集是否包含一个带有特定属性的数据点。值得注意的是，该属性并不一定与训练任务有关，而更偏向于与训练任务无关的属性推断。攻击者可发起属性攻击旨在判断特定属性是否在其所对应的训练集中。例如，在实践中，攻击者可推理出患者的年龄、性别等个人信息和是否戴眼镜等个人属性。即使无法获得姓名和临床记录等信息，攻击者依然能根据推理出的患者属性确定患者身份。

（1）生成对抗网络（GAN）：研究人员已经对联邦学习中基于生成对抗网络的攻击进行了实验和分析。基于GAN的攻击具有发起投毒攻击和推理攻击的能力，对联邦学习系统的安全和隐私都构成威胁。由于无法预见所有来自GAN的威胁，导致其影响和威胁程度也较高。

（2）系统中断及停机：系统中断或停机在信息技术行业中不可避免。联邦学习中，系统中断或停机产生的威胁严重性很低，因为在每个参与方节点上都保存着一个本地—全局模型，这可以保证训练过程在停机后迅速恢复。但是，即使严重程度较低，该威胁也不容小觑，因为停机可能是由攻击者精心策划的，以窃取联邦学习环境中的各类信息。

（3）恶意服务器攻击：在跨设备的联邦学习系统中，大部分工作都是在中央服务器上完成的。从选择模型参数到部署全局模型等。被破坏的或恶意的服务器有巨大的影响，诚实但好奇的服务器或恶意服务器可轻松提取参与方的隐私数据或操纵全局模型，利用共享计算能力在全局机器学习模型中构建恶意任务。

（4）通信“瓶颈”：从多个异构设备的数据中训练一个机器学习模型的制约之一是通信带宽。在联邦学习方法中，传输训练好的模型而不是发送大量数据已经在很大程度上降低了通信成本，但依然对通信带宽有所要求。并且，由于网络问题或任何其他意外故障所导致的设备掉线和延迟，可能使参与方无意中错过了训练过程。因为通信“瓶颈”会严重扰乱联邦学习环境，所以这对于联邦学习的威胁性依然很高。

（5）搭便车攻击（Free-Rider Attack）：该攻击属于被动攻击，攻击者参与联邦学习只是为了窃取最终的全局联邦学习模型，却不对训练过程做出任何贡献。攻击者不使用本地数据训练模型，而是通过上传虚构的模型更新，以骗取最终训练完成的全局模型。这种攻击在参与方数量较小的联邦学习中可造成较大影响，因为搭便车攻击者的存在可能使联邦学习没有充足数据进行训练。由于出现概率较低，因此这种攻击的严重性为中等。

（6）窃听：联邦学习是一个迭代的过程，涉及多轮从参与方到中心服务器的通信回合。攻击者可能会持续窃听并通过保护薄弱的通信渠道提取数据。窃听对于联邦学习来说是中等程度威胁。

（7）与数据保护法的相互作用：这种威胁发生的可能性很低，因为配置联邦学习环境的专业人员会确保在模型投入生产前对所有客户进行充分分析。虽然该威胁的严重性很低，但由于联邦学习中可能因有意无意错误地配置导致安全漏洞产生，所以其后果可能无法预见。

11.4.3.3 现有的防御机制

1. 安全防御机制

防御机制有助于抵御已知的攻击，减少风险概率。这些防御机制可分为主动防御和被动防御。主动防御通过提前预估风险和威胁来将防御技术部署在联邦学习架构中，这是一种具有成本效益的防御方式。被动防御用来识别过程中发生的攻击，通常作为缓解攻击影响的手段之一。我们在此列出主流的FL安全防御技术：

（1）异常检测：该技术通常使用统计与分析方法，以识别不符合预期模式或活动的事件。有效的异常检测系统需要正常行为或事件的白名单，以便检测攻击是否偏离了正常行为。在联邦学习环境中，对于不同的攻击，如数据投毒或模型投毒，应使用不同的异常检测技术进行检测。同时应使用合适的度量对不同的攻击进行检测。一个有效的度量应具有良好的分辨正常行为和攻击行为的能力。

（2）安全聚合算法：安全聚合算法也是一种有效的防御方法，主要思想是引入梯度的统计特征来提升聚合算法的健壮性。典型实例如联邦平均聚合算法（Federated Average，FedAvg）。FedAvg将各个用户上传的参数以不同的权重进行平均聚合，用户权重由其拥有的样本数量决定。许多算法在此基础上应运而生。如修剪均值聚合算法，具体做法是对于m个模型参数，中心服务器首先会对其本地模型的m个参数进行排序，然后删除最大和最小的β个参数，计算（m-2β）个参数的平均值，并将其作为全局模型的参数，如此迭代，最后服务器对参数进行平均汇总。又如中位数聚合算法，对于本地m个模型参数，中心服务器将对本地模型的所有参数进行排序，最终将中位数作为全局模型的参数。

（3）知识蒸馏（Knowledge Distillation）：知识蒸馏是一种模型压缩方法，通过利用复杂模型（Teacher Model）强大的表征学习能力帮助简单模型（Student Model）进行训练。知识蒸馏可在保证模型性能的前提下，大幅降低模型训练过程中的通信消耗和参数数量。

通过将知识从深度网络转移到一个小网络来压缩和改进模型,知识蒸馏很适用于联邦学习，因为联邦学习是基于服务器—客户端的架构，可以利用只分享知识而不是模型参数的概念来提高客户数据的安全性。

（4）可信执行环境（TEE）：TEE的思路是基于硬件实现可信安全计算。这种技术可用于机器学习模型中的隐私保护。具体来说，TEE是一个防篡改的处理环境，可为特定任务的执行提供完全隔离的运行空间，为在主处理器的安全区域执行的代码提供完整性和保密性。这种方法也可用于联邦学习。

（5）数据消毒（Data Sanitization）：数据清洁最初是通过异常检测器来过滤那些看似可疑的训练数据点。近期的研究通过不同的健壮统计模型来改进数据消毒技术。在联邦学习环境中，数据消毒技术是抵御数据中毒攻击的常见防御技术之一。然而，它也可能被更强的数据投毒攻击击溃。

（6）剪枝（Pruning）：通过对模型进行剪枝，可以降低模型复杂性及提高模型泛化能力。在联邦学习中，计算能力和通信“瓶颈”经常成为训练效果的限制因素，而此时对模型进行剪枝，可优化模型大小，加快本地训练速度，有助于模型的稳健收敛。

2. 隐私保护机制

除了安全防御以外，在FL中加入隐私保护技术可以极大地缓解隐私威胁。主要的隐私加强算法有安全多方计算（MPC）和差分隐私（DP）等。

（1）安全多方计算：MPC用于解决一组互不信任的参与方各自持有秘密数据，协同计算一个既定函数的问题。MPC在保证参与方获得正确计算结果的同时，不泄露计算结果之外的任何信息。最近，MPC被用来保护联邦学习框架中客户的更新。在联邦学习中，只需要对参数进行加密，而不是对大量的数据进行加密。这一特点使MPC成为联邦学习环境中的优先选择。值得注意的是，加密技术在使用中将消耗大量计算资源，占用大量通信带宽，这可能会影响联邦学习效率。目前，基于MPC的解决方案仍然存在挑战。主要挑战之一是效率和隐私之间的权衡。基于MPC的解决方案比典型的联邦学习框架需要更多的时间支出。较长的训练时间往往意味着数据价值的损失，这可能会对模型训练产生负面影响。此外，如何为联邦学习设计一个轻量级的MPC解决方案仍然是亟待解决的问题。

（2）差分隐私：DP是一种广泛使用的隐私保护技术，主要通过使用随机噪声来确保查询请求公开可见信息的结果，而不会泄露个体的隐私信息。当从统计数据库查询时，数据查询的准确性得到保证，同时最大限度地减少单条记录暴露的机会。简单地说，DP就是在保留统计学特征的前提下去除个体特征以保护用户隐私。联邦学习的DP应用按照插入噪声的对象可分为本地化DP和中心化DP。DP对于防御大部分隐私攻击是有效的，但不能防御属性推断攻击，这是因为插入的噪声一般是零平均值的，几乎不会对属性产生影响。DP的联邦学习主要是对梯度信息添加噪声，通信或者计算消耗较低，但由于对梯度进行了加噪会影响模型收敛的速度，所以可能需要更多的训练轮数才能达到满意的精度。

11.4.4 联邦学习在生产环境中的部署

以参与方属性与数量区分，联邦学习可分为两大类：跨孤岛（Cross-silo）和跨设备（Cross-device）。在跨孤岛的联邦学习中，参与方一般是各类机构，如银行、医院、保险公司、政府等，参与方数量范围跨越几个到几十个，每个参与方通常能提供大量数据。但因这些数据往往包含大量敏感信息，如姓名、身份证号码、住址、电话等，导致其不可共享，所以这些机构希望通过多方合作来训练一个模型，用于借贷风险评估、医疗影像诊断、产品推荐、社会治理等方面。在此场景下，每个参与方均需要参与整个训练过程，且训练完成后的模型仅限于参与方内部流通使用。在跨设备的联邦学习中，参与方通常是移动设备，如手机、可穿戴设备、边缘设备等。与跨孤岛联邦学习相比，这些设备仅能提供少量数据，其训练任务也不尽相同。由于这些移动设备受计算和通信资源的限制，跨设备联邦学习训练任务通常为较简单但需要大量设备参与的任务，如学习当下网络流行词语以及网络聊天表情、手机文本输入预测等。此外，跨设备联邦学习中每个设备仅需参与少量训练，且训练完成的模型会分配到所有设备上共享使用，不论设备参与训练与否。

联邦学习在部署与应用过程中面临以下三个挑战：

（1）效果和效率：如何以可接受的速率和开销获得令人满意的模型。

（2）安全和隐私：如何降低由于联邦学习不提供安全和隐私保障而带来的模型污染及隐私泄露风险。

（3）合作和激励：如何激励更多参与方加入，提升参与积极性，以达成提升训练效果和长期合作的目的。

本节将从以上三个角度分别讨论跨孤岛和跨设备联邦学习在生产环境中的部署与应用。

11.4.4.1 效果和效率

对联邦学习模型训练效果（即收敛性和准确性）影响较大的两个因素分别是数据异质性和系统异质性。数据异质性指参与方本地数据存在样本数量差异及非独立同分布。如由于人口和地理位置的不同，不同医院拥有的疾病数据分布可能不尽相同。又如因区域和经济背景不同而产生的差异化消费和投资习惯，导致银行数据呈现非独立同分布特性。此外，移动设备收集的数据样本数量也可能存在极大不同。数据异质性在两种联邦学习场景中均会出现，并严重影响模型训练效果，因此两种场景均需应对数据异质性问题。

系统异质性，即硬件异质所导致的通信与计算资源消耗不同而对联邦学习效率下降，主要存在跨设备联邦学习中。典型的例子如拖后腿效应（Straggler Effect），即联邦学习效率通常由最慢的参与方来决定的现象。又如，由于跨设备联邦学习参与方均为资源受限的移动设备，在训练过程中设备可能因电源耗尽，或网络传输不稳定而导致掉线，因此跨设备的联邦学习还需考虑如何应对设备掉线问题。对于跨孤岛联邦学习，无须担忧系统异质性问题，因为参与方通常拥有较为丰富的计算资源及可靠的高速有线网络连接。

概而言之，由于模型效果对于跨孤岛联邦学习应用至关重要，所以跨孤岛联邦学习的部署重心应置于如何在数据异质性情境下训练高精度的模型，而非提升效率，如医疗机构训练的诊断模型必须要达到足够高的准确性方可投入使用。而跨设备联邦学习的重心应置于如何利用有限的计算和通信资源使中心服务器收集到足够多的模型更新，如设计可应对设备掉线的异步调度算法，或通过压缩技术减少通信量等。

11.4.4.2　安全与隐私

研究表明，联邦学习面临诸多安全和隐私风险。由于参与方的分布式特性，中心服务器无法验证其上传参数的真实性与可信度。攻击方可通过篡改数据及上报模型参数等方式污染全局模型。另外，中心服务器能够探查所有参与者全训练过程中的模型更新信息，参与者也可通过探查全局参数推断出关于参与训练的数据信息。更有甚者，在训练完成后模型的应用中，恶意使用方可反向推断模型的全部参数从而盗取模型，这也是训练组织方的担忧之一。

在各类安全攻击中，模型投毒攻击在跨孤岛的联邦学习中发生的概率较低。若要进行此类攻击，攻击者必须控制这些参与方（如医院、银行等机构）。但现实中并不太可能发生，因为参与方往往会受到协议约束及专业软件保护。即便能绕过上述控制措施，通常也需要多个参与方共同联合来进行攻击，这也使模型投毒攻击在跨孤岛场景中更难以实现。然而，数据投毒攻击可能对跨孤岛的联邦学习产生威胁。即便受到协议和专业软件保护，数据的清洁通常也难以保证。在跨设备的联邦学习中，数据投毒至少需要控制超过10%的参与方才能达到攻击效果，这在参与方数量动辄以百万计的跨设备联邦学习几无可能实现。正因如此，模型投毒攻击的效果将会在中心服务器对模型参数进行聚合时被其他正常模型参数所削弱，攻击效果极为有限。

隐私方面，由于孤岛数据往往包含大量个人敏感信息，一旦泄露将会引发重大信任危机。加之各孤岛参与方均有丰富的计算资源和可靠的通信网络，因此跨孤岛联邦学习的参与方可通过调动海量资源，如使用同态加密等密码学的方法来保护通信过程。反之，由于跨设备联邦学习参与方多为计算资源和通信资源有限的移动设备，无法负担高安全度、高复杂度的同态加密和安全多方计算。与之相对，差分隐私具有复杂度低、隐私保护可量化的特点，可能是更合适的隐私保护方案。尽管其具有较小额外资源消耗的优势，但隐私得以保护是以牺牲模型精确度为代价，因此通常需要在二者间进行权衡。

11.4.4.3　合作和激励

联邦学习的效果极度依赖于参与方的数据质量。对于跨设备联邦学习来说，由于训练会产生额外的系统资源消耗，如计算、通信、电池消耗等，参与方在没有足够激励的情况下很难主动参与学习。而跨孤岛联邦学习的参与方可能由于数据具有高敏感性的特征，更担心隐私泄露，例如Owkin公司联合制药企业基于患者扫描影像共同训练药物开发模型，及FeatureCloud公司利用联邦学习来进行生物医药数据分析。在最新的研究中，恶意参与方可通过搭便车攻击（Free-rider attack）在不贡献任何数据的情况下拥有最终模型的使用权。因此，设计激励机制时需考虑以下两点：（1）如何衡量参与者的贡献；（2）如何保留吸纳更多参与方。一个有效的激励机制可以激励更多移动端用户、不同企业、组织参与联邦学习。首先，借助博弈理论、契约理论等有助于设计更有效的激励机制，有效引导参与决策，从而达到理想的模型效果。其次，训练过程中可通过准确衡量不同参与方的贡献程度，给予公平的奖励。最后，鼓励参与者主动增强自身隐私保护能力，以及使用可以抵御搭便车攻击的训练算法，这也能促进良好的隐私保护。

接下来我们以跨孤岛联邦学习为例讨论如何部署实际的生产环境。在此类场景下，设计的防御重心应放在对数据安全以及隐私的保护上面。在训练开始之前，需选择合适的数据预处理、激励方案及聚合算法。针对孤岛数据异质性，可通过数据共享或数据增广等机制削弱数据异质性对模型效果的影响。具体来说，中心服务器可将一些公共数据共享给参与方，使数据参与方不仅在本地数据集上训练，并且也在共享数据集上训练。也可基于他人或全局分布的情况对本地数据进行增广。为了激励参与，需将联邦学习模型总收益合理分配至参与各方，也可对样本数量、数据质量、隐私敏感度等通过博弈理论进行分析，以指导改进和完善激励方案设计。由于跨孤岛联邦学习容易受到数据投毒及搭便车攻击，而孤岛数据的特性决定其不可能由第三方或中心服务器进行数据审查，因此可选择具有健壮性的聚合算法，识别与摒弃恶意的模型更新，或削弱其影响。

在训练过程中，由于在跨孤岛场景下只有参与方才能接触到模型参数，所以隐私泄露须着力防范来自内部，而非外部的威胁。又因为在此场景下，参与方通常具有丰富的计算资源以及可靠的网络连接，可采取高安全性的同态加密或者安全多方计算来抵御恶意服务器以及传输过程中的隐私攻击。另外，模型投毒和数据投毒攻击都会引起全局模型准确率的下降。因此，通过在公共数据集上进行测试从而对全局模型的准确率进行监测，可作为两种投毒攻击的补充防御。除恶意行为外，其他硬件失灵也可影响训练效果。一旦全局模型表现出异常行为，聚合服务器可摒弃可疑的模型参数，并将带有全局模型的检查点（Checkpoint）发送至各参与方，进而从该检查点恢复训练。

11.4.5 联邦学习中安全问题的未来发展方向

通过前面的介绍我们可以知道，联邦学习的发展仍旧任重道远，还有一系列的问题需要研究解决。本文将联邦学习中的安全问题分为两个方向，分别是针对联邦系统的安全问题以及针对数据及模型的安全问题。

11.4.5.1 联邦系统中安全问题的发展展望

（1）零日漏洞对抗性攻击及其支持技术

目前，联邦学习系统中的防御工作旨在防止已知漏洞和特定的预定义恶意活动，对任务参数进行检测，当检测到外部攻击的恶意参数时，通过让参数的发送方下线使其发送的参数无效来达到保护系统的作用。不过当前也有一些研究显示，使用深度学习来打击此类攻击也是一个非常有前景的解决方案。

（2）可信的可追溯性

联邦学习的一个主要挑战是全局的机器学习模型在各参与方机器学习模型训练过程中的整个生命周期的可追溯性。例如，如果一个预测值在全局机器学习模型中发生了改变，那么就需要有向后追踪的能力，以确定是哪些参与方的聚合值导致了这种变化。目前，已经有的一些思路是利用区块链技术将交易更新到全局模型中，基于此来实现更加透明的可追溯的训练过程。

（3）完善的流程与API的定义

隐私保护是联邦学习中最为关键的因素，而联邦学习同时又是一种针对不同方法需要对其优缺点进行详细分析的全新方法，随之，各种邻域都对联邦学习提出了新的要求。如何加强隐私保护和对每个要求进行标准化，并定义一个过程与通用的API来实现这种增强的方法是需要进一步研究的。

（4）在实践中构建FL隐私保护增强框架

目前已经有一些框架实现了联邦学习系统，例如TensorFlow Federated、PySyft以及FATE等。但是这些框架仅实现了联邦学习的基本功能以及部分隐私保护库。集成多方安全计算、混淆电路或差分隐私来进行模型训练的框架仍相当少。因此，开发一个集成多种隐私保护方法增强框架也是目前一个紧迫的研究方向。

11.4.5.2　联邦学习中数据及模型保护的发展展望

（1）模型训练的客户端以及训练策略选择

在联邦学习中，如何选择训练的客户端以对应算法的训练策略是至关重要的。针对于此，目前已经有了一些工作，但是仍然需要为联邦学习中的每个机器学习算法用例提供标准化的方法。

（2）针对不同的机器学习算法进行优化

在联邦学习中，针对不同的机器学习算法需要进行预定义以及标准化的优化算法来建立联邦学习模型。目前的一些研究针对这些联邦学习模型提出了许多聚合或者优化算法来增强联邦学习的性能或隐私保护能力。但是这些建议都是针对特定的机器学习算法，如果能够有一个为当前所有机器学习应用提供特定优化算法的方案，这将有助于联邦学习的开发者或应用者更加轻松地给出联邦学习的具体解决方案。

（3）关于训练策略和参数的设想

类似机器学习中的早停策略在联邦学习中仍然适用，不同地方在于联邦学习需要对机器学习应用的不同模型和领域进行针对性的研究后给出方法。由于联邦学习模型训练需要时间、成本和计算资源消耗，如果所有的机器学习算法都能够设置训练的最佳值，这将有助于建立经济高效的联邦学习解决方案。

第12章 实践案例

12.1 政务行业

1. 行业背景

2020年3月发布的《中共中央 国务院关于构建更加完善的要素市场化配置机制的意见》明确将数据作为与土地、劳动力、资本、技术等并列的生产要素，要求推进政务数据开放共享、提升社会数据资源价值。但是，如何充分激活政务数据，更好地发挥其要素作用，除进一步加强政府内部数据共享，以推动政务便利和政务数据对外分类开放外，对政务数据进行市场化开发运营以释放其经济价值，是政府不能直接做也难以做到的事。因此，由政府授权市场主体运营政务数据的模式应运而生。经过探索和实践，发现地方政府掌握的数据要远超政务数据所包含的范畴。因此，进一步提出了公共数据授权运营的概念。

针对公共数据的授权运营，2021年先后施行的法律条文中均未明确涉及，事实上，目前国家层面也并无统一的立法可循。但自2020年以来，北京、成都、上海、浙江、重庆等已陆续就公共数据授权运营出台了地方性规定提供依据。而且北京、成都两地已有成形的探索性实践，公共数据经由运营企业的开发运营，已广泛应用于信贷审核、企业审计、招标审核、汽车租赁业务审核、跨境电商等多种场景和领域，取得较好的效果与影响。在此背景下，2021年12月发布的国务院办公厅印发的《要素市场化配置综合改革试点总体方案》明确提出，要探索开展公共数据授权运营。

然而，公共数据授权运营虽已有探索改革实践，但其涉及授权运营的依据、运营数据的范围、运营模式、数据运营安全等多方面问题，导致大部分地方政府不会做、也不敢做。要实施并做好公共数据授权运营，需首要解决的问题就是合法合规问题，这也是较为前沿、亟待研究的问题。

2. 业务痛点

（1）痛点一：授权运营首先要基于安全考量

挖掘数据资源价值，开展公共数据授权运营的第一考虑，应该是安全。这是由数据的特性所决定的。与土地、水、石油等资源相比，数据与它们最大的不同是其非稀缺性与非损耗性。土地、石油等会越用越少；而数据不会损耗，相反会越用越多。数据的“海量”，正是其价值所在。有限资源的开发，常以保护性为主，控制开采量、提高利用效率往往是首要考虑，但数据不同。政府囿于其基本职能在于社会管理，对数据的社会化开发并非其主要工作内容，也并不是其所擅长的。因此，引入第三方力量，“让专业的人做专业的事情”，更有利于数据资源的开发利用。但数据的开发使用必须以安全为前提，公共数据涉及敏感信息和多方利益，从加强社会管理、维护公共安全的角度，政府对保护公共数据安全责无旁贷。

这种安全有两个基本因素，一是确保国家安全，二是确保市场主体的商业安全和自然人个人信息安全。毋庸置疑，数据的任何开发、使用都应当以维护国家安全为前提。其次，政府在推动公共数据授权运营时，首要考量的是安全因素，这种考量甚至要优先于数据价值的开发利用。这一点也在国家立法层面被反映了出来。《中华人民共和国数据安全法》和《中华人民共和国个人信息保护法》是数据领域最先出台的相关法律。而事关数据开发的数据权属、数据交易、数据跨境等法律均还尚未出台。这种制度安排的序位，其实是有其深刻内涵的。

因此，政府作为社会管理者，推进公共数据的社会化开发和应用，其前提必然是安全，与公共事业特许经营的基本考量存在差异。相关的制度设计，必然需要以安全作为基准展开。

（2）痛点二：授权运营的数据是“受限的特定数据”

并不是所有的公共数据都可以进行授权运营。首先，公共数据授权运营的范围比政务数据更广，确切地说，是“公共数据”的概念比“政务数据”含义更广。政务数据的概念比较好理解，就是各级行政机关在履行职责过程中产生和拥有的各类数据。但事实上，各地政府掌握的数据要远超政务数据的范畴。在地方层面存在大量被授予行政许可、行政处罚权的具有管理公共事务职能的组织，它们虽不是行政机关，但是也掌握了大量数据，在各地推进数字化建设中，这些数据都归入了公共数据的范畴进行管理。对此，《中华人民共和国数据安全法》第43条也予以了认可，“法律、法规授权的具有管理公共事务职能的组织为履行法定职责开展数据处理活动，适用本章规定”。除了上述数据之外，在各地的实践中，还把其他类型的数据也归入了公共数据的范畴。例如浙江、山东、上海、广东等地，在地方立法中将履行公共服务职能的一些公用企业的数据，如供水、供电、供气、公共交通等公用企业在履行社会服务职能时产生的数据，也归入公共数据范畴，这就使公共数据的属性更加复杂。

其次，政务数据之外的公共数据开展授权运营，需要厘清公共数据的范围。政务数据和具有管理公共事务职能组织的公共性数据拿来开展授权运营争议还少，但公用企业所掌握的数据是否可以拿来进行授权运营，就争议很大。“公用企业的数据”与“公用企业的公共数据”仅两字之差，却有云泥之别。公用企业多是市场化运营，既有国企（含国有控股、参股企业），还有民营企业，甚至是外资企业。这些企业的数据并不都是公共数据，例如企业的运营数据、财务数据、内部管理数据等，没有公共管理属性，当然不是公共数据。只有涉及公共属性特定的、较小范围的数据，才纳入公共数据范畴进行管理。比如：公共交通企业在提供公共服务中产生的运输人数数据、线路运行数据等。公用企业中事业单位的数据也同样面临此问题，如教育机构是事业单位，但也只有在履行公共服务职能时产生的特定数据才是公共数据，才能考虑纳入授权运营的范畴。相关公共数据可以包括教育机构中学生的入学人数、学生的年龄分布、某些流行疾病发病情况等。学生的学科成绩、老师的薪酬、学校运营经费的具体使用方向等没有公共管理属性的数据都不应成为公共数据。商业平台本身就不是公用企业，无论其掌握的数据有没有“公共”属性，都不是公共数据，都不存在公共数据授权运营的问题。公共数据授权运营中最为敏感的是可以关联到个人信息的数据，如个人的医疗数据（病因、病症、用药等）。由于这些数据对推进生物医药产业发展十分必要，如果单纯纳入授权运营或者将其排斥在授权运营之外，都不妥当。解决之道可以是在进行授权运营之前，对这些数据承载的个人信息进行匿名化处理。

再次，“有条件公开的公共数据”是授权运营价值所在。公共数据具有公共属性，理论上讲都应该向社会公开，为“公共”所用。但事实上，公共数据公开工作在各地推行多年，但成效并不显著。很多时候，有关部门基于安全考虑，对公共数据的把握往往是“以不公开为基准，以公开为例外”，这就使公共数据这个富矿沉寂多时。打破这种僵局，对公共数据资源进行深度挖掘、开发，正是公共数据授权运营的初衷。从现实来看，公共数据的公开可以分为3类，一类是无条件对外公开（现实中数量稀少）；第二类是绝对不予公开（如涉及国家安全等）；第三类是有条件对外公开（绝大多数的公共数据都可以归类于此）。可以进行授权运营的，其实就是大多数的第三类数据。第二类为绝对不对外公开的数据，当然不能对外授权运营。第三类有条件对外公开，最重要的就是保障这些数据被处理时的安全性，而授权运营，恰恰是为了数据安全，在授权主体监控之下开展数据开发。至于第一类已经对外公开的数据，原则上可以不必纳入授权运营范畴，但由于数据开发涉及大量数据提取、分析、加工，在通过数据公开路径不便于进行开发时（如开发者进行数据调取时，数据控制者为维护系统稳定对数据传输进行限制），通过授权运营主体在数据控制者本系统内进行直接开发，更有利于数据开发，因此也宜将公开数据一并提供给被授权方进行授权运营。

（3）痛点三：授权运营的数据权属不清

一般而言，授权其他主体开展相关活动时，一个基本前提是对授权的“物”应当具有所有权，但是对于数据的所有权，在现行法律层面还没有定论。无论是民法典还是各单行法，对于数据权属都没作规定。授权运营似乎处于一种“非法地带”，或者说“模糊地带”。我个人认为数据授权运营不能被动地等待数据权属“尘埃落定”。数据的特殊性质，决定了数据从产生之际，就可能对应多个主体，所谓所有权就会从“绝对拥有”到“相对拥有”，从“排他性”到“容他性”，这是对传统物权的一种颠覆。如果套用传统物权，就会一直难以确定数据的权属。其实，一切理论的发展都不是静止的，马克思早就说：“在每个历史时代中，所有权以各种不同的方式在完全不同的关系下发展着。”既然所有权是以物的使用、收益为目的而设立的权利，在面临物质资料的所有与需求之间的矛盾时，大胆地与时俱进，及时丰富传统物权的内涵和表现方式，不失为一种社会的进步。对于数据这种无形物，其权属必然是双重所有，乃至多重所有，不存在对物的“完全”的权利，这是一种新型的“容他性物权”。即数据主体，包括自然人、法人（含国家机关）、非法人组织等在生产、生活、社会管理中所产生的数据，具有“同时占有性”（多重所有），在不阻碍他人合法权利的情况下，数据主体（数据权人）可以使用、加工、处理，并获得财产性收益。在国家法律尚不能对数据权属进行析定之时，可以从数据权益的角度，即谁有权使用这个视角进行积极探索。目前，上海、深圳等地的地方立法对数据权益进行的规定，为开展公共数据的授权运营提供了很好的法制支撑。因此，我们应当认识到，公共数据授权运营不是对数据所有权的处理，而是国家机关对公共数据的数据权益进行的合适处理。这是在数据权属不清前提下进行的有益探索。

3. 解决方案

公共数据授权运营场景下，公共数据运营不是将数据导出，而是将数据授权给第三方进行独立的加工、使用。授权运营是以数据安全为前提开展的第三方数据开发活动，这是一种受控开发，授权方要对数据开发过程进行全程监控，采用“数据可用不可见、可用可计量”的模式，以保证数据安全。随着数字化政府建设的推进，各地均加快了隐私计算平台的建设。故此，先行开展公共数据授权运营的地方，均将隐私计算平台作为授权运营的重要载体。这一方面是便于对授权运营行为的监督管理，另一方面也是为了更有效地保障授权运营数据的安全。隐私计算可以解决数据流通过程中的数据安全、个人隐私、多方互信的问题。这些对于开展公共数据授权运营都极为必要。因此，以隐私计算平台作为重要载体，开展相关授权运营工作无疑会成为现实中各地政府的优选。

公共数据授权运营总体框架除用户外涉及六大模块，包括运营依据、运营监管、数字底座、资源层、业务层、服务层。其中，资源层、业务层和服务层是公共数据授权运营的核心。

（1）运营依据是公共数据授权运营的导向。公共数据授权运营要以国家战略为指引，遵从法律法规的约束，符合地方政策、行业准则和标准规范的要求，并依此来开展公共数据授权运营活动，确保整个公共数据授权运营活动的合法合规，安全守正。

（2）运营监管是公共数据授权运营的保障，通过对公共数据授权运营过程中的核心能力要素监管（如数据监管，模型监管和平台监管等），确保公共数据授权运营活动开展过程中的风险可控。通过对公共数据授权运营过程中的关键市场要素监管（如主体监管，流通监管和跨境监管等），确保公共数据授权运营市场健康良性地发展 。

（3）数字底座是公共数据授权运营的基础，由于公共数据授权运营关系到国家安全、国计民生和社会公共利益，因此要构建一个核心能力集中的、安全可控的、行为可追溯的数字底座，承载基础公共数据的总体运营。数字底座包括统一的数据管理平台、服务运营平台、安全管理平台和区块链平台等。其既可以支撑政府部门之间数据共享应用的场景，提升政府的治理和服务能力；又可以支撑面向社会主体开放应用，促进在保障公共数据安全流通的前提下，释放公共数据计算价值。

（4）资源层，是公共数据授权运营的供给，可以获得的资源包括数据资产和服务资产。

数据资产包括从政府各级行政机关以及履行公共管理和服务职能的事业单位所汇集的公共管理数据和公共服务数据，以及在开展公共数据授权运营过程中所采集和沉淀的社会数据和企业数据等；服务资产包括在公共数据授权运营和服务过程中向用户企业提供与应用场景、模型、算法、标准和规则相关的有价值的资源，促进公共数据价值流通体系的构建。

（5）业务层，包括内部业务管理和外部业务运营。内部业务管理主要是面向公共数据资源或资产的全生命期管理。包括面向政府各部门及其下属机构的数据汇集；通过数据管理和治理提升数据质量和价值；确保数据入、存、管、用等各环节的安全。外部业务运营，① 确认运营主体，并明确其权责利；② 清晰运营模式，明确合作方式、利益分配和监管机制等；③ 构建和内部管理数据的安全传输通道，确保内外部价值数据流通安全顺畅；④ 研发对外提供的数据服务和产品，推动公共数据计算价值流通；⑤ 通过认证授权等手段，确保生态相关参与方的数据访问范围和权限清晰、行为可追溯等。

（6）服务层，包括面向政府的数据共享内循环和面向社会的服务外循环：数据共享内循环，是确保安全可控前提下的数据共享应用模式，运营主体通常为政府部门或事业单位，重点关注数据采集、数据共享、数据应用等环节的管理机制、路径和方法；服务外循环，是通过向社会企业提供数据服务的方法，促进数据要素市场的形成，助力数字经济产业生态构建的应用模式。

12.2 金融行业

12.2.1 企业信用评估

1. 行业背景

信用评估是银行对借款人信用情况进行评估的一种活动。银行贷款的最基本条件是信用，好的信用就容易取得银行贷款支持，信用差就难以取得银行贷款支持。而借款人信用是由多种因素构成的，包括借款人资产负债状况、经营管理水平、产品经济效益及市场发展趋势等。为了对借款人信用状况做出正确判断，以便正确掌握银行贷款，就必须对借款人信用状况进行评估。

信用评估的方法主要有以下两种：

（1）银行机构自己对借款人信用状况进行评估。

（2）委托专门的评估机构对借款人信用状况进行评估。

前者是根据银行贷款管理的需要自己组织进行的；后者则是由当事人委托开展的，没有当事人的委托，信用评估机构一般不对借款人信用情况进行评估。

评估一般采取等级制，我国通常划分为A、B、C三等或A、B、C、D四等，各等之中又可分为不同级别，例如有些公司将A、B、C三等又分为AAA、AA、A；BBB、BB、B；CCC、CC、C九级，还可以通过正、负号划分级别等。银行根据不同的信用等级制定不同的贷款政策和贷款条件，从而有利于加强贷款管理。

为了推动创新，帮助企业健康发展，打造良好的营商环境，中国银行保险监督管理委员会与中华人民共和国科学技术部、中国人民银行两部门共同联合鼓励与指导银行业金融机构对创新企业开展信用贷款业务试点，并确定了多个试点地区和多家试点银行业金融机构，为创新企业降低融资成本、解决融资难、融资贵等问题提供了支撑。具体而言，对于创新型轻资产企业的信用评估，为了确保放贷对象和金额的准确性，实现精准放贷，通常需要联合多方数据开展全方位的评估。例如，需要将创新知识产权、创新生产数据要素等作为授信过程中重要的考量因素。

2. 业务痛点

（1）痛点一："数据孤岛"的问题

从银行的角度来讲，企业信用评估需要将多方数据汇集以完成信用评估计算。但多方数据源分散割裂，难以整合，且各部门之间的数据壁高筑，信息孤岛问题严重。导致创新型企业信用评估过程中，数据有效性低、真实性核验成本高等问题。以VR企业融资的场景为例，VR企业的虚拟现实模型参数是该企业能体现发展潜力的核心资产之一，银行目前对这些参数价值的评估仍然需要借助第三方开展，不仅费用高，而且评估结果的准确性无法保证。进而使银行通过数据对VR企业进行信用放贷具有成本高、风险高、真实性低的特点，降低了银行业金融机构的放贷积极性，不利于创新型企业融资发展。

（2）痛点二：数据流通安全保障的问题

从企业自身角度来讲，创新型企业，其商业机密信息普遍蕴含巨大的增长价值。因此，在根据数据对企业展开信用评估时，对数据往往具有严格的数据安全要求，以防止由于对数据的保护不当，导致数据泄露，给企业商业利益造成重大损害。以科创药企研发数据为例，对开发创新药的创业公司来讲，研发实力是企业未来得以生存的核心竞争力，大部分医药企业都不愿意对外披露自身研发支出、研发进展等信息，避免让竞争对手得知相关信息进而影响自身的发展。企业出于安全考虑，不让核心数据展示，直接降低了银行业金融机构对其识别风险的精准度。

3. 解决方案

企业信用评估场景的业务需求是将银行沉淀的数据与能够评估创新型企业信用状况的数据联合起来，进行联合风控授信建模。

从数据属性方面来看，能够评估创新型企业信用状况的数据主要包含创新型企业的银行信贷数据（征信数据、银行信贷评价数据等）、企业运营数据（财务数据、企业管理体系等）、政府监管数据（基本资质、行政许可、知识产权、法院判决）、行业评价数据（行业地位、区域地位、协会评价、水电暖气数据等）、交易对方评价数据（消费者评价、交易对方评价、合作伙伴评价、员工评价）、媒体评价数据（传统媒体、新媒体、自媒体）、互联网风控数据等，数据量条数多、体量大。

从法律合规属性来看，根据《中华人民共和国反不正当竞争法》《中华人民共和国保守国家秘密法》《中华人民共和国网络安全法》《中华人民共和国数据安全法》《中华人民共和国个人信息保护法》的规定，企业的经营信息、技术信息、重大研发报告等数据属于商业机密，一旦数据泄露将会对企业数据安全与财产安全造成一定危害。

这个场景的困境可以通过使用机密计算技术得以解决。通过机密计算技术方案，打造安全可靠的机密计算环境，配合数字验签和区块链审计技术，实现共享数据的所有权和使用权分离，确保原始数据的“可用不可见”“可控可计量”，保障多方数据联合计算过程的可靠、可控和可溯。

机密计算技术方案支持大规模数据的并发计算，使用机密计算技术打造出的机密计算环境可以对以下两部分中的数据提供安全保护：安全调试环境、安全计算环境。安全调试环境中可以通过调试测试进行数据模型开发和数据模型验证。安全计算环境中可以将通过验证的数据模型运用于真实数据集上，得到满足数据获益方需求的数据结果集。

本方案的价值，对于创新型企业来讲，是通过使用隐私计算技术，以“可用不可见”的方式，在保障创新型企业数据安全的前提下，实现多方数据安全融合计算，实现创新型企业融资的轻资化、信用化、便捷化，让其享受更普惠的金融服务。对银行业金融机构来讲，通过隐私计算技术的利用，有效降低其开展创新型金融的风险成本、经营成本，提高金融服务的效率，更好地发挥金融服务实体经济功能；助力以创新型企业资信状况、创新能力、发展潜力等数据驱动的授信新模式的发展。对于宏观经济与国家战略而言，本方案能帮助创新型企业走出资金困境，加速其成果转化以及稳健成长，进一步推动我国社会创业创新深入发展，助力我国高新技术企业抢占科技创新发展的制高点。

12.2.2 金融行业征信产品

1. 行业背景

银行业金融机构开发征信产品，有助于推进征信业供给侧结构性改革。征信一直以来被视为重要的金融基础设施。完善的征信体系是提升金融资源配置效率的保障，可有效降低社会的交易成本和监管成本，促进经济高效运行。自从2013年以来，我国征信体系逐渐形成了“政府+市场”双轮驱动的发展模式。由中国人民银行牵头推动建设的全国集中统一的金融信用信息基础数据库已累计收录近十亿自然人、六千万户企业及其他组织的信用信息，成为全球覆盖人口最多、收集信贷信息量最全的企业和个人征信系统。

然而，我国现有征信体系覆盖人群仍然不足，相当一部分未办理过信贷业务且从未查询过信用报告的人群未被征信系统收录。总体来看，按2019年年底我国总人口计算，目前尚有3亿左右的自然人未收录在金融信用信息基础数据库中。此外，数据库收录的自然人中，还有众多用户仅有查询记录，但未办理信贷业务。但这些未被征信系统收录的个体，往往是普惠金融重点服务的对象，却因征信记录的缺失而难以在传统金融机构获取信贷服务。2020年11月，中国人民银行副行长在第三届进博会举行的“普惠金融建设与数字化发展”

主题论坛上指出，要运用数字化手段探索创新征信服务新模式，实现更大范围、更深层次的普惠金融，而普惠金融重点服务的对象是上述未被征信系统收录的“白户”。在此背景下，增加征信产品特别是征信“白户”产品有效供给，推进征信业实现供给侧结构性改革，对我国个人征信业务高质量发展具有重要意义。

征信“白户”产品开发需要加强数据安全合规融合。征信信息涉及个人与企业的隐私信息，社会各界一直以来高度重视征信信息的安全。近年来，随着互联网技术飞速发展，越来越多的征信主体在互联网上留下大量的行为数据，可以成为辅助刻画用户征信画像的替代数据。针对征信“白户”，金融机构往往需要使用传统征信数据以外的替代数据来解决其金融诉求。然而，一方面，替代数据天然地分散在多个不同的数据源处，如政府、互联网电商平台、运营商等。另一方面，随着《中华人民共和国数据安全法》《中华人民共和国个人信息保护法》等法律、制度、规范的颁布，数据合规性要求越发严格，掌握大量征信替代数据的公司不愿、不能、不敢直接共享所掌握的明文数据。由此形成征信数据供给的“数据孤岛”现象，数据资源对征信的作用得不到有效发挥。

2. 业务痛点

在隐私计算技术的支撑下，需要在对个人隐私的严格保护前提下，助力征信机构利用替代数据进行征信“白户”新产品开发，提供高质量的征信服务。基于替代数据的征信“白户”产品可帮助金融机构对现有“白户”人群进行信用评级。更好地为其提供金融服务，促进普惠金融发展。目前，征信“白户”产品开发的过程中，有以下三个痛点问题亟须解决。

（1）痛点一：数据来源不够全面

根据最新的第二代个人征信报告披露的内容，中国人民银行个人征信系统主要从个人负债情况、行政处罚、公积金缴纳等角度刻画用户征信画像，而未纳入个人资产、行为等信息。对于信贷记录缺乏、甚至缺失的征信“白户”，征信系统中缺乏相关数据，无法为其提供有效的金融服务。因此，为了开发征信“白户”产品、刻画“白户”信用画像，我国个人征信数据的来源范围需要更加多元化，纳入更多信息来丰富征信画像。

（2）痛点二：征信产品不够丰富

随着互联网及大数据技术的广泛应用，人们的行为方式发生了诸多变化，市场主体和信息主体的信用意识普遍增强，各行业对多元化征信产品和服务的需求也不断增加。但目前我国个人征信产品种类依旧相对单一，主要为二代个人征信报告产品，有待进一步丰富和完善。

（3）痛点三：个人信息安全保护

海量的替代数据为开发征信“白户”新产品提供了解决路径，但是对数据的明文使用存在数据泄露与滥用的风险隐患。替代数据往往具有数据量大、数据源多和数据维度多的特点，这也加大了相关征信业务泄露隐私的风险隐患。同时，出于合规性和保护商业机密的考虑，拥有大量征信替代数据的机构很难直接明文共享其核心数据资产，“数据孤岛”问题尚待破题之钥。我国亟须通过隐私计算技术的支撑，解决多维度数据相关的安全问题，助力征信制度规范体系的完善。

3. 解决方案

综上所述，数据资源在征信领域的融合应用已成为重要趋势。需要通过对新技术的探索，实现替代数据安全合规融合，助力开发征信“白户”产品，提供普惠金融服务。具体而言，业务需求是征信机构需要联合应用运营商、互联网、政务等行业拥有的替代数据进行联合建模。联合建模分为训练阶段和预测阶段。训练阶段实时性要求低，计算精确度要求较高，因为精度高才能提升模型的准确性、提升产品的价值。相反，预测阶段的实时性要求高，出于用户体验考量，用户通常无法忍受效率低下的产品。因此，本场景可以应用安全多方计算技术实现联合建模，具体技术方案架构如图12-1所示。

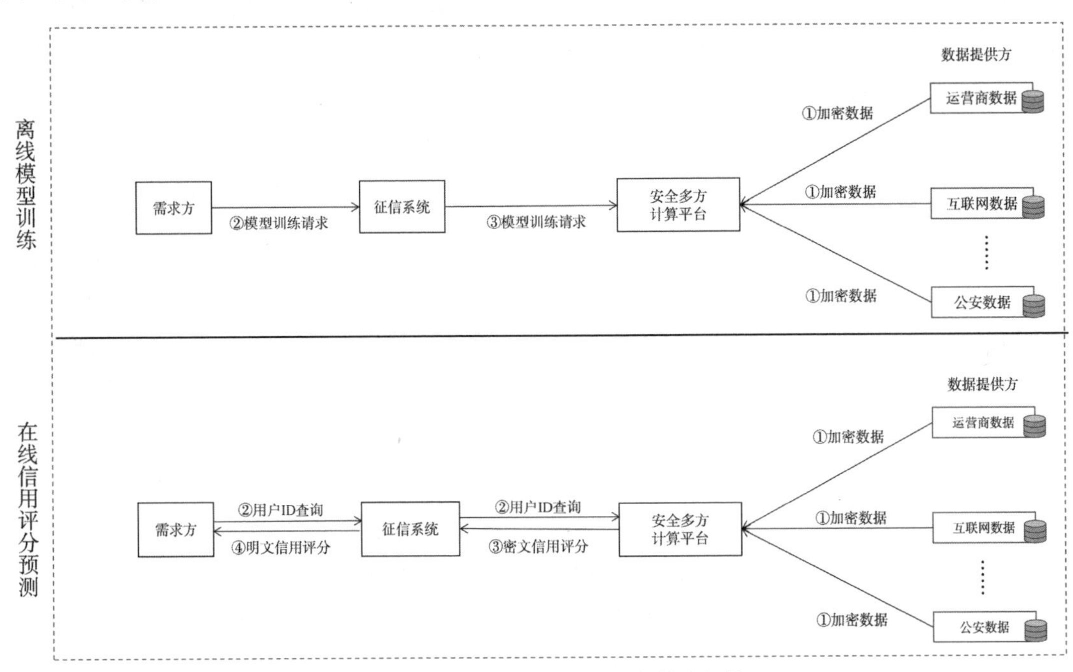

图 12-1　征信“白户”产品开发技术架构

业务流程分为离线模型训练以及在线信用评分预测两个环节。

（1）离线模型训练的过程可以抽象成三个步骤。首先，所有数据提供方在本地将其数据通过特定加密模块转化为密文形态，提供给安全多方计算平台用作模型训练。其次，需求方将模型训练请求通过征信机构的征信系统并发送至安全多方计算平台。最后，安全多方计算平台使用密文数据进行模型训练，得出信用评分模型。

（2）在线信用评分预测过程可以抽象成四个步骤。首先，所有数据提供方本地将其数据通过特定加密模块转化为密文形态，提供给安全多方计算平台，供需求方完成查询统计。其次，需求方将待查询用户信息通过征信系统发送至多方计算平台。再次，安全多方计算平台基于训练得到的信用评分模型，实时计算得到个人的信用评分，并将信用评分以密文形态返回给征信系统。最后，征信系统将密文的信用评分进行解密，得到明文信用评分后返回给需求方。

12.3 电力能源

1. 行业背景

2020年国务院国资委印发了《关于加快推进国有企业数字化转型工作的通知》，开启了国企数字化转型的新篇章。近年来，国家电网公司将数字化转型融入公司战略，以数据管理体系构建为抓手，深化数据管理基础工作，充分发挥数据作为生产要素的重要作用。电网连接千家万户，随着现代社会电气化水平越来越高，电力数据已成为国民经济的晴雨表。很多行业数据只是局限在某一个领域，但是用电数据几乎能穿透所有行业，电力企业有条件也应该在产业界先行一步，成为推动中国数据要素市场建设的一股中坚力量。

当前，国有企业面临的外部经营环境日益复杂，所需承担的经济与社会责任日益艰巨，企业数字化转型的需求日益迫切。随着数据的爆发式增长，数据基础设施不断夯实，数据相关技术持续升级，为国有企业的创新发展带来了难得的机遇，也面临巨大的挑战。面对数字化转型的新要求，国有企业必须遵循数据要素市场化配置要求，加强数据基础管理和挖掘应用，用数据提升经营质效，加快培育增长新动能，在竞争发展中赢得主动。

在国家数据流通网中，电力能源行业是其中一张极为重要的产业“拼图”。《“十四五”大数据产业发展规划》中提到，在包括能源在内的几个数据管理基础好的领域，试点数据要素价值评估；同时明确，探索多种形式的数据交易模式，推动行业数据资产化、产品化。

2. 业务痛点

电力能源行业普遍具有规模大、业务条线多的特点，极易形成信息孤岛，导致数据多源等问题。在影响工作效率的同时，也给企业数据的融合、共享、应用带来很大挑战。

（1）痛点一：信息化建设缺位

目前在能源行业，数据要素市场建设、数据资产化等相关议题，多数情况下前置条件尚未满足。对于不少发电、燃气、油气和化工企业而言，当下首先要解决信息化建设缺位问题。对于自动化程度高的发电企业正在推动集团层面数据资源的集聚、共享，数据资源的要素化、资产化会是目标和方向，但并非当前最为优先且迫切的任务，尚未被付诸广泛实践。极小部分已拥有参与数据要素市场条件的企业，则因数据流通法律制度不明晰，对合规风险、投入与回报高度不匹配存在顾虑。

（2）痛点二：数据质量问题

在能源行业，由于人工录入信息的现象普遍存在，另外受采集设备稳定性等客观因素影响，数据质量是各企业面临的普遍问题，也是制约企业数据价值发挥的重要因素。能源企业的工业现场普遍分布分散，例如能源企业的发电厂可能遍布全国的各区县市，导致了数据的分散存储。这不仅不利于资源的高效利用，也给数据的统一管理和应用带来很大困难，制约了数据价值的有效发挥。

（3）痛点三：数据共享难

受专业管理等客观条件影响，能源企业内部往往存在数据共享难等问题，影响企业数据价值的有效发挥。需要打破专业壁垒，简化审批流程，通过推动数据分级分类管理等方式，基于企业数据打造数据中台等内部平台，强化数据在企业内部的充分共享。

3. 解决方案

根据当前的市场探索以及实践经验，在电力能源行业中的数据安全流通技术可以在以下三个方面落地

1）从电力数据资源供给入手，在全国率先建成合规高效的电力数据供应链

电力数据能够反映经济社会运行规律，支撑着各地宏观经济研判、复工复产、数字防疫等工作。可以通过积极探索电力数据管理组织模式和业务模式优化，建立涵盖数据产生、治理、应用全环节的高效合规电力数据供应链，连接数据生产方、治理方、运营方和应用方等形成一体化链路，促进数据要素高效流动，切实赋能新型电力系统建设，助力能源消费变革和当地数字经济发展。

也可以基于电力数据供应链提供的高效接入、可靠存储、质量治理、数据共享、价值挖掘等基础数据能力为抓手开发建设全社会用电量数据平台，实现对电量数据的日统计。可以进一步通过对用电量数据的分析和研判，为各地推进经济结构调整、提升发展活力提供了重要参考。

2）合法合规开发电力数据产品，探索市场化流通模式

可以依托电力数据供应链在应急、环保、经济等领域进行了多项探索研究，充分发挥电力数据资源优势，通过隐私计算技术，实现电力数据“可用不可见”“可用不可取”，加快构筑能源数据服务高地，主动寻找并回应政府、企业和民众的迫切需求。

举例而言，可以利用电力数据实现能源消费侧碳足迹，全面支撑政府部门碳排放监控工作开展，实现发电企业碳排放预测、实时碳排放监测等功能，并对火电厂当年碳排放量、历史同期碳排放量、企业碳排放量和碳汇比例进行多维度监控，全面助力碳达峰、碳中和目标实现。

3）数据服务商业模式

通过近年来的探索，已有的电力能源数据大致可以通过以下四种商业模式创造价值：

（1）数据服务：以接口方式向用户提供经过安全合规审查的脱敏数据或经过隐私计算分析建模加工的结果数据，按照提供次数、数据量等进行收费。

（2）咨询服务：以定制化分析报告的形式向用户提供咨询服务，按照提供报告的份数、会员订阅制等进行收费。

（3）合作收益：将数据分析与用户业务进行融合，实现精准营销、提质增效、开源接口的目标；根据收益情况与用户进行分成。

（4）技术服务：结合政企客户个性化需求，提供定制化的数据加工、运营服务，并整合第三方工具产品和第三方数据源，平台运营按年收费。

12.4 公　安

1. 行业背景

2022年1月，长三角一体化示范区执委会与上海市大数据中心、江苏省大数据管理中心、浙江省大数据发展管理局正式签订《长三角生态绿色公共数据“无差别”共享合作协议》，协议重点明确了共建数据共享交换机制、共推跨域一体化应用、共编跨域公共数据标准等三大任务。协议明确示范区执委会会同两省一市大数据管理部门定期研究更新示范区公共数据共享需求清单、责任清单，探索形成以应用为导向的跨域数据交换机制；两省一市大数据管理部门以示范区为试点，将相关特色应用率先在示范区跨域试点，进行集中落地。协议的签订，将进一步实现省级层面跨域信息系统的互联互通，促进跨域数据的共享共用。

浙江省某县结合浙江省数字化改革和“区块链创新应用国家试点”等先发优势，为进一步推进长三角生态绿色一体化发展示范区政务服务、公共服务、社会治理等区域协同相关工作，助推区域协同发展新格局，制定了相关的实施方案。

2. 业务痛点

（1）痛点一：政府部门跨域协同的需求

在社会治理方面，三地交界执法存在一定盲区，区域执法力量未统筹；违法违规记录跨省数据不通，违法违规主体存在在一地被查又在异地重操旧业的空间，执法机关在自由裁量上缺乏足够参考，执法效果大打折扣。

（2）痛点二：跨域公共数据使用面临法律合规风险

对于高价值、高敏感的公共数据如何进行跨省域的开发利用，现有的法律法规并没有做出明确指示。基于明文数据的共享交换业务，一旦数据可见就有可能被无限复制。所以各个数据源归属部门为了避免法律合规风险，仍然不愿主动提供与民生紧密相关、社会迫切需要、商业增值潜力显著的高价值公共数据。

（3）痛点三：跨域公共数据使用面临监管风险

当前浙江省多地已经建立了合法申请使用公共数据查询接口的流程，也建立了政务内部数据共享的流程，数据的使用情况已经具备审计监管能力；但如何应对跨域的公共数据申请、使用与审计监管，如何做到数据用途与用量均可控，还是一个需要破解的难题。另外，高价值的公共数据在实际申请过程中，面临申请周期长、审核流转单位多等困难，可能导致错过公共数据利用和商业开发的时间窗口。

（4）痛点四：公共数据使用面临与社会数据融合的技术风险

公共数据与社会数据跨域融合，释放其计算价值已经成为一大趋势。国家“十四五”规划对“数字经济跨界发展，打破时空限制，推动各类资源要素快捷流动”提出了要求。目前，政府侧对社会各行各业的数据应用需求理解不够深入，在公共数据加工建模的过程中必然需要引入社会机构、研究机构等大数据科技人员进行基于应用需求的数据建模活动。这就对公共数据的流通安全提出了挑战，需要一个新的技术平台，既能够支持公共数据与社会数据融合计算，又能保证二者的明文数据不被泄露。

3. 解决方案

可以从建设平安小区评价体系入手，通过隐私计算技术合法合规使用公安数据源。如图12-2所示，通过在公安局部署隐私计算平台、政务外网部署安全多方计算节点（MPC计算节点），通过“两地部署、隐私计算”实现数据流通全流程加密，做到数据的用途与用量均可控，保障数据安全。

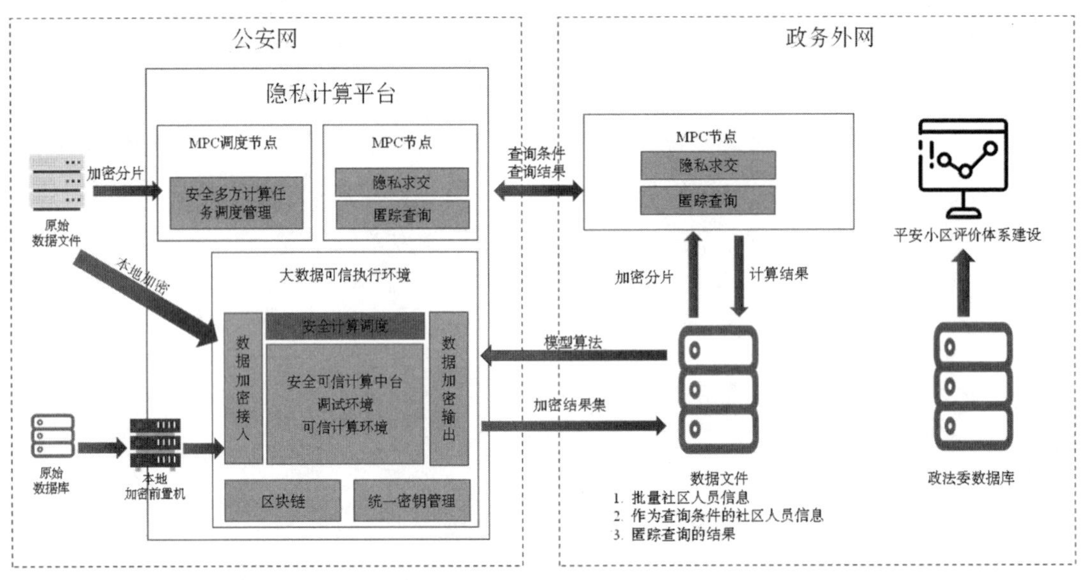

图 12-2　平安小区隐私计算解决方案

（1）采用安全多方计算技术确定社区有多少负面信息的人员，且不透露公安侧的明文数据。

浙江省某县政法委通过文件的形式批量地将社区人员数据接入MPC计算节点。浙江省某县公安局提供批量的案件数据，同样是以文件形式接入MPC计算节点。浙江省某县公安局根据双方协议，在公安局侧的隐私计算平台上启动隐私求交的计算任务。以双方数据转化为密文计算因子，在MPC计算节点内完成密文求交的任务。一般推荐用身份证号码作为求交集的字段。最终，浙江省某县政法委获取该批次社区人员中有负面信息的人员列表的同时无法查看公安侧的明文数据，保证了明文数据的安全性。

（2）采用安全多方计算技术查询有负面信息的人员的案件详情，且查询条件对公安侧保密，查询结果数据所包含的字段完全由公安侧配置。

浙江省某县政法委对于需要查询负面案件详情的人员数据，以文件形式接入MPC计算节点。浙江省某县公安局提供批量的案件数据，文件形式接入MPC计算节点。浙江省某县公安局根据双方协议，在公安局侧的隐私计算平台上启动匿踪查询的计算任务，由公安侧控制对政法委开放查询的字段。双方数据转化为密文计算因子，在MPC计算节点进行匹配查询。一般推荐用身份证号码作为查询条件。浙江省某县政法委获取该批次社区人员的案件详情，但查询条件对公安侧保密，查询结果所包含的字段完全由公安侧配置。

（3）采用大数据可信执行环境技术对原始数据进行加工计算，且数据流通全流程加密，只有统计类结果数据输出给政法委，不包含详细原始数据。

按照浙江省某县政法委与公安局双方的协议，确定源数据的字段数量与格式；双方协议确定源数据接入隐私计算平台的方式与数据更新频次。浙江省某县公安局将准备好的源数据对接隐私计算平台，数据在接入隐私计算平台之前就进行了本地加密，隐私计算平台上其他任何账号均无法查看明文数据，只能看到数据批次描述与字段名称。

浙江省某县政法委根据双方协议，在隐私计算平台上申请所需的数据批次，以及使用期限，这个操作在隐私计算平台上被称为“合约申请”，这个申请将以电子流形式流转到公安局，公安局需要对这个合约进行电子流审批。审批通过后，合约方才生效。

按照浙江省某县政法委与公安局双方的协议，以及上述合约中约定的建模方式，浙江省某县政法委可以对合约中的数据进行算法建模、统计分析计算。通过隐私计算平台加密后输出的“加密结果集”，仅有上述合约中指定的浙江省某县政法委的账户才能接收到，并且只有通过该账户的私钥才能解密获取明文结果集。浙江省某县政法委在获取结果集之后，将其导入政法委业务应用数据库，作为数据资源投入“浙江省某县平安小区评价体系”的业务应用建设中。

综上所述，基于安全多方计算（MPC）技术，能够在双方明文数据不出域的情况下，实现有效的负面信息人员的确认。由于该场景实现相当于在政法委已经掌握的社区数据基础上，叠加公安数据进行打标签，因此对公安数据做到了最小范围使用。基于机密计算技术，进行数据产品加工，保证了浙江省某县公安局对出域的数据产品有绝对的控制权；从原始数据到“数据产品”，不再包含敏感信息，同时能支撑浙江省某县平安小区评价体系建设的数据需求。

反侵权盗版声明